GB/T 19022/ISO 10012 标准培训全国统一教材

现代企业计量工作指导手册

国家质量监督检验检疫总局计量司

中国计量测试学会

中启计量体系认证中心

编著

中国质检出版社

北京

图书在版编目（CIP）数据

现代企业计量工作指导手册/国家质量监督检验检疫总局计量司，中国计量测试学会，中启计量体系认证中心编著．—北京：中国质检出版社，2018.1

GB/T 19022/ISO 10012 标准培训全国统一教材

ISBN 978-7-5026-4430-7

Ⅰ.①现… Ⅱ.①国… ②中… ③中… Ⅲ.①企业管理—计量学—手册 Ⅳ.①F273.1-62

中国版本图书馆 CIP 数据核字（2017）第 084467 号

中国质检出版社 出版发行
北京市朝阳区和平里西街甲 2 号（100029）
北京市西城区三里河北街 16 号（100045）
网址：www.spc.net.cn
总编室：(010) 68533533 发行中心：(010) 51780238
读者服务部：(010) 68523946
中国标准出版社秦皇岛印刷厂印刷
各地新华书店经销
*
开本 787×1092 1/16 印张 35.00 字数 811 千字
2018 年 1 月第一版 2018 年 1 月第 1 次印刷
*
定价 146.00 元

编审委员会

前言

在党的十九大报告中，习近平总书记指出：我国经济已由高速增长阶段转向高质量发展阶段，必须坚持质量第一，效益优先。2017年9月，中共中央、国务院印发了《关于开展质量提升行动的指导意见》，提出：提高供给质量是供给侧结构性改革的主攻方向，全面提高产品和服务质量是提升供给体系的中心任务。

计量是质量的基础。从产品全寿命周期来看，在产品设计阶段就考虑计量方面的影响因素，能够有利于选择更科学可行的设计方案；在产品制造阶段，精准的计量能够保障生产工艺过程中有效实现质量控制；在产品质量检验中，准确可靠的计量可以有效保障产品符合质量要求。计量是大数据的主要来源，准确可靠的计量是保障数据真实可靠的必要条件，否则，检测数据便是无本之木、无源之水。计量是节能降耗的眼睛，打好计量基础，可以为能源消耗提供真实可靠的数据，保证能源消耗有迹可循；安全生产、智能制造、精细化管理都离不开计量测试技术。计量已成为企业转型发展、提升质量、节能增效以及现代化生产的重要的技术保障。

为帮助企业建立完善的测量管理体系，2003年，国际标准化组织发布了测量管理国际标准ISO 10012《测量管理体系　测量过程和测量设备的要求》，用于指导企业结合自身实际，建立符合企业自身需求、客户要求和社会认可的测量管理体系，预防因测量结果不精准、不可靠给企业、客户及社会在产品质量、能源管理、安全环保、生产经营、物料核算等各方面造成的风险。

《现代企业计量工作指导手册》，依据国家提升质量的有关要求，结合现代企业生产特点，以解读ISO 10012:2003《测量管理体系　测量过程和测量设备的要求》为主要内容，增加了具有行业特点的测量管理体系实施指南，为企业建立完善的测量管理体系，也为测量管理体系认证工作的顺利开展提供了理论和实操帮助。

在本书的编写过程中，得到了广大计量工作者的关心和支持，对本书编写提出了大量建设性的意见和建议，在此一并表示感谢。

由于编者水平有限，难免有不足之处，敬请读者批评指正。

编者

2017年11月

目 录

第一篇 测量管理体系标准

第二篇 计量专业基础

第三篇 测量管理体系的审核

第四篇　行业测量管理体系实施指南

第一篇　测量管理体系标准

第一章

标准产生的背景与特点

第一节　标准产生的背景

一、标准的产生

1987 年，国际标准化组织发布 ISO 9000：1987 标准。该标准将“检验和测量设备的控制”作为质量管理体系中的一个专门的要素，并提出了专业性和技术性都比较高的要求。国际标准化组织 ISO/TC 176/WG 1 工作组为了保证 ISO 9000 标准中有关检验和测量设备控制要求的有效实施，着手起草 ISO 10012。

1992 年，国际标准化组织发布了 ISO 10012-1：1992《测量设备的质量保证要求　第 1 部分：测量设备的计量确认体系》。该标准的主题是建立计量确认体系，确保在确认间隔内使用的测量设备足够准确，并满足预期使用要求。该标准是对测量设备的通用质量保证要求，也是最基本的要求。计量确认体系是质量保证体系的重要组成部分。

1997 年，国际标准化组织发布了 ISO 10012-2：1997《测量设备的质量保证要求　第 2 部分：测量过程控制指南》。该标准的主题是把测量作为一个完整的过程，对过程要素实施全面的控制。测量过程控制的方法是建立在对测量数据的经常监测和分析的基础上。测量过程控制体系是质量保证体系的组成部分。

ISO 10012-1 与 ISO 10012-2 是相互联系的。ISO 10012-1 是 ISO 10012-2 的前提和基础，ISO 10012-2 是 ISO 10012-1 的深化。测量设备的计量确认体系对常规的，如非关键部分的测量，提供了足够的控制；测量过程控制系统特别适用于关键的或复杂的测量系统，如为了安全或经济的目的而建立的测量系统。

二、标准的修订

ISO 10012-2 发布后，面临着两个方面的问题。

一方面，国际标准化组织正在着手对 ISO 9000：1994 进行修订，准备发布 ISO 9000：2000 新标准。2000 版质量管理体系标准对测量提出了新的要求。在 2000 版标准中明确规定测量是建立和实施质量管理体系的必要步骤；测量是产品实现的重要过程；测量是质量管理体系持续改进的重要活动；并且在新标准中增加了“测量控制体系”“测量过程”“计量确认”“测量设备”“计量特性”和“计量职能”等有关测量、计量的术语。此外，在 ISO 14000 环境管理体系标准和职业健康安全管理体系标准对测量和测量设备的管理也都明确规定了相应的要求。

另一方面，把一个组织的完整的测量管理体系，人为地分为“测量设备的计量确认体系”和“测量过程控制体系”两个部分，不利于标准的有效实施。

为了更好地实施 ISO 10012 并适应其他管理体系标准对测量的要求，负责起草 ISO 10012 标准的工作组从 1997 年就开始酝酿该标准的修订工作。通过各国计量工作者的共同努力，把“测量设备的计量确认体系”和“测量过程控制体系”两个部分有机结合于一体的标准 ISO 10012：2003《测量管理体系 测量过程和测量设备的要求》于 2003 年 4 月 15 日正式发布。我国又及时将该标准转化为国家标准 GB/T 19022—2003，并制定了国家计量技术规范 JJF 1112《计量检测体系确认规范》，以促进该标准在我国的推广和实施。

第二节 标准的主要特点

修订后的标准，不是将原来两个标准简单地合二为一，而是在指导思想、框架结构和具体内容上都作了重大的修订，包含了许多对计量工作的新认识、新观念和新要求。ISO 10012：2003 的发布标志着企业计量工作的发展进入了一个新的阶段；ISO 10012：2003 使各国的计量管理和计量技术工作统一在一个共同的基础之上，这对推动计量管理和技术的发展，实现统一、准确的测量，消除技术贸易壁垒，提高产品质量和经济效益必将产生积极而重大的影响。

ISO 10012：2003 具有以下几个特点：

一、明确了测量管理体系在组织中的重要作用

在 ISO 10012 的修订过程中，各国计量专家对测量工作在一个组织中的地位和作用进行了认真的研究。测量管理工作仅仅是为了对测量设备提供质量保证，还是为了通过对测量设备和测量过程的管理最终达到满足顾客对计量的要求？测量工作仅仅是质量管理体系的组成部分，还是一个组织整个管理的组成部分？通过深入的讨论，逐步形成共识：测量工作是一个完整的管理体系，测量管理体系是一个组织管理的重要组成部分。从而进一步明确了测量管理体系在一个组织中的重要作用。

在 ISO 10012：2003 中，对“测量管理体系”的性质、范围和内涵作了详细的阐述。

在 ISO 10012：2003 的引言部分明确指出“组织有责任规定哪些具体的测量管理要求被采用作为该组织整个管理体系的一部分”。

在 ISO 10012：2003“1 范围”中又明确规定：

> 本标准规定了测量过程和测量设备计量确认的通用要求，并提供了指南，用于支持和证明符合计量要求。它规定了测量管理体系的质量管理要求，可由执行测量的组织作为整个管理体系的一部分，以确保满足计量要求。

由此可见，测量管理体系如同质量管理体系、环境管理体系或财务管理体系等，是一个组织整个管理体系的组成部分。测量管理体系覆盖的范围和计量要求由组织负责决定，从而使测量管理体系的建立和维护有了可靠的组织保证，测量管理体系的作用可以在包括质量、环境、能源、经营等管理在内的更为广阔的范围得到充分的体现。

二、确立了计量在测量管理体系中的核心地位

ISO 10012：2003 的一个重要的创新和发展是科学地阐明了测量管理体系与计量工作的关系，明确了测量管理的根本目的是为了满足计量要求。为实现此目的，ISO 10012：2003 赋予了计量职能在测量管理体系建立和实施中的重要职责，确立了计量职能在测量管理体系中的核心地位。

1. 满足计量要求是测量管理体系的根本目的

在 ISO 10012：2003“1 范围”中明确规定：

> 本标准规定了测量过程和测量设备计量确认管理的通用要求，并提供了指南，用于支持和证明符合计量要求。它规定了测量管理体系的质量管理要求，可由执行测量的组织作为整个管理体系的一部分，以确保满足计量要求

（“指南”仅作为信息而不是对“要求”的增加、限制或修改）。

在“7.2.2 测量过程设计”中明确规定：

> 应根据顾客、组织和法律法规的要求确定计量要求。为了满足这些要求而设计的测量过程应形成文件，并确认有效，必要时，征得顾客同意。

由此可见，无论是测量管理体系的建立和维护，还是计量确认和测量过程的实施都是围绕着“满足计量要求”这个目标展开。“满足计量要求”是建立和维护测量管理体系的出发点和归宿。

2. 计量职能负责测量管理体系的建立和维护

标准从“计量职能”的定义和计量职能的职责分配两个方面对计量职能负责测量管理体系的建立和维护作出了明确的规定。

在标准的 3.6 条中对“计量职能”给出定义是：

> 计量职能是组织中负责确定并实施测量管理体系的行政和技术职能。

该定义具有两层含意：第一层含意是指计量职能就是负责确立和实施测量管理体系的职能，计量职能的管理者是测量管理体系的组织者和实施者；第二层含意是指计量职能包括行政和技术两方面的职能。行政管理和技术保障是计量工作的基础，两者缺一不可。这充分反映了计量工作的内在规律，是计量职能区别于其他管理职能的显著特点。

在标准的“5.1 计量职能”中作出明确规定：

> 组织应规定计量职能。组织的最高管理者应确保必要的资源以建立和保持计量职能。
>
> *指南*
>
> *计量职能可能是一个单独的部门或分布在整个组织中。*
>
> 计量职能的管理者应建立测量管理体系，形成文件，并加以保持和持续改进其有效性。

此条款明确规定了组织、最高管理者和计量职能管理者三者在建立和维护测量管理体系中所应承担的责任。

首先，组织应规定计量职能；其次，组织的最高管理者应为计量职能的建立和维持提供必要的资源；第三，计量职能的管理者负责测量体系的建立、体系文件的制定以及体系的实施和维护，并持续地对体系实施改进。

在标准的具体条款中对计量职能应如何建立和实施测量管理体系提出了明确的要求。通过标准的具体条款，我们可以清晰地看到计量职能贯穿于测量管理体系的建立和运行的全过程，渗透在测量设备计量确认和测量过程控制的各项活动之中，充分体现了计量职能在测量管理体系中的所处核心地位和所承担的重要职责。

三、全面贯彻了质量管理原则

质量管理原则是质量管理实践和理论的总结，是质量管理的最基本、最通用的一般性规律，也是质量管理的理论基础。标准在“1 范围”中指出“它规定了测量管理体系的质量管理要求。”为了实现质量管理要求，标准从体系的结构框架到具体的要求内容，全面地贯彻了以顾客为关注焦点、领导作用、全员参与、过程方法、管理的系统方法、持续改进、基于事实的决策方法和与供方互利的关系的质量管理八项原则。

现将质量管理的八项原则在标准中的贯彻情况分析如下：

1. 以顾客为关注焦点

> 组织依存于顾客，因此，机构应理解顾客当前的和未来的需求，满足顾客要求并争取超越顾客的期望。

满足顾客对测量的要求是建立和维护测量管理体系的出发点和归宿。标准的许多条款体现了“以顾客为关注焦点”的原则。

在标准的“5.2 以顾客为关注焦点”中规定：

> 计量职能的管理者应确保：
>
> a）确定顾客的测量要求并转化为计量要求；
>
> b）测量管理体系满足顾客的计量要求；
>
> c）能证明符合顾客规定的要求。

在标准的“7.2.2 测量过程设计”中规定：

> 应根据顾客、组织和法律法规的要求确定计量要求。为了满足这些规定要求而设计的测量过程应形成文件，并确认有效，必要时，征得顾客同意。

在标准的“8.2.2 顾客满意”中规定：

> 计量职能就顾客的计量要求是否已满足来监视有关顾客满意的信息。应规定获得和使用信息的方法。

2. 领导作用

> 领导者确立本机构统一的宗旨及方向。他们应当创造并保持使员工能够充分参与实现机构目标的内部环境。

在标准的“管理职责”中明确规定了组织、组织的最高管理者和计量职能的管理者在建立和实施测量管理体系中应承担的重要责任。

组织的责任是规定计量职能；最高管理者的责任是确保必要的资源以建立和保持计量职能，并负责管理评审；计量职能管理者的责任是负责建立管理体系、形成体系文件、维护体系运行和持续改进体系。

3. 全员参与

> 各级人员是组织之本，只有他们的充分参与，才能使他们的才干为组织带来收益。

在标准的“6.1 人力资源”中明确规定：

> 6.1.1　人员的职责
>
> 计量职能的管理者应规定测量管理体系中所有人员的职责，并形成文件。
>
> *指南*
>
> *这些职责可用组织结构图、岗位说明书和作业指导书或程序来规定。*
>
> *本标准不排除使用计量职能部门之外的专业人员。*
>
> 6.1.2　能力和培训
>
> 计量职能的管理者应确保测量管理体系有关人员具有可证明的能力，以执行分配的任务。应规定所要求的专门技能。计量职能的管理者应确保提供培训以满足已识别的需要，保存培训活动的记录，评价培训的有效性并予以记录。员工应认识到他们所承担的职责，清楚他们的活动对测量管理体系有效性和产品质量的影响。
>
> *指南*
>
> *可通过教育、培训和经验来获得能力，并通过测试和观察其表现来证明。*
>
> 当使用正在培训中的员工时，应进行充分和适宜的监督。

4. 过程方法

> 将活动和相关的资源作为过程进行管理，可以更高效地得到期望的结果。

通过利用资源和实施管理，将输入转化为输出的一组活动，可以视为过程。

系统地识别和管理组织所应用的过程，特别是这些过程之间的相互作用，可称为“过程方法”。

过程方法是质量管理原则中的一个全新的管理思想和管理方法。

ISO 9000：2000 的 3.4.1 将“过程”定义为：“一组将输入转化为输出的相互关联或相互作用的活动。

注 1：一个过程的输入通常是其他过程的输出。

注 2：组织（3.3.1）为了增值通常对过程进行策划并使其在受控条件下运行。”

输入和输出可以是有形或无形的。输入和输出可包括设备、材料、元件、信息和财务资源等。要在过程中实施活动，就应该分配适当的资源。测量体系可用来收集信息和数据，以分析过程业绩以及输入和输出的特性。图 1-1-1 为“过程”的示意图。

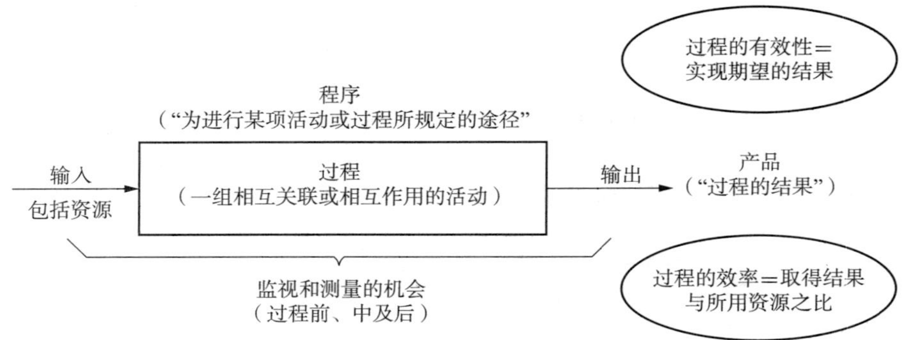

注：这是 ISO 9000：2000 标准中“程序”的定义，不一定是标准或规范中所要求的“形成文件的程序”中的一个。

图 1-1-1　“过程”示意图

ISO 10012 标准把测量管理体系中的管理职责、资源管理、计量确认、测量过程、体系的分析和改进等要素作为过程实施管理，并应用过程方法建立了测量管理体系模式。

过程方法的思想基础是“PDCA”循环，即“策划—实施—检查—处置”循环（见图 1-1-2）。要有效应用过程方法原则，就必须深入了解“PDCA”循环的思想方法。

PDCA 循环由沃特·阿曼德·休哈特（Walter A. Shewhart）于 20 世纪 20 年代提出，后来由威廉·爱德华兹·戴明（W. Edwards Deming）进行了推广与普及。

PDCA 的概念贯穿于我们的工作和日常生活的各个方面，并在我们所作的每一件事中被持续地采用（正式的或非正式的，有意的或无意的）。每项活动，不论多么简单或复杂，都可落入这种永无止境的方式中。

从测量管理体系的角度，PDCA 是可以在测量管理过程中应用的动态循环，它与测量设备计量确认和测量过程控制的实施以及其他测量管理体系过程的策划、实施、控制和持续改进都紧密相关。

可通过在组织内各层次应用 PDCA 概念来保持和持续改进过程能力。无论是高层次的战略过程（如测量管理体系策划或管理评审），还是作为测量设备计量确认和测量过程控制实现过程的一部分的简单运作活动，PDCA 都是同样适用。

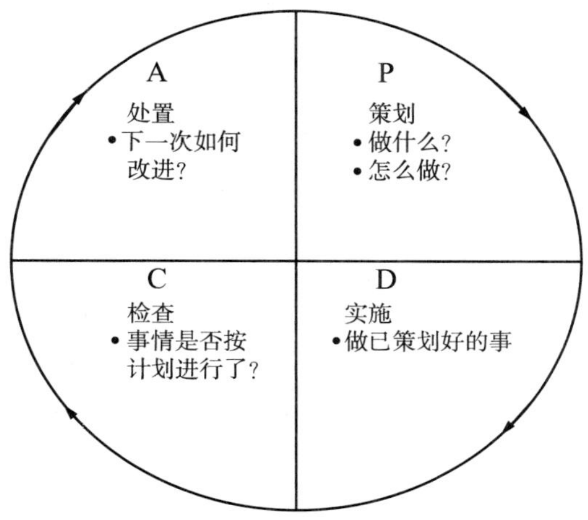

图 1-1-2　“策划—实施—检查—处置”循环

对照标准“4 总要求”，PDCA 模式对过程应用如下：

P——策划

根据顾客、法律法规和组织的方针，为满足规定的计量要求，确定测量管理体系的范围，建立必要的目标和过程；

D——实施

实施策划的过程；

C——检查

根据方针、目标以及计量确认和测量过程要求，对过程以及确认结果和测量过程控制的结果进行监督，并分析和报告结果；

A——处置

采取措施，以持续改进过程业绩。

5. 管理的系统方法

> 将相互关联的过程作为系统加以识别、理解和管理，有助于组织提高实现目标的有效性和效率。

系统方法是与过程方法紧密相关的另一个重要的质量管理原则，它明确了“将相互关联的过程作为系统加以识别、理解和管理，有助于组织提高实现目标的有效性和效率”。鉴于此，测量管理体系包含了一些相互作用的过程。测量管理体系所需要的过程不但包括计量确认和测量过程实现的过程，也包括各种管理、监督过程（例如管理职责、管理评审、资源配置和管理、内部审核以及其他过程）。这一点如图 1-1-3 所示，该图对构成测量管理体系的典型的过程类型，提供了更加详细的展示。

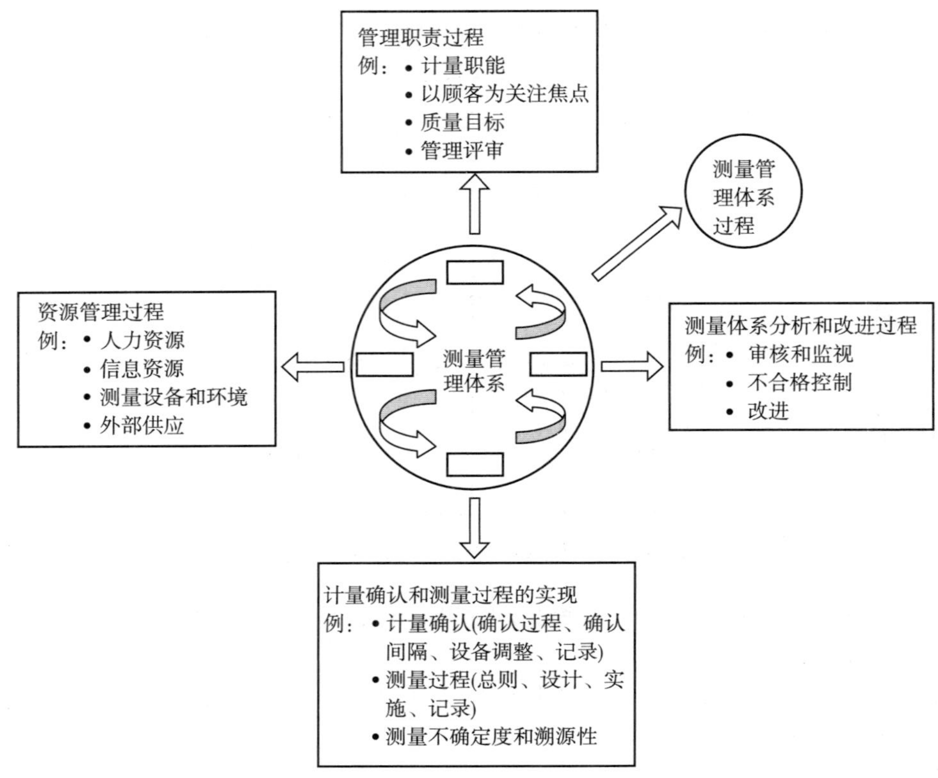

图 1－1－3　典型测量管理体系过程示意图

过程很少孤立地存在。一个过程的输出通常构成了后续过程的输入，如图 1－1－4 所示。

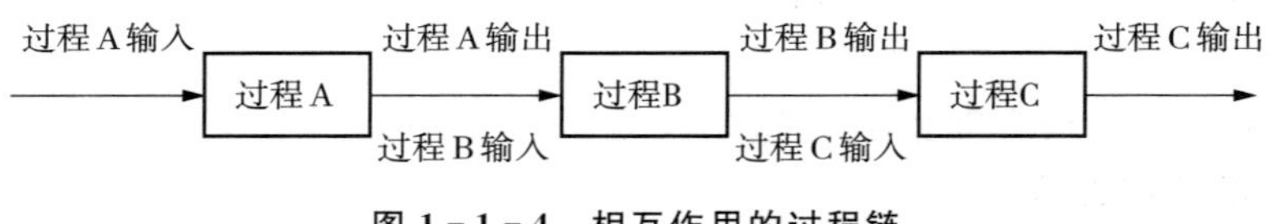

图 1－1－4　相互作用的过程链

在标准中应用了管理的系统方法思想。在标准的引言部分、第 4 章、第 7 章 7.1.1 和 7.2.2 等条款详细地提出了用系统方法建立测量管理体系的逻辑步骤和要求。例如：

（1）标准明确提出建立测量管理体系，以最佳效果和最高效率实现组织的目标。在 GB/T 19022—2003 的引言中指出："一个有效的测量管理体系确保测量设备和测量过程适应预期用途，它对实现产品质量目标和管理不正确测量结果的风险是重要的。测量管理体系的目标是管理由于测量设备和测量过程可能产生的不正确结果而影响该组织的产品质量的风险。"

（2）标准明确规定了测量体系内各个过程的相互依赖关系。标准对体系内的每个过程从原则上指明了关键的相互作用和相互依赖关系。

（3）标准要求采用结构化方法以协调和整合过程。通过结构化方法协调和整合过程，可使过程的能力增强，提高过程输出的效果。因此，在标准中对计量确认过程和测量过程都要求设计其所需要的过程。

以计量确认过程为例，在标准的“7.1计量确认”的“总则”规定：

> 应设计并实施计量确认（见图2和附录A），以确保测量设备的计量特性满足测量过程的计量要求。计量确认包括测量设备校准和测量设备验证。
>
> *指南*
>
> *如果测量设备已处于有效的校准状态，不必重新校准；计量确认程序应当包括验证测量不确定度和（或）测量设备误差在计量要求规定的允许限内的方法。*

此条款以系统的方法协调和整合了计量确认过程与测量过程的关系，以及计量确认与校准和验证的关系。计量确认过程的输出是测量过程的输入。通过计量确认后的测量设备的计量特性必须满足测量过程的计量要求。而计量确认过程是由校准和验证两个子过程所构成的，测量设备只有经过校准和验证两个过程，才能判断其计量特性是否满足测量过程的计量要求。

6. 持续改进

> 持续改进总体业绩应当是组织的一个永恒目标。

持续改进也是测量管理体系的重要内容。在标准的第8章专门对测量管理体系提出了分析和改进的要求，并在总则中明确规定：

> 计量职能应策划和实施所需的对测量管理体系的监视、分析和改进，以：
>
> a）确保测量管理体系符合本标准；
>
> b）持续改进测量管理体系。

为了确保测量管理体系的持续改进，标准规定了具体的改进方法和措施，如审核和监视、不合格控制、纠正措施和预防措施等。

7. 基于事实的决策方法

> 有效决策是建立在对数据和信息分析的基础上。

为保证测量结果的准确可靠，并满足顾客对计量的要求，基于事实的决策方法在测量管理体系中更具有特殊重要的意义。无论是对测量设备实施计量确认，还是对测量过程实施管理和控制都是以测量数据为决策的依据，没有准确可靠的数据，测量管理体系就无法运行。因此在标准许多条款中都对此提出了明确的要求（具体的条款见表1-1-1）。

8. 与供方互利的关系

> 组织与供方是相互依存的，互利的关系可增强双方创造价值的能力。

在标准的“6.4 外部供方”中对组织与供方的关系作出了明确的规定：

> 计量职能的管理者应对外部供方为测量管理体系提供的产品和服务提出要求并形成文件。应根据外部供方满足文件规定要求的能力对其进行评价和选择。应规定选择、监视和评价的准则并形成文件，并记录评价结果。应保存外部供方提供产品或服务的记录。
>
> *指南*
>
> *如果利用外部供方进行检测或校准服务，供方应当能按实验室标准，如 GB/T 15481/ISO/IEC 17025 证明其技术能力。由外部供方提供的产品和服务需按规定要求进行验证。*

通过以上分析，我们可以清楚地看到质量管理原则是制定 ISO 10012 标准的重要理论基础，也是一个组织在按标准要求建立和运行测量管理体系时所必须遵循的基本原则。表 1-1-1 提供了质量管理原则与 ISO 10012：2003 标准条款对应关系，供参考。

表 1-1-1 质量管理原则与 ISO 10012：2003 标准条款对应关系参考表

八项质量管理原则	ISO 10012：2003 标准条款
以顾客为关注焦点	5.2，7.2.2，7.3.2，8.2.2，8.4 等
领导作用	5.1，5.4 等
全员参与	6.1 等
过程方法	引言，4，5，6，7，8 等
管理的系统方法	引言，4，7.1.1，7.2.1 等
持续改进	5.1，5.4，8.1，8.2，8.4 等
基于事实的决策方法	4，5.3，6.2.2，6.3.2，7.1.1，7.1.2，7.1.4，7.2.1，7.2.2，7.2.3，7.2.4，7.3.1，7.3.2，8.2.2，8.2.3，8.2.4，8.3.2，8.4 等
与供方互利的关系	6.4 等

四、确立了风险管理的原则

在标准中十分重视风险管理，并将风险管理的思想贯穿于测量管理体系的各个环节。

1. 测量管理体系的目标是管理风险

在标准的引言中明确指出：“一个有效的测量管理体系确保测量设备和测量过程适

应预期用途，它对实现产品质量目标和管理不正确测量结果的风险是重要的。测量管理体系的目标是管理由于测量设备和测量过程可能产生的不正确结果而影响该组织的产品质量的风险。”

2. 管理的范围必须与风险相适应

在标准的第4章“总要求”中明确指出：“组织应规定属本标准所确定的测量设备和测量过程，在确定测量管理体系的范围和内容时，应考虑由于不符合计量要求而带来的风险和后果。”

3. 控制要素和控制限的选择应与风险相称

在标准的“7.2.2 测量过程设计”中明确指出：

对每一测量过程，应识别有关的过程要素和控制。要素和控制限的选择要与不符合规定的要求时引起的风险相称。这些过程要素和控制应包括操作者、设备、环境条件、影响量和应用方法的影响。

指南

在规定测量过程时，可能有必要确定：

——确保产品质量所需的测量；

——测量方法；

——规定进行测量所需要的设备；

——执行测量人员所要求的技能和资格。

可通过与其他已确认有效的过程结果比较，与其他测量方法的结果比较或通过过程特征的连续分析方法来确认有效的测量过程。

在该条款的指南中又作了具体的说明：“在测量过程控制上花费的力量应与测量对组织的最终产品质量的重要性相匹配。例如：高度的测量过程控制对那些包含有关键性的或复杂的测量系统，对保证生产安全的测量及由于测量结果不正确会引起后续的昂贵代价的测量来说是合适的。而对非关键部分的简单测量，低级别的过程控制就足够。这时过程控制程序可能就是与测量设备和应用类似的一般形式，诸如用手动工具测量机械零件。”

在“8.2.4 测量管理体系的监视”中指出：“通过确保迅速发现存在的问题和及时采取纠正措施，测量管理体系监视应能提供防止偏离要求的机制。这种监视应与不符合规定要求所产生的风险相匹配。”

4. 对测量不确定度的分析应与其重要性相匹配

标准在对有关测量不确定度要求的说明时指出：“有可能某些测量不确定度分量与其他分量比较起来是较小的，从技术或经济方面来说仔细地确定它们是不可取的。如果是这种情况，应当记录这种决定和其理由。在所有这些情况下，为确定和记录测量不确定度所做的努力应当与测量结果对组织的最终产品的质量的重要性相匹配。”

第二章

标准的基本思路和范围

本章将根据标准的“引言”和第 1 章“范围”，介绍标准的基本思路、范围以及标准与其他相关标准的关系三方面的内容。正确理解这些内容对于正确理解标准的其他内容是十分必要的。

第一节　标准的基本思路

在学习和贯彻标准时，人们往往会提出以下问题：为什么要建立测量管理体系？测量管理体系重点管理哪些内容？什么情况下可以引用标准？实施标准的方法和原则是什么？以及对实施标准的组织有什么要求？在 ISO 10012 的引言中，详细阐述了制定该标准的基本思想，全面地回答了上述问题。因此，理解引言的内容对于正确理解和有效实施标准是十分重要的。

一、测量管理体系的目标

在标准的引言中，开门见山地指出：

> 一个有效的测量管理体系确保测量设备和测量过程适应预期用途，它对实现产品质量目标和管理不正确测量结果的风险是重要的。测量管理体系的目标是管理由于测量设备和测量过程可能产生的不正确结果而影响该组织的产品质量的风险。

上述论述清晰地说明了以下几个问题：

1. 建立测量管理体系的目的是管理风险

一个有效的测量管理体系应该达到管理由于测量设备和测量过程可能产生的不正确测量结果而影响该组织的产品质量的风险的目标。因此，管理由于不正确测量结果可能产生的风险是建立测量管理体系的出发点和归宿。风险管理的思想也贯穿于测量管理体系实施的全过程。

2. 测量管理体系管理的重点是测量设备和测量过程

由于测量结果是由测量过程产生的，而测量设备又是测量过程的关键资源，因此要管理测量结果的风险，就必须管理测量过程和测量设备。

3. 管理测量过程和测量设备的核心问题是确保测量设备和测量过程适应预期用途

因为，一方面，任何测量设备的准确性都不可能完美无缺，都存在最大允许误差（或测量不确定度），任何测量过程，由于测量设备、测量方法、测量环境条件和测量人员等因素的影响，其产生的测量结果必然存在测量误差（或测量不确定度）；另一方面，组织在生产经营过程中对测量结果的要求都有一个允许的误差（不确定度）的范围。因此，测量管理的关键是确保测量过程和测量设备的计量特性能够满足组织生产经营对测量过程和测量设备的计量要求。

对于“测量过程”，在标准引言中还作出了明确的说明：“在本标准中，术语‘测量过程’适用于实际的测量活动（例如在设计、检测、生产和检验中的测量过程）。”由此可见，测量过程不仅仅存在于计量实验室的检定或校准中，更重要的是贯穿于一个组织生产经营管理的全过程，渗透在产品形成的全过程。

二、引用标准的场合

在标准引言中对标准的引用作出了明确说明：

> 以下情况可以引用本标准：
> - 顾客在规定所要求的产品时；
> - 供方在规定所提供的产品时；
> - 立法和执法机构；
> - 测量管理体系的评定和审核。

从上述规定可以看出，标准具有广泛的适用性，既可以被市场经济中的第一方和第二方引用，也可以被政府机构和承担测量管理体系评定和审核的第三方引用。

作为第一方的顾客，在采购或招标产品（或服务）时，不仅可以对产品（服务）质量提出要求，也可以引用本标准对生产产品（或提供服务）的测量管理体系提出相应的要求，以确保涉及产品质量（或服务质量）的测量数据满足规定的计量要求。

作为第二方的提供产品（或服务）者或投标者，不仅可以引用产品（或服务）质量标准向顾客或招标方承诺产品（或服务）质量，而且可以引用本标准承诺测量管理体系的测量过程和测量设备满足规定的计量要求。

作为政府的立法或执法机构，为了规范市场计量行为，保护公众的合法利益，可以引用本标准要求一个组织的测量管理体系符合规定的要求。例如，对申请国家名牌产品的企业和重点耗能企业，就要求其计量管理达到本标准的要求。

作为第三方的测量管理体系评价和审核机构，可以引用本标准作为审核准则，对申请测量管理体系认证组织的测量管理体系进行科学、公正、客观的评价和审核。

三、实施标准的方法和原则

建立测量管理体系，确保测量过程和测量设备满足预期的计量要求是一项专业性和技术性都很强的系统工程。为了使标准的使用者能够科学、有效地建立体系，标准在引言中提供了应采用的方法和原则的指南。

1. 技术方法

在标准引言中指出：

> 用于测量管理体系的方法包括从基本的测量设备的验证到测量过程控制中统计技术的应用。

测量设备的验证是将测量设备的校准结果与测量过程对该测量设备的计量要求相比较，判断该测量设备是否满足预期使用要求的过程。测量设备验证是测量设备计量确认的一个子过程。

统计技术在测量过程中的应用，也称为统计过程控制（Statistical Process Control，简称 SPC），是应用统计技术对测量过程中的各个阶段进行评估和监控，建立并保持测量过程处于可接受的并且稳定的水平，从而保证测量结果符合规定的计量要求的一种管理技术。它是过程控制的一部分，从内容上来说主要有两个方面：一是利用控制图分析测量过程的稳定性，对过程存在的异常因素进行预警；二是计算测量过程能力指数，分析稳定的测量过程能力满足计量要求的程度，对测量过程质量进行评价。

用于测量管理体系的方法是多种多样的，应根据不同的管理对象，采用不同的技术方法。对技术比较简单、计量要求比较低、测量结果的不正确可能形成的风险比较小的测量过程，可选择测量设备验证的方法，因为该方法是对测量设备实施管理的最简单、最基本、也是成本比较小的方法。对技术比较复杂、计量要求比较高、由于测量结果的不正确可能造成重大的经济损失或安全风险的测量过程，则应选择统计技术对测量过程实施有效控制。虽然该方法的技术要求高、运行成本高，但是被控制的测量过程满足计量要求的可靠性也比较高。

2. 管理原则

在标准引言中指出：

> GB/T 19000 标准阐明的管理原则之一是强调过程方法。应当认为测量过程是支持该组织产品质量的特定过程，图 1[1] 显示了适于本标准的测量管理体系模式。

系统地识别和管理组织所应用的过程，特别是这些过程之间的相互作用，可称为“过程方法”。将测量过程看做是支持组织生产的产品质量的特定过程，按照过程方法建立测量管理体系模式是制定本标准的一个非常重要的基本思路。

1　见本书中图 1－2－1。

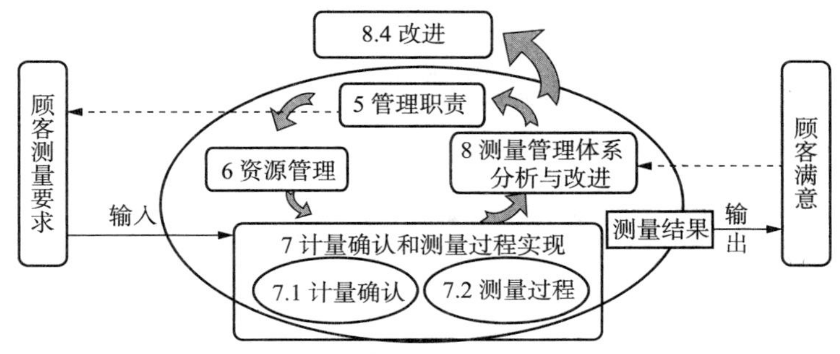

图 1-2-1　测量管理体系模式

注：数字对应标准的相应条款

图 1-2-1 展示了标准第 5～8 章中所提出的过程联系，反映了组织在确定输入要求时顾客起着重要的作用。顾客要求作为计量确认和测量过程实现过程的输入，组织通过计量确认和测量过程的实现过程，将该实现过程的输出（过程的结果即测量结果）提交给顾客，以增强顾客满意。顾客是否满意则需要组织通过监视、测量和分析来评价顾客关于组织是否满足其要求的感受的相关信息。从顾客要求到计量确认和测量过程实现到顾客满意一连串的活动是增值活动。圆圈中的四个矩形方框“管理职责”“资源管理”“计量确认和测量过程实现”和“测量管理体系分析与改进”分别代表了标准中的第 5、6、7、8 章，每个方框中包括的详细过程分别在各章加以说明。而圆圈中的四个箭头分别代表了管理职责、资源管理、计量确认和测量过程实现以及分析和改进的内在逻辑顺序。它们通过四个箭头形成闭环，表明测量管理体系是不断循环上升的。图中在管理职责与顾客要求之间以及在分析、改进与顾客满意之间存在一个虚线箭头，表明在管理职责与顾客要求之间以及在分析、改进与顾客满意之间存在信息流。图中的大箭头表明一个组织的测量管理体系的所有过程都应得到持续改进。标准第 4 章“总要求”隐含在整个模式图中。

从标准的结构框架可以看出，ISO 10012：2003 也是按照过程方法展开的，因此与 ISO 9001：2000 具有相同的结构框架。

四、实施标准的基本要求

在标准引言中对实施本标准的组织提出了一个基本的要求：

> 组织有责任规定测量管理体系要求和决定所需的控制程度作为其整个管理体系的一部分。

这个基本要求包含了两层含义：

1. 组织有责任规定测量管理体系要求和决定所需控制程度

一个组织在应用标准时应根据组织自身的规模、性质、产品和管理的特点以及实际的需要合理地确定测量管理体系的要求、体系管理的范围和需要控制的程度。组织按照标准建立测量管理体系应满足组织生产经营、质量管理、环境管理、能源管理和职业健康安全管理等各项活动对计量的要求。但是，对于一个具体的组织而言，管理所涉及的范围和重点是有所不同的，应坚持求真务实的精神，科学、合理、有效地确定管理的要求、范围和控制程度。

2. 组织有责任将测量管理体系作为其整个管理体系的一部分

"作为其整个管理体系的一部分"有两个含义。

一是，测量管理体系应该是该组织整个管理体系中的一个相对独立的体系，而不是其他一个管理体系的子系统，如质量管理体系的组成部分；

二是，测量管理体系应该覆盖组织中的全部测量过程和测量设备，包括计量检定、校准和实际的测量活动，如产品的设计、生产、检测和检验；整个组织管理过程中的经营管理、能源管理、安全防护和环境监测等活动。

第二节　标准的范围

一、标准条款

> **1　范围**
>
> 本标准规定了测量过程和测量设备计量确认管理的通用要求，并提供了指南，用于支持和证明符合计量要求。它规定了测量管理体系的质量管理要求，可由执行测量的组织作为整个管理体系的一部分，以确保满足计量要求。

二、理解要点

1. 标准的内容

标准的内容是规定要求。标准规定的要求包括两个方面：

一是规定了测量过程和测量设备计量确认管理的通用要求。测量过程和测量设备计量确认是标准规范的对象，也是测量管理体系管理的核心。

二是规定了测量管理体系的质量管理要求。在标准的引言中指出"应当认为测量过程是支持该组织产品质量的特定过程。"测量过程的产品是测量结果，测量结果是一个特定的产品。为了保证产品质量满足规定的质量要求，即测量结果满足规定的计量要求，标准规定了测量管理体系的质量管理要求。因此，ISO 9000标准的质量管理八项原则完全适用于测量管理体系；测量管理体系模式类似于质量管理体系的模式。

标准在规定要求的同时，还提供了指南。指南是提供信息。因此指南不是对"要求"的增加、限制或修改。指南是为了帮助理解"要求"，并提供实施"要求"的参考方法。

2. 要求的性质

要求是通用的，必须具有普遍适用性和基础性。

一方面，标准具有普遍的适用性，适用于不同性质和不同规模的组织。既可以被作为顾客的第一方和作为供方的第二方引用，也可以被政府机构和承担测量管理体系评定和审核的第三方引用；既适用于生产型的组织，也适用于服务型的组织；既适用于大型的组织，也适用于小型的组织。

另一方面，因为标准是通用的，所以就必然具有基础性，因此不同的组织应根据组织自身的特点和需要，规定测量管理体系的要求。

3. 要求的目的

标准规定测量过程和测量设备计量确认管理要求的目的有以下点：

一是为了支持测量过程和测量设备符合计量要求。组织按照标准建立测量管理体系，对体系内的测量过程和测量设备实施有效管理，以确保它们能够持续地符合顾客、组织和法律法规规定的计量要求。

二是为了证明测量过程和测量设备计量确认符合计量要求。组织不仅要按标准要求实施对测量过程和测量设备的有效管理，还必须通过测量过程记录、测量设备计量确认记录、测量结果的计量溯源和不确定度评定，向顾客和有关的方面提供组织的测量过程和测量设备计量确认符合计量要求的客观证据。

4. 适用的对象

首先，使用标准的组织应该是一个执行测量的组织，即在组织的生产经营管理或其他活动中存在测量过程，并对测量过程有明确的计量要求。如果一个组织不存在测量过程，或者，虽然存在测量过程，但是对测量过程没有明确的计量要求，这样的组织就没有必要使用本标准。

其次，使用标准的组织应该把测量管理体系作为组织整个体系的组成部分，以确保满足计量要求。如果一个组织建立的测量管理体系不是作为组织整个体系的组成部分，则标准中规定的要求就无法有效实施，确保满足计量要求的目标也难以实现。

三、实施关注点

一个组织按照标准的要求建立测量管理体系时，应注意以下几点：

（1）测量管理体系的宗旨是为了满足计量要求，如果一个组织不存在测量过程，或者对测量过程的计量要求不明确，就没有必要建立测量管理体系。

（2）建立的测量管理体系应该是组织整个体系的组成部分，而不是从属于其他体系的一个子系统。

（3）组织在建立测量管理体系时，应根据标准的基本要求并结合自身的特点和需要，合理选择测量管理体系的要求，确定管理的范围和控制的程度。

（4）如果一个组织已经建立了有效的质量管理体系，则在建立测量管理体系时，应注意保持与质量管理体系的衔接。测量管理体系中的有些管理要素，如内部审核、管理评审、顾客满意度调查等可以引用质量管理体系的一些过程和程序，有时也可以一并实施。

第三节 与其他标准的关系

一、与 GB/T 19001 和 GB/T 24001 等标准的关系

要解理 GB/T 19022/ISO 10012 与 GB/T 19001/ISO 9001、GB/T 24001/ISO 14001 和其他标准的关系，首先应该了解在 GB/T 19001、GB/T 24001 和其他标准中对测量、测量过程和测量设备的要求，比较这些标准的要求与 GB/T 19022/ISO 10012 标准要求之间的联系和区别，然后才能正确理解它们之间的关系。

（一）ISO 9000：2015 标准有关测量的要求

2015 年，国际标准化组织正式发布了 ISO 9000：2015，我国对其进行了转化，GB/T 19000—2016《质量管理体系　基础和术语》已正式发布。新版质量管理体系标准对测量、测量过程和测量设备等提出了一系列新的要求，具体内容如下：

1. GB/T 19000—2016 标准中的有关内容

3　术语和定义

3.2.9　计量职能 metrological function

负责确定并实施测量管理体系（3.5.7）的行政和技术职能

［源自：GB/T 19022—2003，3.6，改写］

……

3.5.6　计量确认 metrological confirmation

为确保测量设备（3.11.6）符合预期使用要求（3.6.4）所需要的一组操作

注 1：计量确认通常包括：校准或检定［验证（3.8.12）］、各种必要的调整或维修［返修（3.12.9）］及随后的再校准、与设备预期使用的计量要求相比较，以及所要求的封印和标签。

注 2：只有测量设备已被证实适合于预期使用并形成文件，计量确认才算完成。

注 3：预期使用要求包括：量程、分辨率和最大允许误差。

注 4：计量要求通常与产品（3.7.6）要求不同，并且不在产品要求中规定。

［源自：GB/T 19022—2003，3.5，改写，注 1 已被修改］

3.5.7　测量管理体系 measurement management system

实现计量确认（3.5.6）和测量过程（3.11.5）控制所必需的相互关联或相互作用的一组要素

［源自：GB/T 19022—2003，3.1，改写］

……

3.6.4　要求 requirement

明示的、通常隐含的或必须履行的需求或期望

注 1：“通常隐含”是指组织（3.2.1）和相关方（3.2.3）的惯例或一般做法，所考虑的需求或期望是不言而喻的。

注 2：规定要求是经明示的要求，如：在成文信息（3.8.6）中阐明。

注3：特定要求可使用限定词表示，如：产品（3.7.6）要求、质量管理（3.3.4）要求、顾客（3.2.4）要求、质量要求（3.6.5）。

注4：要求可由不同的相关方或组织自己提出。

注5：为实现较高的顾客满意（3.9.2），可能有必要满足那些顾客既没有明示、也不是通常隐含或必须履行的期望。

注6：这是ISO/IEC导则 第1部分ISO补充规定的附件SL中给出的ISO管理体系标准中的通用术语及核心定义之一，最初的定义已经通过增加注3至注5被改写。

3.6.5 质量要求 quality requirement

关于质量（3.6.2）的要求（3.6.4）

3.6.6 法律要求 statutory requirement

立法机构规定的强制性要求（3.6.4）

3.6.7 法规要求 regulatory requirement

立法机构授权的部门规定的强制性要求（3.6.4）

……

3.7.9 风险 risk

不确定性的影响

注1：影响是指偏离预期，可以是正面的或负面的。

注2：不确定性是一种对某个事件，或是事件的局部的结果或可能性缺乏理解或知识方面的信息（3.8.2）的情形。

注3：通常，风险是通过有关可能事件（GB/T 23694—2013中的定义，4.5.1.3）和后果（GB/T 23694—2013中的定义，4.6.1.3）或两者的组合来描述其特性的。

注4：通常，风险是以某个事件的后果（包括情况的变化）及其发生的可能性（GB/T 23694—2013中的定义，4.6.1.1）的组合来表述的。

注5："风险"一词有时仅在有负面后果的可能性时使用。

注6：这是ISO/IEC导则 第1部分ISO补充规定的附件SL中给出的ISO管理体系标准中的通用术语及核心定义之一，最初的定义已经通过增加注5被改写。

……

3.8.12 验证 verification

通过提供客观证据（3.8.3）对规定要求（3.6.4）已得到满足的认定

注1：验证所需的客观证据可以是检验（3.11.7）结果或其他形式的确定（3.11.1）结果，如：变换方法进行计算或文件（3.8.5）评审。

注2：为验证所进行的活动有时被称为鉴定过程（3.4.1）。

注3："已验证"一词用于表明相应的状态。

3.8.13 确认 validation

通过提供客观证据（3.8.3）对特定的预期用途或应用要求（3.6.4）已得到满足的认定

注1：确认所需的客观证据可以是试验（3.11.8）结果或其他形式的确定（3.11.1）结果，如：变换方法进行计算或文件（3.8.5）评审。

注2："已确认"一词用于表明相应的状态。

注3：确认所使用的条件可以是实际的或是模拟的。

……

3.9.2 顾客满意 customer satisfaction

顾客（3.2.4）对其期望已被满足程度的感受

注 1：在产品（3.7.6）或服务（3.7.7）交付之前，组织（3.2.1）有可能不了解顾客的期望，甚至顾客也在考虑之中。为了实现较高的顾客满意，可能有必要满足那些顾客既没有明示，也不是通常隐含或必须履行的期望。

注 2：投诉（3.9.3）是一种满意程度低的最常见的表达方式，但没有投诉并不一定表明顾客很满意。

注 3：即使规定的顾客要求（3.6.4）符合顾客的愿望并得到满足，也不一定确保顾客很满意。

［源自：ISO 10004：2012，3.3，改写。注已被修改］

3.9.3　投诉 complaint

〈顾客满意〉就产品（3.7.6）、服务（3.7.7）或投诉处理过程（3.4.1），表达对组织（3.2.1）的不满，无论是否明确地期望得到答复或解决问题

［源自：ISO 10002：2014，3.2，改写，术语“服务”已包括在定义中］

3.9.4　顾客服务 customer service

在产品（3.7.6）或服务（3.7.7）的整个寿命周期内，组织（3.2.1）与顾客（3.2.4）之间的互动

［源自：ISO 10002：2014，3.5，改写，术语“服务”已包括在定义中］

3.9.5　顾客满意行为规范 customer satisfaction code of conduct

组织（3.2.1）为提高顾客满意（3.9.2），就自身行为向顾客（3.2.4）做出的承诺及相关规定

注 1：相关规定可包括：目标（3.7.1）、条件、限制、联系信息（3.8.2）和投诉（3.9.3）处理程序（3.4.5）。

注 2：在 GB/T 19010—2009 中，术语“规范”用于代替“顾客满意行为规范”。

［源自：GB/T 19010—2009，3.1，改写，删除了已被接受的术语“规范”，并且注 2 已被修改］

……

3.10.1　特性 characteristic

可区分的特征

注 1：特性可以是固有的或赋予的。

注 2：特性可以是定性的或定量的。

注 3：有各种类别的特性，如：

a）物理的（如：机械的、电的、化学的或生物学的特性）；

b）感官的（如：嗅觉、触觉、味觉、视觉、听觉）；

c）行为的（如：礼貌、诚实、正直）；

d）时间的（如：准时性、可靠性、可用性、连续性）；

e）人因工效的（如：生理的特性或有关人身安全的特性）；

f）功能的（如：飞机的最高速度）。

……

3.10.5　计量特性 metrological characteristic

能影响测量（3.11.4）结果的特性（3.10.1）

注 1：测量设备（3.11.6）通常有若干个计量特性。

注 2：计量特性可作为校准的对象。

……

3.11.3　监视 monitoring

确定（3.11.1）体系（3.5.1）、过程（3.4.1）、产品（3.7.6）、服务（3.7.7）或活动的状态

注1：确定状态可能需要检查、监督或密切观察。

注2：通常，监视是在不同的阶段或不同的时间，对客体（3.6.1）状态的确定。

注3：这是ISO/IEC导则　第1部分ISO补充规定的附件SL中给出的ISO管理体系标准中的通用术语及核心定义之一，最初的定义和注1已经被改写，并增加了注2。

3.11.4　测量 measurement

确定数值的过程（3.4.1）

注1：根据GB/T 3358.2，确定的数值通常是量值。

注2：这是ISO/IEC导则　第1部分ISO补充规定的附件SL中给出的ISO管理体系标准中的通用术语及核心定义之一，最初的定义已经通过增加注1被改写。

3.11.5　测量过程 measurement process

确定量值的一组操作

3.11.6　测量设备 measuring equipment

为实现测量过程（3.11.5）所必需的测量仪器、软件、测量标准、标准物质或辅助设备或它们的组合

3.11.7　检验 inspection

对符合（3.6.11）规定要求（3.6.4）的确定（3.11.1）

注1：显示合格的检验结果可用于验证（3.8.12）的目的。

注2：检验的结果可表明合格、不合格（3.6.9）或合格的程度。

……

3.12.1　预防措施 preventive action

为消除潜在不合格（3.6.9）或其他潜在不期望情况的原因所采取的措施

注1：一个潜在不合格可以有若干个原因。

注2：采取预防措施是为了防止发生，而采取纠正措施（3.12.2）是为了防止再发生。

3.12.2　纠正措施 corrective action

为消除不合格（3.6.9）的原因并防止再发生所采取的措施

注1：一个不合格可以有若干个原因。

注2：采取纠正措施是为了防止再发生，而采取预防措施（3.12.1）是为了防止发生。

注3：这是ISO/IEC导则　第1部分ISO补充规定的附件SL中给出的ISO管理体系标准中的通用术语及核心定义之一，最初的定义已经通过增加注1和注2被改写。

3.12.3　纠正 correction

为消除已发现的不合格（3.6.9）所采取的措施

注1：纠正可与纠正措施（3.12.2）一起实施，或在其之前或之后实施。

注2：返工（3.12.8）或降级（3.12.4）可作为纠正的示例。

2. GB/T 19001—2016标准中的有关内容

在标准第7章“支持”的第1节“资源”的第5款“监视和测量资源”中明确要求：

7.1.5.1 总则

当利用监视或测量来验证产品和服务符合要求时，组织应确定并提供所需的资源，以确保结果有效和可靠。

组织应确保所提供的资源：

a）适合所开展的监视和测量活动的特定类型；

b）得到维护，以确保持续适合其用途。

组织应保留适当的成文信息，作为监视和测量资源适合其用途的证据。

7.1.5.2 测量溯源

当要求测量溯源时，或组织认为测量溯源是信任测量结果有效的基础时，测量设备应：

a）对照能溯源到国际或国家标准的测量标准，按照规定的时间间隔或在使用前进行校准和（或）检定，当不存在上述标准时，应保留作为校准或验证依据的成文信息；

b）予以识别，以确定其状态；

c）予以保护，防止由于调整、损坏或衰减所导致的校准状态和随后的测量结果的失效。

当发现测量设备不符合预期用途时，组织应确定以往测量结果的有效性是否受到不利影响，必要时应采取适当的措施。

在标准的第9章“绩效评价”的第9节“监视、测量、分析和评价”中明确要求：

9.1.1 总则

组织应确定：

a）需要监视和测量什么；

b）需要用什么方法进行监视、测量、分析和评价，以确保结果有效；

c）何时实施监视和测量；

d）何时对监视和测量的结果进行分析和评价。

组织应评价质量管理体系的绩效和有效性。

组织应保留适当的成文信息，以作为结果的证据。

9.1.2 顾客满意

组织应监视顾客对其需求和期望已得到满足的程度的感受。组织应确定获取、监视和评审该信息的方法。

注：监视顾客感受的例子可包括顾客调查、顾客对交付产品或服务的反馈、顾客座谈、市场占有率分析、顾客赞扬、担保索赔和经销商报告。

9.1.3 分析与评价

组织应分析和评价通过监视和测量获得的适当的数据和信息。

应利用分析结果评价：

a）产品和服务的符合性；
b）顾客满意程度；
c）质量管理体系的绩效和有效性；
d）策划是否得到有效实施；
e）应对风险和机遇所采取措施的有效性；
f）外部供方的绩效；
g）质量管理体系改进的需求。
注：数据分析方法可包括统计技术。

（二）GB/T 24001—2016标准有关测量的要求

GB/T 24001—2016《环境管理体系　要求及使用指南》标准对测量的要求：

9.1　监视、测量、分析和评价
9.1.1　总则
组织应监视、测量、分析和评价其环境绩效。
组织应确定：
a）需要监视和测量的内容；
b）适用时的监视、测量、分析与评价的方法，以确保有效的结果；
c）组织评价其环境绩效所依据的准则和适当的参数；
d）何时应实施监视和测量；
e）何时应分析和评价监视和测量的结果。
适当时，组织应确保使用和维护经校准或验证的监视和测量设备。
组织应评价其环境绩效和环境管理体系的有效性。
组织应按其合规义务的要求及其建立的信息交流过程，就有关环境绩效的信息进行内部和外部信息交流。
组织应保留适当的文件化信息，作为监视、测量、分析和评价结果的证据。

（三）GB/T 28001—2011标准有关测量的要求

在GB/T 28001—2011《职业健康安全管理体系　要求》标准“4.5.1绩效测量和监视”条款中规定：

组织应建立、实施并保持程序，对职业健康安全绩效进行例行监视和测量。程序应规定：
a）适合组织需要的定性和定量测量；
b）对组织职业健康安全目标满足程度的监视；
c）对控制措施有效性（既针对健康也针对安全）的监视；
d）主动性绩效测量，即监视是否符合职业健康安全方案、控制措施和运行

> 准则；
>
> e）被动性绩效测量，即监视健康损害、事件（包括事故、未遂事件等）和其他不良职业健康安全绩效的历史证据；
>
> f）对监视和测量的数据和结果的记录，以便于其后续的纠正措施和预防措施的分析。
>
> 如果测量和监视绩效需要设备，适当时，组织应建立并保持程序，对此类设备进行校准和维护。应保存校准和维护活动及其结果的记录。

（四）GB/T 23331—2012/ISO 50001：2011 标准有关测量的要求

在 GB/T 23331—2012/ISO 50001：2011《能源管理体系　要求》标准中对测量的要求：

> 4.6.1　监视、测量与分析
>
> 组织应确保对其运行中的决定能源绩效的关键特性进行定期监视、测量和分析，关键特性至少应包括：
>
> a）主要能源使用和能源评审的输出；
>
> b）与主要能源使用相关的变量；
>
> c）能源绩效参数；
>
> d）能源管理实施方案在实现能源目标、指标方面的有效性；
>
> e）实际能源消耗与预期的对比评价。
>
> 组织应保存监视、测量关键特性的记录。
>
> 组织应制定和实施测量计划，且测量计划应与组织的规模、复杂程度及监视和测量设备相适应。
>
> 注：测量方式可以只用公用设施计量仪表（如：对小型组织），若干个与应用软件相连、能汇总数据和进行自动分析的完整的监视和测量系统。测量的方式和方法由组织自行决定。
>
> 组织应确定并定期评审测量需求。组织应确保用于监视测量关键特性的设备所提供的数据是准确、可重现的，并保存校准记录和采取其他方式以确立准确度和可重复性。
>
> 组织应调查能源绩效中的重大偏差，并采取相应措施。
>
> 组织应保持上述活动的结果。

（五）与 GB/T 19000 等标准的比较

从上述 GB/T 19001、GB/T 24001、GB/T 28001—2011 和 GB/T 23331—2012 标准有关对测量、测量过程和测量设备要求的内容可以清楚地看到：一方面，在这些标准中非常重视测量、测量过程和测量设备在体系中的重要作用，把测量作为体系建立和有效运行的必不可少的要素；另一方面，这些标准对测量的管理仅仅局限于对测量设备的管理，而没有涉及对测量过程的管理和控制。即使对测量设备的管理也是以比较简单的校准为主。

为此，GB/T 19022—2003 在“引言”和“范围”中阐明了与 GB/T 19001 和 GB/T 24001 等标准的关系。

在标准的引言作出了如下说明：

> 遵从本标准的要求有利于满足其他标准中规定的测量和测量过程控制的要求，例如，GB/T 19001—2000 的 7.6 和 GB/T 24001—1996 的 4.5.1。

在标准的第 1 章“范围”中作出了以下规定：

> 本标准不拟作为用于证明符合 GB/T 19001、GB/T 24001 和任何其他标准的必要条件。相关方可以允许在认证活动中使用本标准作为满足测量管理体系要求的输入。

上述内容表达了三层意思：

1. GB/T 19022—2003 不拟作为用于证明符合 GB/T 19001、GB/T 24001 和任何其他标准的必要条件

其原因是：在 GB/T 19001、GB/T 24001 和任何其他标准中，将测量过程和测量设备作为这些体系实现其管理目标的一个支持手段或支持过程，因此对它们的要求要比较简单；而在 ISO 10012 标准中，则是将测量过程和测量设备的计量确认作为测量管理体系的主要管理对象，因此对它们的要求比较系统、全面和具体。如果将 ISO 10012 标准作为用于证明符合 GB/T 19001、GB/T 24001 和任何其他标准的必要条件，则就存在对 GB/T 19001、GB/T 24001 要求的增加或修改问题。

2. 遵从 GB/T 19022—2003 的要求有利于满足其他标准中规定的测量和测量过程控制的要求

由于在 GB/T 19022—2003 中对测量过程和测量设备的要求比较系统和详细，测量过程和测量设备如果满足了 GB/T 19022—2003 的要求，就必然满足按照 GB/T 19001、GB/T 24001 和任何其他标准建立的体系对测量过程和测量设备的要求。

3. 相关方可以允许在认证活动中使用本标准作为满足测量管理体系要求的输入

在上一节关于标准可以引用的几种情况中指出，在对测量管理体系评定和审核时可以引用 GB/T 19022—2003。因此，在认证活动中如果审核的委托方或受审核方与审核机构允许，可以将标准作为审核准则用作与审核证据进行比较的依据。

二、与 ISO/IEC 17025 的标准的关系

在标准的第 1 章“范围”中明确规定：“本标准不拟替代或增加 GB/T 15481（idt ISO/IEC 17025）标准的要求。”

此规定阐明了 ISO 10012 标准与 ISO/IEC 17025 的标准关系中的两个要求：一是 ISO 10012 标准不能替代 ISO/IEC 17025 标准的要求，二是 ISO 10012 标准也不能增加 ISO/IEC 17025 标准的要求。

要理解上述规定的原因，就必须了解 ISO/IEC 17025 标准的内容以及该标准与 ISO 10012 标准的区别和联系。

（一）ISO/IEC 17025 标准简介

ISO/IEC 17025：2005《检测和校准实验室能力的通用要求》规定了实验室进行检测和/或校准能力（包括抽样能力）的通用要求。标准适用于从事检测和校准的实验室。标准包含了检测和校准实验室为证明其按管理体系运行，具有相应的技术能力并能提供正确的技术结果所必须具备的所有要求。

要求包括管理要求和技术要求两个部分，在第 4 章“管理要求”中包括：4.1 组织；4.2 管理体系；4.3 文件控制；4.4 要求、标书和合同评审；4.5 检测和校准的分包；4.6 服务和供应品的采购；4.7 服务客户；4.8 投诉；4.9 不符合检测和（或）校准工作的控制；4.10 改进；4.11 纠正措施；4.12 预防措施；4.13 记录的控制；4.14 内部审核；4.15 管理评审。在第 5 章“技术要求”中包括：5.1 总则；5.2 人员；5.3 设施和环境条件；5.4 检测和校准方法的确认；5.5 设备；5.6 测量溯源性；5.7 抽样；5.8 检测和校准物品的处置；5.9 检测和校准结果质量的保证；5.10 结果报告。该标准适用于实验室建立质量管理与技术体系并控制其运作，并可供其顾客、法定管理机构和认可机构对其能力进行确认或承认时使用。

（二）与 ISO/IEC 17025 标准的比较

通过上述对 ISO /IEC 17025 标准的简要介绍，可以看到两个标准之间的区别与联系。

1. 两个标准之间的区别

根据上述对 ISO/IEC 17025 标准的简要介绍，可以看出两个标准在适用对象、要求内容、标准结构和范围的对象等方面是不同的。因此，ISO 10012 标准不拟替代 ISO/IEC 17025 标准。两个标准之间的主要区别可用表 1－2－1 表示。

表 1－2－1　ISO 10012 与 ISO/IEC 17025 标准的主要区别

比较项目	ISO 10012 标准	ISO/IEC 17025 标准
适用对象	执行测量的组织	检测和/或校准实验室
要求内容	测量过程和测量设备管理要求和测量管理体系的质量管理要求	实验室质量管理要求和技术能力要求
标准结构	根据“过程方法”原则建立体系	根据管理要求和技术要求两个部分建立体系
主要规范对象	测量过程和测量设备	检测和/或校准活动
评审方式	测量管理体系认证	实验室能力认可
评审目的	证明测量管理体系有效	承认实验室具备能力

2. 两个标准之间的联系

通过对 ISO/IEC 17025 标准的简单介绍，也可以看出两个标准之间也存在许多共同的联系之处。

首先，在 GB/T 19022—2003 的引言中指出：“在本标准中，术语‘测量过程’适用于实际的测量活动（例如在设计、检测、生产和检验中的测量活动）。”由此说明，在 ISO 10012 标准中对测量过程的管理包含了对检测和检验活动的管理。

其次，在 GB/T 19022—2003 中又明确指出：“计量确认包括测量设备校准和测量设备验证。”这又明确地说明对测量设备的计量确认包括了测量设备的校准。

由此可见，从本质上说实验室的检测和校准工作属于测量过程的范畴，同样应该遵循测量管理的基本原则和基本要求。具体表现在以下几个方面：

(1) 两个标准对体系的质量管理要求基本上是一致的；

(2) ISO/IEC 17025 标准中对检测和校准结果的溯源性、测量不确定度的评定的要求与 ISO 10012 标准中对测量结果的溯源性和不确定度评定的要求基本上也是一致的；

(3) 在对测量设备的要求方面，两个标准都要求对测量设备进行校准，区别是在 ISO 10012 标准中，对测量设备不仅需要校准，而且要求把校准结果与预期使用要求进行比较，以评定其是否满足使用的计量特性要求；

(4) 在对测量结果的质量控制方面也有共同的要求，区别在于 ISO/IEC 17025 标准中强调的是应用实验室能力验证的方法，而在 ISO 10012 标准中强调的是应用测量过程的控制，提倡用在测量过程控制中应用统计技术。

因此，ISO 10012 标准不能增加 ISO/IEC 17025 标准的要求。

第三章

主要术语与定义

在标准第 3 章中提出了有关测量管理体系的几个重要术语和定义。了解这些术语和定义对全面、准确地理解标准的内容是十分重要的。

一、测量设备

1. 定义

> 实现测量过程所必需的测量仪器、软件、测量标准、标准样品（标准物质）或辅助设备或它们的组合。

2. 理解要点

（1）根据此定义，测量设备是一个广义的概念，既包括了硬件，也包括了软件；既包括了用于检定、校准的测量标准，也包括了用于一般测量过程的工作用测量设备。

（2）用于测量过程或测量结果计算的软件属于测量设备，应按照对测量设备的要求进行管理和控制，软件包括计算机软件、操作规范和文件资料等。

（3）标准物质属于测量设备，应注意对其管理。

（4）在一个组织中用于检定、校准、检验、监视、分析、化验、测试和试验的，只要是能够用以直接或间接测出被测对象量值的，都称为测量设备。

二、测量过程

1. 定义

> 确定量值的一组操作。

2. 理解要点

本标准给出的定义与 VIM：1993《国际通用计量学基础词汇》中“测量”的定义相同。但是，“测量”主要强调的是确定量值；“测量过程”强调的则是采用“过程方法”实现测量，即将测量作为“过程”进行管理，并实施控制，以确保测量结果的准确可靠。

2007 版 VIM 和 JJF 1001—2011 给出的关于测量的定义是“通过实验获得并可合理赋予某量一个或多个量值的过程。”此定义比本标准给出的定义更加符合测量过程的概念。

三、计量特性

1. 定义

> 能影响测量结果的可区分的特性。
> 注 1：测量设备通常有若干个计量特性。
> 注 2：计量特性可作为校准的对象。

2. 理解要点

可以用计量特性表示测量设备的主要特征，也可以用计量特性表述顾客、组织和法律法规的计量要求，因此测量设备的计量特性可以与计量要求直接进行比较，以判断测量设备是否满足预期的计量要求。

计量特性通常可用下列术语表示：

（1）测量区间又称工作区间，在某些领域，此术语也称“测量范围”或“工作范围”。

在规定条件下，由具有一定的仪器不确定度的测量仪器或测量系统能够测量出的一组同类量的量值。

（2）测量不确定度

根据所用到的信息，表征赋予被测量量值分散性的非负参数。

注：

1 测量不确定度包括由系统影响引起的分量，如与修正量和测量标准所赋量值有关的分量及定义的不确定度。有时对估计的系统影响未作修正，而是当做不确定度分量处理。

2 此参数可以是诸如称为标准测量不确定度的标准偏差（或其特定倍数），或是说明了包含概率的区间半宽度。

3 测量不确定度一般由若干分量组成。其中一些分量可根据一系列测量值的统计分布，按测量不确定度的 A 类评定进行评定，并可用标准差表征。而另一些分量则可根据基于经验或其他信息所获得的概率密度函数，按测量不确定度的 B 类评定进行评定，也用标准偏差表征。

4 通常，对于一组给定的信息，测量不确定度是相应于所赋予被测量的值的。该值的改变将导致相应的不确定度的改变。

（3）最大允许误差

对给定的测量、测量仪器或测量系统，由规范或规程所允许的，相对于已知参考量值的测量误差的极限值。

注：

1 通常，术语“最大允许误差”或“误差限”是用在有两个极端值的场合。

2 不应该用术语“容差”表示“最大允许误差”。

（4）仪器偏移

重复测量示值的平均值减去参考量值。

（5）测量重复性，简称重复性

在一组重复性测量条件下的测量精密度。

重复性测量条件简称重复性条件，是指相同测量程序、相同操作者、相同测量系统、相同操作条件和相同地点，并在短时间内对同一或相类似被测对象重复测量的一组测量条件。

测量精密度，简称精密度，是指在规定条件下，对同一或类似被测对象重复测量所得示值或测量得值间的一致程度。

注：

1 测量精密度通常用不精密程度以数字形式表示，如在规定测量条件下的标准偏差、方差或变差系数。

2 规定条件可以是重复性测量条件，期间精密度测量条件或复现性测量条件。

3 测量精密度用于定义测量重复性，期间测量精密度或测量复现性。

4 术语“测量精密度”有时用于指“测量准确度”，这是错误的。

（6）测量复现性，简称复现性

在复现性测量条件下的测量精密度。

复现性测量条件，简称复现性条件，是指不同地点、不同操作者、不同测量系统，对同一或相类似被测对象重复测量的一组测量条件。

注：

1 不同的测量系统可采用不同的测量程序。

2 在给出复现性时应说明改变和未变的条件及实际改变到什么程度。

（7）稳定性

测量仪器保持其计量特性随时间恒定的能力。

注：稳定性可用几种方式量化。

例：①用计量特性变化到某个规定的量所经过的时间间隔表示；

②用特性在规定时间间隔内发生的变化表示。

（8）测量系统的灵敏度，简称灵敏度

测量系统的示值变化除以相应的被测量值变化所得的商。

注：

1 测量系统的灵敏度可能与被测量的量值有关。

2 所考虑的被测量值的变化必须大于测量系统的分辨力。

（9）漂移

由于测量仪器计量特性的变化引起的示值在一段时间内的连续或增量变化。

注：仪器漂移既与被测量的变化无关，也与任何认识到的影响量的变化无关。

（10）影响量

在直接测量中不影响实际被测的量、但会影响示值与测量结果之间关系的量。

例：

1. 用安培计直接测量交流电流恒定幅度时的频率；

2. 在直接测量人体血浆中血红蛋白浓度时，胆红素的物质的量浓度；

3. 测量某杆长度时测微计的温度（不包括杆本身的温度，因为杆的温度可以进入被测量的定义中）。

4. 测量摩尔分数时，质谱仪离子源的本底压力。

注：

1 间接测量涉及各直接测量的合成，每项直接测量都可能受到影响量的影响。

2 在 GUM 中，“影响量”按 VIM 第二版定义，不仅覆盖影响测量系统的量（如本定义），而且包含影响实际被测量的量。另外，在 GUM 中此概念不限于直接测量。

（11）分辨力

引起相应示值产生可觉察到变化的被测量的最小变化。

注：分辨力可能与诸如噪声（内部或外部的）或摩擦有关，也可能与被测量的值有关。

（12）鉴别阈

引起相应示值不可检测到变化的被测量值的最大变化。

注：鉴别阈可能与诸如噪声（内部或外部的）或摩擦有关，也可能与被测量的值及其变化是如何施加的有关。

（13）测量误差，简称误差

测得的量值减去参考量值。

注：

1　测量误差的概念在以下两种情况下均可使用：

①当涉及存在单个参考量值，如用测得值的测量不确定度可忽略的测量标准进行校准，或约定量值给定时，测量误差是已知的。

②假设被测量使用唯一的真值或范围可忽略的一组真值表征时，测量误差是未知的。

2　测量误差不应与出现的错误或过失相混淆。

（14）死区

当被测量值双向变化时，相应示值不产生可检测到的变化的最大区间。

注：死区可能与变化速率有关。

（15）额定工作条件

为使测量仪器或测量系统按设计性能工作，在测量时必须满足的工作条件。

注：额定工作条件通常要规定被测量和影响量的量值区间。

（16）极限工作条件

为使测量仪器或测量系统所规定的计量特性不受损害也不降低，其后仍可在额定工作条件下工作，所能承受的极端工作条件。

注：

1　储存、运输和运行的极限条件可以不同。

2　极限条件可包括被测量和影响量的极限值。

（17）参考工作条件，简称参考条件

为测量仪器或测量系统的性能评价或测量结果的相互比较而规定的工作条件。

注：

1　参考条件通常规定了被测量和影响量的量值区间。

2　在 IEC 60050—300 第 311-06-02 条款中，术语“参考条件”是指仪器测量不确定度为最小可能值时的工作条件。

四、计量确认

1．定义

为确保测量设备符合预期使用要求所需的一组操作。

注 1：计量确认通常包括：校准和验证、各种必要的调整或维修及随后的再校准、与设备预期使用的计量要求相比较以及所要求的封印和标签。

注 2：只有测量设备已被证实适合于预期使用要求并形成文件，计量确认才算完成。

注 3：预期使用要求包括：测量范围、分辨力、最大允许误差等。

注 4：计量要求通常与产品要求不同，并不在产品要求中规定。

注 5：图 2[1] 给出了计量确认过程框图。

1　见本书中图 1－3－1。

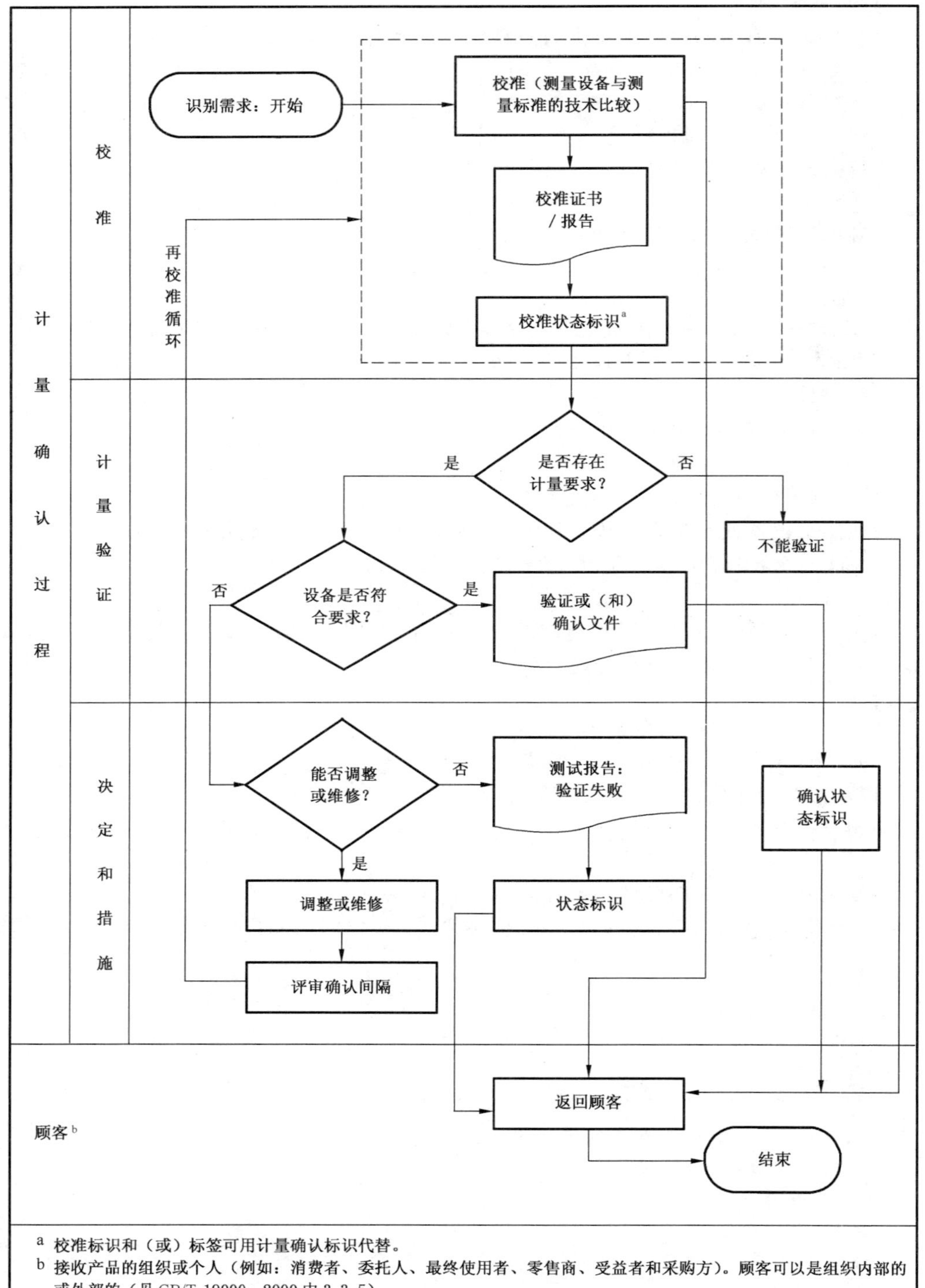

图 1－3－1　计量确认过程框图

2. 理解要点

（1）计量确认过程是一组操作，包括了校准过程、验证过程以及决定和措施三个子过程。

1）测量设备的校准过程

其输入是被校测量设备和上一等级标准器。输出是校准结果及校准状态的标识。活动是校准，即被校测量设备与上一等级标准器的比较。资源是校准人员、校准方法、校准的环境条件等。

2）验证过程

计量确认过程认为："顾客的计量要求（CMR）与测量设备的计量特性（MEMC）的直接比较，常常被称之为验证"。

因此，验证过程也有两个输入，一个是计量要求，一个是测量设备的计量特性。其输出是验证证书，或不能验证，或不符合计量要求的验证结论。其活动是将计量要求与计量特性进行比较。其资源是比较中使用的环境条件、比较人员、辅助设备或必要的其他手段等。

3）决定与措施

在决定与措施过程中，可能包括以下若干个子过程：

①调整或维修过程

如果校准结果不能符合计量要求，该测量设备还要经过调整或维修过程。调整或维修过程的输入是验证过程的一种输出：不符合计量要求的验证结论。其输出是调整或维修报告。活动是调整或维修。资源是调整或维修的设备、设施、人员、方法等。

②再校准（或称复核）过程

输入是调整或维修后的测量设备及其报告。输出是再校准状态的证书和标识。活动是校准以及校准前对校准间隔的评审。资源是再校准用的测量标准装置、人员、校准规范等。

③确认状态标识的标注过程

确认状态标识共有两种：一种是确认合格标识，另一种是确认失效标识（无法维修或调整）。该过程的输入是验证/确认文件，或验证失败记录。输出是确认合格标识，或确认失效标识。活动是领取标识，张贴或挂在测量设备上。资源是人员、登记等文件。

（2）计量确认的目的是为了确保测量设备满足预期使用要求。

（3）预期使用要求是指测量过程对过程中所使用的测量设备提出的计量要求。计量要求包括一个或若干个计量特性要求。

（4）通过确认，测量设备应满足预期使用要求，并且要有文件予以证明。

五、计量职能

1. 定义

组织中负责确定并实施测量管理体系的行政和技术职能。

2. 理解要点

（1）定义规定计量职能是负责测量管理体系的建立和实施，从而确立了计量职能在测量管理体系中的核心作用。因此明确规定和建立计量职能是组织实施标准的前提和基础。

（2）计量职能包括行政管理和技术保障两部分职能，从而明确了计量职能的重要内涵和作用，体现了计量工作的基本特征。

（3）在标准的 5.1、5.2、5.3、5.4、6.1、6.3.1、6.4、7.1.4、7.2.4、7.3.2、8.1、8.2、8.3.1、8.4.1、8.4.3 等条款明确规定了计量职能应承担的具体职责。

第四章

总要求

标准的第 4 章至第 8 章是标准对测量管理体系的要求。第 4 章"总要求"是对一个组织的测量管理体系的整体性要求。总要求中包括了建立体系的宗旨、体系管辖的范围、体系包括的过程以及对这些过程的基本要求等内容。理解标准的"总要求"，对全面和准确地理解和实施标准的具体要求是十分重要的。

一、标准条款

4　总要求

测量管理体系应确保满足规定的计量要求。

指南

规定的计量要求从产品要求导出。测量设备和测量过程都需要这些要求。要求可表示为最大允许误差、允许不确定度、测量范围、稳定性、分辨力、环境条件或操作者技能要求。

组织应规定属本标准所确定的测量设备和测量过程，在确定测量管理体系的范围和内容时，应考虑由于不符合计量要求而带来的风险和后果。

测量管理体系由设计的测量过程控制、测量设备的计量确认（见图 2）和必要的支持过程构成。测量管理体系内的测量过程应受控（见 7.2）。测量管理体系内所有的测量设备应经确认（见 7.1）。

测量管理体系应按照组织制定的程序更改。

二、目的和意图

总要求规定了体系的宗旨和范围，以及构成体系的过程和要求。

三、理解要点

1. 计量要求的重要性

无论是测量管理体系的建立和维护，还是计量确认和测量过程的实施都是围绕着"满足计量要求"这个目标展开。"满足计量要求"是建立和维护测量管理体系的出发点和归宿。

在标准的"总要求"中规定"测量管理体系应确保满足规定的计量要求"。因此满足规定的计量要求是一个组织建立和实施测量管理体系的根本目的之所在，也是评价一个组织的测量管理体系有效性的根本准则。

在标准的第 5 章“5.2 以顾客为关注焦点”中规定：

> 计量职能的管理者应确保：
> a）确定顾客的测量要求并转化为计量要求；
> b）测量管理体系满足顾客的计量要求；
> c）能证明符合顾客规定的要求。

在标准的第 7 章的“7.1.1 总则”条款中规定：“应设计并实施计量确认（见图 2 和附录 A），以确保测量设备的计量特性满足测量过程的计量要求。”

在标准的“7.2.2 测量过程设计”条款中规定：“应根据顾客、组织和法律法规的要求确定计量要求。为了满足这些规定要求而设计的测量过程应形成文件，并确认有效，必要时，征得顾客同意。”

为此，正确的理解“计量要求”的概念，全面、准确地识别并且满足计量要求是企业建立和运行测量管理体系的一项极为重要的技术基础工作。

2. 计量要求的概念

（1）计量要求的内涵

计量要求是对计量特性的一个或者若干个要求。它是指为了准确获得、表述和评定产品特性值的测量要求。计量要求取决于被测量的特性值的范围和要求。

计量要求可表示为：

——最大允许误差；

——允许不确定度；

——量程；

——稳定性；

——分辨力；

——环境条件；

——操作者技能要求。

上述要求中的最大允许误差、允许不确定度、量程、稳定性、分辨力都是针对测量结果（产品的特性值）而言的。测量过程的设计应确保满足上述计量要求。

例如，在测量一个质量为 100g 左右的物品时，要求测量结果的扩展不确定度为 0.6mg（$U=0.6\text{mg}$），包含因子 $k=2$。对这个测量过程存在两个计量要求，一是测量范围，二是测量结果的不确定度。

（2）计量要求与计量特性的关系

计量要求与计量特性两者之间是既有联系又有区别。

计量要求是顾客根据相应的生产过程而对测量过程和测量设备的特性或水平提出的一种要求。这种要求通常由组织中的计量人员和生产技术人员代表顾客提出。

计量特性是指能影响测量结果的可区分的特性。

测量设备和测量过程自身都有若干个计量特性。计量特性反映了测量设备和测量过程影响测量结果的状况，通常用若干个定量的参数表示出来。

测量设备的计量特性通常可以通过校准得到，包括误差、量程、偏移、重复性、稳定性、滞后、漂移、影响量、分辨力、鉴别力（阈）、死区等。测量过程的特性通常可以通过计算和分析得到，包括测量不确定度、测量误差、稳定性、重复性、复现性、操作者的技能水平及其他特性。

3. 计量要求的来源

在标准“5.2 以顾客为关注焦点”的条款中规定：“计量职能的管理者应确保：a）确定顾客的测量要求并转化为计量要求；”

在标准“7.2.2 测量过程设计”的条款中指出：“应根据顾客、组织和法律法规的要求确定计量要求。”

由此可见，计量要求来源于顾客、组织和法律法规对测量的要求。

顾客的计量要求可以根据顾客对产品的要求，即产品标准或合同的规定中导出，包括验证产品符合顾客规范的要求（检验标准）。

组织的计量要求可以根据对生产过程控制的要求，即生产工艺流程规范；对生产过程的输入要求，即原材料、零部件验收标准等；以及对经营管理或成本管理的要求中导出。

法律法规的要求可以根据相关的法律法规或强制性国家标准中规定的要求导出。

组织自己建立的测量标准装置的计量要求可以从校准、验证和计量确认的技术规范中导出。

有些情况下，计量要求中的最大允许误差也可由计量职能部门来设定。

4. 体系管理的对象

测量管理体系的管辖对象是测量过程和测量设备。一个组织应该根据自身实际的需要，自主确定纳入测量管理体系的测量设备和测量过程。但是确定管辖范围不是随意的，而是应从由于不符合计量要求而带来的风险和后果出发，对风险和成本进行全面的分析，以便科学、经济、合理地确定范围。

5. 过程管理原则

按照质量管理的“过程方法”原则，测量管理体系的管理也是通过过程方法来实施的。在测量管理中包含了：对测量过程的控制过程、测量设备的计量确认过程和其他必需的支持过程。在支持过程中包括了管理职责、资源管理、体系分析与改进等过程。

标准对各个过程都提出了明确的要求：体系内测量过程应受控、体系内的所有测量设备应确认以及体系应按组织制定的程序更改。

“总要求”体现的是标准对测量管理体系的总体性要求，并将贯穿于标准的各个章节中。

四、实施关注点

（1）建立体系首先应识别顾客、组织和法律法规规定的计量要求；

（2）根据计量要求，规定体系管理的测量设备和测量过程的范围；

（3）根据本组织的特点，确定体系覆盖的计量确认、测量过程和支持过程；

（4）确保过程按规定的要求实施；

（5）如果要更改测量管理体系，应按照规定的程序进行。

五、审核要点

（1）有关计量要求的规定；

（2）纳入体系的测量设备和测量过程的清单；

（3）构成体系的过程识别（测量管理手册）；

（4）测量设备计量确认的证明（计量确认过程记录）；

（5）测量过程受控的证明（测量过程记录）；

（6）组织有关体系更改的程序文件。

第五章

管理职责

标准的第 5 章“管理职责”实质上是指一个组织的管理者（领导者）在测量管理体系中应承担的主要职责，具体包括计量职能、以顾客为关注的焦点、质量目标和管理评审等四方面的要求。这四个方面是建立和实施体系的组织保证，也是确保体系持续改进的必要条件。

第一节　计量职能

一、标准条款

> 5.1　计量职能
>
> 组织应规定计量职能。组织的最高管理者应确保必要的资源以建立和保持计量职能。
>
> *指南*
>
> *计量职能可能是一个单独的部门或分布在整个组织中。*
>
> 计量职能的管理者应建立测量管理体系，形成文件，并加以保持和持续改进其有效性。

二、目的和意图

本条款规定了组织、组织的最高管理者以及计量职能的管理者的职责。

三、理解要点

1. 领导者职责

标准规定了组织、组织的最高管理者和计量职能管理者三个层面的领导者职责。

（1）组织的责任：规定计量职能；

（2）组织的最高管理者的责任：确保必要的资源以建立和保持计量职能。必要的资源：包括人力资源、信息资源和物质资源等；

（3）计量职能管理者的责任：建立管理体系、形成体系文件、维护体系运行和持续改进体系。

2. 体系应形成文件

标准规定测量管理体系应形成文件。

所谓文件是信息及其承载媒体。文件的形式，可采用任何形式或类型的媒体，如纸张、计算机磁盘、光盘或其他电子媒体、照片或标准样品。

测量管理体系文件应包括：

（1）形成文件的质量方针和质量目标；

（2）测量管理手册；

（3）标准所要求的形成文件的程序；

（4）组织为确保其过程的有效策划、运行和控制所需要的文件；

（5）标准所要求的记录。

四、实施关注点

（1）计量职能的实施：由独立的计量部门组织实施或者由计量部门会同各有关部门共同负责实施。

（2）体系文件的制定：编制内容应覆盖规范要求；编制方法应确保文件的系统性、协调性、实用性和有效性。

五、审核要点

（1）组织规定计量职能的文件；

（2）测量管理体系文件；

（3）体系持续改进的记录（包括管理评审、审核、纠正措施、预防措施等记录）。

第二节　以顾客为关注焦点

一、标准条款

> 5.2　以顾客为关注焦点
>
> 计量职能的管理者应确保：
>
> a）确定顾客的测量要求并转化为计量要求；
>
> b）测量管理体系满足顾客的计量要求；
>
> c）能证明符合顾客规定的要求。

二、目的和意图

组织只有充分了解顾客的要求，才能确定满足顾客要求的计量要求，以达到顾客满意。本条款规定计量职能的管理者必须确定、满足并证明符合顾客的测量要求。

三、理解要点

1. 顾客的重要性

“以顾客为关注焦点”是质量管理八项原则之一。树立“以顾客为关注焦点”的思想，满足顾客的要求是建立测量管理体系的出发点和归宿。

2. 顾客的测量要求

测量管理体系的顾客来自组织外部和组织内部的两个方面。顾客的测量要求包括明示的或潜在的两种类型。明示的测量要求表现为合同、标书、图纸、标准、工艺文件或技术规范所规定的要求；潜在的测量要求包括根据已知的预期用途可能涉及的法律法规要求，或者由于顾客认识的限制，应该提出而未提出的要求。

3. 满足顾客要求的基本条件

测量管理体系应通过测量设备的计量确认和测量过程的控制以确保满足顾客的计量要求，并通过提供计量确认过程记录和测量过程记录等客观证据，证明符合顾客指定的要求。

四、实施关注点

（一）顾客要求的识别

产品是组织与顾客之间建立关系的纽带。顾客的要求可以从顾客对产品的要求导出。顾客对产品的要求主要是对产品的适用性要求。为了保证产品的适用性，需要规定产品的外形尺寸、机械、物理、力学、声学、热学、电学、化学、生物学、人类工效学等特性的技术要求。产品要求一般反映在产品的标准、合同、招标书、订单等文件中。

在国家标准GB/T 1.1—2009《标准化工作导则　第1部分：标准的结构和编写》的“6.3规范性技术要素”中对技术要求的选择和要求的表示等做出了明确规定。

> 6.3.1　技术要素的选择
>
> 6.3.1.1　目的性原则
>
> 标准中规范性技术要素的确定取决于编制标准的目的，最重要的目的是保证有关产品、过程或服务的适用性。一项标准或系列标准还可以涉及或分别侧重其他目的，例如：促进相互理解和交流，保障健康，保证安全，保护环境或促进资源合理利用，控制接口，实现互换性、兼容性或相互配合以及品种控制等。
>
> 在标准中，通常不指明选择各项要求的目的［尽管在引言（见6.1.4）中可阐明标准和某些要求的目的］。然而，最重要的是在工作的最初阶段（不迟于征求意见稿）确定这些目的，以便决定标准所包含的要求。

在编制标准时应优先考虑涉及健康和安全的要求（见 GB/T 20000.4、GB/T 20002.1 和 CB/T 16499）以及环境的要求（见 GB/T 20000.5 和 IEC 指南 106）。

6.3.1.2 性能原则

只要可能，要求应由性能特性来表达，而不用设计和描述特性来表达，这种方法给技术发展留有最大的余地。如果采用性能特性的表达方式，要注意保证性能要求中不疏漏重要的特征。

6.3.1.3 可证实性原则

不论标准的目的如何，标准中应只列入那些能被证实的要求。标准中的要求应定量并使用明确的数值（表示方法见 8.9）表示。不应仅使用定性的表述，如“足够坚固”或“适当的强度”等。

……

6.3.4 要求

要求为可选要素，它应包含下述内容：

a）直接或以引用方式给出标准涉及的产品、过程或服务等方面的所有特性；

b）可量化特性所要求的极限值；

c）针对每个要求，引用测定或检验特性值的试验方法，或者直接规定试验方法。

要求的表达应与陈述和推荐的表述有明显的区别。

该要素中不应包含合同要求（有关索赔、担保、费用结算等）和法律或法规的要求。

在该标准的第 8 章“其他规则”中还对“数值的选择”和“尺寸和公差”做出了明确规定。

8.5.1 极限值

根据特性的用途可规定极限值[最大值和（或）最小值]。通常一个特性规定一个极限值，但有多个广泛使用的类型或等级时，则需要规定多个极限值。

……

8.9 尺寸和公差

尺寸应以无歧义的方式表示（见示例 1）。

示例 1：80mm×25mm×50mm [不可写作 80×25×50mm 或（80×25×50）mm]

公差应以无歧义的方式表示，通常使用最大值、最小值，带有公差的中心值（见示例 2 至示例 4）或量的范围（见示例 5、示例 6）表示。

示例 2：80μF±2μF 或（80±2）μF（不写作 80±2μF）

示例 3：80^{+2}_{0}mm（不写作 80^{+2}_{-0}mm）

示例 4：80mm$^{+50}_{-25}$μm

示例 5：10kPa～12kPa（不写作 10～12kPa）

示例 6：0℃～10℃（不写作 0～10℃）

为了避免误解，百分数的公差应以正确的数学形式表示（见示例 7、示例 8）。

示例 7：用“63%～67%”表示范围。

示例 8：用“(65±2)%”表示带有公差的中心值，不应使用“65±2%”或“65%±2%”的形式。

平面角宜用单位度（°）表示，例如，写作 17.25°不写作 17°15′。

仅仅作为资料提及的值或尺寸应与作为要求的值或尺寸明确区分。

（二）从产品质量特性要求转化为计量要求

1. 产品质量特性极限值的概念

根据国家标准 GB/T 1250《极限数值的表示方法和评定方法》，产品质量特性极限值表示产品质量符合标准要求的数值范围的界限。通过给出最小极限值和（或）最大极限值，或给出基本数值和极限偏差值等方式表达。

由此可见，组织可以通过对顾客要求或产品标准要求中给出的指标或参数的极限数值和有效位数的分析，将顾客要求转化为计量要求。有时，在标准中不仅规定了对产品的要求，而且还规定了如何评定该要求的试验方法以及对试验方法的准确度范围。这时，可将此准确度范围直接转化为计量要求。

2. 产品质量特性极限值的类别

对产品质量特性极限值要求的数值范围不同，通常将产品质量特性极限分为望目值质量特性、望小值质量特性和望大值质量特性三种类型。

（1）望目值质量特性

在产品设计过程中通过科学计算，确定产品质量特性的目标值 M（产品质量达到最佳状态时的质量特性值）和允许偏差 Δ。

则产生公差界限：$T_u = M + \Delta$

$$T_L = M - \Delta \qquad (1-5-1)$$

在产品图纸和技术文件中给定双向公差 T_u 和 T_L，计算目标值为：

$$M = (T_u + T_L)/2 \qquad \Delta = (T_u - T_L)/2 \qquad (1-5-2)$$

在实际加工中要求产品质量特性值围绕目标值波动，且波动幅度越小越好。

如：某零件轴径尺寸规格要求为：

$$\phi 20^{+0.6}_{+0.3}$$

则有上公差界限 $T_u = 20.60$

下公差界限 $T_L = 20.30$

目标值 $M = 20.45$

允许偏差 $\Delta = (20.60 - 20.30)/2 = 0.30/2 = 0.15$

应该注意区别目标值与标称值，图纸和技术文件中给出的轴径尺寸 $\Phi 20$ 是标称值，而不是目标值。

检验时只要轴径尺寸落在允许公差 $\Delta(T)$ 范围内，认为合格，否则为不合格。如果测量误差 $U=0$，则测量结果为实际值，不会出现误判现象。但是，测量总是存在误差，为了减小误判率，必须尽量减小测量误差 U，因此要求 $U \ll T$。

转化为计量要求：一般情况下，

测量设备的误差 $U \leqslant (1/3 \sim 1/10)T$。

（2）望小值质量特性

望小值质量特性不取负值，要求质量特性的数值越小越好，波动幅度越小越好。在图纸和技术文件中给定单向公差 T_u（只规定了上公差值）。如：某些成分中的有害物质含量，要求质量特性的数值越小越好，精密产品表面清洁度、测量误差以及形位公差（不圆度、不平行度）等，均属于望小值质量特性。

转化为计量要求：

①测量范围：覆盖单向公差 T_u 以下的区域；

②分辨力：一般为单向公差 T_u 最后一位值的 1/3～1/5；

③误差：单向公差 T_u 的 1/3～1/5。

（3）望大值质量特性

望大值质量特性不取负值，要求质量特性值的数值越大越好，波动幅度越小越好。在图纸和技术文件中给定单向公差 T_L（只规定了下公差值）。如：材料的强度，产品的寿命、化工产品的收率等均属于望大值质量特性。

转化为计量要求：

①测量范围：覆盖单向公差 T_L 以上的区域；

②分辨力：一般为单向公差 T_L 最后一位值的 1/3～1/5；

③误差：单向公差 T_L 的 1/3～1/5。

3. 产品的质量特性要求转化为对产品质量检验过程的计量要求

1）测量范围的要求：覆盖目标值及其可能的波动范围；

2）测量最大允许误差的要求：一般为质量特性要求 T 的 1/3～1/10；

3）测量不确定度 u 的要求：

采用过程能力分析的方法：测量过程能力指数 $C_P = T/6s$

$$u = s = T/6C_P$$

式中，T 是产品技术要求公差范围；s 为测量过程的标准偏差；C_P 值的选择可参考第二篇第 3 章第 5 节的过程能力指数 C_P 值的评价表。

（三）从工艺过程参数导出计量要求

工艺过程参数监测控制，无论是人工监控，还是自动调节监控，其本质和检验类似，是一种特殊的检验。它是在生产工艺过程中判断被测量参数是否在规定的允许范围 T 内。如果不在，则通过调节系统，将参数控制在范围 T 之内。因此，测量误差 U 应远远小于 T。例如：在某个加工工艺过程中，要求监测控制温度在（250～260）℃范围内，以及测定量值（250～260）℃时的被测参数允许变化范围 T（容差），如图 1－5－1 所示。要求 250℃范围之内监测控制温度允许变化 10℃。显然，为了减小对变化范围内的边界温度的误控，必须尽量提高测量准确度，减少测量误差，要求 $U \ll T$。

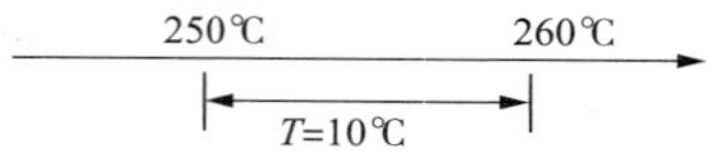

250℃　260℃

T=10℃

图 1－5－1　温度控制范围示意图

（四）一般测量参数导出计量要求

在生产经营过程中存在许多测量参数，要求掌握准确的测量数据，以便进行产品质量管理、能源管理、环境管理和成本管理，如企业进出厂物资称重，电能计量，消耗水的计量等。测量没有对被测参数规定一定的范围，但对测量结果提出准确度的要求。

在测量中，一般计量要求：

（1）测量参数允许的测量误差限 $\varepsilon \leqslant$ 被测量对象允许容差范围 T 的 1/3；

（2）测量结果的扩展不确定度要求 $U=ku_c \leqslant \frac{1}{3}\varepsilon$

式中：

U——测量结果的扩展不确定度；

k——包含因子；

u_c——合成标准不确定度；

ε——测量参数允许的测量误差限要求（最大允许误差）。

（五）案例分析

【案例 1-5-1】 在一个反应堆中要求压力必须控制在（200～250)kPa，这个要求必须转换并表述成压力测量设备的顾客的计量要求（CMR）。这可能得出需要一台压力测量范围为（150～300)kPa，最大允许误差为 2kPa，测量不确定度为 0.3kPa（不包括与时间有关的效应）和在每个规定的时间周期的漂移不大于 0.1kPa 的测量设备。顾客将顾客的计量要求（CMR）与设备制造者规定的特性（明显的或隐含的）比较并选择与 CMR 匹配最好的测量设备和程序。顾客可规定一个准确度等级为 0.5 级，测量范围为（0～400)kPa 的压力计。

【案例分析】

1. 顾客对生产过程或产品的要求

将压力控制在（200～250)kPa 是顾客对生产过程控制的要求（或称为工艺过程要求）。它不是计量要求，也不是对测量设备的要求。因为顾客不可能直接提出对测量、测量设备有什么具体的要求。顾客关心的是对产品性能的要求，或对生产工艺过程控制的要求等。顾客的这些要求往往是通过技术规范、合同、产品标准等反映出来的。因此，上述要求可能是从反应堆中压力控制的操作规范中查出来的，并不是测量出来的。

2. 转化为测量过程的计量要求

为了使反应堆中的压力控制在（200～250)kPa 之间，则首先需要把反应堆中的压力测量出来，才能通过控制系统将压力控制在规定的范围之内。因此，首先需要把对生产过程控制的要求转化为对测量过程的计量要求，然后再根据测量过程的计量要求，导出对测量设备的计量要求。

（1）测量范围的推导

一般情况下，要求压力控制在（200～250)kPa，其测量范围应该两边延伸一段范围，因为测量设备的最低端和最高端往往是测不准的，如果要测量 200kPa 这一点，则测量范围一般需要有一定的余量，如选择（150～250)kPa；如果要测量 250kPa 这一点，则测量范围选择（200～300)kPa；要想测量从（200～250)kPa，则测量过程的测量范围就可能选择为（150～300)kPa。

（2）最大允许误差的确定

一般情况下，在产品加工过程中，都有一个允许变动的范围，如公差；在生产控制过程中，也有一个允许控制的变动范围，可称为容差。在本实例中，压力在 200kPa，应有允许上下浮动的压力变化范围，假设为±10kPa，也就是说，当压力达到 200kPa

时，如果再降低 10kPa，即 200kPa－10kPa＝190kPa 时，反应堆也是能够正常工作，则称 10kPa 为负容差。（当然，200kPa＋10kPa＝210kPa 肯定能够正常工作）；当压力达到 250kPa 时，如果再变动 10kPa，即 250kPa＋10kPa＝260kPa 时，反应堆还处于正常安全状态，则称 10kPa 为正容差（当然，250kPa－10kPa＝240kPa 时更能够处于安全状态）。至于容差到底是多少，应该由该反应堆的设计人员、操作者根据设计要求或经验判断或从技术文件中查出。因为，在 GB/T 20001.10—2014《标准编写规则　第 10 部分：产品标准》中对编制产品标准应遵循的“可证实性原则”和“数值的选择”作了明确的规定。标准的“7.1 极限值”规定“根据特性的用途可规定极限值［最大值和（或）最小值］。通常一个特性规定一个极限值，但有多个广泛使用的类型或等级时，则需要规定多个极限值。”

现假设该反应堆的容差为±10kPa。鉴于测量误差要比容差小得多，否则就测不准容差。当容差为 10kPa 时，最大允许误差可以是容差的$\frac{1}{5}$～$\frac{1}{10}$，即$\frac{10}{5}$kPa＝2kPa。

以上只是提供一种考虑问题的思路，容差或公差与允许误差的比值也不一定是 5，一般应是在 3～10 之间。这个比值是多少为适宜，应该根据工艺过程控制的要求与测量技术的可能合理地确定。

（3）测量不确定度的选择和推导

测量不确定度是测量过程中，因为测量设备、测量方法、测量环境条件和测量人员等因素的影响造成的。该测量不确定度并不是对测量设备的计量要求，而是对测量过程的计量要求。在计量确认过程中，存在一个校准过程。校准过程也会产生测量不确定度，校准过程的测量不确定度应该更加小一些，因为它也会带给测量设备的计量性能有一定的影响。因此，对测量不确定度提出的要求应该很小。

在本实例中，提出了 0.3kPa 的要求，不是校准过程统计和评估得出的，而是提出的一种要求，要求在对压力计进行校准时，校准过程引入的测量不确定度应该小于或等于 0.3kPa。是什么理由得出这个要求的？这些对测量不确定度的要求也是应该由具有计量学知识的人员才能够提出的。下面通过“测量过程能力分析”（见第二篇第 3 章第 5 节的有关内容）方法导出 0.3kPa 的要求。

该方法是通过选定过程能力指数 C_P 来导出所要求的测量不确定度。

$$C_P=\frac{T}{6s} \tag{1-5-3}$$

式中：

C_P——过程能力指数；

T——允差；

s——标准偏差。

假设 T 为测量时的允许误差，选为 2kPa；s 为校准的测量不确定度；C_P 查表取 1.1（1.3 以上为校准能力高水平，0.6 以下为校准能力很差，1.1 为校准能力一般水平）。

则 $\delta=\frac{T}{6\times C_P}=\frac{2\text{kPa}}{6\times 1.1}=0.3\text{kPa}$。

3. 导出对测量设备的计量要求

可以根据上述测量过程的计量要求导出对测量设备的计量要求。

（1）测量设备的量程

如前所述，测量范围是（150～300）kPa。

测量设备的范围应该比（150～300）kPa 再大一些。鉴于测量设备一般都是从零开始测量的，所以测量设备的标称范围可以选择（0～400）kPa，其量程为 400kPa－0＝400kPa。

（2）测量设备的准确度等级要求

根据测量过程的最大允许误差是 2kPa，把它换算成引用误差：

$$\text{引用误差}=\text{误差}/\text{量程}=\frac{2\text{kPa}}{400\text{kPa}}=0.5\%$$

所以可选择 0.5 级的压力计。

五、审核要点

（1）顾客有关测量要求的清单；

（2）将顾客要求转化为计量要求的清单；

（3）体系满足顾客规定要求的能力分析（测量能力分析表等）；

（4）测量结果满足要求的证明（计量确认记录和测量过程记录）。

第三节　质量目标

一、标准条款

5.3　质量目标

计量职能的管理者应为测量管理体系规定可测量的质量目标。应规定测量过程的性能判定客观准则、程序及其控制。

指南

在不同的组织层次，这种质量目标的例子有：

——不会因不正确的测量而拒收合格的产品或接受不合格产品；

——测量过程失控的发现不超过一天；

——按照允许的时间完成所有的计量确认；

——不存在不清晰的计量确认记录；

——按制定的计划完成所有技术培训项目；

——测量设备的停机时间减少到规定的百分比。

二、目的和意图

质量目标是指体系在质量方面所追求的目的，是计量职能所追求并加以实现的主要工作任务，也是评价体系有效性的重要评定指标。

三、理解要点

1. 质量目标的重要性

测量管理体系的质量目标是体系的质量方针和宗旨的具体体现。因此制定质量目标是计量职能管理者的重要职责，是实现质量方针的具体要求，是评价体系有效性的重要依据。

2. 质量目标的制定

（1）质量目标通常依据质量方针制定，质量方针为制定质量目标提供了框架。因此，制定质量目标的原则是与质量方针保持一致，在质量方针的基础上建立，在质量方针的框架内展开。

（2）质量目标应该是可测量、可分解的质量目标。质量目标应包括总体目标和不同层次的目标；质量目标应包括长期目标和年度目标。

（3）组织制定质量目标，应形成文件，在组织的各相关职能和层次（与实现质量目标有关的不同岗位，如决策层即最高管理层、管理层和作业层）上加以展开，使质量目标能具体落实并增加质量目标的可操作性和可考核（评价）性。质量目标分解到哪个层次应视组织具体情况而言，关键是确保质量目标的落实和实现。

3. 质量目标的评价

组织应该制定质量目标的测量过程性能判断的客观准则、程序，以确保质量目标的实施、分析和评价。通过对质量目标实现情况的评价以确定测量管理体系运行的符合性和有效性。

对质量目标实现情况的评价是内部审核和管理评审的重要内容，也是外部第三方审核的重要内容。

四、实施关注点

制定和实施测量管理体系质量目标时，要把握以下主要环节：

（1）目标范围：包括计量职能部门和有关各层次建立的质量目标。

（2）制定原则：与质量方针一致；结合自身特点；不同职能和层次上展开；要可测量；要落实到测量过程上，以满足顾客要求，增强顾客满意。

（3）目标的层次：计量职能部门、相关层次以及测量过程及其控制的目标业绩；在5.3的指南中，列举了几个不同部门和层次的质量目标例子。企业可以举一反三，由计量职能部门统一组织，各相关部门和层次写出自己有关的质量目标。在管理职责的质量手册中可以列出一些综合性的，有代表性的，管理性的质量目标。其他目标，包括测量过程及其控制的目标业绩或指标，以及判定是否达到目标的准则可以纳入各有关部门和测量过程及其控制的程序文件中去。

（4）内容要求：通俗易记，可实现，可操作，可测量，可评价。

（5）目标实施：包括监督、检查、监视和测量。

（6）目标评价：通过信息沟通、统计分析、管理评审等方法进行有效性评价。

（7）持续改进：可通过管理评审实施改进。

组织的质量目标和各层次质量目标及测量过程的业绩目标应形成文件和程序。说明可测量的方法及制定准则，组织的质量目标可引入质量手册中，质量目标的贯彻实施应做好相应记录，以便统计分析改进。

五、审核要点

（1）形成文件的质量目标；

（2）形成文件的质量目标的测量过程性能评定准则、程序和控制；

（3）质量目标的评价记录。

第四节 管理评审

一、标准条款

> 5.4 管理评审
>
> 组织的最高管理者应按照计划的时间间隔系统地评审测量管理体系，以确保其持续的充分性、有效性和适宜性。最高管理者应确保评审测量管理体系所需的必要资源。
>
> 计量职能的管理者应利用管理评审的结果对体系进行必要的修正，包括改进测量过程（见第8章）和评审质量目标。应记录所有的评审结果和采取的所有措施。

二、目的和意图

管理评审是最高管理者为确定体系达到规定目标的适宜性、充分性、有效性而对体系所进行的系统的评价。本条款提出了对管理评审活动的要求。

三、理解要点

1. 管理评审的职责分工

管理评审是测量管理体系持续改进的一项重要措施，标准规定组织的最高管理者应负责管理评审，确保评审所需要的资源；计量职能管理者应使用评审的结果，对体系进行必要的修订和改进。

2. 管理评审的目的

体系评审的目的是为了确保体系持续的充分性、有效性和适宜性。

适宜性，是指体系适应内外环境变化的能力。体系是在一种特定的内、外环境条件下建立的。组织内、外部环境总是在不断变化的。例如：组织机构或人员变动、新技术和新设备的引进、运行机制改变等内部环境的变化；市场、顾客、法律法规、技术标准、校准规范和检验方法的变化等外部环境的变化。体系应根据这些变化而有所改进，以不断满足各方面的计量要求。

充分性，是指体系满足市场、顾客潜在的和未来的需求和期望的足够的能力；也可以是指体系各过程的充分展开。组织一方面应不断地借鉴以往的经验和教训，并考虑今后的发展来充分地展开所确定的各过程，实现所设定的方针和质量目标；另一方面应不断地预测市场和顾客潜在的和未来的需求和期望，及时调整组织的方针和目标。

有效性，是指体系运行的结果达到所设定的质量目标的程度，同时也要考虑运行的结果与所花费的资源之间的关系，确保体系的经济性。

3. 管理评审的输入

评审的输入包括目标和程序的适宜性；管理和监督人员的报告；近期内部审核的结果；纠正和预防措施；由外部机构进行的评审；顾客的反馈；投诉以及其他相关因素，包括组织内、外部环境的变化，法律法规的变化、新技术、新设备的应用、人员的教育培训等。

4. 管理评审的输出

管理评审的输出应包括体系及其过程有效性的改进；与顾客要求有关的测量设备计量确认和测量过程的改进；体系所需要的资源的改善。此外，还应对现有体系（包括质量目标）的评价结论，以及对计量确认和测量过程符合要求的评价。

5. 管理评审的记录

管理评审的结果和所采取的措施应予以记录，记录应按有关规定予以保存，以便对各项决定实施的进展情况进行监督和控制，并将其作为下次管理评审的输入。

四、实施关注点

（1）制定评审的计划和程序；

（2）评审前准备评审所需要的资源，尤其是评审的输入；

（3）评审的结果应予以记录，并对所需要采取的措施实施跟踪和验证。

五、客观证据

（1）评审计划和程序文件；

（2）评审结果记录；

（3）改进措施实施和验证记录。

第六章

资源管理

测量管理体系的资源包括人力资源、信息资源、物资资源和外部供方等四个方面。保证资源的配置，并有效地管理资源是建立、维护和持续改进测量管理体系的重要基础。

第一节 人力资源

一、标准条款

6.1 人力资源

6.1.1 人员的职责

计量职能的管理者应规定测量管理体系中所有人员的职责，并形成文件。

指南

这些职责可用组织结构图、岗位说明书和作业指导书或程序来规定。

本标准不排除使用计量职能部门之外的专业人员。

6.1.2 能力和培训

计量职能的管理者应确保测量管理体系有关人员具有可证明的能力，以执行分配的任务。应规定所要求的专门技能。计量职能的管理者应确保提供培训以满足已识别的需要，保存培训活动的记录，评价培训的有效性并予以记录。员工应认识到他们所承担的职责，清楚他们的活动对测量管理体系有效性和产品质量的影响。

指南

可通过教育、培训和经验来获得能力，并通过测试和观察其表现来证明。

当使用正在培训中的员工时，应进行充分和适宜的监督。

二、目的和意图

本条款对与体系有关的人员提出了能力、培训和责任心要求，使员工满足所从事的测量工作对能力的要求。

三、理解要点

1. 人力资源的重要性

在测量管理体系的各项资源中，人力资源是最关键的要素。标准规定计量职能管理者应规定体系中所有人员的职责，并形成文件。

2. 人力资源的范围

计量职能包括行政和技术两个方面，所以在测量管理体系中人力资源也应该包括测量管理体系中所有计量管理和计量技术两个方面的人员。

在计量管理人员中包括：最高管理者、计量职能管理者、计量业务管理员、内审员、监督员等。

在计量技术人员中包括：检定员、校准人员、验证人员、过程控制人员、检验人员、测量人员、化验人员、材料试验人员等；

此外，还可能涉及测量设备的使用人员，如车间使用测量设备的操作工、司磅员等。

3. 人员职责的表述

标准要求所有人员的职责应形成文件。文件的种类包括：组织机构图、岗位职责表述和作业指导书等。组织机构图：在测量管理体系文件中采用组织机构图表示计量职能部门的内部各岗位之间，以及计量职能部门与其他职能部门之间的相互关系和相互作用；岗位表述：在测量管理体系文件中对体系所涉及的各类人员及岗位职责逐一用文字的形式表述，对各类人员和各个岗位明确规定其职责、权力和相互关系；作业指导书：作业指导书是具体指导操作人员进行操作活动，规定具体操作步骤和方法的工作文件。对文件规定必须按固定操作步骤工作的人员，其职责可以在相应的作业指导书中作出规定。

4. 人员能力要求

标准要求各类人员都应具有完成指定任务的能力。能力应经证实，并提供相应的证明。

（1）国家对从事计量工作的人员有规定要求的，应按照规定的要求执行。例如国家质检总局对计量检定员、检定工和检验工的任职资格先后发布了《计量检定人员考核规则》和《技术监督行业工人技术等级标准》等文件。组织应根据文件的要求组织有关人员参加培训，通过考核取得相应的资格。

（2）国家没有明文规定的，应参照上述文件的精神，结合本组织的实际，对各类人员的任职资格和能力作出相应的规定。

（3）对专门的技能要求应形成文件，对需要专门授权的人员，应履行相应的授权手续。

5. 人员培训要求

标准要求对人员实施有效的培训，培训应采取以下措施：

（1）组织首先应根据顾客、组织和法律法规的计量要求、计量理论和计量检测技术的发展以及体系改进的目标，识别培训的需要；

（2）根据识别的需要，制订培训计划，提供有效的培训，以满足识别的要求；

（3）采取理论知识考试、实际技能考核、工作业绩和经验等多种方式评价培训的有效性；

（4）培训要有记录，例如培训日程安排和培训教材、培训证书、理论考试试卷、技能考核记录等。

6. 人员的责任心要求

“全员参与”是质量管理的重要原则之一。为此测量管理体系中的各类人员都应明确所承担的职责，明确所承担的职责在体系中的重要性作用，以及对完成组织目标的影响。

7. 人员的监督管理

如果因为工作需要，组织使用未经过培训也未取得相应资格的人员来完成某些工作时，应采取相应的措施，加强对这类人员的监督和管理，确保其工作能满足规定的要求。

四、实施关注点

（1）人员职责可用组织结构图、岗位说明书和作业指导书或程序来规定。

（2）本标准不排除使用计量职能部门之外的专业人员。

（3）可通过教育、培训和经验来获得能力，并通过测试和观察其表现来证明。

五、审核要点

（1）规定体系中所有人员职责的文件；

（2）人员能力的证明文件；

（3）人员培训记录；

（4）培训有效性评价的记录；

（5）使用培训人员的名单及监督记录。

第二节　信息资源

信息是指“有意义的数据”。信息必须依赖于承载媒体，如信息可以以书面形式存在，也可以以硬盘、软盘或光盘等各种电子载体的形式存在。本标准中信息资源包括程序、软件、记录和标识等四个方面，它们是确保测量管理体系正常和有效运行的重要资源。

一、程序

1. 标准条款

6.2 信息资源

6.2.1 程序

测量管理体系的程序应形成必要详细程度的文件，并经确认，以确保正确执行以及实施的一致性和测量结果的有效性。

制定新的程序或更改现有的程序应经授权批准并受控。程序应现行有效，需要时可获得和提供。

指南

技术程序的依据可以是已发布的标准测量方法或顾客、设备制造者的书面文件。

2. 目的和意图

程序文件是各项活动的依据，可起到沟通意图，统一行动的作用，本条款阐述对程序文件制定和控制的要求。

3. 理解要点

(1) 程序的种类

标准中所要求的程序包括管理程序和技术程序两个方面，管理程序是对实施测量管理过程的描述；技术程序是对实施计量确认、测量过程和测量过程控制等具体技术活动的描述。

(2) 标准要求的管理程序

在标准中明确规定应编制以下管理程序文件：

5.3 质量目标的测量过程性能评价的客观准则和程序；

6.2.3 记录控制程序；

6.3.1 测量设备管理程序；

6.4 外部供方选择、监视和评价的准则；

7.1.2 计量确认间隔管理程序；

7.1.3 计量确认过程管理程序；

7.2.1 测量过程管理程序；

7.2.1 测量过程控制程序；

8.2.4 测量管理体系的监视程序；

8.4.2 纠正措施的准则；

8.4.3 预防措施管理程序。

此外，标准还要求按组织的有关程序实施的过程，例如：“4 总要求 测量管理体系应按照组织制定的程序更改”，即按照组织的《文件控制程序》更改；执行标准8.2.3条款“测量管理体系审核”要求的审核管理程序等。

（3）标准要求的技术程序

在标准中明确规定应具有的技术程序文件：如测量设备操作说明书、校准规范、技术标准、测量过程规范、测量过程控制规范等。

（4）程序文件的管理

标准要求程序必须形成文件，内容必须详细，并经过确认以保证实施结果的一致性；程序文件的制定和修订必须经授权、受控；使用的程序文件必须是现行有效的，并保证随时可用。

4. 实施关注点

（1）管理程序应覆盖标准的要求，并符合本组织实施测量管理体系的实际情况，具有可操作性。

（2）技术程序的依据可以是已发布的标准测量方法或顾客、设备制造者的书面文件。

5. 审核要点

（1）形成文件的现行有效程序（包括管理程序和技术程序）；

（2）程序制定、确认和更改的批准手续和控制记录。

二、软件

1. 标准条款

6.2.2 软件

测量过程和结果计算中所用的软件应形成文件，并经识别和受控，以确保持续使用的适宜性。软件及其任何修改在启用前应进行测试和（或）确认，并经批准和存档。测试应在必要的范围内进行，以确保测量结果有效。

指南

软件可以有几种形式，如固化的（内置的）、可编程的或成品供应的软件包。

成品供应的软件可以不要求测试。

测试可能包括：病毒检查，用户算法程序检查，或必要时为达到要求的测量结果而做的组合。

软件配置的控制可帮助保持使用软件的测量过程的完整和有效。通过复制件进行存档、非现场保存或采取其他保护程序的手段，保证其可获得和必要的可追溯性。

2. 目的和意图

软件是影响测量结果有效性的重要因素，本条款规定了对软件管理的范围、目的和要求。

3. 理解要点

（1）软件的范围

标准要求对测量过程使用和计算测量结果使用的软件实施有效管理。

（2）软件管理的要求

1）软件必须形成文件，经过鉴定并受控；

2）软件的修改，必须经过有效性检测，并经过批准；

3）软件的检测必须证明其能够确保结果的准确可靠。

4. 实施关注点

（1）软件可以有几种形式，如固化的（内置的），可编程的或成品供应的软件包。成品供应的软件可以不要求测试。

（2）测试可能包括：病毒检查，用户算法程序检查，或必要时为达到要求的测量结果而做的组合。

（3）软件配置的控制可帮助保持使用软件的测量过程的完整和有效。通过复制件进行存档，非现场保存，或采取其他保护程序的手段，保证其可获得和必要的可追溯性。

5. 审核要点

（1）所使用软件的文件；

（2）软件测试、确认和批准的记录。

三、记录

1. 标准条款

> 6.2.3　记录
>
> 应保存测量管理体系运行所需信息的记录。应有形成文件的程序以确保记录的标识、贮存、保护、检索、保存期限和处置。
>
> *指南*
>
> *记录的例子如确认结果、测量结果、采购、操作数据、不合格数据、顾客抱怨、培训、资格或其他支持测量过程的历史数据。*

2. 目的和意图

记录可以提供体系有效运行以及过程和测量结果符合要求的证据。本条款规定了对记录的控制要求。

3. 理解要点

（1）记录的作用

记录是证明测量管理体系有效运行以及测量结果满足顾客要求的客观证据。因此标准要求应保存测量管理体系运行所需信息的记录。

（2）记录的范围

记录的范围包括：为运行体系所要求的信息，包括体系管理的信息、测量设备计量确认的信息、测量过程的信息和测量过程控制的信息，例如确认结果、测量结果、采购、操作数据、不符合数据、顾客抱怨、培训、资格证明、或任何其他支持测量过程的历史数据。

标准中规定应提供以下记录：

5.2　顾客的测量要求并转化为计量要求的记录；

5.4　管理评审结果和采取的所有措施记录；

6.1.2　人员培训记录和培训有效性评价记录；

6.3.2　环境条件记录和根据环境条件对测量结果进行修正的记录；

6.4　外部供方评价记录和外部供方提供的产品和服务的记录；

7.1.4　计量确认过程记录；

7.2.4　测量过程的记录；

7.3.1　测量不确定度评价的记录；

7.3.2　测量结果溯源性的记录；

8.2.2　顾客满意信息的记录；

8.2.3　测量管理体系审核记录；

8.2.4　测量和确认过程监视结果的记录；

8.4.2　纠正措施记录；

8.4.3　预防措施记录；

以及组织在体系文件中规定的其他记录。

（3）记录管理的要求

为了保证记录的真实、准确和可靠，标准要求对记录必须实施严格的管理，管理的内容包括：应有文件化的程序以保证记录能被恰当的编号、储存、防护、检索和处置；各项记录应规定合适的保存期限，保存期应满足顾客和法规的要求。

4. 实施关注点

（1）记录必须覆盖标准规定的范围；

（2）记录的标识应该统一，内容应该完整、数据应该真实可信。

5. 审核要点

（1）记录管理程序；

（2）按程序对记录实施管理的实际状况。

四、标识

1. 标准条款

> 6.2.4　标识
>
> 应清楚地标识测量管理体系中所用的测量设备和技术程序，可以单独地或集中地标识。应有设备计量确认状态的标识。已确认用于某个特定的测量过程或某些过程的设备应清楚地标识或受控，以防止未授权使用。测量管理体系中所用的设备应与其他设备清楚地区分。

2. 目的和意图

为了防止测量设备和技术程序在使用过程中的混淆和误用，应采用适宜的标识方法予以控制。

3. 理解要点

（1）标识的对象

标准中明确规定标识的对象是测量设备和技术程序；标识的方法可以是单独标识，也可以是集体标识。

（2）标识的目的

标识的目的是如实反映测量设备和技术程序的确认状态。测量设备必须经过校准和验证，并根据验证的结果使用相应的标识。验证合格的使用合格标识；验证不合格的使用不合格标识。对于已确认用于某个特殊的测量过程或几个过程的设备应清楚地标识或采用其他方式进行控制，以防止未经授权的误用。技术程序应经确认并受控。

（3）体系内外设备的区分

由于一个组织的测量设备不一定都被纳入测量管理体系的范围，因此测量管理体系中的测量设备与体系外的测量设备使用标识清楚地区分开。

4. 实施关注点

规范中规定的是确认状态标识，与以往企业使用的检定合格标识有不同的内涵，使用中应引起注意。

5. 审核要点

（1）测量设备的确认标识；

（2）技术程序的确认标识；

（3）用于特定测量过程的设备标识。

第三节　物资资源

物资资源包括测量设备和环境两个要素。这两个要素是影响测量结果准确性的关键要素。对测量设备和环境实施有效管理是测量管理体系的重要任务。

一、测量设备

1. 标准条款

6.3　物资资源

6.3.1　测量设备

在测量管理体系中应提供并标识满足规定的计量要求所需的所有测量设备。测量设备在确认有效前应处于有效的校准状态。测量设备应在受控的或已知满足需要的环境中使用，以确保有效的测量结果。用于监视和记录影响量的测量设备应包括在测量管理体系内。

指南

由于计量要求的不同，测量设备能被确认用于某些特定的测量过程，而不被确认用于其他测量过程。测量设备的计量要求可以从产品的规定要求或被校准、验证和确认的设备的规定要求中导出。

最大允许误差可通过参考测量设备制造者公布的规范或由计量职能来设定。

测量设备的校准也可由负责计量确认的计量职能以外的组织进行。

标准样品（标准物质）的特性可满足校准要求。

> 计量职能的管理者应建立、保持和使用形成文件的程序来接收、处置、搬运、贮存和发放测量设备，以防误用、错用、损坏和改变其计量特性。纳入或撤出测量管理体系中的测量设备应有处理程序。

2. 目的和意图

测量设备是实现测量过程的重要物质保证，也是测量管理体系的主要管理对象之一，本条款规定了对测量设备的配备和使用要求，以及管理程序和管理的要求。

3. 理解要点

标准对测量设备的要求包括配备、校准、使用和管理等几个方面。

（1）测量设备的配备要求

标准要求测量管理体系应提供经过计量确认并具有计量确认标识的，满足规定的计量要求所需的所有测量设备。

测量设备的管理范围，不仅包括直接用于测量的设备（例如，检定、校准用的测量标准和标准物质；原材料、零部件和终端产品的检验设备；性能试验、环境试验和寿命试验用的试验设备；工艺过程中用于工艺参数测量的设备），还包括用于监视的测量设备（例如用于工艺过程的监视的测量设备和用于测量过程监视的核查装置）和记录影响量的测量设备（例如温度记录仪、湿度记录仪等）。总之，为满足规定计量要求所需要的所有测量设备应纳入测量管理体系。

（2）测量设备的校准要求

测量设备在确认前应处于有效的校准状态；在确认后应具有相应的确认标识。

（3）测量设备的使用要求

测量设备应在受控的条件下，或在已知的范围内使用。

（4）测量设备的管理要求

首先，应制定测量设备管理程序文件，程序文件应规定测量设备的验收、流转、运输、储存和处置等活动的要求，以防止测量设备的错用、误用、损害以及计量特性发生变化；

然后，应按程序规定的要求验收、流转、运输、储存和处置测量设备；

此外，应按程序处置纳入或排除出体系的测量设备。

4. 实施关注点

（1）由于计量要求的不同，测量设备能被确认用于某些特定的测量过程，而不被确认用于其他测量过程。

（2）测量设备的计量要求可以从产品的规定要求或被校准、验证和确认的设备的规定要求导出。

（3）最大允许误差可通过参考测量设备制造商公布的规范确定，或由计量职能来设定。一般情况下，测量设备固有的最大允许误差与工艺过程参数控制限或产品检验公差极限的对应值之比应选择在1/3～1/10的范围内。在选择以上对应值时，除考虑测量设备固有的最大允许误差外，在某些情况下还应考虑测量标准、人员操作、环境条件和测量方法所带来的误差影响。

（4）测量设备的校准也可由负责计量确认的计量职能以外的组织进行，如国家法定计量检定机构，或国家授权或认可的计量检定或校准机构。

（5）如果标准物质的计量特性满足校准要求时，可用标准物质进行校准。

5. 审核要点

（1）测量设备管理程序文件及实施情况记录；

（2）测量设备满足规定计量要求的分析记录；

（3）测量设备在满足要求或受控环境中使用。

二、环境

1. 标准条款

6.3.2　环境

测量管理体系覆盖的测量过程有效运行所要求的环境条件应形成文件。

应监视和记录影响测量的环境条件。根据环境条件所进行的修正应予以记录并用于测量结果。

指南

影响测量结果的环境条件可包括温度、温度变化率、湿度、照明、振动、尘埃量、清洁度、电磁干扰和其他因素。设备制造者为正确使用其设备，通常提供设备规范，给出测量范围、最大负载、环境条件限制等。

2. 目的和意图

环境条件是影响测量结果准确可靠的重要因素，本条款规定了对环境条件的管理要求。

3. 理解要点

（1）环境条件的范围

环境条件涉及的范围包括：温度（及其变化）、湿度、照明、噪声、振动、电源、电压、电磁干扰、生物霉菌、清洁度以及其他可能影响测量结果准确性的环境因素。

（2）对环境条件的要求

标准对环境条件的要求包括以下几个方面：与测量过程有关的环境条件必须形成文件；对影响测量的环境条件应实施监测和控制；应记录根据环境条件所进行的修正；应将修正用于测量结果。

4. 实施关注点

（1）设备制造商为正确使用其设备，通常提供设备规范，给出测量范围、最大负载、环境条件限制等。

（2）检定规程、校准规范、检验方法等技术文件中通常会给出检定、校准或检验过程所要求的环境条件限制。

5. 审核要点

（1）测量过程对环境条件要求的文件；

（2）影响测量的环境条件的监视和记录；

（3）根据环境条件对测量结果修正的记录。

第四节　外部供方

一、标准条款

6.4　外部供方

计量职能的管理者应对外部供方为测量管理体系提供的产品和服务提出要求并形成文件。应根据外部供方满足文件规定要求的能力对其进行评价和选择。应规定选择、监视和评价的准则并形成文件，并记录评价结果。应保存外部供方提供产品或服务的记录。

指南

如果利用外部供方进行检测或校准服务，供方应当能按实验室标准，如 GB/T 15481/ISO/IEC 17025 证明其技术能力。由外部供方提供的产品和服务需按规定要求进行验证。

二、目的和意图

外部供方对组织的测量结果是否能满足计量要求具有不容忽视的影响，因此应对外部供方进行控制，以确保外部供方的质量、交付和服务等各方面符合规定的采购要求。

三、理解要点

1. 外部供方的范围

外部供方包括提供产品（如提供测量设备）和提供服务（如提供校准服务）的两类供方。

2. 对采购的产品和服务的管理要求

（1）对采购的产品和服务提出要求，并形成文件。例如测量设备采购合同中的技术要求，委托校准合同中技术要求和服务质量要求等；

（2）对外部提供的产品和服务按规定要求进行验证。

3. 对外部供方的管理要求

（1）制定选择、监督和评价的准则，并形成文件：

——纳入依法管理目录的测量设备的生产商必须取得型式批准证书和制造许可证，产品必须有许可证标志，并经检定合格；

——纳入依法管理目录的进口测量设备必须取得型式批准证书；

——提供检定/校准服务的单位必须取得政府计量行政部门的授权；

——提供校准服务的单位应经过国家实验室认可，其最高计量标准必须经考核合格并取得计量标准考核证书，其量值必须溯源到社会公用计量标准或国家计量基准。

（2）按规定的准则对供方进行评价和选择，并记录评价结果；

（3）保存外供产品和服务的记录。例如所购置的测量设备的验收记录，委托校准服务的质量记录等。

四、实施关注点

（1）为提高生产的集约化程度，降低管理的成本，大量常规的检定、校准工作可以委托外部供方进行；

（2）可以通过招标的形式，选择合格的外部供方；

（3）对外部供方应进行有效的控制，以确保其提供的产品和服务的质量。

五、审核要点

（1）对外部提供的产品和服务的形成文件的要求；

（2）规定选择、监视和评价的形成文件的准则；

（3）评价记录；

（4）外部供方提供产品和服务的验证记录。

第七章

计量确认和测量过程的实现

测量管理体系的根本宗旨是保证测量结果满足顾客、组织和法律法规的计量要求。测量结果是通过测量过程实现的，测量过程主要是依靠符合预期使用要求的测量设备进行的。因此计量确认和测量过程的实现是体系的核心过程。此外，测量不确定度评定和溯源性是管理计量确认和测量过程，并证明测量结果满足计量要求的重要技术手段和技术保证。

第一节　计量确认

计量确认是为确保测量设备符合预期使用要求所需要的一组操作。通过按规定的确认间隔对测量设备的计量特性进行校准，并把校准结果与预期使用要求进行验证，以保证测量设备满足测量过程的计量要求。计量确认过程的实现主要包括计量确认过程设计、计量确认过程实施、计量确认间隔的确定、测量设备调整控制和计量确认过程记录等过程。

一、总则

1. 标准条款

7.1　计量确认

7.1.1　总则

应设计并实施计量确认（见图 2[1] 和附录 A[2]），以确保测量设备的计量特性满足测量过程的计量要求。计量确认包括测量设备校准和测量设备验证。

指南

如果测量设备已处于有效的校准状态，不必重新校准；计量确认程序应当包括验证测量不确定度和（或）测量设备误差在计量要求规定的允许限内的方法。

1　见本书中图 1-3-1。

2　指的是 GB/T 19022—2003 的附录 A。

测量设备的操作者应得到与测量设备计量确认状态有关的信息，包括所有限制和特殊要求。测量设备的计量特性应适宜其预期用途。

指南

测量设备特性的例子包括：

——测量范围；

——偏移；

——重复性；

——稳定性；

——滞后；

——漂移；

——影响量；

——分辨力；

——鉴别力（阈）；

——误差；

——死区。

测量设备的计量特性是影响测量不确定度的因素（见7.3.1），它可以与计量确认中的计量要求直接比较以实现计量确认。

应当避免使用计量特性的定性表述术语，如“测量设备所要求的准确度”。

2. 目的和意图

测量设备是实现测量过程的最关键要素，必须对体系的测量设备实施计量确认，以确保其计量特性满足测量过程的计量要求。

3. 理解要点

（1）计量确认的实现步骤

标准对计量确认过程的基本要求包括计量确认的设计和计量确认的实施两个方面。

（2）计量确认的设计

计量确认的设计主要是指计量确认程序的设计。确认程序应包括：识别过程的输入（测量过程对设备的计量要求）、选择（或制定）校准方法、确定验证的方法和判断准则、确定确认间隔、设备的调整控制、计量确认记录、规定过程的输出，如确认文件、封印和标识等方面的内容。通过设计，形成计量确认程序文件和计量确认实施计划，以确保计量确认工作的有序进行。计量确认设计流程图如图1-7-1。

（3）计量确认的实现

计量确认的实施主要是按照组织制定的确认程序和确认计划进行测量设备的校准和验证。通过校准获得测量设备的计量特性，然后把校准获得测量设备的计量特性与预期使用要求相比较，判断其是否满足预期使用要求。通过比较得出结论并形成记录和文件以及所要求的封印和标签。

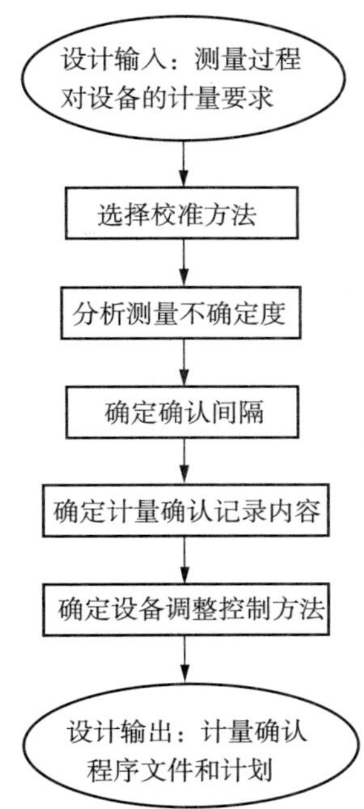

图 1-7-1 计量确认设计流程图

(4) 计量确认的对象

计量确认的主要对象是“计量特性”，即把测量设备的计量特性与预期使用要求的计量特性相比较。计量特性的表述方法已经在前面关于“计量特性”的定义中作了详细说明。实际工作中需要注意的是计量特性应当定量表述，避免使用定性表述的术语。测量设备特性包括：测量范围、偏移、重复性、稳定性、滞后、漂移、影响量、分辨力、鉴别力（阈）、误差、死区等。

(5) 计量确认的状态

计量确认状态信息是计量确认过程的输出之一。测量设备的操作者应能获得确认状态信息，包括所有限制和特殊要求。信息可通过测量设备的确认标识表示。

4. 实施关注点

(1) 如果测量设备已处于有效的校准状态，不必重新校准；计量确认程序应当包括验证测量不确定度和（或）测量设备误差在计量要求规定的允许限范围内的方法。

(2) 测量设备的计量特性是影响测量不确定度的因素，它可以与测量过程对测量设备的计量要求直接比较以实现计量确认。

(3) 根据标准和我国计量法制管理的要求，一个组织的测量设备一般可分成三种类型：

1) 需要实施强制检定的计量器具；

2) 需要实施计量确认的测量设备；

3) 除了上述两类测量设备以外的其他没有明确计量要求的测量设备。

5. 审核要点

(1) 计量确认过程管理程序、计量确认计划以及实施情况记录；

（2）有关测量设备计量确认状态的信息；

（3）测量设备的计量特性适宜其预期用途的证明。

二、计量确认间隔

1. 标准条款

> 7.1.2　计量确认间隔
>
> 用于确定或改变计量确认间隔的方法应用程序文件表述。计量确认间隔应经评审，必要时进行调整以确保持续符合规定的计量要求。
>
> *指南*
>
> *可利用以前确认的历史数据和先进的知识和技术确定计量确认间隔。在确定是否修改计量确认间隔时，利用测量过程统计控制技术的记录是有用的。*
>
> *校准间隔可与计量确认间隔相等（见 OIML D10）。*
>
> 每次对不合格的测量设备进行维修、调整或修改时，应评审其计量确认间隔。

2. 目的和意图

为确保测量设备持续地符合规定的计量要求，必须合理地确定计量确认间隔，并按规定的程序对间隔进行评审和调整。

3. 理解要点

（1）确定确认间隔的意义

合理的确定测量设备的确认间隔是计量确认设计中的重要环节。如果确认间隔过短，不仅会增加对确认人员和设备的要求从而增加测量管理的成本，而且会影响生产的正常进行或增加测量设备的需要量，造成浪费。而确认间隔过长，则会增加使用不合格测量设备的风险，甚至因不准确的测量结果而产生废品，造成经济损失。因此，合理地确定确认结果是一件非常重要而细致的工作。

（2）程序文件要求

为了保证计量确认的有效实施，标准要求制定确定确认间隔的程序文件。程序文件应包括：负责确认间隔的职能部门；确定确认间隔应考虑的因素；确定确认间隔的方法和步骤；确认间隔的评审方法以及确认间隔调整的步骤等内容。

（3）确认间隔的评审

1）对确认间隔应定期进行评审，必要时对确认间隔进行调整。对确认间隔进行评审是为了提高确认间隔的合理性和有效性。缩短确认间隔可以降低不合格风险，但增加了计量确认的成本；延长确认间隔，降低了成本，但增大了不合格的风险。为此，应根据实践积累的数据，科学、合理并按程序的规定对确认间隔进行评审和必要的调整。在确定是否修改计量确认间隔时，利用测量过程统计控制技术的记录是有用的。

2）对不合格测量设备进行维修、调整或修改后应重新评审其确认间隔。在确认间隔内的测量设备不合格有可能是由于原来规定的确认间隔时间过长造成的。此外，修理后的测量设备由于其性能的稳定性下降，需要缩短其确认间隔。

4. 实施关注点

（1）确定确认间隔的方法

确定确认间隔的因素和方法可参考国家计量技术规范 JJF 1139—2005《计量器具检定周期确定原则和方法》和国际法制计量组织 10 号文件《测试实验室中使用的测量设备复校间隔的确定准则》，也可利用以前确认的历史数据和先进的知识和技术确定计量确认间隔。

（2）确认间隔确定的原则

1）确定测量设备的确认间隔应根据测量设备本身的特征，如测量设备的工作原理、结构型式与所使用的材质，测量设备的性能要求，如最大允许误差、测量重复性与测量稳定性，以及测量设备的使用情况，如环境条件、使用频度与维护状况，来合理确定确认间隔。

2）确定测量设备确认间隔时，首先应明确所使用测量设备的测量可靠性目标 R。一般测量设备的测量可靠性目标 $R \geqslant 90\%$（如图 1－7－2 所示）。

测量可靠性 $R_{(t)}$ 主要表征某种测量设备的整体性能随时间变化后的置信水平。

测量可靠性目标 R 是指某种测量设备的整体性能在进行重新确认时保持在所期望的合格范围内的概率。

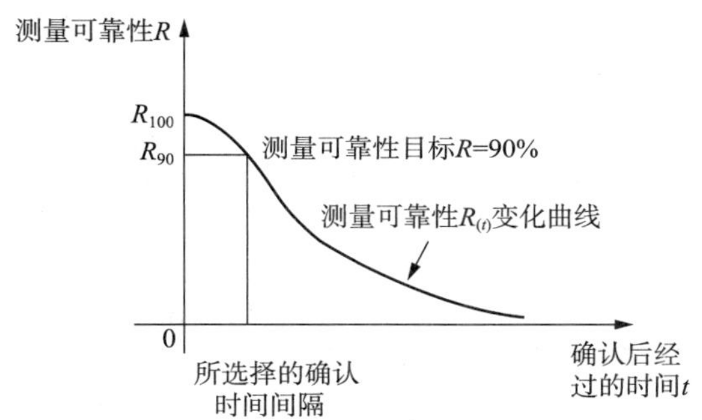

图 1－7－2　测量可靠性 $R_{(t)}$ 变化示意图

（3）间隔确定的方法

确定间隔的方法有反映法、最大似然法、管理图法和核查装置法（“黑匣子”核查法）等方法，这里具体介绍反映法，其他方法可参考国家计量技术规范 JJF 1139—2005《计量器具检定周期确定原则和方法》和国际法制计量组织文件 D10《用于检测实验室的测量设备的校准间隔的确定准则》。

反映法是指在初次确定测量设备确认的时间间隔后，通过响应最近获得的确认结果，并采用简单直接的方法或最简便的算法，对测量设备确认的时间结果进行调整与确定的方法。

初次时间间隔的确定，可以参照借用类似测量设备确定的时间间隔，并对类似测量设备的测量可靠性目标、性能要求、使用情况、环境条件与确认方法等进行比对分析确定；也可以通过对测量设备的设计结构、性能要求、使用情况分析，并听取制造厂的建议后进行工程分析确定。

反映法主要有固定阶梯调整法、增量反映调整法和间隔测试法等几种具体方法。

现对固定阶梯调整法作具体介绍，其他方法同样可参考上述规范和文件。

当某种测量设备投入使用，经过一定的初次时间间隔（或一定时间间隔的后续确认之后），其整体性能经重新确认若超出规定的测量可靠性目标 R，应考虑适当缩短该测量设备的确认时间间隔；若整体性能经重新确认未超出规定的测量可靠性目标 R，可以考虑适当延长该测量设备的确认时间间隔，也可以保持原定的确认时间间隔不变。

采用该方法进行调整，其调整的时间增量（延长）或减量（缩短）一般都取一个固定的整月数按阶梯状逐渐递增或逐渐递减。

$$\Delta = a\ (\text{或 } b)\ \times I_0 \qquad (1-7-1)$$

式中：

Δ——调整的时间增量或减量；

a——时间间隔增量系数；

b——时间间隔减量系数；

I_0——调整前的时间间隔。

一般，所取时间间隔增量系数 a 小于时间间隔减量系数 b。例如取 $a=0.10$，$b=0.50$，$I_0=6$ 个月。则调整的时间间隔增量为 1 个月，减量为 3 个月。

固定阶梯调整法响应速度比较快，成本比较低，用于测量设备确认间隔的确定时，对在用测量设备时间间隔的调整比较容易；但是，这种方法需要经过多次调整之后才能稳定到所期望的测量可靠性目标 R。

例如：在确定某种测量设备初始时间间隔 $I_0=3$，6，12，18，…，60 个月，测量可靠性目标 $R\geqslant 90\%$后，通过对试验样本确认间隔结果的评定，其确认时间间隔的调整如表 1-7-1 所示。

表 1-7-1 确认间隔调整表

确认合格率	时间间隔的调整	执行的确认时间间隔/月							
	初始时间间隔	3	6	12	18	24	36	48	60
<90%	间隔缩短到		3	6	12	18	24	36	48
90%～95%	间隔保持不变	3	6	12	18	24	36	48	60
>95%	间隔延长到	6	12	18	24	36	48	60	60

（4）确认间隔的管理

应根据标准 7.1.2 条款的要求，制定计量确认间隔管理程序，并按程序规定的方法合理确定测量设备的确认间隔。

在计量确认实施过程中，测量设备的校准间隔和确认间隔一般是一致的。

1）可利用从以前确认的历史数据和先进的知识和技术确定计量确认间隔；

2）在确定是否修改计量确认间隔时，利用测量过程统计控制技术的记录是有用的；

3）校准间隔可与计量确认间隔相等。

5. 审核要点

（1）计量确认间隔管理程序及实施情况的记录；

（2）记录确认间隔的评审记录；

（3）对不合格测量设备的确认间隔的评审记录。

三、设备调整控制

1. 标准条款

7.1.3 设备调整控制

在经确认的测量设备上，对影响其性能的调整装置进行封印或采取其他保护措施，以防止未经授权的改变。封印或保护装置的设计和实施应保证一旦改变将会被发现。

计量确认过程程序应包括当封印或保护装置被发现损坏、破损、转移或丢失时应采取的措施。

2. 目的和意图

为保证测量设备的正确使用，必须对测量设备中影响测量结果的调整装置实施有效控制。

3. 理解要点

（1）调整控制的对象

设备调整控制的对象是可能影响性能的调整装置和软件。由于制造技术的限制或其他原因（如制造成本等），测量设备中常会有一些可调整的装置或软件。其中有些调整装置或软件是在出厂后不允许调整的，在出厂时就以明显的标识进行了密封。这些装置或软件只有在仪器设备大修时才会进行调整。这不是本条款所指的控制对象。本条款所控制的对象是指那些从测量原理来说就可以进行调整，或为了弥补制造的不准确而设计的调整装置或软件。这些装置经过若干时间会产生变化，并且作为调整装置，它在外界环境的影响（如冲击或振动）也可能发生变化，或者软件的某些参数需要调整。

（2）调整控制的目的

对测量设备的调整装置或软件实施控制的目的是为了防止未经授权改变调整装置或软件。测量设备的调整装置在校准过程中可能需要进行调整，以确保测量设备达到所要求的准确度，但是不允许操作人员自行对其进行经常性的调整。因此要求在确认的适当阶段，也就是在校准中调整，并且在与标准比较证明达到所要求的准确度后，立即进行密封。

（3）调整控制的方法

对测量设备的保护装置使用的封印材料，如标签、封料、线材、油漆等诸方面的设计，应保证一旦封印改变，将会立即被发现。

（4）程序文件的要求

应制定设备调整控制的程序文件，程序文件应包括：负责调整装置控制的职能部门；规定调整控制的范围、封印或保护装置的设计和实施；封印和保护装置的检查，以及发现其损坏、破损等情况时的措施等内容，程序文件可包含在计量确认过程程序中。

4. 实施关注点

（1）计量职能负责设备调整的控制。对什么样的测量设备应当封印，对需要封印的调整或控制装置以及封印材料，如标签、封料、线材、油漆等诸方面的事宜通常是由计量职能决定，计量职能在执行封印程序时应当形成文件。

（2）识别需要实施调整控制的范围，不是所有的测量设备都需要封印。

（3）采用有效的技术和方法设计封印和保护装置。

（4）要特别关注对软件或固件的保护，可应用写保护技术等适当的措施。

（5）封印的要求不适用于那些不需要外部参照物而由使用者自己调整的装置，如调零装置。这是由于零位的漂移是一种经常出现的情况，需要操作者在出现零位漂移时立即进行调整，而且操作者对此能够自校，因此不需要封印。

5. 审核要点

（1）测量设备调整装置封印或保护装置的程序；

（2）测量设备调整装置和软件的实际控制状况。

四、计量确认过程记录

1. 标准条款

7.1.4　计量确认过程记录

适用时，计量确认过程的记录应注明日期并由授权人审查批准以证明结果的正确性。

应保持并可获得这些记录。

指南

记录最短的保存时间决定于许多因素，包括顾客的要求、法律法规要求和制造者的责任。有关测量标准的记录可能需要永久保存。

计量确认过程记录应证明每台测量设备是否满足规定的计量要求。

需要时，记录应包括：

a）设备制造者的表述和唯一性标识、型号、系列号等；

b）完成计量确认的日期；

c）计量确认结果；

d）规定的计量确认间隔；

e）计量确认程序的标识（见6.2.1）；

f）规定的最大允许误差；

g）相关的环境条件和必要的修正说明；

h）设备校准引入的测量不确定度；

i）维护的详细情况，如调整、维修和修改等；

j）使用限制；

k）执行计量确认的人员标识；

l）对信息记录正确性负责的人员标识；

m）校准证书和报告以及其他相关文件的唯一性标识（如编号）；

n）校准结果的溯源性的证据；

o）预期使用的计量要求；

p）调整、修改或维修后的校准结果以及要求时的调整、修改或维修前的校准结果。

指南

校准结果的记录应当能够证明所有测量的溯源性，而且能够在接近原来的条件下能复现校准结果。

在某些情况下，校准证书或报告中包括验证结果，用于说明设备符合（或不符合）规定要求。

记录可以是手写的、打印的或缩微胶卷，也可以是电磁记忆装置或其他数据媒质。

最大允许误差可由计量职能确定或参照测量设备制造者公布的规范确定。

计量职能应确保只有经授权的人员才允许形成、修改、出具和删除记录。

2. 目的和意图

为证明测量设备满足测量过程所规定的计量特性要求，必须对计量确认过程实施和保存真实、可靠的记录，以便于提供充分和必要的客观证据。

3. 理解要点

（1）记录的目的

计量确认过程记录的目的是为证明每台测量设备的计量特征是否满足规定的计量要求提供客观证据。

（2）记录的管理

对计量确认过程记录的管理应符合标准6.2.3所规定的要求外，还应符合本条款规定的以下要求：

1）记录应注明日期；

2）记录应由授权人审查批准；

3）应保持并可获得记录。

（3）记录的内容

计量确认过程记录是针对每一台测量设备的，需要时，内容包括：

1）关于测量设备的信息：a)；

2）与计量确认相关的信息；b)、c)、d)、e)、f)、o)；

3）有关校准结果的记录：h)、m)、n)、p)；

4）有关设备的使用和维护信息：g) i)、j)；

5）有关人员的信息：k)、l)。

（4）记录人员的要求

为了确保记录的真实、可靠，适用时计量职能应确保只有经授权的人员才允许形成、修改、出具和删除记录。

4. 实施关注点

（1）记录最短的保存时间决定于许多因素，包括顾客的要求，法律法规要求和制造者的责任。有关测量标准的记录可能需要永久保存。

(2) 校准结果的记录应当能够证明所有测量的溯源性，而且能够在接近原来的条件下复现校准结果。

(3) 在某些情况下，校准证书或报告中包括验证结果，说明设备符合（或不符合）规定要求。

(4) 记录可以是手写的，打印的或缩微胶卷，也可以是电磁记忆装置或其他数据媒质。

(5) 最大允许误差可由计量职能确定或参照测量设备制造者公布的规范确定。

5. 审核要点

(1) 内容完整和正确的计量确认过程记录；

(2) 计量确认过程记录保存和维护；

(3) 计量确认过程记录的授权人名单及实施情况。

第二节 测量过程

对测量过程的管理一般包括过程设计、设计评价、编制规范、实施测量和测量过程控制等若干个子过程。通过对测量过程的管理，以确保影响测量结果的因素被控制在规定的范围内，确保测量过程的输出，即测量结果满足规定的计量要求。

一、总则

1. 标准条款

7.2 测量过程

7.2.1 总则

应对作为测量管理体系组成部分的测量过程进行策划、确认、实施、形成文件和加以控制。应识别和考虑影响测量过程的影响量。

每一个测量过程的完整规范应包括所有有关设备的标识、测量程序、测量软件、使用条件、操作者能力和影响测量结果可靠性的其他因素。测量过程控制应根据形成文件的程序进行。

指南

一个测量过程可能限于使用单台测量设备。

测量过程可能要求数据修正，例如由于环境条件所进行的修正。

2. 目的和意图

测量过程是实现满足顾客、组织和法律法规对计量要求的核心过程，为保证测量过程产生的测量结果能满足规定的计量要求，必须对测量过程实施全面、有效的管理和控制。

3. 理解要点

（1）管理的内容

测量过程管理的内容包括策划、确认、执行、制定文件和实施控制等过程。

策划：对测量过程的策划是实施测量过程管理前提。通过策划明确实现测量过程的各项活动和对测量过程的管理职责；明确测量管理体系所覆盖的测量过程和控制程度；明确对测量过程规范的要求和应识别和考虑的影响量。策划致力于确定测量过程目标，并规定必要的运行过程和相关资源以实现测量管理目标。策划的输出是测量过程方案或测量过程计划。

确认：通过提供客观证据以确定设计的测量过程满足特定的预期用途或应用要求。客观证据是指支持事物存在或其真实性的数据。客观证据可通过观察、测量、试验或其他手段获得。

测量过程实现的流程图如图 1－7－3。

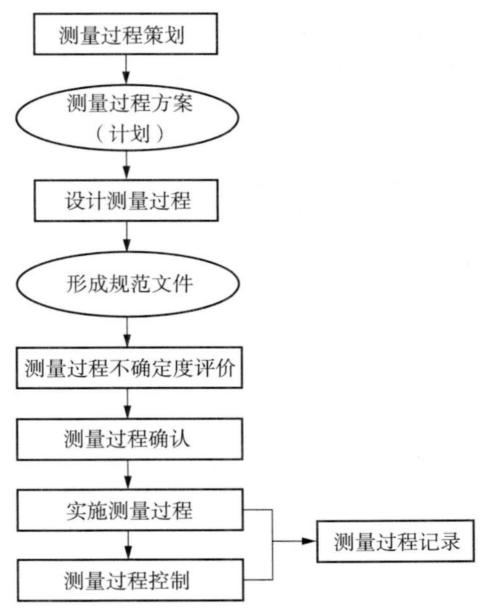

图 1－7－3　测量过程实现流程图

（2）策划应考虑的因素

对测量过程的策划应识别和考虑影响测量过程的影响量，影响量包括测量设备、测量程序、测量软件、使用条件、操作者技能和其他可能影响测量结果的因素。

（3）测量规范的要求

每一个测量过程应制定规范文件。规范文件的内容应包括：所有有关的测量设备的识别、测量程序、测量软件、使用条件、操作技能、影响测量结果可靠性的因素。

（4）过程控制要求

应对测量过程实施控制，控制应按形成文件的程序进行。

4. 实施关注点

（1）实现测量过程的基本步骤：

1）识别测量过程；

2）确定测量过程的顺序和相互作用；

3）确定为确保测量过程的有效运行和控制所需要的准则和方法；

4）确保可以获得必要的资源和信息，以支持测量过程的运行和对测量过程的监视；

5）监视和分析测量过程；

6）实施必要的措施，以实现对测量过程策划的结果和对测量过程的持续改进。

（2）组织在建立测量管理体系时，应对测量过程予以策划，通常形成管理所需要的形成文件的程序和指导测量活动的作业指导文件。当组织在运行测量管理体系过程中，出现了新的特定顾客的要求时，应策划其实现过程，策划的结果可能形成新的作业指导文件，有时可能形成测量计划。

（3）测量过程的策划应注意与组织的测量管理体系其他要求（如管理职责、资源管理、测量管理体系的分析和改进）相一致。

（4）一个测量过程可能限于使用单台测量设备。

（5）测量过程可能要求数据修正，例如由于环境条件所进行的修正。

5. 审核要点

（1）测量过程控制程序文件及实施情况记录；

（2）每个测量过程的完整规范。

二、测量过程设计

1. 标准条款

7.2.2　测量过程设计

应根据顾客、组织和法律法规的要求确定计量要求。为了满足这些规定要求而设计的测量过程应形成文件，并确认有效，必要时，征得顾客同意。

对每一测量过程，应识别有关的过程要素和控制。要素和控制限的选择要与不符合规定的要求时引起的风险相称。这些过程要素和控制应包括操作者、设备、环境条件、影响量和应用方法的影响。

指南

在规定测量过程时，可能有必要确定：

——确保产品质量所需的测量；

——测量方法；

——规定进行测量所需要的设备；

——执行测量人员所要求的技能和资格。

可通过与其他已确认有效的过程结果比较，与其他测量方法的结果比较或通过过程特征的连续分析方法来确认有效的测量过程。

测量过程应设计成能防止出现错误的测量结果，并确保能迅速检测出存在的问题和及时采取纠正措施。

指南

在测量过程控制上花费的力量应与测量对组织的最终产品质量的重要性相匹配。例如：高度的测量过程控制对那些包含有关键性的或复杂的测量系统，对保证生产安全的测量及由于测量结果不正确会引起后续的昂贵代价的测量来说是合适的。而对非关键部分的简单测量，低级别的过程控制就足够。这时过程控制程序可能就是与测量设备和应用类似的一般形式，诸如用手动工具测量机械零件。

影响量对测量过程的影响应当量化。这可能需要为此设计并进行专门的实验和调查。当不可能量化时，应当利用设备制造者提供的数据、规范和警示。

应确定和量化测量过程预期用途所要求的性能特性。

指南

特性的例子包括：

——测量不确定度；

——稳定性；

——最大允许误差；

——重复性；

——复现性；

——操作者的技能水平。

其他特性对于某些测量过程可能是重要的。

2. 目的和意图

测量过程设计是保证测量过程满足规定计量要求的前提。必须根据顾客、组织和法律法规的要求以及不满足要求所产生的风险科学、合理地设计有效的测量过程。

3. 理解要点

（1）设计输入

测量过程的设计，从明确测量过程的计量要求开始。测量过程的计量要求来源于顾客对产品或服务的要求、组织在产品（或服务）的生产经营管理过程中的要求，以及有关法律法规规定的要求，如产品的强制性标准条款的要求、安全生产的要求、环境保护的要求等，并且应确定并量化测量过程预期使用所要求的性能特性。

（2）设计要求

1）设计能满足上述计量要求的测量过程，并应形成文件；

2）测量过程应设计成能防止产生不正确的测量结果，并能够迅速地发现问题并及时采取纠正措施。

（3）设计要素

在进行测量过程的设计时，应确定每一测量过程的相关过程要素和控制限。要素和控制限包括操作者、设备、周围环境条件、影响量和应用方法等因素。

（4）设计原则

要素和控制限的选择应与不符合规定要求的风险相当。对于简单的、风险小的测量过程只需要考虑测量设备等关键性要素，并采用验证等简单的控制方法就能满足要求；对于复杂的、风险较大的测量过程，需要考虑全部的影响要素，规定严格的控制限，并采用统计技术等复杂的控制方法。

（5）设计确认

为确保测量过程能够满足规定的使用要求或已知的预期使用要求，应依据所策划的安排对设计进行确认。确认应在测量过程实施前完成。确认结果及必要措施的记录应予以保持。必要时需征得顾客的同意，例如产品验收时的测量参数和测量过程。

4. 实施关注点

（1）测量过程设计的流程图见图 1－7－4。

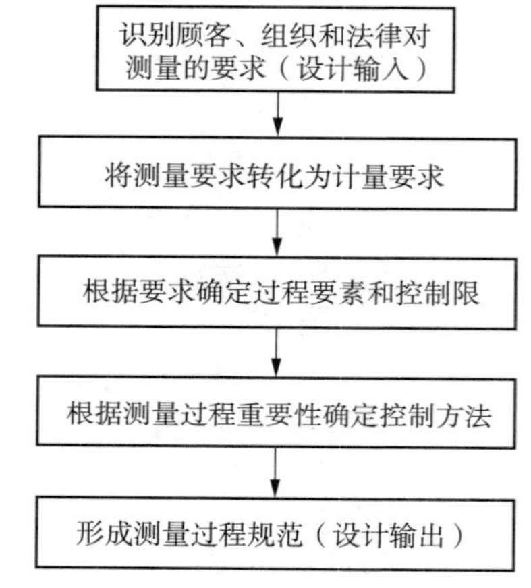

图 1－7－4 测量过程设计流程图

（2）在规定测量过程时，可能有必要确定：

——确保产品质量所需的测量；

——测量方法；

——规定进行测量所需要的设备；

——执行测量人员所要求的技能和资格。

（3）设计验证的方法：

1）可通过与其他已确认有效的过程结果比较；

2）与其他测量方法的结果比较；

3）通过过程特征的连续分析方法来确认有效的测量过程。

（4）在进行过程设计时应考虑风险与成本的比较。

在测量过程控制上花费的力量应与测量对组织的最终产品质量的重要性相匹配。例如：高度的测量过程控制对那些包含有关键性的或复杂的测量系统，对保证生产安全的测量及由于测量结果不正确会引起后续的昂贵代价的测量来说是合适的。而对非关键部分的简单测量，低级别的过程控制就足够。这时过程控制程序可能就是与测量设备和应用类似的一般形式，诸如用手动工具测量机械零件。

（5）影响量对测量过程的影响应当量化。这可能需要为此设计并进行专门实验和调查。当不可能时，应当利用设备制造者提供的数据、规范和警示。

（6）特性的例子包括：

——测量不确定度；

——稳定性；

——最大允许误差；

——重复性；

——复现性；

——操作者的技能水平。

其他特性对于某些测量过程可能是重要的。

5. 审核要点

（1）顾客、组织和法律法规的要求；

（2）满足要求的测量过程文件；

（3）测量过程文件的确认及顾客认可的记录。

三、测量过程的实现

1. 标准条款

7.2.3　测量过程的实现

测量过程应在设计的受控条件下实现，以满足计量要求。

受控条件应包括：

a）使用经确认的设备；

b）应用经确认有效的测量程序；

c）可获得所要求的信息资源；

d）保持所要求的环境条件；

e）使用具备能力的人员；

f）合适的结果报告方式；

g）按规定实施监视。

2. 目的和意图

测量过程的实现过程，也就是产生测量结果（测量过程的产品）的过程。为保证测量结果的准确可靠，并满足规定的计量要求，必须对测量过程的全部要素实施全面而且有效的控制。

3. 理解要点

测量过程应在为满足计量要求而设计的受控条件下实现。受控条件包括：

（1）使用经确认合格的测量设备，具体要求是：

1）测量设备应经过计量确认，并有合格的状态标识；

2）测量设备应在规定的确认间隔之内；

3）测量设备的封印或保护装置完好；

4）使用过程功能正常，没有发生误操作或损坏、过载情况。

（2）应用经确认的测量程序，具体的要求是：

1）测量程序是经过审核批准的正式文件；

2）测量程序文件应有明显的标识；

3）使用的测量程序是现行有效的版本；

4）测量的方法和测量的范围按程序文件规定的要求执行。

（3）可获得所要求的信息资料，具体的要求是：

1）具有与测量设备计量确认状态有关的信息，包括任何限制使用和特定要求；

2）具有与测量环境要求有关的信息，包括任何因环境条件变化而需要进行的修正；

3）具有与操作有关的技术资料或使用说明书等。

（4）保持所要求的环境条件，具体的要求是：

1）测量过程的环境条件应符合测量程序规定的要求；

2）如果测量程序有要求，应按规定的要求监视和记录环境条件；

3）如果测量程序有要求，应根据环境条件对测量结果进行修正。

（5）使用具备能力的人员，具体的要求是：

1）测量过程的操作人员应通过培训具备相应的知识和技能、并经过考核被批准后上岗从事测量工作；

2）操作人员应严格按照测量过程程序的规定实施测量。

（6）合适的结果报告方式，具体的要求是：

1）结果报告的格式应符合测量程序规定的要求；

2）结果报告的内容应全面、准确、客观；

3）结果报告应在测量工作中完成；

4）只有经授权的人员才能允许生产、修改、出具报告。

（7）按规定实施监视，具体要求是：

1）按规定的方法实施监视；

2）按规定的时间间隔实施监视；

3）对监视的结果按规定的要求进行分析和采取纠正措施（见标准 8.2.4 条款）。

4. 实施关注点

（1）应按规定的要求对测量过程各要素实施有效控制；

（2）有关测量过程监视的方法见本篇第 8 章的有关内容。

5. 审核要点

（1）测量过程要素的标识、文件和记录；

（2）测量过程的实际受控情况；

（3）必要时用相应的核查装置对测量过程实施抽样检查。

四、测量过程的记录

1. 标准条款

7.2.4　测量过程的记录

计量职能应保存记录以证明测量过程符合要求，记录内容包括：

a）实施的测量过程的完整表述，包括所用的全部要素（例如操作者、测量设备或核查标准）和相关的操作条件；

b）从测量过程控制获得的有关数据，包括有关测量不确定度信息；

c）根据测量过程控制数据的结果而采取的措施；

d）进行每个测量过程控制活动的日期；

e）有关验证文件的标识；

f）负责提供记录信息的人员标识；

g）人员能力（要求的和实际具备的）。

指南

对记录而言，测量过程控制中所用的消耗性物品，记录批号就足够了。

计量职能应确保只有授权的人员才允许形成、修改、出具和删除这些记录。

2. 目的和意图

测量过程记录是证明体系具备满足顾客计量要求的能力，并且证明测量过程的结果满足顾客规定的要求的客观证据，必须对其进行严格而有效的管理。

3. 理解要点

（1）要求的内涵

测量过程记录证明测量过程符合要求，要求包括：

1）顾客、组织和法律法规所规定的计量要求；

2）测量规范所规定的要求；

3）测量过程控制程序所规定的要求。

（2）记录的内容

测量过程记录是针对每一个测量过程的，其内容包括：

1）有关测量过程要素的完整记录：a)；

2）有关测量过程控制的记录：b)、c)、d)；

3）有关验证文件的标识：e)；

4）有关人员的标识：f)；

5）人员能力的要求和实际具备能力的记录：g)。

（3）记录管理职责

计量职能必须对测量过程记录进行严格而有效的管理，其主要职责是：

1）负责保存测量过程的记录；

2）负责确保只有授权人员才允许形成、修改、出具和删除测量过程记录。

4. 实施关注点

（1）本条款所要求的测量过程记录，是指实施测量过程管理和控制的记录，而不是指测量过程的测量结果的记录。如对产品质量检验结果的记录应按照质量管理体系的要求实施，但是对检验中测量过程的记录应按照本条款的要求实施。

（2）对记录而言，测量过程控制中所用的消耗性物品，记录批号就足够了。

5. 审核要点

（1）测量过程记录；

（2）授权人员名单及执行情况。

第三节　测量不确定度和溯源性

一、测量不确定度

1. 标准条款

> 7.3　测量不确定度和溯源性
>
> 7.3.1　测量不确定度
>
> 测量管理体系覆盖的每个测量过程都应评价测量不确定度（见5.1）。

应记录测量不确定度的评价。测量不确定度分析应在测量设备和测量过程的确认有效前完成。对所有已知的测量变化的来源应形成文件。

指南

在测量不确定度表述指南（GUM）中给出了用于合成不确定度要素及提供结果时所涉及的概念和所用的方法。也可使用其他形成文件的和可接受的方法。

有可能某些测量不确定度分量与其他分量比较起来是较小的，从技术或经济方面来说仔细地确定它们是不可取的。如果是这种情况，应当记录这种决定和其理由。在所有这些情况下，为确定和记录测量不确定度所做的努力应当与测量结果对组织的最终产品的质量的重要性相匹配。

确定测量不确定度的记录时可对类似型式的测量设备给予一个通用的陈述，并同时对每个独立的测量过程所特有的变化给出说明。

测量结果的不确定度应当考虑测量设备校准的不确定度。

在分析以前的校准结果和评价几种类似的测量设备的校准结果时适当地采用统计技术有助于测量不确定度的评价。

2. 目的和意图

测量不确定度是评价测量设备和测量过程是否满足规定计量要求的关键计量特性，必须对每个测量过程的测量不确定度进行准确的评定。

3. 理解要点

（1）评定覆盖范围

体系所覆盖的每个测量过程都应该进行测量不确定度的评定，而且评定应在测量设备确认和测量过程有效性确认前完成。

（2）评定记录要求

1）对测量不确定度的评定应形成记录。记录应包括测量设备校准引入的测量不确定度记录和从测量过程控制系统获得的测量不确定度记录（见 7.1.4 和 7.2.4 条款）。

2）对所有已知的测量变化的来源应形成文件。影响测量不确定度的来源一般包括测量设备、测量方法、测量环境条件、测量人员和被测量对象等。

4. 实施关注点

（1）在 JJF 1059.1—2012《测量不确定度评定与表示》中给出了所涉及的概念和所用的方法，也可使用其他形成文件的和可接受的方法。

（2）有可能某些测量不确定度分量与其他分量比较起来是较小的，从技术或经济方面来说仔细地确定它们是不可取的。如果是这种情况，应当记录这种决定和其理由。在所有这些情况下，为确定和记录测量不确定度所做的努力应当与测量结果对组织的最终产品的质量的重要性相匹配。确定测量不确定度的记录可采取对类似型式的测量设备给予一个通用的陈述，并带有每个独立的测量过程所特有的变化的说明。

（3）测量结果的不确定度应考虑测量设备校准的不确定度。

（4）在分析以前的校准结果和评价几种类似的测量设备的校准结果时适当地采用

统计技术有助于测量不确定度的评定。

5. 审核要点

（1）测量过程的测量不确定度的评价记录；

（2）已知的测量变化来源的文件。

二、溯源性

1. 标准条款

7.3.2　溯源性

计量职能的管理者应确保所有测量结果都能溯源到 SI 单位标准。

对 SI 单位的溯源应通过相应基准或自然常数实现，自然常数的值与 SI 单位的关系是已知的，并被国际计量大会和国际计量委员会推荐。

在合同情况下，使用公认的标准只有在双方同意且不存在 SI 单位或不存在已被承认的自然常数时才使用。

指南

溯源通常是通过其本身溯源到国家测量标准的可靠的校准实验室来实现。例如，符合 GB/T 15481/ISO/IEC 17025 要求的实验室可以认为是可靠的。

国家计量研究机构对国家测量标准和它们的溯源负责，包括国家测量标准保存在其他机构而不是国家计量研究机构的情况。测量结果也可以通过进行该种测量的外国计量研究机构溯源。

有证标准样品（有证标准物质）可认为是参考标准。

测量结果的溯源记录应根据测量管理体系、顾客或法律法规要求的期限予以保存。

2. 目的和意图

量值溯源性是测量结果准确可靠的基础。为保证测量结果满足顾客规定的计量要求，必须确保所有测量结果都能通过有效的溯源链溯源到国家计量基准。

3. 理解要点

（1）溯源性的概念

所谓溯源是指量值溯源，溯源性是指“通过具有规定的测量不确定度的连续比较链（溯源链），使测量结果或标准的量值能够与有关计量标准、通常是国际或国家计量标准联系起来的特性”，这些计量标准的量值都是按 SI 单位（国际单位制单位）复现的。

（2）溯源的方法

测量结果可以通过以下方法进行溯源：

1）一般情况下，测量结果应溯源到国家计量基准或者溯源到社会公用计量标准，并通过社会公用计量标准溯源到国家计量基准。

2）特殊情况下，某些量值不存在 SI 单位以及相应的自然常数，不能按照上述方式进行溯源。在这种情况下，才允许经双方同意，可在合同条件下，使用公认的有关计量标准进行溯源，或者按照有关法律法规规定的合法标准进行溯源，如硬度。

（3）记录要求

测量结果的溯源性记录应予以保存，保存期限应符合体系、顾客或法律法规的要求（见 7.1.4 条款）。

4. 实施关注点

（1）溯源通常是通过其本身溯源到国家测量标准的可靠的法定计量检定机构或校准实验室来实现。例如，符合 JJF 1069《法定计量检定机构考核规范》的国家授权的法定计量检定机构或者符合 GB/T 15481/ISO/IEC 17025 要求的经国家实验室认可的校准实验室。

（2）国家计量研究机构对国家测量标准和它们的溯源负责，包括国家计量标准保存在其他机构而不是国家计量研究机构的情况。测量结果也可以通过进行该种测量的外国计量研究机构溯源。

（3）有证标准物质可认为是参考标准。

5. 审核要点

测量结果的溯源性记录。

第八章

体系的分析与改进

测量管理体系分析和改进是组成测量管理体系的关键过程之一，是贯彻质量管理八项原则中“持续改进”原则的重要措施。通过对测量管理体系各个过程的评价和分析，及时发现和识别体系、过程和设备的不合格或异常，并针对产生不合格或异常的原因，采取相应的纠正或预防措施，以实现测量管理体系持续改进。

第一节　总　则

一、标准条款

8　测量管理体系分析和改进

8.1　总则

计量职能应策划和实施所需的对测量管理体系的监视、分析和改进，以：

a）确保测量管理体系符合本标准；

b）持续改进测量管理体系。

二、目的和意图

体系的持续改进是体系质量管理的灵魂，应有效策划并实施监视、分析和改进过程。

监视、分析和改进的目的是：

①确保体系符合规范规定的要求；

②确认体系的持续改进，以满足外部和内部变化的要求。

三、理解要点

1. 监视和分析的职责

计量职能负责策划并实施所需要的对体系的监视、分析和改进工作。

2. 监视和分析的对象

监视和分析的对象包括：

（1）外部和内部顾客对其满足计量要求的满意程度；

（2）体系实现质量目标的程度；

（3）测量设备的计量确认过程；

（4）关键的具有一定风险的测量过程；

（5）体系运行和实施的状况。

3. 监视、分析的方法

监视和分析的方法一般包括以下内容：

（1）监视：通过调查、抽查、审核和评审等技术收集有关信息；

（2）分析：对收集的信息进行分析，查找存在和（或）潜在的不合格及其原因；

（3）改进：针对原因采取相应的纠正和预防措施。

第二节　审核和监视

一、审核

1. 标准条款

8.2　审核和监视

8.2.1　总则

计量职能应利用审核、监视和其他适用技术以确定测量管理体系的适宜性和有效性。

8.2.2　顾客满意

计量职能应就顾客的计量要求是否已满足来监视有关顾客满意的信息。应规定获得和使用信息的方法。

8.2.3　测量管理体系审核

计量职能应策划并进行测量管理体系审核，以确保其持续有效地实施和符合规定要求。审核的结果应报告给组织的管理层中受影响的部分。

应记录测量管理体系的审核结果和体系的所有更改。组织应确保立即采取行动以消除检查到的不合格及其原因。

指南

测量管理体系审核可以作为组织管理体系审核的一部分进行。

GB/T 19011 提供了体系审核的指南。

测量管理体系审核可由组织计量职能、合同方或第三方人员进行。审核员不应审核自己负责的区域。

2. 目的和意图

追求顾客满意是组织建立和实施体系的目标。对顾客满意信息的监视作为评价体系业绩的方法之一，并以此来评价体系的有效性和识别可改进的机会。

开展体系的内部审核是为了查明体系实施效果及是否达到了规定要求，及时发现存在的问题并采取纠正措施，以确保体系持续有效运行。

3. 理解要点

（1）适宜性的概念

适宜性，是指体系适应内外环境变化的能力，主要包括：

1）计量职能是否适宜体系的运行，如计量职能机构的设置、计量职能分解、计量职能部门和相关部门之间的接口等是否明确和合理；

2）体系规定的质量目标是否可分解、可测量并适宜组织的实际情况；

3）体系文件的结构和内容是否符合标准的要求并满足体系运行的需要；

4）体系的资源配置，尤其是测量设备的配备和管理是否满足顾客、组织和法律法规规定的计量要求。

（2）有效性的概念

有效性，是指体系运行的效果和效率，主要考虑两个方面的问题：

一是体系运行的结果达到所设定的质量目标的程度；

二是体系运行的结果与所花费的资源之间的关系，确保体系的经济性。

（3）顾客满意

追求顾客满意是组织建立和实施体系的目标。对顾客满意信息的监视作为评价体系业绩的方法之一，并以此来评价体系的有效性和识别可改进的机会。

“顾客满意”是指“顾客对其要求被满足的程度的感受”。这种感受的表达有程度的区别，有的能定量表述，有的则很难做定量化的测量，但是通过顾客满意的感受信息，可以评价组织在满足要求方面的状况、满意程度的趋势及不足。应注意如果满意程度很低时，顾客会发出抱怨，但是没有抱怨并不一定表示顾客满意。

顾客满意的信息主要是顾客对其有关的计量要求是否满足等方面的直接和间接反映，也包括顾客需求和期望的信息；既包括顾客的声音，也包括市场动态或政府监督部门的信息；既包括满意的正面信息，也包括不满意的负面信息。

计量职能应规定信息收集的渠道、方法和频次。获得信息的方法可包括：

1）接收顾客的抱怨；

2）与顾客沟通，如走访顾客，问卷调查等；

3）市场调查，收集消费者组织、媒体的反映；

4）政府有关部门的监督检查情况。

（4）内部审核

开展体系的内部审核是为了查明体系实施效果及是否达到了规定要求，及时发现存在的问题并采取纠正措施，以确保体系持续有效运行。

1）审核的定义

审核是指“为获得审核证据并对其进行客观的评价，以确定满足审核准则程度所进行的系统、独立的并形成文件的过程。”

审核的定义包含了以下几个要点：

——审核是一个过程。审核过程包括：收集审核证据、把审核证据与审核准则相比较（评价），以及形成文件等几个子过程；

——审核的依据是审核准则。审核准则包括：GB/T 19022、国家计量法律法规、组织的体系文件以及顾客的要求等；

——审核应形成文件。文件包括：审核方案、审核计划、审核检查表、现场审核记录、不合格报告和审核报告等；

——审核是系统、独立的活动。系统性反映在审核必须覆盖体系的全部过程；独立性反映在审核员不得参与本单位或本部门的审核，保持审核的客观性和公正性。

2）内部审核的特点

——内部审核的目的着重在于对体系实现质量目标的有效性和适宜性作出评价，对体系实施持续改进，而不仅仅是为了获取证据，进行符合性评定。

——内部审核的时间和频次根据实际需要由组织自行决定。可以采取定期集中审核，也可以采取滚动式的分散进行的方式。而外部审核必须集中进行。

——内部审核过程发现不合格，审核员不仅要出具不合格报告，而且可以指导受审核部门分析产生不合格的原因，帮助制定纠正措施。而外部审核一般不帮助分析原因和制定纠正措施。

3）审核结果的处理

——审核的结果应报告组织的管理层中受影响的部分；

——记录体系审核结果和体系的所有更改；

——立即采取纠正和纠正措施，以消除检查到的不合格及其原因。

4. 实施关注点

（1）体系审核可以作为组织管理体系审核的一部分进行。

（2）体系审核可由组织计量职能、合同方或第三方人员进行。审核人员不应审核自己负责的区域。

（3）内部审核的具体方法可见第三篇的内容。

5. 审核要点

（1）有关顾客满意信息的收集和使用方法规定及实施情况记录。

（2）体系内部审核结果和体系更改的记录。

（3）纠正和纠正措施实施情况的跟踪记录。

二、测量管理体系的监视

1. 标准条款

> 8.2.4　测量管理体系的监视
>
> 在构成测量管理体系的各个过程中，应监视计量确认和测量过程。监视应按照形成文件的程序和确定的时间间隔进行。
>
> 监视应包括确定所用的方法，方法中包括统计技术和它们的使用范围。
>
> 通过确保迅速发现存在的问题和及时采取纠正措施，测量管理体系监视应能提供防止偏离要求的机制。这种监视应与不符合规定要求所产生的风险相匹配。

> 测量和确认过程的监视结果和采取的纠正措施应形成文件以证明测量和确认过程持续地满足文件的要求。

2. 目的和意图

对计量确认和测量过程实施监视的目的是为了形成防止计量确认和测量过程偏离要求的机制。

3. 理解要点

（1）监视的目的

监视的目的是为了证实计量确认和测量过程的符合性，提供迅速发现问题，及时采取纠正措施，形成防止偏离要求的机制。

（2）监视的对象

监视的对象是计量确认和测量过程，但并不是所有的计量确认过程和测量过程都必须监视。监视的重点应是容易失控或因失控将造成严重后果的某些过程。

（3）监视的要求

标准对监视的要求包括以下几个方面：

——必须按文件化程序和规定的时间间隔进行；

——监视程序应包含适用方法的确定，包括统计技术及其使用范围；

——监视的方法与范围应与风险相联系，进行成本与风险的比较；

——监视结果和采取的措施应形成文件，以证明过程和确认满足要求。

4. 实施关注点

在实践中，针对不同的计量确认和测量过程，应合理选择不同的方法进行控制和监视。一般可将测量过程分为两类，一类是一般控制测量过程，另一类是高度控制测量过程。

对于技术比较简单、计量要求比较低、测量结果的不正确可能形成的风险比较小的测量过程，可纳入一般控制测量过程，采取对测量过程中的测量设备进行计量确认的方法，就可以基本保证测量结果的准确可靠。

对技术比较复杂、计量要求比较高、由于测量结果的不正确可能造成重大的经济损失或安全风险的测量过程，应纳入高度控制测量过程，对测量过程实施有效的监视。

在对高度控制测量过程进行监视时，同样应根据测量过程的重要性和技术上的可行性，分别采取非统计控制方法或统计控制方法进行监视。监视方法和控制限的选择要与不符合规定的要求所引起的风险相称。例如，高级别的测量过程监视对那些包含有严格要求的或复杂环节的测量过程，对保证生产安全的测量过程及由于测量结果的不正确会造成重大经济损失的测量来说是合适的。而对于一些非关键零部件的简单测量，最简单的过程控制就足够了。

（1）简单非统计控制的监视方法

简单的非统计控制方法有多种，例如：利用相同或不相同的方法进行重复测量；分析一个物品不同特性结果的相关性；对测量过程中使用的测量设备进行抽样检查；对测量过程的环境条件进行监测；对测量人员的工作实施监督检查等。这里具体介绍一些非统计控制的监视方法。

1）利于相同的方法重复测量

对已经被测量过的保留样品进行重复测量，测量条件应尽量追溯到前次测量过程的条件。若两次测量结果之差的绝对值小于等于其测量不确定度，则说明该测量过程的能力持续有效，若不满足此条件应分析原因，采取纠正措施，必要时追溯前期的测量结果。

2）不同的方法来重复测量

对同一个被测量参数往往有不同的测量方法，可通过采取不同方法的比对试验，来发现不同测量方法存在的系统误差，以监视和控制测量过程和测量结果的有效性。例如国家标准或技术规范中有许多都提供了一种以上的测量方法，这些方法有些是针对不同的使用范围和测量准确度而制定的，不同方法之间测量结果存在着一致性。两次测量结果之差的绝对值应不大于其测量不确定度。如测量结果之差大于其测量不确定度，就应分析原因，查找测量设备、测量方法、测量人员或环境条件等方面的影响因素，排除造成测量过程失控的原因。

3）同一样品的不同特性结果的相关性分析

同一物品的不同特性指标可能存在一定的相关性，通过这些相关性的分析可以对测量结果的准确度作出判断。例如，在一个样品含有 A、B 两种物质，测量结果 A 的含量是 99.8%，B 的含量是 1.2%，这样的测量结果明显是错误的，物质总的含量不可能超过 100%。

（2）复杂的统计工程控制的监视方法

复杂的统计过程控制的监视方法，主要是针对复杂的测量过程，利用核查装置和控制图，采用统计技术，对测量过程的全部要素按规定的程序和时间间隔实施测量过程控制。有关利用核查装置和统计技术实施监视的具体方法将在第二篇第 3、4 章作详细介绍。

无论是采用简单的非统计控制监视或者是采用复杂的统计过程控制的监视都应制定监视程序，并按照规定的程序和时间间隔进行，监视的结果和采取的纠正措施应形成文件，以证明测量过程持续地满足文件的要求。

5. 审核要点

（1）计量确认和测量过程监视管理程序；

（2）规定的监视方法及使用范围；

（3）监视结果和采取的纠正措施的文件。

第三节　不合格控制

不合格控制包括对不合格体系、不合格测量过程和不合格测量设备等三种情况的控制。不合格控制的目的不仅是为了消除不合格，而且还必须消除产生不合格的原因。

一、不合格体系

1. 标准条款

> 8.3 不合格控制
>
> 8.3.1 不合格测量管理体系
>
> 计量职能应确保发现任何不合格，并立即采取措施。
>
> *指南*
>
> *应当标识不合格要素以防止疏忽使用。*
>
> *在实施纠正措施前，可以采取临时措施（如相关工作计划）。*

2. 目的和意图

为了确保体系的有效运行，必须对体系的不合格要素或过程进行控制。

3. 理解要点

（1）体系不合格的类型

——体系文件不符合标准要求或不符合组织的实际情况；

——体系各项要素或过程的实施不符合文件规定的要求；

——体系各项过程的实施效果没有达到规定的预期目标。

（2）体系不合格控制要求

计量职能应确保及时发现体系的不合格，并立即采取措施。

4. 实施关注点

（1）对发现的不合格要素应当作出标识，以防止疏忽使用。

（2）在实施纠正措施前，可以采取临时措施，如制定相关工作计划。

5. 审核要点

（1）发现不合格的记录；

（2）采取措施的记录。

二、不合格测量过程

1. 标准条款

> 8.3.2 不合格测量过程
>
> 已知任何测量过程已产生或怀疑产生不正确的测量结果，应进行适当的标识，并停止使用直到已采取了适合的措施。
>
> 如果已识别一个不合格的测量过程，其使用者应确定潜在的后果，进行必要的纠正，并采取必要的纠正措施。
>
> 由于不合格而更改某个测量过程，在使用前应进行有效确认。

指南

测量过程失效，例如，由于核查标准损坏或操作能力改变，可通过如下的过程结果的信息来揭示：

——分析控制图；

——分析趋势图；

——随后的检验；

——实验室间比较；

——内部审核；

——顾客反馈。

2. 目的和意图

为防止不正确的测量结果的产生并防止已经产生的不合格结果的使用，必须对不合格测量过程实施控制。

3. 理解要点

(1) 不合格测量过程的判断依据

判断测量过程是否合格的依据是测量结果的正确性。通过对测量过程的监视和审核可及时发现测量过程的不合格。

(2) 不合格测量过程的处置

对不合格测量过程的处理应包括以下内容：

——对不合格测量过程进行适当标识，并停止使用；

——确定不正确测量结果的潜在后果，采取必要的纠正；

——分析不合格产生的原因，采取相应的纠正措施。

(3) 不合格测量过程的更改

对不合格测量过程实施更改，可按照 7.2.2 条款的要求进行。改进后的测量过程在重新投入使用前，必须进行有效性确认。

4. 实施关注点

发现测量过程不合格的信息来源。

测量过程失效，例如，由于核查装置审核或操作能力改变，可通过如下的过程结果的信息来揭示：

——分析控制图；

——分析趋势图；

——随后的检验；

——实验室间比较；

——内部审核；

——顾客反馈。

5. 审核要点

(1) 不合格测量过程的标识；

(2) 不合格测量过程的潜在后果的确定，纠正和纠正措施的实施记录；

（3）更改的测量过程在使用前的确认记录。

三、不合格测量设备

1. 标准条款

8.3.3 不合格测量设备

对已确认的测量设备怀疑或已知：

a）损坏；

b）过载；

c）可能使其预期用途无效的故障；

d）产生不正确的测量结果；

e）超过规定的计量确认间隔；

f）误操作；

g）封印或保护装置损坏或破裂；

h）暴露在已有可能影响其预期用途的影响量中（如电磁场、灰尘）。

应将该设备从服务区中隔离或加以永久性标签或标志。应验证其不合格，并准备不合格报告。这类设备在消除其不合格的原因并重新确认合格之前，不能返回使用。

不能恢复其预期的计量特性的不合格测量设备，应有清楚的标志或用其他方式标识。这类设备用于其他用途完成计量确认后，应确保其改变后的状态能清楚地显示出来，并包含有使用限制的标识。

指南

如果对已发现不适于预期用途的设备进行调整、维修或修改是不实际的，可以选择降级和（或）改变其预期用途。降级使用时应当特别小心地使用，它可能与在外观上完全相同的设备产生混淆。这还包括多量程、多功能设备，仅对某些范围或功能做了有限的计量确认的情况。

如果在调整或维修前计量验证的结果已表明测量设备不满足计量要求，危及测量结果的正确性，设备的使用者应确定潜在的后果，并采取必要的措施。这可能包括对用该不合格测量设备测量过的产品进行重新检查。

2. 目的和意图

为防止不合格测量设备和由不合格测量设备产生的测量结果的非预期使用，必须对不合格测量设备进行控制。

3. 理解要点

（1）不合格测量设备评定原则

不合格测量设备的判定原则是：如果已知或怀疑测量设备具有a）～h）八种情况中的任何一种，即可判定该测量设备为不合格设备。

（2）不合格测量设备的处置

不合格测量设备的处置应包括以下内容：

——从服务区隔离，并加永久性标志；

——验证其不合格，并准备不合格报告；

——在不合格原因消除前，不能返回使用；

——不合格设备经过确认用作其他用途，应能清楚显示其改变后的状态，并有使用限制的标识。

（3）不合格测量结果的追溯

对不正确的测量结果应进行追溯，如果计量验证的结果表明测量设备不满足计量要求，危及测量结果的正确性，必须确定潜在的后果，并采取必要的措施。

4. 实施关注点

（1）如果对已发现不适于预期用途的设备进行调整、维修或修改是不实际的，可以选择降级和（或）改变其预期用途。

（2）降级使用时应当特别小心，它可能与在外观上完全相同的设备间产生混淆。这还包括多量程、多功能设备，仅对某些范围或功能做了有限的计量确认的情况。

5. 审核要点

（1）不合格测量设备的隔离、标识、验证和报告；

（2）对由不合格测量设备造成的后果分析和采取必要措施的情况记录；

（3）降级使用的测量设备的标识和控制。

第四节　改　进

一、总则

1. 标准条款

> 8.4　改进
>
> 8.4.1　总则
>
> 计量职能应根据审核、管理评审和其他有关因素（如顾客反馈）策划和管理测量管理体系的持续改进。计量职能应评审并识别改进测量管理体系的潜在机会，必要时进行修改。

2. 目的和意图

组织应采取适当的方式实现持续改进，以增加顾客满意的机会。

3. 理解要点

（1）“持续改进”的原则

持续改进是增强满足要求的能力的循环活动。持续改进的对象是体系，目的是不断地提高体系的有效性。由于顾客、组织和法律法规的计量要求和期望是不断发展变化的，组织的测量管理体系应建立一种不断适应外部和内部环境变化的机制，使组织增强适应能力，不断改进体系的有效性，这是个永无止境的循环活动，是螺旋式上升的过程。持续改进的过程就是不断地改进目标和寻求改进机会的过程，促进完成目标的程度持续提高。

（2）持续改进的途径

为实现体系有效性的持续改进，组织应当：

——通过内部审核的结果不断发现测量管理体系存在的问题和薄弱环节，形成一个自我完善的机制，找出不符合要求的项目，以不断改进体系；

——通过管理评审，对体系的适宜性、充分性和有效性作出全面地评价，评审改进的机会，确定改进的目标，作出改进的决定，也包括对质量目标的改进。

——利用顾客反馈的信息，识别和评价持续改进体系有效性的机会，作出准确的决策实现改进。

（3）改进的过程方法

持续改进是八项管理原则中最重要的原则之一，也是测量管理体系的重要基础，持续改进包括下述活动：

——分析和评价现状，以识别改进区域；

——确定改进目标；

——寻求可能的解决办法，以实现这些目标；

——评价这些解决办法并作出选择；

——实施选定的解决办法；

——测量、验证、分析和评价实施的结果，以确定这些目标已经实现；

——正式采纳更改。

（4）从日常改进到战略改进

持续改进的范围可以从渐进的日常改进直至战略突破性的改进项目。这些改进可能会导致组织对过程进行更改，甚至对测量管理体系进行修正或对组织进行调整。

二、纠正措施

1. 标准条款

8.4.2 纠正措施

当有关的测量管理体系要素不满足规定要求，或相应的数据资料显示不可接受的模式时，应识别原因，采取纠正措施消除这种差异。

采取的纠正和纠正措施在测量过程使用前应经过验证。

采取纠正措施的准则应形成文件。

2. 目的和意图

及时实施纠正措施是体系不断完善和持续改进的重要活动。

3. 理解要点

（1）纠正措施的对象

纠正措施是针对已经发现的体系、测量设备和测量过程不合格的原因采取的措施，目的是消除引起这些不合格的原因，防止不合格再次发生。

（2）纠正措施的选择

纠正措施应以不合格对组织的影响程度而定，应在权衡风险、利益和成本关系后再确定适应的措施。

4. 实施关注点

组织应制定“纠正措施控制程序（或准则）”文件，规定以下方面的要求：

（1）评审不合格；

（2）确定不合格原因；

（3）评价确保不合格不再发生的措施要求；

（4）确定和实施所需的措施；

（5）记录所采取措施的结果；

（6）评审所采取的纠正措施。

5. 审核要点

（1）形成文件的纠正措施的程序或准则；

（2）实施纠正措施的记录；

（3）对纠正措施的实施验证的记录。

三、预防措施

1. 标准条款

> 8.4.3 预防措施
>
> 计量职能应确定措施以消除潜在的测量或确认不合格的原因以防止出现这种不合格。预防措施应与潜在问题的影响程度相适应。应建立一个形成文件的程序以规定对下述各项的要求：
>
> a）确定潜在不合格及其原因；
>
> b）评价防止不合格发生的措施的需求；
>
> c）确定和实施所需的措施；
>
> d）记录所采取措施的结果；
>
> e）评审所采取的预防措施。

2. 目的和意图

有效开展预防措施是体系不断完善和持续改进的重要活动。

3. 理解要点

（1）预防措施的对象

预防措施与纠正措施的区别是在于预防措施是针对潜在的不合格的原因而采取的措施，而纠正措施是针对已经发生的不合格的原因所采取的措施。

（2）纠正、纠正措施和预防措施的区别

纠正是针对不合格采取的措施，目的是消除不合格；

纠正措施是针对已经发生的不合格的原因采取的措施，目的是防止不合格的再次发生；

预防措施是针对潜在的不合格的原因采取的措施，目的是防止不合格的发生。

4. 实施关注点

制定“预防措施管理程序”文件，规定以下方面的内容。

（1）确定潜在不合格及原因

根据数据分析提供的信息，尤其是测量设备和测量过程的计量特性及趋势所提供的预防措施的机会以及在实现持续改进中从多渠道所获得的信息，确定潜在不合格并对其原因作出客观、科学的分析，注意应积极采用核查装置和统计技术。

（2）评价防止不合格发生的措施的需求

针对所确定的潜在不合格原因，为防止这种潜在不合格发生，通过研究、分析，提出多种消除的措施，评价对其的需求，供组织的有关方面作出决策。

（3）确定和实施所需的措施

在调查、研究、分析、论证、试验、比较等基础上确定所需要的预防措施并加以实施。防患于未来，凡已识别、确定需要采取预防措施的项目，均应按要求实施，使这些潜在的因素得到遏制，防止不合格的发生。

（4）记录所采取措施的结果

预防措施在实施过程中及实施后的跟踪检查中要做好多种必要的记录，包括完成、监督、检查、验证等记录。

（5）评审所采取的预防措施

对采取的预防措施是否达到规定的要求和目标，是否适宜、充分和有效要进行评审。凡发现预防措施未达到预期的目标，要查找原因，是采取的预防措施不适宜，还是实施不完善，要检查，要改进。总之，预防措施应该是有效的。

5. 审核要点

（1）预防措施管理程序；

（2）实施情况记录；

（3）评审记录。

第二篇　计量专业基础

第一章

计量法律法规

第一节　计量法律、法规及计量监督管理

一、计量立法的宗旨和调整范围

（一）计量立法的宗旨

计量是经济建设、科技进步和社会发展中的一项重要的技术基础。经济越发展，越需要加强计量工作；科技越先进，越需要准确的计量；社会越进步，越需要在全国范围实现计量单位制的统一和量值的准确可靠，因而越需要加强计量法制监督。所以，计量立法的宗旨，首先要加强计量监督管理，健全国家计量法制。而加强计量监督管理的核心内容是要解决国家计量单位制的统一和全国量值的准确可靠的问题，也就是要解决可能影响经济建设、科技进步和社会发展、造成损害国家和人民利益的计量问题，这是计量立法的基本点。由于计量单位制的统一和量值的准确可靠是保证经济建设、科技进步和社会发展能够正常进行的必要条件，计量法中的各项规定都是紧紧围绕着这一基本点进行的。世界各国也都把统一计量单位、保障本国量值准确可靠作为政权建设和发展经济的重要措施。

但加强计量监督管理，保障计量单位制的统一和量值的准确可靠，还不是计量立法的最终目的，计量立法的最终目的是为了促进国民经济和科学技术的发展，为社会主义现代化建设提供计量保证；为保护广大消费者免受不准确或不诚实测量所造成的危害；为保护人民群众的健康和生命、财产的安全，保护国家的权益不受侵犯。

在《中华人民共和国计量法》（以下简称《计量法》）第一条中把计量立法的宗旨高度概括为："加强计量监督管理，保障国家计量单位制的统一和量值的准确可靠，有利于生产、贸易和科学技术的发展，适应社会主义现代化建设的需要，维护国家、人民的利益。"

计量立法使我国计量工作全面纳入了法制管理的轨道。计量专业技术人员从事计量检定及其他计量专业技术工作有了明确的行为准则。计量检定人员既要通过计量检定来确保计量单位的统一和量值的准确可靠，更要通过计量检定来履行服务经济建设、促进科技发展、维护国家和人民的利益的根本职责。无论是计量检定规程的制定和实

施，还是计量器具新产品的型式评价、计量器具产品的质量监督等工作，都应按计量监督管理的要求，从有利于经济发展、有利于科技进步、有利于保护国家和人民的利益的高度出发，正确地处理工作中所发生的各种问题，认真做好为经济服务、为企业服务、为消费者服务的各项工作。

（二）《计量法》的调整范围

任何一部法律法规，都有其调整范围。《计量法》第二条说明了计量法适用的地域和调整对象，即在中华人民共和国境内，所有公民、法人和其他组织，凡是使用计量单位，建立计量基准、计量标准，进行计量检定，制造、修理、销售、使用计量器具和进口计量器具，开展计量认证，实施仲裁检定和调解计量纠纷，进行计量监督管理方面所发生的各种法律关系，均为《计量法》适用的范围，都必须按照《计量法》的规定加以调整，不允许随意变更，各行其是。

根据我国的实际情况，《计量法》侧重调整的是国家计量单位制的统一和量值的准确可靠，以及影响社会经济秩序，危害国家和人民利益的计量问题，不是计量工作中所有的问题都要立法。也就是说，主要限定在对社会可能产生影响的范围内，如教学示范中使用的计量器具或家庭自用的部分计量器具，量值准确与否对社会经济活动没有太大的影响，就不必立法调整。如果将调整范围规定得过宽，一是没有必要，二是难以实施，反而失去了法律的严肃性。

二、我国计量法规体系的组成

法规体系，是由母法及从属于母法的若干子法所构成的有机联系的整体。按照审批的权限、程序和法律效力的不同，计量法规体系可分为三个层次：第一层次是法律；第二层次是行政法规；第三层次是规章。此外，按照立法的规定，省、自治区、直辖市及较大城市也可制定地方性计量法规和规章。目前，我国已形成了以《计量法》为基本法，若干计量行政法规、规章以及地方性计量法规、规章为配套的计量法律法规体系。

（一）计量法律

《计量法》于1985年9月6日第六届全国人民代表大会常务委员会第十二次会议通过。根据2009年8月27日第十一届全国人民代表大会常务委员会第十次会议《关于修改部分法律的决定》第一次修正。根据2013年12月28日第十二届全国人民代表大会常务委员第六次会议《关于修改〈中华人民共和国海洋环境保护法〉等七部法律的决定》第二次修正。根据2015年4月24日第十二届全国人民代表大会常务委员第十四次会议《关于修改〈中华人民共和国计量法〉等五部法律的决定》第三次修正。

《计量法》作为国家管理计量工作的基本法，是实施计量监督管理的最高准则。制定和实施《计量法》，是国家完善计量法制、加强计量管理的需要，是我国计量工作全面纳入法制化管理轨道的标志。《计量法》的基本内容：计量立法宗旨、调整范围、计量单位制、计量基准器具、计量标准器具和计量检定、计量器具管理、计量监督、计量机构、计量人员、计量授权、计量认证、计量纠纷处理和计量法律责任等，共计六章三十四条。

（二）计量行政法规

国务院制定（或批准）的计量行政法规主要包括：

——《中华人民共和国计量法实施细则》（以下简称《计量法实施细则》）。1987年1月19日国务院批准，1987年2月1日原国家计量局发布，主要对《计量法》中有关计量基准器具和计量标准器具、计量检定、计量器具的制造和修理、计量器具的销售和使用、计量监督、产品质量检验机构的计量认证、计量调解和仲裁检定、费用及法律责任等进行了细化。

——《国务院关于在我国统一实行法定计量单位的命令》。1984年2月27日由国务院发布，主要目的是明确我国在采用国际单位制的基础上，进一步统一我国的计量单位。该命令规定了《中华人民共和国法定计量单位》。

——《全面推行我国法定计量单位的意见》。1984年1月20日国务院第21次常委会通过，主要对全面推行我国法定计量单位的目标、要求、措施等做出了具体规定。

——《中华人民共和国强制检定的工作计量器具检定管理办法》。1987年4月15日国务院发布，主要对强制检定的工作计量器具的目录、检定机构、检定的程序等做出了具体规定。

——《中华人民共和国进口计量器具监督管理办法》。1989年10月11日国务院批准，主要对进口计量器具的型式批准、进口计量器具的审批、进口计量器具的检定、法律责任等做出了规定。

——《国防计量监督管理条例》。1990年4月5日国务院、中央军事委员会发布，为加强国防计量工作的监督管理，保证军工产品的量值准确，对国防计量机构及职责、计量标准、计量检定、计量保证与监督做出了明确规定。

——《关于改革全国土地面积计量单位的通知》。1990年12月18日国务院批准，主要对我国土地面积计量单位做出了具体规定。

（三）计量规章

国务院计量行政部门发布的有关计量规章主要包括：《中华人民共和国计量法条文解释》《中华人民共和国依法管理的计量器具目录》《中华人民共和国强制检定的工作计量器具明细目录》《中华人民共和国依法管理的计量器具目录（型式批准部分）》《计量基准管理办法》《计量标准考核办法》《标准物质管理办法》《法定计量检定机构监督管理办法》《计量器具新产品管理办法》《中华人民共和国进口计量器具监督管理办法实施细则》《计量检定人员管理办法》《计量检定印、证管理办法》《计量违法行为处罚细则》《仲裁检定和计量调解办法》《零售商品称重计量监督管理办法》《定量包装商品计量监督管理办法》《商品量计量违法行为处罚规定》《计量授权管理办法》《计量监督员管理办法》《专业计量站管理办法》《社会公正计量行（站）监督管理办法》《制造、修理计量器具许可监督管理办法》等。

此外，一些省、自治区、直辖市人大和政府，以及较大城市人大也根据需要制定了一批地方性的计量法规和规章。

在我国的计量法律、计量行政法规和计量规章中，对我国计量监督管理体制、法定计量检定机构、计量基准和标准、计量检定、计量器具产品、商品量的计量监督和检验、产品质量检验机构的计量认证等计量工作的法制管理要求，以及计量法律责任都做出了明确的规定。

三、计量监督管理的体制

（一）计量监督管理的概念

计量监督是计量管理的一种特殊形式。计量监督管理体制是指计量监督工作的具体组织形式，它体现国家与地方各级计量行政部门之间，各主管部门、各企业、事业单位之间在计量监督中的关系。

我国的计量监督管理实行按行政区划统一领导、分级负责的体制。全国的计量工作由国务院计量行政部门负责实施统一监督管理。县级以上地方行政区域内的计量工作由当地计量行政部门负责实施监督管理，县级以上计量行政部门是本行政区域内的计量监督管理机构。县级以上计量行政部门要监督本行政区域内的机关、团体、企事业单位和个人遵守与执行计量法律、法规。中国人民解放军的计量工作，按照《中国人民解放军计量条例》实施。各有关部门设置的计量行政机构，负责监督计量法律、法规在本部门的贯彻实施。

计量行政部门所进行的计量监督，是纵向和横向的行政执法性监督；部门计量行政机构对所属单位的监督，则属于行政管理性监督，一般只对纵向发生效力。从全国来讲，国务院计量行政部门和其他各部门的计量监督是相辅相成的，各有侧重，相互配合，互为补充，构成一个有序的计量监督网络。从法律实施的角度讲，部门和企事业单位的计量机构不是专门的行政执法机构。因此，对计量违规行为的处理，部门和企事业单位或者上级主管部门只能给予行政处分。而县级以上地方计量行政部门对计量违法行为，则可依法给予行政处罚，因为计量行政处罚是由特定的具有执法监督职能的计量行政部门行使的。

（二）我国计量监督管理体系

《计量法》第四条明确规定："国务院计量行政部门对全国计量工作实施统一监督管理。县级以上地方人民政府计量行政部门对本行政区域内的计量工作实施监督管理。"

在《计量法实施细则》第二十六条中进一步明确规定："国务院计量行政部门和县级以上地方人民政府计量行政部门监督和贯彻实施计量法律、法规的职责是：

（一）贯彻执行国家计量工作的方针、政策和规章制度，推行国家法定计量单位；

（二）制定和协调计量事业的发展规划，建立计量基准和社会公用计量标准，组织量值传递；

（三）对制造、修理、销售、使用计量器具实施监督；

（四）进行计量认证，组织仲裁检定，调解计量纠纷；

（五）监督检查计量法律、法规的实施情况，对违反计量法律、法规的行为，按照本细则的有关规定进行处理。"

此外，为了保证计量监督工作的实施，《计量法》第十八条明确规定："县级以上人民政府计量行政部门，根据需要设置计量监督员。计量监督员管理办法，由国务院计量行政部门制定。”

在《计量法实施细则》第二十七条中又进一步明确规定：“计量监督员负责在规定的区域、场所巡回检查，并可根据不同情况在规定的权限内对违反计量法律、法规的行为，进行现场处理，执行行政处罚。

计量监督员必须经考核合格后，由县级以上人民政府计量行政部门任命并颁发监督员证件。”

1998 年 2 月，国务院批准《质量技术监督管理体制改革方案》，对质量技术监督管理体制实行重大改革，质量技术监督系统实行省以下垂直管理体制。原国家质量技术监督局对省、自治区、直辖市质量技术监督局（为同级人民政府的工作部门）实行业务领导。

省、自治区、直辖市质量技术监督局的主要职责：领导省以下质量技术监督部门正确执行国家有关质量技术监督的法律法规和方针政策、履行法定职责规定的质量技术监督职能。

2001 年 6 月，为适应完善社会主义市场经济体制的要求，进一步加强市场执法监督，维护市场秩序，国务院决定，将原国家质量技术监督局、原国家出入境检验检疫局合并，组建国家质量监督检验检疫总局（简称国家质检总局），同时成立认证认可监督管理委员会（简称认监委）和标准化管理委员会（简称标准委），认监委和标准委由国家质检总局实施管理。国家质检总局是国务院主管全国质量、计量、出入境商品检验、出入境卫生检疫、出入境动植物检疫、食品生产监督和认证认可、标准化等工作，并行使行政执法职能的直属机构。

2012 年起，根据《中共中央国务院关于地方政府职能转变和机构改革的意见》和《国务院办公厅关于调整省级以下工商质监行政管理体制加强食品安全监督有关问题的通知》等文件精神，质监部门由省以下垂直管理逐步改为地方政府分级管理体制。

（三）我国计量技术机构体系

《计量法》第十九条规定：“县级以上人民政府计量行政部门可以根据需要设置计量检定机构，或者授权其他单位的计量检定机构，执行强制检定和其他检定、测试任务。”

《计量法实施细则》第二十八条进一步明确：“县级以上人民政府计量行政部门依法设置的计量检定机构，为国家法定计量检定机构。其职责是：负责研究建立计量基准、社会公用计量标准，进行量值传递，执行强制检定和法律规定的其他检定、测试任务，起草技术规范，为实施计量监督提供技术保证，并承办有关计量监督工作。”

在第三十条中又明确规定：“县级以上人民政府计量行政部门可以根据需要，采取以下形式授权其他单位的计量检定机构和技术机构，在规定的范围内执行强制检定和其他检定、测试任务：

（一）授权专业性或区域性计量检定机构，作为法定计量检定机构；

（二）授权建立社会公用计量标准；

（三）授权某一部门或某一单位的计量检定机构，对其内部使用的强制检定计量器具执行强制检定；

（四）授权有关技术机构，承担法律规定的其他检定、测试任务。”

因此，我国的法定计量检定机构包括两种：一是县级以上人民政府计量行政部门依法设置的计量检定机构，为国家法定计量检定机构；二是县级以上人民政府计量行政部门根据需要授权的专业性或区域性计量检定机构，作为法定计量检定机构。

此外，还有一些其他的计量检定机构和技术机构，虽然不是法定计量检定机构，但是经过政府计量行政部门的授权，可以承担建立社会公用计量标准，对其内部使用的强制检定计量器具执行检定或承担法律规定的其他检定、测试任务。

在社会上，除了各级人民政府计量行政部门依法设置和授权的计量技术机构外，还有国务院有关主管部门和省级人民政府有关主管部门根据本部门的特殊需要建立的计量技术机构，以及广大企事业单位根据本单位的需要建立的计量技术机构或计量实验室。

四、法定计量检定机构的监督管理

法定计量检定机构是计量行政部门依法设置或授权建立的计量技术机构，是保障我国计量单位制的统一和量值的准确可靠，为计量行政部门依法实施计量监督提供技术保证的技术机构。为了加强对法定计量检定机构的监督管理，在《计量法》《计量法实施细则》和《法定计量检定机构监督管理办法》中对法定计量检定机构的组成、职责和监督管理等做出了明确的规定。

（一）法定计量检定机构的组成

《计量法》第十九条规定：“县级以上人民政府计量行政部门可以根据需要设置计量检定机构，或者授权其他单位的计量检定机构，执行强制检定和其他检定、测试任务。”

各级质量技术监督部门依法设置的计量检定机构是法定计量检定机构的主体，主要承担强制检定和其他检定、测试任务。专业计量站是根据我国生产、科研需要的一种授权形式，在授权项目上，一般选定专业性强、跨部门使用、急需的专业项目。根据需要，国务院计量行政部门设立大区计量测试中心为法定计量检定机构。地方政府计量行政部门也可以根据本地区的需要，建立区域性的计量检定机构，作为法定计量检定机构，承担政府计量行政部门授权的有关项目的强制检定和其他计量检定、测试任务。这些授权的专业和区域计量检定机构是全国法定计量检定机构的一个重要组成部分，在确保全国量值的准确可靠方面发挥了积极作用。

（二）法定计量检定机构的职责

《法定计量检定机构监督管理办法》第四条规定：“法定计量检定机构应当认真贯彻执行国家计量法律、法规，保障国家计量单位制的统一和量值的准确可靠，为质量技术监督部门依法实施计量监督提供技术保证。”《法定计量检定机构监督管理办法》第十三条明确规定：“法定计量检定机构根据质量技术监督部门授权履行下列职责：

（一）研究、建立计量基准、社会公用计量标准或者本专业项目的计量标准；

（二）承担授权范围内的量值传递，执行强制检定和法律规定的其他检定、测试任务；

（三）开展校准工作；

（四）研究起草计量检定规程、计量技术规范；

（五）承办有关计量监督中的技术性工作。”

上述“承办有关计量监督中的技术性工作”，一般包括政府计量行政部门授权或委托的计量标准考核、计量器具新产品型式评价、仲裁检定、计量器具产品质量监督检验，定量包装商品净含量计量监督检验等工作。

（三）对法定计量检定机构的监督管理

《法定计量检定机构监督管理办法》明确规定了对法定计量检定机构实施监督管理的体制、机制、内容和法律责任。

法定计量检定机构的监督管理体制，实施两级管理的模式。《法定计量检定机构监督管理办法》第三条明确规定：“国家质量技术监督局对全国法定计量检定机构实施统一监督管理。省级质量技术监督部门对本行政区域内的法定计量检定机构实施监督管理。”

对法定计量检定机构监督管理的机制，主要是实施考核授权制度。《法定计量检定机构监督管理办法》明确规定了法定计量检定机构应当具备的条件、如何组织考核、如何颁发计量授权证书、如何进行复查换证、如何对新增项目进行授权和终止承担的授权项目。法定计量检定机构必须经质量技术监督部门考核合格，经授权后才能开展相应的工作。

《法定计量检定机构监督管理办法》第十五条规定：“省级以上质量技术监督部门应当加强对法定计量检定机构的监督，主要包括以下内容：

（一）本办法规定内容的执行情况；

（二）《法定计量检定机构考核规范》规定内容的执行情况；

（三）定期或者不定期对所建计量基、标准状况进行赋值比对；

（四）用户投诉举报问题的查处。”

五、计量基准、计量标准的建立和法制管理

（一）计量基准的建立原则

《计量法》第五条明确规定：“国务院计量行政部门负责建立各种计量基准器具，作为统一全国量值的最高依据。”

计量基准是指经国家质检总局批准，在中华人民共和国境内为了定义、实现、保存、复现量的单位或者一个或多个量值，用作有关量的测量标准定值依据的实物量具、测量仪器、标准物质或者测量系统。全国的各级计量标准和工作计量器具的量值，都应直接或者间接地溯源到计量基准。

国家建立计量基准的原则：一是要根据社会、经济发展和科学技术进步的需要，由国家质检总局负责统一规划，组织建立。二是属于基础性、通用性的计量基准，建立在国家质检总局设置或授权的计量技术机构；属于专业性强、仅为个别行业所需要，或工作条件要求特殊的计量基准，可以建立在有关部门或者单位所属的计量技术机构。

计量基准是统一全国量值的最高依据，故对每项测量参数来说，全国只能有一个

计量基准，由国务院计量行政部门统一安排，其他部门和单位不能随意建立计量基准。2007 年 6 月 6 日国家质检总局修订并发布的《计量基准管理办法》，对计量基准的法制管理，如计量基准的建立、保存、维护、改造、使用、废除以及法律责任等都做出了具体规定。

（二）计量标准的建立和法制管理

计量标准处于国家检定系统表的中间环节，起着承上启下的作用，即将计量基准所复现的单位量值，通过检定逐级传递到工作计量器具，从而确保工作计量器具量值的准确可靠，确保全国计量单位制和量值的统一。

为了使各项计量标准能够在正常的技术状态下进行工作，保证量值的溯源性，按《计量法》规定，县级以上计量行政部门建立的社会公用计量标准和部门、企事业单位建立的各项最高计量标准，都要依法考核合格，才有资格进行量值传递。这是保障全国量值准确一致的必要手段。考核的目的是确认其是否具有开展量值传递的资格。考核的内容主要包括计量标准设备、环境条件、检定人员以及管理制度等四个方面。

1. 社会公用计量标准

社会公用计量标准，是指经过政府计量行政部门考核、批准，作为统一本地区量值的依据，在社会上实施计量监督具有公证作用的计量标准。在处理因计量器具准确度引起的计量纠纷时，只能以计量基准或社会公用计量标准仲裁检定后的数据为准。其他单位建立的计量标准，要想取得上述法律地位，必须经有关政府计量行政部门授权。

《计量法》第六条明确规定："县级以上地方人民政府计量行政部门根据本地区的需要，建立社会公用计量标准器具，经上级人民政府计量行政部门主持考核合格后使用。"社会公用计量标准由各级政府计量行政部门根据本地区需要组织建立，但必须履行法定的考核程序，经考核合格后才能使用。具体地说，下一级政府计量行政部门建立的最高等级的社会公用计量标准，须向上一级政府计量行政部门申请技术考核；其他等级的社会公用计量标准，属于哪一级政府的，就由哪一级地方政府计量行政部门主持考核。经考核合格符合要求并取得计量标准考核证书的，由建立该项社会公用计量标准的政府计量行政部门审批并颁发社会公用计量标准证书。不符合上述要求的，不能作为社会公用计量标准使用。

2. 部门计量标准

按照《计量法》第七条规定："国务院有关主管部门和省、自治区、直辖市人民政府有关主管部门，根据本部门的特殊需要，可以建立本部门使用的计量标准器具，其各项最高计量标准器具经同级人民政府计量行政部门主持考核合格后使用。"部门最高计量标准，经同级人民政府计量行政部门考核合格后由有关主管部门批准使用，作为统一本部门量值的依据。

3. 企业、事业单位计量标准

按照《计量法》第八条规定："企业、事业单位根据需要，可以建立本单位使用的计量标准器具，其各项最高计量标准器具经有关人民政府计量行政部门主持考核合格后使用。"企业、事业单位有权根据生产、科研和经营管理的需要建立计量标准，在本单位内部使用，作为统一本单位量值的依据。国家鼓励企业、事业单位加强技术设施的建设，以适应现代化生产的需要，尽快改变企业、事业单位计量基础薄弱的状况。因此，只要企业、事业单位有实际需要，就可以自行决定建立与生产、科研和经营管理相适应的计量标准。为了保证量值的准确可靠，《计量法》规定，建立本单位使用的各项最高计量标准，须经与企业、事业单位的主管部门同级的人民政府计量行政部门考核合格后，取得计量标准考核证书，才能在本单位内开展非强制检定。乡镇企业应由当地县级（市、区）人民政府计量行政部门主持考核。

（三）标准物质的法制管理

按照《计量法实施细则》第六十条规定，用于统一量值的标准物质属于计量器具。根据《计量法实施细则》的规定，原国家计量局于1987年7月10日发布了《标准物质管理办法》。

《标准物质管理办法》适用于统一量值的标准物质，包括化学成分分析标准物质、物理特性与物理化学特性测量标准物质和工程技术特性测量标准物质。凡向外单位供应的标准物质的制造以及标准物质的销售和发放必须遵守《标准物质管理办法》。

在《标准物质管理办法》第四条中明确规定："企业、事业单位制造标准物质，必须具备与所制造的标准物质相适应的设施、人员和分析测量仪器设备，并向国务院计量行政部门申请办理《制造计量器具许可证》。"

在《标准物质管理办法》第五条中明确规定："企业、事业单位制造标准物质新产品，应进行定级鉴定，并经评审取得标准物质定级证书。"

六、计量检定的法制管理

（一）实施计量检定应遵循的原则

计量器具的检定又称测量仪器的检定（简称计量检定或检定），是指查明和确认计量器具符合法定要求的活动，它包括检查、加标记和/或出具检定证书（见JJF 1001—2011《通用计量术语及定义》的9.17）。

根据此定义，计量检定就是为评定计量器具的计量性能是否符合法定要求，确定其是否合格所进行的全部工作。它是计量检定人员利用计量基准、计量标准对新制造的、使用中的、修理后的和进口的计量器具进行一系列实际操作，以判断其准确度等计量特性是否符合法定要求，是否可供使用。因此，计量检定在计量工作中具有非常重要的作用。计量检定具有法制性，其对象是法制管理范围内的计量器具。它是进行量值传递或量值溯源的重要形式，是保证量值准确一致的重要措施，是计量法制管理的重要环节。根据《计量法》及相关法规和规章的规定，实施计量检定应遵循以下原则：

（1）计量检定活动必须受国家计量法律、法规和规章的约束，按照经济合理的原则、就地就近进行。"经济合理"是指计量检定、组织量值传递要充分利用现有的计量设施，合理地布置检定网点。"就地就近"进行检定，是指组织量值传递不受行政区划和部门管辖的限制。

（2）从计量基准到各级计量标准直到工作计量器具的检定，必须按照国家计量检定系统表的要求进行。国家计量检定系统表由国务院计量行政部门制定。

（3）对计量器具的计量性能、检定项目、检定条件、检定方法、检定周期以及检定数据的处理等，必须执行计量检定规程。国家计量检定规程由国务院计量行政部门制定。没有国家计量检定规程的，由国务院有关主管部门或省、自治区、直辖市人民政府计量行政部门分别制定部门计量检定规程和地方计量检定规程。

（4）检定结果必须做出合格与否的结论，并出具证书或加盖印记。计量检定包括检查、加标记和（或）出证书的全过程。检查一般包括计量器具外观的检查和计量器具计量特性的检查等。计量器具计量特性的检查，其实质是把被检定的计量器具的计量特性与计量标准器的计量特性相比较，评定被检定的计量器具的计量特性是否在计量检定规程规定的允许范围之内。

（5）从事检定的工作人员必须是经考核合格，并持有有关计量行政部门颁发的能力证明。自 2016 年 6 月 1 日，国务院常务会会议决定取消计量检定员资格许可，与注册计量师合并实施。

（二）强制检定计量器具的管理和实施

实施计量器具的强制检定是《计量法》的重要内容之一，它既是计量行政部门进行法制监督的主要任务，也是法定计量检定机构和被授权执行强制检定任务的计量技术机构的重要职责。属于强制检定的工作计量器具被广泛地应用于社会的各个领域，数量多，影响大，关系到人民群众身体健康和生命财产的安全，关系到广大企业的合法权益以及国家、集体和消费者的利益。

《计量法》第九条明确规定："县级以上人民政府计量行政部门对社会公用计量标准器具、部门和企业、事业单位使用的最高计量标准器具，以及用于贸易结算、安全防护、医疗卫生、环境监测方面的列入强制检定目录的工作计量器具，实行强制检定。未按规定申请检定或者检定不合格的，不得使用。"强制检定是由县级以上人民政府计量行政部门指定的法定计量检定机构或者授权的计量技术机构，实行定点、定期的检定。使用单位必须按规定申请检定，这是法律规定的义务。

强制检定的范围包括强制检定的计量标准和强制检定的工作计量器具。由于强制检定的计量标准是根据用途决定的，作为社会公用计量标准、部门和企事业单位的各项最高等级的计量标准的，才属于强制检定的计量标准，不做上述用途的，就不属于强制检定的计量标准。对于强制检定工作计量器具，按《计量法》规定，应制定强制检定工作计量器具目录，以明确需强制检定的范围。1987 年 4 月 15 日国务院发布了《中华人民共和国强制检定的工作计量器具检定管理办法》，附《中华人民共和国强制检定的工作计量器具目录》。1987 年 5 月 28 日由原国家计量局发布了《中华人民共和国强制检定的工作计量器具明细目录》，共 55 项、111 种，例如：出租汽车里程计价表、酒精计、煤气表、水表、燃油加油机、定量包装机、轨道衡、瓦斯计、水质污染监测仪等。

随着经济的发展和社会的进步，强制检定目录也作了补充和调整，1999 年 1 月 20 日国务院计量行政部门发文新增了电话计时计费装置、棉花水分测量仪、验光仪、验光镜片组、微波辐射与泄漏测量仪 5 种；2001 年 10 月 26 日发文新增了燃气加气机、热能表 2 种；2002 年 12 月 27 日发文取消了汽车里程表，至今为 60 项 117 种。

1991 年 8 月 6 日原国家技术监督局公布了《强制检定工作计量器具实施检定的有关规定（试行）》，附《强制检定的工作计量器具强检形式及强检适用范围表》，进一步推动了强制检定工作的深入开展。

强制检定的主要特点表现在：

(1) 县级以上人民政府计量行政部门对本行政区域内的强制检定工作统一实施监督管理，并按照经济合理、就地就近原则，指定所属法定计量检定机构或授权的计量技术机构执行强制检定任务。

(2) 固定检定关系，定点送检。属于强制检定的工作计量器具，由当地县（市）级政府计量行政部门安排，由指定的计量检定机构进行检定。政府计量行政部门之间可以协商跨地区委托检定。属于强制检定的计量标准，由主持考核的有关人民政府计量行政部门安排，由指定的计量检定机构进行检定。

(3) 使用强制检定计量器具的单位，应按规定登记造册，向当地政府计量行政部门备案，并向指定的计量检定机构申请强制检定。

(4) 承担强制检定的计量检定机构，要按照计量检定规程所规定的检定周期，安排好周期检定计划，实施强制检定。

(5) 县级以上政府计量行政部门对强制检定的实施情况，应经常进行监督检查；未按规定向政府计量行政部门指定的计量检定机构申请周期检定的，要追究法律责任，责令其停止使用，可并处罚款。

（三）非强制检定计量器具的管理和实施

对属于非强制检定的计量标准器具和工作计量器具，《计量法》第九条规定：“使用单位应当自行定期检定或者送其他计量检定机构检定，县级以上人民政府计量行政部门应当进行监督检查。”

《计量法实施细则》第十二条明确规定：“企业、事业单位应当配备与生产、科研、经营管理相适应的计量检测设施，制定具体的检定管理办法和规章制度，规定本单位管理的计量器具明细目录及相应的检定周期，保证使用的非强制检定的计量器具定期检定。”本单位不能检定的，送有权对社会开展量值传递工作的其他计量检定机构进行检定。

1999 年 3 月 19 日原国家质量技术监督局以第 6 号公告发布了《关于企业使用的非强检计量器具由企业依法自主管理的公告》。在公告中规定：“非强制检定计量器具的检定周期，由企业根据计量器具的实际使用情况，本着科学、经济和量值准确的原则自行确定。”有关非强制检定的计量器具的检定方式，公告规定：“非强制检定计量器具的检定方式，由企业根据生产和科研的需要，可以自行决定在本单位检定或者送其他计量检定机构检定、测试，任何单位不得干涉。”

（四）计量仲裁检定的实施和管理

《计量法》第二十条规定：“处理因计量器具准确度所引起的纠纷，以国家计量基准或者社会公用计量标准器具检定的数据为准。”因计量器具准确度所引起的纠纷，即为计量纠纷，由县级以上人民政府计量行政部门用计量基准或者社会公用计量标准所进行的以裁决为目的的计量检定、测试活动，统称为仲裁检定。以计量基准或者社会公用计量标准检定的数据作为处理计量纠纷的依据，具有法律效力。

按照《计量法》第二十条规定，处理因计量器具准确度所引起的纠纷，以国家计量基准或社会公用计量标准器具检定的数据为准。这就是说，当计量纠纷的双方在相互协商不能解决的情况下，或双方对数据争执不下时，最终应以国家计量基准或社会公用计量标准器具检定的数据来判定。因为法律规定计量基准是统一全国量值的最高依据，社会公用计量标准对纠纷双方来说，具有公正地位。计量基准和社会公用计量标准出具的数据，具有不可置疑的权威性和公正性。这是由计量基准和社会公用计量标准的特殊地位所决定的。

仲裁检定的实施和管理应按《仲裁检定和计量调解办法》的规定进行，应履行以下程序：

(1) 申请仲裁检定应向所在地的县（市）级人民政府计量行政部门递交仲裁检定申请书；属有关机关或单位委托的，应出具仲裁检定委托书。

(2) 接受仲裁检定申请或委托的人民政府计量行政部门，应在接受申请后 7 日内发出进行仲裁检定的通知。纠纷双方在接到通知后，应对与计量纠纷有关的计量器具实行保全措施，不允许以任何理由破坏其原始状态。

(3) 仲裁检定由县级以上人民政府计量行政部门指定有关计量检定机构进行。进行仲裁检定时应有纠纷双方当事人在场，无正当理由拒不到场的，可以缺席进行。

(4) 承接仲裁检定的有关计量检定机构，应在规定的期限内完成检定、测试任务，并对仲裁检定结果出具仲裁检定证书。受理仲裁检定的政府计量行政部门对仲裁检定证书审核后，通知当事人或委托单位。当一方或双方在收到通知书之日起 15 日内不提出异议，仲裁检定证书生效，具有法律效力。

(5) 当事人一方或双方如对一次仲裁检定不服时，可在接到仲裁检定通知书之日起 15 日内向上一级政府计量行政部门申请二次仲裁检定，也就是终局仲裁检定。我国仲裁检定实行二级终裁制，目的是为了保证检定数据更加准确无误，上级计量检定机构复检一次，充分体现执法的严肃性。

(6) 承办仲裁检定工作的工作人员，有可能影响检定数据公正的，必须自行回避。

（五）计量检定印、证的管理

《计量检定印、证管理办法》第二条规定："凡法定计量检定机构执行检定任务和县级以上人民政府计量行政部门授权的有关技术机构执行规定的检定任务，出具检定证或加盖检定印，均需遵守本办法。"计量器具经检定机构检定后出具的检定印、证，是评定计量器具的性能和质量是否符合法定要求的技术判断，是评定该计量器具检定结果的法定结论，是整个检定过程中不可缺少的重要环节。经计量基准、社会公用计量标准检定出具的检定印证，是一种具有权威性和法制性的标记或证明，在调解、审理、仲裁计量纠纷时，可作为法律依据，具有法律效力。

1. 计量检定印、证的种类

计量检定印、证包括：

(1) 检定证书：以证书形式证明计量器具已经过检定，符合法定要求的文件。

(2) 检定结果通知书（又称检定不合格通知书）：证明计量器具不符合有关法定要

求的文件。

（3）检定合格证：证明检定合格的证件。

（4）检定合格印：证明计量器具经过检定合格而在计量器具上加盖的印记，例如，在计量器具上加盖检定合格印（錾印、喷印、钳印、漆封印）或粘贴合格标签。

（5）注销印：经检定不合格，注销原检定合格的印记。

2. 计量检定印、证的管理

计量检定印、证的管理，必须符合《计量检定印、证管理办法》及有关国家计量检定规程和规章制度的规定。计量器具的检定结论不同，使用的检定印、证也不同。

（1）计量器具经检定合格的，由检定单位按照计量检定规程的规定出具《检定证书》《检定合格证》或加盖检定合格印。

（2）计量器具经周期检定不合格的，由检定单位出具《检定结果通知书》（或《检定不合格通知书》），或注销原检定合格印、证。

（3）《检定证书》或《检定结果通知书》必须字迹清楚，数据无误，内容完整，有检定、核验、主管人员签字，并加盖检定单位印章。

（4）计量检定印、证应有专人保管，并建立使用管理制度。检定合格印应清晰完整。残缺、磨损的检定合格印，应立即停止使用。

（5）对伪造、盗用、倒卖强制检定印、证的，没收其非法检定印、证和全部违法所得，可并处罚款；构成犯罪的，依法追究刑事责任。

（六）注册计量师的管理

在计量领域实行职业资格准入制度，是为了进一步规范全社会计量专业技术人员的管理，提升计量专业技术人员的素质，以适应国民经济发展对计量技术人才提出的新要求。注册计量师制度的实施，将有利于整合考试资源，为计量专业技术人员的能力考核提供一个社会平台，实现计量专业技术人员资质管理的社会化和分层次管理。

2006年4月26日，原人事部和国家质检总局联合发布了《注册计量师制度暂行规定》《注册计量师资格考试实施办法》和《注册计量师资格考核认定办法》。根据《注册计量师制度暂行规定》的要求，国家对从事计量技术工作的专业技术人员实行职业准入制度，并纳入全国专业技术人员职业资格证书制度统一规划。

1. 注册计量师的含义

注册计量师，是指经考核认定或考试，取得相应级别注册计量师资格证书，并依法注册后，从事规定范围的计量技术工作的专业技术人员。注册计量师应根据国家法律、法规的规定，开展相应专业的执业活动。

注册计量师分为一级注册计量师和二级注册计量师。

2. 注册计量师的管理体制

人力资源和社会保障部、国家质检总局共同负责注册计量师制度工作，并按职责分工对该制度的实施进行指导、监督和检查。各省、自治区、直辖市人事行政部门、质量技术监督部门，按照职责分工负责本行政区域内注册计量师制度的实施与监督管理。

3. 注册计量师的考试

注册计量师资格实行全国统一大纲、统一命题的考试制度。凡中华人民共和国公民，遵守国家法律、法规，恪守职业道德，并符合注册计量师资格考试相应报名条件的人员，均可申请参加相应级别注册计量师的考试。

一级注册计量师资格考试科目：科目1《计量法律法规及综合知识》；科目2《测量数据处理与计量专业实务》；科目3《计量专业案例分析》。

二级注册计量师资格考试科目：科目1《计量法律法规及综合知识》；科目2《计量专业实务与案例分析》。

注册计量师的考试按《注册计量师制度暂行规定》《注册计量师资格考试实施办法》的规定进行。

一级注册计量师资格考试合格，颁发人力资源和社会保障部统一印制，人力资源和社会保障部、国家质检总局共同用印的《中华人民共和国一级注册计量师资格证书》，该证书在全国范围内有效。二级注册计量师资格考试合格，由相应省、自治区、直辖市人事部门颁发人事部门和质量技术监督部门共同用印的《中华人民共和国二级注册计量师资格证书》。

注册计量师资格不能简单理解是职称。但是，为了给广大计量专业技术人员提供方便，取得一级注册计量师资格证书或二级注册计量师资格证书，用人单位可以根据需要聘任为工程师或助理工程师。

4. 注册计量师的注册

国家对从事计量法律、法规规定的计量检定、校准、检验、测试等的计量专业技术人员，实行职业准入制度。取得注册计量师资格证书的人员，经过注册后方可以相应级别注册计量师的名义执业。

国家质检总局为一级注册计量师资格的注册审批机关。各省、自治区、直辖市质量技术监督部门为二级注册计量师资格的注册审批机关，并负责一级注册计量师资格的注册审查工作。

取得注册计量师资格证书并申请注册的人员，应当受聘于一个经批准或授权的计量技术机构，并通过聘用单位报本单位所在地（聘用单位属企业的通过本单位工商注册所在地）的质量技术监督部门，向省级质量技术监督部门提出注册申请。

初始注册者，可自取得注册计量师资格证书之日起1年内提出注册申请。

初始注册需要提交下列材料：

（1）相应级别注册计量师注册申请表；

（2）相应级别注册计量师资格证书；

（3）申请人与聘用单位签订的劳动或聘用合同；

（4）逾期申请注册人员的继续教育证明材料；

（5）计量专业项目考核合格证明或《中华人民共和国计量法》规定的《计量检定员证》；

（6）相应注册审批机构规定的其他条件。

取得注册计量师资格证书的人员，在进行注册时，需提交计量专业项目考核合格证明，或者提交《中华人民共和国计量法》规定的《计量检定员证》。

《注册计量师注册证》有效期为3年。《注册计量师注册证》是注册计量师的职业凭证，由注册计量师本人保管和使用。

注册有效期届满需继续执业的，应当在届满前30个工作日内，按照规定的程序申请延续注册。注册审批机构应当根据申请人的申请，在规定的时限内作出是否准予延续注册的决定；逾期未作出决定的，视为准予延续。

延续注册需要提交下列材料：

（1）相应级别注册计量师延续注册的申请表；

（2）相应级别注册计量师资格证书；

（3）与聘用单位签订的劳动或聘用合同；

（4）按规定完成继续教育的证明和聘用单位考核合格证明；

（5）相应注册审批机构规定的其他条件。

在注册有效期内，注册计量师变更专业类别或执业单位的，应当按规定的程序办理变更注册手续。变更注册后，其注册证件在原注册有效期内继续有效。

注册计量师有下列情况之一的，应当由注册计量师本人或聘用单位及时向当地省级质量技术监督部门提出申请，由相应注册审批机关审核批准后，办理注销手续，收回《注册证》。

（1）不具有完全民事行为能力的；

（2）申请注销注册的；

（3）注册有效期满且未延续注册的；

（4）被依法撤销注册的；

（5）受到刑事处罚的；

（6）与聘用单位解除劳动或聘用关系的；

（7）聘用单位被依法取消计量技术工作资质的；

（8）因本人过失造成利害关系人重大经济损失的；

（9）应当注销注册的其他情形。

5. 注册计量师的权利

注册计量师享有下列权利：

（1）使用本专业相应级别注册计量师称谓；

（2）依据国家计量法律、法规和规章，在规定范围内从事计量技术工作，履行相应岗位职责；

（3）接受继续教育；

（4）获得与执业责任相应的劳动报酬；

（5）对不符合规定的计量技术行为提出异议，并向上级部门或注册审批机构报告；

（6）对侵犯本人权利的行为进行申诉。

6. 注册计量师的义务

注册计量师应当履行下列义务：

（1）遵守法律、法规和有关管理规定，恪守职业道德；

（2）执行计量法律、法规、规章及有关技术规范；

（3）保证计量技术工作的真实、可靠，以及原始数据和有关资料的准确、完整，并承担相应责任；

（4）在本人完成的计量技术工作相关文件上签字；

（5）不得准许他人以本人名义执业；

（6）严格保守在计量技术工作中知悉的国家秘密和他人的商业、技术秘密；

（7）接受继续教育，提高计量技术工作水准。

七、计量器具产品的法制管理

纳入法制管理的计量器具产品，是指列入《中华人民共和国依法管理的计量器具目录（型式批准部分）》（2005年10月8日国家质检总局公告第145号发布）的计量装置、仪器仪表和量具。对计量器具产品实施法制管理的措施主要包括计量器具新产品的型式批准制度，制造、修理计量器具许可制度和进口计量器具的型式批准制度。

（一）计量器具新产品管理

《计量法》第十三条规定："制造计量器具的企业、事业单位生产本单位未生产过的计量器具新产品，必须经省级以上人民政府计量行政部门对其样品的计量性能考核合格，方可投入生产。"1987年7月10日原国家计量局发布了《计量器具新产品管理办法》，2005年5月20日国家质检总局又以总局第74号令发布了经修订的《计量器具新产品管理办法》，对计量器具新产品的管理做出了具体的规定。

1. 计量器具新产品的概念

计量器具新产品是指本单位从未生产过的计量器具，包括对原有产品在结构、材质等方面做了重大改进导致性能、技术特征发生变更的计量器具。

在中华人民共和国境内，任何单位或个体工商户制造以销售为目的的计量器具新产品必须遵守《计量器具新产品管理办法》。

2. 计量器具新产品的型式批准

凡制造计量器具新产品，必须申请型式批准。型式批准是根据型式评价报告所做出的符合法律规定的决定，确定该计量器具的型式符合相关的法定要求并适用于规定领域，以期它能在规定的期间内提供可靠的测量结果。型式评价是根据文件要求对计量器具指定型式的一个或多个样品性能所进行的系统检查和试验，并将其结果写入型式评价报告中，以确定是否可对该型式予以批准。型式评价曾称定型鉴定。

3. 计量器具新产品的管理体制

国家质检总局负责统一监督管理全国的计量器具新产品型式批准工作。省级质量技术监督部门负责本地区的计量器具新产品型式批准工作。

列入国家质检总局重点管理目录的计量器具，型式评价由国家质检总局授权的技术机构进行；《中华人民共和国依法管理的计量器具目录（型式批准部分）》中的其他计量器具的型式评价由国家质检总局或省级质量技术监督部门授权的技术机构进行。

4. 型式批准的申请程序

（1）单位制造计量器具新产品，在申请制造计量器具许可证前，应向当地省级质量技术监督部门申请型式批准。申请型式批准应递交申请书以及营业执照等合法身份证明。

（2）受理申请的省级质量技术监督部门，自接到申请书之日起在5个工作日内对申请资料进行初审，初审通过后，按计量器具新产品法制管理的分工，委托相应的技术机构进行型式评价，并通知申请单位。

（3）承担型式评价的技术机构，根据省级质量技术监督部门的委托，在10个工作日内与申请单位联系，做出型式评价的具体安排。

（4）申请单位应向承担型式评价的技术机构提供试验样机，并递交有关的技术资料。

5. 型式评价的程序

（1）承担型式评价的技术机构必须具备计量标准、检测装置以及场地、工作环境等相关条件，按照《计量授权管理办法》取得国家质检总局或省级质量技术监督部门的授权，方可开展相应的型式评价工作。

（2）承担型式评价的技术机构必须全面审查申请单位提交的技术资料。

（3）型式评价应按照型式评价大纲进行。国家已经发布了型式评价大纲的或国家计量检定规程中已经规定了型式评价要求的，按国家发布的大纲或规程执行。如果没有上述大纲或规程的，则应由承担型式评价的技术机构根据国家质检总局发布的有关型式评价的技术规范拟定型式评价大纲，并由其技术负责人批准。

（4）型式评价一般应在3个月内完成。型式评价结束后，承担型式评价的技术机构将型式评价结果报委托的省级质量技术监督部门，并通知申请单位。

（5）型式评价过程中发现计量器具存在问题的，由承担型式评价的技术机构通知申请单位，可在3个月内进行一次改进；改进后，送原技术机构重新进行型式评价。申请单位改进计量器具的时间不计入型式评价时限。

（6）承担型式评价的技术机构在型式评价后，应将全部样机、需要保密的技术资料退还申请单位，并保留有关资料和原始记录，保存期不少于3年。

6. 型式批准的审批程序

（1）省级质量技术监督部门应在接到型式评价报告之日起10个工作日内，根据型式评价结果和计量法制管理的要求，对计量器具新产品的型式进行审查。经审查合格的，向申请单位颁发型式批准证书；经审查不合格的，发给不予行政许可决定书。

（2）对已经不符合计量法制管理要求和技术水平落后的计量器具，国家质检总局可以废除原批准的型式。任何单位不得制造已废除型式的计量器具。

7. 型式批准的监督管理

（1）承担型式评价的技术机构，对申请单位提供的样机和技术文件、资料必须保密。违反规定的，应当按照国家有关规定，赔偿申请单位的损失，并给予直接责任人员行政处分；构成犯罪的，依法追究刑事责任。

（2）技术机构出具虚假数据的，由国家质检总局或省级质量技术监督部门撤销其授权型式评价技术机构资格。

（3）任何单位制造已取得型式批准的计量器具，不得擅自改变原批准的型式。对原有产品在结构、材质等方面做了重大改进导致性能、技术特征发生变更的，必须重新申请办理型式批准。地方质量技术监督部门负责进行监督检查。

（4）申请单位对型式批准结果有异议的，可申请行政复议或提出行政诉讼。

（5）制造、销售未经型式批准的计量器具新产品的，由地方质量技术监督部门按照《计量法》及《计量法实施细则》和《计量违法行为处罚细则》的有关规定予以行政处罚。

（二）制造、修理计量器具许可管理

《计量法》第十二条规定："制造、修理计量器具的企业、事业单位，必须具备与所制造、修理的计量器具相适应的设施、人员和检定仪器设备，经县级以上人民政府计量行政部门考核合格，取得《制造计量器具许可证》或《修理计量器具许可证》。"2007 年 12 月 29 日国家质检总局以总局第 104 号令发布了新的《制造、修理计量器具许可监督管理办法》，该办法对制造、修理计量器具许可的适用范围、管理体制、申请与受理、核准与发证、证书和标志、监督管理以及法律责任等做出了规定，其目的是规范制造计量器具许可活动，加强制造计量器具许可监督管理，确保计量器具量值的准确可靠。

1. 调整对象

该办法的调整对象是在中华人民共和国境内，以销售为目的制造计量器具、以经营为目的修理计量器具的企业、事业单位和个体工商户。所称计量器具是指列入《中华人民共和国依法管理的计量器具目录（型式批准部分）》的计量器具。

2. 管理体制

国家质检总局统一负责全国制造、修理计量器具许可的监督管理工作。省级质量技术监督部门负责本行政区域内制造、修理计量器具许可的监督管理工作。市、县级质量技术监督部门在省级质量技术监督部门的领导下负责本行政区域内制造、修理计量器具许可的监督管理工作。制造、修理计量器具许可的监督管理应当遵循科学、高效、便民的原则。

3. 申请条件

申请制造、修理计量器具许可，应当具备以下条件：

（1）具有与所制造、修理计量器具相适应的固定生产场所及条件；

（2）具有与所制造、修理计量器具相适应的技术人员和检验人员；

（3）具有保证所制造、修理计量器具量值准确的检验条件；

（4）具有与所制造、修理计量器具相适应的技术文件；

（5）具有相应的质量管理制度和计量管理制度。

申请制造计量器具许可的，还应当按照规定取得计量器具型式批准证书，并具有提供售后技术服务的条件和能力。

4. 许可效力

许可的法律效力主要体现在名称与型号效力、产品性能效力、条件效力、时间效力、委托加工效力五个方面。

（1）名称与型号效力

许可只对经批准的计量器具名称、型号等项目有效。对于不同名称或者虽然名称相同但是型号不同的计量器具，都是无效的。例如，取得制造电能表许可的，仅对电能表项目有效，新生产水表时，由于计量器具名称不同，因此对电能表的许可不适用于水表；取得制造机械式单相电能表许可，新制造电子式单相电能表，这属于生产的型号不同。因此制造机械式单相电能表的许可，不适用于制造电子式单相电能表。

(2) 产品性能效力

制造、修理计量器具许可，只对许可的产品性能有效，如果其产品性能发生改变应该另行办理许可。

产品性能改变的若干情况：

1) 制造量程扩大或准确度等级提高等超出原许可范围的相同类型计量器具新产品，例如已经获得许可制造电流表的量程为1A，要把量程从1A扩大到10A；已经获得许可制造准确度等级为三级的秤，要把准确度提高到二级，这都属于计量性能的改变应当另行办理制造计量器具许可；

2) 有关技术标准和技术要求改变导致产品性能发生变更的计量器具，例如由于新的国家标准、国际标准或国际法制计量组织的国际建议对计量器具的计量性能提出了新的更高的要求，导致对计量器具的性能的改变。

对于产品性能改变的情况，首先应该申请型式批准，经过授权技术机构的型式评价，取得型式批准证书后，再申请办理制造计量器具许可。在受理制造许可申请后，现场考核的手续可以简化。

(3) 条件效力

制造、修理许可仅对经过现场考核的条件有效，如果制造、修理的条件发生了改变应该重新办理许可申请。

制造、修理条件是指管理办法第七条所规定的申请制造、修理许可应具备的条件。许可是在对申请者的制造、修理条件进行现场考核之后，根据考核报告作出核准决定，并颁发许可证。因此，许可仅对经过现场考核的条件有效。产生制造、修理条件改变的原因是多方面的，例如因制造或修理场地迁移、检验条件或技术工艺发生变化、兼并或重组等原因。实际的原因是多种多样的，因此关键要判断经过现场考核的制造、修理条件是否发生了改变。如果通过现场考核的条件因为种种原因发生了改变，则应当重新办理制造、修理许可。

(4) 时间效力

制造、修理计量器具许可证的有效期为3年。有效期届满，需要继续从事制造、修理计量器具的，应当在有效期届满3个月前，向原准予制造、修理计量器具许可的质量技术监督部门提出复查换证申请。

(5) 委托加工效力

采用委托加工方式制造计量器具的，被委托方应当取得与委托加工产品项目相应的制造计量器具许可，并与委托方签订书面委托合同。委托加工的计量器具，应当标注被委托方的制造计量器具许可证标志和编号。

5. 监督管理

(1) 任何单位和个人未取得制造、修理计量器具许可，不得制造、修理计量器具。任何单位和个人不得销售未取得制造计量器具许可的计量器具。

(2) 各级质量技术监督部门应当对取得制造、修理计量器具许可的单位和个人实施监督管理，对制造、修理计量器具的质量实施监督检查。

(3) 根据不同的情况，原准予制造、修理计量器具许可的质量技术监督部门或者其上级质量技术监督部门可以依法撤回、撤销、注销其制造、修理计量器具许可。

《制造、修理计量器具许可监督管理办法》还规定了相应的法律责任。

（三）进口计量器具的管理

1989 年 10 月 11 日经国务院批准，原国家技术监督局发布了《中华人民共和国进口计量器具监督管理办法》。1996 年 6 月 24 日原国家技术监督局发布了《中华人民共和国进口计量器具监督管理办法实施细则》。进口计量器具是指从境外进口，在境内销售的计量器具。改革开放以来，我国从国外进口的计量器具日益增多，其中既有技术先进、质量优良的产品，也有型式落后、质量低劣的产品，甚至有不符合我国计量法律、法规要求的产品。因此，必须加强对进口计量器具的监督管理。

1. 调整对象

任何单位或个人进口计量器具，以及外商或者其代理人在中国销售计量器具，必须遵守《中华人民共和国进口计量器具监督管理办法》的规定。上述“外商”指外国制造商、经销商，以及港、澳、台地区的制造商、经销商。

2. 适用范围

办理型式批准的进口计量器具的范围是列入《中华人民共和国进口计量器具型式审查目录》（2006 年 1 月 13 日国家质检总局公告 2006 年第 5 号发布）的计量器具。

3. 管理体制

国务院计量行政部门对全国的进口计量器具实施统一监督管理；县级以上地方政府计量行政部门对本行政区域内的进口计量器具依法实施监督管理；各地区、各部门的机电产品进口管理机构和海关等部门在各自的职责范围内对进口计量器具实施管理。

4. 型式批准

凡进口或者在中国境内销售列入《中华人民共和国进口计量器具型式审查目录》的计量器具，应当向国务院计量行政部门申请办理型式批准。未经型式批准的，不得进口或者销售。《中华人民共和国进口计量器具型式审查目录》的具体项目与《中华人民共和国依法管理的计量器具目录（型式批准部分）》相同。

5. 法律责任

《中华人民共和国进口计量器具监督管理办法实施细则》规定了相关的法律责任，其中规定：承担进口计量器具定型鉴定的技术机构及其工作人员，违反实施细则的规定，给申请单位造成损失的，应当按照国家有关规定，赔偿申请单位的损失，并给予直接责任人员行政处分；构成犯罪的，依法追究其刑事责任。

八、商品量的计量监督管理和检验

加强对商品量的计量监督管理是世界各国政府法制计量工作的重要内容，也是我国当前计量工作的重要内容。1985 年颁布的《计量法》是根据我国当时的经济转型期的具体情况，重点规范了计量器具的制造、修理、进口、销售和使用。随着我国社会主义市场经济的发展，利用计量器具进行计量作弊和故意克扣造成商品缺秤少量的情况时有发生。《计量法》对此虽有规定，但过于原则，操作性不强。为加强对商品量的计量监督管理，国家先后出台了《零售商品称重计量监督管理办法》《定量包装商品计量监督管理办法》《商品量计量违法行为处罚规定》等规章和《定量包装商品生产企业计量保证能力评价规定》等规范性文件，以及国家计量技术规范 JJF 1070—2005《定量包装商品净含量计量检验规则》，为我国加强对商品量和定量包装商品生产企业的管理提供了依据。

（一）零售商品称重计量监督管理

在《零售商品称重计量监督管理办法》中，对零售商品称重计量监督管理的对象、要求、核称商品的方法和法律责任等做出了明确的规定。

1. 管理对象

零售商品称重计量监督管理的对象主要是以重量结算的食品、金银饰品。

2. 管理要求

（1）零售商品经销者销售商品时，必须使用合格的计量器具，其最大允许误差应当优于或等于所销售商品的负偏差。

（2）零售商品经销者使用称重计量器具当场称量商品，必须按照称重计量器具的实际示值结算，保证商品量计量合格。

（3）零售商品经销者使用称重计量器具每次当场称重商品，在规定的称重范围内，经核称商品的实际重量值与结算重量值之差不得超过规定的负偏差。

3. 核称商品的方法

零售商品经销者和计量监督人员可以按照如下方法核称商品：

（1）原计量器具核称法

直接核称商品，商品的核称重量值与结算（标称）重量值之差不应超过商品的负偏差，并且称重与核称重量值等量的最大允许误差优于或等于所经销商品的负偏差三分之一的砝码，砝码示值与商品核称重量值之差不应超过商品的负偏差。

（2）高准确度称重计量器具核称法

用最大允许误差优于或等于所经销商品的负偏差三分之一的计量器具直接核称商品，商品的实际重量值与结算（标称）重量值之差不应超过商品的负偏差。

（3）等准确度称重计量器具核称法

用另一台最大允许误差优于或等于所经销商品的负偏差的计量器具直接核称商品，商品的核称重量值与结算（标称）重量值之差不应超过商品的负偏差的 2 倍。

4. 法律责任

零售商品经销者违反管理办法的有关规定的，县级以上地方质量技术监督部门或者工商行政管理部门可以依照《计量法》《消费者权益保护法》等有关法律、法规或者规章给予行政处罚。

（二）定量包装商品计量监督管理

在《定量包装商品计量监督管理办法》中，对定量包装商品计量监督管理的范围、管理体制、基本要求、净含量标注要求、净含量计量要求、计量监督管理措施、禁止误导性包装、计量保证能力评价和法律责任等内容做出了明确的规定。

1. 管理范围

定量包装商品计量监督管理的对象是以销售为目的，在一定量限范围内具有统一的质量、体积、长度、面积、计数标注等标识内容的预包装商品。在中华人民共和国境内，生产、销售定量包装商品，以及对定量包装商品实施计量监督管理，应当遵守《定量包装商品计量监督管理办法》。

2. 管理体制

国家质检总局对全国定量包装商品的计量工作实施统一监督管理。

县级以上地方质量技术监督部门对本行政区域内定量包装商品的计量工作实施监督管理。

3. 基本要求

定量包装商品的生产者、销售者应当加强计量管理，配备与其生产定量包装商品相适应的计量检测设备，保证生产、销售的定量包装商品符合《定量包装商品计量监督管理办法》的规定。

4. 净含量标注要求

（1）定量包装商品的生产者、销售者应当在其商品包装的显著位置正确、清晰地标注定量包装商品的净含量。

净含量的标注由“净含量”（中文）、数字和法定计量单位（或者用中文表示的计数单位）三个部分组成。法定计量单位的选择应当符合《定量包装商品计量监督管理办法》的规定。以长度、面积、计数单位标注净含量的定量包装商品，可以免于标注“净含量”三个中文字，只标注数字和法定计量单位（或者用中文表示的计数单位）。

（2）定量包装商品净含量标注字符的最小高度应当符合《定量包装商品计量监督管理办法》的规定。

（3）同一包装内含有多件同种定量包装商品的，应当标注单件定量包装商品的净含量和总件数，或者标注总净含量；同一包装内含有多件不同种定量包装商品的，应当标注各种不同种定量包装商品的单件净含量和各种不同种定量包装商品的件数，或者分别标注各种不同种定量包装商品的总净含量。

5. 净含量计量要求

（1）单件定量包装商品的实际含量应当准确反映其标注净含量，标注净含量与实际含量之差不得大于《定量包装商品计量监督管理办法》规定的允许短缺量。

（2）批量定量包装商品的平均实际含量应当大于或者等于其标注净含量。用抽样的方法评定一个检验批的定量包装商品，应当按照《定量包装商品计量监督管理办法》的规定，进行抽样检验和计算。样本中单件定量包装商品的标注净含量与其实际含量之差大于允许短缺量的件数以及样本的平均实际含量应当符合《定量包装商品计量监督管理办法》的规定。

（3）强制性国家标准、强制性行业标准对定量包装商品的允许短缺量以及法定计量单位的选择已有规定的，从其规定；没有规定的，按照《定量包装商品计量监督管理办法》执行。

（4）对因水分变化等因素引起净含量变化较大的定量包装商品，生产者应当采取措施保证在规定条件下商品净含量的准确。

6. 计量监督管理措施

（1）县级以上质量技术监督部门应当对生产、销售的定量包装商品进行计量监督检查。

质量技术监督部门进行计量监督检查时，应当充分考虑环境及水分变化等因素对定量包装商品净含量产生的影响。

(2) 对定量包装商品实施计量监督检查进行的检验，应当由被授权的计量检定机构按照《定量包装商品净含量计量检验规则》进行。

检验定量包装商品，应当考虑储存和运输等环境条件可能引起的商品净含量的合理变化。

7. 禁止误导性包装

定量包装商品的生产者、销售者在使用商品的包装时，应当节约资源、减少污染、正确引导消费，商品包装尺寸应当与商品净含量的体积比例相当。不得采用虚假包装或者故意夸大定量包装商品的包装尺寸，使消费者对包装内的商品量产生误解。

8. 计量保证能力评价

(1) 国家鼓励定量包装商品生产者自愿参加计量保证能力评价工作，保证计量诚信。

省级质量技术监督部门按照《定量包装商品生产企业计量保证能力评价规范》的要求，对生产者进行核查，对符合要求的予以备案，并颁发全国统一的《定量包装商品生产企业计量保证能力证书》，允许在其生产的定量包装商品上使用全国统一的计量保证能力合格标志。

(2) 获得《定量包装商品生产企业计量保证能力证书》的生产者，违反《定量包装商品生产企业计量保证能力评价规范》要求的，责令其整改，停止使用计量保证能力合格标志，可处5000元以下的罚款；整改后仍不符合要求的或者拒绝整改的，由发证机关吊销其《定量包装商品生产企业计量保证能力证书》。定量包装商品生产者未经备案，擅自使用计量保证能力合格标志的，责令其停止使用，可处30000元以下罚款。

9. 法律责任

(1) 生产、销售定量包装商品违反《定量包装商品计量监督管理办法》的有关规定，未正确、清晰地标注净含量的，责令改正；未标注净含量的，限期改正，逾期不改的，可处1000元以下罚款。

(2) 生产、销售的定量包装商品，经检验其实际含量违反上述办法的有关规定的，责令改正，可处检验批货值金额3倍以下、最高不超过30000元的罚款。

九、计量法律责任

计量法律责任是指违反了计量法律、法规和规章的规定应当承担的法律后果。根据违法的情节及造成后果的程度不同，《计量法》规定的法律责任有三种。

1. 行政法律责任（包括行政处罚和行政处分）

如未经省、自治区、直辖市人民政府计量行政部门批准，进口国务院规定废除的非法定计量单位的计量器具和国务院禁止使用的其他计量器具的，责令其停止进口，没收进口计量器具和全部违法所得，可并处相当其违法所得10%～50%的罚款。

我国《计量法》规定，对计量违法行为实施行政处罚，由县级以上地方人民政府计量行政部门决定。

行政处罚是由国家特定的行政机关给予有违法行为，尚不构成刑事犯罪的法人及公民的一种法律制裁。

按照《中华人民共和国行政处罚法》的规定，行政处罚的种类包括：

(1) 警告；

(2) 罚款；

(3) 没收违法所得、没收非法财物；

(4) 责令停产停业；

(5) 暂扣或者吊销许可证、暂扣或者吊销执照；

(6) 行政拘留；

(7) 法律、行政法规规定的其他行政处罚。

我国《计量法》规定了八种行政处罚的形式：

(1) 责令停止生产（对批量产品）；

(2) 停止制造（对计量器具新产品）；

(3) 停止销售；

(4) 停止营业；

(5) 停止使用；

(6) 没收计量器具；

(7) 没收违法所得；

(8) 罚款。

《计量法实施细则》又补充规定了四种行政处罚形式：

(1) 停止检验；

(2) 停止出厂；

(3) 停止进口；

(4) 吊销营业执照。

《计量法实施细则》还规定了责令改正和封存两种行政强制措施。

2. 民事法律责任

当违法行为构成侵害他人权利，造成财产损失的，则要负民事责任。如使用不合格的计量器具或破坏计量器具准确度，给国家和消费者造成损失的，要责令赔偿损失。

3. 刑事法律责任

已构成犯罪，由司法机关处理的，属刑事法律责任。如制造、修理、销售以欺骗消费者为目的的计量器具，造成人身伤亡或重大财产损失的，伪造盗用、倒卖检定印、证的，要追究刑事责任。

第二节 计量技术法规

一、计量技术法规的范围及其分类

（一）计量技术法规的范围

计量技术法规包括国家计量检定系统表、计量检定规程和计量技术规范。它们是正确进行量值传递、量值溯源，确保计量基准、计量标准所测出的量值准确可靠，以及实施计量法制管理的重要手段和条件。

国家计量检定系统表是国家对量值传递的程序做出规定的法定性技术文件。《计量法》第十条规定："计量检定必须按照国家计量检定系统表进行。国家计量检定系统表由国务院计量行政部门制定。"这就确立了检定系统表的法律地位。

国家计量检定系统表采用框图结合文字的形式，规定了国家计量基准的主要计量特性、从计量基准通过计量标准向工作计量器具进行量值传递的程序和方法、计量标准复现和保存量值的不确定度以及工作计量器具的最大允许误差等。

制定国家计量检定系统表的目的在于把实际用于测量工作的计量器具的量值和国家计量基准所复现的单位量值联系起来，以保证工作计量器具应具备的准确度。国家计量检定系统表所提供的检定途径应是科学、合理、经济的。

计量检定规程是为评定计量器具特性，规定检定项目、检定条件、检定方法、检定结果的处理、检定周期乃至型式评价、使用中检验的要求，作为确定计量器具合格与否的法定性技术文件。《计量法》第十条规定："计量检定必须执行计量检定规程。国家计量检定规程由国务院计量行政部门制定。没有国家计量检定规程的，由国务院有关主管部门和省、自治区、直辖市人民政府计量行政部门分别制定部门计量检定规程和地方计量检定规。"这就确立了计量检定规程的法律地位。

计量技术规范是指国家计量检定系统表、计量检定规程所不能包含的，计量工作中具有综合性、基础性并涉及计量管理的技术文件和用于计量校准的技术规范。它在科学计量发展、计量技术管理、实现溯源性等方面提供了统一的指导性的规范和方法，也是计量技术法规体系的组成部分。

（二）计量技术法规的分类

1. 计量检定规程

根据《计量法》第十条，计量检定规程分为三类：国家计量检定规程、部门计量检定规程和地方计量检定规程。

国家计量检定规程由国务院计量行政部门组织制定，专业分类一般为：长度、力学、声学、热学、电磁、无线电、时间频率、电离辐射、化学、光学等。

国务院有关部门根据《中华人民共和国依法管理的计量器具目录》和《中华人民共和国强制检定的工作计量器具目录》，对尚没有国家计量检定规程的计量器具，可以制定适用于本部门的部门计量检定规程。在相关的国家计量检定规程颁布实施后，部门计量检定规程即行废止。

省级质量技术监督部门根据《中华人民共和国依法管理的计量器具目录》和《中华人民共和国强制检定的工作计量器具目录》，对尚没有国家计量检定规程的计量器具，可以制定适应于本地区的地方计量检定规程。在相应的国家计量检定规程实施后，地方计量检定规程即行废止。

2. 计量检定系统表

计量检定系统表只有国家计量检定系统表一种。它由国务院计量行政部门组织制定、修订，由建立计量基准的单位负责起草。一项国家计量基准基本上对应一个计量检定系统表。它反映了我国科学计量和法制计量的水平。

3. 计量技术规范

计量技术规范由国务院计量行政部门组织制定，包括通用计量技术规范和专用计量技术规范。通用计量技术规范含通用计量名词术语以及各计量专业的名词术语、国家计量检定规程和国家计量检定系统表及国家校准规范的编写规则、计量保证方案、测量不确定度评定与表示、计量检测体系确认、测量仪器特性评定、计量比对等；专用计量技术规范，含各专业的计量校准规范、某些特定计量特性的测量方法、测量装置试验方法等。

（三）计量技术法规的编号

上述三种国家计量技术法规的编号分别为：

国家计量检定规程用汉语拼音缩写 JJG 表示，编号为 JJG ××××—××××；

国家计量检定系统表用汉语拼音缩写 JJG 表示，顺序号为 2000 号以上，编号为 JJG 2×××—××××；

国家计量技术规范用汉语拼音缩写 JJF 表示，编号为 JJF ××××—××××，其中国家计量基准、副基准操作技术规范顺序号为 1200 号以上。

××××—××××为法规的“顺序号—年份号”，均用阿拉伯数字表示（年份号为批准的年份）。

例如：JJG 1016—2006《心电监护仪检定仪》；

JJG 2001—1987《线纹计量器具检定系统》；

JJG 2094—2010《密度计量器具检定系统表》；

JJF 1001—2011《通用计量术语及定义》；

JJF 1139—2005《计量器具检定周期确定原则和方法》；

JJF 1201—2008《助听器测试仪校准规范》；

JJF 1049—1995《温度传感器动态响应校准规范》。

地方和部门计量检定规程编号为 JJG（）××××—××××，（）里用中文字，代表该检定规程的批准单位和施行范围，××××为顺序号，—××××为批准的年份，如 JJG（京）39—2006《智能冷水表检定规程》，代表北京市质量技术监督局 2006 年批准的顺序号为第 39 号的地方计量检定规程，在北京市范围内施行；又如 JJG（铁道）132—2005《列车测速仪检定规程》，代表铁道部 2005 年批准的顺序号为第 132 号的部门计量检定规程，在铁道部范围内施行。

二、计量检定规程、国家计量检定系统表、计量技术规范的应用

1. 计量检定规程的应用

计量检定规程是执行检定的依据，检定必须按照检定规程进行。自 1998 年以来，国家计量检定规程的内容向国际建议靠拢，有些规程中增加了型式评价试验的要求和方法，大部分规程除了必须包括首次检定、后续检定的要求外，还增加了使用中检验的要求，因此从设计到制造，一直到使用、修理，检定规程对保障计量器具的量值准确可靠及量值溯源都发挥着重要的作用。

我国按《计量法》规定，对计量器具实施依法管理，采取两种形式。一是国家实施强制检定，主要适用于贸易结算、医疗卫生、安全防护、环境监测四个方面列入强制检定目录的工作计量器具以及社会公用计量标准和部门、企事业单位使用的最高计量标准；二是非强制检定，由企事业单位自行实施。由此可见，需依法实施检定的范围是十分广泛的，凡实施检定的计量器具，必须制定相应的检定规程，作为实施检定的具有法制性的技术依据。我国目前除国家计量检定规程外，还规定可制定部门和地方计量检定规程，开展对各行业专用计量器具的检定，对地方需开展检定的其他计量器具的检定。

2. 国家计量检定系统表的应用

国家计量检定系统表即国家溯源等级图，它是将国家计量基准的量值逐级传递到工作计量器具，或从工作计量器具的量值逐级溯源到国家计量基准的一个比较链，以确保全国量值的准确可靠。它可以促进并保证我国建立的各项计量基准的单位量值准确地进行量值传递，也是我国制定计量检定规程和计量校准规范的重要依据，是实施量值传递和溯源、选用测量标准、测量方法的重要依据。国家计量检定系统表规定了从计量基准到计量标准直至工作计量器具的量值传递链及其测量不确定度或最大允许误差，可以确定各级计量器具的计量性能，有利于选择测量用计量器具，确保测量的可靠性和合理性。国家计量检定系统表还可以帮助地方和企业结合本地区、本企业的实际情况，按所用的计量器具，确定需要配备的计量标准，在经济合理实用的原则下，建立本地区、本企业的量值传递、溯源体系。在进行计量标准考核中，申请单位要填写《计量标准技术报告》，其中第五项内容就是要依据计量检定系统表填报“计量标准的量值溯源和传递框图”，作为考核的重要内容。国家计量检定系统表在实现计量单位制的统一和量值的准确可靠这一计量工作的根本目标方面已经得到了广泛的应用。

3. 计量技术规范的应用

计量技术规范是一个统称，它的内容十分广泛，所涉及的应用面也很宽。如为了统一我国通用计量术语及定义和各专业的计量术语，国家发布了《通用计量术语及定义》及有关专业计量术语的技术规范；为了推动我国计量校准工作的开展，制定了通用性强、使用面广的计量校准规范；为了促进计量技术工作，制定了不少有关的计量技术规范，如《测量不确定度评定与表示》《测量仪器特性评定》《测量仪器可靠性分析》《计量比对》《计量器具型式评价和型式批准通用规范》《计量器具型式评价大纲编写导则》等；为了加强我国计量管理工作，制定了相应的有关计量管理的技术规范，如国家计量检定规程、国家计量检定系统表、国家校准规范的编写规则，《计量标准考

核规范》《法定计量检定机构考核规范》《定量包装商品净含量计量检验规则》《计量检测体系确认规范》等；结合计量工作的需要，还制定了计量保证方案（MAP）技术规范，如《长度（量块）计量保证方案技术规范》《维氏硬度计计量保证方案技术规范》等，以促进计量保证方案的实施；制定测量方法、试验方法及其他技术性规定，如《光子和高能电子束吸收剂量测量方法》《γ射线辐射加工剂量保证监测方法》《交流电能表检定装置试验规范》《机械秤改装规范》等。计量技术规范在规范计量管理工作方面具有十分重要的作用，得到广泛的应用。

第二章

测量不确定度的评定与表示

第一节 统计技术应用

一、概率分布

概率分布是一个随机变量取任何给定值或属于某一给定值集的概率随取值而变化的函数，该函数称为概率密度函数。概率分布通常用概率密度函数随机变量变化的曲线来表示，如图 2-2-1 所示。

测得值 X 落在区间 $[a, b]$ 内的概率 P 可用式（2-2-1）计算：

$$P(a \leqslant X \leqslant b) = \int_a^b p(x)\mathrm{d}x \qquad (2-2-1)$$

式中，$p(x)$ 为概率密度函数，数学上积分代表面积。

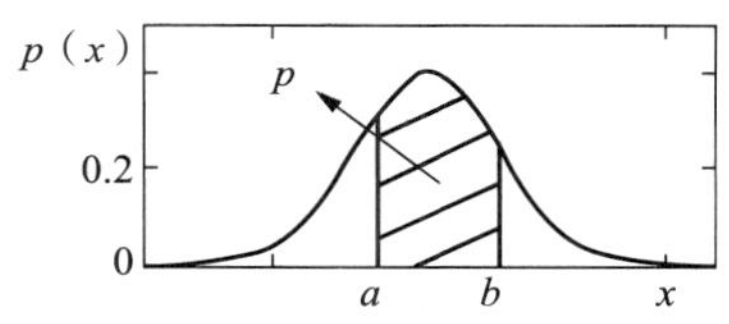

图 2-2-1 概率分布曲线

由此可见，概率 P 是概率分布曲线下在区间$[a, b]$内包含的面积，又称包含概率。当 $P=0.9$，表明测得值有 90%的可能性落在该区间内，该区间包含了概率分布下总面积的 90%。在 $(-\infty, +\infty)$ 区间内的概率为 1，即随机变量在整个值集的概率为 1。当 $P=1$（即概率为 1）表明测得值以 100%的可能性落在该区间内，也就是可以相信测得值必定在此区间内。

二、概率分布的数学期望、方差和标准偏差

1. 期望

期望又称（概率分布或随机变量的）均值或期望值，有时又称数学期望，常用符号 μ 表示，也可用 $E(X)$ 表示被测量 X 的期望。

离散随机变量的期望为：

$$\mu = E(X) = \sum_{i=1}^{\infty} p_i x_i \qquad (2-2-2)$$

连续随机变量的期望为：

$$\mu = E(X) = \int_{-\infty}^{+\infty} xp(x)\mathrm{d}x \qquad (2-2-3)$$

期望是在无穷多次测量的条件下定义的，通俗地说，期望值是无穷多次测量的平均值。期望是概率分布曲线与横坐标轴所构成面积的重心所在的横坐标，所以期望是决定概率分布曲线位置的量。对于单峰、对称的概率分布来说，期望值在分布曲线峰顶对应的横坐标处。

因为实际上不可能进行无穷多次测量，因此测量中期望值是可望而不可得的。

2. 方差

（随机变量或概率分布的）方差用符号 σ^2 表示：

$$\sigma^2 = \lim_{n\to\infty}\left[\frac{\sum_{i=1}^{n}(x_i-\mu)^2}{n}\right] \tag{2-2-4}$$

测得值与期望值之差是随机误差，用 δ 表示，$\delta_i = x_i - \mu$，方差就是随机误差平方的期望值。测量值 X 的方差还可写成 $V(X)$，是随机变量 X 的每一个可能值对其期望 $E(X)$ 的偏差的平方的期望，也就是测量的随机误差平方的期望。

$$\sigma^2 = V(X) = E\{[X-E(X)]^2\} \tag{2-2-5}$$

已知测得值的概率密度函数时，方差可表示为：

$$\sigma^2 = \int_{-\infty}^{+\infty}(x-\mu)^2 p(x)\mathrm{d}x \tag{2-2-6}$$

当期望值为零时方差可表示成：

$$\sigma^2 = \int_{-\infty}^{+\infty}x^2 p(x)\mathrm{d}x \tag{2-2-7}$$

方差说明了随机误差的大小和测得值的分散程度，但由于方差是平方，使用不方便、不直观，因此引出了标准偏差这个术语。

3. 标准偏差

（概率分布或随机变量的）标准偏差是方差的正平方根值，用符号 σ 表示，又可称标准差：

$$\sigma = \lim_{n\to\infty}\sqrt{\frac{\sum_{i=1}^{n}(x_i-\mu)^2}{n}} \tag{2-2-8}$$

标准偏差是表明测得值分散性的参数，σ 小表明测得值比较集中，σ 大表明测得值比较分散。

4. 用期望与标准偏差表征概率分布

期望和方差是表征概率分布的两个特征参数。由于方差不便使用，通常用期望和标准偏差来表征一个概率分布。μ 和 σ 对正态分布函数曲线的影响见图 2-2-2，μ 影响概率分布曲线的位置；σ 影响概率分布曲线的形状，表明测得值的分散性。

期望与标准偏差都是以无穷多次测量的理想情况定义的，无法由测量得到 μ，σ^2 和 σ，因此都是概念性的术语。

三、有限次测量时的算术平均值和实验标准偏差

1. 算术平均值

算术平均值 $\overline{X}$ 是有限次测量时概率分布的期望 μ 的估计值。

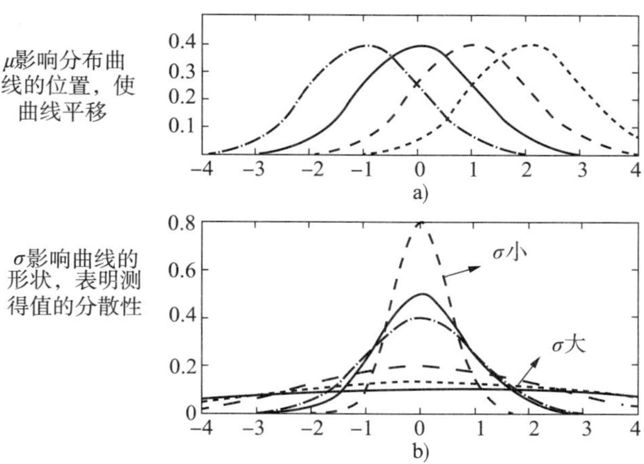

图 2-2-2 概率分布的期望和标准偏差

由大数定理证明，若干个独立同分布的随机变量的平均值以无限接近于 1 的概率接近于其期望值 μ，所以算术平均值是其期望的最佳估计值。因此，通常用算术平均值作为被测量的最佳估计值，即作为测量结果的值。

在相同条件下对被测量 X 进行有限次重复测量，得到一系列测得值 x_1，x_2，…，x_n，其算术平均值为：

$$\overline{X}=\frac{1}{n}\sum_{i=1}^{n}x_i \tag{2-2-9}$$

算术平均值是有限次测量的平均值，它是由样本构成的统计量，它也是有概率分布的。

2. 实验标准偏差

用有限次测量的数据得到的标准偏差的估计值称为实验标准偏差，用符号 s 表示。实验标准偏差 s 是有限次测量时标准偏差 σ 的估计值。最常用的估计方法是贝塞尔公式法，即在相同条件下，对被测量 X 作 n 次重复测量，则 n 次测量中某单个测得值 x_k 的实验标准偏差 $s(x_k)$ 可按式（2-2-10）计算：

$$s(x_k)=\sqrt{\frac{\sum_{i=1}^{n}(x_i-\overline{X})^2}{n-1}} \tag{2-2-10}$$

式中：

x_i——第 i 次测量的测得值；

n——测量次数；

$\overline{X}$——n 次测量的算术平均值；

$v_i=x_i-\overline{X}$——残差（是测量值与算术平均值之差）；

$\nu=n-1$——自由度；

$s(x_k)$——测得值 x_k 的实验标准偏差。

n 次测量的算术平均值 $\overline{X}$ 的实验标准偏差 $s(\overline{X})$ 为：

$$s(\overline{X})=\frac{s(x_k)}{\sqrt{n}}$$

在给出标准偏差的估计值时，自由度越大，表明估计值的可信度越高。

四、正态分布

正态分布又称高斯分布，其概率密度函数 $p(x)$ 为：

$$p(x)=\frac{1}{\sigma\sqrt{2\pi}}e^{\left[\frac{-(x-\mu)^2}{2\sigma^2}\right]}\quad(-\infty<x<+\infty)\qquad(2-2-11)$$

1. 正态分布的特性

正态分布曲线如图 2－2－3 所示，具有如下特征：

1）单峰：概率分布曲线在均值 μ 处具有一个极大值；

2）对称分布：正态分布以 $x=\mu$ 为其对称轴，分布曲线在均值 μ 的两侧是对称的；

3）当 $x\to\infty$ 时，概率分布曲线以 x 轴为渐近线；

4）概率分布曲线在离均值等距离（即 $x=\mu\pm\sigma$）处两边各有一个拐点；

5）分布曲线与 x 轴所围面积为 1，即各样本值出现概率的总和为 1；

6）μ 为位置参数，σ 为形状参数。

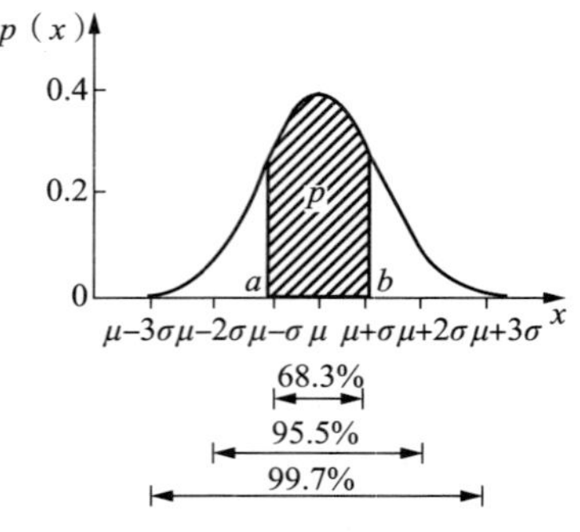

图 2－2－3　正态分布图

由于 μ，σ 能完全表达正态分布的形态，所以常用简略符号 $X\sim N(\mu,\sigma)$ 表示正态分布。当 $\mu=0$，$\sigma=1$ 时表示为 $X\sim N(0,1)$，称为标准正态分布。

2. 正态分布的概率计算

测得值 X 落在 $[a,b]$ 区间内的概率为：

$$p(a\leqslant X\leqslant b)=\int_a^b p(x)\mathrm{d}x=\frac{1}{\sigma\sqrt{2\pi}}\int_a^b e^{\frac{-(x-\mu)^2}{2\sigma}}\mathrm{d}x=\phi(u_1)-\phi(u_2)\qquad(2-2-12)$$

式中，$u=(x-\mu)/\sigma$，令 $\delta=x-\mu$，

$\phi(z)=\frac{1}{\sqrt{2\pi}}\int_{-\infty}^{z}e^{-\frac{u^2}{2}}\mathrm{d}u$，称为标准正态分布函数，见表 2－2－1。

表 2－2－1　标准正态分布函数表（摘录）

z	1.0	2.0	2.58	3.0
$\phi(z)$	0.84134	0.97725	0.99506	0.99865

若设 $|\delta|\leqslant3\sigma$，计算测得值 X 落在 $[\mu-3\sigma,\mu+3\sigma]$ 区间内的概率，即 $u=\delta/\sigma=\pm3$，$u_1=z_1=-3$，$u_2=z_2=3$，按公式计算概率：

$p(|x-\mu|\leqslant3\sigma)=\phi(3)-\phi(-3)=2\phi(3)-1=2\times0.99865-1=0.9973$

同样，测得值 X 落在 $[\mu-2\sigma,\mu+2\sigma]$ 区间内的概率为：

$p(|x-\mu|\leqslant2\sigma)=\phi(2)-\phi(-2)=2\phi(2)-1=2\times0.97725-1=0.9545$

由此可见，区间 $[-2\sigma,2\sigma]$ 在概率分布曲线下包含的面积约占概率分布总面积的 95%。也就是：当 $k=2$ 时，包含概率为 95.45%。

用同样的方法可以计算得到正态分布时测得值落在 $[u-k\sigma, u+k\sigma]$ 包含区间内的包含概率，如表 2-2-2 所列。包含概率与 k 值有关，在概率论中 k 被称为置信因子。

表 2-2-2　正态分布时包含概率 p 与包含因子 k 的关系

包含概率 p	0.5	0.6827	0.9	0.95	0.9545	0.99	0.9973
包含因子 k	0.675	1	1.645	1.96	2	2.576	3

五、常用的非正态分布

1. 均匀分布

均匀分布为等概率分布，又称矩形分布，如图 2-2-4 所示。

均匀分布的概率密度函数为：

$$p(x)=\begin{cases}\dfrac{1}{a_+-a_-} & a_-\leqslant x\leqslant a_+\\ 0 & x>a_+, \ x<a_-\end{cases}$$

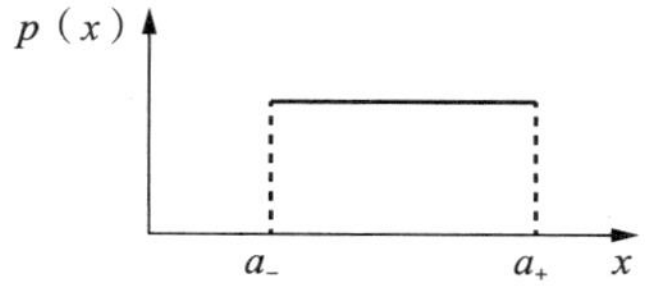

图 2-2-4　均匀分布图

均匀分布的标准偏差：

$$\sigma(x)=\frac{(a_+-a_-)}{\sqrt{12}} \tag{2-2-13}$$

式中 a_+ 和 a_- 分别为均匀分布包含区间的上限和下限。当对称分布时，可用 a 表示矩形分布的区间半宽度，即 $a=(a_+-a_-)/2$，则：

$$\sigma(x)=\frac{a}{\sqrt{3}} \tag{2-2-14}$$

2. 三角分布

三角分布呈三角形，如图 2-2-5 所示。

三角分布的概率密度函数为：

$$p(x)=\begin{cases}\dfrac{a+x}{a^2} & -a\leqslant x<0\\ \dfrac{a-x}{a^2} & 0\leqslant x\leqslant a\end{cases}$$

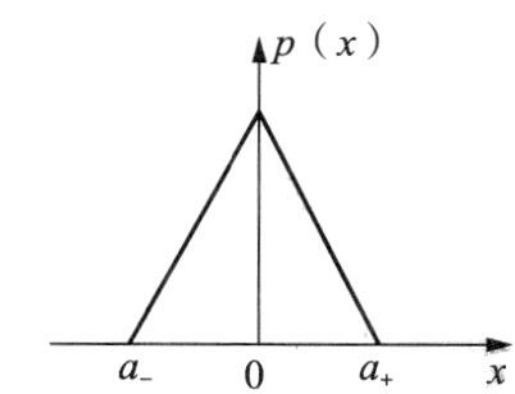

图 2-2-5　三角分布图

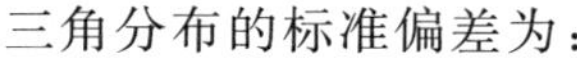

三角分布的标准偏差为：

$$\sigma(x)=\frac{a}{\sqrt{6}} \tag{2-2-15}$$

a 为包含区间的半宽度。

3. 梯形分布

梯形分布的形状为梯形，见图 2-2-6 所示。

梯形分布的概率密度函数：

$$p(x)=\begin{cases}\dfrac{1}{a(1+\beta)} & |x|\leqslant\beta a\\ \dfrac{a-|x|}{a^2(1-\beta^2)} & \beta a\leqslant|x|\leqslant a\\ 0 & \text{其他}\end{cases}$$

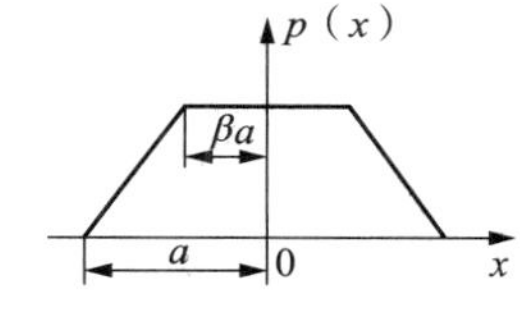

图 2-2-6　梯形分布图

设梯形的上底半宽度为 βa，下底半宽度为 a，$0<\beta<1$，则梯形分布的标准偏差为：

$$\sigma(x)=a\sqrt{1+\beta^2}/\sqrt{6} \tag{2-2-16}$$

4. 反正弦分布

反正弦分布的概率密度函数为：

$$p(x)=\begin{cases}\dfrac{1}{\pi\sqrt{a^2-x^2}} & |x|<a \\ 0 & |x|\geqslant a\end{cases}$$

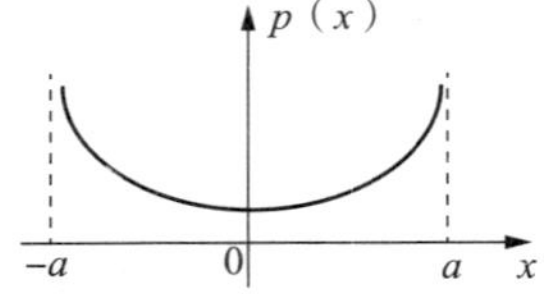

图 2-2-7　反正弦分布图

反正弦分布如图 2-2-7 所示。

a 为概率分布包含区间的半宽度。

反正弦分布的标准偏差为：

$$\sigma(x)=a/\sqrt{2} \tag{2-2-17}$$

5. 几种非正态分布的标准偏差与 k 值的关系

上述几种非正态分布的标准偏差与 k 值的关系列于表 2-2-3中。

表 2-2-3　几种非正态分布的标准偏差与包含因子的关系

概率分布	标准偏差 σ	包含因子 k（p=100%）
均匀	$a/\sqrt{3}$	$\sqrt{3}$
三角	$a/\sqrt{6}$	$\sqrt{6}$
梯形	$a\sqrt{1+\beta^2}/\sqrt{6}$	$\sqrt{6}/\sqrt{+\beta^2}$
反正弦	$a/\sqrt{2}$	$\sqrt{2}$

6. t 分布

t 分布又称学生分布，是两个独立随机变量之商的分布。如果随机变量 X 是期望值为 μ 的正态分布，设其算术平均值与其期望之差与算术平均值的实验标准偏差之比为新的随机变量 t：

$$t=\frac{\overline{X}-\mu}{s(x_i)/\sqrt{n}}=\frac{\overline{X}-\mu}{s(\overline{X})} \tag{2-2-18}$$

该随机变量服从 t 分布。t 分布的概率密度函数为：

$$p(t)=\frac{\Gamma\left(\frac{\nu+1}{2}\right)}{\sqrt{\nu\pi}\,\Gamma(\nu/2)}\left[1+\frac{t^2}{\nu}\right]^{-(\nu+1)/2}$$

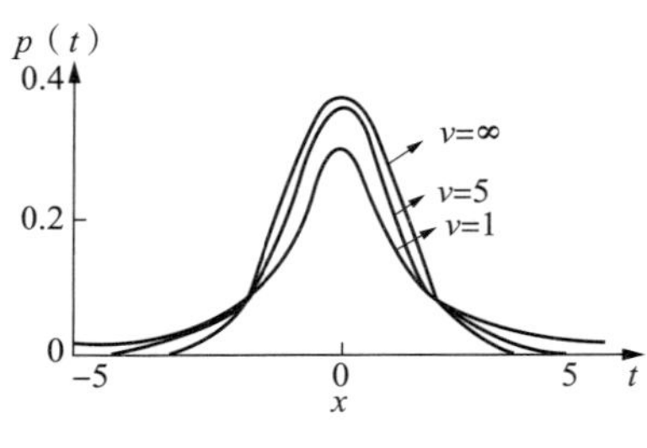

图 2-2-8　t 分布图

t 分布是期望值为零的概率分布。ν 为自由度，当 $n\rightarrow\infty$时，t 分布趋近于正态分布。由随机变量 t 的定义可见：$\overline{X}$以概率 p 落在 $\mu\pm ts(\overline{X})$ 区间内。t 分布图如图 2-2-8 所示。

六、相关性和相关系数

1. 相关性

相关性是描述两个或多个随机变量间的相互依赖关系的特性。

如果两个随机变量 X 和 Y，其中一个量的变化会导致另一个量的变化，就说这两个量是相关的。

例如：$Y=X_1+X_2$ 中，$X_2=bX_1$，则 X_2 随 X_1 变化而变化，说明量 X_2 与量 X_1 是相关的。

2. 协方差

协方差是两个随机变量相互依赖性的度量。

两个随机变量 X 和 Y，各自的误差之积的期望称为 X 和 Y 的协方差，用符号 cov（X，Y）或 V（X，Y）表示：

$$V(X,Y)=E[(x-\mu x)(y-\mu y)]$$

定义的协方差是在无限多次测量条件下的理想概念。有限次测量时两个随机变量的一对测得值 x，y 的协方差估计值用 $s(x,y)$ 表示，按式（2－2－19）计算：

$$s(x,y)=\frac{1}{n-1}\sum_{i=1}^{n}(x_i-\overline{X})(y_i-\overline{Y}) \tag{2－2－19}$$

式中：

$$\overline{X}=\frac{1}{n}\sum_{i=1}^{n}x_i;$$

$$\overline{Y}=\frac{1}{n}\sum_{i=1}^{n}y_i$$

有限次测量时两个随机变量 X，Y 的一对算术平均值 $\overline{X}$，$\overline{Y}$ 的协方差估计值用 s（$\overline{X}$，$\overline{Y}$）表示，按式（2－2－20）计算：

$$s(\overline{X},\overline{Y})=\frac{1}{n(n-1)}\sum(x_i-\overline{X})(y_i-\overline{Y}) \tag{2－2－20}$$

3. 相关系数

相关系数也是两个随机变量之间相互依赖性的度量，它等于两个随机变量间的协方差除以它们各自的方差乘积的正平方根，用 ρ（X，Y）表示：

$$\rho(X,Y)=\frac{V(X,Y)}{\sqrt{V(X,X)V(Y,Y)}}=\frac{V(X,Y)}{\sigma_x\sigma_y}$$

定义的相关系数也是在无限多次测量条件下的理想概念。根据有限次测量数据，得到相关系数估计值。相关系数的估计值用 $r(x,y)$ 表示，用式（2－2－21）求得：

$$r(x,y)=\frac{\sum_{i=1}^{n}(x_i-\overline{X})(y_i-\overline{Y})}{\sqrt{\sum_{i=1}^{n}(x_i-\overline{X})^2+\sum_{i=1}^{n}(y_i-\overline{Y})^2}} \tag{2－2－21}$$

$$=\frac{\sum_{i=1}^{n}(x_i-\overline{X})(y_i-\overline{Y})}{(n-1)s(x)s(y)}$$

式中 $s(x)$ ，$s(y)$ 分别为 X 和 Y 的实验标准偏差。

4. 相关系数与协方差的关系

（1）相关系数是一个纯数字，相关系数的值在－1 到＋1 之间，它表示两个量的相关程度，通常比协方差更直观。相关系数为零，表示两个量不相关；相关系数为＋1，表明 X 与 Y 正全相关（正强相关），即随着 X 增大 Y 也增大；相关系数为－1，表明 X 与 Y 负全相关（负强相关），即随着 X 增大 Y 变小。

（2）协方差估计值 $s(x,y)$ 与相关系数估计值 $r(x,y)$ 的关系见式(2-2-22)和(2-2-23)：

$$s(x,y)=r(x,y)s(x)s(y) \tag{2-2-22}$$

$$r(x,y)=\frac{s(x,y)}{s(x)s(y)} \tag{2-2-23}$$

第二节　GUM 法评定测量不确定度的步骤和方法

测量不确定度的评定方法应依据 JJF 1059 进行，该规范现分两部分：JJF 1059.1—2012《测量不确定度评定与表示》，又称 GUM 评定方法或 GUM 法；JJF 1059.2—2012《用蒙特卡洛法评定测量不确定度》。

如果相关国际组织已经制订了某种计量标准所涉及领域的测量不确定度评定指南，则在这些指南的适用范围内，测量不确定度评定也可以依据这些指南进行。

一、GUM 法评定测量不确定度的步骤

（1）明确被测量，必要时给出被测量的定义及测量过程的简单描述；

（2）分析不确定度的来源并写出测量模型；

（3）评定测量模型中的各输入量的标准不确定度 $u(x_i)$，计算灵敏系数 c_i，从而给出与各输入量相对应的输出量 y 的不确定度分量 $u_i(y_i)=|c_i|u(x_i)$；

（4）计算合成标准不确定度 $u_c(y)$，计算时应考虑各输入量之间是否存在值得考虑的相关性，对于非线性测量模型则应考虑是否存在值得考虑的高阶项；

（5）列出不确定度分量的汇总表，表中应给出每一个不确定度分量的详细信息；

（6）对被测量的概率分布进行估计，并根据概率分布和所要求的包含概率 p 确定包含因子 k_p；

（7）在无法确定被测量 y 的概率分布时，或该测量领域有规定时，也可以直接取包含因子 $k=2$；

（8）由合成标准不确定度 $u_c(y)$ 和包含因子 k 或 k_p 的乘积，分别得到扩展不确定度 U 或 U_p；

（9）给出测量不确定度的最后陈述，其中应给出关于扩展不确定度的足够信息。利用这些信息，至少应该使用户能根据所给的扩展不确定度进而评定其测量结果的合成标准不确定度。

通常，GUM 法评定不确定度的流程如图 2-2-9 所示。

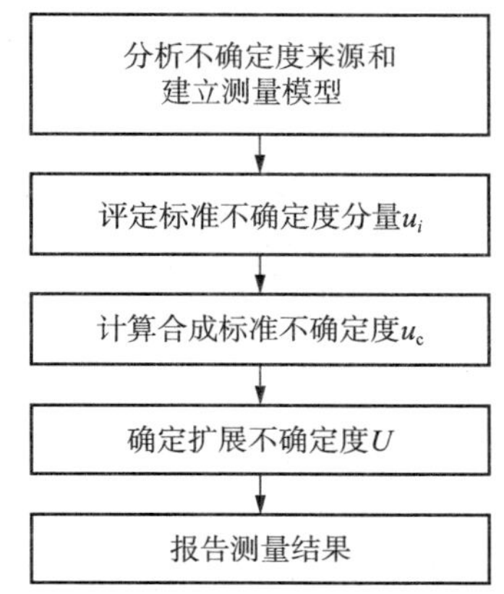

图 2-2-9　GUM 法评定不确定度的流程图

二、GUM 法评定测量不确定度的方法

（一）分析测量不确定度的来源

不确定度来源的分析取决于对测量方法、测量设备、测量条件及对被测量的详细了解和认识，必须具体问题具体分析。所以，测量人员必须熟悉业务、钻研专业技术，深入研究有哪些可能的因素会影响测量结果，根据实际测量情况分析对测量结果有明显影响的不确定度来源。

通常测量不确定度来源从以下方面考虑：

1. 被测量的定义不完整

例如定义被测量是一根标称值为 1m 长的钢棒的长度，要求测准到微米量级。

此时被测钢棒受温度和压力的影响已经比较明显，而这些条件没有在定义中说明，使不同温度、不同压力下可以得出不同的测量结果，由于定义细节的不完整对测量结果会引入不确定度。

2. 复现被测量的测量方法不理想

例如：在微波测量中“衰减”量是在匹配条件下定义的，但实际测量系统不可能理想匹配，因此要考虑失配引入的测量不确定度。

又如：无线电信号的失真度定义是在纯电阻负载上信号的全部谐波电压的有效值与基波电压有效值之比的百分数。但失真度测量仪是采用基波抑制法，先用电压表测出基波抑制后的全部谐波电压，再测出未抑制基波的信号总电压，由它们之比得到的失真度。由于这种方法未能测出基波电压，因此测得的失真度值与定义的失真度不一致，由这种失真度测量仪测得的失真度存在着由于复现被测量的测量方法不理想引入的不确定度。

3. 取样的代表性不够，即被测样本不能代表所定义的被测量

例如：被测量定义为聚四氟乙烯在给定频率时的介电常数。由于测量方法和测量设备的限制，只能取聚四氟乙烯介质材料板的一部分做成样块，然后对样块进行测量。如果选用的材料板有杂质，测量所取用的样块恰好是杂质较多的地方，则样本就不能完全代表所定义的被测材料聚四氟乙烯。在介电常数测量结果中要考虑样本代表性不够引入的不确定度。

4. 对测量过程受环境影响的认识不恰如其分或对环境的测量与控制不完善

例如：以测量木棒长度为例，如果实际上湿度对木棒的测量有明显影响，但测量时由于认识不足而没有采取措施，在评定测量结果的不确定度时，应把湿度的影响引起的不确定度考虑进去。

又如：在水银温度计的校准中，被校温度计与标准温度计都放在同一个恒温槽中，恒温槽内的温度由一台温度控制器控制，在实际工作过程中，控制器不可能将恒温槽的温度稳定在一个恒定值上，槽的温度会在一个小的温度范围内变化，因此要考虑这种温控不完善引入的不确定度。

5. 对模拟式仪器的读数存在人为偏移

模拟式仪器在读取其示值时一般要在最小分度内估读，由于观测者的位置或个人习惯的不同等原因可能对同一状态的指示会有不同的读数，这种差异引入不确定度。

6. 测量仪器的计量性能的局限性

通常情况下，测量仪器的不准（最大允许误差）是影响测量结果的最主要的不确定度来源，例如用天平测量物体的重量时，测量结果的不确定度必须包括所用天平和砝码引入的不确定度。

测量仪器的其他计量特性如仪器的分辨力、灵敏度、鉴别阈、死区及稳定性等的影响也应根据情况加以考虑。

例如：对于较小差别的两个输入信号，由于测量仪器的分辨力不够，使仪器的示值差为零，这个零值就存在着分辨力不够引入的测量不确定度。

又如：用频谱分析仪测量信号的相位噪声时，当被测量小到低于相位噪声测试仪的噪声门限（鉴别阈）时，就测不出来了，此时要考虑噪声门限引入的不确定度。

7. 测量标准或标准物质提供的量值的不准确

计量校准中被校仪器是用于测量标准比较的方法实现校准的。对于给出的校准值来说，测量标准（包括标准物质）的不确定度是其主要的不确定度来源。

8. 引用的数据或其他参量值的不准确

例如，测量黄铜棒的长度时，为考虑长度随温度的变化，要用到黄铜的线膨胀系数 α，查数据手册可以得到所需的 α 值。该值的不确定度是测量结果不确定度的一个来源。

9. 测量方法和测量程序的近似和假设

例如：被测量表达式的近似程度；自动测试程序的迭代程度；电测量中由于测量系统不完善引起的绝缘漏电、热电势、引线电阻等，均会引入不确定度。

10. 在相同条件下被测量在重复观测中的变化

在实际工作中，通常多次测量可以得到一系列不完全相同的数据，测得值具有一定的分散性，这是由诸多随机因素的影响造成的，这种随机变化常用测量重复性表征，也就是重复性是测量结果的不确定度来源之一。

除此之外，如果已经对测量结果进行了修正，给出的是已修正测量结果，则还要考虑修正值不完善引入的测量不确定度。

通常，在分析测量结果的不确定度来源时，可以从测量仪器、测量环境、测量方法、被测量等方面全面考虑，应尽可能做到不遗漏、不重复。特别应考虑对测量结果影响较大的不确定度来源。

测量中的失误或突发因素不属于测量不确定度的来源。在测量不确定度评定中，应剔除测得值中的离群值（异常值）。

（二）建立测量模型

1. 测量模型

测量模型是指测量结果与其直接测量的量、引用的量以及影响量等有关量之间的数学关系。

当被测量 Y 由 N 个其他量 X_1，X_2，…，X_N 的函数关系确定时，式（2－2－24）为被测量的测量模型。

$$Y=f(X_1,X_2,\cdots,X_N) \tag{2-2-24}$$

被测量的测量结果称输出量，输出量 Y 的估计值 y 是由各输入量 X_i 的估计值 x_i 按测量模型确定的函数关系式（2－2－25）计算得到，式中符号 f 称为测量函数。

$$y=f(x_1,x_2,\cdots,x_N) \tag{2-2-25}$$

例如：用测量电压 V 和电流 I 得到电路中的电阻 R，则被测量 R 的测量模型可根据欧姆定律写出 $R=V/I$，式中：R 为输出量，V 和 I 是输入量。

测量模型中输入量可以是：

（1）当前直接测量的量；

（2）由以前测量获得的量；

（3）由手册或其他资料得来的量；

（4）对被测量有明显影响的量。

例如：测量模型 $R=R_0[1+\alpha(t-t_0)]$ 中，温度 t 是当前直接测量的影响量；t_0 是规定的常量（如规定 $t_0=20℃$）；R_0 是在 t_0 时的电阻值，它可以是以前测得的，也可以是由测量标准校准给出的校准值（校准证书上给出）；温度系数 α 是从手册查到的。

当被测量 Y 由直接测量得到，且写不出各影响量与测量结果的函数关系时，被测量的测量模型可能简单到：

$$Y=X_1-X_2 \quad 或 \quad Y=X$$

例如：用温度计测量一杯水的温度，测量结果 y 就是温度计（计量器具）的示值 x。又如用卡尺测量工件的尺寸时，则工件的尺寸就等于卡尺的示值。通常用多次重复测量的算术平均值作为被测量的测量结果。

2. 关于测量模型的说明

（1）测量模型可以用已知的物理公式得到，也可以用实验方法确定，甚至只用数值方程给出。

（2）测量模型不是唯一的，对于同一个被测量采用不同的测量方法和不同的测量程序，就会有不同的测量模型。

（3）测量模型不一定是完善的，它与人们对规律的认识程度有关。为了能在测量模型中充分反映实际的影响量，尽可能采用长期积累的数据建立经验模型。

（4）有时被测量 Y 的输入量 X_1，X_2，…，X_N 本身又取决于其他量，他们各自与其他量间有函数关系，还可能包含对系统影响进行修正的修正值或修正因子，导致十分复杂的函数关系。这时候，测量模型可能是一系列关系式。

（5）如果数据表明测量模型中没有考虑某个具有明显影响的影响量时，应在模型中增加输入量，直至测量结果满足测量准确度的要求。

例如：如果发现电阻的损耗功率与大气压力有关，最好在测量模型的输入量中增加压力量。

（三）输入量的标准不确定度的评定

1. 标准不确定度的A类评定方法

对被测量 X，在同一条件下进行 n 次独立重复观测，观测值为 x_i（$i=1$，2，…，n），得到算术平均值 $\overline{X}$ 及实验标准偏差 $s(\overline{X})$。当用算术平均值 $\overline{X}$ 作为被测量的最佳估计值时，被测量估计值的A类评定的标准不确定度 $u_A(x)$ 按式（2－2－26）计算：

$$u_A(x)=s(\overline{X})=\frac{s(x)}{\sqrt{n}} \qquad (2-2-26)$$

注意：公式中的 n 为获得平均值时的测量次数。

（1）基本的标准不确定度A类评定流程（见图2－2－10）

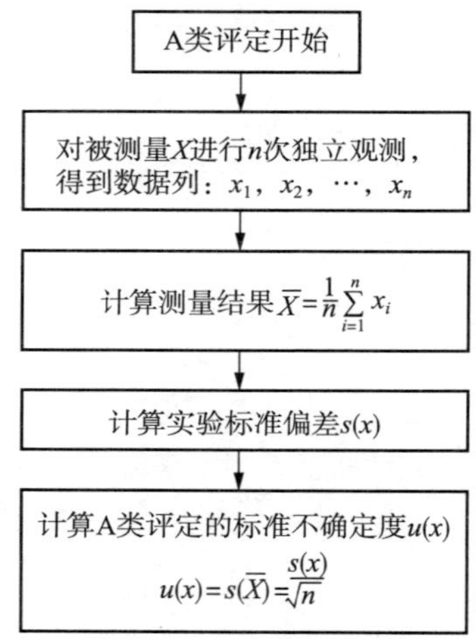

图2－2－10　标准不确定度A类评定流程图

【案例2－2－1】对一等活塞压力计的活塞有效面积检定中，在各种压力下，测得10次活塞有效面积与标准活塞面积之比 l（由 l 的测得值乘标准活塞面积就得到被检活塞的有效面积）如下：

0.250670，0.250673，0.250670，0.250671，0.250675，0.250671，0.250675，0.250670，0.250673，0.250670

问 l 的最佳估计值及其A类标准不确定度。

【案例分析】由于 $n=10$，l 的最佳估计值为 $\bar{l}$，计算如下：

$$\bar{l}=(\sum_{i=1}^{n}l_i)/n=0.250672$$

由贝塞尔公式求单次测得值的实验标准差：

$$s(l)=\sqrt{\frac{\sum_{i=1}^{n}(l_i-\bar{l})^2}{n-1}}=2.05\times10^{-6}$$

由测量重复性导致的测量结果的值$\bar{l}$的标准不确定度为：

$$u_A(\bar{l})=\frac{s(l)}{\sqrt{n}}=0.63\times10^{-6}$$

（2）测量过程标准不确定度的 A 类评定

对一个测量过程，如果采用核查标准核查的方法使测量过程处于统计控制状态，则该测量过程的实验标准偏差为合并样本标准偏差 s_p。

若每次核查时测量次数 n 相同（即自由度相同），第 j 次核查时的实验标准偏差为 s_j，共核查 m 次，则合并样本标准偏差 s_p 按式（2－2－27）计算：

$$s_p=\sqrt{\frac{\sum_{j=1}^{m}s_j}{m}} \tag{2-2-27}$$

此时 s_p 的自由度 $\nu=(n-1)m$

则在此测量过程中，测量结果值的 A 类评定的标准不确定度为：

$$u_A=s_p/\sqrt{n'}$$

式中的 n'为获得测量结果值时的测量次数。

【案例 2－2－2】对某测量过程进行过 2 次核查，均在受控状态。第一次核查时，测 4 次，$n=4$，得到测得值：0.250mm，0.236mm，0.213mm，0.220mm；第二次核查时，也测 4 次，求得 $s_2=0.015\text{mm}$。在该测量过程中实测某一被测件，测量 6 次，问被测量估计值 y 的 A 类标准不确定度。

【案例分析】根据第一次核查的数据，用极差法求得实验标准差：查表得极差系数 $d_n=2.06$，则 $s_1=$（0.250－0.213）mm/2.06＝0.018mm；第二次核查时，也测 4 次，得 $s_2=0.015\text{mm}$。

共核查 2 次，即 $m=2$，则该测量过程的合并样本标准偏差为：

$$s_p=\sqrt{\frac{s_1^2+s_2^2}{m}}=\sqrt{\frac{(0.018\text{mm})^2+(0.015\text{mm})^2}{2}}=0.017\text{mm}$$

在该测量过程中实测某一被测件，测量 6 次，被测量估计值 y 的 A 类标准不确定度为：

$$u(y)=s_p/\sqrt{n'}=0.017\text{mm}/\sqrt{6}=0.007\text{mm}$$

其自由度为 $\nu=(n-1)m=(4-1)\times2=6$。

（3）规范化常规测量时标准不确定度的 A 类评定

规范化常规测量是指已经明确规定了测量程序和测量条件的测量，如日常按检定规程进行的大量同类被测件的检定，当可以认为对每个同类被测量的实验标准偏差相同时，通过累积的测量数据，计算出自由度充分大的合并样本标准偏差，以用于评定每次测量结果的标准不确定度。

在规范化的常规测量中，测量 m 个同类被测量，得到 m 组数据，每组测量 n 次，第 j 组的平均值为 $\overline{x}_j$，则合并样本标准偏差 s_p 按式（2-2-28）计算：

$$s_p = \sqrt{\frac{\sum_{j=1}^{m}\sum_{i=1}^{n}(x_{ij}-\overline{x}_j)^2}{m(n-1)}} \tag{2-2-28}$$

每个被测件测得的最佳估计值 $\overline{x}_j$ 的标准不确定度按式（2-2-29）计算：

$$u_A(\overline{x}_j) = s_p/\sqrt{n} \tag{2-2-29}$$

其自由度为 $m(n-1)$。

若对每个被测件的测量次数 n_j 不同，即各组的自由度 ν_j 不等，各组的实验标准偏差为 s_j，则合并样本标准偏差 s_p 按式（2-2-30）计算：

$$s_p = \sqrt{\frac{\sum_{j=1}^{m}\nu_j s_j^2}{\sum_{j=1}^{m}\nu_j}} \tag{2-2-30}$$

式中 $\nu_j = n_j - 1$。

对于常规的计量检定或校准，当无法满足 $n \geqslant 10$ 时，为使得到的实验标准差更可靠，如果有可能，建议采用合并样本标准差 s_p 作为由重复性引入的标准不确定度分量。

【案例 2-2-3】 对一批共 10 个相同准确度等级的 10kg 砝码校准时，对每个砝码重复测4 次（$n=4$），测得值为 x_i（$i=1，2，3，4$）；共测了 10 个砝码（$m=10$），得到 10 组测得值 x_{ij}（$i=1，\cdots，4$；$j=1，\cdots，10$）；数据如表 2-2-4 所示。

表 2-2-4 数据表

砝码号 j	#1	#2	#3	#4	#5	#6	#7	#8	#9	#10
$i=1$	x_{11} 10.01	x_{21} 10.03	x_{31} 10.02	x_{41} 10.01	x_{51} 10.02	x_{61} 10.03	x_{71} 10.01	x_{81} 10.01	x_{91} 10.03	x_{101} 10.01
$i=2$	x_{12} 10.02	x_{22} 10.01	x_{32} 10.04	x_{42} 10.01	x_{52} 10.04	x_{62} 10.02	x_{72} 10.03	x_{82} 10.04	x_{92} 10.01	x_{102} 10.02
$i=3$	x_{13} 10.03	x_{23} 10.01	x_{33} 10.01	x_{43} 10.02	x_{53} 10.01	x_{63} 10.03	x_{73} 10.02	x_{83} 10.02	x_{93} 10.01	x_{103} 10.04
$i=4$	x_{14} 10.01	x_{24} 10.02	x_{34} 10.02	x_{44} 10.03	x_{54} 10.02	x_{64} 10.01	x_{74} 10.04	x_{84} 10.02	x_{94} 10.03	x_{104} 10.01

问这种常规的砝码校准中砝码校准值的标准不确定度。

【案例分析】 这种情况下可以采用 A 类评定方法，用 10 个砝码校准的合并样本标准偏差计算校准值的标准不确定度，这样可以增加自由度，也就提高了所评定的标准不确定度的可信度。合并样本标准偏差可由式（2-2-28）计算，计算结果列入表 2-2-5。

表 2-2-5　计算列表

砝码号 j	1	2	3	4	5	6	7	8	9	10
$\bar{x}_j$	$\bar{x}_1$ 10.02	$\bar{x}_2$ 10.02	$\bar{x}_3$ 10.02	$\bar{x}_4$ 10.02	$\bar{x}_5$ 10.02	$\bar{x}_6$ 10.02	$\bar{x}_7$ 10.03	$\bar{x}_8$ 10.02	$\bar{x}_9$ 10.02	$\bar{x}_{10}$ 10.02
$\sum_{i=1}^{4}(x_{ij}-\bar{x}_j)^2=G_j$	0.0003	0.0003	0.0003	0.0005	0.0003	0.0006	0.0007	0.0004	0.0004	0.0006
$\sum_{j=1}^{10}G_j$	0.0044									
$s_p=\sqrt{\dfrac{\sum_{j=1}^{10}G_j}{10\times(4-1)}}$	0.012kg 自由度 $\nu=m\ (n-1)\ =10\times\ (4-1)\ =30$									

$$u_A(\bar{x}_j)=s_p/\sqrt{n}=0.012/2=0.006\text{kg}$$

所以，砝码校准值的 A 类评定的标准不确定度为 0.006kg，其自由度为 30。

（4）由最小二乘法拟合的最佳直线上得到的预期值的 A 类评定的标准不确定度

由最小二乘法拟合的最佳直线的直线方程：$y=a+bx$

预期值 y_j 的实验标准偏差按式（2-2-31）计算：

$$s_p(y_j)=\sqrt{s_a^2+x_j^2s_b^2+b^2s_x^2+2x_jr(a,b)s_as_b} \qquad (2-2-31)$$

式中 $r(a,b)$ 为 a 和 b 的相关系数，s_a、s_b 和 s_x 分别为 a、b 和 x 的实验标准偏差。

预期值 y_j 的 A 类评定的标准不确定度为 $u_A(y_j)=s_p(y_j)$。

注意：A 类评定时应尽可能考虑随机效应的来源，使其反映到测得值中去。例如：①若被测量是一批材料的某一特性，A 类评定时应该在这批材料中抽取足够多的样品进行测量，以便把不同样品间可能存在的随机差异导致的不确定度分量反映出来；②若测量时需对测量仪器进行调零，则获得 A 类评定的数据时应注意每次测量要重新调零，以便计入每次调零的随机变化导致的不确定度分量；③通过直径的测量计算圆的面积时，在直径的重复测量中，应随机地选取不同的方向测量；④在一个气压表上重复多次读取示值时，每次把气压表扰动一下，然后让它恢复到平衡状态后再进行读数。

2. 标准不确定度的 B 类评定方法

标准不确定度的 B 类评定是借助于一切可利用的有关信息进行科学判断，得到估计的标准偏差。

标准不确定度的 B 类评定流程见图 2-2-11。

（1）B 类评定步骤

1）根据有关信息或经验，判断被测量的可能值区间（$-a$，a）；

2）假设被测得值的概率分布；

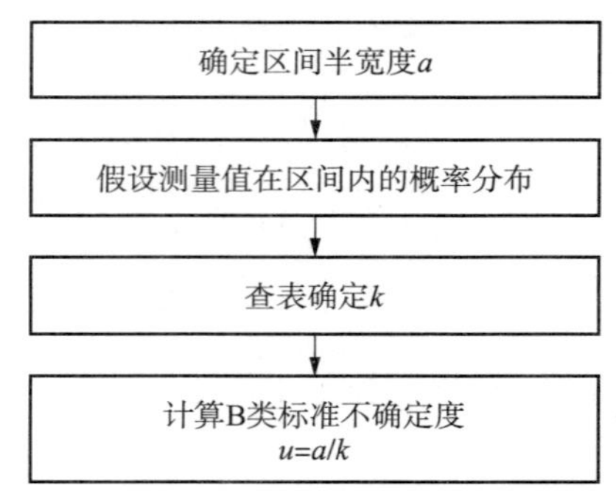

图 2－2－11　标准不确定度 B 类评定流程图

3）根据概率分布和要求的包含概率 p 估计包含因子 k，则 B 类标准不确定度 u_B 按式（2－2－32）计算：

$$u_B=\frac{a}{k} \quad (2-2-32)$$

式中：

a——被测量可能值区间的半宽度；

k——包含因子。

（2）B 类评定方法

1）B 类评定时可能的信息来源及如何确定可能值的区间半宽度

区间半宽度 a 值是根据有关的信息确定的。一般情况下，可利用的信息包括：

①以前的观测数据；

②对有关技术资料和测量仪器特性的了解和经验；

③生产部门提供的技术说明文件（制造厂的技术说明书）；

④校准证书、检定证书、测试报告或其他提供的数据、准确度等级等；

⑤手册或某些资料给出的参考数据及其不确定度；

⑥规定测量方法的校准规范、检定规程或测试标准中给出的数据；

⑦其他有用信息。

例如：

a. 制造厂的说明书给出测量仪器的最大允许误差为 $\pm\Delta$，并经计量部门检定合格，则可能值的区间为（$-\Delta$，Δ），区间的半宽度为 $a=\Delta$；

b. 校准证书提供的校准值，给出了其扩展不确定度为 U，则区间的半宽度为 $a=U$；

c. 由手册查出所用的参考数据，同时给出该数据的误差不超过 $\pm\Delta$，则区间的半宽度为 $a=\Delta$；

d. 由有关资料查得某参数 X 的最小可能值为 a_- 和最大可能值为 a_+，区间半宽度可以用下式确定：$a=\frac{1}{2}(a_+-a_-)$；

e. 数字显示装置的分辨力为 1 个数字所代表的量值 δ_x，则取 $a=\delta_x/2$；

f. 当测量仪器或实物量具给出准确度等级时，可以按检定规程或有关规范所规定的该等别或级别的最大允许误差或测量不确定度进行评定；

g. 根据过去的经验判断某值不会超出的范围来估计区间半宽度 a 值；

h. 必要时，用实验方法来估计可能的区间。

2）B 类评定时如何假设可能值的概率分布和确定 k 值

①首先假设概率分布

a. 被测量受许多相互独立的随机影响量的影响，这些影响量变化的概率分布各不相同，但各个变量的影响均很小时，被测量的随机变化接近正态分布。

b. 如果有证书或报告给出的扩展不确定度是 U_{90}、U_{95} 或 U_{99}，除非另有说明，可以按正态分布来评定 B 类标准不确定度。

c. 一些情况下，只能估计被测量的可能值区间的上限和下限，测得值落在区间外的概率几乎为零。若测得值落在该区间内的任意值的可能性相同，则可假设为均匀分布。

d. 若落在该区间中心的可能性最大，则假设为三角分布。

e. 若落在该区间中心的可能性最小，而落在该区间上限和下限处的可能性最大，则假设为反正弦分布。

f. 对被测量的可能值落在区间内的情况缺乏了解时，一般假设为均匀分布。

实际工作中，可依据同行专家的研究和经验来假设概率分布。例如：无线电计量中失配引起的不确定度为反正弦分布；几何量计量中度盘偏心引起的测角不确定度为反正弦分布；测量仪器最大允许误差、分辨力、数据修约、度盘或齿轮回差、平衡指示器调零不准等导致的不确定度按均匀分布考虑；两个独立量值之和或差的概率分布为三角分布；按级使用量块时，中心长度偏差导致的概率分布为两点分布。

②然后根据概率分布确定 k 值

a. 已知扩展不确定度是合成标准不确定度的若干倍时，则该倍数（包含因子）就是 k 值。

b. 假设概率分布后，根据要求的概率查表得到 k 值。

例如：

如果数字显示仪器的分辨力为 δ_x，则区间半宽度 $a=\delta_x/2$，可假设为均匀分布，查表得 $k=\sqrt{3}$，由分辨力引起的标准不确定度分量为：

$$u_{\mathrm{B}}(x)=\frac{a}{k}=\frac{\delta_x}{2\sqrt{3}}=0.29\delta_x$$

若某数字电压表的分辨力为 1μV（即最低位的一个数字代表的量值），则由分辨力引起的标准不确定度分量为：$u(V)=0.29\times1\mu\mathrm{V}=0.29\mu\mathrm{V}$。

被测仪器的分辨力会对测量结果的重复性测量有影响。在测量不确定度评定中，当重复性引入的标准不确定度分量大于被测仪器的分辨力所引入的不确定度分量时，可以不考虑分辨力所引入的不确定度分量，但当重复性引入的不确定度分量小于被测仪器的分辨力所引入的不确定度分量时，应该用分辨力引入的不确定度分量代替重复性分量。若被测仪器的分辨力为 δ_x，则分辨力引入的标准不确定度分量为 $0.29\delta_x$。

c. 常用的概率分布与 k 值的关系见表 2-2-6 和表 2-2-7。

表 2-2-6 正态分布的 k 值与概率 p 的关系

p	0.50	0.90	0.95	0.99	0.9973
k	0.676	1.64	1.96	2.58	3

表 2-2-7 几种非正态分布时的 k 值

概率分布	均匀分布	反正弦分布	三角分布	梯形分布	两点分布
k ($p=100\%$)	$\sqrt{3}$	$\sqrt{2}$	$\sqrt{6}$	$\sqrt{6}/(1+\beta^2)$	1

注：β 为梯形上底半宽度与下底半宽度之比。

d. 标准不确定度B类评定的实例

【案例 2-2-4】 校准证书上给出标称值为 1000g 的不锈钢标准砝码质量 m_s 的校准值为 1000.000325g，且校准不确定度为 24μg（按三倍标准偏差计），求砝码的标准不确定度。

【案例分析】 标准不确定度的评定：由于 $a=U=24\mu g$，$k=3$，则砝码的标准不确定度为：$u(m_s)=24\mu g/3=8\mu g$。

【案例 2-2-5】 校准证书上说明标称值为 10Ω 的标准电阻在 23℃时的校准值为 10.000074Ω，扩展不确定度为 90μΩ，包含概率为 99%，求电阻的相对标准不确定度。

【案例分析】 标准不确定度的评定：由校准证书的信息可知 $a=U_{99}=90\mu\Omega$，$p=0.99$。

假设为正态分布，查表得到 $k=2.58$；则电阻校准值的标准不确定度为：$u_B(R_s)=90\mu\Omega/2.58=35\mu\Omega$；

相对标准不确定度为：$u_B(R_s)/R_s=3.5\times10^{-6}$。

【案例 2-2-6】 手册给出了纯铜在 20℃时线热膨胀系数 α_{20}(Cu) 为 16.52×10^{-6}℃$^{-1}$，并说明此值的误差不超过 $\pm0.40\times10^{-6}$℃$^{-1}$，求 α_{20}(Cu) 的标准不确定度。

【案例分析】 标准不确定度的评定：根据手册，$a=0.40\times10^{-6}$℃$^{-1}$，依据经验假设为等概率地落在区间内，即均匀分布，查表得 $k=\sqrt{3}$，铜的线热膨胀系数的标准不确定度为：

$$u(\alpha_{20})=0.40\times10^{-6}℃^{-1}/\sqrt{3}=0.23\times10^{-6}℃^{-1}。$$

【案例 2-2-7】 由数字电压表的仪器说明书得知，该电压表的最大允许误差为 $\pm(14\times10^{-6}\times$读数$+2\times10^{-6}\times$量程)，用该电压表测量某产品的输出电压，在 10V 量程上测 1V 时，测量 10 次，其平均值作为被测量的估计值，得 $V=0.928571$V，问测量结果的不确定度中数字电压表仪器引入的标准不确定度是多少？

【案例分析】 标准不确定度的评定：电压表最大允许误差的模为区间的半宽度为：

$$a=(14\times10^{-6}\times0.928571\text{V}+2\times10^{-6}\times10\text{V})=33\times10^{-6}\text{V}=33\mu\text{V}$$

设在区间内为均匀分布，查表得到 $k=\sqrt{3}$，则测量结果中由数字电压表仪器引入的标准不确定度为：$u(V)=33\mu V/\sqrt{3}=19\mu V$。

【案例 2-2-8】 某法定计量技术机构要评定被测量 Y 的最佳估计值 y 的合成标准

不确定度 $u_c(y)$ 时，y 的输入量中，有碳元素 C 的相对原子质量，通过资料查出 C 的相对原子质量为 Ar(C)＝12.0107(8)。资料说明这是国际纯化学和应用化学联合会给出的值。如何评定由于 C 的相对原子质量不准确引入的标准不确定度分量？

【案例分析】根据 2005 年国际纯化学和应用化学联合会给出的值，C 的相对原子质量为 Ar(C)＝12.0107(8)，括号内的数是标准不确定度，与相对原子质量的末位对齐。所以碳元素 C 的相对原子质量为 Ar(C)＝12.0107，其标准不确定度为 u(C)＝0.0008。

3）B 类标准不确定度的自由度

B 类标准不确定度的自由度可由式（2－2－33）估计：

$$\nu_i \approx \frac{1}{2}\frac{u^2(x_i)}{\sigma^2[u(x_i)]} \approx \frac{1}{2}\left[\frac{\Delta u(x_i)}{u(x_i)}\right]^{-2} \quad (2-2-33)$$

$\Delta u(x_i)/u(x_i)$ 为 $\sigma[u(x_i)]/u(x_i)$ 的估计，是 $u(x_i)$ 的相对标准不确定度。根据经验，按所依据的信息来源的不可信程度来判断 $u(x_i)$ 的相对标准不确定度，然后按式（2－2－32）计算出自由度 ν 列于表 2－2－8。

表 2－2－8　B 类标准不确定度的自由度估计

$\Delta u(x_i)/u(x_i)$	0	0.10	0.20	0.25	0.30	0.40	0.50
ν	∞	50	12	8	6	3	2

（四）合成标准不确定度的计算

无论各标准不确定度分量是由 A 类评定还是 B 类评定得到，合成标准不确定度是由各标准不确定度分量合成得到的。被测量估计值 y 的合成标准不确定度用符号 $u_c(y)$ 表示。

1. 测量不确定度的传播律

当被测量的测量模型为线性函数 $y=f(x_1, x_2, \cdots, x_N)$ 时，被测量估计值 y 的合成标准不确定度 $u_c(y)$ 按式（2－2－34）计算，此式称为“不确定度传播律”。

$$u_c(y) = \sqrt{\sum_{i=1}^{N}\left[\frac{\partial f}{\partial x_i}\right]^2 u^2(x_i) + 2\sum_{i=1}^{N-1}\sum_{j=i+1}^{N}\frac{\partial f}{\partial x_i}\frac{\partial f}{\partial x_j} r(x_i, x_j) u(x_i) u(x_j)} \quad (2-2-34)$$

式中：

y——输出量的估计值，即被测量的最佳估计值；

x_i，x_j——输入量的估计值，$i \neq j$；

N——输入量的数量；

$\frac{\partial f}{\partial x_i}$，$\frac{\partial f}{\partial x_j}$——偏导数，又称灵敏系数，可表示为 c_i，c_j；

$u(x_i)$、$u(x_j)$——输入量 x_i 和 x_j 的标准不确定度；

$r(x_i, x_j)$——输入量 x_i 与 x_j 的相关系数估计值；

$r(x_i, x_j)u(x_i)u(x_j)=u(x_i, x_j)$，$u(x_i, x_j)$ 是输入量 x_i 与 x_j 的协方差估计值。

注 1：灵敏系数通常是对测量函数 f 在 $X_i=x_i$ 处取偏导数得到。灵敏系数是一个有符号和单位的量值，它表明了输入量 x_i 的不确定度 $u(x_i)$ 影响被测量估计值的不确定度 $u_c(y)$ 的灵敏程度。有些情况下，灵敏系数难以通过函数 f 计算得到，可以用实验确定，即采用变化一个特定的 X_i，测量出由此引起的 Y 的变化。

注 2：当测量模型为非线性函数时，可采用泰勒级数展开，舍去高次项后得到近似的线性函数。

2. 输入量间不相关时合成标准不确定度的评定

(1) 当各输入量间不相关，即 $r(x_i,x_j)=0$ 时，公式(2-2-34)的简化为式(2-2-35)：

$$u_c(y)=\sqrt{\sum_{i=1}^{N}\left[\frac{\partial f}{\partial x_i}\right]^2 u^2(x_i)} \tag{2-2-35}$$

若设 $u_i(y)$是被测量最佳估计值 y 的标准不确定度分量如式（2-2-36）所示：

$$\frac{\partial f}{\partial x_i}u(x_i)=u_i(y) \tag{2-2-36}$$

则 $u_c(y)$由被测量 y 的标准不确定度分量合成时，可用式（2-2-37）评定：

$$u_c(y)=\sqrt{\sum_{i=1}^{N}u_i^2(y)} \tag{2-2-37}$$

对于直接测量，可简单地写成式（2-2-38）：

$$u_c=\sqrt{\sum_{i=1}^{N}u_i^2} \tag{2-2-38}$$

(2) 当被测量的函数形式为 $Y=A_1X_1+A_2X_2+\cdots+A_NX_N$，且各输入量间不相关时，合成标准不确定度 $u_c(y)$按式（2-2-39）计算：

$$u_c(y)=\sqrt{\sum_{i=1}^{N}A_i^2u^2(x_i)} \tag{2-2-39}$$

(3) 当被测量的函数形式为 $Y=A(X_1^{P_1}X_2^{P_2}\cdots X_N^{P_N})$，且各输入量间不相关时，合成标准不确定度 $u_c(y)$按式（2-2-40）计算：

$$\frac{u_c(y)}{y}=\sqrt{\sum_{i=1}^{N}[P_iu(x_i)/x_i]^2} \tag{2-2-40}$$

如果式（2-2-40）中 $P_i=1$，则被测量的测量结果的相对合成标准不确定度是各输入量的相对标准不确定度的方和根值，可按式（2-2-41）计算：

$$\frac{u_c(y)}{y}=\sqrt{\sum_{i=1}^{N}[u(x_i)/x_i]^2} \tag{2-2-41}$$

【案例 2-2-9】 某法定计量技术机构为了得到质量 m=300g 的计量标准，采用了两个质量分别为 m_1=100g，m_2=200g 相互独立的砝码构成。m_1 与 m_2 校准的相对标准不确定度 $u_{rel}(m_1)$、$u_{rel}(m_2)$ 按其校准证书，均为 1×10^{-4}。在评定 m 的相对标准不确定度 $u_{rel}(m)$ 时，测量模型为 $m=m_1+m_2$。输入量估计值 m_1 与 m_2 相互独立，灵敏系数均为+1，则：

$$u_{crel}(m)=\sqrt{u_{rel}{}^2(m_1)+u_{rel}{}^2(m_2)}=2\times10^{-4},$$

得出 $u_c(m)$为：$u_c(m)=u_{crel}(m)\times m$=0.043g。

问题：在不确定度的合成中，什么情况下可采用输入量的相对标准不确定度？上述评定是否正确？

【案例分析】 依据 JJF 1059.1—2012 的规定：当测量模型为：

$Y=f(X_1,X_2,\cdots,X_N)=cX_1^{P_1}X_2^{P_2}\cdots X_N^{P_N}$，且各输入量间不相关时，合成标准不确定度可用式（2-2-40）或式（2-2-41）计算：

$$\frac{u_c(y)}{y}=\sqrt{\sum_{i=1}^{N}[P_iu(x_i)/x_i]^2}$$

即 $u_{crel}(y) = \sqrt{\sum_{i=1}^{N}[P_i u_{rel}(x_i)]^2}$

当 $P_i = 1$ 时：$u_{crel}(y) = \sqrt{\sum_{i=1}^{N}[u_{rel}(x_i)]^2}$

也就是只有当函数为相乘的关系时，被测量估计值的相对合成标准不确定度等于输入量的相对标准不确定度的方和根值。

由于案例中的测量模型不是乘积形式，因而不能采用输入量的相对标准不确定度进行合成，案例的计算是错误的。这种测量模型下，只能采用式（2－2－37）计算。当用该式进行 $u_c(y)$ 的评定时，应根据已知的 $u_{rel}(m_1)$ 与 $u_{rel}(m_2)$ 计算出 $u(m_1)$ 与 $u(m_2)$。

$u(m_1) = u_{rel}(m_1) \cdot m_1 = 1\times10^{-4}\times100\text{g} = 0.01\text{g}$

$u(m_2) = u_{rel}(m_2) \cdot m_2 = 1\times10^{-4}\times200\text{g} = 0.02\text{g}$

$u(m_1)$ 与 $u(m_2)$ 的灵敏系数均为 $+1$，得合成标准不确定度为：

$u_c(m) = 0.012 + 0.022\text{g} = 0.022\text{g}$

相对合成标准不确定度：

$u_{crel}(m) = u_c(m)/m = 0.022/300 = 0.7\times10^{-4}$

可见 $u_{crel}(m)$ 小于 $u_{crel}(m_1)$ 和 $u_{crel}(m_2)$ 这两个分量。

3. 输入量间相关系数均为＋1 时合成标准不确定度的评定

当所有输入量都相关，且相关系数为 1 时，合成标准不确定度 $u_c(y)$ 为：

$$u_c(y) = \left|\sum_{i=1}^{N}\frac{\partial f}{\partial x_i}u(x_i)\right| \tag{2-2-42}$$

当所有输入量都相关，且相关系数为＋1，灵敏系数为 1 时，合成标准不确定度 $u_c(y)$ 为：

$$u_c(y) = \sum_{i=1}^{N}u(x_i) \tag{2-2-43}$$

由此可见，当输入量都正强相关，且灵敏系数均为 1 时，合成标准不确定度是各输入量标准不确定度分量的代数和。也就是说，强相关时不再是方和根法合成。

【案例 2－2－10】某计量检定机构在评定某台计量仪器的重复性 s_r 时，通过对某稳定的量 Q 重复观测了 n 次，按贝塞尔公式，计算出任意观测值 q_k 的实验标准偏差 $s(q_k) = 0.5$，然后，考虑该仪器读数分辨力 $\delta_q = 1.0$，由分辨力导致的标准不确定度为：

$$u(q) = 0.29\delta_q = 0.29\times1.0 = 0.29$$

将 $s(q_k)$ 与 $u(q)$ 合成，作为仪器示值的重复性不确定度 $u_r(q_k)$：

$$u(q_k) = \sqrt{s^2(q_k) + u^2(q)} = 0.58 \approx 0.6$$

【案例分析】重复性条件下，示值的分散性既决定于仪器结构和原理上的随机效应的影响，也取决于分辨力。同一种效应导致的不确定度已作为一个分量进入 $u_c(y)$ 时，它不应再包含在另外的分量中。

该机构的这一评定方法，出现了对分辨力导致的不确定度分量的重复计算，因为在按贝塞尔方法进行的重复观测中的每一个示值，都无例外地已受到分辨力影响导致测得值 q 的分散，从而在 $s(q_k)$ 中已包含了 δ_q 效应导致的结果，而不必再将 $u(q)$ 与 $s(q_k)$ 合成为 $u(q_k)$。该机构采取将这二者合成作为 $u(q_k)$ 是不对的。

有些情况下，有些仪器的分辨力很差，以致分辨不出示值的变化，致使在实验中会出现重复性很小。例如用非常稳定的信号源测量数字显示式测量仪器，在多次对同一量的测量中，示值不变或变化甚小，$s(q_k)$反而不如$u(q)$大。在这一情况下，应考虑分辨力导致的测量不确定度分量，即一般是在$s(q_k)$与$u(q)$两个中，取其中一个较大者。

4. 输入量间相关时的处理方法

（1）在以下情况时可取协方差为零或忽略不计：

1）x_i与x_j中任意一个量可作为常数处理。

2）在不同实验室用不同测量设备、在不同时间测得的量值。

3）独立测量的不同量的测量结果。

（2）用同时观测两个量的方法确定协方差估计值

对两个输入量X_i及X_j进行同时重复观测，设x_{ik}，x_{jk}分别是输入量X_i及X_j的观测值。k为测量次数（$k=1$，2，…，n）。$\overline{x}_i$，$\overline{x}_j$分别为第i个输入量和第j个输入量的k次测量的算术平均值；x_i与x_j的协方差估计值可由式（2－2－44）计算：

$$u(x_i,x_j)=\frac{1}{n(n-1)}\sum_{k=1}^{n}(x_{ik}-\overline{x}_i)(x_{jk}-\overline{x}_j) \qquad (2-2-44)$$

例如：一个振荡器的频率与环境温度可能有关，则可以把频率f和环境温度t作为两个输入量，即$x_i=t$，$x_j=f$，同时观测每个温度下的频率值，得到一组t_k，f_k数据，共观测n组，$k=1$，2，…，n。计算算术平均值$\overline{t}$和$\overline{f}$，则由下式可以计算它们的协方差：

$$u(f,t)=\frac{1}{n(n-1)}\sum_{k=1}^{n}(t_k-\overline{t})(f_k-\overline{f})$$

如果协方差为零，说明频率与温度无关，如果协方差不为零，就显露出它们间的相关程度。

（3）用同时观测两个量的方法确定相关系数的估计值

根据对x和y两个量同时测量的n组测量数据，相关系数的估计值按式（2－2－45a）计算

$$r(x,y)=\frac{\sum_{i=1}^{n}(x_i-\overline{X})(y_i-\overline{Y})}{(n-1)s(x)s(y)} \qquad (2-2-45a)$$

式中，$s(x)$和$s(y)$分别为x和y的实验标准偏差。

（4）用经验公式估计相关系数

如果两个输入量x_i和x_j相关，x_i变化δ_i会使x_j相应变化δ_j，则x_i和x_j的相关系数可用经验公式（2－2－45b）估计

$$r(x_i,x_j)\approx\frac{u(x_i)\delta_j}{u(x_j)\delta_i} \qquad (2-2-45b)$$

式中，$u(x_i)$和$u(x_j)$分别为x_i和x_j的标准不确定度。

（5）当两个量均因与同一个量有关而相关时，协方差的估计方法

设$x_i=F(q)$，$x_j=G(q)$，式中，q为使x_i与x_j相关的变量Q的估计值，F、G分

别表示两个量与 q 的测量函数。则 x_i 与 x_j 的协方差按式（2-2-46a）计算：

$$u(x_i,x_j)=\frac{\partial F}{\partial q}\frac{\partial G}{\partial q}u^2(q) \tag{2-2-46a}$$

如果有多个变量使 x_i 与 x_j 相关，当

$$x_i=F(q_1,q_2,\cdots,q_L)$$

$$x_j=G(q_1,q_2,\cdots,q_L)$$

时，则协方差按式（2-2-46b）计算：

$$u(x_i,x_j)=\sum_{k=1}^{L}\frac{\partial F}{\partial q_k}\frac{\partial G}{\partial q_k}u^2(q_k) \tag{2-2-46b}$$

（6）采用适当方法去除相关性

1）将引起相关的量作为独立的附加输入量进入测量模型

例如，x_i 和 x_j 原来是不相关的两个量，但都需要做温度修正，若用同一个温度计测量温度，则如果该温度计示值偏大，两者的修正值同时受影响，即存在 $x_i=F(T)$，$x_j=G(T)$，所以 $y=f(x_i,x_j)$中两个输入量 x_i 与 x_j 成为相关的了。只要在测量模型中把温度 T 作为独立的附加输入量，即 $y=f(x_i,x_j,T)$，该附加输入量具有与上述两个量不相关的标准不确定度，则在计算合成标准不确定度时就不需再引入 x_i 与 x_j 的协方差或相关系数了。

2）采取有效措施变换输入量

例如，在量块校准中校准值的不确定度分量中包括标准量块的温度 θ_s 及被校量块的温度 θ 两个输入量，即 $L=f(\theta_s,\theta)$。

由于两个量块处在同一实验室的同一台测量装置上，温度 θ_s 与 θ 是相关的。但只要把 θ 变换为 $\theta=\theta_s+\delta_\theta$，使测量模型中只有被校量块与标准量块的温度差 δ_θ 与标准量块的温度作为两个输入量时，这两个输入量间就不相关了，即 $L=f(\theta_s,\delta_\theta)$中 θ_s 与 δ_θ 不相关。

5. 合成标准不确定度的有效自由度的计算

合成标准不确定度 $u_c(y)$的自由度称为有效自由度，用符号 ν_{eff}表示。

在以下情况时需要计算有效自由度 ν_{eff}：

（1）当需要评定 U_p 时为求得 k_p 而必须计算 u_c（y）的有效自由度 ν_{eff}；

（2）当用户为了解所评定的不确定度的可靠程度而提出要求时。

有效自由度 ν_{eff}的计算公式：

当各分量间相互独立且输出量接近正态分布或 t 分布时，合成标准不确定度的有效自由度通常可按式（2-2-47）计算：

$$\nu_{eff}=\frac{u_c^2(y)}{\sum_{i=1}^{N}\frac{c_i^4u_i^4(x_i)}{\nu_i}} \tag{2-2-47}$$

且

$$\nu_{eff}\leqslant\sum_{i=1}^{N}\nu_i$$

当测量模型为 $Y=A$（$X_1^{P_1}X_2^{P_2}\cdots X_N^{P_N}$）时，有效自由度可用相对标准不确定度的形式计算，见式（2-2-48）：

$$\nu_{\text{eff}} = \frac{[u_c(y)/y]^4}{\sum_{i=1}^{N} \frac{[P_i u_i(x_i)/x_i]^4}{\nu_i}} \tag{2-2-48}$$

实际计算中，得到的有效自由度 ν_{eff} 不一定是一个整数。如果不是整数，可以采用将 ν_{eff} 数字舍位到最接近的一个较低的整数，例如计算得到 $\nu_{\text{eff}}=12.65$，则取 $\nu_{\text{eff}}=12$。

有效自由度计算举例：

设 $Y=f(X_1,X_2,X_3)=bX_1X_2X_3$，$X_1$，$X_2$，$X_3$ 的估计值 x_1，x_2，x_3 分别是 n_1，n_2，n_3 次测量的算术平均值，$n_1=10$，$n_2=5$，$n_3=15$。它们的相对标准不确定度分别为：

$$u(x_1)/x_1=0.25\%, u(x_2)/x_2=0.57\%, u(x_3)/x_3=0.82\%$$

这种情况下合成标准不确定度及其有效自由度为：

$$\frac{u_c(y)}{y} = \sqrt{\sum_{i=1}^{N}[P_i u(x_i)/x_i]^2} = \sqrt{\sum_{i=1}^{N}[u(x_i)/x_i]^2} = 1.03\% = 1\%$$

$$\nu_{\text{eff}} = \frac{1.03^4}{\frac{0.25^4}{10-1}+\frac{0.57^4}{5-1}+\frac{0.82^4}{15-1}} = 19.0 = 19$$

6. 合成标准不确定度计算流程

合成标准不确定度的计算流程如图 2-2-12 所示。

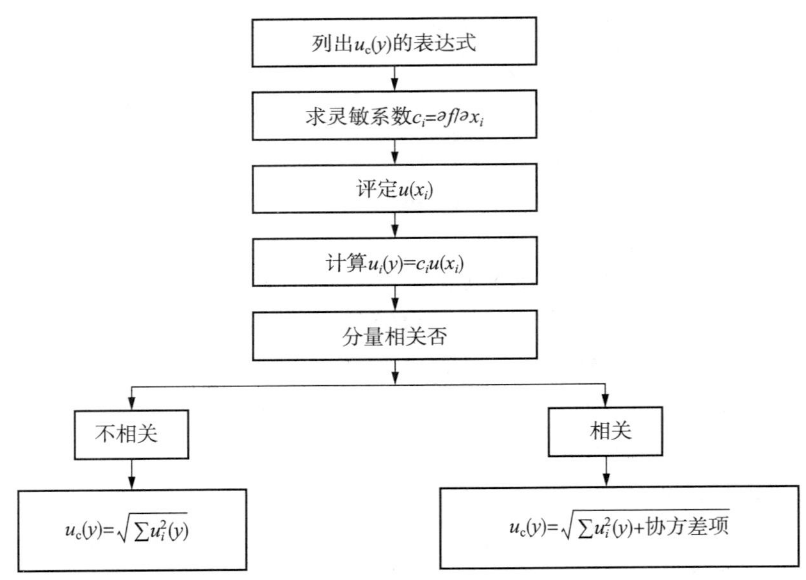

图 2-2-12 合成标准不确定度计算流程图

7. 合成标准不确定度计算举例

【案例 2-2-11】 一台数字电压表的技术说明书中说明："在校准后的两年内，示值的最大允许误差为±（14×10^{-6}×读数$+2\times10^{-6}$×测量上限）"。

现在校准后的 20 个月时，在 1V 量程上测量电压 V，一组独立重复观测值的算术平均值为 0.928571V，其 A 类标准不确定度为 12μV。求该电压测量结果的合成标准不确定度。

【案例分析】根据案例中的信息评定如下：

被测量的最佳估计值：$\overline{V}=0.928571\text{V}$

测量不确定度评定：经分析影响测量结果的主要不确定度分量有两项，分别用A类和B类方法评定，再将两个分量合成后得到合成标准不确定度。

①由测量重复性引入的标准不确定度分量，用A类方法评定：$u_A(\overline{V})=12\mu\text{V}$。

②由所用的数字电压表不准引入的标准不确定度分量，用B类方法评定：

读数：0.928571V，测量上限：1V

$$a=14\times10^{-6}\times0.928571\text{V}+2\times10^{-6}\times1\text{V}=15\mu\text{V}$$

假设为均匀分布，$k=\sqrt{3}$，则：

$$u_B(\overline{V})=a/k=15\mu\text{V}/\sqrt{3}=8.7\mu\text{V}$$

③合成标准不确定度：

由于上述两个分量不相关，可按下式计算：

$$u_c(\overline{V})=\sqrt{u_A^2(\overline{V})+u_B^2(\overline{V})}=\sqrt{(12\mu\text{V})^2+(8.7\mu\text{V})^2}=15\mu\text{V}$$

【案例2－2－12】在测长机上测量某轴的长度，测量结果为40.0010mm，要求进行测量不确定度分析与评定，列出不确定度分量综合表并给出测量结果的合成标准不确定度。

【案例分析】经分析，各项不确定度分量为：

①读数的重复性引入的标准不确定度分量 u_1

从指示仪上7次读数的数据计算得到测量结果的实验标准偏差为 $0.17\mu\text{m}$，$u_1=0.17\mu\text{m}$。

②测长机主轴不稳定性引入的标准不确定度分量 u_2

由实验数据求得测量结果的实验标准偏差为 $0.10\mu\text{m}$，$u_2=0.10\mu\text{m}$。

③测长机标尺不准引入的标准不确定度分量 u_3

根据检定证书的信息知道该测长机为合格，符合最大允许误差为 $\pm0.1\mu\text{m}$ 的技术指标要求，假设为均匀分布，取 $k=\sqrt{3}$，则：$u_3=0.1\mu\text{m}/\sqrt{3}=0.06\mu\text{m}$。

④温度影响引入的标准不确定度分量 u_4

根据轴材料温度系数的有关信息评定得到其标准不确定度为 $0.05\mu\text{m}$，$u_4=0.05\mu\text{m}$。

列出的不确定度分量综合表见表2－2－9。

表2－2－9　不确定度分量综合表

序号	不确定度分量来源	评定方法	符号	u_i 的值
1	读数重复性	A类	u_1	$0.17\mu\text{m}$
2	测长机主轴不稳定	A类	u_2	$0.10\mu\text{m}$
3	测长机标尺不准	B类	u_3	$0.06\mu\text{m}$
4	温度影响	B类	u_4	$0.05\mu\text{m}$
$u_c=0.21\mu\text{m}$				

由于各分量间不相关，则轴长测量结果的合成标准不确定度为：

$$u_c=\sqrt{\sum_{i=1}^{4}u_i^2}=\sqrt{(0.17\mu m)^2+(0.10\mu m)^2+(0.06\mu m)^2+(0.05\mu m)^2}=0.21\mu m$$

【案例 2-2-13】 如果加在一个随温度变化的电阻两端的电压为 V，在温度 t_0 时的电阻为 R_0，电阻的温度系数为 α，在温度 t 时电阻损耗的功率 P 为被测量，被测量 P 与 V，R_0，α 和 t 的函数关系为：

$$P=V^2/R_0[1+\alpha(t-t_0)]$$

要求给出计算被测量估计值的合成标准不确定度的方法。

【案例分析】 根据测量模型，输出量为 P，除 t_0 是常量外，输入量有 V，R_0，α 和 t 四个。

①由于各输入量之间不相关，根据合成标准不确定度的传递公式，写出合成方差的数学式为：

$$u_c^2(P)=\left[\frac{\partial P}{\partial V}\right]^2u^2(V)+\left[\frac{\partial P}{\partial R_0}\right]^2u^2(R_0)+\left[\frac{\partial P}{\partial \alpha}\right]^2u^2(\alpha)+\left[\frac{\partial P}{\partial t}\right]^2u^2(t)$$

②求出式中的灵敏系数：

$$\frac{\partial P}{\partial V}=2V/R_0[1+\alpha(t-t_0)]=2P/V$$

$$\frac{\partial P}{\partial R_0}=-V^2/R_0[1+\alpha(t-t_0)]=-P/R_0$$

$$\frac{\partial P}{\partial \alpha}=-V^2(t-t_0)/R_0[1+\alpha(t-t_0)]^2=-P(t-t_0)/[1+\alpha(t-t_0)]$$

$$\frac{\partial P}{\partial t}=-V^2\alpha/R_0[1+\alpha(t-t_0)]^2=-P\alpha[1+\alpha(t-t_0)]$$

③分析和评定各输入量的标准不确定度 $u(V)$、$u(R_0)$、$u(\alpha)$ 和 $u(t)$；

④将灵敏系数值和各输入量的标准不确定度代入合成方差的计算公式，经开方后得到合成标准不确定度 $u_c(P)$。

【案例 2-2-14】 被测量功率 P 是输入量电流 I 和温度 t 的函数，其测量模型为：

$$P=C_0I^2(t+t_0)$$

C_0 和 t_0 是已知常数且不确定度可忽略。

用同一个标准电阻 R_s 确定电流和温度，电流是用一个数字电压表测量出标准电阻两端的电压来确定的，温度是用一个电阻电桥和标准电阻测量出温度传感器的电阻 $R_t(t)$ 确定的，由电桥上读出 $R_t(t)/R_s=\beta(t)$。所以输入量电流 I 和温度 t 分别由以下两式得到：$I=V_s/R_s$，$t=\alpha\beta^2(t)R_s^2-t_0$；$\alpha$ 为已知常数，其不确定度可忽略。

要求给出计算合成标准不确定度的方法。

【案例分析】

①测量模型

$$P=C_0I^2(t+t_0)$$

$$I=V_s/R_s$$

$$t=\alpha\beta^2R_s{}^2-t_0$$

②输入量 I 的标准不确定度 $u(I)$

I 的测量模型：$I=V_s/R_s=V_sR_s^{-1}$

根据 I 的测量模型得出 I 的标准不确定度 $u(I)$，由于输出量是两个输入量的乘积，可以直接写成相对标准不确定度的形式：

$$\frac{u(I)}{I}=\sqrt{\left[\frac{u(V_s)}{V_s}\right]^2+\left[\frac{u(R_s)}{R_s}\right]^2}$$

③输入量 t 的标准不确定度 $u(t)$

t 的测量模型：$t=\alpha\beta^2R_s^2-t_0$

求灵敏系数：

$$\left[\frac{\partial t}{\partial\beta}\right]^2=(2\alpha\beta R_s^2)^2=4\alpha^2\beta^2R_s^4=\frac{4(t+t_0)^2}{\beta^2}$$

$$\left[\frac{\partial t}{\partial R_s}\right]^2=(2\alpha\beta^2R_s)^2=4\alpha^2\beta^4R_s^2=\frac{4(t+t_0)^2}{R_s^2}$$

求 t 的标准不确定度 $u(t)$：

$$u(t)=\sqrt{\left[\frac{\partial t}{\partial\beta}\right]^2u^2(\beta)+\left[\frac{\partial t}{\partial R_s}\right]^2u^2(R_s)}=\sqrt{4(t+t_0)^2\left[\frac{u^2(\beta)}{\beta^2}+\frac{u^2(R_s)}{R_s^2}\right]}$$

④求 I 与 t 的协方差

因为 I 与 t 都与 R_s 有关，所以 I 与 t 的两个标准不确定度分量是相关的，它们的协方差 $u(I,t)$ 可根据下式求得：

$$u(I,t)=\frac{\partial I}{\partial R_s}\frac{\partial t}{\partial R_s}u^2(R_s)=\left[-\frac{V_s}{R_s^2}\right][2\alpha\beta^2R_s]u^2(R_s)=-\frac{2I(t+t_0)}{R_s^2}u^2(R_s)$$

⑤输出量 P 的合成标准不确定度

P 的测量模型：$P=C_0I^2(t+t_0)$

由于 $u(C_0)\approx0$，$u(t_0)\approx0$，此测量模型中只有两个输入量：I 和 t，且它们间相关，所以由 I 和 t 的方差及它们的协方差得到 P 的方差：

$$\frac{u_c^2(P)}{P^2}=4\frac{u^2(I)}{I^2}-4\frac{u(I,t)}{I(t+t_0)}+\frac{u^2(t)}{(t+t_0)^2}$$

所以，输出量 P 的相对合成标准不确定度为：

$$\frac{u_c^2(P)}{P}=\sqrt{4\frac{u^2(I)}{I^2}+\frac{u^2(t)}{(t+t_0)^2}-4\frac{u(I,t)}{I(t+t_0)}}$$

式中：

$$\frac{u(I)}{I}=\sqrt{\left[\frac{u(V_s)}{V_s}\right]^2+\left[\frac{u(R_s)}{R_s}\right]^2}$$

$$u(t)=\sqrt{4(t+t_0)^2\left[\frac{u^2(\beta)}{\beta^2}+\frac{u^2(R_s)}{R_s^2}\right]}$$

$$u(I,t)=-\frac{2I(t+t_0)}{R_s^2}u^2(R_s)$$

【案例 2-2-15】有 10 个电阻器，每个电阻器的标称值均为 $R_i=1000\Omega$，用 1kΩ 的标准电阻 R_s 校准，比较仪的不确定度可忽略，标准电阻的不确定度由校准证书给出为 $u\ (R_s)=10\text{m}\Omega$。将这些电阻器用导线串联起来，导线电阻可忽略不计，串联后得到标称值为 10kΩ 的参考电阻 R_{ref}，求 R_{ref} 的合成标准不确定度。

【案例分析】根据案例给出的信息，评定如下：

①测量模型：$R_{\mathrm{ref}}=f(R)=\sum_{i=1}^{10}R_i$

②灵敏系数：$\frac{\partial R_{\mathrm{ref}}}{\partial R_i}=1$

③R_{ref}的合成标准不确定度：

由于每个电阻都是用同一个标准校准的，所以 R_i 与 R_j 的相关系数 $r(R_i,R_j)$ 为 $+1$，则

$$u_c(R_{\mathrm{ref}})=\sqrt{\sum_{i=1}^{10}\left[\frac{\partial R_{\mathrm{ref}}}{\partial R_i}\right]^2u^2(R_i)+2\sum_{i=1}^{10-1}\sum_{j=i+1}^{10}\frac{\partial R_{\mathrm{ref}}}{\partial R_i}\frac{\partial R_{\mathrm{ref}}}{\partial R_j}r(R_i,R_j)u(R_i)u(R_j)}=\sum_{i=1}^{10}u(R_i)$$

$$u_c(R_{\mathrm{ref}})=\sum_{i=1}^{10}u(R_i)=\sum_{i=1}^{10}u(R_s)=10\times10\mathrm{m}\Omega=0.10\Omega$$

在此案例中，由于不确定度各分量间正强相关，合成标准不确定度是各不确定度分量的代数和。如果不考虑 10 个电阻器的校准值的相关性，而还用均方根法合成，得到合成标准不确定度为 0.032Ω，这是不正确的，明显会使评定的不确定度偏小。

（五）扩展不确定度的确定

1. 确定扩展不确定度的流程

确定扩展不确定度的流程图见图 2－2－13。

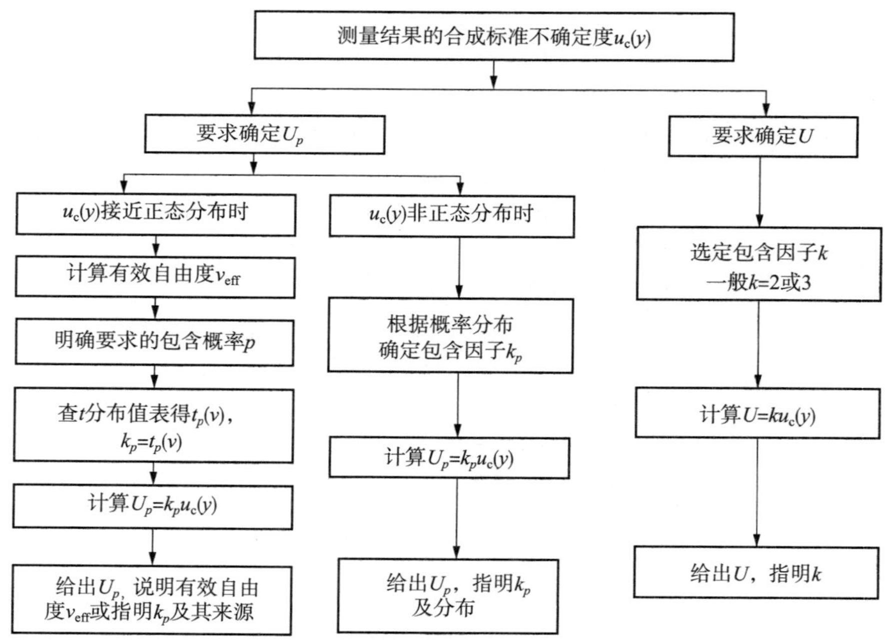

图 2－2－13　确定扩展不确定度流程图

2. 扩展不确定度 U 的评定方法

（1）扩展不确定度 U 由合成标准不确定度 u_c 乘包含因子 k 得到，按式（2－2－49）计算：

$$U=ku_c \tag{2-2-49}$$

测量结果可表示为：$Y=y\pm U$；y 是被测量 Y 的最佳估计值，被测量 Y 的可能值以较高的包含概率落在 $[y-U,\ y+U]$ 区间内，即 $y-U\leqslant Y\leqslant y+U$，扩展不确定度 U 是该包含区间的半宽度。

(2) 包含因子 k 的选取

包含因子 k 的值是根据 $U=ku_c$ 所确定的区间 $y\pm U$ 需具有的包含概率来选取。k 值一般取 2 或 3。当取其他值时，应说明其来源。

为了使所有给出的测量结果之间能够方便地相互比较，在大多数情况下取 $k=2$。当接近正态分布时，测得值落在由 U 所给出的统计包含区间内的概率为：

若 $k=2$，则由 $U=2u_c$ 所确定的区间具有的包含概率约为 95%。

若 $k=3$，则由 $U=3u_c$ 所确定的区间具有的包含概率约为 99%以上。

当给出扩展不确定度 U 时，应注明所取的 k 值。未注明包含因子 k 值时，则指 $k=2$。

3. 明确规定包含概率时扩展不确定度 U_p 的评定方法

当要求扩展不确定度所确定的区间具有接近于规定的包含概率 p 时，扩展不确定度用符号 U_p 表示，按式（2-2-50）计算：

$$U_p=k_pu_c \tag{2-2-50}$$

k_p 是包含概率为 p 时的包含因子。

(1) 接近 t 分布时 k_p 的确定

根据中心极限定理，当不确定度分量很多，且每个分量对不确定度的影响都不大时，其合成分布接近正态分布，此时若以算术平均值作为被测量的估计值 y，通常可假设概率分布为 t 分布，可以取 k_p 值为 t 值。即：

$$k_p=t_p(\nu_{\text{eff}}) \tag{2-2-51}$$

根据合成标准不确定度 $u_c(y)$ 的有效自由度 ν_{eff} 和需要的包含概率 p，查 t 分布值表得到的 $t_p(\nu_{\text{eff}})$ 值即包含概率为 p 的包含因子 k_p。

扩展不确定度 $U_p=k_pu_c(y)$ 提供了一个具有包含概率为 p 的区间 $y\pm U_p$。

获得 k_p 的计算步骤为：

①先求得被测量的估计值 y 及其合成标准不确定度 $u_c(y)$。

②按式（2-2-52）计算 $u_c(y)$ 的有效自由度 ν_{eff}：

$$\nu_{\text{eff}}=\frac{u_c^2(y)}{\sum_{i=1}^{N}\frac{c_i^4u_i^4(x_i)}{\nu_i}} \tag{2-2-52}$$

式中，c_i 为灵敏系数，$u(x_i)$ 为输入量 x_i 的标准不确定度，ν_i 为 $u(x_i)$ 的自由度。

当 $u(x_i)$ 为 A 类标准不确定度时是由 n 次观测得到的 $s(x)$ 或 $s(\overline{x})$，其自由度为 $\nu_i=n-1$；当 $u(x_i)$ 为 B 类标准不确定度时，用式（2-2-53）估计自由度 ν_i：

$$\nu_i\approx\frac{1}{2}\left[\frac{\Delta u(x_i)}{u(x_i)}\right]^{-2} \tag{2-2-53}$$

式中，$\Delta u(x_i)/u(x_i)$ 是标准不确定度 $u(x_i)$ 的相对不确定度，是所评定的 $u(x_i)$ 的不可靠程度。

例如，如果根据有关信息估计 $u(x_i)$ 的相对不确定度约为 25%，则自由度为：

$$\nu_i\approx\frac{1}{2}(0.25)^{-2}=8$$

在实际工作中，B类标准不确定度通常根据区间$(-a,a)$的信息来评定。若可假设被测得值落在区间外的概率极小，则可认为$u(x_i)$的评定是很可靠的，即$\Delta u(x_i)/u(x_i)\to 0$，此时，可假设$u(x_i)$的自由度$\nu_i\to\infty$。

③根据要求的包含概率p和计算得到的有效自由度ν_{eff}，查t分布的t值表得到$t_p(\nu_{\text{eff}})$值。

④取$k_p=t_p(\nu_{\text{eff}})$，并计算$U_p=k_p u_c$。

【案例 2-2-16】某测量结果的合成标准不确定度为0.01mm，其有效自由度为9；要求给出其扩展不确定度U_p，由该扩展不确定度所确定的区间具有包含概率为$p=95\%$。

【案例分析】根据确定U_p的步骤，计算如下：

①已知$u_c(y)=0.01\text{mm}$，$u_c(y)$的有效自由度$\nu_{\text{eff}}=9$；

②要求$p=95\%=0.95$，根据p和ν_{eff}，查t分布值表，得到$t(0.95,9)=2.26$；

③则$k_p=t(0.95,9)=2.26$；

④计算U_p，$U_p=k_p u_c=2.26\times0.01\text{mm}=0.023\text{mm}$；

⑤所以，该测量结果的扩展不确定度$U_{95}=0.023\text{mm}(\nu_{\text{eff}}=9)$或$(k_p=2.26)$。

(2) 当合成分布为非正态分布时k_p的选取

如果不确定度分量很少，且其中有一个分量起主要作用，合成分布就主要取决于此分量的分布，可能为非正态分布。

当要求确定U_p，而合成的概率分布为非正态分布时，应根据概率分布确定k_p值。

例如：若合成分布接近均匀分布，则对$p=0.95$的k_p为1.65，对$p=0.99$的k_p为1.71。若合成分布接近两点分布，$p=0.99$，取$k_p=1$；三角分布，$p=1.0$，取$k_p=6$；反正弦分布，$p=1.0$，取$k_p=2$。

实际上，当合成分布接近均匀分布时，为了便于测量结果间进行比较，有时约定仍取k为2。这种情况下给出扩展不确定度时，包含概率远大于0.95，所以此时应注明k的值，但不必注明p的值。

【案例 2-2-17】某法定计量检定机构要评定某被测量Y的估计值y的合成标准不确定度$u_c(y)$，测量Y的过程中使用了某标准器，其证书上给出的该标准器校准值x的扩展不确定度为$U=\pm10\text{mV}$，为评定x的标准不确定度$u(x)$，考虑到证书上并未给出$\pm10\text{mV}$的包含因子k是多少，为保险起见，取$k=3$，于是计算得到：

$$u(x)=\pm10\text{mV}/3=\pm3.3\text{mV}$$

问：这样做法对吗？

【案例分析】依据JJF 1059.1—2012《测量不确定度评定与表示》的规定，上述案例中有以下方面是不正确的：

①在该计量标准器的证书上所给出的不确定度$U=\pm10\text{mV}$的表达形式是不符合JJF 1059.1—2012的要求的。测量不确定度单独表示时，无论是合成标准不确定度还是扩展不确定度都只能是正值，这里取正负号是不对的。

②证书上给出的扩展不确定度没有注明包含因子k是多少，这是不符合要求的。正确的处理方法是：要求该计量标准的检定或校准的技术机构收回该证书，重新出具信息完整的证书。

③根据JJF 1059.1—2012的规定，未注明包含因子k值时，则指$k=2$。凭主观判

断 $k=3$ 是不对的。

正确的做法是：证书中给出 U 时，一般应注明其相应的 k 值。由此，使用证书时可以有足够的信息评定标准不确定度：$u(x)=U/k$。例如给出 $U=10\text{mV}(k=2)$，则 $u(x)=10\text{mV}/2=5\text{mV}$。如果给出的是 U_p，应同时给出 ν_{eff}或直接给出 k_p，当得到 p 和 ν_{eff}信息时，可查 t 分布值表，得到 $t_p(\nu_{\text{eff}})$，$k_p=t_p(\nu_{\text{eff}})$，则：$u(x)=U_p/k_p$。例如$U_{99}=10\text{mV}$ 即 $p=99\%(k_p=2.58)$，则 $u(x)=10\text{mV}/2.58=3.9\text{mV}$。

（六）表示不确定度的符号

常用的符号如下：

（1）标准不确定度的符号：u

（2）标准不确定度分量的符号：u_i

（3）相对标准不确定度的符号：u_{r} 或 u_{rel}

（4）合成标准不确定度的符号：u_{c}

（5）扩展不确定度的符号：U

（6）相对扩展不确定度的符号：U_{r} 或 U_{rel}

（7）明确规定包含概率为 p 时的扩展不确定度的符号：U_p

（8）包含因子的符号：k

（9）明确规定包含概率为 p 时的包含因子的符号：k_p

（10）包含概率的符号：p

（11）自由度的符号：ν

（12）合成标准不确定度的有效自由度的符号：ν_{eff}

（七）报告评定结果

根据概率分布传播的用途，对下述项目进行报告：

（1）输出量 Y 的估计值 y；

（2）y 的标准不确定度 $u(y)$；

（3）包含概率 p（如 95%）；

（4）Y 的概率为 p 的包含区间（如 95%包含区间）的端点；

（5）任何其他相关信息，如包含区间是概率对称包含区间还是最短包含区间。

在报告 Y 的 y，$u(y)$和概率为 p 的包含区间的端点时，都应采用十进制数字的形式，其有效数字的末位相对于小数点的位置应与 $u(y)$有效数字的末位相一致。$u(y)$通常取 1～2 位有效数字。$u(y)$的有效数字的首位为 1 或 2 时，一般应给出两位有效数字。

测量结果报告举例：如要求 $u(y)$ 的有效数字为两位，包含区间相对于 y 不对称，测量结果报告为 $y=1.024\text{V}$，$u(y)=0.028\text{V}$，最短 95%包含区间为［0.983V，1.088V］。又如要求 $u(y)$的有效数字为一位，则同样的结果报告为 $y=1.02\text{V}$，$u(y)=0.03\text{V}$，最短 95%包含区间为［0.98V，1.09V］。

第三节 测量结果的处理和报告

一、最终报告时测量不确定度的有效位数及数字修约规则

（一）测量不确定度的有效位数

1. 什么叫有效数字

我们用近似值表示一个量的数值时，通常规定“近似值修约误差限的绝对值不超过末位的单位量值的一半”，则该数值的从其第一个不是零的数字起到最末一位数的全部数字就称为有效数字。例如，3.1415 就意味着修约误差限为±0.00005；3×10^{-6} Hz 意味着修约误差限为$\pm0.5\times10^{-6}$ Hz。

值得注意的是，数字左边的 0 不是有效数字，数字中间和右边的 0 是有效数字。如 3.8600 为五位有效数字，0.0038 是二位有效数字，1002 为四位有效数字。

对某一个数字，根据保留数位的要求，将多余位数的数字按照一定规则进行取舍，这一过程称为数据修约。准确表达测量结果及其测量不确定度必须对有关数据进行修约。

2. 测量不确定度的有效数字位数

在报告测量结果时，不确定度 U 或 $u_c(y)$ 都只能是 1～2 位有效数字。也就是说，报告的测量不确定度最多为 2 位有效数字。

例如国际上 2005 年公布的相对原子质量，给出的测量不确定度只有一位有效数字；2006 年公布的物理常量，给出的测量不确定度均是二位有效数字。

在不确定度计算过程中可以适当多保留几位数字，以避免中间运算过程的修约误差影响到最后报告的不确定度。

最终报告时，测量不确定度有效位数究竟取一位还是两位？这主要取决于修约误差限的绝对值占测量不确定度的比例大小。经修约后近似值的误差限称修约误差限，有时简称修约误差。

例如：$U=0.1$mm，则修约误差限为±0.05mm，修约误差限的绝对值占不确定度的比例为 50%；而取二位有效数字 $U=0.13$mm，则修约误差限为±0.005mm，修约误差的绝对值占不确定度的比例为 3.8%。

所以，当第 1 位有效数字是 1 或 2 时，应保留 2 位有效数字。除此之外，对测量要求不高的情况可以保留 1 位有效数字。测量要求较高时，一般取二位有效数字。

（二）数字修约规则

1. 通用的数字修约规则

通用的修约规则为：以保留数字的末位为单位，末位后的数字大于 0.5 者，末位进一；末位后的数字小于 0.5 者，末位不变（即舍弃末位后的数字）；末位后的数字恰为 0.5 者，使末位为偶数（即当末位为奇数时，末位进一；当末位为偶数时，末位不变）。

可以简捷地记成："四舍六入，逢五取偶"。

报告测量不确定度时按通用规则数字修约举例：

u_c=0.568mV，应写成 u_c=0.57mV 或 u_c=0.6mV；

u_c=0.561mV，应写成 u_c=0.56mV；

U=10.5nm，应写成 U=10nm；

U=10.5001nm，应写成 U=11nm；

$U=11.5\times10^{-5}$取二位有效数字，应写成 $U=12\times10^{-5}$；

取一位有效数字，应写成 $U=1\times10^{-4}$；

U=1235687μA，取一位有效数字，应写成 $U=1\times10^{6}$μA=1A。

修约的注意事项：不可连续修约，例如：要将 7.691499 修约到四位有效数字，应一次修约为 7.691。若采取 7.691499→7.6915→7.692 是不对的。

2. 保险的修约规则

为了保险起见，也可将不确定度的末位后的数字全都进位而不是舍去。

例如：u_c=10.27mΩ，报告时取二位有效数字，为保险起见可取 u_c=11mΩ。

【案例 2-2-18】某计量检定员经测量得到被测量估计值为 y=5012.53mV，U=1.32mV，在报告时，她取不确定度为一位有效数字 U=2mV，测量结果为 $y\pm U$=5013mV±2mV；核验员检查结果认为她把不确定度写错了，核验员认为不确定度取一位有效数字应该是 U=1mV。

【案例分析】依据 JJF 1059.1 规定：为了保险起见，可将不确定度的末位后的数字全都进位而不是舍去。该计量检定员采取保险的原则，给出测量不确定度和相应的测量结果是允许的，应该说她的处理是正确的。而核验员采用通用的数据修约规则处理测量不确定度的有效数字也没有错。这种情况下应该尊重该检定员的意见。

二、报告测量结果的最佳估计值的有效位数的确定

测量结果（即被测量的最佳估计值）的末位一般应修约到与其测量不确定度的末位对齐。即同样单位情况下，如果有小数点，则小数点后的位数一样；如果是整数，则末位一致。

例如：

①y=6.3250g，u_c=0.25g，则被测量估计值应写成 y=6.32g；

②y=1039.56mV，U=10mV，则被测量估计值应写成 y=1040mV；

③y=1.50005ms，U=10015ns，首先将 y 和 U 变换成相同的计量单位 μs，然后对不确定度修约：对 U=10.015μs 修约，取二位有效数字为 U=10μs，然后对被测量的估计值修约：对 y=1.50005ms=1500.05μs 修约，使其末位与 U 的末位相对齐，得最佳估计值 y=1500μs，则测量结果为 $y\pm U$=1500μs±10μs。

【案例 2-2-19】某计量检定员在对检定数据处理中，从计算器上读得的测得值为 1235687μA，他觉得这个数据位数显得很多，所以证书上报告时将它简化写成 $y=1\times10^{6}$μA=1A。

【案例分析】依据 JJF 1059.1 规定最终报告的测量结果最佳估计值的末位应与其不确定度的末位对齐，而不确定度的有效位数一般应为一位或二位。计量检定员处理数

据时应该计算每个测量结果的扩展不确定度，并根据不确定度的位数确定测量结果最佳估计值的有效位数。案例中的做法是不正确的。例如上例中，如果$U=1\mu A$，则测得值$y=1235687\mu A$，其末位与扩展不确定度的末位已经一致，不需要修约，不能写成1A。

三、测量结果的表示和报告

（一）完整的测量结果的报告内容

（1）完整的测量结果应包含①被测量的最佳估计值，通常是多次测量的算术平均值或由函数式计算得到的输出量的估计值；以及②测量不确定度，说明该被测量值的分散性或所在的具有一定概率的统计包含区间。

例如：测量结果表示为：$Y=y\pm U$（$k=2$）。其中Y是被测量，y是被测量的最佳估计值，U是测量的扩展不确定度，k是包含因子，$k=2$说明被测量的值在$y\pm U$区间内的概率为95%左右。

（2）在报告测量结果的测量不确定度时，应对测量不确定度有充分详细的说明，以便可以正确利用该测量结果。不确定度的优点是具有可传播性，就是如果第二次测量中使用了第一次测量的测量结果，那么，第一次测量的不确定度可以作为第二次测量的一个不确定度分量。因此给出不确定度时，要求具有充分的信息，以便下一次测量能够评定出其标准不确定度分量。

（二）用合成标准不确定度报告测量结果

1. 在以下情况报告测量结果时使用合成标准不确定度

（1）基础计量学研究；

（2）基本物理常量测量；

（3）复现国际单位制单位的国际比对。

合成标准不确定度可以表示测量结果的分散性大小，便于测量结果间的比较，例如铯原子频率基准、约瑟夫森电压基准等基准所复现的量值，属于基础计量学研究的结果，它们的测量不确定度可以使用合成标准不确定度表示。

2. 带有合成标准不确定度的测量结果报告的表示

（1）要给出被测量Y的估计值y及其合成标准不确定度$u_c(y)$，必要时还应给出其有效自由度ν_{eff}；需要时，可给出相对合成标准不确定度$u_{crel}(y)$。

（2）测量结果及其合成标准不确定度的报告形式：

例如，标准砝码的质量为m_s，测量结果为100.02147g，合成标准不确定度$u_c(m_s)$为0.35mg，则报告形式有：

①$m_s=100.02147$g；u_c(ms)=0.35mg。

②$m_s=100.02147(35)$g；括号内的数是合成标准不确定度，其末位与前面结果的末位数对齐。这种形式主要在公布常数或常量时使用。

③$m_s=100.02147(0.00035)$g；括号内的数是合成标准不确定度，与前面结果有相同计量单位。

（三）用扩展不确定度报告测量结果

1. 什么时候使用扩展不确定度

除上述规定或有关各方约定采用合成标准不确定度外，通常测量结果的不确定度都用扩展不确定度表示。尤其工业、商业及涉及健康和安全方面的测量时，都是报告扩展不确定度。因为扩展不确定度可以表明测量结果所在的一个区间，以及用概率表示在此区间内的可信程度，它比较符合人们的习惯用法。

2. 带有扩展不确定度的测量结果报告的表示

（1）要给出被测量 Y 的估计值 y 及其扩展不确定度 $U(y)$ 或 $U_p(y)$

对于 U 要给出包含因子 k 值。

对于 U_p 要在下标中给出包含概率 p 值。例如：$p=0.95$ 时的扩展不确定度可以表示为 U_{95}。必要时还要说明有效自由度 ν_{eff}，即给出获得扩展不确定度的合成标准不确定度的有效自由度，以便由 p 和 ν_{eff} 查表得到 t 值，即 k_p 值；另一些情况下可以直接说明 k_p 值。

需要时可给出相对扩展不确定度 $U_{rel}(y)$。

（2）测量结果及其扩展不确定度的报告形式

扩展不确定度的报告有 U 或 U_p 两种。

①$U=ku_c(y)$ 的报告

例如：标准砝码的质量为 m_s，测量结果为 100.02147g，合成标准不确定度 $u_c(m_s)$ 为 0.35mg，取包含因子 $k=2$，则 $U=ku_c(y)=2\times0.35\text{mg}=0.70\text{mg}$ 一般，U 可用以下两种形式之一报告：

a. $m_s=100.02147\text{g}$；$U=0.70\text{mg}$，$k=2$。

b. $m_s=(100.02147\pm0.00070)\text{g}$；$k=2$。

②$U_p=k_pu_c(y)$ 的报告

例如：标准砝码的质量为 m_s，测量结果为 100.02147g，合成标准不确定度 $u_c(m_s)$ 为 0.35mg，$\nu_{eff}=9$，按 $p=95\%$，查 t 分布值表得 $k_p=t_{95}(9)=2.26$，则 $U_{95}=2.26\times0.35\text{mg}=0.79\text{mg}$ 则 U_p 可用以下四种形式之一报告：

a. $m_s=100.02147\text{g}$；$U_{95}=0.79\text{mg}$，$\nu_{eff}=9$。

b. $m_s=(100.02147\pm0.00079)\text{g}$，$\nu_{eff}=9$，括号内第二项为 U_{95} 的值。

c. $m_s=100.02147(79)\text{g}$，$\nu_{eff}=9$，括号内为 U_{95} 的值，其末位与前面结果末位数对齐。

d. $m_s=100.02147(0.00079)\text{g}$，$\nu_{eff}=9$，括号内为 U_{95} 的值，与前面结果有相同的计量单位。

另外，给出扩展不确定度 U_p 时，为了明确起见，推荐以下说明方式，例如：

$$m_s=(100.02147\pm0.00079)\text{g}，\nu_{eff}=9$$

式中，正负号后的值为扩展不确定度 $U_{95}=k_{95}u_c$，而合成标准不确定度 $u_c(m_s)=0.35\text{mg}$，自由度 $\nu_{eff}=9$，包含因子 $k_{95}=t_{95}(9)=2.26$，从而具有约为 95% 概率的包含区间。

【案例 2-2-20】 元素钾、氧、氢的相对原子质量(Ar)表示为：Ar(K)＝39.0983(1)，

Ar(O)＝15.9943(3)，Ar(H)＝1.00794(7)，这样的表示方法正确吗?

【案例分析】这种表示方法是可以的，但缺少了必要的说明，因此不完全正确。国际上1993年公布的元素相对原子质量（Ar）表中，就采用了这种表示方法，并说明"括号中的数是元素相对原子质量的标准不确定度，其数字与相对原子质量的末位一致。"也就是说，Ar(K)＝39.0983（1）表明：Ar(K)＝39.0983，$u(Ar(K))=0.0001$。如果没有说明，就可能会误认为是扩展不确定度，会在使用时造成很大的影响。

（3）相对扩展不确定度的表示

①相对扩展不确定度

$$U_{rel}=U/y$$

②相对不确定度的报告形式举例

a. $m_s=100.02147g$；$U_{rel}=0.70\times10^{-6}$，$k=2$。

b. $m_s=100.02147g$；$U_{95rel}=0.79\times10^{-6}$，$\nu_{eff}=9$。

c. $m_s=100.02147(1\pm0.79\times10^{-6})$ g；$p=95\%$，$\nu_{eff}=9$，括号内第二项为相对扩展不确定度U_{95rel}。

（4）其他注意事项

①测量不确定度表述和评定时应采用规定的符号。

②不确定度单独表示时，不要加"±"号。

例如：$u_c=0.1mm$或$U=0.2mm$，不应写成$u_c=\pm0.1mm$或$U=\pm0.2mm$。

③在给出合成标准不确定度时，不必说明包含因子k或包含概率p。

注：如写成$u_c=0.1mm$（$k=1$）是不对的，括号内关于k的说明是不需要的，因为合成标准不确定度u_c是标准偏差，它是一个表明分散性的参数。

④扩展不确定度U取$k=2$或$k=3$时，不必说明p。

⑤当用蒙特卡洛法评定测量不确定度时，测量结果表示为最佳估计值y、标准不确定度u和设定包含概率的包含区间［y_{low}，y_{high}］。报告中不要用u_c或U表示。

第三章

统计过程控制

第一节　统计过程控制概述

一、统计过程控制的基本概念

统计过程控制（Statistical Process Control，简称SPC）是指为实现产品生产过程质量而进行的有组织、有系统的过程管理活动。其目的在于为生产合格产品创造有利的生产条件和环境，从根本上预防和减少不合格品的产生。

测量是一个过程，是一个特殊的生产过程。测量过程输出的产品是测量结果，即关于某量大小的信息。为保证测量结果的准确可靠，并满足预期的要求，必须对测量过程质量进行有组织、有系统的过程管理活动。因此，应用于生产过程管理的统计过程控制的理论和方法同样适用于测量过程管理。

统计过程控制的主要内容包括：

1. 对过程进行分析并建立控制标准

分析影响过程质量的因素确定主要因素，并分析主要因素的影响方式、途径和程度，据此明确主要因素的最佳水平，实现过程标准化；确定产品关键的质量特性和影响产品质量的关键过程，建立管理点，编制全面的控制计划和控制文件。

2. 对过程进行监控和评价

根据过程的不同工艺特点和质量的影响因素，选择适宜的方法对过程进行监控，如采用首件检验、巡回检验和检查及记录工艺参数等方式对过程进行监控；利用质量信息对过程进行预警和评价，如利用控制图对过程波动进行分析、对过程变异进行预警，利用过程性能指数和过程能力指数对过程满足技术要求的程度和过程质量进行评定。

3. 对过程进行维护和改进

过程控制通过对过程的管理和分析评价，消除过程存在的异常因素，维护过程的稳定性，对过程进行规范化和标准化，并在此基础上，逐渐地减小过程固有的变异，实现过程质量的不断突破。

二、统计过程控制的产生

20 世纪 20 年代美国贝尔电话实验室成立了两个研究质量的课题组，一为过程控制组，学术领导人为休哈特；另一为产品控制组，学术领导人为道奇（Harold F. Dodge）。其后，休哈特提出了过程控制理论以及控制过程的具体工具——控制图。道奇与罗米格（H. G. Romig）提出了抽样检验理论和抽样检验表。1931 年休哈特出版了他的代表作——《加工产品质量的经济控制》（*Economical Control of Quality of Manufactured Products*），标志着统计过程控制时代的开始。

统计过程控制是应用统计技术对过程中的各个阶段进行评估和监控，建立并保持过程处于可接受的并且稳定的水平，从而保证产品与服务符合规定的要求的一种质量管理技术。它是过程控制的一部分，从内容上来说主要有两个方面：一是利用控制图分析过程的稳定性，对过程存在的异常因素进行预警；二是计算过程能力指数分析稳定的过程能力满足技术要求的程度，对过程质量进行评价。

近年来，随着科学技术的迅猛发展，无论是产品质量还是控制技术都有了很大突破，从产品质量上来说，产品的不合格率迅速降低，如电子产品的不合格品率由过去的百分之一、千分之一降低到百万分之一（10^{-6}），乃至十亿分之一（10^{-9}）。

在控制技术上，生产控制方式由过去的 3σ 控制方式演进为 6σ 控制方式。对于 3σ 控制方式，过程均值无偏移情况下的不合格品率为 2.7×10^{-3}，过程均值偏 1.5σ 情况下的不合格品率为 66.807×10^{-6}。而对于 6σ 控制方式，其过程均值无偏移情况下的不合格品率为 $0.002\times10^{-6}=2\times10^{-9}$，过程均值偏移 1.5σ 情况下的不合格品率为 3.4×10^{-6}。由此可看到，在均值无偏移条件下，6σ 控制方式的不合格品率仅为 3σ 控制方式的 1.35×10^{6} 分之一（如图 2－3－1 所示）；而在均值偏移 1.5σ 条件下，前者的不合格品率也仅为后者的 $\frac{1}{20000}$。

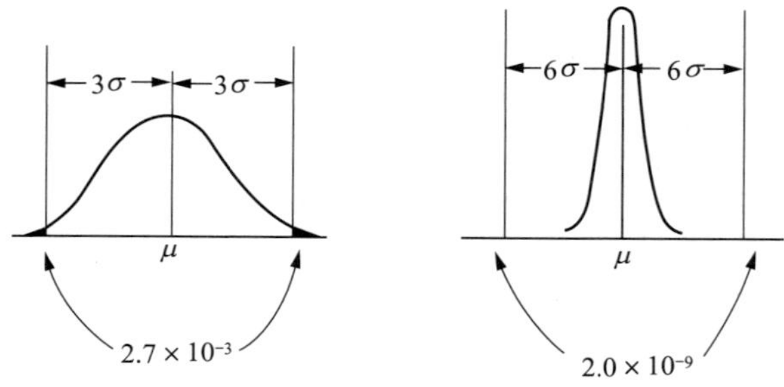

图 2－3－1　3σ 控制方式与 6σ 控制方式的比较

三、统计过程控制的特点

许多质量管理技术是对已出产的产品（包括半成品）进行分析、检验或评估，以找出提高产品质量的途径和方法，这是一种“事后”的补救性的方法。统计过程控制则与这种方法不同，它是在生产过程中的各个阶段（工序）对产品质量进行实时的监控与评估，因而是一种预防性方法。贯彻预防性原则是现代质量管理的一个特点。此外作为全面质量管理的一种重要技术，统计过程控制也强调全员参加与团队精神，而不是只依靠少数质量管理人员。最后统计过程控制并不是简单地解决对特定工序用什么样控制图的问题，它强调整个过程，重点就在于“P（Process）”，即过程。

四、统计过程诊断

统计过程控制可以判断过程的异常，及时告警。但早期的 SPC 不能告知其异常是什么因素引起的，发生于何处，即不能进行诊断。而在现场迫切需要解决诊断问题，否则即使要想纠正异常也无从下手。故实际与理论都迫切需要将 SPC 加以发展，现代 SPC 已包含了这部分内容，称为统计过程诊断（Statistical Process Diagnosis，简称 SPD）。

统计过程不但具有早期统计过程控制告警进行控制的功能，而且具有诊断功能，故其是现代统计过程控制理论的发展和重要组成部分。统计过程就是利用统计技术对过程中的各个阶段进行监控与诊断，从而达到缩短诊断异常的时间、迅速采取纠正措施、减少损失、降低成本、保证产品质量的目的。统计过程是在 20 世纪 80 年代发展起来的。

第二节 控制图原理

一、控制图的结构

控制图（Control Chart）是对过程质量特性值进行测定、记录、评估，从而监察过程是否处于控制状态的一种用统计方法设计的图。图上有中心线（CL，Central Line）、上控制限（UCL，Upper Control Limit）和下控制限（LCL，Lower Control Limit），并有按时间顺序抽取的样本统计量数值的描点序列，参见图 2-3-2。UCL 与 LCL 统称为控制线（Control Lines）。若控制图中的描点落在 UCL 与 LCL 之外或描点在 UCL 与 LCL 之间的排列不随机，则表明过程异常。世界上第一张控制图是休哈特在 1924 年 5 月 16 日提出的不合格品率 p 控制图。控制图有一个很大的优点，即在图中将所描绘的点子与控制界限相比较，从而能够直观地看到产品或服务的质量的变化。

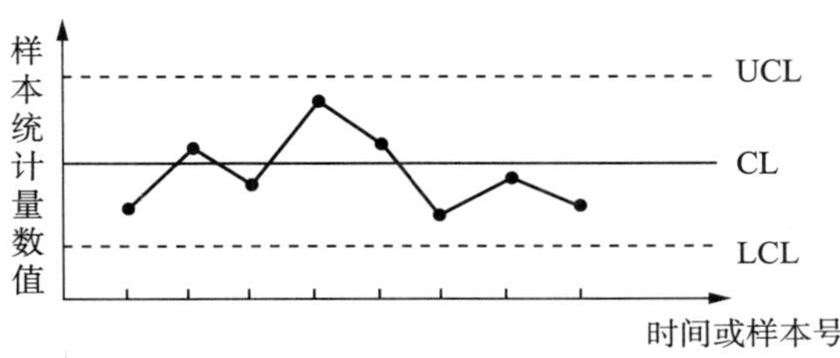

图 2-3-2 控制图示例

二、控制图的重要性

控制图的重要性体现在下列方面：

（1）它是贯彻预防原则的统计过程控制的重要工具；控制图可用于直接控制与诊断过程，是质量管理七个工具的重要组成部分。

（2）日本名古屋工业大学调查了 200 家日本中小型企业（但应答的只有 115 家），结果发现平均每家工厂采用 137 张控制图。这个数字对于推行 SPC 有一定的参考意义。

（3）有些大型企业应用控制图的张数是很多的，例如美国柯达彩色胶卷公司（Eastman Kodak）有 5000 职工，一共应用了 35000 张控制图，平均每个职工 7 张，为什么要应用这么多张控制图呢？因为彩色胶卷的工艺很复杂，在胶卷的片基上需要分别涂上 8 层厚度为 1μm 至 2μm 的药膜；此外，对于种类繁多的化工原料也要应用 SPC 进行控制。我们并不单纯追求控制图张数的多少，但工厂中使用控制图的张数在某种意义上反映了管理现代化的程度。

三、控制图原理

1. 控制图的形成

将通常的正态分布图转个方向，使自变量增加的方向垂直向上，将 μ、$\mu+3\sigma$ 和 $\mu-3\sigma$分别标为 CL、UCL 和 LCL，这样就得到了一张控制图。图 2－3－3 是一张单值（X）控制图，图中的 UCL 为上控制限，CL 为中心线，LCL 为下控制限。

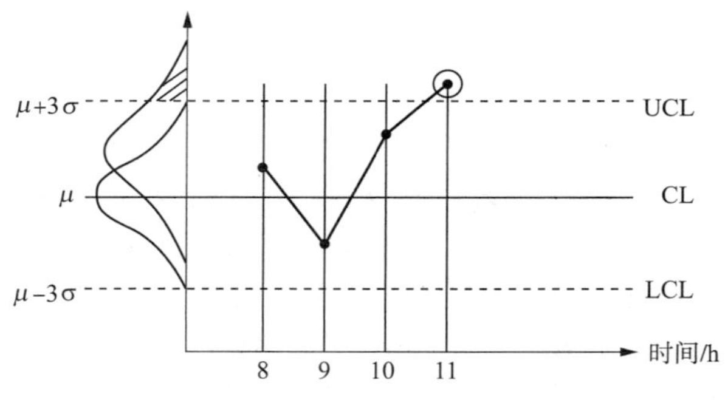

图 2－3－3 X 控制图

2. 控制图原理的第一种解释

为了控制加工螺丝的质量，每隔 1h 随机抽取一个车好的螺丝，测量其直径，将结果描点在图 2－3－3 中，并用直线段将点子连接，以便观察点子的变化趋势。由图 2－3－3 可看出，前 3 个点子都在控制界限内，但第四个点子却超出了 UCL，为了醒目，把它用小圆圈圈起来，表示第四个螺丝的直径过分粗了，应引起注意。现在对出现这第四个点子应作什么判断呢？摆在我们面前的有两种可能性：

（1）若过程正常，即分布不变，则出现这种点子超过 UCL 情况的概率只有 1% 左右。

（2）若过程异常，譬如设异常原因为车刀磨损，则随着车刀的磨损，加工的螺丝将逐渐变粗，μ 逐渐增大，于是分布曲线上移，发生这种情况的可能性很大，其概率可能为1%的几十倍。

现在第四个点子已经超出UCL，问在上述两种情形中，应该判断是哪种情形造成的？由于情形（2）发生的可能性要比情形1大几十乃至几百倍，故合乎逻辑地认为上述异常是由情形（2）造成的。于是得出结论：点出界就判异！

用数字语言来说，这就是小概率事件原理：小概率事件在一次试验中几乎不可能发生，若发生即判断异常。控制图是假设检验的一种图上作业，在控制图上每描一个点就是作一次假设检验。

3. 控制图原理的第二种解释

现在换个角度来研究一下控制图原理。根据来源的不同，影响质量的原因（因素）可归结为5M1E（人员、设备、原材料、工艺方法、测量和环境）。但从对产品质量的影响大小来分，又可分为偶然因素（简称偶因）与异常因素（简称异因，在国际标准和我国国家标准中称为可查明原因）两类。偶因是过程固有的，始终存在，对质量的影响微小，但难以除去，例如机床开动时的轻微振动等。异因则非过程固有，有时存在，有时不存在，对质量影响大，但不难除去，例如测量设备超差等。

偶因引起质量的偶然波动，异因引起质量的异常波动。偶然波动是不可避免的，但对质量的影响一般不大。异常波动对质量的影响大，且可以通过采取恰当的措施加以消除，故在过程中异常波动及造成异常波动的异因是我们注意的对象。一旦发生异常波动，就应该尽快找出原因，采取措施加以消除。将质量波动区分为偶然波动与异常波动两类并分别采取不同的对待策略，这是休哈特的贡献。偶然波动与异常波动都是产品质量的波动，如何能发现异常波动的存在呢？我们可以这样设想：假定在过程中，异常波动已经消除，只剩下偶然波动，这当然是正常波动。根据这正常波动，应用统计学原理设计出控制图相应的控制界限，当异常波动发生时，点子就会落在界外。因此点子频频出界就表明存在异常波动。控制图上的控制界限就是区分偶然波动与异常波动的科学界限。根据上述，可以说休哈特控制图即常规控制图的实质是区分偶然因素与异常因素两类因素。

四、控制图在贯彻预防原则中的作用

按下述情形分别讨论：

情形1：应用控制图对生产过程进行监控，如出现图2-3-4的点子上升趋势，显然过程有问题，故异因刚一露头，即可发现，于是可及时采取措施加以消除，这当然是预防。但在现场出现这种情形是不多的。

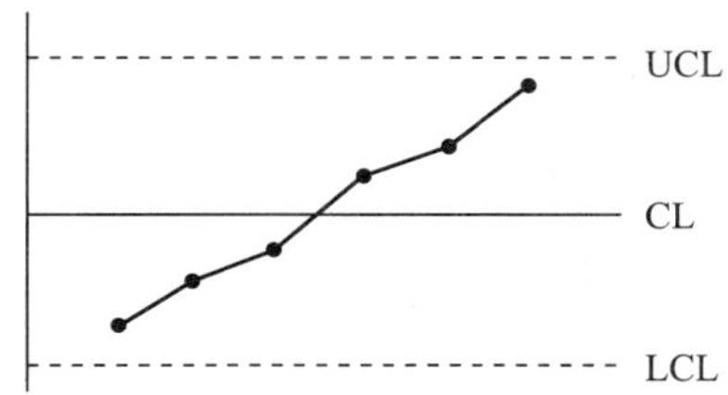

图2-3-4　控制图点子形成趋势

情形2：更经常的是控制图上点子突然出界，显示异常。这时必须查出异因，采取措施，加以消除。

控制图的作用是及时告警。只在控制图上描点，是不可能起到预防作用的。必须强调要求现场第一线的工程技术人员来推行 SPC，把它作为日常工作的一部分，而质量管理人员则应该起到组织、协调、监督、鉴定与当好领导参谋的作用。

五、统计控制状态

所有的技术控制都有一个标准作为基准，若过程不处于此基准的状态，则必须立即采取措施，将其恢复到此基准。统计过程控制也是一种控制（统计控制），当然它也要采取一种标准（统计标准）作为其基准，这就是：统计控制状态，或称稳态。

统计控制状态，简称控制状态，是指过程中只有偶因而无异因产生的变异的状态。

控制状态是测量过程追求的目标，因为在控制状态下，有下列几大好处：

（1）对测量结果的质量有完全的把握（通常，控制图的控制界限都在规范限之内，故至少有 99.73%的测量结果是合格的）。

（2）测量过程也是最经济的（偶因和异因都可以造成不合格，但由偶因造成的不合格品极少，在 3σ 控制原则下只有 0.27%，主要是由异因造成的。故在控制状态下生产测量的不合格最少，测量最经济）。

（3）在控制状态下，过程的变异最小。

六、两类错误

1. 第一类错误：虚发警报（false alarm）

过程正常，由于点子偶然超出界外而判异，于是就犯了第一类错误。通常犯第一类错误的概率记为 α。第一类错误将造成寻找根本不存在的异因的损失。

2. 第二类错误：漏发警报（alarm missing）

过程异常，但仍会有部分产品，其质量特性值的数值大小仍位于控制界限内。如果抽取到这样的产品，点子仍会在界内，从而犯了第二类错误，即漏发警报。通常犯第二类错误的概率记以 β。第二类错误将造成不合格品增加的损失。

3. 如何减少两类错误所造成的损失

常规控制图共有三根线，一般正态分布控制图的中心限 CL 居中固定，而上、下控制限 UCL、LCL 与 CL 平行，故只能调整 UCL 与 LCL 二者之间的间隔距离。若此间隔距离增加，则 α 减小，β 增大；反之则 α 增大，β 减小。故无论如何调整上下控制限的间隔，两种错误都是不可避免的。

解决办法是：根据使两种错误造成的总损失最小的原则来确定 UCL 与 LCL 二者之间的最优间隔距离。经验证明休哈特所提出的 3σ 方式较好，在不少情况下，3σ 方式都接近最优间隔距离。

七、3σ 原则

3σ 原则即是控制图中的 CL，UCL 及 LCL 由下式确定：

$$\begin{aligned} UCL &= \mu + 3\sigma \\ CL &= \mu \\ LCL &= \mu - 3\sigma \end{aligned} \qquad (2-3-1)$$

式中，μ、σ 为统计量的总体参数。

注意，总体参数与样本统计量不能混为一谈。总体包括过去已制成的产品、现在正在制造的产品以及未来将要制造的产品的全体，而样本只是从已制成产品中抽取的一小部分。故总体参数是不可能精确知道的。只能通过以往已知的数据来加以估计，而样本统计量的数值则是已知的。

还必须注意，规范限不能用作控制限。规范限用以区分合格与不合格，控制限则用以区分偶然波动与异常波动，二者不能混淆。

八、常规控制图的分类

常规控制图参见表 2－3－1（根据国标 GB/T 4091—2001）。

表 2－3－1　常规控制图

分　　布	控制图代号	控制图名称
正态分布（计量值）	$\overline{X}-R$	均值-极差控制图
	$\overline{X}-s$	均值-标准差控制图
	$Me-R$	中位数-极差控制图
	$X-R_S$	单值-移动极差控制图
二项分布（计件值）	p	不合格品率控制图
	np	不合格品数控制图
泊松分布（计点值）	u	单位不合格数控制图
	c	不合格数控制图

常规控制图的作法及其应用详见本章第三节，以正态分布为前提的计量值控制图系数记号及数值见表 2－3－2。在有关控制图的标准中，为描绘控制图而抽取的样本通常称为子组，因此表 2－3－2 中的子组大小即为样本量。

九、分析用控制图与控制用控制图

1. 分析用控制图与控制用控制图的含义

一道工序开始应用控制图时，几乎总不会恰巧处于稳态，也即总存在异因。如果就以这种非稳态状态下的参数来建立控制图，控制图界限之间的间隔一定较宽，以这样的控制图来控制未来，将会导致错误的结论。因此，一开始，总需要将非稳态的过程调整到稳态，这就是分析用控制图的阶段。等到过程调整到稳态后，才能延长控制图的控制线作为控制用控制图，这就是控制用控制图的阶段。故根据使用目的的不同，控制图可分为分析用控制图与控制用控制图两类。

2. 分析用控制图

分析用控制图主要分析以下两个方面：

（1）所分析的过程是否处于统计控制状态？

（2）该过程的过程能力指数 C_p 是否满足要求？维尔达（S. L. Wierda）把过程能力指数满足要求的状态称作技术稳态。

表 2-3-2　计量控制图系数表

子组大小 n	均值控制图			标准差控制图						极差控制图							中位数控制图	
	控制限系数			中心线系数		控制限系数				中心线系数			控制限系数				控制限系数	
	A	A_2	A_3	C_4	$1/C_4$	B_3	B_4	B_5	B_6	d_2	$1/d_2$	d_3	D_1	D_2	D_3	D_4	m_3	m_3A_2
2	2.121	1.880	2.659	0.7979	1.2533	0	3.267	0	2.606	1.128	0.8865	0.853	0	3.686	0	3.267	1.000	1.880
3	1.732	1.023	1.954	0.8862	1.1284	0	2.568	0	2.276	1.693	0.5907	0.888	0	4.358	0	2.574	1.160	1.187
4	1.500	0.729	1.628	0.9213	1.0854	0	2.266	0	2.088	2.059	0.4857	0.880	0	4.698	0	2.282	1.092	0.796
5	1.342	0.577	1.427	0.9400	1.0638	0	2.089	0	1.964	2.326	0.4299	0.864	0	4.918	0	2.114	1.198	0.691
6	1.225	0.483	1.287	0.9515	1.0510	0.030	1.970	0.029	1.874	2.534	0.3946	0.848	0	5.078	0	2.004	1.135	0.549
7	1.134	0.419	1.182	0.9594	1.0423	0.118	1.882	0.113	1.806	2.704	0.3698	0.833	0.204	5.204	0.076	1.924	1.214	0.509
8	1.061	0.373	1.099	0.9650	1.0363	0.185	1.815	0.179	1.751	2.847	0.3512	0.820	0.388	5.306	0.136	1.864	1.160	0.432
9	1.000	0.337	1.032	0.9693	1.0317	0.239	1.761	0.232	1.707	2.970	0.3367	0.808	0.547	5.393	0.184	1.816	1.223	0.412
10	0.949	0.308	0.975	0.9727	1.0281	0.284	1.716	0.276	1.669	3.078	0.3249	0.797	0.687	5.469	0.223	1.777	1.176	0.363
11	0.905	0.285	0.927	0.9754	1.0252	0.321	1.679	0.313	1.637	3.173	0.3152	0.787	0.811	5.535	0.256	1.744		
12	0.866	0.266	0.886	0.9776	1.0229	0.354	1.646	0.346	1.610	3.258	0.3069	0.778	0.922	5.594	0.283	1.717		
13	0.832	0.249	0.850	0.9794	1.0210	0.382	1.618	0.374	1.585	3.336	0.2998	0.770	1.025	5.647	0.307	1.693		
14	0.802	0.235	0.817	0.9810	1.0194	0.406	1.594	0.399	1.563	3.407	0.2935	0.763	1.118	5.696	0.328	1.672		
15	0.775	0.223	0.789	0.9823	1.0180	0.428	1.572	0.421	1.544	3.472	0.2880	0.756	1.203	5.741	0.347	1.653		
16	0.750	0.212	0.763	0.9835	1.0168	0.448	1.552	0.440	1.526	3.532	0.2831	0.750	1.282	5.782	0.363	1.637		
17	0.728	0.203	0.739	0.9845	1.0157	0.466	1.534	0.458	1.511	3.588	0.2787	0.744	1.356	5.820	0.378	1.622		
18	0.707	0.194	0.718	0.9854	1.0148	0.482	1.518	0.475	1.496	3.640	0.2747	0.739	1.424	5.856	0.391	1.608		
19	0.688	0.187	0.698	0.9862	1.0140	0.497	1.503	0.490	1.483	3.689	0.2711	0.734	1.487	5.891	0.403	1.597		
20	0.671	0.180	0.680	0.9869	1.0133	0.510	1.490	0.504	1.470	3.735	0.2677	0.729	1.549	5.921	0.415	1.585		
21	0.655	0.173	0.663	0.9876	1.0126	0.523	1.477	0.516	1.459	3.778	0.2647	0.724	1.605	5.951	0.425	1.575		
22	0.640	0.167	0.647	0.9882	1.0119	0.534	1.466	0.528	1.448	3.819	0.2618	0.720	1.659	5.979	0.434	1.566		
23	0.626	0.162	0.633	0.9887	1.0114	0.545	1.455	0.539	1.438	3.858	0.2592	0.716	1.710	6.006	0.443	1.557		
24	0.612	0.157	0.619	0.9892	1.0109	0.555	1.445	0.549	1.429	3.895	0.2567	0.712	1.759	6.031	0.451	1.548		
25	0.600	0.153	0.606	0.9896	1.0105	0.565	1.435	0.559	1.420	3.931	0.2544	0.708	1.806	6.056	0.459	1.541		

当 $n>25$，$A=\frac{3}{\sqrt{n}}$，$A_3=\frac{3}{C_4\sqrt{n}}$，$C_4=\frac{4(n-1)}{4n-3}$，$B_3=1-\frac{3}{C_4\sqrt{2(n-1)}}$，$B_4=1+\frac{3}{C_4\sqrt{2(n-1)}}$，$B_5=C_4-3\sqrt{1-C_4^2}$，$B_6=C_4+3\sqrt{1-C_4^2}$

由于 C_p 值必须在稳态下计算（C_p 的定义及具体计算方法见第五节）：故需先将过程调整到统计稳态，然后再调整到技术控制状态。

根据状态是否达到统计控制状态与技术控制状态，可以将它们分为如表 2－3－3 所示的四种情况：

（1）状态Ⅰ：统计控制状态与技术控制状态同时达到，是最理想的状态。

（2）状态Ⅱ：统计控制状态未达到，技术控制状态达到。

（3）状态Ⅲ：统计控制状态达到，技术控制状态未达到。

（4）状态Ⅳ：统计控制状态与技术控制状态均未达到，是最不理想的状态。

表 2－3－3 状态分类

技术控制状态		统计控制状态	
		是	否
技术稳态	是	Ⅰ	Ⅱ
	否	Ⅲ	Ⅳ

显然，状态Ⅳ是现场所不能容忍的，需要加以调整，使之逐步达到状态Ⅰ。从表 2－3－3可见，从状态Ⅳ达到状态Ⅰ的途径有二：状态Ⅳ→状态Ⅱ→状态Ⅰ或状态Ⅳ→状态Ⅲ→状态Ⅰ，究竟通过哪条途径应由具体的技术经济分析来决定。虽然从计算 C_p 值上讲，应该先达到状态Ⅲ，但有时为了更加经济，宁可保持在状态Ⅱ也是有的。当然，在生产线的末道工序一般以保持状态Ⅰ为宜。

分析用控制图的调整过程即是质量不断改进的过程。

3. 控制用控制图

当过程达到了所确定的状态后，才能将分析用控制图的控制线延长作为控制用控制图。由于后者相当于生产中的立法，故由前者转为后者时应有正式交接手续。

进入日常管理后，关键是保持所确定的状态。

经过一个阶段的使用后，可能又会出现新的异常，这时应查出异因，采取必要措施，加以消除，以恢复统计过程控制状态。

十、常规控制图的设计思想

常规控制图的设计思想是先确定犯第一类错误的概率 α，再看犯第二类错误的概率 β。

（1）按照 3σ 方式确定 CL、UCL、LCL，就等于确定 $\alpha_0=0.27\%$。

（2）在统计中通常采用 $\alpha=1\%$，5%，10%三级，但休哈特为了增加使用者的信心把常规控制图的 α 取得特别小，这样 β 就大，这就需要增加第二类判异准则，即使点子不出界，但当界内点排列不随机也表示存在异常因素。

十一、判异准则

判异准则有点出界和界内点排列不随机两类。由于对点子的数目未加限制，故后者的模式原则上可以有很多种，但在实际中经常使用的只有具有明显物理意义的若干种。在控制图的判断中要注意对这些模式加以识别。

GB/T 4091—2001《常规控制图》中规定了 8 种判异准则。为了应用这些准则，将控制图等分为 6 个区域，每个区宽 1σ。这 6 个区的标号分别为 A、B、C、C、B、A。其中两个 A 区、两个 B 区及两个 C 区都关于中心线 CL 对称（参见图 2-3-5 至图 2-3-12）。需要指明的是这些判异准则主要适用于$\overline{X}$图和单值 X 图，且假定质量特性 X 服从正态分布。

准则 1：一点落在 A 区以外（图 2-3-5）。在许多应用中，准则 1 甚至是唯一的判异准则。准则 1 可对参数 μ 的变化或参数 σ 的变化给出信号，变化越大，则给出信号越快。准则 1 还可对过程中的单个失控做出反应，如计算错误、测量误差、原材料不合格、设备故障等。在 3σ 原则下，准则 1 犯第一类错误的概率为 $\alpha_0=0.0027$。

准则 2：连续 9 点落在中心线同一侧（图 2-3-6）。此准则是为了补充准则 1 而设计的，以改进控制图的灵敏度。选择 9 点是为了使其犯第一类错误的概率 α 与准则 1 的 $\alpha_0=0.0027$ 大体相仿。

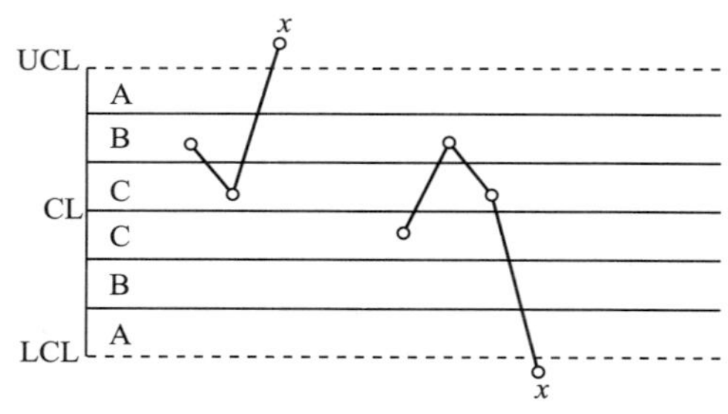

图 2-3-5 准则 1 的图示

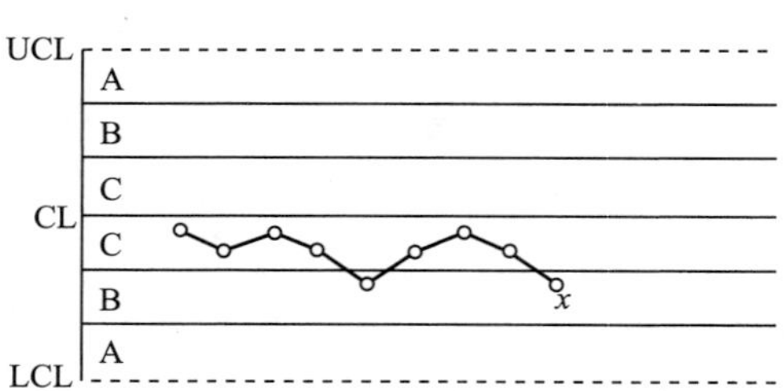

图 2-3-6 准则 2 的图示

出现图 2-3-6 准则 2 的现象，主要是过程平均值 μ 减小的缘故。

准则 3：连续 6 点递增或递减（图 2-3-7）。此准则是针对过程平均值的趋势进行设计的，它判定过程平均值的减小趋势要比准则 2 更为灵敏。产生趋势的原因可能是工具逐渐磨损、维修逐渐变坏等，从而使得参数随着时间而变化。

准则 4：连续 14 点相邻点上下交替（图 2-3-8）。本准则是针对由于轮流使用两台设备或由两位操作人员轮流进行操作而引起的系统效应。实际上，这就是一个数据分层不够的问题。选择 14 点是通过统计模拟试验而得出的，也是为使其 α 大体与准则 1 的 $\alpha_0=0.0027$ 相当。

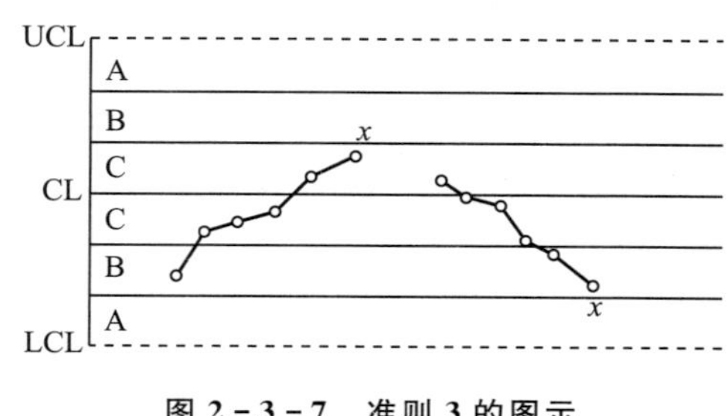

图 2-3-7 准则 3 的图示

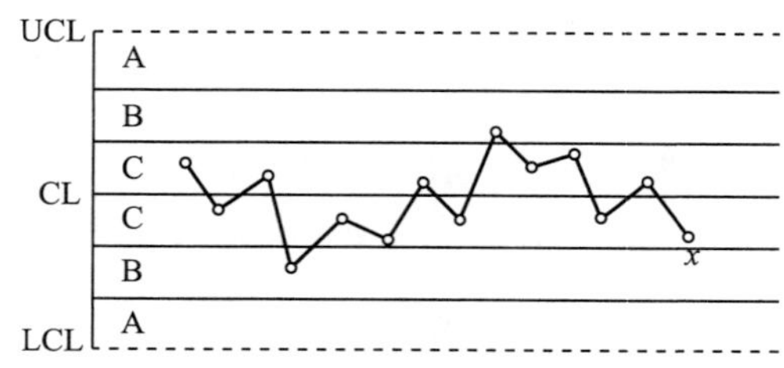

图 2-3-8 准则 4 的图示

准则 5：连续 3 点中有 2 点落在二中心线同一侧的 B 区以外（图 2-3-9）。过程平均值的变化异常可由本准则判定，它对于变异的增加也较灵敏。这里需要说明的是：三点中的两点可以是任何两点，至于第 3 点可以在任何处，甚至可以根本不存在。出现准则 5 的现象是由于过程的参数 μ 发生了变化。

准则 6：连续 5 点中有 4 点落在中心线同一侧的 C 区以外（图 2－3－10）。与准则 5 类似，这第 5 点可在任何处。本准则对于过程平均值的偏移也是较灵敏的，出现本准则的现象也是由于参数 μ 发生了变化。

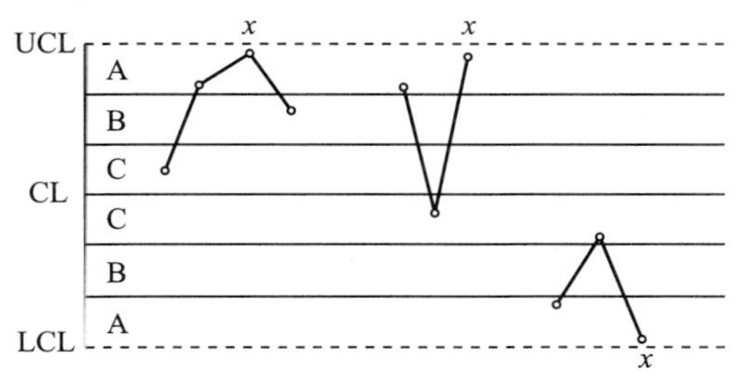

图 2－3－9　准则 5 的图示

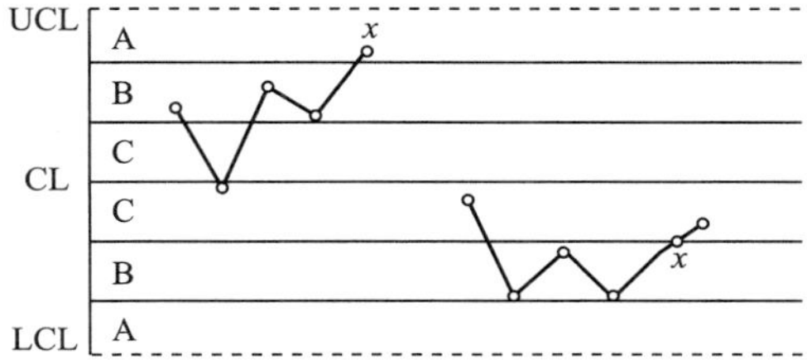

图 2－3－10　准则 6 的图示

准则 7：连续 15 点在 C 区中心线上下（图 2－3－11）。出现本准则的现象是由于参数 σ 变小。对于这种现象不要被它的良好“外貌”所迷惑，而应该注意到它的非随机性。造成这种现象的原因可能有数据虚假或数据分层不够等。在排除了上述两种可能性之后才能总结现场减少标准差 σ 的先进经验。

准则 8：连续 8 点在中心线两侧，但无一在 C 区中（图 2－3－12）。造成这种现象的主要原因也是因为数据分层不够，本准则即为此而设计的。

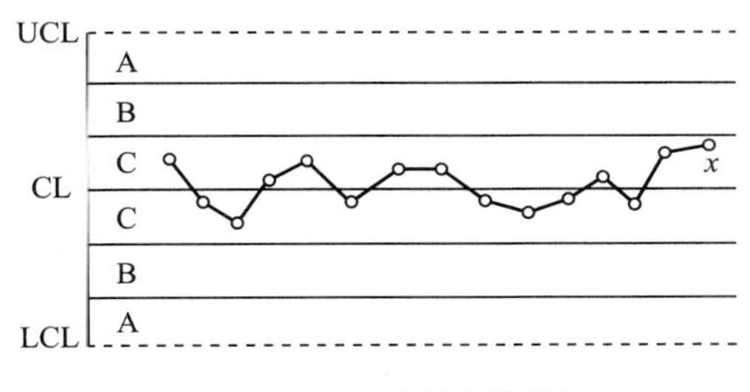

图 2－3－11　准则 7 的图示

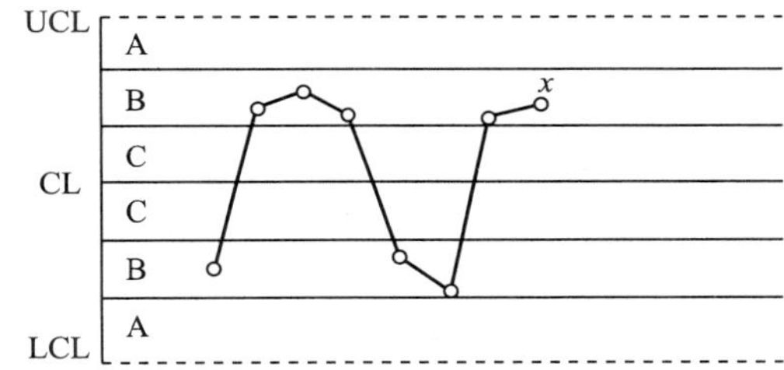

图 2－3－12　准则 8 的图示

十二、过程改进

1. 局部问题对策与系统改进

由异常原因造成的质量变异可由控制图发现，通常由过程人员负责处理，称为局部问题的对策。由偶然原因造成的质量变异可通过分析过程能力发现，但其改善往往耗费大量资金，需由高一级管理人员决策，称为系统改进。

2. 过程改进策略

GB/T 4091—2001《常规控制图》给出的过程改进策略如图 2－3－13。

图 2－3－13 基于以正态分布为前提的计量值控制图，以 $\overline{X}$-R 为例。从图中可知，过程改进策略包括判断过程是否处于统计控制状态（即判稳）和评价过程能力。

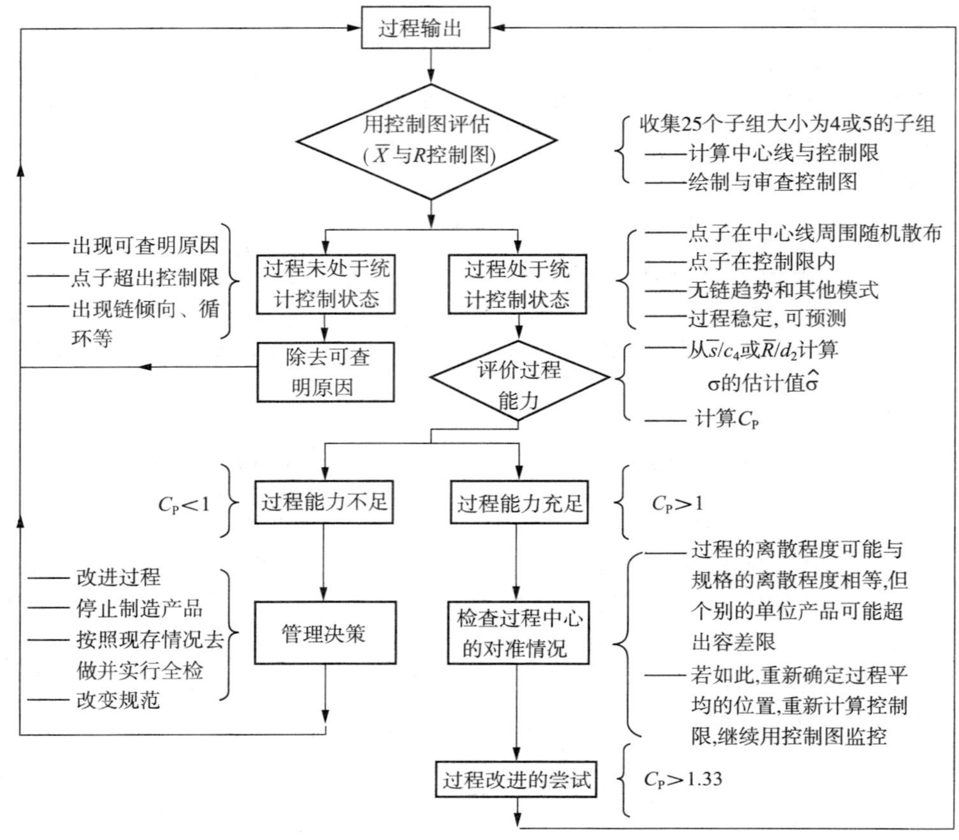

图 2－3－13　过程改进的策略

第三节　常规控制图的作法与应用

一、各类常规控制图的使用场合

各种常规控制图的使用场合：

（1）$\overline{X}-R$ 控制图。对于计量数据而言，这是最常用最基本的控制图。它用于控制对象为长度、重量、强度、纯度、时间、收率和生产量等计量值的场合。

$\overline{X}$控制图主要用于观察正态分布的均值的变化，R 控制图用于观察正态分布的分散或变异情况的变化，而$\overline{X}-R$ 控制图则将二者联合运用，用于观察正态分布的变化。

（2）$\overline{X}-s$ 控制图与$\overline{X}-R$ 图相似，只是用标准差 s 图代替极差 R 图而已。极差计算简便，故 R 图得到广泛应用，但当样本量 $n>10$ 这时应用极差估计总体标准差 σ 的效率减低，需要应用 s 图来代替 R 图。现在由于微机的应用已经普及，s 图的计算已经不成问题，故$\overline{X}-s$ 控制图的应用将越来越广泛。

（3）$Me-R$ 控制图与$\overline{X}-R$ 图也很相似只是用中位数 Me 图代替均值$\overline{X}$图。由于中位数的确定比均值更简单，所以多用于现场需要把测定数据直接记入控制图进行控制的场合，这时，为了简便，自然规定 n 为奇数。现在现场推行 SPC，都应用电脑，计算平均值已经不成问题，故 $Me-R$ 控制图的应用也逐渐减少。

（4）$X-Rs$ 控制图。多用于：对每一个产品都进行检验，采用自动化检查和测量的场合；取样费时、昂贵的场合；以及如化工等气体与液体流程式过程，产品均匀的场合。由于它不像前三种控制图那样取得较多的信息，所以用它判断过程变化的灵敏度也要差一些。

（5）p 控制图。用于控制对象为不合格品率或合格品率等计数质量指标的场合。这里需要注意的是，在根据多种检查项目综合起来确定不合格品率的情况，当控制图显示异常后难以找出异常的原因。因此，使用 p 图时应选择重要的检查项目作为判断不合格品的依据。p 图用于控制不合格品率、交货延迟率、缺勤率、差错率等等。

（6）np 控制图。用于控制对象为不合格品数的场合。设 n 为样本量，p 为不合格品率，则 np 为不合格品数。故 np 作为不合格品数控制图的简记记号，这里要求 n 不变。

（7）c 控制图。用于控制一部机器，一个部件，一定的长度，一定的面积或任何一定的单位中所出现的不合格数目。如布匹上的疵点数、铸件上的砂眼数、机器设备的不合格数或故障次数、电子设备的焊接不良数、传票的误记数、每页印刷错误数和差错次数等等。

（8）u 控制图。当样品规格有变化时则应换算为平均每单位的不合格数后再使用 u 控制图。例如，在厚度为 2mm 的钢板的生产过程中，一批样品的面积是 $2m^2$，下一批样品的面积是 $3m^2$。这时就应都换算为平均每平方米的不合格数，然后再对它进行控制。

二、应用控制图需要考虑的一些问题

应用控制图需要考虑以下一些问题：

（1）控制图用于何处？原则上讲，对于任何过程，凡需要对质量进行控制的场合都可以应用控制图。但这里还要求：对于所确定的控制对象——统计量应能够定量，这样才能够应用计量控制图。如果只有定性的描述而不能够定量，那就只能应用计数控制图。所控制的过程必须具有重复性，即具有统计规律。对于只有一次性或少数几次的过程，显然难于应用控制图进行控制。

（2）如何选择控制对象？一个过程往往具有各种各样的特性，在使用控制图时应选择能够真正代表过程的主要指标作为控制对象。例如，假定某产品在强度方面有问题，就应该选择强度作为控制对象。在电动机装配车间，如果对于电动机轴的尺寸要求很高，这就需要把机轴直径作为控制对象。

（3）怎样选择控制图？选择控制图主要考虑以下几点：首先根据所控制质量特性的数据性质来进行选择，如数据为连续值的应选择$\overline{X}-R$ 图，$\overline{X}-s$ 图，$X-Rs$ 图等；数据为计件值的应选择 p 或 np 图；数据为计点值的应选择 c 或 u 图。最后，还需要考虑其他要求。如检出力大小，样本抽取及测量的难易和费用高低。例如，要求检出力大可采用成组数据的控制图，如$\overline{X}$控制图。

（4）如何分析控制图？如果在控制图中点子未出界，同时点子的排列也是随机的，则认为生产过程处于稳定状态或统计控制状态。如果控制图点子出界或界内点排列非随机，就认为生产过程失控。

对于应用控制图的方法还不够熟悉的工作人员来说，即使在控制图点子出界的场合，也首先应该从下列几方面进行检查：样本的抽取是否随机？测量有无差错？数字的读取是否正确？计算有无错误？描点有无差错？然后再来调查过程方面的原因，经验证明这点十分重要。

（5）对于点子出界或违反其他准则的处理。若点子出界或界内点排列非随机，应立即查明原因并采取措施尽量防止它再次出现。

（6）控制图的重新制定。控制图是根据稳态下的条件（即 5M1E）来制定的。如果上述条件变化，例如操作人员更换或通过学习操作水平显著提高，设备更新，采用新型原材料或更换其他原材料，改变工艺参数或采用新工艺，环境改变等，这时，控制图也必须重新加以制定。由于控制图是科学管理生产过程的重要依据，所以经过相当时间的使用后应重新抽取数据，进行计算，加以检验。

（7）计量控制图和计数控制图可分为未给定标准值和给定标准值两种情形，两种情形不能混淆。

（8）控制图的保管问题。控制图的计算以及日常的记录都应作为技术资料加以妥善保管。对于点子出界或界内点排列非随机的异常情况以及当时的处理情况都应予以记录，因为这些都是以后出现异常时查找原因的重要参考资料。有了长期保存的记录，便能对该过程的质量水平有清楚的了解，这对于今后在产品设计和制定规范方面都是十分有用的。

三、$\overline{X}$-R 图

1. $\overline{X}$-R 图的特点

（1）适用范围广

$\overline{X}$图：若 X 服从正态分布，则$\overline{X}$也服从正态分布；若 X 非正态分布，则根据中心极限定理，当样本量充分大时$\overline{X}$近似服从正态分布。关键是这后一点才使得$\overline{X}$图得以广为应用。因此，可以说只要是计量值数据，应用$\overline{X}$图总是没有问题的。

R 图：通过在计算机上的统计模拟试验证实：只要 X 不是非常不对称的，则 R 的分布无大的变化，故适用范围也广。

（2）灵敏度高

$\overline{X}$：由于偶然波动的存在，一个样本组的各个 X 的数值通常不会都相等，有的偏大，有的偏小，这样把它们加起来求平均值，偶然波动就会抵消一部分，故标准差减小，从而控制图 UCL 与 LCL 的间隔缩小。但对于异常波动而言，由于一般异常波动所产生的变异往往是同一个方向的，故求平均值的操作对其并无影响。因此，当异常时，描点出界就更加容易了，即灵敏度高。

R 图：无此优点。

2. $\overline{X}$-R 图的制作

为了求出估计值，需要收集预备数据，如表 2－3－4，共抽取 m 个样本（子组），

每个样本的样本量（子组大小）为 n。从表 2-3-4 的数据可求得：

表 2-3-4 预备数据

组号	观察值					样本均值	样本极差	备注
i	X_{i1}	X_{i2}	X_{i3}	X_{i4}	X_{i5}	$\overline{X}_i$	R_i	$i=1, 2, 3, 4, 5, \cdots, m$，$m$ 为样本（子组）数

总平均值为：$\overline{x}=\frac{1}{m}\sum_{i=1}^{m}\overline{x}_i$

极差为：$R_i=x_{i\max}-x_{i\min}$

平均极差值为：$\overline{R}=\frac{1}{m}\sum_{i=1}^{m}R_i$

于是$\overline{X}$图的中心线及控制限为：

$$\begin{aligned}&UCL_{\overline{X}}=\overline{X}+A_2\overline{R}\\&CL_{\overline{X}}=\overline{X}\\&LCL_{\overline{X}}=\overline{X}-A_2\overline{R}\end{aligned}\qquad(2-3-2)$$

式中，$A_2=\frac{3}{d_2\sqrt{n}}$，见表 2-3-5，该表取自表 2-3-2。

表 2-3-5 系数 A_2

n	2	3	4	5	6	7	8
A_2	1.880	1.023	0.729	0.577	0.483	0.419	0.373

R 图的中心线及控制限为：

$$\begin{aligned}&UCL_{\overline{X}}=D_4\overline{R}\\&CL_R=\overline{R}\\&LCL_R=D_3\overline{R}\end{aligned}\qquad(2-3-3)$$

式中，系数 D_3、D_4 分别为：

$$D_3=1-3d_3/d_2$$
$$D_4=1+3d_3/d_2$$

D_3、D_4 为与样本量 n 有关的系数，参见表 2-3-6，该表取自表 2-3-2。

表 2-3-6 D_3、D_4 系数表

n	2	3	4	5	6	7	8
D_3	0	0	0	0	0	0.076	0.136
D_4	3.267	2.574	2.282	2.114	2.004	1.924	1.864
注：表中的 0 表示 LCL 为负值，但 R 不可能为负，故 LCL=0 仅表示为 R 的自然下界，而非下控限。为了更清晰地表示这一点，将下控限标成：LCL=—。							

在$\overline{X}$-R 图中，应该先作哪一个图？

（1）如果先作$\overline{X}$图，则由于这时 R 图还未判稳，R 的数据不可用，故不可行。

（2）如果先作 R 图，则由于 R 图中只有$\overline{R}$一个数据，可行。等 R 图判稳后，再作$\overline{X}$图。故作$\overline{X}$-R 图应倒过来作，先作 R 图，R 图判稳后，再作$\overline{X}$图。若 R 图未判稳，则不能开始作$\overline{X}$图。GB/T 4091—2001 也规定了在$\overline{X}$-R 图中必须先作 R 图。不但如此，注意，所有正态分布的控制图都必须倒过来作。

3. $\overline{X}$-R 图的制作步骤

步骤 1：确定控制对象，或称统计量。

这里要注意下列各点：

（1）选择技术上最重要的控制对象；

（2）若指标之间有因果关系，则宁可取作为因的指标为统计量；

（3）控制对象要明确，并为大家理解与同意；

（4）控制对象要能以数字来表示；

（5）控制对象要选择容易测定并对过程容易采取措施者。

步骤 2：取预备数据。

（1）取 20～25 个子组；

（2）子组大小取为多少？国标推荐子组大小即每个样本的样本量为 4 或 5；

（3）合理子组原则。合理子组原则是由休哈特本人提出的，其内容是：“组内差异只由偶因造成，组间差异主要由异因造成”。其中，前一句的目的是保证控制图上、下控制线的间隔距离 6σ 为最小，从而对异因能够及时发出统计信号。由此在取样本组，即子组时应在短间隔内取，以避免异因进入。根据后一句，为了便于发现异因，在过程不稳、变化激烈时应多抽取样本，而在过程平稳时，则可少抽取样本。

步骤 3：计算$\overline{X_i}$，R_i。

步骤 4：计算$\overline{\overline{X}}$，$\overline{R}$。

步骤 5：计算 R 图控制限并作图。

步骤 6：将预备数据点绘在 R 图中，并对状态进行判断。

若稳，则进行步骤 7；若不稳，则除去。在查明原因后转入步骤 4，即重新计算$\overline{\overline{X}}$，$\overline{R}$。

步骤 7：计算$\overline{X_i}$图控制限并作图。将预备数据点绘在$\overline{X_i}$图中，对状态进行判断。

若稳，则进行步骤 8；若不稳，则除去。在查明原因后转入步骤 4，即重新计算$\overline{\overline{X}}$，$\overline{R}$。

步骤 8：计算过程能力指数并检验其是否满足技术要求。

若过程能力指数满足技术要求，则转入步骤 9。

若过程能力指数不满足技术要求，则需调整过程直至过程能力指数满足技术要求为止。

步骤 9：延长$\overline{X}$-R 控制图的控制限，作控制用控制图，进行日常管理。

上述步骤 1～步骤 8 为制作分析用控制图。

上述步骤 9 为制作控制用控制图。

4. $\overline{X}$-R 图实例

【案例 2-3-1】某个手表厂为了提高手表的质量，应用排列图分析造成手表不合格的各种原因，发现“停摆”占第一位。为了解决停摆问题，再次应用排列图分析造成停摆的原因，结果发现主要是由于螺栓松动引发的螺栓脱落造成的。为此厂方决定应用控制图对装配作业中的螺栓扭矩进行过程控制。

【案例分析】 螺栓扭矩是一计量特性值，故可选用基于正态分布的计量控制图。又由于本例是大量生产，不难取得数据，故决定选用灵敏度高的$\overline{X}$-R 图。

【解】 我们按照下列步骤建立$\overline{X}$-R 图：

步骤 1：取预备数据，然后将数据合理分成 25 个子组，参见表 2－3－7。

步骤 2：计算各组样本的平均数$\overline{X}_i$。例如，第一组样本的平均值为：

$$\overline{X}_i = \frac{154+174+164+166+162}{5} = 164.0$$

其余参见表 2－3－7 中第（7）栏。

步骤 3：计算各组样本的极差 R_i。例如，第一组样本的极差为：

$$R_i = \max\{X_{ij}\} - \min\{X_{ij}\} = 174 - 154 = 20$$

其余参见表 2－3－7 中第（8）栏。

表 2－3－7　【案例 2－3－1】的数据与$\overline{X}$-R 图计算表

序号	观测值					$\sum_{j=1}^{5} x_{ij}$ $i=1,\cdots,25$ (6)	$\overline{x}_i$ (7)	R_i (8)
	x_{i1} (1)	x_{i2} (2)	x_{i3} (3)	x_{i4} (4)	x_{i5} (5)			
1	154	174	164	166	162	820	164.0	20
2	166	170	162	166	164	828	165.6	8
3	168	166	160	162	160	816	163.2	8
4	168	164	170	164	166	832	166.4	6
5	153	165	162	165	167	812	162.4	14
6	164	158	162	172	168	824	164.8	14
7	167	169	159	175	165	835	167.0	16
8	158	160	162	164	166	810	162.0	8
9	156	162	164	152	164	798	159.6	12
10	174	162	162	156	174	828	165.6	18
11	168	174	166	160	166	934	166.8	14
12	148	160	162	164	170	804	160.8	22
13	165	159	147	153	151	775	155.0	18
14	164	166	164	170	164	828	165.6	6
15	162	158	154	168	172	814	162.8	18
16	158	162	156	164	152	792	158.4	12
17	151	158	154	181	168	812	162.4	30

续表

序号	观测值					$\sum_{j=1}^{5} x_{ij}$ $i=1,\cdots,25$ (6)	$\overline{x}_i$ (7)	R_i (8)
	x_{i1} (1)	x_{i2} (2)	x_{i3} (3)	x_{i4} (4)	x_{i5} (5)			
18	166	166	172	164	162	830	166.0	10
19	170	170	166	160	160	826	165.2	10
20	168	160	162	154	160	804	160.8	14
21	162	164	165	169	153	813	162.6	16
22	166	160	170	172	158	826	165.2	14
23	172	164	159	165	160	820	164.0	13
24	174	164	166	157	162	823	164.6	17
25	151	160	164	158	170	803	160.6	19

步骤 4：计算样本总均值$\overline{X}$与平均样本极差$\overline{R}$。由于 $\sum \overline{X_i} = 4081.4$，$\sum R = 357$ 故$\overline{X}=163.256$，$\overline{R}=14.280$

步骤 5：计算 R 图的参数。

先计算 R 图的参数。从本节表 2-3-6 可知，当子组大小 $n=5$，$D_4=2.114$，$D_3=0$，代入 R 图的公式，得到：

$$UCL_R=D_4\overline{R}=2.114\times14.280=30.188$$

$$CL_R=\overline{R}=14.280$$

$$LCL_R=D_3\overline{R}=—$$

参见图 2-3-14。可见现在 R 图判稳。故接着再建立$\overline{X}$图。由于 $n=5$，从表 2-3-5知 $A_2=0.577$，再将$\overline{X}=163.256$，$\overline{R}=14.280$ 代入$\overline{X}$图的公式，得到$\overline{X}$图：

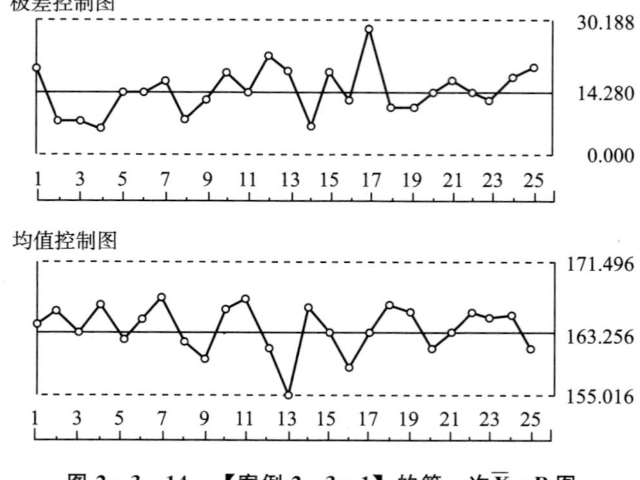

图 2-3-14 【案例 2-3-1】的第一次$\overline{X}$—R 图

$$UCL_{\overline{X}}=\overline{\overline{X}}+A_2\overline{R}=163.256+0.577\times14.280\approx171.496$$

$$CL_{\overline{X}}=\overline{\overline{X}}=163.256$$

$$LCL_{\overline{X}}=\overline{\overline{X}}-A_2\overline{R}=163.256-0.577\times14.280\approx155.016$$

因为第 13 组$\overline{X}$值为 155.00 小于 $LCL_{\overline{X}}$，故过程的均值失控。经调查，发现这组数据属于过程中的某种突发原因，而这个原因其后不再出现。因此可以简单地将其剔除。去掉第 13 组数据后，重新计算 R 图与$\overline{X}$图的参数。此时：

$$\overline{R'}=\frac{\sum R}{24}=\frac{357-18}{24}=14.125$$

$$\overline{\overline{X'}}=\frac{\sum\overline{X}}{24}=\frac{4081.4-155.0}{24}=163.000$$

代入 R 图与$\overline{X}$图的公式，得到 R 图：

$$UCL_R=D_4\overline{R'}=2.114\times14.125=29.860$$

$$CL_R=\overline{R'}=14.125$$

$$LCL_R=D_3\overline{R'}=-$$

从表 2-3-7 可见，R 图中第 17 组 $R=30$ 出界。于是，舍去该组数据，重新计算如下：

$$\overline{R''}=\frac{\sum R}{23}=\frac{339-30}{23}=13.435$$

$$\overline{\overline{X''}}=\frac{\sum\overline{X}}{23}=\frac{3926.4-162.4}{23}=163.652$$

R 图：

$$UCL_R=D_4\overline{R''}=2.114\times13.435=28.402$$

$$CL_R=\overline{R''}=13.435$$

$$LCL_R=D_3\overline{R''}=-$$

从表 2-3-7 可见，R 图可判稳。于是计算$\overline{X}$图如下：

$\overline{X}$图：

$$UCL_{\overline{X}}=\overline{\overline{X''}}+A_2\overline{R''}=163.652+0.577\times13.435\approx171.404$$

$$CL_{\overline{X}}=\overline{\overline{X''}}=163.652$$

$$LCL_{\overline{X}}=\overline{\overline{X''}}-A_2\overline{R''}=163.652-0.577\times13.435\approx155.900$$

将其余 23 组样本的极差值与均值分别打点于 R 图与$\overline{X}$图上，见图 2-3-15 此时过程的变异度与均值均处于稳态。

步骤 6：与规范进行比较。

对于给定的质量规范 $T_L=140$，$T_C=180$，利用$\overline{R}$和$\overline{\overline{X}}$计算 C_p。

$$\delta=\frac{\overline{R}}{d_2}=\frac{13.435}{2.326}=5.776$$

由于$\overline{\overline{X}}=163.652$ 与容差中心 $M=160$ 不重合，所以需要计算 C_{pK}。

$$K=\frac{|M-\hat{\mu}|}{T/2}=\frac{|160-163.652|}{(180-140)/2}=0.18$$

$$C_{PK}=(1-K)C_P=(1-0.18)\times1.15=0.94$$

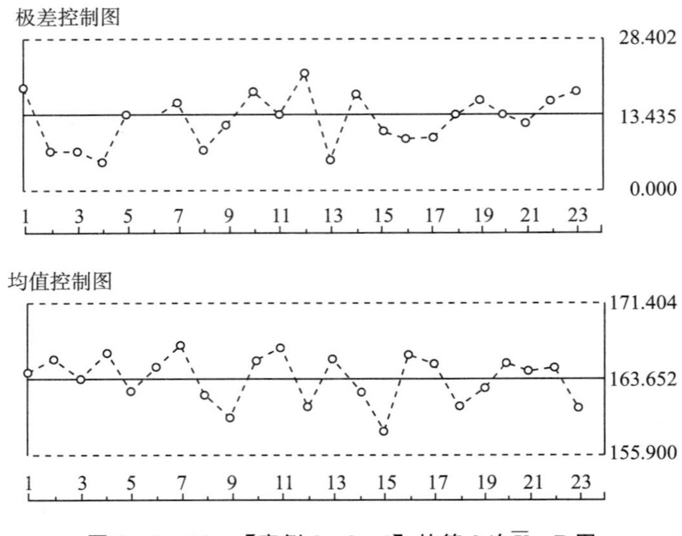

图 2-3-15 【案例 2-3-1】的第 2 次 $\overline{X}$—R 图

可见，统计控制状态下的 C_P 为 1.15>1，但是由于 μ 与 M 偏离，所以 C_{PK}<1。因此，应根据对手表螺栓扭矩的质量要求，确定当前的统计过程状态是否满足设计的、工艺的和顾客的要求，决定是否以及何时对过程进行调整。若需调整，那么调整后应重新收集数据，绘制 $\overline{X}$-R 图。

步骤 7：延长统计过程状态下的 $\overline{X}$-R 图的控制限，进入控制用控制图阶段，实现对过程的日常控制。

四、$\overline{X}$-s 图

【案例 2-3-2】为充分利用子组信息，对【案例 2-3-1】选用 $\overline{X}$-s 图。

【案例分析】步骤如下：

步骤 1：依据合理子组原则，取得 25 组预备数据，参见表 2-3-8。

表 2-3-8 手表的螺栓扭矩

子组号	直径					平均值 $\overline{x}_i$	标准差 s_1
	x_1	x_2	x_3	x_4	x_5		
1	154	174	164	166	162	164.0	7.211
2	166	170	162	166	164	165.6	2.966
3	168	166	160	162	160	163.2	3.633
4	168	164	170	164	166	166.4	2.608
5	153	165	162	165	167	162.4	5.550
6	164	158	162	172	168	164.8	5.404
7	167	169	159	175	165	167.0	5.831
8	158	160	162	164	166	162.0	3.162
9	156	162	164	152	164	159.6	5.367

续表

子组号	直　　径					平均值 $\overline{x}_i$	标准差 s_1
	x_1	x_2	x_3	x_4	x_5		
10	174	162	162	156	174	165.6	8.050
11	168	174	166	160	166	166.8	5.020
12	148	160	162	164	170	160.8	8.075
13	165	159	147	153	151	155.0	7.071
14	164	166	164	170	164	165.6	2.608
15	162	158	154	168	172	162.8	7.294
16	158	162	156	164	152	158.4	4.775
17	151	158	154	181	168	162.4	12.219
18	166	166	172	164	162	166.0	3.743
19	170	170	166	160	160	165.2	5.020
20	168	160	162	154	160	160.8	5.020
21	162	164	165	169	153	162.6	5.941
22	166	160	170	172	158	165.2	6.099
23	172	164	159	165	160	164.0	5.148
24	174	164	166	157	162	164.6	6.229
25	151	160	164	158	170	160.6	7.057

步骤 2：计算各子组的平均值$\overline{X}_i$和标准差s_i。

各子组的平均值与表 2-3-7 相同，而标准差需要利用有关公式计算，例如，第一子组的标准差为：

$$s_1=\sqrt{\frac{\sum_{1}^{5}(X_{1j}-\overline{X}_1)}{5-1}}=\sqrt{\frac{(154-164)^2+(174-164)^2+(164-164)^2+(166-164)^2+(162-164)^2}{5-1}}$$
$$=7.211$$

其余参见表 2-3-8 中的标准差栏。

步骤 3：计算所有观测值的总平均值$\overline{X}$和平均标准差$\overline{s}$得到$\overline{X}=163.256$，$\overline{s}=5.644$。

步骤 4：计算 s 图的控制限，绘制控制图。

先计算 s 图的控制限。从表 2-3-2 可知，当子组大小 $n=5$ 时，$B_4=2.089$，$B_3=0$，代入 s 图公式，得到：

$$UCL_s=B_4\overline{s}=2.089\times5.644=11.790$$
$$CL_s=\overline{s}=5.644$$
$$LCL_s=B_3\overline{s}=-$$

相应的 s 控制图见图 2-3-16。

可见，s 图在第 17 点超出了上控制限，应查找异常的原因，采取措施加以纠正。为了简单起见，将第 17 子组剔除，利用剩下的 24 个子组来重新计算$\overline{X}-s$控制图的控制限。得到：

$$\overline{X}=163.292,\ \bar{s}=5.370$$

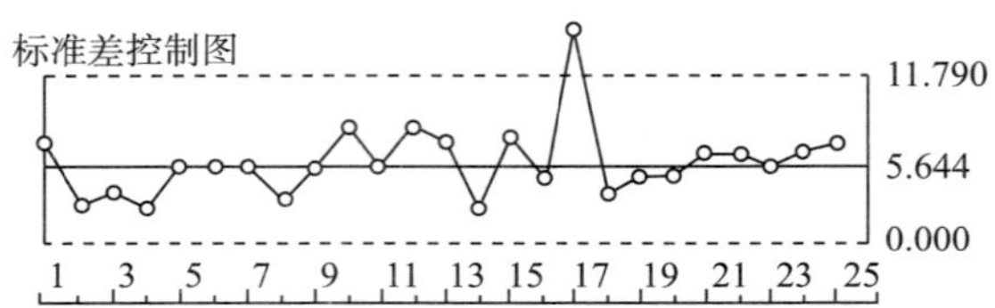

图 2-3-16　表 2-3-8 中 25 个子组的标准差控制图

$B_4=2.089$，$B_3=0$，代入 s 图的控制限公式，得到：

$$UCL_s=B_4\bar{s}=2.089\times5.370=11.218$$

$$CL_s=\bar{s}=5.370$$

$$LCL_s=B_3\bar{s}=-$$

参见图 2-3-17 的标准差控制图。可见，标准差 s 控制图不存在变差可查明原因的八种模式，那么，可以利用 $\bar{s}$ 来建立 $\overline{X}$ 图。由于子组大小 $n=5$，从表 2-3-2 知，$A_3=1.427$，将 $\overline{X}=163.292$，$\bar{s}=5.370$ 代入 $\overline{X}$ 图的控制限公式，得到：

$$UCL_{\overline{X}}=\overline{\overline{X}}+A_3\bar{s}=163.292+1.427\times5.370\approx170.955$$

$$CL_{\overline{X}}=\overline{\overline{X}}=163.292$$

$$LCL_{\overline{X}}=\overline{\overline{X}}-A_3\bar{s}=163.292-1.427\times5.370\approx155.629$$

相应的均值控制图见图 2-3-17。

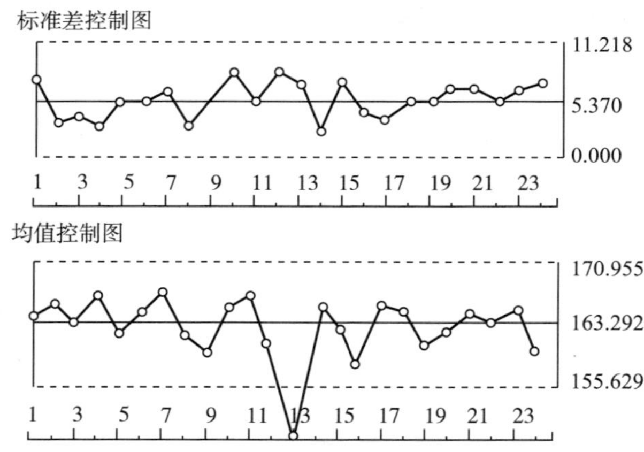

图 2-3-17　剔除第 17 子组后得到的 $\overline{X}$-s 控制图

由图 2-3-17 的均值控制图可知，第 13 组 $\overline{X}$ 值为 155，远小于 LCL，故过程的均值失控。调查其原因发现是夹具松动造成的，已经很快进行了纠正，在采集第 14 个子组的数据时，该问题已获解决。故可以去掉第 13 子组的数据，重新计算 s 图与 $\overline{X}$ 图的参数。此时，

$$\overline{X}=163.652,\ \bar{s}=5.265$$

代入 $\overline{X}$ 图与 $\bar{s}$ 图的控制限公式，得到：

$$UCL_s = B_4\bar{s} = 2.089 \times 5.265 = 10.999$$

$$CL_s = \bar{s} = 5.265$$

$$LCL_s = B_3\bar{s} = -$$

参见图 2-3-18 的标准差控制图。可见，标准差 s 控制图不存在变差可查明原因的八种模式，那么，可以利用来$\bar{s}$建立$\overline{X}$图。由于子组大小 $n=5$，从表 2-3-2 知，$A_3=1.427$，将$\overline{\overline{X}}=163.652$，$\bar{s}=5.265$ 代入$\overline{X}$图的控制限公式，得到：

$$UCL_{\overline{X}} = \overline{\overline{X}} + A_3\bar{s} = 163.652 + 1.427 \times 5.265 \approx 171.165$$

$$CL_{\overline{X}} = \overline{\overline{X}} = 163.652$$

$$LCL_{\overline{X}} = \overline{\overline{X}} - A_3\bar{s} = 163.652 - 1.427 \times 5.265 \approx 156.139$$

参见图 2-3-18 的均值控制图。

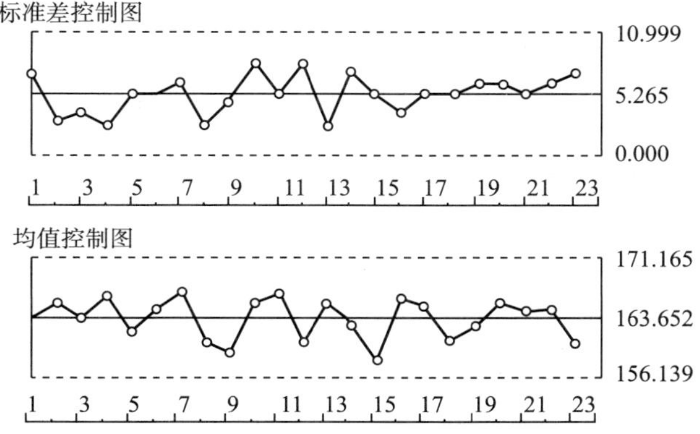

图 2-3-18 再剔除第 13 个子组后得到的$\overline{X}$-s 控制图

由图 2-3-18 的均值控制图可知，没有出现变差可查明原因的八种模式。即标准差控制图和均值控制图都没有出现可查明原因的八种模式，说明装配作业中螺栓扭矩的生产过程处于统计控制状态。

步骤 5：与容差限比较，计算过程能力指数。

已知手表螺栓扭矩的容差限为：$T_L=140$，$T_u=180$。利用得到的统计控制状态下的$\overline{X}$163.652，$\bar{s}=5.265$ 来计算过程能力指数：

$$\hat{\sigma} = \frac{\bar{s}}{C_4} = \frac{5.265}{0.940} = 5.601$$

$$C_p = \frac{T_U - T_L}{6\sigma} = \frac{180-140}{6 \times 5.601} = 1.19$$

由于$\overline{X}=163.652$ 与容差中心 $M=(T_U+T_L)/2=160$ 不重合，所以，有必要计算有偏移的过程能力指数，

$$K = \frac{|M-\hat{\mu}|}{T/2} = \frac{|160-163.652|}{(T_U-T_L)/2} = \frac{3.652}{20} = 0.18$$

$$C_{PK} = (1-K)C_P = (1-0.18) \times 1.19 = 0.9758$$

可见，统计控制状态下的过程能力指数为 1.19 大于 1，但是，由于存在分布中心与容差中心的偏移；故有偏移的过程能力指数不足 1。因此，应该根据对手表螺栓扭矩

的质量要求，确定当前的统计控制状态是否满足设计的、工艺的、顾客的要求，决定是否以及何时对过程进行调整。若需进行调整，那么调整后应重新收集数据，绘制$\overline{X}-s$控制图。

由于$\overline{X}-R$控制图以平均极差$\overline{R}$为σ的估计值，$\overline{X}-s$控制图以平均子组标准差$\bar{s}$为σ的估计值，所以，运用$\overline{X}-R$控制图与运用$\overline{X}-s$控制图分析同一个问题，得到的过程能力指数一般略有不同。因为子组极差R只利用了子组中的最大值和最小值的信息，而子组标准差s充分利用了子组中所有的信息，所以当$\overline{X}-R$控制图与$\overline{X}-s$控制图的分析结果不同时，尽管R图计算上比s图简单，但仍建议以$\overline{X}-s$控制图的结果为准。

步骤6：延长统计控制状态下的$\overline{X}-s$控制图的控制限，进入控制用控制图阶段，实现对过程的日常控制。

第四节 核查装置应用

一、核查装置的基本概念

（一）核查装置和核查标准的定义

核查装置的概念是从核查标准的概念发展而来的。

在JJF 1001—2011中对核查装置的定义为："用于日常验证测量仪器或测量系统性能的装置。"并指出，"有时也称核查标准"。

在《国际通用计量学基本术语》（VIM：1993）中对"核查标准"给出的定义是：用于确保日常测量工作正确进行的工作标准称为核查标准。"工作标准"是指用于日常校准或核查实物量具、测量仪器或参考物质的测量标准。

在GB/T 19022.2—2000/ISO 10012-2：1997标准中对"核查标准"给出的定义是：为了对某个测量过程进行控制，通过对该过程的测量来收集数据所使用的测量设备、产品或其他物体。

上述两个"核查标准"的定义在表述上有所不同，但是在本质上是一致的，都强调了"核查标准"的功能是用于对测量过程实施有效控制，其目的是为了确保测量工作的正确进行。两者的区别在于后者与前者相比较，其适用范围更广，内涵更为丰富。

第一个定义把"核查标准"局限在用于核查"工作标准"范围之内；而后者则把"核查标准"扩展为用于对测量过程实施控制的"测量设备、产品或其他标准物体"。此外第二个定义精确地描述了核查标准的核心作用是"通过对该过程的测量收集数据"。

（二）核查装置的概念

通过对上述定义的分析，可以得到关于"核查装置"的一个完整的概念：核查装置是与通过受控测量过程进行测量的被测物相似的某种装置。人们通过对预期稳定的核查装置进行定期的测量，并绘制数据控制图来获得一个或多个测量不确定度的A类估算。当某个核查装置的测量平均值与先前确认的标准值不同时，人们应该怀疑这个测量过程已经存在明显的偏移，应通过检验来强调这个偏移十分严重。对这种检验已有应用的统计检验方法。必要时，应消除或补偿任何偏移。此外，核查装置也不一定是单个物体，例如，两个标准之间的差值，在被限定的特殊情况下，可作为核查装置使用。因此，核查装置的定义应建立在尽可能广的范围内。

（三）核查装置的工作原理

应用核查装置监视测量过程的原理类似于生产过程的统计控制原理。在过程控制中必须建立一个反馈控制系统，测量过程控制的反馈控制系统如图 2－3－19 所示。

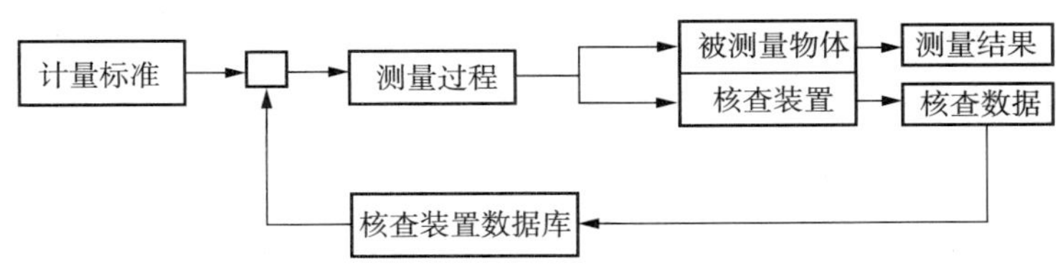

图 2－3－19 测量过程控制原理图

测量过程控制的基本原理就是测量过程对核查装置的响应完全类似于对被测量对象的响应。用核查装置不断地监测受控的测量过程，将核查的数据建成数据库，并采用控制图来分析和检验测量过程是否受控。如果发现超出了规定的控制范围，则应对测量过程采取相应的纠正措施，直至测量过程返回到控制范围之内，从而达到监控测量过程的目的。

（四）使用核查装置的意义

在对准确度要求比较高、过程比较复杂、结果比较重要的测量过程的管理中，仅仅采取计量确认的方法是不能完全满足质量保证的要求。只有联合采用计量确认和测量过程的控制方法，才能确保测量过程的测量不确定度持续地控制在规定的允许范围之内。

应用核查装置实施测量过程控制的优点在于：

（1）通过经常性的核查考验及时发现测量过程的变化，无论这种变化是由于随机误差的增加还是系统误差的增加所引起的，也无论是突然变化还是逐渐出现的缓慢变化。一旦发现问题可随时采取纠正措施，从而实时地控制测量过程，使之保持在规定的要求之内，使测量过程处于长期连续的质量控制之中。

（2）应用核查装置能定量估计测量过程的测量不确定度，从而可以报告测量结果的总体不确定度，以满足需要确切了解测量结果不确定度的顾客的要求。

但是，需要说明的是，测量过程控制的优越性是以多次、连续的核查为代价的，这就意味着不仅仅是比较高的技术要求，而且还增加了工作量，提高了测量成本。因此，要根据实际情况决定是否采取测量过程控制的方法，以及测量过程控制的程度。选择的原则取决于适宜性、经济性、风险与成本的比较等因素。

二、核查装置的应用方法

（一）基本步骤

将核查装置应用于测量过程的控制大致包括下列步骤：选择核查装置、选择核查方案、选择控制图、确定过程参数、实施过程控制、采取纠正措施等。图2-3-20反映了核查标准应用的工作流程。

（二）选择核查装置

1. 选择原则

（1）核查装置是与通过受控测量过程进行测量的被测物相似的某种装置。因此，核查装置必须根据受控测量过程中需要控制的量的计量要求来选取。核查装置所体现的量及其量程应与测量过程所测的量相一致。

（2）为了能准确地监测测量过程的变化，核查装置必须具有良好的稳定性。如果稳定性不好，虽然监测到了测量过程的变化量，但很难判断是测量过程引起的还是由核查标准引起的，因而达不到监视测量过程变化的目的了。

2. 溯源要求

核查装置应通过独立于受控测量过程的另一个过程来测量或校准，这个过程比所要控制的过程更精密。如果没有如此的独立性和（或）如此高的精密度，核查装置仍然能够对控制测量过程提供有用的帮助。但是，如果获得的结果是被用于评估受控的测量过程的偏移，并且要评定修正值所引起的不确定度影响，那么核查帮助的独立性或校准的溯源性就极为重要。

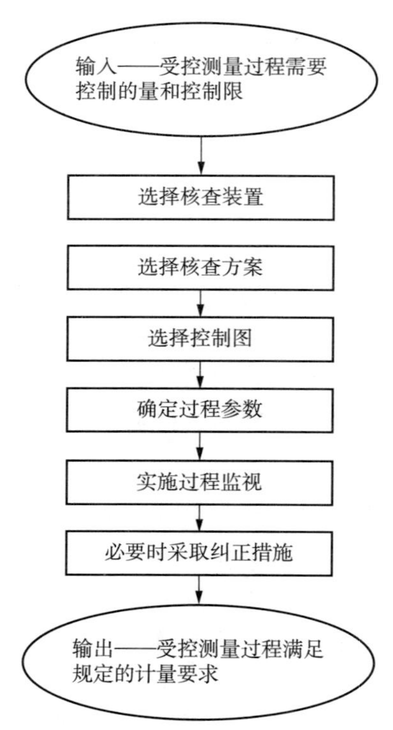

图2-3-20　应用核查标准实施过程控制的流程图

（三）选择核查方案

1. 选择的原则

（1）应考虑通过核查对测量过程所得数据进行全面监测和分析，以便迅速发现存在的问题，并及时采取纠正措施以防止测量过程对要求的偏离；

（2）应考虑使影响测量过程变化的各种随机因素都有机会表现出来，并考虑任何不符合规定要求的风险，这些风险是已经明确的并可接受的；

（3）应考虑以比较少的核查工作量获得最多的信息量，以尽量降低核查的成本。

2. 方案的要求

（1）根据测量过程的特点建立数学模型，明确数据处理和统计分析方法，建立核查数据库。

测量过程的数学模型是表征被测量值与名义值之间关系的函数式，其中应包括系统误差和随机误差的影响量。测量过程的数学模型是设计统计控制方案的基础。

对于直接测量，一般有如下测量模型：

$$x=X+\xi+\delta+\varepsilon \tag{2-3-4}$$

式中：

X——被测对象的名义值；

ξ——固定偏差；

δ——测量过程的长期变化；

ε——测量过程的短期变化。

对于间接测量，可设为如下模型：

$$y=f(x_1+x_2+\cdots x_i\cdots+x_n) \tag{2-3-5}$$

函数形式视具体的物理关系而定，但是对 x_i，仍有：

$$x_i=X_i+\xi_i+\delta_i+\varepsilon_i$$

在工业测量的范围内，多数的测量过程是直接测量，因此可采用直接测量的数学模型。

（2）核查方案应形成程序文件，内容应包括测量原理方框图、测量的数学模型、测量不确定度评定、核查方法、核查间隔以及相关的技术规范或标准等。

（四）确定控制图

1. 控制图的概念

控制图是对过程质量加以测定、记录并进行极值管理的一种用统计方法设计的图。关于控制图的基本概念已经在本章第二节中作了详细的介绍。

在对测量过程实施控制时，控制图的主要作用是：监测测量数据是否受控；发现失控原因和修正过程参数。

2. 控制图的类型

常规控制图主要有两种类型：计量控制图和计数控制图。计量数据是指对考察子组中每一个单位产品的特性值的数值大小进行测量与记录所得到的观察值，例如以米表示的长度、以欧姆表示的电阻等。计量控制图代表了控制图对过程控制的典型应用。在计量控制图中常用的类型包括均值控制图、极差控制图和标准偏差控制图。

（1）均值控制图

均值控制图主要用于观察测量结果的平均值的变化情况。为了最有效地控制测量过程，核查结果的数据应该是几次观察值的平均值，大多数情况下用三到五次观察值进行平均。核查时将每组核查 n 次，以 n 次的平均值画在控制图上。如果测量观察的平均值在 t 时刻发生了突变，说明测量观察过程失去控制，引入了新的系统误差。

（2）极差控制图

极差控制图主要用于观察测量结果的分散情况，即测量结果的波动情况。每组测量值的最大值和最小值之差称为极值，用 R 表示。这种控制图又称为 R 控制图。当每次核查所观察的次数比较少时，用极差控制图比较有效和方便。

（3）标准偏差控制图

标准偏差控制图主要用于观察测量过程随机误差的分散情况，由每次核查的有限次的观察数据列，可计算得到组内标准偏差，通常用 s 表示，并画在控制图上。该控制图又称为 s 控制图。它适用于过程次数比较多的情况，当观察次数超过 12 次以上，标准偏差控制图是一种非常有效的方法。当测量次数较少时，计算标准偏差有困难，所以使用 s 控制图就不适用，而选择极差控制图比较适宜。

（4）均值-极差控制图（$\overline{X}-R$ 控制图）

均值控制图主要用于观察测量结果平均值的变化情况，极差控制图主要用于观察测量结果的分散情况，将二者联合运用，可以观察测量结果的变化。

（5）均值-标准偏差控制图（$\overline{X}-s$ 控制图）

$\overline{X}-s$ 控制图与 $\overline{X}-R$ 控制图相似，只是用标准偏差控制图代替极差控制图。因为子组极差 R 的计算比子组标准偏差的计算简单，所以 R 图得到广泛应用。但是，当子组测量次数大于 10 次时，极差对数据的利用效率大为降低，需要应用标准偏差图代替极差图。现在由于计算机的普及，标准偏差的计算已经不成问题，故 $\overline{X}-s$ 控制图的应用越来越广泛。

3. 控制图的应用方法

（1）确定控制极限。

（2）绘制控制图。以纵坐标为核查值，以横坐标为时间，用虚线表示控制极限，以实线表示测量观察的基线。

（3）确定每一个子组核查时对核查标准的测量次数 n。通常取 $n=3\sim5$。用受控的测量过程对核查标准进行 n 次测量，将测量结果按选定的控制图的要求进行平均值、极差或标准偏差的计算，并将计算结果绘制在相应的控制图上。如果核查数据落在预先规定的控制限之内，表明测量过程处于统计控制状态，否则，就是测量过程失控。通过对测量过程的“组内核查”可以考核测量过程的短期稳定性。

（4）确定核查标准的测量频次。核查标准的测量频次取决于：控制的量值；要求保证的程度和测量不确定度的严格程度，目的是充分暴露测量过程中各种影响量的变化。由核查标准测量频次，可以确定两次校准间隔（例如 1 年）的核查组（次）数 m，通常 $m=6\sim24$（半个月到 2 个月测量一次）。通过对测量过程按一定频次的“组间核查”，可以考核测量过程的长期稳定性和可靠性。

（五）建立过程参数

1. 确定测量过程的过程参数

在建立控制图之前，首先要确定测量过程的过程参数，包括 $\overline{\overline{X}}$、$\overline{R}$ 或 $\overline{s}$ 以及它们的控制限。

在被控制的测量过程中预先对选定的核查标准进行重复测量，要求测量的组数足够地多、测量的时间随机地选取，以便充分暴露测量过程的各种影响量的变化。由每组的观测值可得到算术平均值，极差 R 或标准偏差 s。由各组的 $\overline{X}$ 取平均得到 $\overline{\overline{X}}$，由各组的极差 R 取平均得到 $\overline{R}$，或由各组的标准偏差的合并求得合并标准偏差，即测量过程的长期的组内标准偏差平均值 $\overline{s}$。

当每组测量次数 n 相同时，

$$\overline{\overline{X}} = \frac{1}{k}\sum_{i=1}^{k}\overline{X_i}$$

$$\overline{R} = \frac{1}{k}\sum_{i=1}^{k}R_i$$

$$\overline{s} = \left[\frac{1}{k}\sum_{i=1}^{k}s_i^2\right]^{1/2}$$

2. 控制限的确定

控制限是判断测量过程是否存在异常原因的准则。在测量过程控制中，上、下控制限与中心线相距 3 倍标准差，在大多数情况下是适宜的。如果有充分资料证明其他控制限更加适合时，也可以使用其他控制限。

在本章第二节和第三节中给出了计量控制图计算控制限的系数表和常规计量控制图控制限公式。使用者可参照标准选择相应的控制限。

（六）实施分析和监测

应用核查装置，建立核查数据库，从而形成控制图。该控制图可用于对测量过程的分析和控制两种场合。当预先没有给出测量过程控制参数的标准值或控制限时，控制图可用于测量过程的分析和设计；当预先给出了测量过程控制参数的标准值或控制限时，控制图可用于对测量过程进行监控，并根据监控的结果对测量过程采取纠正措施。

常规控制图体系规定，若测量过程的组间变异和过程平均在当前水平（分别由$\overline{R}$，$\overline{\overline{X}}$估计得出）下保持不变，则单个的子组极差（R）以及平均值（$\overline{X}$）将仅由偶然因素引起变化，极少超出控制限。

$\overline{X}$控制图显示过程平均的中心位置，并表明过程的稳定性。$\overline{X}$图从平均值的角度揭示组间不希望出现的变差。R 控制图则揭示组内不希望出现的变差，它是所考察过程的变异大小的一种指示器，也是过程一致性或均匀性的一个度量。若组内变差基本不变，则 R 图表明过程保持统计控制状态，这种情况仅当所有子组受到相同处理时才会发生。若 R 图表明过程不保持统计控制状态，或 R 值增大，这表示可能不同的子组受到了不同的处理，或是若干个不同的因素正在对过程起作用。

R 控制图的失控状态也会影响到$\overline{X}$图。由于无论是对子组极差还是对子组平均的解释能力都依赖于组间变异的估计，故应首先分析 R 图。当极差控制图表明过程处于统计控制状态时，则认为过程的离散程度（组内变差）是稳定的。然后就可以对平均值进行分析，以确定过程的位置（测量结果）是否随时间变动。

为了解释常规控制图，在国家标准《常规控制图》中给出了变差的可查明原因的八种模式，在本章第二节已做详细介绍。

（七）采取纠正措施

1. 分析原因

当发现测量过程出现异常情况时，应重复对核查装置测量，如果产生连续失控的情况，则可预计测量过程中必有一个或几个重要的因素影响了测量而引起测量误差增大，应该立即停止正在运行的测量，分析产生异常情况的原因。例如测量设备性能发生变化，测量系统连接有问题，测量人员操作失误，环境条件超出规定的要求，外界干扰，辅助或配套设备性能下降等。查出原因后应采取必要的纠正措施。

2. 采取措施

针对测量过程失控的原因，可采取的纠正措施包括以下几个方面：

（1）缩短核查的间隔；

（2）对测量设备进行调整或修理，消除不稳定和不可靠的原因，重新进行计量确认后再投入使用，并重新评价确认间隔，必要时对确认间隔进行调整；

（3）提高测量设备的准确度，或者选择更准确的测量设备；

（4）增加被核查的影响量的数量，加强对环境条件的控制；

（5）完善测量方法，对测量过程控制参数作必要的修正；

（6）加强操作人员的培训和考核，确保其具备所要求的技能。

对测量过程失控所采取的纠正措施，以及对这些措施的有效性进行验证的活动都应作详细的记录并成为测量过程控制的证明文件。

三、测量过程控制的案例

【案例 2－3－3】　机加工车间使用量具的控制案例

1. 方案的基本思路

为了保证关键性的精密零部件加工的尺寸，根据统计控制的原理，建立核查标准，保证及时发现和修正测量过程可能出现的偏差或偏移，使测量过程处于统计控制状态。为此，特制一种量规作为车间的核查标准。特制量规的尺寸经过计量室测量之后，就把它提供给车间，操作工人根据规定的测量细则去测量量规的某一确定的尺寸，并在原始记录表上记录测量结果，应用计算机对数据进行分析，了解检测数据的变化趋势及相关关系，同时也可证明使用者和某件量规测量出现的微小的偏差。

2. 方案的基本特点

（1）测量不确定度可以根据实际受控测量的数据确定；

（2）能够使生产车间的测量设备保持对国家计量标准的溯源性；

（3）对特制量规的常规测量，使测量过程受到连续监控。

在实施测量过程控制时，必须注意操作工人们的一些心理因素，使工人理解这种方法的实质及原理，在测量特制量规时不必比测量产品时更加细心，这样才能发挥该方案的优越性。在车间放置一个特制量规，鼓励工人按规定的频次随时核查他们的量具，随时发现量具的磨损或破坏。当量具接近损坏边缘时，更需要增加核查的频次。实施过程中要使工人意识到为了保证产品质量，他们有责任进行认真的核查。用核查标准检查使用的量具是帮助工人改进测量质量，提高产品质量，降低生产成本的方法，使工人自觉利用这个机会提高自己的测量水平和加工质量。

3. 方案的实际运作

某产品的零部件加工质量要求严格，如果在加工过程中测量数据不准确，就很难保证加工零件的质量。为此，对该产品加工车间的测量过程实施控制。

首先，试制了一套用于控制测量过程的“组合量规”。该量规可进行常用尺寸的测量，并且可调。测量结果的不确定度为 2.5μm。“组合量规”可用于游标卡尺、游标高度尺、外径千分尺、内径千分尺、深度千分尺、百分表等常用量具的检查。

然后，将“组合量规”放到车间现场，工人随时可以核对自己使用的量具，一旦发现问题就及时送计量室校准或进行处理。

“组合量规”作为本方案的核查装置，在发送车间之前，计量室要进行认真检定，记录并保存检定数据，然后送车间，由车间工人用自己使用的量具每天测量“组合量规”，测量时不必特别注意，并将测量结果记录于专门的表格中。根据核查得到的一组数据，可以求得平均值、极差和标准偏差，从而可以得到测量过程短期随机完成的标准偏差。

通过对核查装置“组合量规”的多次重复测量建立测量过程控制的过程控制参数，即称为初始参数。根据初始参数之一的总标准偏差可以为以后的测量建立起一个控制极限，根据测量结果是否在控制限之内，就可以判断测量过程和测量结果是否受控。工人通过测量过程控制的实施，对自己测量的产品更有信心。

通过测量过程控制的试验发现测量超差的原因，实际上有些是由于工人技术不熟练或缺乏量具使用的基本知识而造成的。此外“组合量规”和工人使用的量具要有相同的膨胀系数，保证温度误差最小。

【案例 2-3-4】某个企业从 2004 年 1 月至 12 月一直采用控制图对编号为 10 的天平进行准确度控制。选择的核查标准是溯源到国家基准的标准砝码。从 1 月到 8 月进行了 168 次测量，子组大小均为 3。控制图的控制限是基于前 8 个月的数据获得的，且每年对控制限进行一次修正（控制图上限 UB=0.075）。从 9 月开始的测量数据同样依据规定的子组大小。

根据采集的数据绘制标准差（s）图。如图 2-3-21 所示。

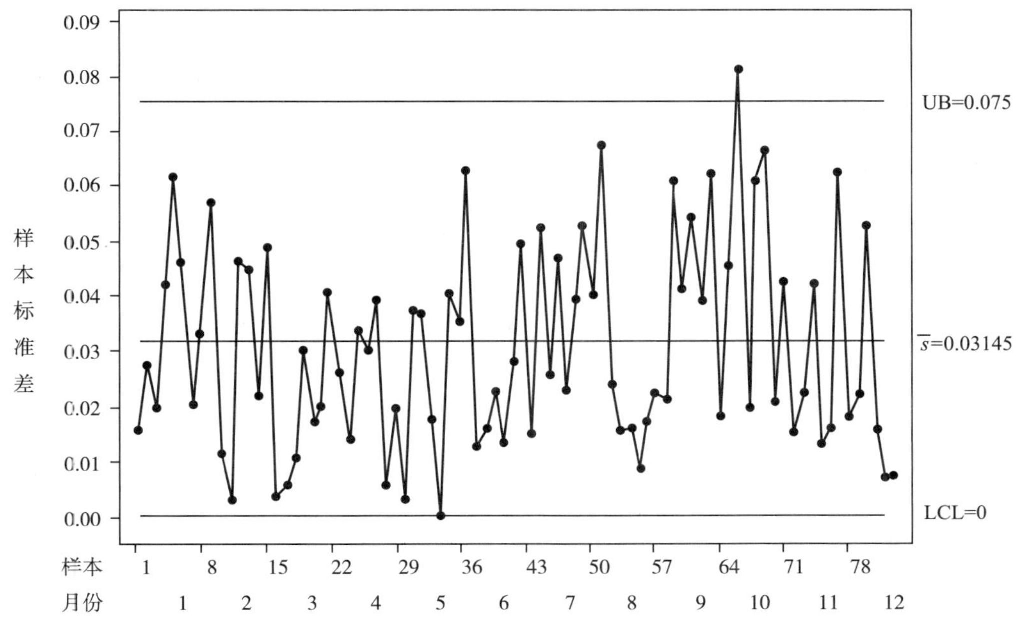

图 2-3-21　天平标准差控制图

从图中可以看出，截至12月底天平的准确度仍然在受控的状态下，虽然出现了一个超出控制限的点。很明显，该超出的点表明产生了某种显著的变化。当每个新的短期标准差（点）被绘制在控制图上时，出现超出控制限的点可能表明了失控，失控的点应该采取补充措施，同时在研究离群点的处理措施时有必要分析失控的原因，并采取相应的纠正措施。

第五节　过程能力指数的应用

一、过程能力

过程能力以往也称为工序能力。过程能力是指过程加工质量方面的能力，它是衡量过程加工内在一致性的，是稳态下的最小波动。而生产能力是指加工数量方面的能力，两者不可混淆。过程能力决定于质量因素，而与公差无关。

当过程处于稳态时，产品的计量质量特性值有99.73%落在$\mu \pm 3\sigma$的范围内，其中μ为质量特性值的总体均值，σ为质量特性值的总体标准差，也即有99.73%的产品落在上述6σ范围内，这几乎包括了全部产品。故通常用6倍标准差（6σ）表示过程能力，它的数值越小越好。

二、过程能力指数

（一）双侧公差情况的过程能力指数

对于双侧公差情况，过程能力指数C_P的定义如下：

$$C_P = \frac{T}{6\sigma} = \frac{T_U - T_L}{6\sigma} \qquad (2-3-6)$$

式中，T为技术公差的幅度，T_u、T_L分别为上、下公差限，σ为质量特性值分布的总体标准差。当σ未知时，可用$\delta_1 = \overline{R}/d_2$或$\delta_2 = \overline{s}/c_4$估计，其中$R$为样本极差，$\overline{R}$为其平均值，$S$为样本标准差，$\overline{s}$为其平均值，$d_2$、$c_4$为修偏系数，可查表2-3-2。注意，估计必须在稳态下进行，这点在GB/T 4091—2001《常规控制图》中有明确的规定并再三强调，不可忽视。

在过程能力指数计算公式中，T反映对产品的技术要求，而σ反映过程加工的一致性，所以在过程能力指数C_P中将6σ与T比较，就反映了过程加工质量满足产品技术要求的程度。

根据T与6σ的相对大小可以得到过程能力指数C_P如图2-3-22的三种典型情况。C_P值越大，表明加工质量越高，但这时对设备和操作人员的要求也高，加工成本也越大，所以对于C_P值的选择应根据技术与经济的综合分析来决定。当$T=6\sigma$，$C_P=1$，从表面上看，似乎这是既满足技术要求又很经济的情况。但由于过程总是波动的，分布中心一有偏移，不合格品率就要增加，因此，通常应取C_P大于1。

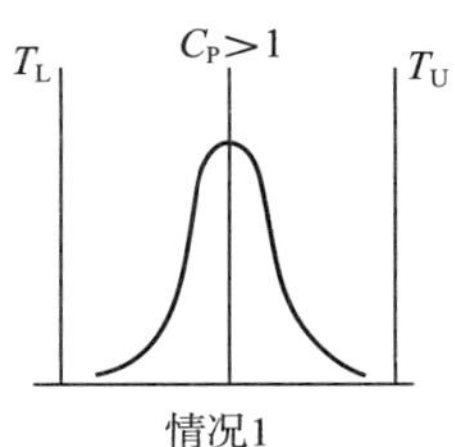

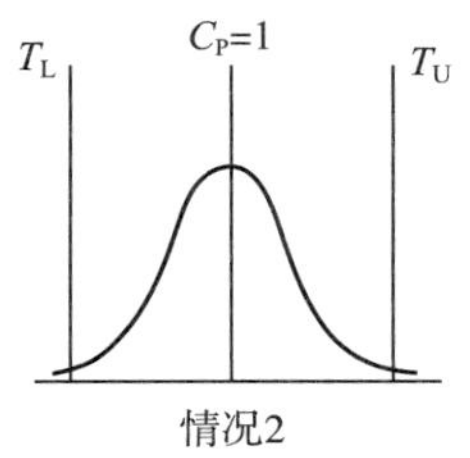

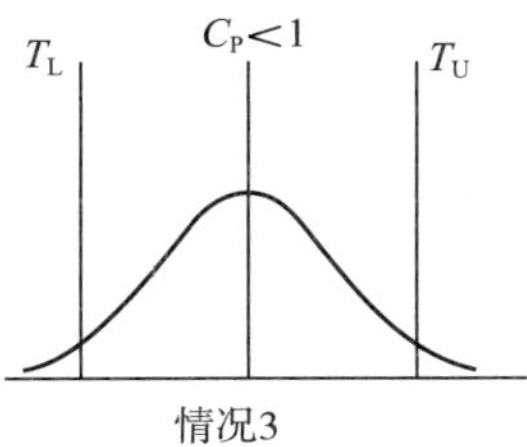

图 2-3-22　各种分布情况下的 C_P 值

一般，对于过程能力指数制定了如表 2-3-9 所示的评价参考。从式（2-3-6）可知，当 $C_P=1.33$，$T=8\sigma$。此时质量指标值的分布基本上在上下公差界限之内，且留有一定余地，见图 2-3-22 的情况 1。因此，可以说 $C_P\geqslant 1.33$ 时过程能力充分满足质量要求，GB/T 4091—2001 也要求 $C_P\geqslant 1.33$。需要说明的是，随着时代的进步，对于高质量、高可靠性的"6σ 控制原则"情况，甚至要求 C_P 达到 2.0 以上，所以对 $C_P\geqslant 1.67$ 时认为过程能力过高的说法应视具体情况而定，见图 2-3-23。

表 2-3-9　过程能力指数 C_P 值的评价参考

C_P 值的范围	级别	过程能力的评价参考
$C_P\geqslant 1.67$	Ⅰ	过程能力过高（应视具体情况而定）
$1.33\leqslant C_P<1.67$	Ⅱ	过程能力充分，表示技术管理能力已很好，应继续维持
$1.00\leqslant C_P<1.33$	Ⅲ	过程能力充足，但技术管理能力较勉强，应设法提高为Ⅱ级
$0.67\leqslant C_P<1.00$	Ⅳ	过程能力不足，表示技术管理能力已很差，应采取措施立即改善
$C_P<0.67$	Ⅴ	过程能力严重不足，表示应采取紧急措施和全面检查，必要时可停工整顿

在图 2-3-22 中还应该补充下列情况，即 $C_P=2$，$\sigma=0.5$，$P=2\times10^{-9}$。事实上，从 $C_P=1$，$\sigma=1.0$，可以得出：$C_P=1=T/6\sigma=T/6$，即 $T=6$，于是 $\sigma=1/C_P$。故对于 $C_P=2$，$\sigma=1/2=0.5$。注意，过程能力指数与不合格品率是一一对应的。

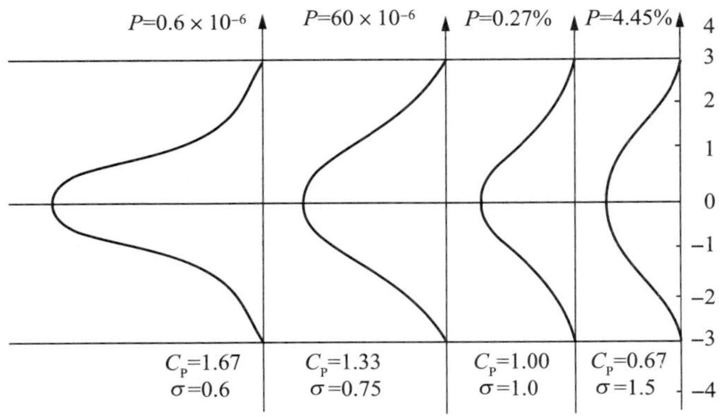

图 2-3-23　典型 C_P 值情况下质量特性值正态分布的图形

（二）单侧公差情况的过程能力指数

若只有上限要求，而对下限没有要求，则过程能力指数计算如下：

$$C_{PU}=\frac{T_U-\mu}{3\sigma} \qquad (\mu<T_U) \qquad (2-3-7)$$

式中 C_{PU} 为上单侧过程能力指数。当 $\mu \geqslant T_U$ 时，记 $C_{PU}=0$。

若只有下限要求，而对上限没有要求，则过程能力指数计算如下：

$$C_{PL}=\frac{\mu-T_L}{3\sigma} \qquad (\mu>T_L) \qquad (2-3-8)$$

式中，C_{PL} 为下单侧过程能力指数，当 $\mu \leqslant T_L$ 时，记 $C_{PL}=0$。

上面两个式子中的 μ 与 σ 未知时，可用样本估计，例如用 $\overline{X}$ 估计 μ，用 s（或 δ_1，δ_2）估计 σ。

（三）有偏移情况的过程能力指数

当产品质量特性值分布的均值 μ 与公差中心 M 不重合，即有偏移时，不合格品率必然增大，C_P 值降低，故式（2－3－6）所计算的过程能力指数不能反映有偏移的实际情况，需要加以修正。记修正后的过程能力指数为 C_{PK}，则公式为：

$$C_{PK}=\min(C_{PU},\ C_{PL}) \qquad (2-3-9)$$

记分布中心 μ 对于公差中心 M 的偏移为 $\varepsilon=|M-\mu|$（见图 2－3－24），定义 μ 对于 M 的相对偏移（偏移度）K 为：

$$K=\frac{\varepsilon}{T/2}=\frac{2\varepsilon}{T} \qquad (0\leqslant K<1) \qquad (2-3-10)$$

则过程能力指数修正为：

$$C_{PK}=(1-K)C_P=(1-K)\frac{T}{6\sigma} \qquad (2-3-11)$$

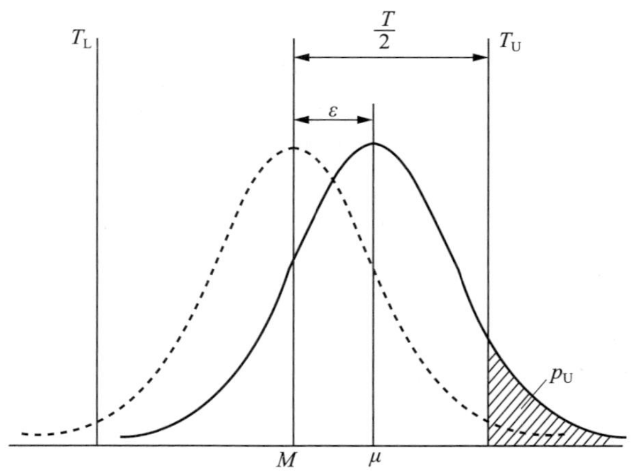

图 2－3－24　产品质量分布的均值 μ 与公差中心 M 不重合的情况

这样，当 $\mu=M$（即分布中心与公差中心重合无偏移）时，$K=0$，$C_{PK}=C_P$。注意，C_{PK} 也必须在稳态下求得。

可以证明，公式（2－3－9）和（2－3－10）是等价的。

（四）C_P 和 C_{PK} 的比较与说明

根据上述，无偏移情况的 C_P 表示过程加工的一致性，即“质量能力”，C_P 越大，则质量能力越强；而有偏移情况的 C_{PK} 反映过程中心 μ 与公差中心 M 的偏移情况，C_{PK} 越大，则二者偏离越小，是过程的“质量能力”与“管理能力”二者综合的结果。故 C_P 与 C_{PK} 二者的着重点不同，需要同时加以考虑。

将 C_P 与 C_{PK} 二数值联合使用，可对产品质量有更全面的了解，参见表 2-3-10。

表 2-3-10　联合应用 C_P 与 C_{PK} 代表的合格品率

C_{PK} \ C_P	0.33	0.67	1.00	1.33	1.67	2.00
0.33	68.269%	84.000%	84.134%	84.134%	84.13447%	84.13447%
0.67		95.450%	97.722%	97.725%	97.72499%	97.72499%
1.00			99.730%	99.865%	99.86501%	99.86501%
1.33				99.994%	99.99683%	99.99683%
1.67					99.99994%	99.99997%
2.00						99.9999998%

三、测量过程性能指数

美国三大汽车公司（福特、通用及克莱斯勒）联合制定了 QS 9000 标准，对于统计方法的应用提出了更高的要求，QS 9000 标准的认证是以通过 ISO 9000 的认证为前提。在 QS 9000 中提出 P_P、P_{PK} 的新概念，称之为过程性能指数（Process Performance Index），又称为长期过程能力指数。因此，有关过程能力指数的下列术语更为完整的表述应为：

C_P——无偏移短期过程能力指数；

C_{PU}——无偏移上单侧短期过程能力指数；

C_{PI}——无偏移下单侧短期过程能力指数；

C_{PK}——有偏移短期过程能力指数。

以上 4 个指数称为 C 系列过程能力指数。

P_P——无偏移过程性能指数；

P_{PU}——无偏移上单侧过程性能指数；

P_{PL}——无偏移下单侧过程性能指数；

P_{PK}——有偏移过程性能指数

以上 4 个指数称为 P 系列过程性能指数。

QS 9000 对于 P_{PK} 给出下列定义：

$$P_{PK}=\min(P_{PU},P_{PL}) \tag{2-3-12}$$

上式的物理含义是：不论分布位于公差范围内的任何位置，它对于上规范限可计算出一个上单侧过程性能指数 P_{PU}，同时对于下规范限可计算出一个下单侧过程性能指

数 P_{PL}，选择二者中最小的一个。可以证明，(2-3-12) 式与 (2-3-13) 是等价的。

$$P_{KP}=(1-K)P_P \qquad (2-3-13)$$

事实上，在 (2-3-13) 式中偏移度的计算就相当于单侧过程性能指数的计算，而根据分布的位置选择过程性能指数的计算就相当于选择 P_{PU} 或 P_{PL}。

为了便于读者查阅，现将上述过程能力指数的符号、名称及计算公式列于表 2-3-11 中。

表 2-3-11　短期过程能力指数与过程性能指数

符　　号	名　　称	计算公式
C_P	无偏移短期过程能力指数	$C_P=\frac{T}{6\sigma}\approx\frac{T_U-T_L}{6\hat{\sigma}_{ST}}$
C_{PU}	无偏移上单侧短期过程能力指数	$C_{PU}=\frac{T_U-\mu}{3\sigma}\approx\frac{T_U-\overline{X}}{3\hat{\sigma}_{ST}}$，$(\overline{X}<T_U)$
C_{PL}	无偏移下单侧短期过程能力指数	$C_{PL}=\frac{\mu-T_L}{3\sigma}\approx\frac{\overline{X}-T_L}{3\hat{\sigma}_{ST}}(\overline{X}>T_L)$
C_{PK}	有偏移短期过程能力指数	$C_{PK}=(1-K)C_P\approx(1-K)\frac{T_U-T_L}{6\hat{\sigma}_{ST}}(0\leqslant K<1)$
P_P	无偏移过程性能指数	$P_P=\frac{T}{6\sigma}\approx\frac{T_U-T_L}{6\hat{\sigma}_{LT}}$
P_{PU}	无偏移上单侧过程性能指数	$P_{PU}=\frac{T_U-\mu}{3\sigma}\approx\frac{T_U-\overline{X}}{3\hat{\sigma}_{LT}}$，$(\overline{X}<T_U)$
P_{PL}	无偏移下单侧过程性能指数	$P_{PL}=\frac{\mu-T_L}{3\sigma}\approx\frac{\overline{X}-T_L}{3\hat{\sigma}_{LT}}$，$(\overline{X}>T_L)$
P_{PK}	有偏移过程性能指数	$P_{PK}=\min(P_{PU}, P_{PL})$

注意，C 系列过程能力指数与 P 系列过程性能指数的公式类似，二者的主要差别在于：前者的公式中 σ 的估计采用 $\hat{\sigma}_{ST}=\overline{R}/d_2$ 或 $\overline{s}/c_4$，且必须在稳态下计算：而后者公式中的 σ 的估计采用 $\hat{\sigma}_{LT}=s$ 是在实际情况（不一定是稳态）下计算的。

QS 9000 提出 P_P、P_{PK} 的好处是：可以反映出系统当前的实际状态，而不要求在稳态的条件下进行计算。

关于 P_P 与 P_{PK} 的比较与说明如下：

(1) P_P 和 P_{PK} 的比较与说明和上一节 C_P 和 C_{PK} 的比较与说明类似。只不过 C 系列的过程能力指数是指过程的短期过程能力指数，而 P 系列的过程性能指数则是指过程的长期过程能力指数。P_P 和 P_{PK} 也需要联合应用。

(2) 对于同一个过程而言，通常长期标准差的估计值 $\hat{\sigma}_{LT}$ 大于短期标准差的估计值 $\hat{\sigma}_{ST}$。因此，过程的质量改进就是逐步减少 $\hat{\sigma}_{LT}$，使之不断向 $\hat{\sigma}_{ST}$ 逼近。根据 $\hat{\sigma}_{LT}$ 和 $\hat{\sigma}_{ST}$ 的差值（称之为过程稳定系数）：

$$d_{\sigma}=\hat{\sigma}_{LT}-\hat{\sigma}_{ST} \tag{2-3-14}$$

或相对差值（称为过程相对稳定系数）：

$$d_{r\sigma}=\frac{\hat{\sigma}_{LT}-\hat{\sigma}_{ST}}{\hat{\sigma}_{LT}} \tag{2-3-15}$$

可以对过程的实际状况，即对过程偏离稳态的稳定程度进行评估，见表 2-3-12。这里，$\hat{\sigma}_{ST}$的数值 可以利用下列近似方法得到：

在实际控制图中，选出点子比较正常波动的平稳段，然后利用该段数据作控制图，判稳。若稳，即可根据该稳态控制图计算出近似的 $\hat{\sigma}_{ST}$。否则，需要调整该平稳段直至控制图达到稳态为止。

表 2-3-12 过程相对稳定系数的评价参考

过程相对稳定系数的范围	评　　价
$d_{r\sigma}<10\%$	接近稳定
$10\%\leqslant d_{r\sigma}<20\%$	不太稳定
$20\%\leqslant d_{r\sigma}<50\%$	不稳定
$d_{r\sigma}\geqslant 50\%$	很不稳定

第四章

测量系统分析

第一节　测量系统分析概述

一、测量数据的质量

1. 测量数据的质量和作用

测量数据的使用比以前更频繁、更广泛。例如，现在普遍依据测量数据来决定是否调整制造过程，把测量数据或由它们计算出的一些统计量与这一过程的统计控制限值相比较，如果比较结果表明这一过程统计失控，那么要做某种调整，否则，这一过程就允许在没有调整的状态下运行。测量数据的另一个用处是判定在两个或更多变量之间是否存在显著的相互关系。例如，可能怀疑一个模塑零件的一个关键尺寸和材料的注塑温度有关，这种可能的相互关系可以通过采用称为回归分析的统计方法来研究，即比较关键尺寸的测量值和材料注塑温度的测量值。

通常，分析研究是增加对有关影响过程的各种原因的系统知识。各种分析研究是测量数据使用的重要应用之一，因为这些分析研究最终导致更好地理解各种过程。

使用以数据为基础的方法的收益，很大程度上取决于所用测量数据的质量。如果测量数据质量低，则这种方法的收益很可能低。同样，测量数据质量高，收益也可能较高。

为了确保应用测量数据所得到的收益大于获得它们所花的费用，就必须把注意力集中在数据的质量上。

测量数据质量由在稳定条件下运行的某一测量系统得到的多次测量结果的统计特性确定。例如，假定用在稳定条件下运行的某测量系统，得到某一特性的多次测量数据。如果这些测量数据与这一特性的参考值都很“接近”，那么可以说这些测量数据的质量“高”；同样，如果一些或全部测量数据“远离”参考值，那么可以说这些数据的质量“低”。

低质量数据最普遍的原因之一是数据变差太大。一组测量变差大多是由于测量系统和它的环境之间的相互作用造成的。例如，测量某容器内液体的容积，使用的测量系统可能对它周围的环境温度敏感，在这种情况下，数据的变差可能由于液体体积的变化或周围温度的变化，使得解释这些数据很困难，因此这一测量系统是不理想的。

如果相互作用产生太大的变差，那么数据的质量可能会很低，以至于数据没有用处。例如，一个具有大量变差的测量系统，在分析制造过程中使用是不适合的，因为测量系统变差可能会掩盖制造过程的变差。管理一个测量系统的许多工作是监视和控制变差。这就是说，应着重研究掌握环境对测量系统的影响，以使测量系统产生可接受的数据。

2. 与测量和测量结果有关的主要术语和定义

（1）［可测］量：现象、物体或物质可定性区别和定量确定的属性。

（2）［量的］真值：与给定的特定量的定义一致的值。

（3）［量的］约定真值：对于给定目的的具有适当不确定度的、赋予特定量的值，有时该值是约定采用的。它是为特定的目的，用于代替量的真值的量值。

（4）［测量］误差：测量结果减去被测量的真值。

由于真值不能确定，实际上使用约定真值。由于人们对客观规律认识的局限性、测量设备的不准确、测量方法的不完善、测量环境条件的不理想、测量人员的技术水平限制等原因都会使测量结果与被定义的值（即真值）不同。因此测量误差的存在是客观的和普遍的。

（5）偏差：一个值减去其参考值。

偏差是一个非常宽泛的概念，它表示某测量值偏离其参考值的程度，在具体应用中，常采用标准偏差及其估计量——实验标准偏差或样本标准偏差来表征同一被测量的多次测量结果的分散程度。

（6）测量不确定度：表征合理地赋予被测量之值的分散性，与测量结果相联系的参数。

二、测量系统

（一）测量系统的概念

测量系统，是对被测量单元进行定量测量或定性评估，其所用的仪器或量具、标准、操作、方法、夹具、软件、人员、环境和假设的集合。也就是用来获得测量结果的整个过程。

根据定义，测量系统就是测量过程。一个测量过程可以看成是一个制造过程，它产生的输出就是数值（数据）。这样看待测量系统是有用的，因为这可以使我们运用那些早已在统计过程控制领域证明了其有效性的所有概念、原理和工具。

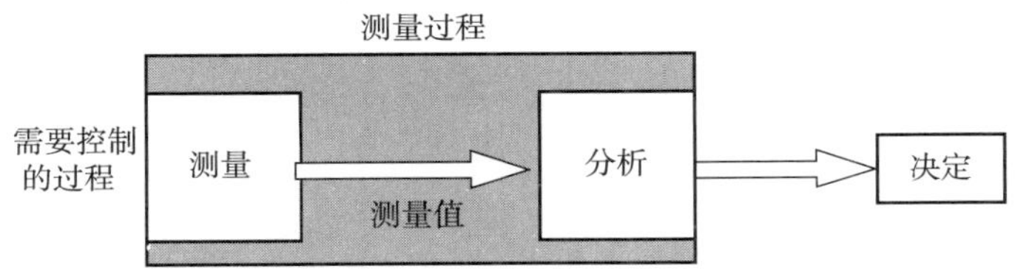

图 2－4－1　测量过程示意图

测量和分析活动是一个过程——测量过程（见图 2－4－1）。所有的过程控制管理、统计或逻辑技术均能应用。这就意味着必须首先确定顾客和他们的需要。顾客，过程所有者，希望用最小的努力做出正确的决定。管理者必须提供资源以采购对于测量过程来说是充分且必要的设备。但是采购最好的或最新的测量技术未必能保证做出正确的生产过程控制决定。

测量设备只是测量过程的一部分，过程的所有者必须知道如何正确使用这些设备及如何分析和解释结果。因此管理者也必须提供清晰明了的操作规定和标准以及培训和支持。其次，过程的拥有者有监控和控制测量过程，以确保稳定和正确的义务，这包括全部的测量系统分析方法——测量设备的研究、程序、使用者及环境。例如，正常操作条件的研究。

（二）测量系统的特性

测量系统的特性主要用以下术语和定义表示。

1. 有关位置变差的术语和定义

（1）偏倚：观测到测量值的平均值和基准值之间的差值。

偏倚是测量系统的系统误差分量。

（2）稳定性：随时间变化的偏倚值，也称为漂移。

一个稳定的测量过程在位置方面是处于统计上受控的状态。

（3）线性：在正常工作量程内的偏倚变化量。

测量系统的系统误差分量。它反映多个并且独立的偏倚误差在工作量程内的相互关系。

2. 有关宽度变差的术语和定义

（1）精确度：重复读数彼此之间的“接近度”。

测量系统的随机误差分量。

（2）重复性：由一位评价者使用一种测量仪器，多次测量同一零件的同一特性时获得的测量变差。

重复性是在固定和规定的测量条件下连续（短期内）多次测量中的变差。

通常指 EV——设备变差；仪器（量具）的能力或潜能，也是系统内部变差。

（3）再现性：由不同的评价者使用相同的量具，测量一个零件的一个特性时产生的测量平均值的变差。

在对产品和过程进行鉴定时，误差来源可能是评价者、环境（时间）或方法。

通常称为 AV——评价者变差，也是系统之间（条件）的误差。

（4）量具的重复性和再现性（GRR）：测量系统重复性和再现性的联合估计值（见图 2－4－2）。

GRR 是重复性和再现性合成变差的一个估计。换句话说，σ_{GRR}^2 等于系统内部和系统之间的方差的总和。

$$\sigma_{GRR}^2=\sigma_{再现性}^2+\sigma_{重复性}^2$$

（5）测量系统能力：测量系统变差的短期评估值（例：GRR，包括图表法）。

测量系统的能力是基于短期的评估，对测量误差（随机的和系统的）合成变差的估计。简单的能力包括以下几个部分：

1）不正确的偏倚或线性；

2）GRR，包括短期一致性，参考本章第三节有关部分。

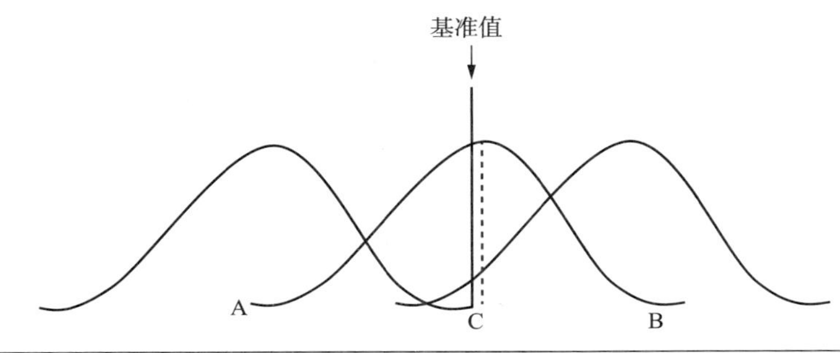

图 2-4-2 GRR 示意图

因此，测量能力的估计是对于规定条件、范围和测量系统量程内的预期误差的表达（不同于测量不确定度，测量不确定度是一个与测量结果有关的误差或值的预期范围的表达）。当测量误差互不相关时（随机的和独立的），合成变差（方差）的能力表达可以量化为：

$$\sigma^2_{能力}=\sigma^2_{偏倚(线性)}+\sigma^2_{GRR}$$

理解和准确应用测量能力有两个基本点：

首先，能力估计总是与规定的测量范围——条件、量程和时间有关。例如，如果没有测量条件的定量范围和量程，那么一个 25mm 的测微计的能力是 0.1mm 的说法是不完全的。再次强调，这就是为什么误差的模型对于定义测量过程是如此重要的原因。测量能力的评价范围应该是在测量范围有限的部分内或在整个测量范围内，很具体的或者是一个概括的操作说明。上面所说的“短期”的意思可以是：一系列测量循环期间的能力；完成 GRR 评价的时间；一个规定的生产期，或由校准频率表示的时间。测量能力的说明只需要完整到能合理地再现出测量条件和量程。一个文件化的控制计划可以达到这一目的。

其次，在测量量程内的短期一致性和均匀性（重复性误差）被包含在能力的评价中。一个简单的仪器，如 25mm 测微计，被期望是一致的和均匀的。在此例子中，能力的评价可以包括在普通条件下多种类型特性的整个测量范围。测量范围越大或测量系统越复杂（如 CMM），就越表明了在一定的量程范围内或尺寸方面存在（不正确）的线性、均匀性和短期一致性的测量误差。因为这些误差是相互关联的。所以它们不能用上述简单的线性公式组合起来。当（未修正的）线性、均匀性或一致性在整个量程范围内变化很大时，测量计划者和分析人员就只有两种实用的选择：一是报告该测量系统对于整个规定的条件、范围和量程下的最大（最坏的情况）能力；二是确定并报告对测量量程区间中特定部分的多个能力评估值（例如：低、中、高量程）。

（6）测量系统性能：测量系统变差的长期评估值（例：长期控制图法）。

如同过程性能，测量系统性能是所有有效的和可确定的变差源随时间的最终影响。性能量化了合成测量误差（随机的和系统的）的长期评估。因此，性能包括的长期误差为以下几部分：

1）能力（短期误差）；

2）稳定性和一致性（参考本章第三节相关部分）。

测量性能的估计是一个规定的条件、范围和测量系统量程的预期误差的表达（不同于测量不确定度，测量不确定度是一个与测量结果有关的误差或值的预期范围的表达）。当测量误差互不相关时（随机的和独立的），该合成变差（方差）的性能表达式可以量化为：

$$\sigma^2_{性能}=\sigma^2_{能力}+\sigma^2_{稳定性}+\sigma^2_{一致性}$$

此外，如同短期能力一样，长期性能总是与规定的测量范围——条件、量程和时间有关。测量性能的评价范围应是在测量范围有限的部分内或在整个测量范围内，很具体的或者是一个概括的操作说明。“长期”的意思可以是：几个在时间上的能力评估的平均；来自测量控制图的长期平均误差；校准记录评估或多种线性研究；或来自测量系统的寿命和量程方面的几个 GRR 研究的平均误差。测量性能的说明只需要完整到能合理地再现出测量环境和范围。

在测量量程内的长期一致性和均匀性（重复性误差）被包含在性能估计中。测量分析者必须知道误差之间的潜在关联，以便没有过高地估计性能。这要依赖于这些误差被怎样确定。当长期（未修正的）的线性、均匀性或一致性在一定的量程范围内明显变化时，测量计划者和分析者就只有两种实际选择：一是报告对于整个测量系统规定的条件、范围和量程的最大（最坏的情况）性能；二是对于规定的测量量程区间（即低、中、较大量程）确定和报告多种性能评估。

（7）灵敏度：能导致可探测到的输出信号的最小输入。

测量系统对被测特性变化的灵敏度。由量具设计（分辨力）、固有质量（OEM）、使用中的维修及仪器和标准的操作条件确定。

（8）一致性：重复性随时间变化的程度。

一致的测量过程是在宽度（变差）方面处于统计受控状态。

（9）均一性：在正常工作范围内重复性的变化。

重复性的同义词。

（三）测量系统的统计特性

在测量实践中，理想的测量系统是不存在的，但是人们还是期望测量系统具有零变差、零偏倚以及准确无误的测量结果，这些特性称为统计特性。

对于不同的测量目的，对测量系统统计特性的要求是不同的，要根据具体情况规定条件特性的可接受准则。但是有些基本特性是测量系统所必须具备的：

（1）足够的分辨力。测量设备的分辨力能够将公差或过程变差划分为 10 等份或者更多，通常称为 10∶1 规则。这个比例规则已经成为选择测量仪器时的首选原则。

（2）条件受控状态。也就是在重复性测量条件下，测量系统的变差只能由普通原因造成，而不能存在特殊原因。

（3）对于产品控制，测量系统的变异性与公差相比必须小。依据特性的公差来评价测量系统。

（4）对于过程控制，测量系统的变异性应该显示有效的分辨力并且与制造过程变差相比要小。根据 6σ 过程变差和/或来自 MSA 研究的总变差来评价测量系统。

测量系统统计特性可能随被测项目的变化而改变。如果是这样，则测量系统最大的（最坏）变差应小于过程变差和规范控制限两者中的较小者。

（四）测量系统的控制

为了有效地控制测量过程变差，需要了解：

——过程应该做什么；

——会出什么错；

——过程正在做什么；

——规范和工程要求规定过程应该做什么。

过程失效模式及后果分析（PFMEA）是用来确定与潜在过程失效相关的风险，并在这些失效出现前提出纠正措施。PFMEA 的结果转移至控制计划。

通过评价过程结果或参数，可以获得过程正在做什么的知识。这种活动，通常称为检验，是用适当的标准和测量装置，检查过程参数、过程中零件、已装配的子系统，或者是已完成的成品活动。这种活动能使观测者确定或否认过程是以稳定的方式操作并具有对顾客规定的目标而言可接受的变差这一前提。这种检查行为本身就是过程。

三、测量系统分析

测量系统分析，英文为“Measurement System Analysis”，缩写为“MSA”。它用于评估测量系统的质量，即运用统计技术方法来分析研究测量系统中的各个变差源以及它们对测量结果的贡献，并根据可接受的判断方法判断测量系统的符合性。

测量系统分析的定义是对测量系统特性进行数据分析，以检查其满足测量要求的能力。

测量系统分析的对象是构成测量系统的六个要素，包括：标准、工作件或零件、测量仪器、人和/或程序、环境。

对测量系统分析的一个重要前提是将测量活动看成是一个过程——测量过程，这样就可以对测量过程应用任何与过程控制有关的管理、统计和逻辑技术。

随着 ISO/TS 16949、ISO 10012 等国际标准在我国众多企业中的广泛应用，为保证过程控制的有效性，测量系统分析越来越得到重视。测量系统分析不但可以有效保证内部测量的准确，而且还可以保证与供应商、顾客或其他相关方之间关于数据的一致性比较。另外，通过测量系统分析深入了解影响测量结果的变差源，分析对过程控制和产品控制的有效性，可以实现测量系统的持续改进。

四、与其他相关内容的关系

1. 统计过程控制与测量系统分析

统计过程控制和测量系统分析都是研究变差的，也都是要分析产生变差的原因并采取措施来减少或消除变差。但是统计过程控制的研究对象是过程，分析产生过程变差的原因是普通原因还是特殊原因，并根据分析结果对过程作出适当的调整。而测量系统分析的研究对象是测量系统（有时也被视为测量过程），即分析测量系统的变差，并判别测量系统的有效性。

当确定了一个给定的过程要测量的特性后，首先应该对测量这个（些）特性的测量系统进行评价，从而确保为这个（些）特性而收集的数据的质量，以便进行有效分析。

另外，对测量系统的短期变差和长期变差的控制和监视都要使用有效的SPC控制图，如平均值和极差图、指数加权平均（EWMA）图等。所以，从对变差的控制方法上看，它们是相同的。

2. 测量管理体系（ISO 10012）与测量系统分析

ISO 10012：2003《测量管理体系　测量过程和测量设备的要求》对测量过程和测量设备的计量确认提出了明确的要求。

标准第4章“总要求”规定：

> 测量管理体系由设计的测量过程控制、测量设备的计量确认（见图2）和必要的支持过程构成。体系内的测量过程应受控（见7.2）。体系内所有的测量设备应经确认（见7.1）。

标准7.2.1“总则”规定：

> 应对作为测量管理体系组成部分的测量过程进行策划、确认、实施、形成文件和加以控制。应识别和考虑影响测量过程的影响量。
>
> 每一个测量过程的完整规范应包括所有有关设备的标识、测量程序、测量软件、使用条件、操作者能力和影响测量结果可靠性的其他因素。测量过程控制应根据形成文件的程序进行。

在标准7.2.2“测量过程设计”中规定：

> 应根据顾客、组织和法律法规的要求确定计量要求。为了满足这些规定要求而设计的测量过程应形成文件，并确认有效，必要时，征得顾客同意。
>
> 对每一测量过程，应识别有关的过程要素和控制。要素和控制限的选择要与不符合规定的要求时引起的风险相称。这些过程要素和控制应包括操作者、设备、环境条件、影响量和应用方法的影响。

在标准7.2.3“测量过程的实现”中规定：

> 测量过程应在设计的受控条件下实现，以满足计量要求。
>
> 受控条件应包括：
>
> a）使用经确认的设备；
>
> b）应用经确认有效的测量程序；
>
> c）可获得所要求的信息资源；
>
> d）保持所要求的环境条件；
>
> e）使用具备能力的人员；
>
> f）合适的结果报告方式；
>
> g）按规定实施监视。

在标准 8.2.4“测量管理体系的监视”条款中规定：

> 在构成测量管理体系的各个过程中，应监视计量确认和测量过程。监视应按照形成文件的程序和确定的时间间隔进行。
>
> 监视应包括确定所用的方法，方法中包括统计技术和它们的使用范围。
>
> 通过确保迅速发现存在的问题和及并采取纠正措施，测量管理体系监视应能提供防止偏离要求的机制。这种监视应与不符合规定要求所产生的风险相匹配。
>
> 测量和确认过程的监视结果和采取的纠正措施应形成文件以证明测量和确认过程持续地满足文件的要求。

由此可见，在 ISO 10012 标准中，为确保测量结果的准确可靠，对产生测量结果的测量过程，从测量过程设计、确认、实现、控制和监视等各个环节都提出了明确的要求。

测量系统分析，也就是将测量系统作为测量过程，采用统计技术对其变差等特性进行分析和控制，以确保测量系统满足规定的要求。因此，测量系统分析是实现测量管理体系对测量过程要求的重要方法之一。

3. QS 9000、ISO/TS 16949 与测量系统分析

QS 9000 是由美国戴姆勒-克莱斯勒、福特和通用汽车公司供方质量要求特别工作组制定的质量体系要求。自要求推出后，在世界各国广为采用。为了保证测量结果的准确可靠，上述三家公司于 1990 年 10 月推出了《测量系统分析参考手册》第一版。2010 年 6 月，颁布了该手册的第四版。本章内容主要是参考该手册第四版编写。

ISO/TS 16949 是 1999 年 3 月正式发布的技术规范，它是国际标准化组织（ISO）在国际汽车特别工作组（IATF）和 ISO/TC 176 的共同努力下诞生的。目前采用的是 2009 年的修订版，它是取代 QS 9000 等标准，适用于第三方认证要求的国际标准化组织的技术规范。

无论是 QS 9000，还是 ISO/TS 16949 都对测量系统分析提出了具体要求。

在 ISO/TS 16949：2009 标准 7.6.1“测量系统分析”中规定：“为分析出现在各种测量和试验设备系统测量结果的变差，必须进行适当的统计研究。此要求必须适用于控制计划中提及的测量系统。这些分析方法及接受准则的使用必须符合顾客关于测量系统分析的参考手册。采用其他分析方法和接受准则必须获得顾客的批准。”

第二节　用于评估测量系统的基本概念

一、概述

对测量系统实施评估，需要对两个重要的方面进行评定：

（1）验证在适当的特性位置上测量的正确的变量。若适用，还要验证夹紧和固定装置。另外，还要识别与测量相互依赖的任何关键环境因素。如果测量的是错误的变量，那么无论测量系统多么准确或多么精密，都是消耗资源，无任何益处。

（2）确定测量系统需要具有何种统计特性才是可接受的。为了做出这样的确定，很重要的一点是要知道数据将被怎样使用。因为如果不了解这一点的话，就不能确定恰当的统计特性。统计特性确定之后，必须对测量系统进行评定，以便了解它实际上是否具有这些特性。

测量系统的评估可以分两个阶段进行。

①第 1 阶段试验目的：理解测量过程，确定它是否满足要求？

第 1 阶段的试验是验证测量系统是否按照其设计规范的要求，在适当的特性位置上测量正确的变量（若适用，要验证夹具和固定装置）；此外验证是否存在任何与测量相互依赖的重要环境问题。第 1 阶段可以设计使用统计实验的方法来评估操作环境对测量系统参数的影响（例如漂移、线性、重复性和再现性）。第 1 阶段实验的结果可能表明操作环境不会对整个测量系统变差产生重大的影响。另外，与重复性和再现性要素相比较，测量装置的偏倚和线性的影响应该比较小。

从第 1 阶段试验中所获得的结果应该用作开发测量系统维护计划的输入，同时应该用作第 2 阶段试验类型的输入。环境问题可能驱使位置的改进，或对测量装置环境的控制。

例如，如果在整个测量系统变差中，重复性和再现性的影响很大，那么在第 2 阶段试验中可能要周期性简单地进行这两个因素的统计试验。

②第 2 阶段试验目的：随时间的推移，测量系统是否持续满足要求？

第 2 阶段的试验是对变差的主要原因提供持续的监控，从而说明测量系统是持续可信的（包括所产生的数据）和/或随着时间推移，测量系统是否出现变坏的信号。

二、选择/开发试验程序

有许多适当的程序可用于评估测量系统。选择使用哪种程序取决于许多因素，其许多因素需要根据对被评估的各个测量系统的具体情况确定。在某些情况下，一个方法对一个特殊的测量系统是否合适，需要预先的试验。这种预先的试验应是第 1 阶段试验中必不可少的部分。

当选择或开发一个评估程序时，一般应考虑的问题包括：

（1）试验中是否应使用诸如那些可溯源至国家基准的计量标准？如果是，什么等级的计量标准是合适的？计量标准经常是评估一个测量系统的准确度所必需的。如果不使用计量标准，仍能评定该测量系统的变异性，但不大可能按合理的可信性评估该测量系统的准确度。缺乏这样的可行性可能是一个问题，例如，试图解决生产者的测量系统和顾客测量系统之间明显的差别就是如此。

（2）对于第 2 阶段正在进行的试验，应考虑使用盲测法。盲测法是指在实际测量环境下，在操作者事先不知正在对该测量系统进行评定的条件下所进行的测量。通过适当的管理，在盲测基础上所进行的试验通常不受众所周知的霍桑效应的干扰，就是说要保证使用中数据采集的随机性。

（3）试验成本。

（4）试验所需要的时间。

（5）任何其定义没有被普遍接受的术语应作出可操作的定义。这些术语如准确度、精密度、重复性和再现性等。

（6）是否将这个测量系统取得的测量结果与另外一个测量系统得到的测量结果对

比？如果对比，应考虑使用依赖于使用诸如上面第一步讨论的计量标准的试验方法。如果不使用计量标准，仍有可能确定两个测量系统是否可以同时正常工作。然而，如果两个系统一起工作不正常，那么不使用计量标准，就不可能确定哪个系统需要改进。

(7) 第 2 阶段试验应每隔多久进行一次？这个问题应由单个测量系统的统计特性及其对设施的影响和使用该设施进行生产的顾客来决定。事实上该生产过程由于一个测量系统没有正常工作而未受监控。除了这些一般性的问题外，其他正在试验的特殊测量系统的特殊问题也可能是重要的。发现对于特殊测量系统重要的具体问题是第 1 阶段试验的两个目的之一。

三、测量系统研究准备

就如在任何研究或分析中一样，实施测量系统研究之前应首先进行充分的策划和准备。实施研究之前的准备一般包括：

(1) 应该策划所使用的方法。例如，通过使用工程决策，目视观察或量具研究来确定在校准或使用仪器是否存在评价者的影响。有些测量系统可以忽略再现性影响。例如，只需按一下按钮，测量结果就能打印出来的测量系统。

(2) 应该事先确定评价者的人数，抽样零件的数量，及重复读数的次数等。选择上述内容时应考虑下列因素：

a) 尺寸的关键性——关键尺寸需要更多的零件和/或测量次数，原因是量具研究评价所需的置信度；

b) 零件结构——大型或重型的零件可能意味着样品较少但测量次数较多；

c) 顾客的要求。

(3) 由于其目的是评价整个测量系统，评价者应该从那些日常操作该仪器的人员中挑选。

(4) 样品的选择对正确的分析至关重要，它完全取决于 MSA 研究的设计、测量系统的目的，以及能否获得代表该生产过程的零件样本。

在对产品控制的情况下，当测量结果和判断准则是确定“符合或不符合某特性规范”（如 100%检验或抽样）时，必须选择样本（或标准）但不需要覆盖整个过程范围。测量系统的评估是基于特性的公差（如对公差的%GRR）。

在对过程控制的情况下，当测量结果和判断准则用于确定“过程稳定性，方向以及是否符合自然的过程变差”（如：SPC、过程监视、能力及过程改进）时，在整个操作范围的样本可获得性变得非常重要。当评估一测量系统对过程控制的适用性时（如对过程变差的%GRR），建议采用过程变差的独立估计法（过程能力研究）。

当不可能进行过程变差的独立估计时，或为确定过程控制的方向以及测量系统对过程控制的持续适宜性时，必须从过程中选择样品，并且该样品能够代表整个生产作业范围。使用 MSA 研究中所选择的样品的变差（PV，零件变差）来计算此项研究的总变差（TV）。这 TV 指数（如对 TV 的%GRR）是对过程的方向以及过程控制的测量系统持续适宜性的一个指标。如果样品不能代表生产过程，在评估时必须忽略 TV。忽略 TV 不会影响使用公差的评估（产品控制）或一个过程变差的独立估算法（过程控制）。

零件抽样的选择可以是在一定时期内，每一天取一个样本，持续若干天的方式进行选取。再次说明，这样做是有必要的，因为分析中这些零件被认为代表生产过程中产品变差的全部范围。由于每一个零件将被测量若干次，必须对每一个零件编号以便于识别。

（5）仪器应该有足够的分辨力，应允许至少直接读取特性的预期过程变差的十分之一。例如，如果特性的变差为0.001，仪器应能读出0.0001的变化量。

（6）确保测量方法（如评价者和仪器）是测量特性的尺寸，并遵守规定的测量程序。

进行研究的方式是非常重要的。所有分析都假定各次读数之间具有统计上的独立性。为最大限度地减少误导结果的可能性，应采取下列步骤：

1）测量应按照随机顺序进行，以确保整个研究过程中产生的任何漂移或变化将随机分布在整个研究中。评价者不能对正在检查的零件编号，以免可能的认识偏倚。但是进行研究的人应知道正在检查哪个零件，并相应记下测量数据，如：评价者A，零件1，第一次测量；评价者B，零件4，第二次测量等。

2）对设备的读数，测量值应记录到仪器分辨力的实际限度。机械装置必须读到并记录到最小的刻度单位。对于电子读数，测量计划必须规定共同原则以记录最准确的有意义显示数值。模拟装置应记录到最小刻度的一半或灵敏度和分辨力的极限。对于模拟装置，如果最小刻度为0.0001，则测量结果应记录到0.00005。

3）研究工作应由了解实施该可靠研究的重要性的人员负责管理和监督。

在开发第1阶段和第2阶段试验计划时，有以下几方面因素需要考虑：

1）评价者对测量过程有哪些影响？若有可能，平时使用该测量装置的评价者应该包括在本研究中。每个评价者应该使用他们通常为获取读数所使用的程序——包括所有步骤。评价者所使用方法之间的任何差异都将影响测量系统的再现性。

2）对测量设备的校准是否可能是引起变差的一个显著原因？若是，评价者应该在获取每组读数之前重新对设备进行校准。

3）需要多少样品和重复几次读数？所要求的样品数量将取决于被测特性的重要性，以及测量系统变差的估计中所要求的置信水平。

在对测量过程进行研究时，虽然评价者数量、测量次数以及样品数量会有所不同，但是对于相同测量系统在第1阶段和第2阶段试验计划之间或为同一测量系统的连续第2阶段试验之间应该保持相同的评价者数量、试验次数和样品数量。在试验计划之间以及连续的试验之间保持一致，将提高在不同的试验结果之间的可比性。

四、结果分析

应该对结果进行评价，以确定该测量装置对其预期的应用来说是否可接受。在进行任何有效的分析之前，测量系统应该是稳定的。

1. 接受性准则——计量装配或设备误差

一个设计不当的设备或不当装配的计量装置将增加测量的误差。这通常在测量值预示或显示测量过程不稳定或已难以控制的情况下被发现。这可能是由于过度的计量参数变化或过低的重复性、过低的GRR测试值所引起的。

一般来讲，当发现一个明显的测量问题已存在时，首先要做的事情应该是回顾装配过程，然后根据指令装配设备以确保计量装置是被正确组装的（注：这一行为不被包含在说明指令中），例如，夹子/探针应被正确放置并有适当的负载量。

如果在这些方面发现了问题，则应重新安装或修复计量装置，然后重新进行测量评估。

2. 接受准则——位置误差

位置误差通常被定义为偏倚和线性的分析。

通常，如果一个测量系统的偏倚线性误差明显异于零，或是超出量具校准程序确立的最大允许误差，则该测量系统为不可接受。在这种情况下，应对测量系统重新进行校准或进行一个补偿修正以尽可能地减少该误差。

3. 接受准则——宽度误差

一个测量系统的保持是否为满意的准则，取决于测量系统变差对制造过程误差或零件公差所占的百分比。对特定的测量系统最终的接受准则取决于测量系统的环境和目的，而且应该取得顾客的同意。

对测量系统的可接受性的通用比例原则如表 2－4－1 所示。

表 2－4－1 对测量系统的可接受性的通用比例

GRR	判定	评论
低于 10％的误差	通常认为测量系统是可接受的	当排列或分类零件、需要加强过程控制时被推荐运用
10％ 到 30％ 的误差	在某些应用情况下被认为可接受	是否可接受此误差应基于应用的重要性、测量装置的成本、维修的成本等方面的考虑，可能是可接受的。 应得到顾客的认可允许
超过 30％的误差	认为是不可接受的	应该作出各种努力来改进测量系统。 这种情况可以通过使用一种适当的测量战略来解决。例如，可以利用一些有系统部分特征的读数的平均值来降低最终的测量变化

测量系统的最终可接受性不应仅仅取决于一些简单的指数，应同时使用随时间变化的图表来分析测量系统的长期性能。

第三节 测量系统分析方法

一、概述

在不同的行业和领域，测量系统的复杂程度存在很大差别，难以一一描述。但是，根据构成测量系统模型的各要素及其属性，可将测量系统分为两种基本类型：简单测量系统和复杂测量系统。

对于简单测量系统来说，在许多情况下主要的变差是由测量仪器、操作者和操作程序（测量方法）造成的。而影响复杂测量系统的变差源要复杂得多，而且有时难以跟踪和量化，必要时采用实验设计或其他统计方法来确定其变差，并形成适用于某种特定复杂测量系统的分析程序。

1. 简单测量系统

所谓简单测量系统是指非破坏性的，而且对每个测量对象（如零件）都能重复观察的测量系统。在实际进行测量系统研究时，往往要规定一些先决条件，以便保证所提供的研究方法和分析程序的可用性。通常的条件为：

（1）只考虑影响测量系统的主要变差，即量具、评价者和测量对象；

（2）忽略被测对象的结构上的变差（或称为内部变差）的影响，而这类变差通常会使重复性变坏，对于这类变差将采用其他的评定方法来进行量化；

（3）实施操作时保证测量的随机性和统计的独立性；

（4）研究期间被测对象的物理结构和属性特性不能发生变化。

根据测量结果的数据属性通常将简单测量系统分为计量型测量系统和计数型测量系统。对于计量型测量系统，主要研究的变差包括评价者变差（再现性）、设备变差（重复性）、零件间变差以及交互作用变差等。对于计数型测量系统，主要研究的对象是变差、重复性和属性一致性。具体研究方法将在后面详述。

2. 复杂测量系统

复杂测量系统是相对于简单测量系统而言的，它往往是指那些破坏性的或其他不可重复的测量系统，被测对象的特性每次随着试验会发生不同程度的变化，如发动机或变速箱的动力试验。

复杂测量系统研究不能像简单测量系统那样事先给定某些约束条件，但通常的关注点是相同的，那就是测量系统的稳定性研究和变差研究。

3. 测量系统评估程序的适用性

对于不同测量系统的评估程序的适用性没有简单通用的方法，除去要考虑的时间和费用因素外，还要注意以下几个方面：

（1）明确测量系统评估的目的。是要与其他测量系统进行结果比对，还是要用于产品检验、过程控制，或是向外部顾客提供测量系统能力的证明，等等。

（2）根据测量系统的数据输出属性（计量型或计数型），选择准备评估的变差特性，但对于测量得到的计量型数据并非必须总是采用计量数据的分析方法，有时可以将计量数据按照某种规则转换为计数数据（或属性数据），并采用对属性数据的分析方法。

（3）利用因果图对测量系统的变差来源进行充分的分析，并掌握主要变差及其水平。

（4）对测量系统进行评估的简单方法是采用核查装置，然后进行结果比对。这种方法是有效的，但首先要保证核查装置是可靠溯源并校准/检定合格的，其次在不同的量程上可能需要比较多的核查装置，而且这种方法比较适宜在实验室进行。

（5）注意排除评估试验中霍桑效应的干扰。换句话说，就是要保证试验中数据采集的随机性，有的也称为“盲测”。

（6）准备好适用于进行数据分析的统计软件工具。

二、简单测量系统的分析

（一）简单测量系统分析流程

（1）研究准备；

（2）稳定性评估；

（3）评估分辨力；

（4）确定准确度（偏倚研究）；

（5）校准/检定；

（6）线性评估；

（7）确定重复性和再现性。

（二）计量型测量系统研究指南

对于计量型测量系统的研究主要包括位置变差的研究——稳定性、偏倚、线性，以及宽度变差的研究——重复性和再现性。

1. 确定稳定性的指南

（1）进行研究

①取一样本并建立相对于可溯源标准的基准值。如果该样品不可获得，选择一个落在产品测量中程数的生产零件，指定其为稳定性分析的标准样本。对于追踪测量系统稳定性，不需要一个已知参考值。

具备预期测量的最低值、最高值和中程数的标准样本是较理想的。建议对每个标准样本分别做测量与控制图（见图 2-4-3）。

②定期（天、周）测量标准样本 3～5 次，样本容量和频率应该基于对测量系统的了解。因素可以包括重新校准的频次、要求的修理，测量系统的使用频率，作业条件的好坏。应在不同的时间读数以代表测量系统的实际使用情况，以便说明在一天中预热、周围环境和其他因素发生的变化。

③将数据按时间顺序画在$\overline{X}$-R 或$\overline{X}$-s 控制图上。

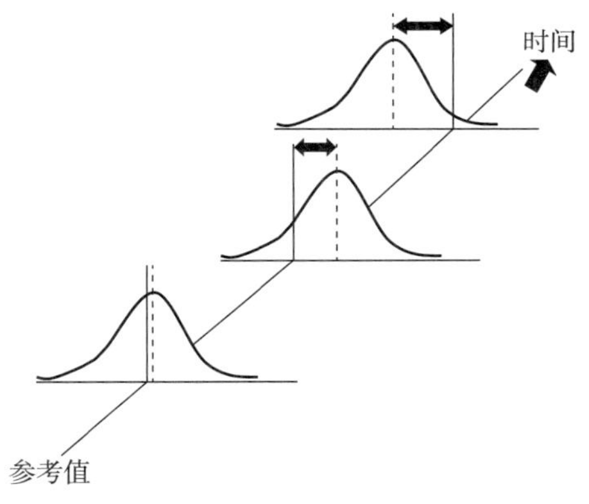

图 2-4-3 测量系统稳定性示意图

（2）结果分析

①作图法。建立控制限并用标准化控制图分析评价失控或不稳定状态。

②数据法。除了通常的控制图分析法外，对稳定性没有特别的数据分析或指数。

如果测量过程是稳定的，这些数据可以用于确定测量系统的偏倚。

同样，测量的标准偏差可以用作测量系统重复性的近似值。这可以与过程的标准偏差进行比较以决定测量系统的重复性是否适合于应用。

可能需要实验设计或其他分析解决问题的技术以确定测量系统稳定性不足的主要原因。

2. 确定偏倚指南——独立样本法

（1）进行研究

①获取一个样本并建立相对于可溯源标准的参考值。如果做不到，选择一个落在生产测量的中程数据的生产零件，指定其为偏倚分析的标准样本。在计量室测量这个零件 $n \geqslant 10$ 次，并计算这 n 个读数的均值。把均值作为“基准值”。

具备预期测量值的最低值、最高值及中位数的标准样本是理想的。完成此步后，用线性研究分析数据。

②让一个评价者以通常方法测量样本 10 次以上。

结果分析——作图法。

③计算某个读数的示值误差：

$$偏倚 = x_i - 参考值$$

④相对于参考值将数据画出直方图。评审直方图，用专业知识确定是否存在特殊原因或出现异常。如果没有，继续分析，对于 $n<30$ 时的解释或分析，应当特别谨慎。

（2）结果分析——数据法

①计算 n 个读数的平均值：

$$\overline{X} = \frac{\sum_{i=1}^{n} x_i}{n}$$

②计算重复性实验标准偏差：

$$\sigma_{重复性} = \sqrt{\frac{\sum_{i=1}^{n}(x_i - \overline{x})^2}{n-1}}$$

如果 GRR 研究可用（且有效），那么重复性标准偏差的计算应该基于 GRR 的研究结果进行计算。

③通过计算％EV（偏倚百分比）确定此重复性是否可以被接受

$$\%EV = 100\% \times [EV/TV] = 100\% \times [\sigma_{重复性}/TV]$$

这里的总变化（TV）是基于预期的过程差异（首选）。或者，当过程标准差为 σ，过程变差为 6σ，则可计算占过程变差的百分比。

如果％EV 偏大，那么这个测量系统的变化可能不被接受。因为偏差率分析假定重复性是可以接受，所以继续运用一个％EV 值偏大的测量系统进行分析会导致误导与混淆的情况

④确定偏差率中 t 的统计量：

$$\sigma_b = \sigma_r/\sqrt{n} \text{（}\sigma_b\text{ 为偏差的不确定性）}$$

$$t = \frac{平均偏倚}{\sigma_b}$$

⑤如果符合以下两种情况，那么偏差率可以 α 程度被接受（统计意义上 0）。

P 值相对于 $t_{偏倚}$ 是小于 α 的；

0 落在 1 至 α 的偏差置信区间以内。

$$偏倚 - [\sigma_b \cdot t_{1-\alpha/2}(\nu)] \leqslant 0 \leqslant 偏倚 + [\sigma_b \cdot t_{1-\alpha/2}(\nu)]$$

式中，$\nu=n-1$，$t_{1-\alpha/2}(\nu)$ 在标准 t 分布表（如 α 分位数表）中可以查到。

所取的 α 水平依赖于灵敏度水平，灵敏度水平对评价/控制过程是必要的，并且与产品/过程的损失函数（灵敏度曲线）有关。如果 α 不是用默认值 0.05（95%置信度）则必须得到顾客的同意。

3. 确定偏倚的指南——控制图法

（1）进行研究

如果采用平均值-极差图或平均值-标准差图评定稳定性，其数据也可以用来评价偏倚。在评价偏倚之前，控制图分析应表明该测量系统处于稳定状态。

①获取一个样本，并建立可追溯到一个相关标准的参考值。如果不能取得参考值，选择一个落在产品测量值范围中间的生产零件，将它指定为偏倚分析的标准样本。在计量室测量该零件 $n\geqslant 10$ 次，并计算这 n 个数据的平均值。把平均值作为"参考值"（见图 2-4-4）。

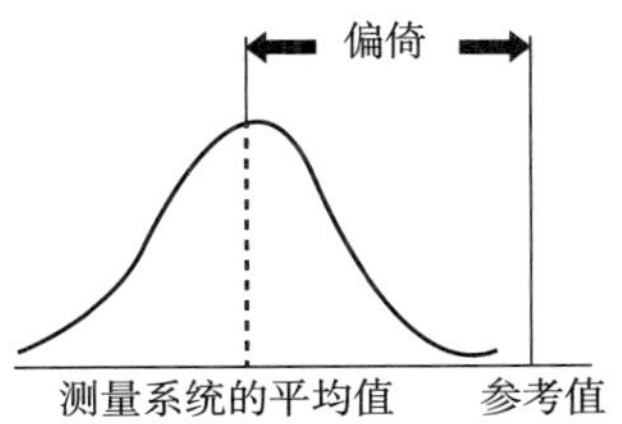

图 2-4-4 偏倚示意图

（2）结果分析——作图法

依参考值将数据画出直方图。评审直方图，以专业知识确定是否存在特殊原因或出现异常。如果没有，继续进行分析。

（3）结果分析——数据法

①从控制图得到平均值$\overline{\overline{x}}$。

②从$\overline{\overline{x}}$减去参考值计算出偏倚

$$偏倚=\overline{\overline{x}}-参考值$$

③用极差平均值计算重复性标准偏差

$$\sigma_{重复性}=\frac{\overline{\overline{R}}}{d_2^*}$$

由子组容量（m）和子组数量（g）查见表 2-4-2 可得 d_2^*。

④通过下列方程确定重复性是否可被接受。

$$\%EV=100\%\times[EV/TV]=100\%\times[\sigma_{重复性}/TV]$$

这里的总变化（TV）是基于预期的过程差异（首选）。或者，当过程标准差为 σ，过程变差为 6σ，则看计算结果占过程变差的百分比（见下面的量具重复性和再现性研究）。

如果%EV 偏大，那么这个测量系统的变化可能不被接受。因为偏差率分析假定重复性是可以接受的，所以继续运用一个%EV 值大的测量系统进行分析会导致误导或混淆的情况。也就是说，分析结果可能表现出偏差率在一个统计上的 0 值，然而其绝对量已超过了可接受的设备价值。

⑤确定偏倚的 t 统计值：

$$\sigma_b=\sigma_r/\sqrt{g}$$

$$t=\frac{偏倚}{\sigma_b}$$

⑥如果符合以下两种情况，那么偏差率就可在 α 程度被接受（条件意义上 0）。

表 2-4-2　d_2^* 表

子组的数量（g）	子组的大小（m）																		
	2	3	4	5	6	7	8	9	10	11	12	13	14	15	16	17	18	19	20
1	1.0	2.0	2.9	3.8	4.7	5.5	6.3	7.0	7.7	8.3	9.0	9.6	10.2	10.8	11.3	11.9	12.4	12.9	13.4
	1.41421	1.91155	2.23887	2.48124	2.67253	2.82981	2.96288	3.07794	3.17905	3.26909	3.35016	3.42378	3.49116	3.55333	3.61071	3.66422	3.71424	3.76118	3.80537
2	1.9	3.8	5.7	7.5	9.2	10.8	12.3	13.8	15.1	16.5	17.8	19.0	20.2	21.3	22.4	23.5	24.5	25.5	26.5
	1.27931	1.80538	2.15069	2.40484	2.60438	2.76779	2.90562	3.02446	3.12869	3.22134	3.30463	3.38017	3.44922	3.51287	3.57156	3.62625	3.67734	3.72524	3.77032
3	2.8	5.7	8.4	11.1	13.6	16.0	18.3	20.5	22.6	24.6	26.5	28.4	30.1	31.9	33.5	35.1	36.7	38.2	39.7
	1.23105	1.76858	2.12049	2.37883	2.58127	2.74681	2.88628	3.00643	3.11173	3.20526	3.28931	3.36550	3.43512	3.49927	3.55842	3.61351	3.66495	3.71319	3.75857
4	3.7	7.5	11.2	14.7	18.1	21.3	24.4	27.3	30.1	32.7	35.3	37.7	40.1	42.4	44.6	46.7	48.8	50.8	52.8
	1.20621	1.74989	2.10522	2.36571	2.56964	2.73626	2.87656	2.99737	3.10321	3.19720	3.28163	3.35815	3.42805	3.49246	3.55183	3.60712	3.65875	3.70715	3.75268
5	4.6	9.3	13.9	18.4	22.6	26.6	30.4	34.0	37.5	40.8	44.0	47.1	50.1	52.9	55.7	58.4	61.0	63.5	65.9
	1.19105	1.73857	2.09601	2.35781	2.56263	2.72991	2.87071	2.99192	3.09808	3.19235	3.27701	3.35372	3.42381	3.48836	3.54787	3.60328	3.65502	3.70352	3.74914
6	5.5	11.1	16.7	22.0	27.0	31.8	36.4	40.8	45.0	49.0	52.8	56.5	60.1	63.5	66.8	70.0	73.1	76.1	79.1
	1.18083	1.73099	2.08985	2.35253	2.55795	2.72567	2.86680	2.98829	3.09467	3.18911	3.27392	3.35077	3.42097	3.48563	3.54522	3.60072	3.65253	3.70109	3.74678
7	6.4	12.9	19.4	25.6	31.5	37.1	42.5	47.6	52.4	57.1	61.6	65.9	70.0	74.0	77.9	81.6	85.3	88.8	92.2
	1.17348	1.72555	2.08543	2.34875	2.55460	2.72263	2.86401	2.98568	3.09222	3.18679	3.27172	3.34866	3.41894	3.48368	3.54333	3.59888	3.65075	3.69936	3.74509
8	7.2	14.8	22.1	29.2	36.0	42.4	48.5	54.3	59.9	65.2	70.3	75.2	80.0	84.6	89.0	93.3	97.4	101.4	105.3
	1.16794	1.72147	2.08212	2.34591	2.55208	2.72036	2.86192	2.98373	3.09039	3.18506	3.27006	3.34708	3.41742	3.48221	3.54192	3.59751	3.64941	3.69806	3.74382
9	8.1	16.6	24.9	32.9	40.4	47.7	54.5	61.1	67.3	73.3	79.1	84.6	90.0	95.1	100.1	104.9	109.5	114.1	118.5
	1.16361	1.71828	2.07953	2.34370	2.55013	2.71858	2.86028	2.98221	3.08896	3.18370	3.26878	3.34585	3.41624	3.48107	3.54081	3.59644	3.64838	3.69705	3.74284
10	9.0	18.4	27.6	36.5	44.9	52.9	60.6	67.8	74.8	81.5	87.9	94.0	99.9	105.6	111.2	116.5	121.7	126.7	131.6
	1.16014	1.71573	2.07746	2.34192	2.54856	2.71717	2.85898	2.98100	3.08781	3.18262	3.26775	3.34486	3.41529	3.48016	3.53993	3.59559	3.64755	3.69625	3.74205
11	9.9	20.2	30.4	40.1	49.4	58.2	66.6	74.6	82.2	89.6	96.6	103.4	109.9	116.2	122.3	128.1	133.8	139.4	144.7
	1.15729	1.71363	2.07577	2.34048	2.54728	2.71600	2.85791	2.98000	3.08688	3.18174	3.26690	3.34406	3.41452	3.47941	3.53921	3.59489	3.64687	3.69558	3.74141
12	10.7	22.0	33.1	43.7	53.8	63.5	72.6	81.3	89.7	97.7	105.4	112.7	119.9	126.7	133.3	139.8	146.0	152.0	157.9
	1.15490	1.71189	2.07436	2.33927	2.54621	2.71504	2.85702	2.97917	3.08610	3.18100	3.26620	3.34339	3.41387	3.47879	3.53861	3.59430	3.64630	3.69503	3.74087
13	11.6	23.8	35.8	47.3	58.3	68.7	78.6	88.1	97.1	105.8	114.1	122.1	129.8	137.3	144.4	151.4	158.1	164.7	171.0
	1.15289	1.71041	2.07316	2.33824	2.54530	2.71422	2.85627	2.97847	3.08544	3.18037	3.26561	3.34282	3.41333	3.47826	3.53810	3.59381	3.64582	3.69457	3.74041
14	12.5	25.7	38.6	51.0	62.8	74.0	84.7	94.9	104.6	113.9	122.9	131.5	139.8	147.8	155.5	163.0	170.3	177.3	184.2
	1.15115	1.70914	2.07213	2.33737	2.54452	2.71351	2.85562	2.97787	3.08487	3.17984	3.26510	3.34233	3.41286	3.47781	3.53766	3.59339	3.64541	3.69417	3.74002
15	13.4	27.5	41.3	54.6	67.2	79.3	90.7	101.6	112.1	122.1	131.7	140.9	149.8	158.3	166.6	174.6	182.4	190.0	197.3
	1.14965	1.70804	2.07125	2.33661	2.54385	2.71290	2.85506	2.97735	3.08438	3.17938	3.26465	3.34191	3.41245	3.47742	3.53728	3.59302	3.64505	3.69382	3.73969
16	14.3	29.3	44.1	58.2	71.7	84.5	96.7	108.4	119.5	130.2	140.4	150.2	159.7	168.9	177.7	186.3	194.6	202.6	210.4
	1.14833	1.70708	2.07047	2.33594	2.54326	2.71237	2.85457	2.97689	3.08395	3.17897	3.26427	3.34154	3.41210	3.47707	3.53695	3.59270	3.64474	3.69351	3.73939
17	15.1	31.1	46.8	61.8	76.2	89.8	102.8	115.1	127.0	138.3	149.2	159.6	169.7	179.4	188.8	197.9	206.7	215.2	223.6
	1.14717	1.70623	2.06978	2.33535	2.54274	2.71190	2.85413	2.97649	3.08358	3.17861	3.26393	3.34121	3.41178	3.47677	3.53666	3.59242	3.64447	3.69325	3.73913
18	16.0	32.9	49.5	65.5	80.6	95.1	108.8	121.9	134.4	146.4	157.9	169.0	179.7	190.0	199.9	209.5	218.8	227.9	236.7
	1.14613	1.70547	2.06917	2.33483	2.54228	2.71148	2.85375	2.97613	3.08324	3.17829	3.26362	3.34092	3.41150	3.47650	3.53640	3.59216	3.64422	3.69301	3.73890
19	16.9	34.7	52.3	69.1	85.1	100.3	114.8	128.7	141.9	154.5	166.7	178.4	189.6	200.5	211.0	221.1	231.0	240.5	249.8
	1.14520	1.70480	2.06862	2.33436	2.54187	2.71111	2.85341	2.97581	3.08294	3.17801	3.26335	3.34066	3.41125	3.47626	3.53617	3.59194	3.64400	3.69280	3.73869
20	17.8	36.5	55.0	72.7	89.6	105.6	120.9	135.4	149.3	162.7	175.5	187.8	199.6	211.0	222.1	232.8	243.1	253.2	263.0
	1.14437	1.70419	2.06813	2.33394	2.54149	2.71077	2.85310	2.97552	3.08267	3.17775	3.26311	3.34042	3.41103	3.47605	3.53596	3.59174	3.64380	3.69260	3.73850
d_2	1.12838	1.69257	2.05875	2.32593	2.53441	2.70436	2.8472	2.97003	3.07751	3.17287	3.25846	3.33598	3.40676	3.47193	3.53198	3.58788	3.64006	3.68896	3.73495
cd	0.876	1.815	2.7378	3.623	4.4658	5.2673	6.0305	6.7582	7.4539	8.1207	8.7602	9.3751	9.9679	10.5396	11.0913	11.6259	12.144	12.6468	13.1362

数据表使用：每一栏的第一行是自由度（ν），每一栏的第二行是 d_2^*；d_2 是 d_2^* 的无限值：额外的 ν 值可以从不同的 cd 常数来建立。

$\nu(\overline{R}/d_2^*)^2/\sigma'^2$ 是当一个卡方分布于自由度 ν 的近似分布，$\overline{R}$是子组大小 m、子组数量 g 的平均极差。

P 值相对于 $t_{偏差}$ 是小于 α 的。0 落在 1 至 α 的偏差置信区间上。

$$偏倚-[\sigma_b(t_{\nu,1-\alpha/2})]\leqslant 0\leqslant 偏倚+[\sigma_b(t_{\nu,1-\alpha/2})]$$

式中，$\nu=n-1$，$t_{\nu,1-\frac{\alpha}{2}}$ 使用 t 标准图。

所取的 α 依赖于灵敏度水平，灵敏度水平对评价/控制过程是必要的，并且与产品/过程的损失函数（灵敏度曲线）有关。如果 α 不是用默认值 0.05（95%置信度）则必须得到顾客的同意。

（4）偏倚研究的分析

如果偏倚在统计上不等于 0，检查是否存在以下原因：

- 基准件或参考值有误，检查确定标准件的程序。
- 仪器磨损。这个问题会在稳定性分析中呈现出来，建议进行维修或重新修正计划。
- 仪器产生错误的尺寸。
- 仪器没有经过适当的校准。对校准程序进行评审。
- 评价者使用仪器的方法不正确。对测量指导书进行评审。
- 仪器调整的指令错误。

若有可能，应该采用硬件修正法、软件修正法或同时使用这两种方法来对量具进行重新校准以达到零偏倚。如果偏倚不能调整到零，通过变更程序（如：对每个测得值根据偏倚进行修正）还可以继续使用该测量系统。由于存在评价者误差这一高度风险，因此这种方法只能在取得顾客同意后方能使用。

4. 确定线性的指南

（1）进行研究

①由于存在过程变差，选择 $g\geqslant 5$ 个零件，使测量值覆盖量具的整个工作量程。

②对每个零件进行全尺寸测量，以确定其参考值，并确定涵盖了量具工作量程。

③让经常使用该量具的操作者测量每个零件 $m\geqslant 10$ 次。

注意应随机地选择零件，从而减少使评价者对测量中偏倚的“记忆”。

（2）结果分析——作图法

①计算零件每次测量的偏倚及每个零件偏倚平均值。

$$偏倚_{i,j}=x_{i,j}-(参考值)$$

$$\overline{偏倚_i}=\frac{\sum_{j=1}^{m}偏倚_{i,j}}{m}$$

②在线性图上画出相对参考值的每个偏倚以及偏倚的平均值。

③应用以下公式计算和画出最佳拟合曲线及该线的置信度区间。

对于最佳拟合直线，用公式：$\overline{y_i}=ax_i+b$

$$x_i=参考值$$

$$\overline{y_i}=偏倚平均值$$

并且

$$a=\frac{\sum xy-\frac{1}{gm}\sum x\sum y}{\sum x^2-\frac{1}{gm}(\sum x)^2}=斜率$$

$$b=\overline{\overline{y}}-a\overline{x}=截距$$

对于给定的 x_0，α 水平置信区间是：

$$s=\sqrt{\frac{\sum y_i^2-b\sum y_i-a\sum x_iy_i}{gm-2}}$$

下限：$b+ax_0-\left[t_{gm-2,1-\alpha/2}\left\{\frac{1}{gm}+\frac{(x_0-\bar{x})^2}{\sum(x_i-\bar{x})^2}\right\}^{1/2}s\right]$

上限：$b+ax_0+\left[t_{gm-2,1-\alpha/2}\left\{\frac{1}{gm}+\frac{(x_0-\bar{x})^2}{\sum(x_i-\bar{x})^2}\right\}^{1/2}s\right]$

④重复性偏差的标准偏差

$$\sigma_{重复性}=s$$

通过计算确定重复性是否被接受

$$\%EV=100\%\times[EV/TV]=100\%\times[\sigma_{重复性}/TV]$$

这里的总变化（TV）是基于预期的过程差异（首选）。或者，当过程标准差为 σ，过程变差为 6σ，则看计算结果占过程变差的百分比（见下面的 GRR 研究）。

如果%EV 偏大，那么这个测量系统的变化可能不被接受。因为偏差率分析假定重复性是可以接受的，所以继续运用一个%EV 值偏大的测量系统进行分析会导致误导或混淆的情况。

⑤画出“偏倚=0”线，并对该图进行评审，以观察是否存在特殊原因，以及线性是否可接受。

如果“偏倚=0”的整个直线都位于置信区间以内，则称该测量系统的线性是可以接受的。

（3）结果分析——数据法

①如果作图分析显示测量系统线性可接受，则下面的假设就成立：

$$H_0：a=0；斜率=0$$

如果下式成立：

$$|t|=\frac{|a|}{\frac{s}{\sqrt{\sum(x_i-\bar{x})^2}}}\leqslant t_{gm-2,1-\alpha/2}$$

则测量系统对所有的参考值有相同的偏倚，这个偏倚必须为 0，该线性才可能被接受。

$$H_0:b=0;截距(偏倚)=0$$

如果下式成立，则不能被否定：

$$|t|=\frac{|b|}{\sqrt{\frac{1}{gm}+\frac{\bar{x}^2}{\sum(x_i-x)^2}}}$$

5. 确定重复性和再现性的指南

可以使用多种不同的技术进行计量型量具的研究。下面要详细地讨论三种可接受的方法。它们是：

——极差法；

——均值-极差法；

——变差数分析法（ANOVE 法）。

除了极差法，其他两种方法所用的研究数据的设计很相似。如同前面所述，所有方法在分析中都忽略了零件内部变差（如圆度、锥度、平面度等）。

然而，整个测量系统不仅包括量具本身和相关的偏倚、重复性等，还包括被测零件之间的变差。如何处理零件内部的变差，取决于对术语和测量目的的合理理解。

最后，本节中所有技术都是以过程处于统计的稳定状态为前提条件。

（1）极差法

极差法是一种经修正的计量型量具研究方法，它可迅速提供一个测量变异的近似值。这种方法只能对测量系统提供变差的整体概况，而不能将变差分解为重复性和再现性。它通常用来快速地检查以验证 GRR 是否发生了变化。

使用这个方法能够潜在检测出测量系统为不可接受的概率，如 GRR＞30％，在样本数量为 5 的情况下，概率为 80％，样本数量为 10 的情况下，概率为 90％。

用极差法进行研究时，通常选用两个评价者和 5 个零件。在研究中，两个评价者各将每个零件测量一次。每个零件的极差是评价人 A 获得测量值和 B 获得测量值之间的绝对差值（见表 2－4－3）。计算极差之和以及极差的平均值（$\overline{R}$）。总测量变差即为极差的平均值乘以 $1/d_2^*$，d_2^* 在表 2－4－2 中可以找到，$m=2$，$g=$零件的数量。

表 2－4－3　量具研究（极差法）

零件编号	评价者 A	评价者 B	极差（A，B）
1	0.85	0.80	0.05
2	0.75	0.70	0.05
3	1.00	0.95	0.05
4	0.45	0.55	0.10
5	0.50	0.60	0.10

$$\text{极差平均值}(\overline{R})=\frac{\sum R_i}{5}=\frac{0.35}{5}=0.07$$

$$\text{GRR}=\frac{\overline{R}}{d_2^*}=\frac{\overline{R}}{1.19}=\frac{0.07}{1.19}=0.07$$

（从之前的研究可知：过程标准偏差＝0.0777）

$$\%\text{GRR}=100\%\times\left(\frac{\text{GRR}}{\text{过程标准偏差}}\right)=75.7\%$$

为了确定测量变差占过程标准偏差的百分比，通过将 GRR 乘以 100％除以过程标准偏差将其转换为百分比。在上述例子中，这个特性的过程标准偏差是 0.0777，因而：

$$\%\text{GRR}=100\%\times(\text{GRR}/\text{过程标准偏差})=75.7\%$$

现在测量系统的％GRR 已经确定，应该进行结果的解释。％GRR 确定为 75.7％，结论是测量系统需要改进。

（2）平均值-极差法

平均值-极差法（$\overline{X}$-R 法）是一种可同时对测量系统提供重复性和再现性两个估计值的研究方法。与极差法不同，这种方法可以将测量系统的变差分成两个独立部分：重复性和再现性，但不能确定它们两者之间的相互作用。此外，评估者与测量设备之间产生的变差是不被计入分析中的。

1）进行研究

尽管评价者的人数、测量次数和零件数可能会不同，但下面的讨论反映了进行研究的最佳情况。参考表 2-4-4 量具重复性和再现性数据收集表。详细的程序如下：

①获取一个能代表过程变差实际的或预期范围的样本，为 $n>10$ 个零件样本。（为了获得结果中最低限度的置信度水准，产生极差的总数要大于 15 个。对于任何统计技术来说，样本数量越多，将会呈现小的抽样变差，产生的风险也越小）

②给评价者编号为 A，B，C 等并将零件从 1 到 n 进行编号。评价者不能看到零件编号。

③如果是正常测量系统程序的一部分，应校准量具。主评价者以随机顺序测量 n 个零件，将测量结果输入第一行。

④让评价者 B 和 C 依次测量同样的 n 个零件，而且他们之间不能看到彼此的结果。输入数据到第 6 和 11 行。

⑤用不同的随机测量顺序重复以上循环。并将数据记录到第 2，7，12 行。注意将数据记录在适当的栏目位置中。例如，如果首先测量的是第 7 号零件，那么将结果记录在标有零件 7 的列。如果需要试验 3 次，重复循环并输入数据至 3，8，13 行。

⑥当测量大型零件或不可能同时获得数个零件时，第 3 步至第 5 步测量步骤可以改变为如下顺序：

√让评价者 A 测量第一个零件并在第 1 行记录读数；
让评价者 B 测量第一个零件并在第 6 行记录读数；
让评价者 C 测量第一个零件并在第 11 行记录读数。

√让评价者 A 重复测量第一个零件并记录读数于第 2 行；
让评价者 B 重复测量第一个零件并记录读数于第 7 行；
让评价者 C 重复测量第一个零件并记录读数于第 12 行，如果试验需要进行3 次，重复这个循环将数据记录在第 3，8，13 行。

⑦如果评价者属于不同的班次，可以使用一个替代的方法。让评价者 A 测量所有的 10 个零件输入数据于第 1 行，然后评价者 A 以不同的顺序重新测量，并把测量结果记录于第 2，3 行，让评价人 B，C 同样做。

表 2-4-4　量具重复性和再现性数据收集表

评价值/试验次数	零件										平均值
	1	2	3	4	5	6	7	8	9	10	
A　1	0.29	−0.56	1.34	0.47	−0.8	0.02	0.59	−0.31	2.26	−1.36	
A　2	0.41	−0.68	1.17	0.5	−0.92	−0.11	0.75	−0.20	1.99	−1.25	
A　3	0.64	−0.58	1.27	0.64	−0.84	−0.21	0.66	−0.17	2.01	−1.31	
均值											$\overline{X}_a=$
极差											$\overline{R}_a=$
B　1	0.08	−0.47	1.19	0.01	−0.56	−0.2	0.47	−0.63	1.80	−1.68	
B　2	0.25	−1.22	0.94	1.03	−1.20	0.22	0.55	0.08	2.12	−1.62	
B　3	0.07	−0.68	1.34	0.2	−1.28	0.06	0.83	−0.34	2.19	−1.50	
均值											$\overline{X}_b=$
极差											$\overline{R}_b=$
C　1	0.04	−1.38	0.88	0.14	−1.46	−0.29	0.02	−0.46	1.77	−1.49	
C　2	−0.11	−1.13	1.09	0.20	−1.07	−0.67	0.01	−0.56	1.45	−1.77	

续表

评价值/试验次数	零件										平均值
	1	2	3	4	5	6	7	8	9	10	
C 3	−0.15	−0.96	0.67	0.11	−1.45	−1.49	0.21	−0.49	1.87	−2.16	
均值											$\overline{X}_c=$
极差											$\overline{R}_c=$
零件均值											$\overline{\overline{X}}=$ $R_p=$
$\overline{\overline{R}}=$（[$\overline{R}_a=$]＋[$\overline{R}_b=$]＋[$\overline{R}_c=$]）/[评价者人数＝]＝											$\overline{\overline{R}}=$
$\overline{X}_{DIFE}=$[Max $\overline{X}=$]－[Min $\overline{X}=$]＝											
* $UCL_R=$[$\overline{\overline{R}}=$]×[$D_4=$]＝											
*2次测量时 $D_4=3.27$，3次测量时 $D_4=2.58$。UCL_R 代表了单个极差的控制限。将那些超出控制限的点圈出，识别原因并纠正。使用与开始时相同的评价人及单位重复这些读数，或除去某些值并从保留的观察值重新获得平均值，重新计算极差$\overline{R}$，以及控制限值。											

2）结果分析——作图法

使用图表工具是很重要的，使用哪些特定的图表工具取决于用于数据收集的实验设计。在进行任何其他统计分析之前，应先用图表工具对数据进行系统的筛选，从而找出产生变差的明显的特殊原因。

常用的图表工具有：平均值图、极差图、链图、散点图、振荡图、误差图、正常化直方图、$X-Y$ 图等。具体内容见第三章过程统计控制。

3）数值的计算

量具重复性和再现性计算如表 2－4－5 和表 2－4－6 所示。表 2－4－5 显示的是数据表，记录了所有的研究结果。表 2－4－6 显示的是报告表，记录了所有识别的信息和按规定公式计算的结果。

①第 1，2，3 行中最大的读数减去最小的读数；结果记入第 5 行。用同样方法处理 6，7，8 行和 11，12，13 行，将结果记入对应的第 10，15 行。

②第 5，10，15 行都是极差，所以为正值。

③求第 5 行的总和除以零件样本的数量，得到第一个评价人实验的极差均值$\overline{R}_a$。用同样方法处理第 10，15 行得到$\overline{R}_b$和$\overline{R}_c$。

④将第 5，10，15（$\overline{R}_a$、$\overline{R}_b$和$\overline{R}_c$）行的数据记到第 17 行。将其求和再除以评价人数，结果记为$\overline{\overline{R}}$（所有极差的均值）。

⑤将$\overline{\overline{R}}$输入到 19 和 20 行，乘以 D_4 得到上下控制限。注意如果做 2 次试验，D_4 为 3.27。单个极差的上控制限（UCL_R）记到第 19 行。试验少于 7 次时，下控制限（LCL_R）为 0。

⑥对于任何大于计算的 UCL_R 值的极差读数，使用原来的评价人和零件重新读数，或者晚剔除那些值，基于新的样本容量重新计算$\overline{\overline{R}}$和 UCL_R 值。纠正造成失控的特殊原

因。如果用先前讨论过的控制图作图或分析数据，这种情况已经被修正了，在这里就不会出现。

⑦求这些行（第1，2，3，6，7，8，11，12和13行）的和。用每行的总和除以样本零件数。将计算值输入最右边标有“平均值”的列。

⑧将行1，2，3的均值加起来，用总数除以试验次数，将结果输入第4行$\overline{X_a}$格中。第6，7，8和11，12，13行重复同样的计算，将结果输入第9，14行的相应$\overline{X_b}$、$\overline{X_c}$格中。

⑨找出第4，9，14行平均值（$\overline{X_a}$、$\overline{X_b}$和$\overline{X_c}$）中的最大和最小值，并将它们填入第18行对应位置，并确定它们的差值，将差值填入第18行标有X_{DIFF}的位置。

⑩对于每个零件的每次试验的测量值求和，用总和除试验次数（试验次数乘以评价者人数）。将结果输入第16行零件均值格内。

⑪用最大的零件均值减去最小的零件均值，将结果输入到第16行标有R_p格中。表示零件均值的极差（以下参考表2-4-4）。

⑫将计算的结果值$\overline{\overline{R}}$，$\overline{X}_{DIFF}$，R_p填入报告表格所提供空白处。

⑬在表格左边标以“测量单元分析”的列进行计算。

⑭在表格右边标以“%总变差”的列进行计算。

⑮检查结果确认没有发生错误。

表2-4-5　完成的量具重复性和再现性数据收集表

评价总/试验次数	零件										平均值
	1	2	3	4	5	6	7	8	9	10	
A　1	0.29	−0.56	1.34	0.47	−0.8	0.02	0.59	−0.31	2.26	−1.36	0.194
A　2	0.41	−0.68	1.17	0.5	−0.92	−0.11	0.75	−0.20	1.99	−1.25	0.166
A　3	0.64	−0.58	1.27	0.64	−0.84	−0.21	0.66	−0.17	2.01	−1.31	0.211
均值	0.447	−0.607	1.260	0.537	−0.853	−0.100	0.667	−0.227	2.087	−1.307	$\overline{X}_a=0.1903$
极差	0.35	0.12	0.17	0.17	0.12	0.23	0.16	0.14	0.27	0.11	$\overline{R}_a=0.184$
B　1	0.08	−0.47	1.19	0.01	−0.56	−0.2	0.47	−0.63	1.80	−1.68	0.001
B　2	0.25	−1.22	0.94	1.03	−1.20	0.22	0.55	0.08	2.12	−1.62	0.115
B　3	0.07	−0.68	1.34	0.2	−1.28	0.06	0.83	−0.34	2.19	−1.50	0.089
均值	0.133	−0.790	1.157	0.413	−1.013	0.027	0.617	−0.297	2.037	−1.600	$\overline{X}_b=0.0683$
极差	0.18	0.75	0.40	1.02	0.72	0.42	0.36	0.71	0.39	0.18	$\overline{R}_b=0.513$
C　1	0.04	−1.38	0.88	0.14	−1.46	−0.29	0.02	−0.46	1.77	−1.49	−0.223
C　2	−0.11	−1.13	1.09	0.20	−1.07	−0.67	0.01	−0.56	1.45	−1.77	−0.256
C　3	−0.15	−0.96	0.67	0.11	−1.45	−1.49	0.21	−0.49	1.87	−2.16	−0.284
均值	0.073	−1.157	0.880	0.150	−1.327	−0.483	0.080	−0.503	1.697	−1.807	$\overline{X}_c=-0.2543$
极差	0.19	0.42	0.42	0.09	0.39	0.38	0.20	0.10	0.42	0.67	$\overline{R}_c=0.328$

续表

评价总/试验次数	零件										平均值
	1	2	3	4	5	6	7	8	9	10	
零件均值	0.169	−0.851	1.099	0.367	−1.064	−0.186	0.454	−0.342	1.940	−1.571	$\overline{X}$=0.014 R_p=3.511
([$\overline{R}_a$=0.184]+[$\overline{R}_b$=0.513]+[$\overline{R}_c$=0.328])/[评价者人数=3]=0.3417											$\overline{\overline{R}}$=0.3417
[Max $\overline{X}$=0.1903]−[Min $\overline{X}$=−0.2543]=$\overline{X}_{DIFF}$=0.446											
•[$\overline{\overline{R}}$=0.3417]×[D_4=2.58]=UCL_R=0.8816											
•当试验次数为2次时D_4=3.27，3次时D_4=2.58。 UCL_R表示R的界限。圈出那些超出界限的值，了解原因并纠正。 用原来相同的评价人和仪器对同一个零件重复原来的测量，或剔除这些值并由其余观测值再次平均并计算$\overline{R}$和控制限值。											

表2-4-6 量具重复性和再现性报告

<table>
<tr><td colspan="3">量具重复性和再现性报告</td></tr>
<tr><td>零件号和名称：</td><td>量具名称：</td><td>日期：</td></tr>
<tr><td>特性：</td><td>量具号：</td><td>完成人：</td></tr>
<tr><td>规范：</td><td>量具类型：</td><td></td></tr>
<tr><td>$\overline{\overline{R}}$=0.3417</td><td>$\overline{X}_{DIFF}$=0.4446</td><td>R_P=3.511</td></tr>
<tr><td colspan="2">测量单元分析</td><td>% 总变差 (TV)</td></tr>
<tr><td colspan="2">重复性——设备变差（EV）
EV $=\overline{\overline{R}}\times K_1$
$=0.3417\times0.5908$
$=0.20188$

试验 | K_1
2 | 0.8862
3 | 0.5908</td><td>%EV =100%×[EV/TV]
=[0.20188/1.14610]×100%
=17.62%</td></tr>
<tr><td colspan="2">再现性——设备变差（AV）
AV $=\sqrt{(\overline{X}_{DIFF}\times K_2)^2-(EV^2/(nr))}$
$=\sqrt{(0.4446\times0.523)^2-(0.20188)^2/(10\times3)}$
$=0.22963$
n=零件数 r=实验次数

评价人 | 2 | 3
K_2 | 0.7071 | 0.5231</td><td>%AV =100%×[AV/TV]
=[0.22963/1.14610]×100%
=20.04%</td></tr>
</table>

续表

<table>
<tr><td colspan="4">量具重复性和再现性报告</td></tr>
<tr><td rowspan="2">重复性和再现性（GRR）
GRR $=\sqrt{EV^2+AV^2}$
$=\sqrt{0.20188^2+0.22963^2}$
$=0.30575$</td><td>零件</td><td>K_3</td><td rowspan="2">%GRR ＝100％×［GRR/TV］
＝［0.30575/1.14610］×100％
＝26.68％</td></tr>
<tr><td>2</td><td>0.7071</td></tr>
<tr><td rowspan="3">零件变差（PV）
PV $=P_P\times K_3$
$=1.10456$</td><td>3</td><td>0.5231</td><td rowspan="3">%PV ＝100％×［PV/TV］
＝［1.1045/1.14610］×100％
＝96.38％</td></tr>
<tr><td>4</td><td>0.4467</td></tr>
<tr><td>5</td><td>0.4030</td></tr>
<tr><td rowspan="5">总变差（TV）
TV $=\sqrt{GRR^2+PV^2}$
$=\sqrt{0.30575^2+1.10456^2}$
$=1.14610$</td><td>6</td><td>0.3742</td><td rowspan="5">ndc ＝1.41（PV/GRR）
＝1.41（1.10456/0.30575）
＝5.094≈5</td></tr>
<tr><td>7</td><td>0.3534</td></tr>
<tr><td>8</td><td>0.3375</td></tr>
<tr><td>9</td><td>0.3249</td></tr>
<tr><td>10</td><td>0.3146</td></tr>
<tr><td colspan="4">表中所有的有关理论和常数的资料参见 MSA 参考手册第四版。</td></tr>
</table>

4）结果分析——数值法

量具重复性和再现性的计算如数据收集表和报告表，如表 2－4－4，2－4－5 所示，提供了数据分析的方法。该分析可以估计变差和整个测量系统占过程变差的百分比以及其重复性、再现性和零件与零件间的变差的构成，这些信息需要与作图分析的结果相比较，并作为作图法的补充。

在表 2－4－4 格式的左侧，测量单元分析中，计算了变差的每个分量的标准偏差。

重复性或设备变差（EV 或 σ_E）由极差平均值$\overline{R}$乘以常数（K_1）来决定。K_1 取决于量具研究中试验的次数，其值等于 d_2^* 的倒数，d_2^* 可以从表 2－4－2 中查到。d_2^* 取决于测量的次数 m 和零件的数量乘以评价者的人数 g（为了计算 K_1 值，假设 g 大于 15）。

再现性或评价者变差（AV 或 σ_A）由评价者平均值的最大差异（$\overline{X}_{DIFF}$）乘以常数 K_2 决定。K_2 取决于量具研究中使用评价者的数量，并且是 d_2^* 的倒数，d_2^* 可以从表 2－4－2 中查到。d_2^* 取决于评价者的数量 m，且 $g=1$，因为只计算一个极差。由于评价者的变差被包含在设备变差中，因此必须减去设备变差因素。因此评价者的变差 AV 可由下式计算得到：

$$AV=\sqrt{(\overline{X}_{DIFF}\times K_2)^2-\frac{(EV)^2}{nr}}$$

这里，n＝零件的数量，r＝测量次数。

如果平方根下的值为负，评价者的变差 AV 默认为 0。

测量系统变差的重复性和和再现性的计算为设备变差的平方加上评价者变差的平方，然后再开根号，如下式：

$$\mathrm{GRR}=\sqrt{(\mathrm{EV})^2+(\mathrm{AV})^2}$$

一般有 4 个不同的方法来确定过程变差，此过程变差可被用于分析测量变差的可接受性。

①使用过程变差

过程变差，取自于部分 GRR 研究本身。

当所取样本代表了预期的过程变差时使用。

②替代过程变差

当没有足够的样本代表过程，但却存在一个拥有相似变差的过程时使用。

③P_P（P_{PK}，目标值）

当没有足够的样本代表过程，但却存在一个拥有相似变差的过程或新过程变差预期将比此已存在过程更少时使用。

④规范公差

当测量系统被用于分类此过程，并且此过程的 P_P 小于 1.0 时使用。

零件与零件之间的变差（PV 或 σ_P）是由零件均值的极差（R_P）乘以一个常数（K_3）所确定。K_3 取决于量具研究中使用零件的数量，其值是 d_2^* 的倒数，d_2^* 可以从表 2-4-2 中查到。d_2^* 取决于零件的数量 m 和 g，在这种情况下 $g=1$，因为只计算一个极差。研究中总变差（TV 或 σ_T）可以通过求重复性和再现性的变差的平方加上零件间变差（PV）的平方再开方得到。

$$\mathrm{TV}=\sqrt{(\mathrm{GRR})^2+(\mathrm{PV})^2}$$

使用历史变差信息

如果过程变差已知，并且其值以 6σ 为基础，则它可以取代量具研究总变差（TV）。由下列两个等式完成：

1）$\mathrm{TV}=\dfrac{\text{过程变差}}{6.00}$

2）$\mathrm{PV}=\sqrt{(\mathrm{TV})^2-(\mathrm{GRR})^2}$

这两个值（TV 和 PV）可以替代前面计算的值。

使用 P_P（P_{PK}，目标值）

为了使用 P_P 选项，则小于在 GRR 分析中使用以下方程计算出来的 TV：

因为 $P_P=\dfrac{\mathrm{USL}-\mathrm{LSL}}{6\sigma_P}=\dfrac{\mathrm{USL}-\mathrm{LSL}}{6s}=\dfrac{\mathrm{USL}-\mathrm{LSL}}{6\mathrm{TV}}$

所以 $\mathrm{TV}=\dfrac{\mathrm{USL}-\mathrm{LSL}}{6P_P}$

$$\mathrm{PV}=\sqrt{(\mathrm{TV})^2-(\mathrm{GRR})^2}$$

使用公差（规范范围）

当把 GRR 研究的测量误差与公差进行比对时，就如同把此误差与 P_P 为 1.00 的生产公差进行对比。OEM 顾客很少会预期过程变差低至 P_{PK} 值为 1.00，他们也不会接受一个如此低程度的过程。把测量变差与一个达到顾客要求的生产过程表现来对比更有意义。为了该选项，则小于在 GRR 分析中使用以下公式计算 TV。

$$\mathrm{TV}=\frac{USL-LSL}{6}$$

$$\mathrm{PV}=\sqrt{(\mathrm{TV})^2-(\mathrm{GRR})^2}$$

一旦确定了在量具研究中的每个因素的变差后，就可将它们与过程总变差（TV）进行比较。也就是完成量具报告表（表 2－4－5）右侧的“总变差％”下面的计算。

设备变差（％EV）占总变差（TV）的百分比，被计算为 100％×［EV/TV］。其他因素占总变差的百分比可以相似地计算如下：

$$\%\mathrm{AV}=100\%\times[\mathrm{AV}/\mathrm{TV}]$$

$$\%\mathrm{GRR}=100\%\times[\mathrm{GRR}/\mathrm{TV}]$$

$$\%\mathrm{PV}=100\%\times[\mathrm{PV}/\mathrm{TV}]$$

注意：每个因素所占的百分比的和将不等于 100％。

需要对以上总变差的百分比结果进行评价，以确定测量系统是否允许用于预期用途。

如果分析是基于公差而不是过程变差，则 GRR 报告表格（表 2－4－5）可以被修改，使格式右侧表示公差百分比而不是总变差百分比。在这种情况下，％EV，％AV，％GRR和％PV 的计算公式中的分母是由公差值除以 6 来代替总变差（TV）。

无论使用哪一种或两种方法都用，取决于测量系统预期用途以及顾客的要求。

在数值分析的最后一个步骤是确定由测量系统可靠地辨别的分级数（the number of distinct categones）。这个分级数就是覆盖预期的产品变差所用不重叠的 97％置信度区间。

$$\mathrm{ndc}=1.41(\mathrm{PV}/\mathrm{GRR})$$

如果图形分析没有显示任何特殊原因的变差，可用第二节结果分析中的通用比例原则来确定量具的重复性与再现性（％GRR）。

此外，ndc 应该四舍五入至整数，且应该大于等于 5。

（3）方差分析法（ANOVA）

变差数分析法是一种标准的统计技术，可用它来分析测量误差和测量系统研究中的其他变差来源。在变差的分析中，变差可以分解成四类：零件、评价者、零件与评价者之间的相互作用，以及由于量具造成的重要误差。与平均值-极差法相比，方差分析法具有以下的优点：

——有能力解决任何实验的作业准备；

——能更加准确地估计变差；

——可从实验数据中得到更多的信息（如：零件与评价者之间相互作用的影响）。

其缺点是：其数值计算更加复杂，而且要求一定程度的统计学知识以解释它的结果。

（三）计数型测量系统研究

计数型测量系统属于测量系统中的一类，其测量值是一种有限的分级数（见图 2－4－5）。与结果是连续值的计量型测量系统不同。通/止规是最常用的量具，它只可能有两个结果；其他的计数型测量系统，例如目视标准，可能产生5～7个不同的分类，如非常好、好、一般、差、非常差。在前面介绍的分析方法不能用来评价这样的系统。

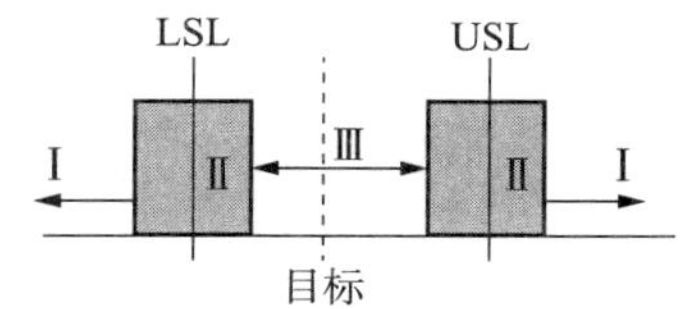

图2-4-5 计数型测量系统示意图

当使用任何测量系统进行决策时，都存在可量化的风险。由于最大的风险来自于分类的边界处。因此，最合适的分析方法是用量化测量系统的变差绘制量具性能曲线。

1. 风险分析法

在一些计数状况下，不可能得到充分的具有计量型参考数值的零件。在这种情况下，可使用下述方法来评价做出错误或不一致决定的风险：

——假设性检验分析；

——信号探测理论。

由于这些方法没有量化测量系统变异，应该只有在顾客同意的情况下才能使用。选择和应用于这些技术应该基于一个良好的统计上的实践、了解影响产品和测量系统的潜在变差来源，以及了解一个错误决定对测量过程和最终顾客的影响。

计数型测量系统的变差来源应该通过利用人为因素和人机工程学的研究结果使之最小化。

2. 可能的方法

(1)**【案例2-4-1】**某生产过程处于统计受控状态，其性能指数 $P_P=P_{PK}=0.5$，这是不可接受的。因为该过程正在生产不合格的产品，于是被要求采取遏制措施以便从生产过程中挑出不可接受的产品（见图2-4-6）。

具体的遏制措施是，项目小组采用一个计数型量具，把每个零件同一指定的限值进行比较。如果零件满足限定值就可接受该零件，反之拒绝零件（如通/止量具）。许多这种类型的量具以一套标准零件为基础设定接收还是拒绝。与计量型量具不同的是，计数型量具不能显示一个零件有多么好或多么坏，它只能指示该零件是被接受还是拒收（即2个分类）。对于所有量具，计数型量具将会有对零件进行错误评定的“灰色地带”（见图2-4-7）。

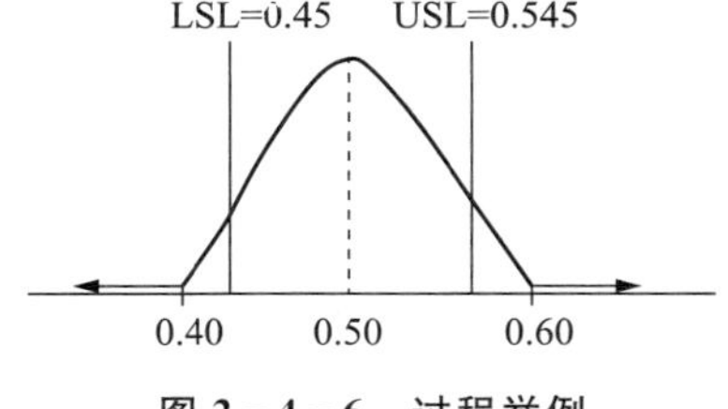

图2-4-6 过程举例

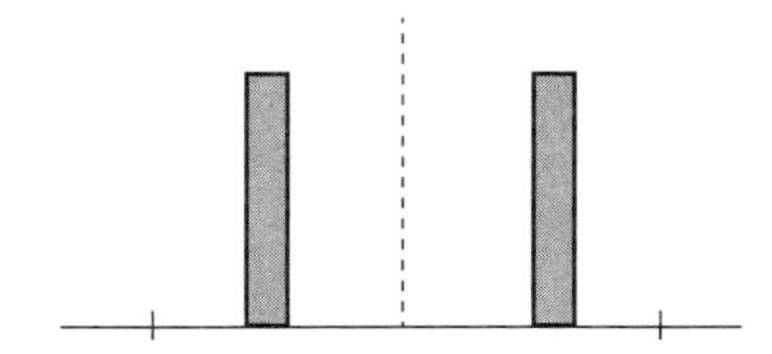

图2-4-7 测量系统中的“灰色”区域

由于这个过程还没有被文件化，然而，为了指出规格界限的风险所在，小组选择了（25%零件数量，规格界限低端）与（25%零件数量，规格界限高端）两个抽样范围。在某些情况下做到这点是有难度的，因为为了增加结果的变差，小组可能倾向于使用一个低百分比的抽样范围。如果不能使零件接近规格界限，小组应该重新考虑在此过程中使用计量器具。考虑到每一种情况的特性，零件应该在可接受的变差中被单独测量。

当需要测量一个用可变计量器具难以测量的属性时，则可以使用其他方法进行测量。例如，请专家进行判别样本的好坏。

需要使用三名评价者，并且每位评价者对每个零件评价三次。

设定用“1”表示可接受的决定，“0”为不可接受的决定。表2-4-7中所示的参考决定和计量参考值在一开始还没有被确定。表中还显示了“代码”列，分别用“—”“×”“+”代表零件是否位于Ⅰ区、Ⅱ区及Ⅲ区。

(2) 假设检验分析——交叉表方法

由于小组不知道零件的参考决定，他们开发了交叉表格来比较每个评价者与其他人之间的差异。

交叉表格的过程为两个或两个以上的分类，变相分析了分布数据。被排列在矩阵表中的结果形成了一个列联表，此表将说明差异之间的依存关系。见表2-4-7计量型研究数据表。

表2-4-7　计量型研究数据表

零件	A-1	A-2	A-3	B-1	B-2	B-3	C-1	C-2	C-3	参考	参考值	代码
1	1	1	1	1	1	1	1	1	1	1	0.476901	+
2	1	1	1	1	1	1	1	1	1	1	0.509015	+
3	0	0	0	0	0	0	0	0	0	0	0.576459	—
4	0	0	0	0	0	0	0	0	0	0	0.566152	—
5	0	0	0	0	0	0	0	0	0	0	0.57036	—
6	1	1	0	1	1	0	1	0	0	1	0.544951	×
7	1	1	1	1	1	1	1	1	1	1	0.465454	×
8	1	1	1	1	1	1	1	1	1	1	0.502295	+
9	0	0	0	0	0	0	0	0	0	0	0.437817	—
10	1	1	1	1	1	1	1	1	1	1	0.515573	+
11	1	1	1	1	1	1	1	1	1	1	0.488905	+
12	0	0	0	0	0	0	0	0	0	0	0.559918	×
13	1	1	1	1	1	1	1	1	1	1	0.542704	+
14	1	1	0	1	1	1	1	0	0	1	0.454518	×
15	1	1	1	1	1	1	1	1	1	1	0.517377	+
16	1	1	1	1	1	1	1	1	1	1	0.531939	+
17	1	1	1	1	1	1	1	1	1	1	0.519694	+
18	1	1	1	1	1	1	1	1	1	1	0.484167	+
19	1	1	1	1	1	1	1	1	1	1	0.520496	+
20	1	1	1	1	1	1	1	1	1	1	0.477236	+
21	1	1	0	1	0	1	0	1	0	1	0.452310	×

续表

零件	A-1	A-2	A-3	B-1	B-2	B-3	C-1	C-2	C-3	参考	参考值	代码
22	0	0	1	0	1	0	1	0	1	0	0.545604	×
23	1	1	1	1	1	1	1	1	1	1	0.529065	+
24	1	1	1	1	1	1	1	1	1	1	0.514192	+
25	0	0	0	0	0	0	0	0	0	0	0.599581	−
26	0	1	0	0	0	0	0	0	1	0	0.547204	×
27	1	1	1	1	1	1	1	1	1	1	0.502436	+
28	1	1	1	1	1	1	1	1	1	1	0.521642	+
29	1	1	1	1	1	1	1	1	1	1	0.523754	+
30	0	0	0	0	0	1	0	0	0	0	0.561457	×
31	1	1	1	1	1	1	1	1	1	1	0.503091	+
32	1	1	1	1	1	1	1	1	1	1	0.505850	+
33	1	1	1	1	1	1	1	1	1	1	0.487613	+
34	0	0	1	0	0	1	0	1	1	0	0.449696	×
35	1	1	1	1	1	1	1	1	1	1	0.498698	+
36	1	1	0	1	1	1	1	0	1	1	0.543077	×
37	0	0	0	0	0	0	0	0	0	0	0.409238	−
38	1	1	1	1	1	1	1	1	1	1	0.488184	+
39	0	0	0	0	0	0	0	0	0	0	0.427687	−
40	1	1	1	1	1	1	1	1	1	1	0.501132	
41	1	1	1	1	1	1	1	1	1	1	0.513779	
42	0	0	0	0	0	0	0	0	0	0	0.566575	
43	1	0	1	1	1	1	1	1	0	1	0.462410	×
44	1	1	1	1	1	1	1	1	1	1	0.470832	+
45	0	0	0	0	0	0	0	0	0	0	0.412453	−
46	1	1	1	1	1	1	1	1	1	1	0.493441	+
47	1	1	1	1	1	1	1	1	1	1	0.486379	+
48	0	0	0	0	0	0	0	0	0	0	0.587893	−
49	1	1	1	1	1	1	1	1	1	1	0.483803	+
50	0	0	0	0	0	0	0	0	0	0	0.446697	−

第一步是总结观察数据。审核表 2-4-8，该小组审核了过程数据。无论是否同意，他们都对每一套评估进行计算。在 A－1＝1 和 B－1＝1 的地方有 34 套评估；在 A－2＝1 和 B－2＝1 的地方有 32 套评估；在 A－3＝1 和 B－3＝1 的地方与 31 套评估，即总共有 97 套。下表是用于对观察数据 A＊B 的数据部分总结。相似的表格还需要用于过程数据 B＊C 和 A＊C 的总结。

表 2-4-8 A*B交 叉 表

		B		总计
		0	1	
A	0	44 接受	6 不接受	50
	1	3 不接受	97 接受	100
总计		47	103	150

第二步是估计预期数据部分。观察者对于纯偶然观察值接受与否的可能性是什么？在 150 个观察值中，观察者 A 拒收这个零件 50 次，观察者 B 拒收这个零件 47 次。

$$pRAOR=47/150=0.313$$

$$pRBOR=50/150=0.333$$

由于两个观察者是独立的，他们认为这个零件是坏的概率为：

$$P(A_0 \cap B_0)=pRAOR \times pRBOR=0.104$$

观察者 A 和观察者 B 认为这个零件是坏的的预期次数可以通过将他们分别认为零件是坏的次数占总观察值的比例乘以总观察值得到。

$$150\times(pRAOR\times pRBOR)=150\times(47/150)\times(50/150)=15.7$$

网络完成表 2-4-9～表 2-4-11，小组对每个观察零件都做了相似的评估。

表 2-4-9 A*B交叉研究结果表

		B		总计
		0	1	
A	0 计算 期望的计算	44 15.7	6 34.3	50 50.0
	1 计算 期望的计算	3 31.3	97 68.7	100 100.0
总计	计算 期望的计算	47 47.0	103 103.0	150 150.0

表 2-4-10 B*C交叉研究结果表

		C		总计
		0	1	
B	0 计算 期望的计算	42 16.0	5 31.0	47 47.0
	1 计算 期望的计算	9 35.0	94 68.0	103 103.0
总计	计算 期望的计算	51 51.0	99 99.0	150 150.0

表 2-4-11　A*C 交叉研究结果表

		C		总计
		0	1	
B	0　计算	43	7	50
	期望的计算	17.0	33.0	50.0
	1　计算	8	92	100
	期望的计算	34.0	66.0	100.0
总计	计算	51	99	150
	期望的计算	51.0	99.0	150.0

设计这些表的目的在于确定评价者之间一致的程度。为了确定评价者一致性的程度，小组使用了科恩的卡帕系数 Kappa 来测量两个评价者对同一目标评价时其评定结论的一致性。Kappa 为 1 时，表示有完全的一致性。0 值表示一致程度不比偶然的要好。Kappa 仅用于两个变量具有相同的分类值，且两个变数有相同的分类数量。

Kappa 是一种对评价者内部之间一致性的衡量，它测试在诊断区（获得相同评价的零件）中的数量与那些基于可能性期望的数量是否有差别。

设P_o＝对角线单元中，观测值的总和；P_e＝对角线单元中，期望值的总和，

则 Kappa＝$(P_o-P_e)/(1-P_e)$。

Kappa 是一种程度而不是一种检验。通过使用一种渐进的标准误差以形成一个 t 统计量来判断其大小。通用的经验法则是 Kappa 大于 0.75 表示有很好的一致性（Kappa 最大为 1）；小于 0.4 表示一致性差。

Kappa 不考虑评价者之间的不一致量有多大，只考虑他们之间是不是一致。

通过以上对评价者计算了 Kappa 程度后，小组得到以下结论见表 2-4-12 所示：

表 2-4-12　分析结论表

Kappa	A	B	C
A	—	0.86	0.78
B	0.86	—	0.79
C	0.78	0.79	—

上述分析表明所有评价者之间具有良好的一致性。

在此分析中有必要确定评价者之间是否存在差异。但是分析并不能告诉我们这个测量系统区分不好的与好的零件的能力。在分析中，小组用计量型测量系统评价零件，并应用其结果来确定其参考决定。

使用新的信息，建立另一组交叉表格（见表 2-4-13～表 2-4-15），用以将每个评价者与参考决定进行比较。

表 2-4-13　A＊参考判断交叉表

		参考 0	参考 1	总计
A	0　计算	45	5	50
	期望的计算	16.0	34.0	50.0
	1　计算	3	97	100
	期望的计算	32.0	68.0	100.0
总计	计算	48	102	150
	期望的计算	48.0	102.0	150.0

表 2-4-14　B＊参考判断交叉表

		参考 0	参考 1	总计
B	0　计算	45	2	47
	期望的计算	15.0	32.0	47.0
	1　计算	3	100	103
	期望的计算	33.0	70.0	103.0
总计	计算	48	102	150
	期望的计算	48.0	102.0	150.0

表 2-4-15　C＊参考判断交叉表

		参考 0	参考 1	总计
A	0　计算	42	9	51
	期望的计算	16.3	34.7	51.0
	1　计算	6	93	99
	期望的计算	31.7	67.3	99.0
总计	计算	48	102	150
	期望的计算	48.0	102.0	150.0

小组也计算了 Kappa 值以确定每个评价者与参考决定一致的程度，见表 2-4-16。

表 2-4-16　评价者与参考决定一致的程度

	A	B	C
Kappa	0.88	0.92	0.77

以上数据可以被解释为每个评价者与参考之间有好的一致性。

然后，过程小组计算测量系统的有效性（见表 2-4-17）。

有效性＝正确判断的数量/总决定次数

表 2－4－17　测量系统有效性计算表

变差来源	%评价人 评价人 A	评价人 B	评价人 C	得分与计数 评价人 A	评价人 B	评价人 C
总受检数	50	50	50	50	50	50
符合的	42	45	40	42	45	40
错误地拒收				0	0	0
错误地接受				0	0	0
不相配				8	5	10
95%上限	93%	97%	90%	93%	97%	90%
计算得分	84%	90%	80%	84%	90%	80%
95%下限	71%	78%	66%	71%	78%	66%

系统有效结果		系统有效结果与参考的比较
检查总数	50	50
一致的数量	39	39
95% UCL	64%	64%
计算所得的结果	78%	78%
95% LCL	89%	89%

注意：

1）在所有测量中，评价者本身是一致的。

2）评价者对所有测量与已知的标准一致。

3）所有评价者本身与其他人之间是一致的。

4）所有评价者本身与其他人一致，并且与参考值一致。

5）UCL 和 LCL 分别是置信区间边界的上限和下限。

每对评价者之间多次试验的假设可用零假设来表示：

Ho：两个评价者一致的有效性。

经计算，对每个评价者结果的计算都落在其他人的置信区间内，小组判断不能放弃零假设。这一点验证了 Kappa 测量得到的结论。

为了进一步分析，一名组员列出一下面的数据表，数据表 2－4－18 提供了对每个评价人结果的指南：

表 2-4-18　有效性评价指南

判断测量系统	有效性	错误率	错误警报率
评价者可接受的条件	≥90%	≤2%	≤5%
评价者可接受的条件 ——可能需改进	≥80%	≤5%	≤10%
评价者不可接受的条件 ——需改进	<80%	>5%	>10%

对他们所得到的所有信息进行汇总，小组得出结论（见表 2-4-19）：

表 2-4-19　有效性评价结论

	有效性	错误率	错误警报率
A	84%	5%	8%
B	80%	2%	4%
C	80%	9%	15%

基于这些信息，小组判断测量系统中评价者 B 可接受，评价者 A 处在边缘，评价者 C 不可接受。

尽管这些结论和原先的判断有些矛盾，原先的判断是：评价者之间没有统计的差异。小组还是决定采用这些结论，因为他们厌烦了所有这些分析，并且这些结论至少已证明了他们所提出的过程情况，对顾客来说也是可接受的。

三、复杂测量系统的分析

（一）复杂的或非重复的测量系统

测量系统分析的重点是针对每个零件能重复读数的测量系统，但并不是所有的测量系统都有这种特性，例如：

——破坏性测量系统；

——零件随着使用/试验而变化的系统，例如，发动机或变速器测功机试验。

表 2-4-20 是一些测量系统分析方法的例子。这里不准备全面列出各种形式的测量系统，而只是给出不同的方法的一些例子。

1. 破坏性测量系统

当一个正在被测量的零件（特性）由于测量行为被破坏了，那么这个过程就称为破坏性测量，而整个测量系统就被称为“破坏性测量系统”。例如：破坏性的焊接测试、破坏性的电镀测试、盐水喷雾/湿度测试、冲击测试或质谱和其他的材料特性测试等过程。这些是一个不可重复测量系统的“经典”例子，因为重复读数不能被单一地读取。

2. 零件每次随使用/试验会有变更的系统

此外，还有一些测量系统是不具备重复性的。这些测量系统里，零件本身不会随着测量的过程而被毁坏，但其特性会随着测量而改变。例如，使用定性数据的泄漏测试、测试使用发动机测试标准、变速箱测试标准、车辆功率等。

这些系统的分析将依靠：

（1）是否能发现一批均质的零件（零件差异细微）以代表一个单一零件。

（2）是否能知道零件特性的保质期或此特性保质期是否能持续到预期的研究时间。换言之，即使过了预期的使用期，被测的零件特性依旧不会改变。

（3）是否被测量的动态（变化）特性能被稳定。

表 2-4-20 测量系统示例

非重复的测量系统	
案例——非破坏性测量系统	示例
零件不为测量过程所改变，即测量系统是非破坏性的并且用于如下零件（样本）： ——静态特性，或 ——一直稳定的动态（变化）特性	• 用于非初次使用的车辆/传动系的车辆测功机 • 用计量数据的泄漏试验
该特性（性质）的保存寿命已知，并延续超过预期的研究时期，即，在预期的使用期间，被测特性不发生改变	从单一批量材料采样的质谱分析仪
案例——破坏性测量系统	示例
试验台	• 生产线终端 √发动机试验台 √变速器试验台 √车辆测功机 • 有定性数据的泄漏试验 • 盐雾喷射/湿度测试 • 重力计
其他非重复的测量系统	• 自动化的不允许重复的在线测量系统 • 破坏性焊接试验 • 破坏性电镀试验

本节中所描述的研究方法及不同案例如表 2-4-21 所示：

表 2-4-21 基于不同类型的测量系统使用的方法

稳定性研究					
案例	S1	S2	S3	S4	S5
在测量过程中零件不会被改变即测量系统是非破坏性的并且使用具有如下特性的零件（样本）： • 静态特性，或 • 一直稳定的动态（变化）特性	√	√			

续表

稳定性研究					
案例	S1	S2	S3	S4	S5
已知特性（属性）的定性期限，并能延续超过预期的研究时期，即在预期的使用期间，被测特性不发生改变	√	√			
破坏性测量系统			√	√	
非重复的测量系统			√	√	
试验台					√

变差研究									
案例	V1	V2	V3	V4	V5	V6	V7	V8	V9
在测量过程中零件不会被改变即测量系统是非破坏性的并且用于具有如下特性的零件（样本）： • 静态特性，或 • 已经稳定的动态（变化）属性	√								
上述测量系统的 $p \geqslant 2$ 仪器		√							
破坏性测量系统			√	√					
非重复的测量系统			√	√					
具有动态特性的测量系统，例如，试验台			√	√	√	√	√	√	
上述测量系统的 $p \geqslant 3$ 仪器									√

（二）稳定性研究

1. 单个零件，每次实施单一测量

（1）应用

1）零件不会因为测量过程而改变的测量系统，即测量系统是非破坏性的，并且可使用具有如下属性的零件（样本）：

√ 静态属性，或

√ 已经稳定的动态（变化）属性。

2）已知该特性（属性）的定性期限，并延续超过预期的研究时期，就是说，在预期的使用期间，被测特性不发生改变。

（2）假设

已知（已有文件说明）该测量系统在预期的特性（属性）范围内，具有一线性的响应。

零件（样本）涵盖该特性的过程变差的预期范围。

（3）采用 $X\text{-}mR$ 图表分析

确定测量系统的稳定性。

√将描绘的点和控制限值进行比较；

√寻找趋势（仅 X 图）。

将 $\sigma_e=\overline{R}/d_2^*$（总测量误差）和由变差研究得到的重复性估计 σ_E 进行比较。

如果已知参考值，则确定偏倚：偏倚＝X－参考值

2. $n\geqslant 3$ 个零件，每次每个零件实施单一测量

（1）应用

1）零件不随测量过程而被改变的测量系统，即测量系统是非破坏性的，并且用于具有下列属性的零件（样本）：

√静态的属性，或

√已经稳定的动态（变化）属性。

2）已知该特性（属性）的定性期限，并延续超过预期的研究时期，就是说，在预期的使用期间，被测特性不发生改变。

（2）假设

已知（已有文件说明）该测量系统在预期的特性（属性）范围内，具有一线性的响应。

零件（样本）覆盖该特性过程变差的预期范围。

（3）采用［z，R］图分析：$z_i=x_i-\mu_i$

其中 μ_i 是（参考）标准值，或者由零件（样本）大量连续的读数平均值确定的值。

确定测量系统的稳定性。

√将描绘的点和控制限值进行比较；

√寻找趋势（仅 Z 图）。

将 $\sigma_e=\overline{R}/d_2^*$ 与由变差研究得出的重复性估计 σ_E 进行比较。

若已知参考值，确定偏倚：偏倚＝$\overline{X}$－参考值

若采用了 $n\geqslant 3$ 个零件，则确定线性。

√零件（样本）必须覆盖特性的预期范围。

√每个零件（样本）应单独分析其偏倚和重复性。

√使用线性分析方法来量化线性。

如果在研究中使用一台以上的仪器，要确定这些仪器的一致性（变差同质性），例如采用方差齐性（F）检验，巴特利特（Bartlett）检验，莱文方差等同性（Levene）检验等。

3. 从稳定过程中大量取样

（1）应用

测量系统必须用同质的独立可识别分布的样本（收集并隔离）来评价，各个零件（样本）的测量不重复进行。因此该研究可用于破坏性和非重复的测量系统。

（2）假设

已知特性（属性）的定性期限并延续超过预期的研究时期，即在预期的使用和/或储存期间被测特性不改变；

这些零件（样本）覆盖该特性（属性）的过程变差的预期范围；

已知（已由文件说明）测量系统的线性涵盖了特性的预期范围（如果响应是非线性，则应相应地校正读数）。

（3）分析

通过对 $n \geqslant 30$ 个零件的能力研究，确定总变差［这种初步研究也应用于验证样本的一致性，即所有零件（样本）来自单峰形式的分布］。

$$\sigma^2_{总}=\sigma^2_{过程}+\sigma^2_{测量系统}$$

测量每个时间周期的隔离的样本中的一个或多个零件，使用带有控制限的$\overline{X}-R$ 或 $X-mR$ 图，控制限的值由能力研究所确定。

将描绘的点和控制限值进行比较；

寻找趋势。

因为这些零件（样本）不会变化（一个隔离样本），任何不稳定性迹象将归因于该测量系统的变化。

4. 分割样本（一般），每次采用单一样本

（1）应用

各个零件（样本）的测量部分不被重复，因此可用于破坏性和不可重复性测量系统。

（2）假设

已知特性（属性）的定性期限，并延续超过预期的研究时期，即在整个预期的使用和/或储存期间被测特性不改变；

零件（样本）覆盖该特性（属性）的过程变差的预期范围；

这些样本被分成 m 部分，$m=2$ 时常称为试验-再试验研究。

（3）分析

极差图，以便跟踪测量一致性。

将 $\sigma_e=\overline{R}/d_2^*$ 与由变差分析所得出的重复性估计 σ_E 进行比较。

上边界研究：$\sigma_e^2=\sigma_E^2+\sigma_{btwn}^2$

σ_{btwn}^2 为测量样本之间的变差。

用控制图跟踪生产过程的一致性。

5. 用于从不同批次中采用连续的（同质）配对零件

该研究同 S4 一样，但是是从不同批次所抽取的同质的零件。

它是一种上边界研究，因为 $\sigma_e^2=\sigma_E^2+\sigma_{btwn}^2+\sigma_{lots}^2$。

6. 试验台

在这种情况下，由多台测量仪器（试验台）评价连续生产产品的同一特性。这些产品是随机地被分配到各试验台。

7. 计数型数据响应

用 p 图进行分析。

确定试验台之间（判断的）一致性：使用包括各试验台结果的一张图表。

确定各试验台内的稳定性：对每个试验台使用单独的图表。

采用$\overline{p}-mR$ 图分析整个系统的稳定性，这里$\overline{p}$是在某给定工作日内所有试验台的平均值。

8. 计量数据响应

用方差分析（ANOVA）和图形技术分析。

以时间周期计算每个试验台（按特性）的$\overline{X}$-s。

确定试验台间结论的一致性：一张包括各台试验结果的$\overline{X}$-s 图表。

确定各个试验台内的稳定性：每个试验台单独的$\overline{X}$-s 图。

定量表示试验台间的一致性（变差的均匀性）。例如，采用 F 检验、巴特利特检验等；

通过与试验台平均值的比较，确定所有试验台是否在同一目标上，例如采用单向方差分析。如果存在任何差别，通过采用例如 t 检验来分离不同的试验台。

（三）变差研究

所有描述性的研究，都是在研究期间对测量系统（包括环境的影响）本质的计算。由于测量系统是用于作出有关产品、过程或服务的判定，所以就需要对测量系统作出分析结论。从计算到分析结果的转化需要专业知识和专门技能，才能：

——保证这种研究的设计和实施考虑到所有预期的测量变差源。

——按照预期用途、环境、控制、保养等分析结果（数据）。

1. V1：标准 GRR 研究

这些研究包括图形分析和数值分析。

V1a——极差法（R&R）；

V1a——极差法（R&R 和零件内）；

V1a——方差法（R&R）；

V1d——改进的方差分析/极差法。

2. V2：用 $p \geqslant 2$ 台仪器的多个读数

这里允许多台仪器的比较。

（1）应用

零件不会随测量过程改变的测量系统，即测量系统是非破坏性的，并且用于具有如下属性的零件（样本）：

√静态特性，或

√已经稳定的动态（变化）属性。

（2）假设

——已知特性（属性）的定性期限，并延续超过预期的研究期间，即在整个预期的使用和/或储存期间被测特性不改变；

——零件（样本）覆盖该特性（属性）的过程变差的预期范围。

（3）采用格拉布（Grubb）或汤普森（Thompson）估计分析

——过程变差性；

——仪器变差性＝重复性；

——置信区间的计算是可得到的。

3. V3：分割的样本（$m=2$）

（1）应用

个别零件（样本）部分的测量不可被重复进行，因可用破坏性和不可重复的测量系统进行研究，并且可用于分析测量系统的动态特性。

（2）假设

——已知特性（属性）的定性期限，并延续超过预期的研究期间，即在整个预期的使用和/或储存期间被测特性不改变；

——零件（样本）覆盖该特性（属性）的过程变差的预期范围；

——这些样本被分割成 m 部分，$m=2$ 时常称为试验-再试验研究。

（3）采用回归技术分析

——用误差估计重复性：$\sigma_E^2=\sigma_e^2$；

——线性（通过比较估计线和 45°线）

（4）V3a—V3 用于连续成对的零件

该研究同 V3 一样，但用于连续的成对零件而不是分割样本。该研究用在当不破坏被测量属性，该零件就不能被分割的场合。

这是一个上边界分析：　　$\sigma_E^2\leqslant\sigma_e^2+\sigma_{btwn}^2$

4. V4：分割样本（通用）

（1）应用

个别零件（样本）部分的测量不可被重复，因此可用于破坏性和非重复性测量系统进行研究，并且可被使用在动态特性的测量系统分析。

（2）假设

——已知特性（属性）的定性期限，并延续超过预期的研究期间，即在整个预期的使用和/或储存期间被测特性不改变；

——零件（样本）覆盖该特性（属性）的过程变差的预期范围；

——把样本分割成 m 部分，$m=2$ 或 3 的倍数（如 $m=3$，4，6，9）。

（3）采用以下方法进行分析

——包括图形法的 GRR 技术；

——方差分析，随机化的分组设计（双向方差分析）。

（4）V4a—V4 用于从不同批次中连续的（同质的）配成对的零件

本研究与 V4 研究相同，但使用连续零件而不是分割样本。本研究应用在当不破坏被测量的特性该零件就不能被分割的场合。

这是一个上边界研究：

$$\sigma_E\leqslant\sigma_e+\sigma_{零件}+\sigma_{批次}$$

下列研究件假定零件（样本）特性（属性）是动态的。

5. V5：与 V1 相同，用于稳定的零件

本研究中使用基于工程知识和专门技术为基础的稳定过程的零件。例如，磨合过的发动机与新发动机的比较。

6. V6：时间序列分析

（1）假设

——在规定的时间间隔内重复读数；

——已知特性（属性）的定性期限，并延续超过预期的研究期间，即在预期的使用和/或储存期间，被测特性不会改变；

——零件（样本）覆盖该特性的过程变差的预期范围。

（2）通过确定了每个样本的退化模型来分析

- $\sigma_E=\sigma_e$；
- 退化的一致性（如果 $n\geqslant2$）

7. V7：线性分析

（1）假设

——在规定的时间间隔内重复读数；

——已知特性（属性）的定性期限，并延续超过预期的研究期间，即在预期的使用和/或储存期间，被测特性不会改变；

——零件（样本）覆盖该特性的过程变差的预期范围；

（2）用线性回归分析

- $\sigma_E=\sigma_e$；
- 退化的一致性（如果 $n\geqslant2$）

（3）V7a—V7 用于同质型的样本

通过线性回归来分析：

这是一个上边界分析：$\sigma_E\leqslant\sigma_e+\sigma_{btwn}$

8. V8：特性（属性）随时间的衰变

可以修改 V6 和 V7，以确定这退化是否基于时间（即定性期限）或活动。

9. V9：V2 用于同时存在的多得读数，且 $p\geqslant3$ 台仪器

分析与 V2 相同。

第三篇　测量管理体系的审核

测量管理体系审核规则的基本依据是GB/T 19011—2013《管理体系审核指南》。在该标准的第一章范围中指出："本标准提供了管理体系审核的指南，包括审核原则、审核方案的管理和管理体系审核的实施，也对参与管理体系审核过程的人员的能力提供了评价指南，这些人员包括审核方案管理人员、审核员和审核组长。本标准适用于需要实施管理体系内部审核、外部审核或需要管理审核方案的所有组织。"

测量管理体系与质量管理体系和环境管理体系一样，都属于管理体系，因此《管理体系审核指南》也适用于测量管理体系的审核。

第一章

认证的基本概念

第一节　测量管理体系认证的背景

一、认证的概念

认证是由第三方对产品、过程或服务满足规定要求给出书面证明的程序。

上述认证的定义包含了以下几方面的内容：

（1）“认证”的概念原译于英文单词“certification”，意为：经授权的机构所出具的证明。在市场经济条件下的贸易活动中，通常将产品或服务的供应方称为第一方，将产品或服务的采购或获取方称为第二方，而独立于第一方和第二方的一方称为“第三方”。在认证活动中，第三方是公正的机构，它与第一方和第二方均没有直接的行政上的隶属关系和经济上的利益关系。只有这样的公正机构出具的证明才是可靠的，可以信赖的。

（2）定义中的“产品和服务”包括了硬件的实物产品，也包括了软件产品；过程（如：工艺性作业、电镀、焊接、热处理等）和服务（如：饭店、商业、保险业、银行和通讯业等）。

（3）作为从事经济活动基本技术依据的标准和其他技术规范是认证的基础，所谓满足规定要求就是符合贸易双方共同承认并遵守的标准和其他技术规范。

（4）产品、过程或服务是否真正符合标准或其他技术规范，要通过“鉴定”活动，以科学的方法加以证实，这里包括了产品检验、质量或测量管理体系的审核和获得认证后的监督等活动。

（5）某项产品或某种服务，经过规定的程序证实满足了特定标准或其他技术规范，则认证机构将通过颁发认证证书和（或）认证标志的形式，加以证明。

（6）认证的形式有多种，例如：如果是对产品的全部性能，依据标准进行的认证，称为“合格认证”；凡是以安全标准为依据进行的认证，或者只对产品中的安全项目进行认证，称为“安全认证”；依据质量管理标准，针对质量管理体系而开展的认证，称为“质量管理体系认证”；依据测量管理体系标准，针对测量管理体系开展的认证称为“测量管理体系认证”。

二、认证产生背景

测量管理体系认证在我国的产生和发展具有比较长的历史和广泛的基础，可以追溯到企业计量定级升级和计量检测体系确认。

1. 企业计量定、升级阶段

1984年，原国家计量局为配合企业整顿，在全国范围开展了企业计量定、升级活动，把政府对企业计量工作的监督、促进与企业自身加强基础工作的客观需要紧密结合起来。从1984年到1991年，全国有10万多家企业参加了计量定、升级，占当时全国企业总数的四分之一。大中型骨干企业90%以上达到了计量定、升级要求，有1025个企业取得了国家一级计量合格证书，获得了“国家计量先进单位”称号。企业计量定、升级工作取得了显著成效，从起初是对企业计量工作进行整顿，后来发展到规范化、系统化的管理，使企业计量工作从单一的量值传递发展到生产工艺控制、能源核算、经营管理、安全及环境监测等各个方面；计量工作与企业生产经营活动紧密结合，产生了巨大的经济效益和社会效益。1991年，国务院根据当时的经济发展需要，从扩大企业自主权、让企业有更宽松环境的角度考虑，暂停了企业计量定、升级工作。

2. 帮助企业完善计量检测体系阶段

1995年，为了帮助企业计量工作适应社会主义市场经济、建立现代企业制度，国家局决定依据国际标准ISO 10012开展帮助企业完善计量检测体系的工作。在企业自身需要的基础上，采取由政府管理部门指导、帮助和评价的方式进行，旨在引导企业完善计量检测体系，采用先进管理模式，推动企业建立依法自我管理的机制，增强市场竞争的技术保证能力。帮助企业完善计量检测体系工作的主要对象是大中型企业，引导、帮助企业参照国际标准、国际惯例的管理模式完善计量检测体系，建立依法自我管理的机制，增强企业计量保证能力和在市场中的竞争能力。

国家质检总局组织有关专家密切跟踪国际标准ISO 10012的进展情况，组织制定了计量技术规范JJF 1112—2003《计量检测体系确认规范》，2003年底批准发布；随即组织有关单位学习ISO 10012和《计量检测体系确认规范》，委托中国计量测试学会组织计量检测体系考评员的培训，先后举办12期考评员培训班，共培训并考试合格690人。

开展帮助企业完善计量检测体系工作以来，在企业自愿的基础上，各省级质量技术监督局和有关部门具体组织实施，经审查合格，共有900多家企业取得计量检测体系证书。其中，自2004年10月以后，按照新的ISO 10012标准和《计量检测体系确认规范》，已完成160多家企业计量检测体系的确认。广大企业通过开展完善计量检测体系工作，加强计量管理，提高了计量检测和保证能力，保证了产品质量，增加了产品在国内和国际市场上的竞争力。

3. 测量管理体系认证阶段

2005年7月，为加强对测量管理体系认证工作的管理，保证计量单位的统一和量值的准确可靠，推动我国企业计量工作的发展，国家质检总局和国家认监委联合印发了《测量管理体系认证管理办法》，今后将由社会中介机构依据国家标准GB/T 19022—2003

《测量管理体系　测量过程和测量设备的要求》组织开展测量管理体系认证，促进我国计量工作与国际惯例接轨。为保证测量管理体系认证工作的有序、顺利开展，总局支持中国计量测试学会牵头成立中启计量体系认证中心，面向社会开展测量管理体系认证工作。

4. 国务院对测量管理体系认证的新要求

在国务院于2013年颁布的《计量发展规划（2013—2020）》中明确要求："依据测量管理体系有关标准和国际建议要求，完善计量检测体系认证制度，推动大、中型企业建立完善计量检测和管理体系。加强计量检测公共服务平台建设，为大宗物料交接、产品质量检验以及企业间的计量技术合作提供检测服务。生产企业特别是大、中型企业要加强计量基础设施建设，建立符合要求的计量实验室和计量控制中心，加强对计量检测数据的应用和管理，合理配置计量检测仪器和设备，实现生产全过程有效监控。积极采用先进的计量测试技术，推动企业技术创新和产品升级。新建企业、新上项目等，要把计量检测能力建设作为保证企业产品质量、提高企业生产效率、实现企业现代化和精细化管理的重要技术手段，与其他基础建设一起设计、一起施工、一起投入使用。"

三、认证的管理体制

《测量管理体系认证管理办法》对测量管理体系认证体制作出了明确的规定：

（1）国家对测量管理体系实行统一的认证制度。测量管理体系认证坚持政府推动、企业自愿的原则。

（2）国家质检总局负责推广测量管理体系在企业中的应用。国家认证认可监督管理委员会（以下简称国家认监委）负责测量管理体系认证活动的统一管理、监督和综合协调工作。

（3）省级质量技术监督部门在本行政区域内负责测量管理体系认证活动的监督管理工作。

（4）经国家质检总局与国家认监委批准，由中国计量测试学会牵头，与地方和行业学协会共同组成中启计量体系认证中心，统一实施全国测量管理体系认证工作。

第二节　认证的规则与标志

一、认证的规则

认证必须依据规定的标准或其他技术规范。由于测量管理体系是一个法制性和技术性要求都比较高的体系，为了反映这个的特点，在实施测量管理体系认证中专门制定了《测量管理体系认证实施规则》。该规则在全面采用GB/T 19022—2003/ISO 10012：2003《测量管理体系　测量过程和测量设备的要求》的基础上，又增加了计量法制和计量能力两方面的要求。具体内容如下：

（一）法制要求

1. 总则

组织的测量管理体系应符合《中华人民共和国计量法》以及相关的法规、规章和技术法规规定的要求。下列要求是按现行的计量法律法规提出，其随后如有修订，则按修订后的要求实施。

2. 计量单位

组织在从事下列活动，需要使用计量单位的，应当使用国家法定计量单位：

a）制发公文、统计报表；

b）生产、销售产品，标注产品标识，编制产品使用说明书；

c）制定标准、规范、规程、技术文件；

d）出具检定、校准、检验、测量数据；

e）国家规定应使用国家法定计量单位的其他活动。

3. 计量人员

从事计量检定、校准的人员应经过培训、考核并取得相应的资格。

4. 计量标准

组织用于计量检定和（或）校准的最高计量标准器应经相关的政府计量行政部门按 JJF 1033《计量标准考核规范》要求考核合格后投入使用。

5. 强制检定

组织的最高计量标准器具和用于贸易结算、医疗卫生、安全防护和环境监测的工作计量器具应按规定要求实施强制检定。强制检定的周期应按规定的要求执行。强制检定的计量器具的铅封和保护装置由负责强制检定的计量检定机构实施。

6. 特定要求

（1）从事计量器具制造和（或）修理的组织应按照《计量器具制造、修理许可证监督管理办法》的规定，履行相应的法律手续，并承担相应的法律责任。

（2）从事定量包装商品生产的组织应遵守《定量包装商品计量监督规定》的要求。

（二）技术要求

1. 总则

组织的测量管理体系的计量检测能力和检测水平应满足顾客、组织和法律法规对计量的要求。

2. 检测能力

（1）计量检测能力应满足质量管理体系对过程和产品的监视和测量的要求。

（2）计量检测能力应满足环境管理体系对环境的监视和测量的要求。

（3）计量检测能力应满足组织的经营管理、能源管理和安全生产管理等对测量设备配备和测量的要求。

3. 检测水平

（1）需要时，组织应采用先进的计量检测技术和测量设备以满足组织的生产、经营和管理对计量检测的要求。

（2）可能时，组织应采用计算机和信息技术管理测量管理体系和计量检测数据。

二、认证的标志

根据 GB/T 19022—2003/ISO 10012：2003《测量管理体系 测量过程和测量设备的要求》标准在引言中指出的“组织有责任规定测量管理体系要求和决定所需要的控制程度作为其整个管理体系的一部分。”的特点和我国计量工作的历史经验和实际情况，将测量管理体系认证分成“AAA”（3A）标志、“AA”（2A）标志和“A”（1A）标志 3 个层次，见图 3－1－1。

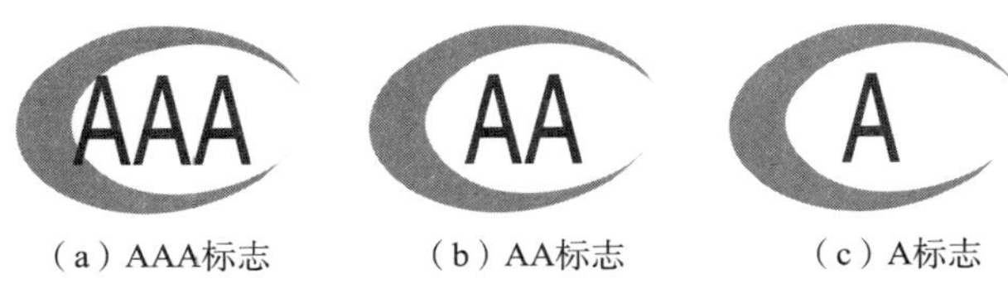

（a）AAA标志 （b）AA标志 （c）A标志

图 3－1－1 测量管理体系认证标志

（1）AAA 标志：明示一个组织所运行的测量管理体系经过认证符合 ISO 10012 测量管理体系标准的全部要求；

（2）AA 标志：明示一个组织所运行的测量管理体系经过认证符合 ISO 10012 测量管理体系标准，除“7.2 测量过程”和“8.3.2 不合格测量过程”条款以外的要求；

（3）A 标志：明示一个组织所运行的测量管理体系经过认证符合 ISO 10012 测量管理体系标准，除“7.2 测量过程”“7.3.1 测量不确定度”“8.3.2 不合格测量过程”和“8.2.4 测量管理体系的监视”条款以外的要求。

第三节 认证与审核的比较

要理解体系认证与审核的联系与区别，首先需要了解认证与审核活动的内涵，然后才能进行分析和比较。

一、测量管理体系审核的主要活动

根据有关审核标准的规定，典型的测量管理体系审核的主要活动包括以下内容：

（1）审核的启动；

（2）文件评审；

（3）现场审核的准备；

（4）现场审核的实施；

（5）审核报告的编制、批准和分发；

（6）审核的完成。

二、测量管理体系认证的主要活动

根据测量管理体系认证程序的规定，测量管理体系认证主要包括以下内容：

（1）认证申请与受理；

（2）制定审核方案；

（3）制定审核计划；

（4）审核的启动；

（5）文件评审；

（6）现场审核的准备；

（7）现场审核的实施；

（8）审核报告的编制、批准和分发；

（9）纠正措施的验证；

（10）审核报告的审定；

（11）颁发认证证书；

（12）监督审核与复评。

三、测量管理体系认证与审核的比较

（1）测量管理体系认证包括了测量管理体系审核的全部活动；

（2）测量管理体系审核是测量管理体系认证的基础和核心；

（3）审核需要提交审核报告，而认证需要颁发认证证书；

（4）纠正措施的验证通常不视为审核的一部分，而对于认证来说，则是一项必不可少的活动；

（5）测量管理体系审核不仅只有第三方审核，也有第一方审核（内部审核）和第二方审核；而对于认证来说，所进行的审核就是一种第三方审核。

第二章

审核的术语和定义

第一节　有关认证和审核的术语

一、认证

1. 定义

> 与产品、过程、体系或人员有关的第三方证明（5.2）。
>
> 注1：管理体系认证时也被称为注册。
>
> 注2：认证适用于除合格评定机构（2.5）自身外的所有合格评定对象，认可（5.6）适用于合格评定机构（2.5）

2. 理解要点

此术语出自GB/T 27000—2006。

（1）管理体系认证有时也称为“注册”。

（2）认证适用于除合格评定机构自身外的所有合格评定对象。

（3）认证是第三方合格评定活动，由从事合格评定的机构实施。认证分为管理体系认证、产品认证、能力认证。

（4）证明是指根据复核后作出的决定而出具的说明，以证实规定要求得到满足。证明通常以颁发证书或标志体现。

二、审核

1. 定义

> 为获得审核证据（3.3）并对其进行客观的评价，以确定满足审核准则（3.2）的程度所进行的系统的、独立的并形成文件的过程。
>
> 注1：内部审核，有时称第一方审核，由组织自己或以组织的名义进行，用于管理评审和其他内部目的（例如确认管理体系的有效性或获得用于改进管理体系的信息），可作为组织自

我合格声明的基础。在许多情况下，尤其在中小型组织内，可以由与正在被审核的活动无责任关系、无偏见以及无利益冲突的人员进行，以证实独立性。

注2：外部审核包括第二方审核和第三方审核。第二方审核由组织的相关方，如顾客或由其他人员以相关方的名义进行。第三方审核由独立的审核组织进行，如监管机构或提供认证或注册的机构。

注3：当两个或两个以上不同领域的管理体系（如质量、环境、职业健康安全）被一起审核时，称为结合审核。

注4：当两个或两个以上审核组织合作，共同审核同一个受审核方（3.7）时，称为联合审核。

注5：改写GB/T 19000—2008，定义3.9.1。

2. 理解要点

（1）审核是认证的重要环节。审核是由一系列相关过程或活动构成的，这些活动包括收集审核证据，将收集到的审核证据对照审核准则的相关规定或要求进行比较、分析和评价，确定满足审核准则的程度，记录评价的结果及支持的证据等。

（2）审核的目的是为了确定受审核方的认证对象（体系、产品、人员等）满足审核准则的程度。

（3）审核的特点是系统的、独立的并形成文件的。“系统的”是指对与审核有关的所有过程及其相互之间的各项作用，要识别、分析，要经过策划并使之处于受控状态；“独立的”是指对审核证据的收集、分析和评价是客观的，公正的，避免任何外来因素影响或干扰以及审核员自身因素的影响，如要求审核员与受审核的活动无责任关系；“形成文件的”是指审核过程要有适当的文件支持，形成必要的文件，如审核计划、检查表及记录、审核报告、不符合报告等。

（4）审核的分类：按审核组织的主体可分为第一方审核（内审）、第二方审核和第三方审核（外审）；按对象可分为体系审核和过程审核；按一次是涉及的体系多少可分为结合审核和独立审核；在第三方审核中，按阶段分为初次认证的一阶段审核、二阶段审核、监督审核和再认证审核；按认证机构合作方式分为联合审核或独立审核。

三、审核准则

1. 定义

用于与审核证据（3.3）进行比较的一组方针、程序或要求。

注1：改写CB/T 19000—2008，定义3.9.3。

注2：如果审核准则是法律法规要求，术语“合规”或“不合规”常用于审核发现（3.4）。

2. 理解要点

（1）审核准则就是审核的依据，是用作与审核证据进行比较的依据。

（2）管理体系审核的审核准则通常包括：组织适用的法律法规和其他要求、相关的管理体系标准、组织编制的管理体系文件、合同要求或行业规范要求。

（3）针对一次具体的审核，审核准则应形成文件。

四、审核证据

1. 定义

> 与审核准则（3.2）有关并能够证实的记录、事实陈述或其他信息。
>
> 注：审核证据可以是定性的或定量的。
>
> [GB/T 19000—2008，定义 3.9.4]

2. 理解要点

（1）审核证据可以是定性的（如最高管理者的计量意识）或定量的（如测量设备的计量特性）。

（2）审核证据要与审核准则有关，例如测量管理体系的认证，审核准则包括测量管理体系的要求，但不包括财务方面的要求，财务方面的信息不能构成审核证据。

（3）审核证据是能够得到证实的信息，是真实的、确实存在的、可再现的、可追溯的，并在审核时间和审核现场通过正当渠道获取。不能证实的信息或道听途说的信息不能作为审核证据。

（4）审核证据可以通过文件的方式（如作业文件、记录、报告、台账、报表、录音录像资料）获取，也可以通过陈述的方式（如面谈）或通过现场观察（看到的事实、实物）等获取。

五、审核发现

1. 定义

> 将收集的审核证据（3.3）对照审核准则（3.2）进行评价的结果。
>
> 注 1：审核发现表明符合或不符合。
>
> 注 2：审核发现可引导识别改进的机会或记录良好实践。
>
> 注 3：如果审核准则选自法律法规或其他要求，审核发现可表述为合规或不合规。
>
> 注 4：改写 GB/T 19000—2008，定义 3.9.5。

2. 理解要点

（1）审核发现是将收集到的审核证据与审核准则进行比较，从而得出的评价结果。

（2）评价是一种符合性评价，其结果可能表现为符合或不符合。对于不满足要求的审核发现通常以《不符合报告》的形式体现。

（3）通过评价还可以发现哪些过程或活动需要改进或可以改进，因此，当审核目的有规定时，审核发现可引导识别改进的机会或记录良好实践。

六、审核结论

1. 定义

> 考虑了审核目标和所有审核发现（3.4）后得出的审核（3.1）结果。
> 注：改写 GB/T 19000—2008，定义 3.9.6。

2. 理解要点

（1）审核结论是审核组得出的有关该次审核的审核结果，而不是审核组的某一个审核人员得出的审核结果。

（2）审核结论是以审核发现为基础，是在充分考虑了（包括系统分析、研究）审核目的和所有审核发现的基础上得出的综合的、整体的审核结果。

（3）审核结论通常与审核目的有关。审核目的不同，审核结论也不同。如审核目的是为了测量管理体系认证，审核结论则应确定测量管理体系符合准则的程度，提出是否推荐认证的建议。

（4）管理体系的审核结论通常从符合性和有效性两方面作出。

第二节　有关审核组织和人员的术语

一、审核委托方

1. 定义

> 要求审核（3.1）的组织或人员。
> 注 1：对于内部审核，审核委托方可以是受审核方（3.7）或审核方案管理人员；对于外部审核，可以是监管机构、合同方或潜在用户。
> 注 2：改写 GB/T 19000—2008，定义 3.9.7。

2. 理解要点

（1）审核委托方可以是组织，也可以是人员。

（2）审核委托方要求的事项是审核。

（3）在第三方认证审核中，对于认证机构而言，认证委托方是申请认证的组织；对审核组而言，审核的委托方是认证机构。

二、受审核方

1. 定义

> 被审核的组织。
> [GB/T 19000—2008，定义 3.9.8]

2. 理解要点

（1）被审核的单位。

（2）被审核的组织可能是一个完整的组织，也可能是一个较大组织的一部分，如工厂或该工厂的一个车间、公司或该公司的某一个分公司。

三、审核员

1. 定义

> 实施审核（3.7）的人员。

2. 理解要点

（1）审核员分为内部审核员和外部审核员。审核员需要经过培训且具备能力。

（2）我国实行国家注册审核员制度。按不同的领域分别注册。审核员分为实习审核员、审核员和高级审核员三级。

（3）审核员的主要职责就是实施审核。在第三方审核中实习审核员不能在没有指导和帮助的情况下单独一人进行审核。

四、审核组

1. 定义

> 实施审核（3.1）的一名或多名审核员（3.8），需要时，由技术专家（3.10）提供支持。
>
> 注1：审核组中的一名审核员被指定作为审核组长。
>
> 注2：审核组可包括实习审核员。
>
> [GB/T 19000—2008，定义 3.9.10]

2. 理解要点

（1）审核组长对审核过程负责。

（2）审核组由审核委托方组成。

（3）在第三方认证审核中，审核组需要根据受审核方的产品或服务的专业领域，指定相关专业的专业审核员参加。

五、技术专家

1. 定义

> 向审核组（3.9）提供特定知识或技术的人员。
>
> 注1：特定知识或技术是指与受审核的组织、过程或活动以及语言或文化有关的知识或技术。
>
> 注2：在审核组（3.9）中，技术专家不作为审核员（3.8）。
>
> [GB/T 19000—2008，定义 3.9.11]

六、能力

1. 定义

应用知识和技能获得预期结果的本领。

注：本领表示在审核过程中个人行为的适当表现。

2. 理解要点

(1) 该定义特别强调从实现预期结果方面而言，审核员应用知识和技能的本领。

(2) 不同审核员能力不一样，所达到的审核效果可能不同，能力应当得到证实。

(3) ISO/IEC 17021：2011 对审核员的能力确定及评价方法作出了明确的规定。

七、观察员

1. 定义

伴随审核组（3.9）但不参与审核的人员。

注 1：观察员不属于审核组（3.9），也不影响或干涉审核（3.1）工作。

注 2：观察员可来自受审核方（3.7）、监管机构或其他见证审核（3.1）的相关方。

八、向导

1. 定义

由受审核方（3.7）指定的协助审核组（3.9）的人员。

2. 理解要点

(1) 在第二方、第三方审核中，受审核方应为审核组配备向导。

(2) 向导的作用有：建立联系；安排特定部分的访问；确保审核组了解和遵守有关场所的安全规则；代表受审核方对审核进行见证；在收集信息的过程中作出澄清或提供帮助。

第三节　有关审核活动的术语

一、审核方案

1. 定义

针对特定时间段所策划并具有特定目标的一组（一次或多次）审核（3.1）安排。

注：改写 GB/T 19000—2008，定义 3.9.2。

2. 理解要点

（1）审核方案是指导审核的重要策划文件，审核方案由审核方案管理人员制定，审核方案是审核策划的结果。

（2）审核方案有以下特点：

1）“特定时间段”，根据受审核组织的规模、性质和复杂程度，一个审核方案可以包括在某一时间内发生的一次或多次审核，这个审核方案所覆盖的是一个时间段的一组审核；

2）“特定目标”，每次审核都会有具体的目标，一个审核方案要考虑的是针对这一特定时间段的一组审核所具有的总体目标，实现此目标的方式可以不同，可以针对受审核方某一管理体系的单独审核，也可以是结合审核和联合审核。

3）审核方案通常包括：受审核方基本信息、审核风险分析、审核思路与安排（包括资源配置）、审核关注点等。对于第三方审核而言，审核方案一般包括了一个认证周期的初次认证的两个阶段审核、监督审核和再认证审核的安排。

4）等审核方案要按 P-D-C-A（计划-实施-检查-处置）实施动态管理。

二、审核范围

1. 定义

审核（3.1）的内容和界限。

注：审核范围通常包括对实际位置、组织单元、活动和过程，以及审核所覆盖的时期的描述。

[GB/T 19000—2008，定义 3.9.13]

2. 理解要点

（1）审核范围通常包括对实际位置、组织单元、活动和过程，以及审核所覆盖的时间的描述。

（2）“实际位置”指的是受审核方活动所在的地理位置，如受审核方坐落在某省某市某街道某号。

（3）“组织单元”是指受审核的管理体系所涉及的组织的部门或职能或岗位，如组织的管理层、设计开发部、采购部、质量部、加工车间，或针对某一任务成立的某一项目部、课题组。

（4）“活动和过程”是指受审核的管理体系所涉及的活动和过程，特别是管理体系所涉及的与产品有关的过程和活动，如产品实现、服务提供、环境监测、能源管理等。

（5）“覆盖的时期”是指受审核的管理体系实施和运行的时间段，如第三方认证的时间段通常是受审核方管理体系文件实施之日至初次现场第一阶段审核的时间段。

三、审核计划

1. 定义

对审核（3.1）活动和安排的描述。
[GB/T 19000—2008，定义 3.9.12]

2. 理解要点

（1）审核计划是针对一次具体的审核；审核计划不同于审核方案，它是审核方案的具体化，审核计划应形成文件。

（2）每次审核都要编制审核计划，审核计划由审核组长编制。

（3）审核计划的内容是一次具体的审核活动和安排的描述，审核计划通常包括审核目的、审核范围、审核依据、审核组成员及分工、审核部门及内容，审核时间安排等。

四、风险

1. 定义

不确定性对目标的影响。
注：改写 ISO 指南 73：2009，定义 1.1。

2. 理解要点

（1）认证审核存在风险，对于审核方和受审核方都存在风险。

（2）在第三方审核中，由于审核中可能存在影响审核结论的不确定性（如受审核方生产的季节性、某些重要岗位人员在审核期间因特殊原因不在现场、产品标准处于更新替代过程中、生产工艺过程处于更新改造过程中），因此认证要识别风险，并在审核报告中予以说明。

五、合格（符合）

1. 定义

满足要求。
[GB/T 19000—2008，定义 3.6.1]

2. 理解要点

（1）对受审核方而言，要求包括顾客要求、其他相关方要求、组织应当遵守的法律法规和其他要求等；对于认证活动而言，审核活动本身的要求包括法律法规的要求、认可规则的要求、审核员注册要求、行为规范要求、职业道德要求等。

（2）管理体系审核就是判定受审核方的管理体系与认证标准的符合性。符合即为合格。

六、不合格（不符合）

1. 定义

> 未满足要求。
> ［GB/T 19000—2008，定义 3.6.2］

2. 理解要点

（1）没有满足顾客要求、其他相关方要求、组织应当遵守的法律法规和其他要求的管理体系问题都为不合格，或称“不符合”。

（2）对于不符合，受审核方要按照审核组的要求，在规定的时间内实施纠正和分析原因并采取有效的纠正措施。

七、管理体系

1. 定义

> 建立方针和目标并实现这些目标的体系。
> 注：一个组织的管理体系可包括若干个不同的管理体系，如质量管理体系、财务管理体系或环境管理体系。
> ［GB/T 19000—2008，定义 3.2.2］

2. 理解要点

（1）体系即系统，是指一组相互作用的要素。

（2）管理体系是建立方针和目标并实现该目标的相互联系和相互作用的一组“要素”。

（3）从现行标准版本看，质量管理体系和测量管理体系是过程模式。

第三章

审核原则

审核的特征在于其遵循若干原则。这些原则有助于使审核成为支持管理方针和控制的有效与可靠的工具，并为组织提供可以改进其绩效的信息。遵循这些原则是得出相应和充分的审核结论的前提，也是审核员独立工作时，在相似的情况下得出相似结论的前提。

1. 诚实正直：职业的基础

审核员和审核方案管理人员应：

——以诚实、勤勉和负责任的精神从事他们的工作；

——了解并遵守任何适用的法律法规要求；

——在工作中体现他们的能力；

——以不偏不倚的态度从事工作，即对待所有事务保持公正和无偏见；

——在审核时，对可能影响其判断的任何因素保持警觉。

2. 公正表达：真实、准确地报告的义务

审核发现、审核结论和审核报告应真实和准确地反映审核活动。应报告在审核过程中遇到的重大障碍以及在审核组和受审核方之间没有解决的分歧意见。沟通必须真实、准确、客观、及时、清楚和完整。

3. 职业素养：在审核中勤奋并具有判断力

审核员应珍视他们所执行的任务的重要性以及审核委托方和其他相关方对他们的信任。在工作中具有职业素养的一个重要因素是能够在所有审核情况下做出合理的判断。

4. 保密性：信息安全

审核员应审慎使用和保护在审核过程获得的信息。审核员或审核委托方不应为个人利益不适当地或以损害受审核方合法利益的方式使用审核信息。这个概念包括正确处理敏感的、保密的信息。

5. 独立性：审核的公正性和审核结论的客观性的基础

审核员应独立于受审核的活动（只要可行时），并且在任何情况下都应不带偏见，没有利益上的冲突。对于内部审核，审核员应独立于被审核职能的运行管理人员。审核员在整个审核过程应保持客观性，以确保审核发现和审核结论仅建立在审核证据的基础上。

对于小型组织，内审员也许不可能完全独立于被审核的活动，但是应尽一切努力消除偏见和体现客观。

6. 基于证据的方法：在一个系统的审核过程中，得出可信的和可重现的审核结论的合理的方法

审核证据应是能够验证的。由于审核是在有限的时间内并在有限的资源条件下进行的，因此审核证据是建立在可获得信息的样本的基础上。应合理地进行抽样，因为这与审核结论的可信性密切相关。

第四章

审核方案的管理

第一节　总则

需要实施审核的组织应建立审核方案，以便确定受审核方管理体系的有效性。审核方案可以包括针对一个或多个管理体系标准的审核，可单独实施，也可结合实施。

最高管理者应确保建立审核方案的目标，并指定一个或多个胜任的人员负责管理审核方案。审核方案的范围与程度应基于受审核组织的规模和性质，以及受审核管理体系的性质、功能、复杂程度以及成熟度水平。应优先配置审核方案所确定的资源，以审核管理体系的重大事项。这些重大事项可能包括产品质量的关键特性、健康和安全的相关危险源或重要环境因素及其控制措施（这个概念通常称为基于风险的审核）。

审核方案应包括在规定的期限内有效和高效地组织和实施审核所需的信息和资源，并可以包括以下内容：

——审核方案和每次审核的目标：

——审核的范围与程度、数量、类型、持续时间、地点、日程安排；

——审核方案的程序；

——审核准则；

——审核方法；

——审核组的选择；

——所需的资源，包括交通和食宿；

——处理保密性、信息安全、健康和安全，以及其他类似事宜的过程。

应监视和测量审核方案的实施以确保达到其目标。应评审审核方案以识别可能的改进。

图 3－4－1 所示是审核方案的管理流程。

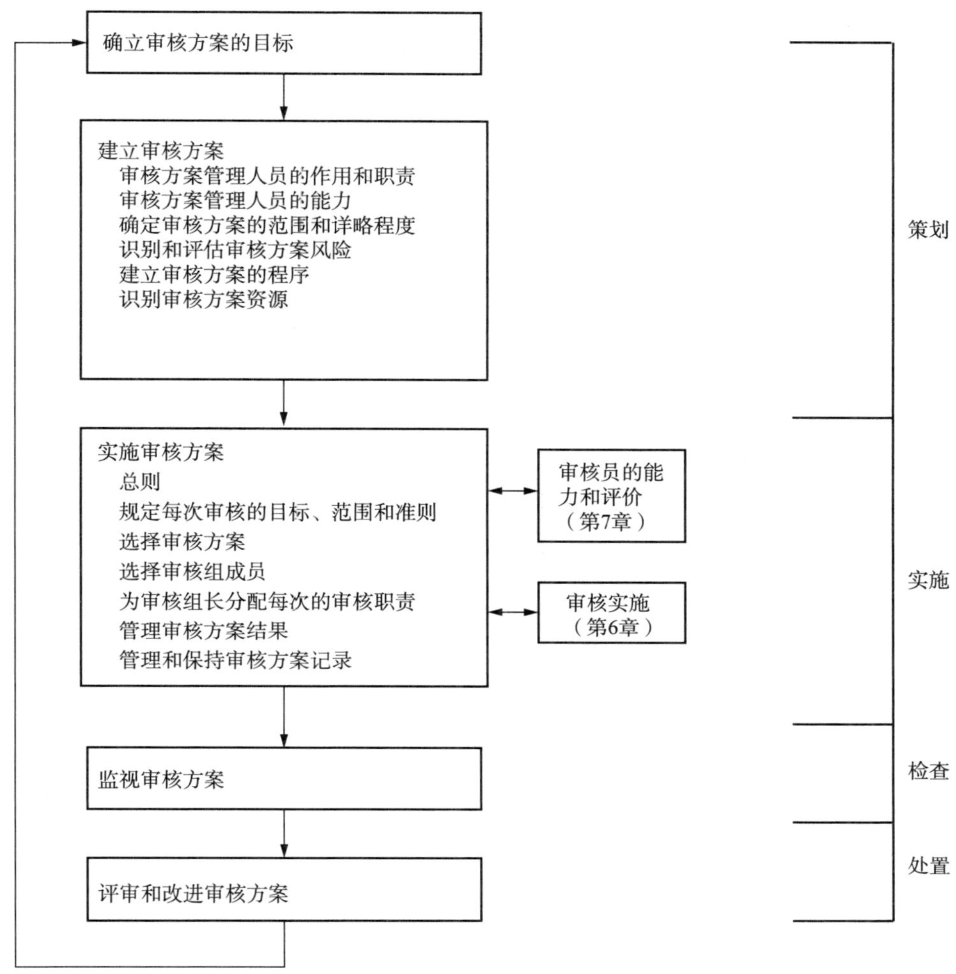

注 1：图中表示了 PDCA 在 GB/T 19011—2013 中的应用。

图 3-4-1 审核方案管理流程示图

第二节 确立审核方案的目标

最高管理者应确保审核方案的目标得到确立，以指导审核的策划和实施，并应确保审核方案的有效实施。审核方案的目标应与管理体系的方针和目标相一致并予以支持。

这些目标可以基于以下方面的考虑：

a）管理的优先事项；

b）商业意图和其他的业务意图；

c）过程、产品和项目的特性及其变化；

d）管理体系要求；

e）法律法规和合同要求，以及组织承诺遵守的其他要求；
f）供方评价的需要；
g）相关方（包括顾客）的需求和期望；
h）发生失效、事件和顾客投诉时所反映出的受审核方的绩效水平；
i）受审核方所面临的风险；
j）以往审核的结果；
k）受审核的管理体系的成熟度水平。
审核方案的目标可以包括下列各项：
——促进管理体系及其绩效的改进；
——满足外部要求，例如管理体系标准认证；
——验证与合同要求的符合性；
——获得和保持对供方能力的信心；
——确定管理体系的有效性；
——评价管理体系的目标与管理体系方针、组织的总体目标的兼容性和一致性。

第三节　建立审核方案

一、审核方案管理人员的作用和职责

审核方案管理人员应：
——确定审核方案的范围和程度；
——识别和评估审核方案的风险；
——明确审核的责任；
——建立审核方案的程序；
——确定所需的资源；
——确保审核方案的实施，包括明确每次审核的目标、范围和准则，确定审核方法，选择审核组和评价审核员；
——确保管理和保持适当的审核方案记录；
——监视、评审和改进审核方案。
审核方案管理人员应将审核方案内容报告最高管理者，并在必要时获得批准。

二、审核方案管理人员的能力

审核方案管理人员应具备有效地和高效地管理审核方案及其相关风险的必要的能力，并具备以下方面的知识和技能：
——审核原则、程序和方法；
——管理体系标准和引用文件；
——受审核方的活动、产品和过程；

——与受审核方活动、产品有关的适用的法律法规要求和其他要求；

——受审核方的顾客、供方和其他相关方（适用时）。

审核方案管理人员应参加适当的持续专业发展活动，以保持管理审核方案所需的知识和技能。

三、确定审核方案的范围和详略程度

审核方案管理人员应确定审核方案的范围和详略程度，这取决于受审核方的规模和性质、受审核的管理体系的性质、功能、复杂程度和成熟度水平以及其他重要事项。

注：在某些情况下，根据受审核方的结构或活功，审核方案可能只包括一次审核（例如一个小型项目活动）。

影响审核方案范围和详略程度的其他因素包括：

——每次审核的目标、范围、持续时间和审核次数，适用时，还包括审核后续活动；

——受审核活动的数量、重要性、复杂性、相似性和地点；

——影响管理体系有效性的因素；

——适用的审核准则，例如有关管理标准的安排、法律法规要求、合同要求以及受审核方承诺的其他要求；

——以往的内部或外部审核的结论；

——以往的审核方案的评审结果；

——语言、文化和社会因素；

——相关方的关注点，例如顾客抱怨或不符合法律法规要求；

——受审核方或其运作的重大变化；

——支持审核活动的信息和沟通技术的可获得性，尤其是使用远程审核方法的情况；

——内部和外部事件的发生，如产品故障、信息安全泄密事件、健康和安全事件、犯罪行为或环境事件。

四、识别和评估审核方案风险

在建立、实施、监视、评审和改进审核方案过程中存在多种风险，这些风险可能影响审核方案目标的实现。审核方案管理人员在制定审核方案时应考虑这些风险。这些风险可能与下列事项相关：

——策划，例如未能设定合适的审核目标和未能确定审核方案范围和详略程度；

——资源，例如没有足够的时间制定审核方案或实施审核；

——审核组的选择，例如审核组不具备有效地实施审核的整体能力；

——实施，例如没有有效地沟通审核方案；

——记录及其控制，例如未能适宜地保护用于证明审核方案有效性的审核记录；

——监视、评审和改进审核方案，例如没有有效地监视审核方案的结果。

五、建立审核方案的程序

审核方案管理人员应建立一个或多个程序，用于规定下列事项（适用时）：
——在考虑审核方案风险的基础上，策划和安排审核日程；
——确保信息安全和保密性；
——保证审核员和审核组长的能力；
——选择适当的审核组并分配任务和职责；
——实施审核，包括采用适当的抽样方法；
——适用时，实施审核后续活动；
——向最高管理者报告审核方案的实施概况；
——保持审核方案的记录；
——监视和评审审核方案的绩效和风险，提高审核方案的有效性。

六、识别审核方案资源

识别审核方案资源时，审核方案管理人员应考虑：
——开发、实施、管理和改进审核活动所必需的财务资源；
——审核方法；
——能够胜任特定审核方案目标的审核员和技术专家；
——审核方案范围和程度以及风险；
——旅途时间和费用、食宿和其他审核需要；
——信息和沟通技术的可获得性。

第四节　实施审核方案

一、总则

审核方案管理人员应通过开展下列活动实施审核方案：
——与有关方面沟通审核方案的相关部分，并定期通报进展情况；
——确定每次审核的目标、范围和准则；
——协调和安排审核日程以及其他与审核方案相关的活动；
——确保选择具备所需能力的审核组；
——为审核组提供必要的资源；
——确保按照审核方案和协调一致的时间框架实施审核；
——确保记录审核活动并且妥善管理和保持记录。

二、规定每次审核的目标、范围和准则

每次审核应基于形成文件的审核目标、范围和准则。这些应由审核方案管理人员

加以规定，并与总体审核方案的目标相一致。

审核目标规定每次审核应完成什么，可以包括下列内容：

——确定所审核的管理体系或其一部分与审核准则的符合程度；

——确定活动、过程和产品与要求和管理体系程序的符合程度；

——评价管理体系的能力，以确保满足法律法规和合同要求以及受审核方所承诺的其他要求；

——评价管理体系在实现特定目标方面的有效性；

——识别管理体系的潜在改进之处。

审核范围应与审核方案和审核目标相一致。包括诸如地址、组织单元、被审核的活动和过程以及审核覆盖的时期等内容。

审核准则作为确定合格的依据，可能包括适用的方针、程序、标准、法律法规要求，管理体系要求、合同要求、行业行为规范或其他策划的安排。

如果审核目标、范围或准则发生变化，应根据需要修改审核方案。

当对两个或更多的管理体系同时进行审核（结合审核）时，审核目标、范围和准则与相关审核方案的目标保持一致是非常重要的。

三、选择审核方法

审核方案管理人员应根据规定的审核目标、范围和准则，选择和确定审核方法以有效地实施审核。

可以采用一系列的审核方法实施审核。以下给出了常用的审核方法的说明。选择审核方法取决于所规定的审核目标、范围和准则以及持续的时间和地点。应考虑可获得的审核员能力和应用审核方法出现的任何不确定性。灵活运用各种不同的审核方法及其组合，可以使得审核过程及其结果的效率和有效性最佳化。

审核绩效与受审核管理体系的相关人员的相互作用和审核所用技术有关。可以单独或者组合的运用表 3-4-1 提供的审核方法示例以实现审核目标。如果一次审核使用多名成员组成的审核组，可以同时使用现场和远程的方法。

表 3-4-1　适用的审核方法

审核员与审核方之间的相互作用程度	审核员的位置	
	现场	远程
有人员互动	进行面谈； 在受审核方参与的情况下完成检查表和问卷表； 在受审核方参与的情况下进行文件评审； 抽样	借助交互式的通信手段： ——进行交谈； ——完成检查表和问卷； ——在受审核方参与的情况下进行文件评审

续表

<table>
<tr><td rowspan="2">审核员与审核方之间的相互作用程度</td><td colspan="2">审核员的位置</td></tr>
<tr><td>现场</td><td>远程</td></tr>
<tr><td>无人员互动</td><td>进行文件评审（例如记录、数据分析）；
观察工作情况；
进行现场巡视；
完成检查表；
抽样（例如产品）</td><td>进行文件评审（例如记录、数据分析）；
在考虑社会和法律法规要求的前提下，通过监视手段来观察工作情况；
分析数据</td></tr>
<tr><td colspan="3">现场审核活动在受审核方的现场进行。远程审核活动在受审核方现场以外地方进行，无论距离远近。
互动的审核活动包括受审核方人员和审核组之间相互交流。非互动的审核活动不存在与受审核方代表的交流，但需要使用设备、设施和文件</td></tr>
</table>

在策划阶段，审核方案管理人员或审核组长应对具体审核中有效运用审核方法负责。审核组长负责实施审核活动。

远程审核活动的可行性取决于审核员和受审核方人员之间的信任程度。

在审核方案中，应确保适宜和平衡地应用远程和现场审核方法，以确保圆满实现审核方案的目标。

当两个或多个审核组织对同一受审核方进行联合审核时，管理不同审核方案的人员应就审核方法达成一致，并考虑对审核资源和审核策划的影响。如果受审核方运行两个或多个领域的管理体系，审核方案也应包括结合审核的情况。

四、选择审核组成员

审核方案管理人员应指定审核组成员，包括审核组长和特定审核所需要的技术专家。

应在考虑实现规定范围内每次审核目标所需要的能力的基础上，选择审核组。如果只有一名审核员，该审核员应承担审核组长的适用的全部职责。

在确定特定审核的审核组的规模和组成时，应考虑下列因素：

a）考虑到审核范围和准则，实现审核目标所需要的审核组的整体能力；

b）审核的复杂程度以及是否是结合审核或联合审核；

c）所选定的审核方法；

d）法律法规要求、合同要求和受审核方所承诺的其他要求；

e）确保审核组成员独立于被审核活动以及避免任何利害冲突的需要（见第三章独立性原则）；

f）审核组成员共同工作的能力以及与受审核方的代表有效协作的能力；

g）审核所用语言以及受审核方特定的社会和文化特性。这些方面可以通过审核员自身的技能或通过技术专家的支持予以解决。

为了保证审核组的整体能力，应采取下列步骤：

——识别达到审核目标所需要的知识和技能；

——选择审核组成员以使审核组具备所有必要的知识和技能。

如果审核组的审核员没有具备所有必要的能力，审核组应包含具备相关能力的技术专家。技术专家应在审核员的指导下工作，但不能作为审核员实施审核。

审核组可以包括实习审核员，但实习审核员应在审核员的指导和帮助下参与审核。

在审核过程中，如出现了利益冲突和能力方面的问题，审核组的规模和组成可能有必要加以调整。

如果出现这种情况，在调整前，有关方面（例如审核组长、审核方案管理人员、审核委托方或受审核方）应进行讨论。

五、为审核组长分配每次的审核职责

审核方案管理人员应向审核组长分配实施每次审核的职责。

应在审核实施前的足够时间内分配职责，以确保有效地策划审核。为确保有效地实施每次审核，应向审核组长提供下列信息：

a）审核目标；

b）审核准则和引用文件；

c）审核范围，包括需审核的组织单元、职能单元以及过程；

d）审核方法和程序；

e）审核组的组成；

f）受审核方的联系方式、审核活动的地点、日期和持续时间；

g）为实施审核所配置的适当资源；

h）评价和关注已识别达到审核目标的风险所需的信息。

适用时，提供的信息还应包括下列内容：

——在审核员和（或）受审核方的语言不同的情况下，审核工作和报告的语言；

——审核方案要求的审核报告内容和分发范围；

——如果审核方案有所要求，与保密和信息安全有关的事宜；

——审核员的健康和安全要求；

——安全和授权要求；

——后续活动，例如来自以往的审核（适用时）；

——在联合审核的情况下与其他审核活动的协调。

当进行联合审核时，重要的是实施审核的各组织在开始审核前，就各自的职责，特别是对被指定为本次审核的审核组长的权限达成一致。

六、管理审核方案结果

审核方案管理人员应确保下列活动得到实施：

——评审和批准审核报告，包括评价审核发现的适宜性和充分性；

——评审根本原因分析以及纠正措施和预防措施的有效性；

——将审核报告提交给最高管理者和其他有关方面；
——确定后续审核的必要性。

七、管理和保持审核方案记录

审核方案管理人员应确保审核记录的形成、管理和保持，以证实审核方案的实施。应建立过程以确保与审核记录相关的保密需求得到规定。

记录应包括下列各项内容：

a）与审核方案相关的记录，如：
——形成文件的审核方案的目标、范围和程度；
——阐述审核方案风险的记录；
——审核方案有效性的评审记录；

b）与每次审核相关的记录，如：
——审核计划和审核报告；
——不符合报告，
——纠正措施和预防措施的报告；
——审核后续活动的报告（适用时）；

c）与审核人员相关的记录，如：
——审核组成员的能力和绩效评价；
——审核组和审核组成员的选择；
——能力的保持和提高。

记录的形式和详细程度应证明达到了审核方案的目标。

第五节 监视审核方案

审核方案管理人员应监视审核方案的实施，并关注下列需求：

a）评价与审核方案、日程安排和审核目标的符合性；
b）评价审核组成员的绩效；
c）评价审核组实施审核计划的能力；
d）评价来自最高管理者、受审核方、审核员和其他相关方的反馈。

某些因素可能决定是否需要修改审核方案，如：
——审核发现；
——经证实的管理体系有效性水平；
——审核委托方或受审核方的管理体系的变化；
——标准要求、法律法规要求、合同要求和受审核方所承诺的其他要求的变化；
——供方的变更。

第六节　评审和改进审核方案

审核方案管理人员应评审审核方案，以评定是否得到目标。从审核方案评审中得到的经验教训应用于持续改进审核方案过程的输入。

审核方案评审应考虑下列各项：

a）审核方案监视的结果和趋势；

b）与审核方案程序的符合性；

c）相关方进一步的需求和期望；

d）审核方案记录；

e）可替代的或新的审核方法；

f）解决与审核方案相关风险的措施的有效性；

g）与审核方案有关的保密和信息安全事宜。

审核方案管理人员应评审审核方案的总体实施情况，识别改进区域，必要时修改审核方案，并应：

——根据本篇第六章第三节的内容评审审核员的持续专业发展活动；

——向最高管理者报告审核方案的评审结果。

第五章

实施审核

第一节　总则

本章为作为审核方案一部分的审核活动的准备与实施提供了指南。图 3－5－1 给出了典型的审核活动概述，图中的编号为 GB/T 19011—2013 的条款编号。本章的适用程度取决于特定审核的目标和范围。

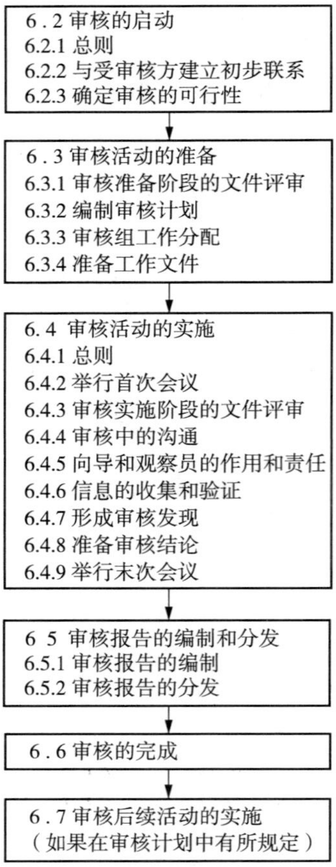

6.2 审核的启动
6.2.1 总则
6.2.2 与受审核方建立初步联系
6.2.3 确定审核的可行性

↓

6.3 审核活动的准备
6.3.1 审核准备阶段的文件评审
6.3.2 编制审核计划
6.3.3 审核组工作分配
6.3.4 准备工作文件

↓

6.4 审核活动的实施
6.4.1 总则
6.4.2 举行首次会议
6.4.3 审核实施阶段的文件评审
6.4.4 审核中的沟通
6.4.5 向导和观察员的作用和责任
6.4.6 信息的收集和验证
6.4.7 形成审核发现
6.4.8 准备审核结论
6.4.9 举行末次会议

↓

6 5 审核报告的编制和分发
6.5.1 审核报告的编制
6.5.2 审核报告的分发

↓

6.6 审核的完成

↓

6.7 审核后续活动的实施
（如果在审核计划中有所规定）

图 3－5－1　典型的审核活动

第二节 审核的启动

一、总则

从审核开始直到审核完成，指定的审核组长都应对审核的实施负责。

启动一项审核应考虑、图 3－5－1 中的步骤；然而，根据受审核方、审核过程和具体情形的不同，顺序可以有所不同。

二、与受审核方建立初步联系

审核组长应与受审核方就审核的实施进行初步联系，联系可以是正式的也可以是非正式的。建立初步联系的目的是：

——与受审核方的代表建立沟通渠道；
——确认实施审核的权限；
——提供有关审核目标、范围、方法和审核组组成（包括技术专家）的信息；
——请求有权使用用于策划审核的相关文件和记录；
——确定与受审核方的活动和产品相关的适用法律法规要求、合同要求和其他要求；
——确认与受审核方关于保密信息的披露程度和处理的协议；
——对审核做出安排，包括日程安排；
——确定特定场所的访问、安保、健康安全或其他要求；
——就观察员的到场和审核组向导的需求达成一致意见；
——针对具体审核，确定受审核方的关注事项。

三、确定审核的可行性

应确定审核的可行性，以确信能够实现审核目标。

确定审核的可行性应考虑是否具备下列因素：

——策划和实施审核所需的充分和适当的信息；
——受审核方的充分合作；
——实施审核所需的足够时间和资源。

当审核不可行时，应向审核委托方提出替代建议并与受审核方协商一致。

第三节 审核活动的准备

一、审核准备阶段的文件评审

应评审受审核方的相关管理体系文件，以：

——收集信息，例如过程、职能方面的信息，以准备审核活动和适用的工作文件

（见本节三的内容）；

——了解体系文件范围和程度的概况以发现可能存在的差距。

实施文件评审时，审核员应考虑：

（1）文件中提供的信息是否：

——完整（文件中包含所有期望的内容）；

——正确（内容符合标准和法规等可靠的来源）；

——一致（文件本身以及与相关文件都是一致的）；

——现行有效（内容是最新的）。

（2）所评审的文件是否覆盖审核范围并提供足够的信息来支持审核目标。

（3）依据审核方法确定的对信息和通信技术的利用，是否有助于审核的高效实施。应依据适用的数据保护法规对信息安全予以特别关注（特别是包含在文件中但在审核范围之外的信息）。

通过文件评审可以表明受审核方管理体系文件控制的有效性。

适用时、文件可包括管理体系文件和记录，以及以往的审核报告，文件评审应考虑受审核方管理体系和组织的规模、性质和复杂程度以及审核目标和范围。

二、编制审核计划

（1）审核组长应根据审核方案和受审核方提供的文件中包含的信息编制审核计划。审核计划应考虑审核活动对受审核方的过程的影响，并为审核委托方、审核组和受审核方之间就审核的实施达成一致提供依据。审核计划应便于有效地安排和协调审核活动，以达到目标。

审核计划的详细程度应反映审核的范围和复杂程度，以及实现审核目标的不确定因素。在编制审核计划时，审核组长应考虑以下方面：

——适当的抽样技术；

——审核组的组成及其整体能力；

——审核对组织形成的风险。

例如，对组织的风险可以来自审核组成员的到来对于健康安全、环境和质量方面的影响，以及他们的到来对受审核方的产品、服务、人员或基础设施（例如对洁净室设施的污染）产生的威胁。

对于结合审核，应特别关注不同管理体系的操作过程与相互抵触的目标以及优先事项之间的相互作用。

（2）对于初次审核和随后的审核、内部审核和外部审核，审核计划的内容和详略程度可以有所不同。审核计划应具有充分的灵活性，以允许随着审核活动的进展进行必要的调整。

审核计划应包括或涉及下列内容：

a）审核目标；

b）审核范围，包括受审核的组织单元、职能单元以及过程；

c）审核准则和引用文件；

d）实施审核活动的地点、日期、预期的时间和期限，包括与受审核方管理者的会议；

e）使用的审核方法，包括所需的审核抽样的范围，以获得足够的审核证据，适用时还包括抽样方案的设计；

f）审核组成员、向导和观察员的作用和职责；

g）为审核的关键区域配置适当的资源。

适当时，审核计划还可包括：

——明确受审核方本次审核的代表；

——当审核员和（或）受审核方的语言不同时，审核工作和审核报告所用的语言；

——审核报告的主题；

——后勤和沟通安排，包括受审核现场的特定安排；

——针对实现审核目标的不确定因素而采取的特定措施；

——保密和信息安全的相关事宜；

——来自以往审核的后续措施；

——所策划审核的后续活动；

——在联合审核的情况下，与其他审核活动的协调。

审核计划可由审核委托方评审和接受，并应提交受审核方。受审核方对审核计划的反对意见应在审核组长、受审核方和审核委托方之间得到解决。

审核组长可在审核组内协商，将对具体的过程、活动、职能或场所的审核工作分配给审核组每位成员。分配审核组工作时，应考虑审核员的独立性和能力、资源的有效利用以及审核员、实习审核员和技术专家的不同作用和职责。

适当时，审核组长应适时召开审核组会议，以分配工作并决定可能的改变。为确保实现审核目标，可随着审核的进展调整所分配的工作。

（3）抽样方法

1）总则

在审核过程中如果检查所有可获得的信息不实际或不经济、则需进行审核抽样，例如记录太过庞大或地域分布太过分散，以至于无法对总体值的每个项目进行检查。为了对总体形成结论，对大的总体进行审核抽样，就是在全部数据批（总体）中，选择小于100%数量的项目以获取并评价总体某些特征的证据。

审核抽样的目的是提供信息，以使审核员确信能够实现审核目标。

抽样的风险是从总体中抽取样本也许不具有代表性，从而可能导致审核员的结论出现偏差，与对总体进行全面检查的结果不一致。其他风险可能源于抽样总体内部的变异和所选择的抽样方法。

典型的审核抽样包括以下步骤：

——明确抽样方案的目标；

——选择抽样总体的范围和组成；

——选择抽样方法；

——确定样本量；

——进行抽样活动；

——收集、评价和报告结果并形成文件。

抽样时，应考虑可用数据的质量，因为抽样数量不足或不准确将不能提供有用的结果。应根据抽样方法和所要求的数据类型（如为了推断出特定行为模式或得出对总体的推论）选择适当的样本。

2）条件抽样

审核可以采用条件抽样。条件抽样有赖于审核组的知识、技能和经验。

对于条件抽样，可以考虑以下方面：

——在审核范围内的以前的审核经验；

——实现审核目标的要求的复杂性（包括法律法规要求）；

——组织的过程和管理体系要素的复杂性及其相互作用；

——技术、人员因素或管理体系的变化程度；

——以前识别的关键风险领域和改进的领域；

——管理体系监视的结果。

条件抽样的缺点是，可能无法对审核发现和审核结论的不确定性进行统计估计。

3）统计抽样

如果决定要使用统计抽样，抽样方案应基于审核目标和抽样总体的特征。

——统计抽样设计使用一种基于概率论的样本选择过程。当每个样本只有两种可能的结果时（例如正确或错误，通过或不通过）使用计数抽样。当样本的结果是连续值时使用计量抽样。

——抽样方案应当考虑检查的结果是计数的还是计量的。例如，当要评价完成的表格与程序规定的要求的符合性时，可以使用计数抽样。当调查食品安全事件或安全漏洞的数量时，计量抽样可能更加合适。

——影响审核抽样方案的关键要素是：

①组织的规模；

②胜任的审核员的数量；

③一年中审核的频次；

④单次审核时间；

⑤外部所要求的置信水平。

——当制订统计抽样方案时，审核员能够接受的抽样风险水平是一个重要的考虑因素，这通常称为可接受的置信水平。例如，5%的抽样风险对应95%的置信水平。5%的抽样风险意味着审核员能够接受被检查的100个样本中有5个（或20个中有1个）不能反映其真值，该真值通过检查总体样本得出。

——当使用统计抽样时，审核员应适当描述工作情况，并形成文件。这应包括抽样总体的描述，用于评价的抽样准则（例如：什么是可接受的样本），使用的统计参数和方法，评价的样本数量以及获得的结果。

三、准备工作文件

（1）审核组成员应收集和评审与其承担的审核工作有关的信息，并准备必要的工作文件，用于审核过程的参考和记录审核证据。这些工作文件可包括：

——检查表；

——审核抽样方案；

——记录信息（如支持性证据、审核发现和会议记录）的表格。

检查表和表格的使用不应限制审核活动的范围和程度，因其可随着审核中收集信息的结果而发生变化。

（2）工作文件，包括其使用后形成的记录，应至少保存到审核完成或审核计划规定的时限。审核组成员在任何时候应妥善保管涉及保密或知识产权信息的工作文件。

（3）当准备工作文件时，审核组应针对每份文件考虑下列问题：

1）使用这份工作文件时将产生哪些审核记录？

2）哪些审核活动与此特定的工作文件相关联？

3）谁将是此工作文件的使用者？

4）准备此工作文件需要哪些信息？

工作文件应充分关注审核范围内管理体系的所有要素，提供的形式可以是任何媒介。

四、准备核查装置

审核组应分析测量管理体系范围内的测量过程和测量设备计量确认过程，选择有代表性的、技术比较复杂的项目确定为现场试验项目，并准备必要的、尽可能由权威机构校准或检测过的被测样品，用于检查测量过程和测量设备计量确认的准确性和有效性。这些被测样品可以包括：

（1）受审核方开展的校准项目的计量标准器具或工作计量器具；

（2）受审核方开展的测量过程控制的核查装置。

对受审核方进行现场试验的项目由审核组与受审核方共同商量确定。

第四节　审核活动的实施

一、首次会议

1. 首次会议的目的

（1）确认所有有关方（例如受审核方、审核组）对审核计划的安排达成一致；

（2）介绍审核组成员；

（3）确保所策划的审核活动能够实施。

2. 首次会议的内容

应与受审核方管理者及适当的受审核的职能、过程的负责人一起召开首次会议。在会议期间，应提供询问的机会。

会议的详略程度应与受审核方对审核过程的熟悉程度相一致。在许多情况下，例如小型组织的内部审核，首次会议可简单地包括对即将实施的审核的沟通和对审核性质的解释。

对于其他审核情况，会议应当是正式的，并保存出席人员的记录。会议应由审核组长主持。适当时，首次会议应包括以下内容：

——介绍与会者，包括观察员和向导，并概述与会者的职责；

——确认审核目标、范围和准则；

——与受审核方确认审核计划和其他相关安排，例如末次会议的日期和时间，审核组和受审核方管理者之间的临时会议以及任何新的变动；

——审核中所用的方法，包括告知受审核方审核证据将基于可获得信息的样本；

——介绍由于审核组成员的到场对组织可能形成的风险的管理方法；

——确认审核组和受审核方之间的正式沟通渠道；

——确认审核所使用的语言；

——确认在审核中将及时向受审核方通报审核进展情况；

——确认已具备审核组所需的资源和设施；

——确认有关保密和信息安全事宜；

——确认审核组的健康安全事项、应急和安全程序；

——报告审核发现的方法，包括任何分级的信息；

——有关审核可能被终止的条件的信息；

——有关末次会议的信息；

——有关如何处理审核期间可能的审核发现的信息；

——有关受审核方对审核发现、审核结论（包括抱怨和申诉）的反馈渠道的信息。

二、审核实施阶段的文件评审

应评审受审核方的相关文件，以：

——确定文件所述的体系与审核准则的符合性；

——收集信息以支持审核活动。

只要不影响审核实施的有效性，文件评审可以与其他审核活动相结合，并贯穿在审核的全过程。

如果在审核计划所规定的时间框架内提供的文件不适宜、不充分，审核组长应告知审核方案管理人员和受审核方。应根据审核目标和范围决定审核是否继续进行或暂停，直到有关文件的问题得到解决。

三、审核中的沟通

在审核期间，可能有必要对审核组内部以及审核组与受审核方、审核委托方、可能的外部机构（例如监管机构）之间的沟通做出正式安排，尤其是法律法规要求强制性报告不符合的情况。

审核组应定期讨论以交换信息，评定审核进展情况，以及需要时重新分配审核组成员的工作。

在审核中，适当时，审核组长应定期向受审核方、审核委托方通报审核进展及相关情况。如果收集的证据显示受审核方存在紧急和重大的风险，应及时报告受审核方，适当时向审核委托方报告。对于超出审核范围之外的引起关注的问题，应予记录并向审核组长报告，以便可能时向审核委托方和受审核方通报。

当获得的审核证据表明不能达到审核目标时，审核组长应向审核委托方和受审核方报告理由以确定适当的措施。这些措施可以包括重新确认或修改审核计划，改变审核目标、审核范围或终止审核。

随着审核活动的进行，出现的任何变更审核计划的需求都应经评审，适当时，经审核方案管理人员和受审核方批准。

四、向导和观察员的作用和责任

向导和观察员（例如来自监管机构或其他相关方的人员）可以陪同审核组。他们不应影响或干扰审核的进行。如果不能确保如此，审核组长有权拒绝观察员参加特定的审核活动。

观察员应承担由审核委托方和受审核方约定的与健康安全、保安和保密相关的义务。受审核方指派的向导应协助审核组并根据审核组长的要求行动。他们的职责可包括：

(1) 协助审核员确定面谈的人员并确认时间安排；

(2) 安排访问受审核方的特定场所；

(3) 确保审核组成员和观察员了解和遵守有关场所的安全规则和安全程序。

向导的作用也可包括以下方面：

——代表受审核方对审核进行见证；

——在收集信息的过程中，做出澄清或提供帮助。

五、信息的收集和验证

在审核中，应通过适当的抽样收集并验证与审核目标、范围和准则有关的信息，包括与职能、活动和过程间接口有关的信息。只有能够验证的信息方可作为审核证据。导致审核发现的审核证据应予以记录。在收集证据的过程中，审核组如果发现了新的、变化的情况或风险，应予以关注。

图 3-5-2 给出了从收集信息到得出审核结论的过程概述。

收集信息的方法包括：

——面谈；

——观察；

——现场试验；

——文件（包括记录）评审。

1. 信息源的选择

可根据审核的范围和复杂性选择不同的信息源。信息源可能包括：

——与员工和其他人员交谈；

——观察活动和周围的工作环境与条件；

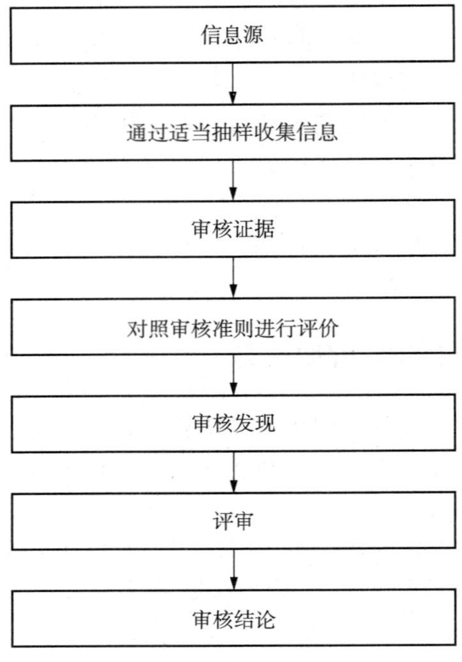

图 3-5-2　收集和验证信息的过程概述

——文件，例如方针、目标、计划、程序、标准、指导书、执照和许可证、规范、图纸、合同和订单；

——记录，例如检验记录、会议纪要、审核报告、监视方案和测量结果的记录；

——现场试验过程和试验结果；

——数据汇总、分析和绩效指标；

——有关受审核方抽样方案和抽样、测量过程的控制程序的信息；

——其他来源的报告，例如顾客的反馈，外部调查与测量，来自外部机构和供应商评级的其他信息；

——数据库和网站；

——模拟和建模。

2. 现场访问

在现场访问中，尽量减少审核活动与受审核方工作过程的相互干扰，并确保审核组成员的健康和安全，应考虑以下方面：

a）策划访问时：

——确保能够进入审核范围所确定的受审核方的相关场所；

——向审核员提供有关现场访问的足够信息（例如简介）这些信息涉及的方面包括安保、健康（例如检疫）、职业健康安全、文化习俗，适用时，还包括要求的预防接种和清洁；

——适用时，与受审核方确认提供审核组所需的个人防护装备（PPE）；

——除了非计划的特别审核，确保受访人员知道审核目标和范围；

b）现场活动时：

——避免任何对操作过程不必要的干扰；

——确保审核组适当地使用个人防护装备；

——确保应急程序得到沟通（例如紧急出口，集合地点）；

——安排沟通以尽量减少分歧；

——依据审核范围确定审核组的规模以及向导和观察员的数量，以尽可能地避免干扰运作过程；

——即使具备能力或持有执照，除非经明确许可，不要触摸或者操作任何设备；

——如果在现场访问期间发生事件，审核组长应与受审核方（如果需要，包括审核委托方）一起评审该状况，就是否中断、重新安排或继续审核达成一致；

——如果拍照或是视频录像，应预先征得管理人员的同意并考虑安全和保密事宜。避免未经本人许可就给个人拍照；

——如果复制任何类型的文件，应预先征得许可并考虑保密和安全事宜；

——作笔记时，应避免收集个人信息，除非出于审核目标或是审核准则的要求。

3. 面谈

面谈是一种重要的收集信息的方法，并且应以适于当时情境和受访人员的方式进行，面谈可以是面对面进行，也可以通过其他沟通方法。但是，审核员应考虑如下内容：

——受访人员应来自承担审核范围涉及的活动或任务的适当的层次和职能部门；

——通常在受访人员正常的工作时间和工作地点（可行时）进行；

——在面谈之前和面谈期间应尽量使受访人员放松；

——应解释面谈和做笔记的原因；

——面谈可以从请受访人员描述其工作开始；

——注意选择提问的方式（例如：开放式、封闭式、引导式提问）；

——应与受访人员总结和评审面谈结果；

——应感谢受访人员的参与和合作。

4. 现场试验

现场试验是审核测量过程和测量设备计量确认过程的关键环节。现场试验时应全程跟踪测量过程和测量设备校准过程，注意观察测量设备和测量环境，对照测量过程和计量校准技术规范进行核查，并就相关技术问题对测量和校准人员进行提问。

对于耗时比较长的现场试验，审核员可以结合试验关键点的操作、现场提问和现场演示的方式进行考核。当某项试验可由多人进行操作时，应考虑采用人员比对的方式进行现场考核。当某项试验可在多台仪器设备上进行时，应考虑采用设备比对的方式进行现场审核。

现场试验按表 3－5－1《校准项目检查表》和表 3－5－2《测量过程控制项目检查表》的要求进行。

表 3-5-1 校准项目检查表（格式）

序号： 第 页，共 页

所建计量标准名称	测量范围	校准测量能力/准确度等级/最大允许误差	计量标准考核证书号

计量标准器具和配套设备	型号规格	制造厂及编号	测量范围	不确定度/准确度等级/最大允许误差	检定/校准周期	末次检定/校准日期	检定/校准证书号

开展校准项目的器具或参数名称	测量范围	校准测量能力/准确度等级/最大允许误差	依据校准规范名称及编号

检查记录

检查内容	评价意见	说明
1. 计量标准证书及文件集	□符合□有缺陷□不符合	
2. 计量标准器及配套设备	□符合□有缺陷□不符合	
3. 量值溯源	□符合□有缺陷□不符合	
4. 设施与环境条件	□符合□有缺陷□不符合	
5. 人员资质及能力	□符合□有缺陷□不符合	
6. 校准依据的文件	□符合□有缺陷□不符合	
7. 原始记录	□符合□有缺陷□不符合	
8. 校准证书	□符合□有缺陷□不符合	
9. 测量不确定度评定	□符合□有缺陷□不符合	
10. 现场试验	□符合□有缺陷□不符合	

考核结论：□符合□有缺陷□不符合

注：1. 在选项上打√；2. 评定为不符合或有缺陷的应在说明中指出“不符合项/缺陷项记录表”编号

审核日期： 年 月 日 审核员： 审核组长： 受审核方代表：

表 3-5-2 测量过程控制检查表

序号 第 页，共 页

<table>
<tr><td>测量过程名称</td><td colspan="2"></td><td colspan="2">测量过程文件编号</td><td></td></tr>
<tr><td colspan="6">测量过程的计量要求</td></tr>
<tr><td>测量参数名称</td><td>测量范围</td><td>最大允许误差/允许不确定度</td><td>稳定性</td><td>分辨力</td><td>环境条件</td></tr>
<tr><td></td><td></td><td></td><td></td><td></td><td></td></tr>
<tr><td>测量过程要素</td><td colspan="5">要素控制要求</td></tr>
<tr><td>测量设备</td><td>测量范围</td><td>不确定度/准确度等级/最大允许误差</td><td>稳定性</td><td>分辨力</td><td>确认状态</td></tr>
<tr><td></td><td></td><td></td><td></td><td></td><td></td></tr>
<tr><td>核查标准</td><td></td><td></td><td></td><td></td><td></td></tr>
<tr><td>测量程序</td><td colspan="5"></td></tr>
<tr><td>环境条件</td><td colspan="5"></td></tr>
<tr><td>操作技能</td><td colspan="5"></td></tr>
<tr><td>控制活动</td><td colspan="5"></td></tr>
<tr><td>测量不确定度评定</td><td colspan="5"></td></tr>
<tr><td colspan="6">检查记录</td></tr>
<tr><td colspan="2">检查内容</td><td colspan="2">评价意见</td><td colspan="2">说明</td></tr>
<tr><td colspan="2">1. 测量设备</td><td colspan="2">□符合□有缺陷□不符合</td><td colspan="2"></td></tr>
<tr><td colspan="2">2. 测量程序</td><td colspan="2">□符合□有缺陷□不符合</td><td colspan="2"></td></tr>
<tr><td colspan="2">3. 环境条件</td><td colspan="2">□符合□有缺陷□不符合</td><td colspan="2"></td></tr>
<tr><td colspan="2">4. 操作技能</td><td colspan="2">□符合□有缺陷□不符合</td><td colspan="2"></td></tr>
<tr><td colspan="2">5. 过程控制</td><td colspan="2">□符合□有缺陷□不符合</td><td colspan="2"></td></tr>
<tr><td colspan="2">6. 测量过程记录</td><td colspan="2">□符合□有缺陷□不符合</td><td colspan="2"></td></tr>
<tr><td colspan="2">7. 测量不确定度评定</td><td colspan="2">□符合□有缺陷□不符合</td><td colspan="2"></td></tr>
<tr><td colspan="2">8. 现场试验结果</td><td colspan="2">□符合□有缺陷□不符合</td><td colspan="2"></td></tr>
<tr><td colspan="6">考核结论：□符合□有缺陷□不符合
注：1. 在选项上打√；2. 评定为不符合或有缺陷的应在说明中指出“不符合项/缺陷项记录表”编号</td></tr>
</table>

审核日期： 年 月 日 审核员： 审核组长： 受审核方代表：

六、形成审核发现

应对照审核准则评价审核证据以确定审核发现。审核发现能表明符合或不符合审核准则。当审核计划有规定时，具体的审核发现应包括具有证据支持的符合事项和良好实践、改进机会以及对受审核方的建议。

应记录不符合及支持不符合的审核证据，可以对不符合进行分级。应与受审核方一起评审不符合，以获得承认，并确认审核证据的准确性，使受审核方理解不符合。应努力解决对审核证据或审核发现有分歧的问题，并记录尚未解决的问题。

审核组应根据需要在审核的适当阶段评审审核发现。

1. 确定审核发现

当确定审核发现时，应考虑以下内容：

——以往审核记录和结论的跟踪；

——审核委托方的要求；

——非常规活动的发现，或者改进的机会；

——样本量；

——审核发现的分类（如果存在这种情况）。

2. 记录符合性

对于符合性的记录，应考虑如下内容：

——明确判断符合的审核准则；

——支持符合性的审核证据；

——符合性陈述（适用时）。

3. 记录不符合

对于不符合的记录，应考虑如下内容：

——描述或引用审核准则；

——不符合陈述；

——审核证据；

——相关的审核发现（适用时）。

七、准备审核结论

审核组在末次会议之前应充分讨论，以：

（1）根据审核目标，评审审核发现以及在审核过程中所收集的其他适当信息；

（2）考虑审核过程中固有的不确定因素，对审核结论达成一致；

（3）如果审核计划中有规定，提出建议；

（4）讨论审核后续活动（适用时）。

审核结论可陈述诸如以下内容：

——管理体系与审核准则的符合程度和其稳健程度，包括管理体系满足所声称的目标的有效性；

——管理体系的有效实施、保持和改进；

——管理评审过程在确保管理体系持续的适宜性、充分性、有效性和改进方面的能力；

——审核目标的完成情况、审核范围的覆盖情况，以及审核准则的履行情况；

——审核发现的根本原因（如果审核计划中有要求）；

——为识别趋势从其他受审核领域获得的相似的审核发现。

如果审核计划中有规定，审核结论可提出改进的建议或今后审核活动的建议。

八、举行末次会议

审核组长应主持末次会议，提出审核发现和审核结论。参加末次会议的人员包括受审核方管理者和适当的受审核的职能、过程的负责人，也可包括审核委托方和其他有关方面。适用时，审核组长应告知受审核方在审核过程中遇到的可能降低审核结论可信程度的情况。如果管理体系有规定或与审核委托方达成协议，与会者应就针对审核发现而制定的行动计划的时间框架达成一致。

会议的详略程度应与受审核方对审核过程的熟悉程度相一致。在一些情况下，会议应是正式的，并保持会议纪要，包括出席人员的记录。对于另一些情况，例如内部审核，末次会议可以不太正式，只是沟通审核发现和审核结论。

适当时，末次会议应向受审核方阐明下列内容：

——告知受审核方所收集的审核证据是基于已获得的信息样本；

——报告的方法；

——处理审核发现的过程和可能的后果；

——以受审核方管理者理解和认同的方式提出审核发现和审核结论；

——任何相关的审核后续活动（例如纠正措施的实施、审核投诉的处理、申诉过程）。

应讨论审核组与受审核方之间关于审核发现或审核结论的分歧，并尽可能予以解决。如果不能解决，应予以记录。

如果审核目标有规定，可以提出改进建议，并强调该建议没有约束性。

第五节 审核报告的编制和分发

一、审核报告的编制

审核组长应根据审核方案程序报告审核结果。

审核报告应提供完整、准确、简明和清晰的审核记录，并包括或引用以下内容；

（1）审核目标；

（2）审核范围，尤其是应明确受审核的组织单元和职能单元或过程；

（3）明确审核委托方；

（4）明确审核组和受审核方在审核中的参与人员；

（5）进行审核活动的日期和地点；

（6）审核准则；

（7）审核发现和相关证据；

（8）审核结论；

（9）关于对审核准则遵守程度的陈述。

适当时，审核报告还可以包括或引用以下内容：

——包括日程安排的审核计划；

——审核过程综述，包括遇到可能降低审核结论可靠性的障碍；

——确认在审核范围内，已按审核计划达到审核目标；

——尽管在审核范围内，但没有覆盖到的区域；

——审核结论综述及支持审核结论的主要审核发现；

——审核组和受审核方之间没有解决的分歧意见；

——改进的机会（如果审核计划有规定）；

——识别的良好实践；

——商定的后续行动计划（如果有）；

——关于内容保密性质的声明；

——对审核方案或后续审核的影响；

——审核报告的分发清单。

注：审核报告可以在末次会议之前编制。

二、审核报告的分发

审核报告应在商定的时间期限内提交。如果延迟，应向受审核方和审核方案管理人员通告原因。

审核报告应按审核方案程序的规定注明日期，并经适当的评审和批准。

审核报告应分发至审核程序或审核计划规定的接收人。

第六节　审核的完成

当所有策划的审核活动已经执行或出现与审核委托方约定的情形时（例如出现了妨碍完成审核计划的非预期情形），审核即告结束。

审核的相关文件应根据参与各方的协议，按照审核方案的程序或适用要求予以保存或销毁。

除非法律法规要求，若没有得到审核委托方和受审核方（适当时）的明确批准，审核组和审核方案管理人虽不应向任何其他方泄露相关文件的内容以及审核中获得的其他信息或审核报告的内容。如果需要披露审核文件的内容，应尽快通知审核委托方和受审核方。

从审核中获得的经验教训应作为受审核组织的管理体系的持续改进过程的输入。

第七节　审核后续活动的实施

根据审核目标，审核结论可以表明采取纠正、纠正措施和预防措施或改进措施的需要。此类措施通常由受审核方确定并在商定的期限内实施。适当时，受审核方应将这些措施的实施状况告知审核方案管理人员和审核组。

应对措施的完成情况及有效性进行验证。验证可以是后续审核活动的一部分。

第六章

审核员的能力评价

第一节　总则

对审核过程的信心和达到其目标的能力取决于参与策划和实施审核的人员（包括审核员和审核组长）的能力。应通过一个过程对人员能力进行评价，该评价过程应考虑个人行为表现以及应用知识和技能的能力。这些知识和技能是通过教育、工作经历、审核员培训和审核经历获得的。评价过程应考虑审核方案及其目标的需要。以下描述的知识和技能，有一些是所有管理体系领域的审核员通用的，其他的则是特定管理体系领域审核员专用的。没有必要要求一个审核组的所有人员具有相同的能力，但是审核组的整体能力相对于达到审核目标而言应是充分的。

审核员能力的评价应根据审核方案（包括其程序）进行策划、实施并形成文件，以提供客观、一致、公正和可靠的结果。评价过程应包括如下四个主要步骤：

a）确定满足审核方案需求的审核人员能力；

b）建立评价准则；

c）选择适当的评价方法；

d）实施评价。

审核员应通过持续专业发展活动和定期参加审核来形成、保持和提高他们的能力。

第二节　确定满足审核方案需求的审核人员能力

一、总则

在确定审核员适宜的知识和技能时，应考虑下列因素：

——被审核组织的规模、性质和复杂程度；

——被审核管理体系的领域；

——审核方案的目标和范围；

——其他要求（适用时），如外部机构提出的要求；

——审核过程在受审核覆盖率体系值的作用；

——被审核管理体系的复杂程度；
——审核目标实现过程值的不确定性。

二、个人行为

审核员应具备必要的素质，使其能够按照第三章所描述的审核原则进行工作。审核员应在从事审核活动时展现职业素养，包括：

——有道德，即公正、可靠、忠诚、诚信和谨慎；
——思想开明，即愿意考虑不同意见或观点；
——善于交往，即灵活地与人交往；
——善于观察，即主动地认识周围环境和活动；
——有感知力，即能了解和理解处境；
——适应力强，即容易适应不同处境；
——坚定不移，即对实现目标坚持不懈；
——明断，即能够根据逻辑推理和分析及时得出结论；
——自立，即能够在同其他人有效交往中独立工作并发挥作用；
——坚韧不拔，即能够采取负责任的及合理的行动，即使这些行动可能是非常规的和有时可能导致分歧或冲突；
——与时俱进，即愿意学习，并力争获得更好的审核结果；
——文化敏感，即善于观察和尊重受审核方的文化；
——协同力，即有效地与其他人互动、包括审核组成员和受审核方人员。

三、知识和技能

1. 总则

审核员应具有达到审核预期结果的必要知识与技能。所有审核员应具有通用的知识和技能，还应具有一些特定领域与专业的知识和技能。审核组长还应具备更多的领导审核组的知识和技能。

2. 管理体系审核员的通用知识和技能

审核员应具有下列方面的知识和技能：

（1）审核原则、程序和方法：这方面的知识和技能使审核员能将适用的原则、程序和方法应用于不同的审核并保证审核实施的一致性和系统性。审核员应能：

——运用审核原则、程序和方法；
——对工作进行有效地策划和组织；
——按商定的时间表进行审核；
——优先关注重要问题；
——通过有效的面谈、倾听、观察和对文件、记录和数据的评审来收集信息；
——理解并考虑专家的意见；
——理解审核中运用抽样技术的适宜性及其后果；
——验证所收集信息的相关性和准确性；

——确认审核证据的充分性和适宜性，以支持审核发现和审核结论；

——评定影响审核发现和审核结论的可靠性的因素；

——使用工作文件以记录审核活动；

——将审核发现形成文件，并编制适宜的审核报告；

——维护信息、数据、文件和记录的保密性和安全性；

——直接或通过翻译人员，进行口头或书面的有效沟通；

——理解与审核有关的各类风险。

（2）管理体系和引用文件：这方面的知识和技能使审核员能理解审核范围并运用审核准则，应包括：

——管理体系标准或用作审核准则的其他文件；

——适用时，受审核方和其他组织对管理体系标准的运用；

——管理体系各组成部分之间的相互作用；

——了解引用文件的层次关系；

——引用文件在不同的审核情况下的运用。

（3）组织概况：这方面的知识和技能使审核员能理解受审核方的结构、业务和管理实践，应包括：

——组织的类型、治理、规模、结构、职能和相互关系；

——通用的业务和管理概念，过程和相关术语，包括策划、预算和人员管理；

——受审核方的文化和社会习俗。

（4）适用的法律法规要求、合同要求和适用于受审核方的其他要求：这方面的知识和技能使审核员能了解适用于组织的法律法规和合同要求，并在此环境下开展工作。与法律责任或受审核方活动和产品有关的知识和技能包括：

——法律、法规及其主管机构；

——基本的法律术语；

——合约及责任。

3. 测量管理体系审核员的知识与技能

测量管理体系审核员应具有计量专业的知识与技能，以适应测量管理体系特定领域和专业的审核。

虽然不要求审核组成员都具有相同的能力，但审核组的整体能力应足以实现审核目标。

测量管理体系审核员的特定领域和专业的知识和技能包括：

（1）有关计量的知识和技能

——通用计量术语和定义；

——通用测量原理及其应用；

——对测量过程和测量设备的要求；

——将测量要求转化为计量要求；

——测量不确定度评定和表示；

——测量结果的溯源性；

——测量过程控制方法及其应用；

——统计技术及其应用。

(2) 有关质量管理的知识和技能

——质量术语和定义；

——质量管理原则及其应用。

(3) 有关产品（包括服务）和经营管理的知识

——过程、产品的要求；

——经营管理、能源管理的要求；

——与特定领域与专业有关的风险管理原则、方法和技术。

4. 审核组长的通用知识和技能

审核组长应当具有管理和领导审核组的知识和技能，以便审核能有效和高效地进行。审核组长应具有必要的知识和技能，以便：

a) 平衡审核组成员的强项与弱项；

b) 建立审核组成员间的和谐工作关系；

c) 管理审核过程，包括：

——对审核进行策划并在审核中有效地利用资源；

——对达到审核目标的不确定性进行管理；

——在审核期间保护审核组成员的健康和安全，包括确保审核员遵守相关健康和安全、安保的要求；

——协调和指挥审核组成员；

——指导和指挥实习审核员；

——必要时，预防和解决冲突。

d) 代表审核组与审核方案管理人员、审核委托方和受审核方进行沟通；

e) 引导审核组得出审核结论；

f) 编制和完成审核报告。

四、审核员能力的获得

审核员知识和技能可通过下列途径获得：

——正规的教育和（或）培训以及工作的经历，这些有助于获得被审核的管理体系领域和专业方面的知识和技能；

——包含审核员通用知识和技能的培训课程；

——在相关技术、管理或专业岗位的工作经历，这些岗位应与判断、决策、问题解决、以及与管理人员、专业人员、同行、顾客和其他相关方沟通有关；

——在相同领域审核员监督下获得的审核经历。

五、审核组长

审核组长应具有附加的审核经历来获得所要求的知识和技能。这种附加的审核经历应是在不同的审核组长指导下获得的。

第三节　审核员评价

一、审核员评价准则

准则应是定性的（如，在工作中或培训中经证实的个人行为、知识或技能表现）和定量的（如工作年限、受教育年限、审核次数、审核培训小时数）。

二、审核员评价方法

应选择表 3-6-1 中的两种或更多的方法来进行评价。在使用表 3-6-1 时，应注意下列事项：

——列出的方法提供了一个可选范围，但可能不适用所有情况；

——列出的各种方法在可信程度上可能有所不同；

——应当结合运用多种方法进行评价以确保结果的客观、一致、公平和可信。

表 3-6-1　可能的评价方法

评价方法	目标	示例
对记录的评审	对审核员背景的验证	对教育、培训、工作经历记录、专业证书以及审核经历记录的分析
反馈	提供关于审核员表现的信息	调查表、问卷表、个人资料、证书、投诉、表现评价、同行评审
面谈	评价个人行为和沟通技巧，验证信息，测试知识，获得更多信息	个人交谈
观察	评价个人行为以及运用知识和技能的能力	角色扮演、见证审核、岗位表现
测试	评价个人行为、知识和技能及其运用	口试、笔试、心理测试
审核后的评审	提供有关审核员在审核活动期间的表现信息，识别优势和不足	评审审核报告、与审核组长、审核组成员交谈，受审核方的反馈信息（适用时）

三、进行审核员评价

收集的个人信息应与评价的准则进行比照。当拟参与审核方案的人员不能满足准则要求时，则应增加更多的培训、工作或审核经历，并进行后续的再评价。

四、保持并提高审核员能力

审核员和审核组组长应不断提高他们的能力。审核员应通过定期参加管理体系审核和持续专业发展来保持他们的审核能力。持续专业发展应包括能力的保持和提高，获得的方式诸如：更多的工作经历，培训，个人学习，辅导，参加会议、研讨、论坛或其他相关活动。

审核方案管理人员应建立合适的运行机制，对审核组长和审核员的表现进行持续评价。

持续专业发展活动应考虑以下方面：

——实施审核的组织和个人的需求变化；

——审核实践；

——相关标准以及其他要求。

第四篇　行业测量管理体系实施指南

第一章

石油石化行业测量管理体系实施指南

第一节 石油石化行业测量管理体系概述

一、石油石化行业的特点

石油石化行业的生产经营活动主要包括油气勘探、油气田开发、钻井工程、地面建设、石油化工、储运销售，以及经营管理等。本章以其中的石化行业为主进行介绍。

石油化工行业属于典型的流程型生产模式，实现生产的“安全、稳定、长周期、满负荷、优质”运行是石化企业获取效益的首要保证。

石化企业又是一个高风险的行业，它不同于冶金、机械制造、基本建设、纺织和交通运输等行业，有着自己的行业特点。

1. 生产规模大，过程连续性强，环环紧扣，计量检测贯穿生产经营的全过程

现代石化生产装置正朝大型化发展，国内单套装置的加工处理能力不断扩大，如常减压单套装置能力已达1200万t/a左右，催化裂化装置能力最大达350万t/a，乙烯装置单套能力达100万t/a以上。装置的大型化将对测量设备的计量特性等提出更高的要求。同时，石化生产过程的连续性强，在一些大型一体化装置区，装置之间相互关联，物料互供关系密切，一个装置的产品往往是另一个装置的原材料，一个环节的问题往往会影响到整体的产品质量和企业的商誉，因此，计量检测贯穿于生产经营的全过程。

2. 工艺复杂，运行条件苛刻，安全环保风险大，测量过程检测与控制要求严格

石化生产过程中，需要经历很多物理、化学过程和传质、传热单元操作，一些过程控制条件异常苛刻，如高温、高压，低温、真空等。如蒸汽裂解的温度高达1100℃，而一些深冷分离过程的温度低至－100℃以下；高压聚乙烯的聚合压力达350MPa，涤纶原料聚酯的生产压力仅（1～2）mmHg；特别是在减压蒸馏、催化裂化、焦化等很多加工过程中，物料温度已超过其自燃点，稍有不慎，极易发生火灾爆炸事故。

此外，由于从原料到产品，包括工艺过程中的半成品、中间体，各种溶剂、添加剂、催化剂、试剂等，绝大多数属于易燃易爆物质；许多物料，如苯、甲苯、氰化钠、硫化氢、氯气等是有毒和剧毒物质，这些物料如处置不当或发生泄漏，容易导致人员伤亡和环境污染。而且，生产过程中产生的废气、废水、废渣等必须按国家、行业或企业有关标准严格检测和控制，达标后方可排放或转入下一道工序处理。

这些苛刻条件，不仅对石化生产经营管理和生产设备的制造、人员素质提出了严格要求；而且对石化生产过程检测与控制、运行与维护都提出了严格要求。

3. 能源消耗大，节能降耗任务重，能源计量仪表配备要求高

石化企业是物料、能源消耗的大户。如原油一次加工能力为2500万t/a，配套加工能力2000万t/a，乙烯生产能力达到100万t/a，某石化企业，年耗标准煤达525万t。国家为了促进石油石化行业加强能源计量工作，切实降低能源消耗，制定了GB/T 20901—2007《石油石化行业能源计量器具配备和管理要求》，其中若干技术指标高于GB 17167—2006《用能单位能源计量器具配备和管理通则》的要求。

二、石油石化行业建立测量管理体系的重点

计量贯穿于石油勘探、开采、炼化、储运、销售、石化产品加工制造的全过程，是石化企业生产工艺控制、贸易与关联交易、成本核算、质量检测、节能减排、安全防护、环保检测、技术进步和“信息化”建设的基础，在石化的发展进程中发挥着重要的技术保障作用。

其中，因石油化工企业具有规模大、涉及范围广、大宗物料连续测量、测量环境易燃易爆、测量设备数量及种类繁多、过程控制较为复杂等特点，给测量管理体系的建立带来一定的难度。但大多数石化企业具有较好的计量管理基础和较强的计量技术力量，也给测量管理体系的建立奠定了良好的基础。重点应突出“计量要求与计量验证”“测量过程的控制与监视”两方面的内容。

（一）计量要求与计量验证

测量设备台账的建立及分类管理、周检计划的制订及其实施是石化企业多年延续的做法，各企业大都有自己的一套管理思路、经验。在测量设备的计量确认这一核心环节的实施中，可以把重点放在计量要求与计量验证上。在日常的周检、抽检、流转及更新技术改造过程中不断通过计量验证确保测量设备的计量特性满足计量要求。同时，随着科学技术的进步和国家能源、安全、环保等政策的日趋严格，对石化行业的“计量要求”也会发生变化，如前些年国家制定实施的GB 17167《用能单位能源计量器具配备和管理通则》的要求。所以，要密切跟踪这些新变化，满足新要求。

（二）测量过程的控制与监视

测量过程的控制强调了控制的程序和方法，而监视则强调了控制的频次和效果。通过对测量过程控制的实施并以一定的时间间隔对控制结果进行统计、监视，及时发现、分析并消除测量过程失控的因素，从而确保测量结果的长期准确可靠。

可以从测量过程控制要素的识别、控制方案的文件化设计、过程不确定度的评定、

过程控制的实施及记录、过程控制的统计监视等全过程、系统性地应用在计量方面，采取先易后难、以点带面的方法推动测量过程控制的实现。

三、测量管理体系质量目标案例

1. 石油石化行业应用要点

（1）各计量职能部门应制定企业和本部门的测量管理体系工作目标。所谓“在不同的组织层次”至少应至企业的第二级机构，如大型企业的部、处、分厂，中小型企业的科室、车间。

（2）制定的质量目标应是“可测量的”，能量化的要量化，不能量化的要能够定性。目标是动态的，至少每年应该根据具体情况制定新的目标，必要时季度或半年可以适当调整。

（3）应制定测量过程的性能的判定准则（如测量不确定度）、程序及其控制方法。

（4）标准的指南给出了测量管理体系质量目标的例子，这些例子可以供企业参考。

2. 案例

【案例 4－1－1】　××化纤股份有限公司测量管理质量目标

（1）建立完善的测量管理体系，加强经营、能源、安全、环保和工艺质量计量管理，确保满足规定的计量要求；

（2）所有测量设备全部按规定的时间实施计量确认，100％实行标识管理；

（3）强制检定测量设备受检率100％；

（4）关键测量过程100％实现过程监视，过程失控发现不超过1天；

（5）按培训计划完成检测人员的技术培训，检测人员100％持证上岗；

（6）一、二级能源测量设备配备率100％，检测率100％；

（7）外部顾客满意度完美程度百分比大于90％，内部顾客满意率不低于95％。

【案例 4－1－2】　××石化分公司测量管理质量目标

（1）强检计量器具周检率100％；

（2）在用工作计量器具周检率100％；

（3）在用监视与测量装置周检合格率≥95％；

（4）重要计量检测点配备率100％；

（5）测量过程的失控的发现不超过一天；

（6）不存在不清晰的确认记录；

（7）按制定的计划完成所有技术培训项目；

（8）测量设备完好使用，停机时间须减少到相关技术文件规定的时间范围内；

（9）不会因不正确的测量而拒收合格的产品或接受不合格产品。

（10）按照规定的周期和时间完成所有测量设备的计量确认工作。

（11）及时妥善处理各类计量异议，计量异议数据不超过公司质量管理目标中的指标值。

第二节　计量要求的导出及案例

ISO 10012：2003标准提出，测量管理体系应确保满足规定的测量要求，测量要求分为三个层次，第一层次是计量法律、法规、规范、标准，必须在法律、法规、规范、标准规定的框架之内进行，如测量人员不能直接接触有毒有害的物质，以免造成职业伤害，需要采取一些防护或隔离措施。第二个层次的测量要求来自于顾客、合同和订单上的测量要求，必须直接落实到生产、经营和检验的过程之中，提供给客户的产品才能充分满足要求。第三个层次的测量要求来源于企业的质量提升目标，企业内部对过程的改进，需要提出新的测量要求。

企业应识别顾客测量要求，导出计量要求，确定适宜的测量过程，按规定配置满足计量要求的适宜测量设备，并对测量设备和测量过程进行控制，确保满足测量管理体系所策划的计量要求。

一、根据法律法规提出的计量要求

除法律法规外，还包括：最高计量标准、贸易结算、能源检测、安全防护、环境检测等提出的计量要求。

1. 石油石化行业应用要点

法律、法规、规范、标准规定的测量过程要求一般国家都有规定，找到规定并按规定要求执行就行，不需要导出计量要求。各企业可组织相关部门对本企业生产经营中可能涉及的法律、法规、规范、标准等进行统一识别。

（1）安全管理要求识别：主要识别企业可燃、有毒气体泄漏量，容器压力、防雷防静电接地电阻等定量检测要求的危险源的测量要求；一个测量要求就是一个测量过程。

（2）贸易结算要求识别：一个贸易结算点就是一个测量过程。

大宗、贵重的物料计量、其范围包括：

——大宗、贵重的原材料、包括辅料等进、出厂物资量的计量；

——产品出厂物资量的计量。

（3）能源管理要求的识别：进出用能单位、次级用能单位和重点耗能设备测量设备的配备率和准确度等级执行国标GB/T 20901—2007《石油石化行业能源计量器具配备和管理要求》。

（4）环境管理要求的识别：外排废水废气、烟气、粉尘、噪音、辐射等控制指标要求。

2. 案例

【案例4-1-3】　加油站售油量测量过程计量要求的导出

根据《加油站计量监督管理办法》（国家质量监督检验检疫总局第35号令）第（六）、（七）、（八）条款，对加油站售油过程提出了明确的要求：燃油加油机必须经强制检定合格。

根据JJG 443—2015《燃油加油机》5.1.1条款：燃油加油机的最大允许误差

为±0.3%，其测量重复性应不超过≤0.10%。

在实际使用中，使用经强制检定合格的燃油加油机，并遵守第35号令规定的相关条款进行售油，那么加油站售油量测量过程就可满足法律法规规定的测量过程要求。

二、根据顾客需求导出的计量要求

1. 石油石化行业应用要点

对来自于顾客，合同和订单上的测量要求必须直接落实到生产、经营和检验的过程之中，提供给客户的产品才能充分满足要求。

2. 案例

【案例4-1-4】　　液体化工产品交接计量

依《化工产品交接计量管理规范》，液体化工产品交接计量双方应安装具有内置HART和MODBUS RTU通讯协议的RS-485数字通讯接口，准确度等级为0.2级的液体质量流量计。结算以供方的交接计量数据为准。但顾客在合同中提出了以上测量过程中的测量结果以《系数交接法》进行结算。新的计量要求将是：除安装具有内置HART和MOBDUS RTU通讯协议的RS-485数字通讯接口，准确度等级为0.2级的液体质量流量计外，还应提供0.2级的液体质量流量计的最新检定证书；结算时应结合检定证书上提供的系数进行修正。

三、根据组织需求导出的计量要求

1. 石油石化行业应用要点

企业为提升质量目标，企业内部对过程的改进，提出新的测量要求。企业可根据新的测量要求导出计量要求。

2. 案例

【案例4-1-5】　　净含量25kg/袋的袋装顺丁橡胶重量检测

依《定量包装商品计量监督管理办法》（国家质量监督检验检疫总局令第75号）规定，净含量25kg/袋的袋装顺丁橡胶，被抽检的袋装顺丁橡胶不得少于该标注质量的99%。假若该橡胶厂对其指标内控要求很高（工艺卡片显示：允差范围控制在±0.10kg）。请问，橡胶厂应提出测量的最大允许误差是多少？测量范围是多少合适？衡器的误差为多少合适（假设留给其他因素带来的误差与衡器误差相等）？

答：根据法规要求可知，被抽检的袋装顺丁橡胶要求控制在24.75kg以上，则允差≤±0.25kg。

该橡胶厂对其指标内控要求很高，要求允差范围控制在±0.10kg，则衡器的最大允许误差应为允差半宽度的1/5～1/10，这里取0.01kg。

被测量的示值落在量程的1/2～2/3之间，所以测量范围应为（0～50）kg或（0～40）kg，这样取（0～50）kg比较合适。

衡器的误差和其他因素带来的误差相等，所以选择0.01kg×2，即0.02kg作为测量的最大允许误差比较合适（测量误差＝衡器的误差＋其他因素带来的误差）。

【案例 4-1-6】　成品车间后处理工段油水分离罐液位（液位高约 3m）测量要求

液位测量范围：(30%～70%) FS。

液位测量准确度：±3.0%

导出计量要求过程如下：

(1) 顾客要求识别

油水分离罐液位高约 3m，控制范围为：(30%～70%) FS。实际操作：50%FS 左右；

测量准确度：测量的最大允许误差为 3.0%FS。

(2) 导出测量过程计量要求：

由工艺要求导出测量过程的计量要求，根据 1/3 原则，测量过程的计量要求应为：

$$0.9\text{kPa}\div 3=0.3\text{kPa}$$

(3) 导出测量设备的计量要求

因测量过程是在常温下实现，估计环境温度变化、人员对测量结果影响很小，可忽略，则对测量设备的允差应为：≤1kPa。

(4) 测量设备的选择

选择①测量范围为 (0～40) kPa，准确度为±0.1 级差压变送器；

②测量范围为 (4～20) mA，准确度为±0.1%的配电模块；

③测量范围为 (0～40) kPa，准确度为±0.1%的 DCS。

其最大误差为：

$$\Delta_{综}=\sqrt{0.04^2+0.04^2+0.04^2}\text{kPa}\approx 0.07\text{kPa}$$

(5) 结论

选用的油水分离罐液位测量系统的最大误差为 0.07kPa，≤0.3kPa；测量范围 (0～40) kPa，覆盖 (30%～70%) FS= (9～21) kPa；所以此测量过程的测量范围和准确性均满足工艺的要求。

【案例 4-1-7】　高压乙烯外送压力测量过程计量要求的推导

一、工艺指标要求

高压乙烯外送压力 (3.3～3.6) MPa。

二、将测量要求转化为计量要求

1. 测量范围

当测量稳定压力时，操作压力一般为仪表量程的 1/3～2/3，故选仪表测量范围选 (0～5) MPa 为宜。

2. 最大允许误差 e 的确定：

公差 T=3.6MPa－3.3MPa=0.3MPa

$\Delta T=T/2$=0.3MPa/2=0.15MPa

测量误差=ΔT×(1/3～1/10)；e=0.15MPa×1/3=0.05MPa。

三、导出对测量设备的计量要求

1. 测量设备的量程：测量范围 (3.3～3.6) MPa，设备的量程选择 (0～5) MPa。

2. 测量设备的准确度等级

测量过程的最大允许误差是 0.05MPa，测量设备的准确度为：(0.05MPa/5MPa) ×

100%=1.0%。

因此测量设备的选择必须优于1.0级，表的量程为5MPa，方可能满足计量要求。

第三节　测量设备的计量确认

一、测量设备的校准

（一）通用测量设备的检定或校准

（1）各企业建立的最高计量标准器和用于贸易结算、安全防护、环境监测及节能检测等方面并列入国家强制检定目录的测量设备，由本企业登记造册，按照国家有关法制计量管理的规定，定点、定周期向有关法定计量检定机构或授权机构申请实施强制检定，经授权的国家强制检定项目，应按授权范围开展检定工作。

（2）列入企业体系管理的非强制检定的测量设备，企业已建标并开展计量检定项目的，由企业进行检定/校准。企业未建标，不能开展检定的测量设备，由企业根据就近就地原则送省、市法定计量技术机构或经政府授权的法定计量技术机构进行检定/校准。企业已建立最高计量标准的，可对相关测量设备进行检定/校准，出具计量检定/校准证书，证明其计量性能。

（二）专用测量设备的校准

1. 石油石化行业应用要点

（1）国家法定计量或经授权检定机构无法检定或校准的特殊专用测量设备也可送往国家计量授权、具有校准/比对能力的研究机构进行校准。

（2）国家无相关计量检定规程、校准规范的测量设备亦可由使用单位编制的企业校准规范进行校准，企业自校准规范可参照JJF 1071《国家计量校准规范编写规则》进行编制。企业应培训校准人员，考核合格后方可开展校准工作。企业校准规范的内容一般可按照已公开发布的国际、地区的或国家的标准或技术规范或参考相应的检定规程编制，如无相关资料可采用比对（与高精度或同精度设备、标准物质进行比较等）方式进行。

2. 案例

【案例4-1-8】　汽油辛烷值仪的校验方法

1　范围

本方法用于校验GB/T 5487—1995《汽油辛烷值测定法（研究法）》和GB/T 503—1995《汽油辛烷值测定法（马达法）》所使用的ASTM-CFR辛烷值测定机的校验。

2　校验条件

2.1　环境温度为常温（5～40)℃。

2.2　校验所用标准物质：正庚烷（>99.75%）、异辛烷（>99.75%）、分析纯级甲苯（>99.75%），美国菲利普斯66公司生产的专用品。

3　校验项目

3.1　外观检查。

3.2　标准样品校验。

4　校验方法

4.1　外观检查

4.1.1　仪器应有以下标志：仪器名称、型号、出厂编号。

4.1.2　仪器指示器应显示清晰，刻线、刻字等应完整均匀。

4.2　标准样品的校验

4.2.1　研究法辛烷值机的校验。

4.2.2　根据 GB/T 5487—1995 方法的要求进行校验。

4.2.3　辛烷值机在标准状态下对甲苯标准燃料进行标定，结果应符合表 4-1-1。（选择与本厂产品辛烷值相近的一个进行标定）

表 4-1-1　辛烷值机在标准状态下对甲苯标准燃料标定表（RON）

混合物组成（%，体积分数）			辛烷值	评定公差
甲苯	异辛烷	正庚烷		
66	0	34	85.0	±0.3
74	0	26	93.4	±0.3
50	0	50	65.2	±0.3
58	0	42	75.5	±0.3
74	5	21	96.9	±0.3
74	10	16	99.9	±0.3

4.2.4　马达法辛烷值机的校验。

4.2.5　根据 GB/T 503—1995 方法的要求进行校验。

4.2.6　辛烷值机在标准状态下对甲苯标准燃料进行标定，结果应符合表 4-1-2。（选择与本厂产品辛烷值相近的一个进行标定）

表 4-1-2　辛烷值机在标准状态下对甲苯标准燃料标定表（MON）

混合物组成（%，体积分数）			辛烷值	评定公差
甲苯	异辛烷	正庚烷		
50	0	50	57.8	±0.3
58	0	42	66.5	±0.3
74	0	26	81.6	±0.3
74	5	21	85.3	±0.3
74	10	16	88.8	±0.3
74	15	11	92.6	±0.3

5　校验结果处理和校验周期

5.1　当测量结果与标准值偏差小于或等于仪器的最大允许标准误差时，判断为合格，贴上绿色合格证。

5.2　当测量结果与标准值偏差大于仪器的最大允许标准误差时，申请停用，贴上相应标识。

5.3　校验周期为每次大修后。

5.4　校验完毕及时填写校验记录，校验记录在班组保管 3 个周期。

【案例 4－1－9】　原油盐含量测定仪的校验方法

1　适用范围

本方法适应于 SY/T 0536—1994《原油盐含量测定法（电量法）》对仪器的校验。

2　校验条件

2.1　环境温度为常温（5～40)℃。

2.2　校验所用标准物质：中国石油化工科学院提供的 NaCl 含量为 5mg/L 和 50mg/L 标样，在有效期内使用。

3　检验项目

3.1　外观检查。

3.2　仪器稳定性检查。

3.3　NaCl 标样校验。

4　校验方法

4.1　外观检查

4.1.1　仪器应有以下标志：仪器名称、型号、出厂编号等。

4.1.2　仪器显示器应显示清晰，刻字、刻度要均匀。

4.1.3　仪器各部分调节装置能正常调节。

4.2　校验步骤

4.2.1　仪器自身程序校验：接通主机，调节终点电压（220～270）mV，仪器自动平衡，输出信号走直线，改变终点电压（1～2）mV，信号值发生变化，并重新达到平衡，如此重复 3～5 次，输出信号呈梯形峰，仪器自检无故障。

4.2.2　用 NaCl 标样测定仪器回收率，回收率在 90%～110%时仪器正常。

5　结果处理及校验周期

5.1　当各种测定结果均符合 4.2 规定时，仪器判断为合格，贴上绿色合格证。

5.2　当各种测定结果有一项超出 4.2 规定时，仪器判断为不合格，申请停用，贴上停用证。

5.3　校验周期：12 个月。

5.4　校验完毕，及时填写校验记录，校验记录连续保存 3 个校验周期。

（三）测量软件的校准或测试

1. 石油石化行业应用要点

（1）带有测试软件的测量设备由使用单位负责人指定本单位计量确认人员按作业指导书进行确认。

（2）用于监视和测量的计算机软件，只在首次使用前由使用单位确认其是否满足预期要求的能力，并在调试报告中做好记录。必要时（如软件升级、故障修理后）进行再确认。确认方法主要包括验证和保持其适用性的配置管理（技术状态管理）。

（3）DCS系统在工艺生产、过程控制中起着至关重要的作用。应定期请相关生产商或有能力的机构对其进行系统测试和校准。特别要对DCS系统的输入模件通道（信号类型为电流、直流电压、脉冲、热电偶、热电阻等）、输出模件通道（信号类型为电流、电压、脉冲等）定期进行校准。

2．案例

【案例4－1－10】　　某DCS输入输出模件通道准确度标准

表4－1－3　输入模件通道准确度标准

<table>
<tr><th rowspan="2">信号类型</th><th colspan="2">基本误差</th><th rowspan="2">回程误差</th><th colspan="6">模件通道数</th></tr>
<tr><th>通道</th><th>抽样点的方和根</th><th rowspan="7">随机抽样通道</th><th>1</th><th>4</th><th>8</th><th>16</th><th>32</th></tr>
<tr><td>电流</td><td rowspan="2">±0.2%</td><td rowspan="2">±0.15%</td><td rowspan="2">0.1%</td><td>1</td><td>1</td><td>2</td><td>3</td><td>4</td></tr>
<tr><td>直流电压</td><td>1</td><td>1</td><td>2</td><td>3</td><td>4</td></tr>
<tr><td>直流电压（0～1）V</td><td>±0.3%</td><td>±0.2%</td><td>0.15%</td><td>1</td><td>1</td><td>2</td><td>3</td><td>4</td></tr>
<tr><td>脉冲</td><td>±0.2%</td><td>±0.15%</td><td>0.1%</td><td>1</td><td>1</td><td>2</td><td>3</td><td>4</td></tr>
<tr><td>热电偶</td><td>±0.3%</td><td>±0.2%</td><td>0.15%</td><td>1</td><td>1</td><td>2</td><td>4</td><td>6</td></tr>
<tr><td>热电阻</td><td>±0.3%</td><td>±0.2%</td><td>0.15%</td><td></td><td>2</td><td>2</td><td>4</td><td>6</td></tr>
</table>

表4－1－4　输出模件通道准确度标准

AO信号类型	基本误差	回程误差
电流	±0.25%	0.125%
电压	±0.25%	0.125%
脉冲	±0.25%	0.125%

二、测量设备的计量验证

（一）计量验证的方法

1．石油石化行业应用要点

测量设备在使用前应由企业授权经培训合格的计量确认人员进行计量验证，计量验证过程如下：

计量验证的输入：测量设备通过检定/校准后获得的计量特性、测量过程对测量设备的计量要求。

选择计量验证方法：

（1）准确度比较法；

（2）*Mcp*值评定法；

（3）不确定度评定法；

（4）法律法规、标准符合性判定法。

2. 案例

【案例 4-1-11】 **准确度比较法验证案例：重油反应沉降器顶压力测量系统**

重油反应沉降器顶压力测量系统计量确认过程验证记录表与填写示例

（铺灰格网处为填入内容）

验证部门：仪表车间

<table>
<tr><td colspan="2">测量设备名称</td><td>重油反应沉降器顶压力测量系统</td><td>编号</td><td colspan="2">P202</td><td>确认程序</td><td colspan="3">重油反应沉降器顶压力测量过程控制规范</td></tr>
<tr><td rowspan="8">验证项目</td><td rowspan="5">特性要求</td><td colspan="4">测量设备计量特性</td><td colspan="3">测量过程计量要求</td><td>备注</td></tr>
<tr><td></td><td>测量范围</td><td>最大误差</td><td>准确度等级</td><td>参数名称</td><td>测量范围</td><td>允许误差</td><td></td></tr>
<tr><td>压力变送器</td><td>（0～400）kPa</td><td></td><td>0.2 级</td><td rowspan="3">重油反应沉降器顶压力</td><td rowspan="3">（0.16～0.26）MPa</td><td rowspan="3">1.5%</td><td></td></tr>
<tr><td>配电模块</td><td>（4～20）mA</td><td></td><td>±0.1%</td><td></td></tr>
<tr><td>DCS</td><td>（0～400）kPa</td><td></td><td>±0.1%</td><td></td></tr>
<tr><td rowspan="2">校准情况</td><td rowspan="2">证书号</td><td>P0001</td><td rowspan="2">校准结果</td><td>合格</td><td rowspan="2">方法标准</td><td colspan="2">JJG 882《压力变送器检定规程》</td><td></td></tr>
<tr><td>T0002</td><td>合格</td><td colspan="2">《石油化工设备维护检修规程》第七册仪表分册</td><td></td></tr>
<tr><td>验证方法</td><td>1 ☑</td><td colspan="3">2 ☐</td><td colspan="3">3 ☐</td><td></td></tr>
<tr><td colspan="10">验证过程记录</td></tr>
<tr><td colspan="10">1. 顾客要求识别
重油反应沉降器顶压力控制范围为（0.16～0.26）MPa。实际操作：0.20MPa 左右。测量准确度：测量的最大允许误差为 1.5%。即 0.20MPa×1.5%=3kPa
2. 导出测量过程计量要求
由工艺要求导出测量过程的计量要求，根据 1/3 原则，测量过程的计量要求应为：3kPa÷3=1kPa
3. 导出测量设备的计量要求
因测量过程是在常温下实现，估计环境温度变化、人员对测量结果影响很小，可忽略，则对测量设备的允差应为：≤1kPa
4. 测量设备的选择
选择①测量范围为（0～400）kPa，准确度为 0.2 级差压变送器；②测量范围为（4～20）mA，准确度为±0.1%的配电模块；③DCS 显示测量范围为（0～400）kPa，准确度为±0.1%的 DCS，其最大误差为：$\Delta_{综}=\sqrt{0.8^2+0.4^2+0.4^2}$kPa≈0.98kPa
5. 结论
选用的重油反应沉降器顶压力测量系统的最大误差为 0.98kPa，≤1kPa；测量范围（0～400）kPa，覆盖（160～260）kPa；所以此测量过程的测量范围和准确性均满足工艺的要求</td></tr>
<tr><td colspan="3">验证结果（在相应框内打“√”）</td><td rowspan="2">验证方法</td><td colspan="4" rowspan="2">根据实际可选用下列方法之一：
1. 准确度比较法√ 2. 不确定度判定法
3. Mcp 值判定法 4. 法律法规、标准符合性判定法</td><td colspan="2">验证人：××× 日期：××××</td></tr>
<tr><td colspan="2">☑通过</td><td>☐不通过</td><td colspan="2">审核人：××× 日期：××××</td></tr>
</table>

【案例 4-1-12】　Mcp 值法计量验证案例：环氧乙烷/乙二醇装置 C6608 旁可燃气体浓度检测

计量确认过程验证记录表与填写示例

（铺灰格网处为填入内容）

验证部门：计量中心

<table>
<tr><td>测量设备名称</td><td colspan="2">可燃气体报警器</td><td>编号</td><td>C3606</td><td>确认程序</td><td colspan="3">××炼化测量过程控制程序（GB 12358—1990）</td></tr>
<tr><td rowspan="5">验证项目</td><td colspan="4">测量设备计量特性</td><td colspan="3">计量要求</td><td rowspan="2">验证或确认文件</td></tr>
<tr><td>测量范围</td><td>最大误差</td><td>准确度</td><td>分辨率</td><td>参数名称</td><td>测量范围</td><td>误差范围</td></tr>
<tr><td>（0～100%）LEL</td><td>±5%</td><td>/</td><td>/</td><td>环氧乙烷/乙二醇装置 C6608 旁可燃气体浓度检测</td><td>（0～100%）LEL</td><td>±10%</td><td>××炼化测量过程控制程序（GB 12358—1990）</td></tr>
<tr><td></td><td></td><td></td><td></td><td></td><td></td><td></td><td></td></tr>
<tr><td></td><td></td><td></td><td></td><td></td><td></td><td></td><td></td></tr>
<tr><td colspan="9">验证过程记录</td></tr>
<tr><td colspan="9">根据 GB 12358—1990《作业环境气体检测报警仪通用技术要求》：可燃气体浓度检测范围为（0～100%）LEL，误差范围为±10%。
现配的可燃气体检测报警器的计量特性为：可燃气体浓度检测范围为（0～100%）LEL，最大误差为±5%。
$Mcp=\frac{T}{3\times MPEV}=\frac{2\times 10}{3\times 5}\approx 1.33$，由于 Mcp＞1.33，说明测量能力足够，亦满足 GB 12358—1990《作业环境气体检测报警仪通用技术要求》的要求</td></tr>
<tr><td colspan="3">验证结果（在相应框内打“√”）</td><td rowspan="2">验证方法</td><td colspan="2" rowspan="2">根据实际可选用下列方法之一
1. 等级关系比较法
2. Mcp 值判定法√
3. 不确定度判定法
4. 法律法规\标准符合性判定法√</td><td colspan="3">验证人：陈荣　　日期：2012.10.11</td></tr>
<tr><td>☑通过</td><td colspan="2">□不通过</td><td colspan="3">审核人：张三　　日期：2012.10.11</td></tr>
</table>

【案例 4-1-13】

不确定度评定法验证案例

计量验证过程表与填写示例

（铺灰格网处为填入内容）

<table>
<tr><td>要求</td><td colspan="6">重量的准确测量</td></tr>
<tr><td rowspan="6">验证过程</td><td>要求</td><td colspan="5">重量的准确测量</td></tr>
<tr><td rowspan="3">转化为计量要求</td><td>测量范围</td><td colspan="4">一般重量在（0～30）kg 范围内</td></tr>
<tr><td>最大允许误差</td><td colspan="4">±50g</td></tr>
<tr><td>测量不确定度</td><td colspan="4">根据
$\sigma = T/(6C_P) = 100/(6\times1.1)$ g≈15g u=15g</td></tr>
<tr><td rowspan="2">导出测量设备的计量要求</td><td>测量范围</td><td colspan="4">（0～30）kg</td></tr>
<tr><td>MPE</td><td colspan="4">±15g</td></tr>
<tr><td rowspan="4">测量设备的计量特性</td><td>名称</td><td>定量包装</td><td>型号规格</td><td>FNL－302CC－01</td><td>测量范围</td><td>（0～30）kg</td></tr>
<tr><td>检定/校准单位</td><td colspan="2">华南国家计量测试中心</td><td colspan="2">检定/校准日期</td><td>2012.11.12</td></tr>
<tr><td>使用部门</td><td colspan="2">化工二部</td><td colspan="2">证书编号</td><td>WF 940044—2</td></tr>
<tr><td>检定/校准结果</td><td colspan="5">测量设备的最大允许误差为：±15g；</td></tr>
<tr><td>验证</td><td colspan="6">注：测量不确定度评定见附录 5《定量包装机自动电子计量秤计量结果测量不确定度评定》一表（略）
评定表明：测量结果的不确定度为15g，≤要求的 15g；
可以满足要求，通过验证，计量确认合格</td></tr>
<tr><td>编制</td><td colspan="2">张三</td><td>审核</td><td>李四</td><td>日期</td><td>2012 年 11 月 15 日</td></tr>
</table>

【案例 4－1－14】

法律法规标准符合性判定法（加油机加油量）

计量确认过程验证记录表与填写示例

（铺灰格网处为填入内容）

验证部门：

测量设备名称		燃油加油机		编号	T1234	确认程序	计量确认程序		
验证项目	特性要求	测量设备计量特性				测量过程计量要求			备注
		名称	测量范围	最大误差	重复性	参数名称	测量范围	允许误差	
		燃油加油机	(0.01～60) L/min	±0.30%	不超过 0.15%	加油量	(0.01～60) L/min	±0.30%	
	校准情况	证书号	T0001	校准结果	合格	方法标准	JJG 443—2006《燃油加油机检定规程》		
	验证方法	按照法律法规、标准符合性判定法√							
验证过程记录									

1. 顾客要求识别：根据 SB/T 10390—2004《成品油零售企业管理技术规范》：6.3.6 加油机计量误差不超过±0.3%，准确度按照现行国家计量检定规程的有关规定执行。

2. 导出测量过程计量要求：　测量范围：(0.01～60) L/min　最大误差：±0.30%　重复性：不超过 0.15%

3. 导出测量设备的计量要求：

因测量过程是在常温下实现，估计环境温度变化、人员对测量结果影响很小，可忽略，则对测量设备的允差应为：≤±0.30%；重复性：不超过 0.15%

4. 测量设备的选择

选择的加油机经市计量检测研究院强制检定合格：最大误差≤±0.30%；重复性≤0.15%

5. 结论：测量过程的测量范围和准确性均满足 SB/T 10390—2004《成品油零售企业管理技术规范》的要求

验证结果（在相应框内打“√”）		验证方法	根据实际可选用下列方法之一：		验证人：×××　日期：××××
☑通过	□不通过		1. 准确度比较法	2. 不确定度判定法	审核人：×××　日期：××××
			3. Mcp 值判定法	4. 法律法规、标准符合性判定法	

（二）计量验证后的处理

1. 石油石化行业应用要点

对测量设备的计量验证是 ISO 10012 标准的要求，企业在实施测量设备计量验证后，会发现测量设备配备和测量设备检定/校准问题。

（1）测量设备问题

a）缺配：国家法律法规规定要配备测量设备，企业未配备相应测量设备。

b）配备的测量设备计量特性不满足测量要求。

问题解决：企业制定测量设备配备采购计划，生产条件允许时完善配备。

（2）测量设备检定/校准问题

a）测量设备未检定；

b）提供服务的测量设备检定/校准部门资质不满足要求。

问题解决：在生产条件允许时安排检定/校准。

对验证人员进行培训，识别出提供服务的外部供方存在的问题并加以纠正。

（3）测量设备经检定不合格，可降级使用或限制使用。

（4）针对校准证书的大量出现，应对相关人员进行培训，提高验证能力。根据测量设备校准证书给出的校准结果是否满足检测要求进行合格与否的判定。

2. 案例

【案例 4-1-15】 未按校准证书给出的测量结果对测量设备进行验证

2012 年 12 月 18 日，审核员张××在××石油管理局××机械总厂热处理分厂审核时发现：用于检测热处理后产品硬度的编号为 A003205142 和 A07504510 里氏硬度计，在 2012.7.17 校准证书中，其对应标准块示值 792HLD 的测量示值分别为 809.2 和 803.2。但没有相关的确认硬度计是否满足测量要求的证据，也无其他相应的比对确认证据。经沟通了解到，企业相关管理人员一直认为：检测设备只要外检，并得到检定证书/校准证书/测试证书后，就认为合格可用。

计量管理存在的缺陷：

未结合校准给出的硬度计的示值误差，根据针对使用监视和测量的硬度参数要求及允许的误差判断检具是否符合配置的要求并满足使用要求，也未使用标准硬度块进行相应的自行比对，即未进行计量验证。

整改实施效果：

对相关人员进行了培训，并结合确定的使用标准对检测结果进行合格与否的判定。

（三）计量确认的标识

1. 石油石化行业应用要点

（1）测量管理体系中所用的测量设备和技术程序应清楚地给予标识。标识可以单独地也可以集中地进行。

（2）应有测量设备的计量确认状态标识。

a）表示测量设备计量确认状态的标识应对所有的测量设备清楚地标识出计量确认状态（如合格、限用、禁用等）。

b）表示某个特定的测量过程（或某些过程中的测量设备）的标识应清楚地标识测

量过程（或过程中的测量设备）的特定状态（如适用范围、受控、失控趋势、失控、降级等）。

（3）标识的作用是为了防止不了解情况时的错误使用。

（4）应清楚地使用标识区分体系中所用的设备与体系外的其他设备（如 ABC 分类管理标识、压力容器制造专用、实验用等）。

（5）计量确认标识一般可设置为：合格、限用、停用和禁用四类，标识颜色依次用绿色、黄色、蓝色和红色表示。

2. 案例

【案例 4-1-16】　　计量确认标识参考

①合格证（如图 4-1-1 所示）

A　计量确认合格证	
NO：	
确认日期：	年　月　日
有效日期：	年　月　日
确认人员：	

B　计量确认合格证	
NO：	
确认日期：	年　月　日
有效日期：	年　月　日
确认人员：	

图 4-1-1　合格证（绿色）

②限用证（如图 4-1-2 所示）

A　计量确认限用证	
NO：	
限用范围：	
确认日期：	年　月　日
有效日期：	年　月　日
确认人员：	

B　计量确认限用证	
NO：	
限用范围：	
确认日期：	年　月　日
有效日期：	年　月　日
确认人员：	

图 4-1-2　限用证（黄色）

③停用证（如图 4-1-3 所示）

计量确认封存证	
NO：	
封存日期：	年　月　日
批准人员：	

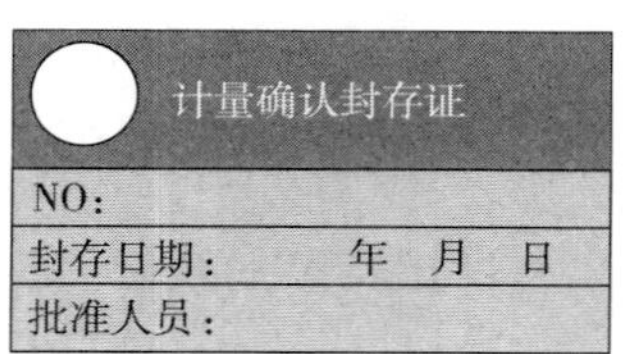

图 4-1-3　停用证（蓝色）

④禁用证（如图 4-1-4 所示）

计量确认禁用证	
NO：	
禁用日期：	年　月　日
批准人员：	

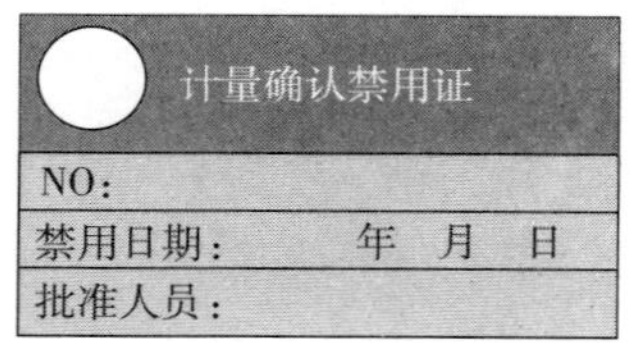

图 4-1-4　禁用证（红色）

三、测量设备计量确认明细表内容、填写要求与注意事项

（一）填写测量设备计量确认明细表步骤

第一步：摸清家底：了解识别本部门有哪些计量要求，法律法规（能源、经营、安

全、环保等方面），生产过程控制的（原材料进厂检验、生产过程控制、终端产品检验）。

第二步：区分高度控制的、重要的和一般的测量过程。

第三步：了解目前的管理状况：设备配备满足要求否？人员能力满足要求否？是否为软件控制？测量方法是否受控？环境满足要求否？

满足规定的计量要求，分两种：一种是满足法律法规要求，如能源、经营、安全、环保等，计量要求都是明确的，只要按要求配备就可以。另一种是生产过程控制的要求（原材料进厂检验、生产过程控制、终端产品检验）要满足标准、工艺文件、合同等的要求。

（二）填写测量设备计量确认明细表要求

所有测量设备（包括来自“测量过程及控制一览表”通过计量验证的，还包括计量部门的测量标准和能源计量、经营管理、安全检测、环境监测等法律法规要求配置的测量设备）应全部进入该表；

“验证情况”一栏，凡属于“测量过程及控制一览表”通过计量验证的，数据则来源于“计量确认过程验证记录表”；属于测量标准和能源计量、经营管理、安全检测、环境监测等法律法规要求配置的，可不填入数据，但应将两类分建表格。

（三）测量设备计量确认明细表填写注意事项：

测量设备名称：按检定/校准证书上标注的填写。

规格型号：按检定/校准证书上标注的填写。

测量设备计量特性（测量范围）：按检定/校准证书上标注的填写。

测量设备计量特性（允许误差/准确度等级）：按检定/校准证书上标注的填写。

出厂编号/或管理编号：测量设备唯一编号。

使用部门：如实填写。

验证方法：将测量设备计量特性（如最大允许误差）与测量过程计量要求（如最大允许误差）进行比较，通常采用等级关系比较法、不确定度法、*M*cp 值法、法律法规标准符合性判定法。具体应用可参考《计量验证方法选择参考表》。测量过程中用于量值传递的计量标准设备可直接采用检定结果。

验证日期：如实填写。

验证结果：填写验证结果。如能满足计量要求，则填写“通过”，否则填写“不通过”。

验证人：如实填写。

最近检定日期：最新的检定/校准证书上的标注日期。

确认间隔（月）：计量确认就是为保证计量器具满足预定使用要求所需进行的一组操作。它是一个新的概念，与检定、校准不同。由定义可知，计量确认是包括校准、必要的调整和修理、再校准、验证、封印和标记等技术操作的一个综合概念。确认间隔是相邻两次确认的时间间隔，其概念范畴要比周期宽得多，实际应用也更为灵活，只有多次间隔时间相等时，才类似于周期。

管理类别：依据本公司测量设备的分类管理要求填写。根据《××公司测量设备管理程序》分为 A/B/C 三级。

以上表格均应建立数据库，实行计算机管理。具体填写方法见案例。

【案例 4-1-17】

测量设备计量确认明细表及填写

测量设备计量确认明细表及填写示例

（铺灰格网处为填入内容）

序号	被测参数名称	技术要求		测量设备位号	安装位置	测量设备名称	规格型号	测量设备计量特性		出厂编号/或管理编号	使用部门	验证情况				最近检定日期	确认间隔（月）	管理类别	备注
		测量范围	允许误差					测量范围	允许误差/准确度等级			验证方法	验证日期	结果	验证人				
1	流量	（0～10）t/h	1.0	E-FIQ—482	1#分离	质量流量计	CMF200	（0～16）t/h	0.2	334848/1711921	乙烯车间	准确度比较法	20130405	通过	张三	20130401	12月	A	

编制：　　　日期：　　　审核：　　　日期：　　　批准：　　　日期：

第四节　测量过程的管理

一、测量过程分类与测量过程控制一览表内容与填写要求

1. 石油石化行业应用要点

高度控制的测量过程包含：关键的测量系统、复杂的测量系统、保证生产安全的测量和由于测量结果不正确会引起后续的昂贵的测量。非关键（一般控制）测量过程包含：除高度控制的测量过程之外的测量过程。如用手持量具测量机械零件，固定式安装的压力表测量管道压力等，可以使用对测量设备的一般程序、低级别的过程控制就足够。

2. 案例

【案例 4－1－18】　某石化测量过程分类举例

（1）高度控制测量过程主要包括：

1）企业最高计量标准量值传递测量过程；

2）进出贸易交接（如原油、煤炭、成品油、化工产品等）计量测量过程；

3）进出厂原料（如原油、煤炭）、产品质量分析、检验测量过程；

4）政府规定的强制性环境污染因子分析；

5）重点装置关键控制参数测量过程；

6）可燃性、有毒气体泄漏量、氧含量检测报警测量过程；

7）装置涉及安全联锁的工艺参数测量过程等。

（2）非关键（一般）测量过程：除高度控制测量过程以外的测量过程。

3. 测量过程控制一览表内容与填写要求

（1）内容与填写要求

1）测量过程名称：经识别的测量过程名称。

2）测量过程编号/测量地点：

①单位代码＋编号＋过程标识。单位代码见《规章制度管理办法》附录 B；编号为各单位测量过程顺序编号；过程标识以 J/S/A/N 分别表示经营/生产过程/安全环保/能源。

②测量地点：如××车间。

3）测量过程管理部门：如质管处、安全处、计量中心。

4）提出测量要求的文件：测量依据的标准、规程、规范、岗位操作法、作业指导书。

5）被测参数技术要求：

①被测参数名称：测量过程中需要测量的参数。如流量、压力、温度、长度、质量等。

②测量范围：设计、工艺卡片和其他技术文件规定的测量范围。

③允许误差：根据设计、工艺和其他技术文件规定的允许误差。若未规定的，采用比高度控制测量过程和重要测量过程低一级别即可。如某装置一流量测量一般过程，允许误差未作规定，如何填：先查类似的高度控制测量过程允差要求，如 0.2 级，填写时比以上低一级别 0.5 级即可。

6）使用的测量设备：

①设备名称：指本测量过程使用的测量设备名称。

②测量范围：检定证书说明书、测量设备标注的测量范围配置的测量设备最大测量允许范围必须覆盖测量过程技术要求的测量范围。

③允许误差：检定证书给出测量设备的允许误差/准确度等级/测量不确定度应满足测量过程的技术要求，即所配置的测量设备最大允许误差一般应控制在测量过程的技术要求允许误差的 1/3～1/10 范围内。但在实际中该要求很难实现，我们目前要求测量设备的允许误差小于或等于计量要求允许误差即认为配置的测量设备符合要求。

7）测量过程实施部门（测量设备使用部门名称）：如 2# 锅炉压力监测由动力厂执行。

8）环境条件：满足设计、工艺和其他技术文件规定的测量过程环境要求，如常温。

9）操作人员：有资格从事本测量过程的人员，可填持证上岗，或者培训上岗。

10）测量频次：可以用连续、间断或 1 次/时间间隔，或多少次/时间间隔表示。

11）不确定度：高度测量过程进行测量不确定度评定。一般测量过程暂不进行测量不确定度评定。

12）控制监视：

①监视方法：监视方法分三种。a. 核查，使用核查标准和控制图控制；b. 巡视，使用行政监察现场检查；c. 比对，使用不同设备或不同方法，或换人测量，比较测量结果。

②监视设备：用于比对核查的测量设备（如砝码、模具、标准罐）、标准物质等。

③监视频次：比对的频数。

13）重要度类别：

按照有关标准规范和客户要求等对存在的测量过程进行识别，区分影响程度确定高度控制测量过程和重要测量过程及一般测量过程。

（2）案例

【案例 4-1-19】

测量过程及控制一览表

测量过程及控制一览表与填写示例

（铺灰格网处为填入内容）

序号	测量过程名称	测量地点	测量过程管理部门	提出测量要求的文件	被测参数			使用的测量设备			测量过程实施部门	环境条件	操作人员	测量频次	不确定度	控制监视			重要度类别
					名称	测量范围	允许误差	名称	测量范围	准确度						监视方法	监视设备	频次	
P001	2# 锅炉压力监测	锅炉车间	安全处	AB.106	压力	(0～1)MPa	≤0.08 MPa	压力变送器表	(0～1.6)MPa	0.2 级	动力厂	常温	持证上岗	连续	0.002 MPa	比对	精密压力表	1 次/月	A

二、测量不确定度评定与案例

1. 石油石化行业应用要点

（1）测量不确定度评定的范围：标准要求测量管理体系覆盖的每个测量过程都应评定测量不确定度。因此无论是准确度高低都应该进行测量不确定度评定。对于常规的、通用的测量过程，可以参考权威机构的和同行业已有的评定方法，引用前人的、标准的、权威机构的和行业公认的评定方法，如采用《石油石化领域理化检测测量不确定度评估指南及实例》（2010 年由中国计量出版社出版）一书中的评定方法进行评定。

（2）测量不确定度评定的时间：对高度控制测量过程，测量不确定度评定应在测量设备计量确认和测量过程的确认有效前完成。

（3）测量不确定度评定的方法：测量不确定度表述指南（GUM）和我国 JJF 1059.1—2012《测量不确定度评定与表示》给出了用于合成不确定度及提供结果时所涉及的概念和所用的方法。企业也可以根据以上标准制定切合本企业实际情况的测量不确定度评定程序文件或技术文件，用于指导本企业测量不确定度的评定活动。

（4）为测量不确定度评定做的努力应与测量结果对最终产品质量的重要性相匹配，对要求高且重要的测量应认真进行测量不确定度评定。对一般产品有成熟测量方案的测量过程可以进行简易的不确定度评定。

（5）在评定不确定度时，某些测量不确定度分量与其他分量比较起来较小时，可以略去不考虑，但应该将省略的理由进行记录。

（6）对所有产生测量变量的来源形成文件（如写入测量不确定度评定报告）。

（7）对于通用的测量方案，可采取一个通用的陈述记录测量不确定度的评定，而特定的测量过程则附有每个独立的测量过程所特有的变量的说明即可。

（8）测量结果的不确定度应考虑测量设备校准的不确定度。

（9）在分析以前的或几种类似测量设备的校准结果时，采用统计技术将有助于测量不确定度的评价。

2. 案例

【案例 4-1-20】　（质量流量计）流量测量系统测量结果的不确定度评定

质量流量计是用于计量流过管道流体质量的流量计，质量流量计发展到现在已有多种类型。下面我们研究的是目前最常用的、采用直接式质量流量测量方法的科里奥利质量流量计。

1. 工作原理

利用流体在振动管内流动时产生的科里奥利力，以直接或间接的方法测量科里奥利力而得到流体质量流量。振动管有多种型式，图 4-1-5 为 U 形振动管的工作原理。

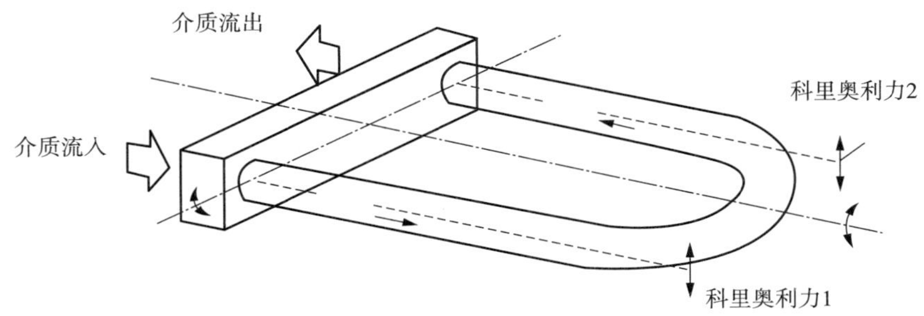

图 4-1-5　U 形振动管的工作原理图

2. 测量模型

采用质量流量计检测现场油品累积流量时，通过质量流量计的质量流量为：

$$q_m = \frac{Q_{v_s}\rho}{t} \tag{4-1-1}$$

式中：

Q_{v_s}——现场油品管道的累积流量，m^3；

ρ——现场油品管道内的流体密度，kg/m^3；

t——累积时间，s；

q_m——质量流量计的指示值，kg/s。

（3）不确定度分析

现以××炼化使用，型号规格为 DS600S165SKGFMAZZZ（150mm），测量范围为（98.0～450.0）t/h，出厂编号为 12037059，罗斯蒙特公司制造的质量流量计组成的测量系统为例进行分析。

1）测量的重复性（A 类评定）

质量流量计的重复性测量结果标准偏差在溯源证书已给出，为 0.047％。

为在现场工况下验证测量的重复性，采用在稳定的工况下，与目前对一般液体介质的测量普遍采用的油罐的人工检尺结果相比较，如表 4-1-5 所示。

从表 4-1-5 中可以看出，科里奥利质量流量计和油罐的人工检尺的计量结果相比，有一定的差异。但因科氏力式质量流量计的客观性强于人工检尺，故采用科氏力式质量流量计计量的可信度较高，准确度也较高。

从表 4-1-5 中可以看出，科里奥利质量流量计和油罐的人工检尺的计量结果相比，二者差率为 0.03％。JJG 1038—2008《科里奥利质量流量计》规定，质量流量计的重复性≤0.1％。事实证明，溯源检定与现场比对结果均符合规程的要求。

所以 u_{Ar}=0.047％。

表 4-1-5　科氏力式质量流量计和油罐的人工检尺测量汽油的数据对比

序号	品名	检尺计量/t	流量计计量/t	差量/t	差率/%
1	90# 汽油	230.50	231.40	0.90	0.39
2		249.67	250.12	0.45	0.18

续表

序号	品名	检尺计量/t	流量计计量/t	差量/t	差率/%
3	90#汽油	273.81	274.19	0.38	0.13
4		260.56	259.89	−0.67	−0.26
5		242.12	242.00	−0.12	−0.05
6		248.00	247.55	−0.45	−0.18
小计		1504.66	1505.15	0.49	0.03

2）B类标准不确定度

①质量流量计的技术说明书指标规定其准确度等级及对应的允许误差为±0.2%；溯源检定结果为：−0.183%。

取其半宽度为0.2%，认为其服从均匀分布，则 $u_{b1}=0.2\%/\sqrt{3}\approx 0.12\%$。

②质量流量计的零点不稳定性 u_{b2}

科里奥利质量流量计对测量准确度描述，大部分是以"基本误差加零点不稳定性"的方式表达基本误差。在JJG 1038—2008《科里奥利质量流量计》中对基本误差已经作了新的规定。实际上在低流量或接近下限流量时，误差较大，基本误差常超过量程误差一倍以上，选用时应予注意。例如Micro Motion公司D系列10∶1时为±0.36%R，20∶1时为±0.58%R。

以ELITE型传感器型号为CMF300为例，其零点不稳定性为6.80kg/h。

则：$u_{b2}=6.80/300000\times 100\%=0.002\%$。

③流体工况和物性变化影响。科里奥利质量流量计准确度等级及对应的允许误差为±0.2%，一些物性对它的影响量就更凸显出来了，如温度和压力的影响，有资料介绍可达到如下值：

a. 温度影响量为±0.014%/℃；

b. 压力影响平均为−1.4%/MPa。

JJG 1038—2008《科里奥利质量流量计》规定质量流量计检定环境温度一般为(5～45)℃。目前北京年平均气温是11.6℃。冬季期间，北京市冬季平均气温在−2.7℃左右，夏季平均气温为24.8℃。以偏离检定环境温度最大的北京市冬季平均气温在−2.7℃为例，由流体温度变化产生的影响为：

$u_{b3}=[5℃-(-2.7℃)]\times 0.014\%=0.11\%$

若以目前北京年平均气温是11.6℃计，u_{b3} 可忽略。

④压力影响平均为−1.4%/MPa，这是一个值得注意的问题。若现场工况流体介质的压力为0.300MPa，由流体压力变化产生的影响为：

$u_{b4}=(0.300\text{MPa}-0.288\text{MPa})\times(-1.4\%)=0.01\%$

注：0.288MPa指的是检定证书中提供的检定状态下的介质压力。

⑤其他

a. 流量传感器的测量管受安装应力和管道扭曲力不均影响；

b. 安装位置不当未能使测量管内充满液体，例如水平管道上流体流过流量计后直接放入容器而无背压，测量管往往不能充满，或使轻组分气化，会使输出信号激烈波动，计量不准；

c. 测量管因结垢或腐蚀造成两测量管不对称；或振动使两测量管不对称；

d. 仪表安装时，未特别注意减少振动的影响，因为质量流量计是基于振动原理工作的，外加的振动会引入干扰，所以，对来自管线以及现场环境的振动要尽量设法避免；

e. 设计选型时，未针对具体情况选用合适的流量计，尤其要对流体的性质了解清楚，如流体的流量、温度、压力、密度、黏度等，依此选用最合适的流量计；

f. 测量介质的黏度或密度等变化；

g. 仪表使用过程中，没有在使用条件下进行零点调整等。

以上诸项，虽然可以给测量带来较大的测量不确定度，但是只要严格执行质量流量计安装规范，慎重选型、认真执行流量计的使用、维护、保养制度。以上诸项给测量带来的测量不确定度都将被控制在可忽略的程度内。

则 B 类标准不确定度 u_B 为：

$$
\begin{aligned}
u_B &= \sqrt{u_{b_1}^2 + u_{b_2}^2 + u_{b_3}^2 + u_{b_4}^2} \\
&= \sqrt{(0.12\%)^2 + (0.002\%)^2 + (0.11\%)^2 + (0.01\%)^2} \\
&\approx 0.163\%
\end{aligned}
$$

3）由单台科里奥利质量流量计组成的流量测量系统测量结果的不确定度为：

$$u_c = \sqrt{u_A^2 + u_B^2} = \sqrt{(0.047\%)^2 + (0.163\%)^2} \approx 0.164\%$$

4）扩展不确定度为：

$$U = k \times u_c = 2 \times 0.164\% = 0.328\% \approx 0.33\% \quad (k=2)$$

【案例 4-1-21】　石油密度测量不确定度评定

一、二等石油密度计标准装置测量不确定度的评定

二等石油密度计测量范围为（600～1100）kg/m³，全套由 10 支组成，分度值为 0.5kg/m³。在这，仅对测量范围为（650～1100）kg/m³，进行测量不确定度的评定。

辅助设备：质量测量不确定度优于 0.1g，满量程≥200g 的机械天平或电子天平，千分尺（0～25）mm。

1. 测量简述

为评定装置的不确定度，选择测量范围和分度值与其标准相同的工作石油密度计组，作为建立该装置时测量不确定度的评定对象。

以石油密度计 1040kg/m³ 这点为例，该点的有关参数为：毛细常数差值 $\Delta\alpha = 0.29\text{mm}^2$；干管直径 $D = 4.950\text{mm}$；密度计质量 $m = 69700\text{mg}$。

将被检定石油密度计 B 与二等石油密度计 A 同时浸入规定的检定液体中，直接比较它们的示值 I，经过一定的修正而获得被检密度计的密度修正值 $\Delta\rho$。

下面对 $\Delta\rho$ 的不确定度进行评定。

2. 测量模型

$$\Delta\rho=(I_A-I_B)+\Delta\rho_A+\Delta\rho_\alpha \tag{4-1-2}$$

式中：

(I_A-I_B)——二等标准石油计示值（I_A）与被检石油计示值（I_B）之差，可用 I_d 表示；

$\Delta\rho_A$——二等标准石油计的密度修正值；

$\Delta\rho_\alpha$——是被检石油计的毛细常数修正值。

则上式变为：

$$\Delta\rho=I_d+\Delta\rho_\alpha+\Delta\rho_\alpha \tag{4-1-3}$$

3. 不确定度来源

根据上述数学模型 $\Delta\rho$ 的测量结果应包括以下不确定度来源：

(1) 测量重复性引入的不确定度 $u(I_d)$；

(2) 二等石油密度计引入的不确定度 $u(\Delta\rho_A)$；

(3) 毛细修正引入的不确定度 $u(\Delta\rho_\alpha)$；

(4) 数据修约引入的不确定度 $u(z)$；

(5) 液体表面张力引入的不确定度 $u(\sigma)$。

如此，测量 $\Delta\rho$ 的合成标准不确定度为：

$$u_c(\Delta\rho)=\sqrt{u^2(I_d)+u^2(\Delta\rho_A)+u^2(\Delta\rho_a)+u^2(z)+u^2(\sigma)} \tag{4-1-4}$$

4. 不确定度分量的评定

(1) 测量重复性引入的标准不确定度 $u(I_d)$

在规范化的常规检定中，2 次检定结果之差约有 95%小于等于 0.1kg/m³，按均匀分布，则测量重复性引入的标准不确定度为：

$$u(I_d)=\frac{0.10\text{kg/m}^3}{\sqrt{3}}=0.058\text{kg/m}^3$$

(2) 二等标准密度计入的引入的不确定度 $u(\Delta\rho_A)$

由检定规程可获得二等标准石油密度计的扩展不确定度：

$$U=0.15\text{kg/m}^3,\ k=3$$

则引入的二等标准石油计的标准不确定度为：

$$u(\Delta\rho_A)=U/k=0.05\text{kg/m}^3$$

(3) 毛细修正引入的不确定度 $u(\Delta\rho_\alpha)$

毛细常数修正值 $\Delta\rho_\alpha$ 与毛细常数差值 $\Delta\alpha$（mm²），干管直径 D（mm），液体密度 ρ_1（g/cm³），石油密度计质量 m（mg）之间关系式为：

$$\Delta\rho_k=\frac{\Delta\alpha.\ \pi.\ D.\ \rho_1^2}{m}$$

上式各分量 $\Delta\alpha$、D、ρ_1 互不相关，Π 和 m 的标准不确定度贡献很小，可忽略不计。

按不确定度传播律，被测量 $\Delta\rho_\alpha$ 的合成不确定度为：

$$u(\Delta\rho_\alpha)=\sqrt{c_1^2u^2(\Delta\alpha)+c_2^2u^2(D)+c_3^2u^2(\rho_1)} \tag{4-1-5}$$

其中各灵敏系数为：

$$c_1=\frac{\pi.\ D.\ \rho_1^2}{m}=2.41\times10^{-4}\mathrm{mg\cdot mm^{-5}}$$

$$c_2=\frac{\Delta\alpha.\ \pi.\ \rho_1^2}{m}=0.14\times10^{-4}\mathrm{mg\cdot mm^{-4}}$$

$$c_3=\frac{2.\ \Delta\alpha.\ \pi.\ D.\ \rho_1}{m}=1.29\times10^{-4}$$

以下各分量不确定度参考《质量与密度测量不确定度评定》第四章，上式各标准不确定度计算如下：

1）毛细常数差值引入的标准不确定度 u_{α_1}：

毛细常数 α，经验估计毛细常数以等概率分布，区间为±0.08mm² 则有：

$$u(\alpha)=\frac{0.08\mathrm{mm}^2}{\sqrt{3}}=0.046\mathrm{mm}^2$$

毛细常数差值的不确定度 u（$\Delta\alpha$）：

$$u(\Delta\alpha)=\sqrt{(0.046\mathrm{mm}^2)^2+(0.046\mathrm{mm}^2)^2}=0.065\mathrm{mm}^2$$

可计算出：

$$u_{\alpha_1}=c_1u(\Delta\alpha)=0.16\times10^{-4}\mathrm{mg/mm^3}=0.016\mathrm{kg/m^3}$$

2）干管直径引入的标准不确定度 u_{α_2}

JJG 86—2001 规程中规定，D 的测量准确到 0.05mm，由于用千分尺测量，可认为 D 在±0.05mm 范围内按均匀分布变化，则：

$$u(D)=\frac{0.05\mathrm{mm}}{\sqrt{3}}=0.029\mathrm{mm}$$

干管直径的不确定度 u（D）＝0.029mm

可计算出 $u_{\alpha_2}=c_{2u_\mathrm{D}}=0.004\times10^{-4}=0.004\mathrm{kg/m^3}$

此项数值很小，可以忽略不计。

3）液体密度引入的标准不确定度 u_{α_3}

JJG 86—2001 规程中规定，ρ_1 准确到 0.01g/cm³，故可认为 ρ_1 在±0.01g/cm³ 范围内按均匀分布变化，则：

$$u(\rho_1)=\frac{0.01\mathrm{g/cm^3}}{\sqrt{3}}=0.006\mathrm{g/cm^3}$$

则液体密度的不确定度：

$$u(\rho_1)=0.006\mathrm{g/cm^3}$$

可计算出 $u_{\alpha_3}=c_3u$（ρ_1）＝$0.008\times10^{-4}\mathrm{g/cm^3}=0.001\mathrm{kg/m^3}$

此项数值很小，可以忽略不计。

综上 1）2）3）所述，合成毛细常数引入的标准不确定度 u（$\Delta\rho_\alpha$）。

根据式（4）：

$$u(\Delta\rho_\alpha)=\sqrt{u_{\alpha_1}^2+u_{\alpha_2}^2+u_{\alpha_3}^2}=0.016\mathrm{kg/m^3}$$

（4）数据修约引入的标准不确定度 $u(z)$

被测密度计检定结果要求修约到分度值的$\frac{1}{10}$，修约不确定度为：

$$u(z)=\frac{0.1\text{分度值}}{2\times\sqrt{3}}=0.29\times0.1\text{分度值}$$

Sy—05 密度计的分度值为 0.5kg/m³，数据修约不确定度应为：

$$u(z)=0.29\times0.1\text{分度值}=0.015\text{kg/m}^3$$

(5) 液体表面张力变化引入的标准不确定度 u (σ)

液体表面张力变化是个复杂的问题，液体长期使用，液体的表面受到污染，由于张力发生变化而使示值发生变化，由参考书《质量与密度测量不确定度评定》第四章第五节表 4—2 可查到在测量范围内液体表面张力变化所引起的最大不确定度为：

$$u(\alpha_\sigma)=0.092\text{mm}^2$$

以 1000kg/m³ 密度点为例，有关参数为：$D=5.36$mm；$m=65150$mg；标准不确定度为：

$$u(\sigma)=\frac{\pi.D.\rho_1^2}{m}u(\alpha_\sigma)$$

$$=26\times10^{-5}\times0.092=0.023\text{kg/m}^3$$

5. 合成标准不确定度

根据式 (3)：

$$u_c(\Delta\rho)=\sqrt{u^2(I_d)+u^2(\Delta\rho_A)+u^2(\Delta\rho_\alpha)+u^2(z)+u^2(\sigma)}$$

$$=\sqrt{(0.058\text{kg/m}^3)^2+(0.05\text{kg/m}^3)^2+(0.016\text{kg/m}^3)^2+(0.015\text{kg/m}^3)^2+(0.023\text{kg/m}^3)^2}$$

$$=0.083\text{kg/m}^3$$

6. 扩展不确定度

包含因子取 $k=2$，则扩展不确定度：

$$U=ku_c(\Delta\rho)=0.20\text{kg/m}^3$$

7. 测量不确定度报告

二等石油密度计标准装置，测量范围 (650～1100) kg/m³，分度值为 0.5kg/m³，扩展不确定度：$U=0.20$kg/m³，$k=2$。

二、二等标准石油密度计组检定/校准中的不确定度评定与表示

二等标准石油密度计测量范围 (650～1010) kg/m³，分度值为 0.5kg/m³，测量范围虽小，而仍需要分析五类典型不确定度。

1. 测量简述

二等标准石油密度计在 (810～1010) t/m³ 范围，需要对被检石油密度计进行毛细修正，在这一段选三支表进行分析，为不重复，每支表的参数在讨论毛细修正量的不确定度时列出。

将被检密度计 B 与标准密度计 A 同时浸入所规定的检定液体里，直接比较它们的示值 I，考虑一定的修正而获得被检密度计密度修正值 $\Delta\rho$。

2. 测量模型

$$\Delta\rho=\Delta\rho_A+(I_A-I_B)+\Delta\rho_\alpha \qquad (4-1-6)$$

式中：

$\Delta\rho_A$——二等标准石油密度计的密度修正值；

I_A——标准密度计示值；

I_B——被检密度计示值；

$\Delta\rho_\alpha$——被检石油密度计的毛细常数修正值；

$(I_A - I_B)$——示值差，可用 I_d 表示。

3. 不确定度来源

根据上述测量模型的测量结果 $\Delta\rho$ 应包括以下不确定度来源：

（1）测量重复性引入的不确定度 $u(I_d)$；

（2）标准密度计引入的不确定度 $u(\Delta\rho_A)$；

（3）毛细修正引入的不确定度 $u(\Delta\rho_\alpha)$；

（4）数据修约引入的不确定度 $u(z)$；

（5）液体表面张力引入的不确定度 $u(\sigma)$。

由此，测量 $\Delta\rho$ 的合成标准不确定度为：

$$u_c(\Delta\rho) = \sqrt{u^2(I_d) + u^2(\Delta\rho_A) + u^2(\Delta\rho_\alpha) + u^2(z) + u^2(\sigma)} \tag{4-1-7}$$

4. 不确定度分量的评定

（1）测量重复性引入的标准不确定度 $u(I_d)$

在实际工作中，一般测量两次，取其平均值作为测量结果，为合理评定整套测量重复性的标准差，采用合并样本标准差 s_P 法，对测量 2 次之差 Δ 进行统计，统计结果如表 4－1－6 所示：

表 4－1－6　测量重复性的标准差统计结果

Δ_i/（kg/m³）	0.00	0.02	0.04	0.06	0.08	0.10	0.12
N_i/个	5	1	4	6	6	8	4
$\bar{\Delta}$/（kg/m³）				0.068			
s/Δ				0.038			

$$u(I_d) = s_p = \frac{s(\Delta_i)}{\sqrt{2}} = 0.027\text{kg/m}^3$$

（2）标准密度计引入的标准不确定度 $u(\Delta\rho_A)$

由证书可得到，一等标准密度计在（650～1500）kg/m³ 的扩展不确定度为：

$$U = 0.4\text{ 分度值}\ (k=3)$$

则可得到：

$$u(\Delta\rho_A) = (0.4\times0.2)/3 = 0.027\text{kg/m}^3$$

（3）毛细修正量引入的标准不确定度 $u(\Delta\rho_\alpha)$

已知毛细修正值 $\Delta\rho_\alpha$ 的计算公式：

$$\Delta\rho_\alpha = \frac{\Delta\alpha\pi D\rho_1^2}{m}$$

上式各分量 D、ρ_1 的标准不确定度与 $\Delta\alpha$ 的标准不确定度相比其贡献可忽略不计，

所以 $\Delta\rho_\alpha$ 的不确定度主要取决于 $\Delta\alpha$ 的不确定度，则有：

$$u(\rho_k) = c_1 \times u(\Delta\alpha)$$

而系数：

$$c_1 = \frac{\pi Q \rho_1^2}{m}$$

因为一支表上几个密度点计算的 $u(\Delta\rho_\alpha)$ 相差很小，所以仅对三支表上各取一个密度点进行计算，由《质量与密度测量不确定度评定》第四章第五节之二得知：

$$u(\Delta\alpha) = 0.065\text{mm}$$

计算结果列于表 4-1-7。

表 4-1-7

ρ_0/（kg/m³）	D/mm	m/g	c_1	$u(\rho_\alpha)$/（kg/m³）
810	5.00	55.10	0.187	0.012
930	5.46	68.68	0.216	0.014
1000	4.95	69.70	0.222	0.014

注：计算时，m 用单位 mg，$\rho_1 = \rho_0$ 的单位为 g/cm³，计算出 $u(\Delta\rho_\alpha)$ 的单位是 g/cm³，再换算成 kg/m³。

毛细修正量标准不确定度取：$u(\Delta\rho_\alpha) = 0.014\text{kg/m}^3$

（4）数据修约引入的标准不确定度 $u(z)$

测量结果的要求修约到分度值的 1/10，则引入的标准不确定度为：

$$u(z) = 0.29 \times 0.1 \text{分度值} = 0.015\text{kg/m}^3$$

（5）液体表面张力引入的标准不确定度 $u(\sigma)$

由《质量与密度测量不确定度评定》第四章第五节之二表 2 提供的信息可得到各种液体由张力变化所导致的毛细常数变化（α_σ）有所不同，其不确定度最大为：

$$u(\sigma) = 0.092\text{mm}^2$$

以 960kg/m³ 这点为例，已知：$D = 5.40\text{mm}$，$m = 69.30\text{g}$，故：

$$\begin{aligned} u(\sigma) &= \frac{\pi D \rho_1^2}{m} u(\Delta\alpha_\sigma) \\ &= 0.225 \times 0.092 \\ &= 0.021\text{kg/m}^3 \end{aligned}$$

5. 合成标准不确定度

根据式（6）：

$$\begin{aligned} u_c(\Delta\rho) &= \sqrt{u^2(I_d) + u^2(\Delta\rho_A) + u^2(\Delta\rho_a) + u^2(z) + u^2(\sigma)} \\ &= \sqrt{(0.027\text{kg/m}^3)^2 + (0.027\text{kg/m}^3)^2 + (0.014\text{kg/m}^3)^2 + (0.015\text{kg/m}^3)^2 + (0.021\text{kg/m}^3)^2} \\ &= 0.048\text{kg/m}^3 \end{aligned}$$

6. 扩展不确定度

包含因子取 $k=3$，则扩展不确定度：

$$U = k u_c(\Delta\rho) = 0.15\text{kg/m}^3$$

7. 测量不确定度报告

二等标准石油密度计组，测量范围（650～1100）kg/m^3。

扩展不确定度：$U=0.15kg/m^3$，$k=3$。

三、测量过程有效性确认方法及案例

1. 石油石化行业应用要点

在测量过程不确定度评价之后，测量过程投入使用前，应对测量过程设计进行确认，确认人员应包括设计人员和操作人员，顾客有要求时，则应有顾客或其他代表参与。

测量过程有效性验证可采用以下方法：

（1）与其他已经确认过程的结果进行比较；

（2）与其他测量方法的结果进行比较；

（3）通过对测量过程的性能特性进行评定和连续分析等。

测量过程有效性确认应满足顾客的要求。

2. 案例

【案例 4－1－22】　汽车槽车装卸物料质量测量高度控制测量过程有效性确认单

编号：×××××××××

测量过程编号	dw-1001	测量过程名称	汽车槽车装卸物料质量测量	测量过程规范编号	Q/×××××
所在部门	铁运分部供气站	测量项目	汽车槽车装卸物料质量	控制程度	高度控制
测量过程计量要求：（测量范围、测量准确度/测量不确定度/最大允许误差、稳定性、分辨率等） 测量范围：（20～65）t，最大允许误差：Ⅲ级 评定人：×××					
测量过程要素概述： 测量设备：测量范围为（0.4～80）t，准确度为Ⅲ级的电子汽车衡。 测量方法：××石化汽车槽车充装物料质量测量过程控制规范。 环境条件：常温 测量软件：自动灌装操作系统 操作者技能：岗前培训，持岗位资格证书；经培训合格，取得×××计量员资质后方可上岗安全操作。 其他影响量：无 设计人：×××					
测量过程计量特性：（测量范围、测量准确度/测量不确定度/最大允许误差、稳定性、分辨率等） 测量范围：（0.4～80）t，最大误差是Ⅲ级；不确定度为28.4kg，分辨率：20kg。 确认人：×××					

续表

确认方法概述： 一、查找汽车槽车装卸物料质量测量的要求； 二、转化为测量过程的计量要求：1. 推导测量过程的测量范围；2. 确定测量过程的最大允许误差；3. 测量过程测量不确定度的选择和推导； 三、导出对测量设备的计量要求：1. 确定测量设备的量程；2. 确定测量设备的准确度等级要求； 四、测量设备的计量特性的检定/校准； 五、确认：将测量设备的计量特性与计量要求相比较。详见“计量确认过程验证记录”		
确认状态记录： 合格		
变更记录：		
日期	变更内容	批准人

注：测量过程确认方法包括通过与其他已确认有效的过程结果比较；与其他测量方法的结果比较；通过过程特征的连续分析方法；通过对测量过程的测量不确定度评定方法等。

【案例 4－1－23】　聚丙烯熔体流动速率测定测量过程控制项目确认表

记录编号		JL－012－2103.006	测量过程控制规范的文件编号		Q/JSHJ 0701·02—2013
测量过程所在单位		质量管理中心化工分析站	检查日期		2013.2.3
测量过程名称	聚丙烯熔体流动速率测定				
测量过程计量要求					
测量参数名称	测量范围	最大允许误差/允许不确定度	稳定性	分辨率	环境条件
熔体流动速率	(2～4)g/10min	±5%	—	0.1g/10min	测定室温度控制在(15～25)℃
测量过程要素		要素控制要求			

续表

测量设备	测量范围	不确定度/准确度等级/最大允许误差	稳定性	分辨率	确认状态
熔体流动速率仪	(0.1～50)g/10min	±2%	—	0.001 g/10min	合格
核查标准	标准样品			0.1	合格
测量程序	GB/T 3682—2000《热塑性塑料熔体质量流动速率和熔体体积流动速率的测定》				
环境条件	温度：(15～25)℃				
操作人员	岗位资格证书，设备操作使用知识和技术				
控制活动	周期检定、计量确认、核查记录				

检查记录：
1. 检查计量要求的导出满足顾客、组织和法律法规的要求；
2. 检查测量设备处于合格的确认状态；
3. 人员操作技能满足检测要求、测量过程依据文件处于受控状态，环境条件满足 GB/T 3682—2000《热塑性塑料熔体质量流动速率和熔体体积流动速率的测定》标准要求；
4. 检测结果的测量不确定度评定方法正确；评定见《熔融指数测量过程不确定度评定表》
5. 监视方法可行、有效，控制图见《熔融指数测量参数统计分析表及控制图》；
结论：过程受控，符合要求

结论：☑ 合格 □有缺陷 □不合格 注：在选项上打√，只选一项。

确认日期：××××年×月×日　　确认员：　　领导审核：

四、测量过程控制规范案例

1. 石油石化行业应用要点

(1) 应对纳入测量管理体系的测量过程进行策划、确认、实施、形成文件加以控制。

(2) 每一个测量过程（无论是简单的或复杂的测量过程）应有完整规范（如：检验规范、校准规范、测量作业指导书等，有时也可以包含在工艺规范中），完整的规范应包括所有有关设备的标识、测量程序、测量软件、使用条件、操作者能力和影响测量结果可靠性的其他因素，应识别和考虑影响测量过程的影响量。

(3) 测量过程的实施和控制应根据测量过程控制规范进行。

(4) 一个测量过程可能使用单台测量设备，也可能使用多台测量设备，同样一台测量设备也可能用于多个测量过程。因此一个单位的测量过程数量可能远大于测量设备的数量。

（5）测量过程可能要求对数据进行修正，例如由于环境条件所进行的修正。

（6）相同类测量过程编制一个测量过程控制规范。

2. 案例

【案例 4-1-24】　工业废水化学耗氧量测量过程控制规范

1　目的

对公司工业废水化学耗氧量测量过程进行有效的控制，确保分析数据准确。

2　范围

适用于公司水样中化学耗氧量的测量过程。

3　术语和定义

下列术语和定义适用于本规范。

3.1　测量过程

确定量值的一组操作。

3.2　测量过程控制

监视并分析来自测量过程的数据，并采取纠正措施，以便使测量过程连续地保持在规定的要求之内。

3.3　计量确认

为确保测量设备符合预期使用要求所需的一组操作。

4　职责

4.1　HSE 管理部负责本控制规范的归口管理。

4.2　机动工程部负责测量设备检定和验证间隔审核，保证测量设备满足测量过程的要求。

4.3　检验中心负责控制规范的起草和测量过程的识别和实施。

5　工作程序

5.1　测量过程的识别

见《测量过程识别表》。

经识别，工业废水中化学耗氧量测量过控制程度为高度控制。

5.2　计量要求的导出

5.2.1　顾客、组织的要求

根据客户提供的技术要求。

5.2.2　测量过程的计量要求

a）GB 11914—1989《水质化学需氧量的测定　重铬酸钾法》的规定；

b）测量准确度（重复性）应≤1.8%。

5.3　测量设备的控制

5.3.1　测量设备的配备

滴定管和单标线吸管：玻璃制，技术要求符合表 4-1-8 中给出的技术要求，经检定合格。

表 4-1-8　滴定管和吸管的技术要求

玻璃量器名称	滴定管	滴定管	单标线吸管	单标线吸管
标定总容量/mL	25	50	10	20
容量允差/mL	±0.04	±0.05	±0.020	±0.030
水流出时间/s	45～70	60～90	20～30	25～35

5.3.2　测量设备的计量确认

5.3.2.1　酸式滴定管计量确认周期为1年，经检定合格并计量确认验证后粘贴标识使用，填写《测量设备计量确认记录表》，质量主管组织对测量结果的验证。

5.3.2.2　酸式滴定管的期间核查每年进行一次，酸式滴定管的日常维护由班组分析人员负责，当发现有裂痕或其他问题时，应及时通知设备员组织对酸式滴定管的性能进行检查，确认酸式滴定管计量特性正常后方可使用。

5.4　测量人员的要求

5.4.1　水样中化学耗氧量测量人员必须经过上岗考核合格后才能操作，出具分析数据。

5.4.2　计量确认人员必须经公司培训授权。

5.5　测量环境影响因素的识别和控制

5.5.1　影响化学耗氧量的测定的影响因素主要有：分析的重复性、标准溶液浓度、滴定管和单标线吸管的准确度。

5.5.2　对环境影响测量过程的因素采取必要的控制方法，主要有：配备必要的空调和温湿度计确保环境温度控制在（15～25）℃，保证标准溶液配制的准确性、滴定管、单标线吸管和温湿度计经过校准并适宜有效、人员经过培训考试确保测量结果的重复性、对仪器进行期间核查。

5.6　测量方法和标准

GB 11914—1989《水质 化学需氧量的测定 重铬酸钾法》。

5.7　测量过程的验证和有效性确认

5.7.1　测量过程的验证由计量确认人员通过填写《高度控制测量过程计量确认一览表》和《计量验证过程表》来实现。

5.7.2　测量过程的有效性通过不确定度评定方法来实现。

5.7.2.1　步骤1：技术规定

1）每日临用前，用重铬酸钾标准溶液准确标定硫酸亚铁铵的浓度：

取10.00mL浓度为0.250mol/L的重铬酸钾标准溶液，用硫酸亚铁铵滴定。

$$c[(NH_4)_2Fe(SO_4)_2 \cdot 6H_2O]=\frac{10.00\text{mL}\times 0.250\text{mol/L}}{V}=\frac{2.50}{V} \quad (4-1-8)$$

式中：

10.00——重铬酸钾标准溶液取样量，mL；

0.250——重铬酸钾标准溶液的浓度，mol/L；

V——滴定消耗硫酸亚铁铵体积，mL。

2）取20.00mL样品，加入适量掩蔽剂，加入10.00mL 0.2500mol/L重铬酸钾标准溶液和30mL硫酸-硫酸银催化剂；加热沸腾回流2h。

3）回流后的样品，冷却，加入适量纯水，冷却后，加入试亚铁灵指示剂，用硫酸亚铁铵进行滴定。

4）计算

化学耗氧量计算：

$$COD=\frac{c\ (V_1-V_2)\ \times 8000}{V_0} \tag{4-1-9}$$

式中：

c——硫酸亚铁铵标准滴定溶液的浓度，mol/L；

V_1——空白试验所消耗的硫酸亚铁铵标准滴定溶液的体积，mL；

V_2——试料测定所消耗的硫酸亚铁铵标准滴定溶液的体积，mL；

V_0——试料的体积，mL；

8000——$1/4O_2$ 的摩尔质量以mg/L为单位的换算值。

5.7.2.2　步骤2：不确定度来源的确定和分析

5.7.2.2.1　重复性

将各重复性分量合并为总试验的一个分量，分析方法给定石化废水测定重复性为1.8%，该值可直接用于合成不确定度的计算。

5.7.2.2.2　硫酸亚铁铵标准溶液

1）硫酸亚铁铵标准溶液的浓度通过重铬酸钾标准溶液滴定获得，重铬酸钾标准溶液不确定度为0.0004mol/L，包含因子为2；

2）重铬酸钾标准溶液体积为10.00mL，使用A级单标线吸管，吸管经过检定，最大允许误差为0.020mL，遵循三角分布；

3）滴定采用25mL A级滴定管，经过检定，最大允许误差为0.040mL，遵循三角分布；

硫酸亚铁铵标准溶液的相对标准不确定度为这三个不确定度的合成。

5.7.2.2.3　取样

取样体积为20mL，使用A级单标线吸管，吸管经过检定，最大允许误差为0.030mL，遵循三角分布；

5.7.2.2.4　氧化剂体积

重铬酸钾标准溶液体积为10.00mL，使用A级单标线吸管，吸管经过检定，最大允许误差为0.020mL，遵循三角分布；由于是返滴定，空白滴定时氧化剂取样亦带来同样的不确定度；这两个不确定度合成即是氧化剂体积带来的不确定度；

5.7.2.2.5　空白滴定体积 V_1

滴定采用25mLA级滴定管，经过检定，最大允许误差为0.040mL，遵循三角分布，测定COD浓度为100mg/L的样品，假定硫酸亚铁铵标准溶液浓度为0.1100mol/L，则空白滴定消耗的体积为22.7mL；

5.7.2.2.6　样品滴定体积 V_2

滴定采用25mLA级滴定管，经过检定，最大允许误差为0.040mL，遵循三角分布，测定COD浓度为500mg/L的样品，假定硫酸亚铁铵标准溶液浓度为0.1100mol/L，则空白滴定消耗的体积为22.70mL，样品消耗体积为11.34mL；

将以上分析的不确定度分量用鱼刺图表示如下（见图 4－1－6）：

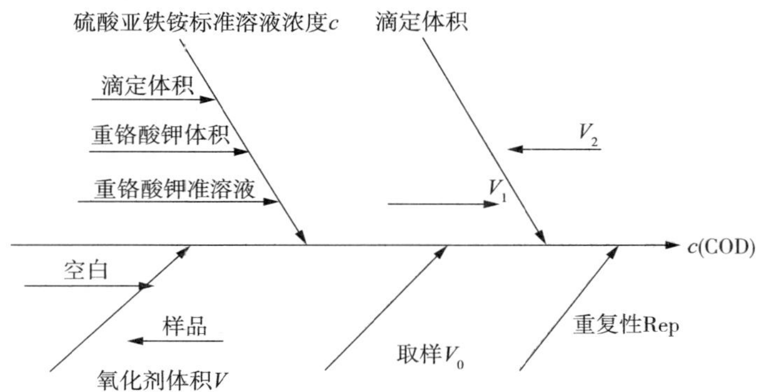

图 4－1－6　不确定度来源因果图

5.7.2.3　步骤 3：不确定度分量的定量

5.7.2.3.1　重复性

分析方法给定石化废水重复性为 1.8%，根据 GB/T 6379 和 JJF 1059，在规定实验方法的国家标准或类似技术文件中，按规定的测量条件，当明确指出两次测量结果之差的重复性限 r 时或复现性限 R 时，则测试方法的重复性限 r 与实验室内标准差 s 有如下关系：

$$r=2\times\sqrt{2}s$$

由上式得出：$s=r/2\sqrt{2}=r/2.83$

相对标准差为：$s_r=r/2\sqrt{2}=1.8\%/2.83=0.018/2.83=0.0064$

测定浓度为 500mg/L 样品，则相对标准不确定度为：0.0064

即重复性带来的相对标准不确定度为：$\frac{u\ (r)}{r}=0.0064$

测定样品浓度为 500mg/L 的样品，$u\ (r)\ =0.0064\times500\text{mg/L}=3.2\text{mg/L}$。

5.7.2.3.2　硫酸亚铁铵标准溶液 $c\ [Fe^{2+}]$

1）硫酸亚铁铵标准溶液的浓度通过重铬酸钾标准溶液滴定获得，重铬酸钾标准溶液浓度为 0.2500mol/L，其不确定度为 0.0004mol/L，包含因子为 2，因此不确定度为 0.0002mol/L，相对不确定度为 0.0002/0.2500＝0.0008；

2）重铬酸钾标准溶液体积为 10.00mL，使用 A 级单标线吸管，吸管经过检定，最大允许误差为 0.020mL，遵循三角分布，其不确定度为：$0.020\text{mL}/\sqrt{6}=0.0082\text{mL}$，相对标准不确定度为：0.0082mL/10.00mL＝0.00082；

3）滴定采用 25mLA 级滴定管，经过检定，最大允许误差为 0.040mL，遵循三角分布，其不确定度为：$0.040\text{mL}/\sqrt{6}=0.016\text{mL}$，一般硫酸亚铁铵的浓度在 0.11mol/L 左右，滴定消耗的体积为 22.7mL，则相对标准不确定度为：0.016mL/22.73mL＝0.00071；

硫酸亚铁铵标准溶液的相对标准不确定度为：

$$\frac{u[c(Fe^{2+})]}{c(Fe^{2+})}=\sqrt{0.0008^2+0.00082^2+0.00071^2}=0.0013$$

5.7.2.3.3 取样体积 V_0

取样体积为 20.00mL，使用 A 级单标线吸管，吸管经过检定，最大允许误差为 0.030mL，遵循三角分布，其不确定度为：$0.030\text{mL}/\sqrt{6}=0.012\text{mL}$，相对标准不确定度为：

$\frac{u(V_0)}{V_0}=0.012\text{mL}/20.00\text{mL}=0.0006$；

5.7.2.3.4 氧化剂体积 $V\ (\frac{1}{6}Cr^{6+})$

重铬酸钾标准溶液体积为 10.00mL，使用 A 级单标线吸管，吸管经过检定，最大允许误差为 0.020mL，遵循三角分布；由于是返滴定，空白滴定时氧化剂取样亦带来同样的不确定度；这两个不确定度合成即是氧化剂体积带来的不确定度；其不确定度为：$0.020\text{mL}/\sqrt{6}=0.0082\text{mL}$，相对标准不确定度为：0.0082mL/10.00mL=0.00082；

空白和样品合成的不确定度为：$\frac{u[V(\frac{1}{6}Cr^{6+})]}{V(\frac{1}{6}Cr^{6+})}=\sqrt{0.00082^2\times 2}=0.0012$

5.7.2.3.5 空白滴定体积 V_1

滴定采用 25mLA 级滴定管，经过检定，最大允许误差为 0.040mL，遵循三角分布，其不确定度为：$0.040\text{mL}/\sqrt{6}=0.016\text{mL}$，测定 COD 浓度为 500mg/L 的样品，假定空白滴定消耗的体积为 22.7mL，则相对标准不确定度分别为：$\frac{u\ (V_1)}{V_1}=0.016\text{mL}/22.7\text{mL}=0.00071$。

5.7.2.3.6 样品滴定体积 V_2

滴定采用 25mLA 级滴定管，经过检定，最大允许误差为 0.040mL，遵循三角分布，其不确定度为：$0.040\text{mL}/\sqrt{6}=0.016\text{mL}$，测定 COD 浓度为 500mg/L 的样品，假定空白滴定消耗的体积为 22.7mL，样品消耗体积为 11.34mL，则相对标准不确定度分别为：$\frac{u(V_2)}{V_2}=0.016\text{mL}/11.34\text{mL}=0.00062$。

5.7.2.4 步骤 4：合成标准不确定度的计算

重铬酸钾标准溶液浓度由下式计算。

$$c\ (\frac{1}{6}K_2Cr_2O_7)\ =\frac{m\times P\times 1000}{VM} \quad (4-1-10)$$

表 4-1-9 列出了上述各参数的值、标准不确定度和相对标准不确定度。

表 4-1-9 各参数的值、标准不确定度和相对标准不确定度

不确定度分量	描述	值	标准不确定度	相对标准不确定度
Rep	复现性	500mg/L	3.2mg/L	0.0064
$c\ (Fe^{2+})$	标准溶液浓度	0.1100mol/L	0.0002mol/L	0.0013
V_0	取样体积	20.00mL	0.012mL	0.0006

续表

不确定度分量	描述	值	标准不确定度	相对标准不确定度
$V\ (\frac{1}{6}Cr^{6+})$	氧化剂体积	10.00mL	0.012mL	0.0012
V_1	空白滴定体积	22.7mL	0.016mL	0.00071
V_2	样品滴定体积	11.34mL	0.016mL	0.00062
C	样品测定值	500mg/L	3.4mg/L	0.0067

不确定度分量直方图（见图4－1－7）直观地显示，测定的不确定度主要分量为测定的重复性，其余分量均较小。

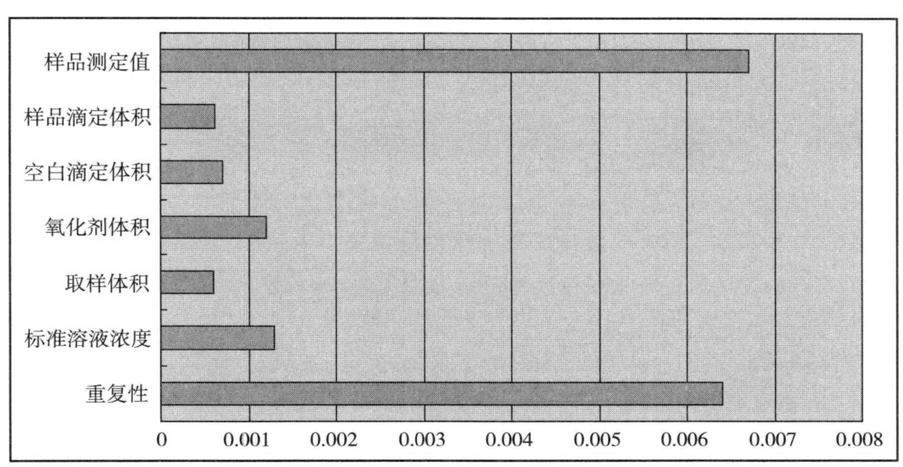

图4－1－7　不确定度分量直方图

按下式计算合成相对标准不确定度：

$$\frac{u(c)}{c}=\left\{\left[\frac{u(r)}{r}\right]^2+\left[\frac{u[c(Fe^{2+})]}{c(Fe^{2+})}\right]^2+\left[\frac{u(V_0)}{V_0}\right]^2+\left[\frac{u(V\frac{1}{6}Cr^{6+})}{V\frac{1}{6}Cr^{6+}}\right]^2+\left[\frac{u(V_1)}{V_1}\right]+\left[\frac{u(V_2)^2}{V_2}\right]\right\}^{\frac{1}{2}}$$

$$=(0.0064^2+0.0013^2+0.00006^2+0.0012^2+0.00071^2+0.00062^2)^{\frac{1}{2}}=0.067$$

合成标准不确定度为：$u(c)=500mg/L\times0.0067=3.4mg/L$

5.7.2.5　步骤5：扩展不确定度的计算

扩展不确定度U可由合成标准不确定度乘以包含因子2后得到。

$$U(c)=u\ (c)\times2=3.4mg/L\times2=7mg/L$$

5.7.2.6　报告结果

COD测定结果为：(500±7) mg/L（包含因子为2，包含概率95％）。

5.8　测量过程的监视

5.8.1　测量过程的监视采用期间核查，期间核查每年进行一次。监视方法采用直接比对法，即不同温湿度计之间比对、不同滴定管和不同单标线吸管之间比对，确保仪器始终处于受控状态。

5.9　测量过程失控的处理

5.9.1 当操作人员发现酸式滴定管或单标线吸管不能满足预期的使用要求时，应及时报告技术员，对测量结果按测量过程失控进行处理。

5.9.2 当滴定管或单标线吸管因损坏不能使用时，应及时更换，并经计量确认后，投入使用。

5.10　测量过程的检查

质检中心技术科依据《测量过程控制项目检查表》对测量实施过程相关的各种要素每半年组织检查一次，并妥善保存记录。

6　相关文件

6.1　GB/T 11914—1989《水质化学需氧量的测定　重铬酸钾法》

6.2　XXSH-T20.49.00.084.2011《期间核查程序》

6.3　XXSH-T20.49.00.072.2011《质量记录和技术记录管理程序》

6.4　XXSH-T20.49.00.069.2011《不符合工作控制程序》

6.5　XXLSH-T20.49.00.080.2011《测量不确定度评定与应用程序》

7　记录

7.1　XXLSH-T60.50.00.175.2011 高度测量过程及控制一览表

7.2　XXSH-T60.50.00.173.2011 测量过程不确定度评价表

7.3　XXSH-T60.50.00.085.2011 测量设备计量确认明细表

7.4　XXSH-T60.50.00.099.2011 测量过程识别变更表

7.5　XXLSH-T60.50.00.109.2011 期间检查记录

7.6　XXSH-T60.10.00.031.2011 不符合纠正与预防措施单

7.7　XXSH-T60.49.88.700.2011 质量检验中心水质化学需氧量测定原始记录（滴定法）

8　附加说明（略）

【案例 4-1-25】　定量包装测量过程控制规范（石化产品）

一、目的

为了保证公司定量包装测量过程满足顾客的计量要求，保证测量过程是在要求的控制限值之内，满足预期使用要求，防止出现错误。

二、范围

本标准规定了公司定量包装测量过程控制的有关内容。

本标准适用于公司定量包装测量过程。

三、引用文件

GB/T 19022—2003《测量管理体系　测量过程和测量设备的要求》；

《定量包装商品计量监督管理办法》（75 号令）；

JJF 1059.1—2012《测量不确定度评定与表示》。

四、定义

（1）测量过程：是指确定“量值”的操作，“量值”一般由一个数乘以测量单位所表示的特定量的大小。

（2）定量包装测量过程：是指用测量设备对被测产品的重量进行确认“量值”的操作和监视。

(3) 计量要求：顾客的计量要求是顾客根据相应的生产过程规定的测量要求。计量要求可表示为最大允许误差、允许不确定度、稳定性、分辨力、测量范围、准确度、环境条件或操作者技能要求等。

五、管理职责

1　生产调度部

1.1　负责定量包装测量过程的识别以及控制规范的审核。

1.2　负责对测量控制过程的实施进行监督检查。

1.3　保存监督检查的相关记录。

1.4　保存《定量包装测量过程控制规范》文件。

2　化工二部

2.1　负责定量包装测量过程控制规范的编写与实施。

2.2　按照控制规范要求进行统计分析，并妥善保存记录。

2.3　对测量异常情况进行分析，采取必要的纠正措施。

2.4　收集测量过程信息，并汇总到相关管理部门。

2.5　保存本部门所有测量设备校准验证、检定验证的记录。

2.6　按照控制规范要求实施测量过程。

六、技术要求

1　测量过程的识别：(见附录 1)

经识别，定量包装测量过程控制程度为高度控制。本规范选取被测产品称重测量过程为关键测量点。

2　关键测量过程的设计

2.1　计量要求的导出

2.1.1　顾客、组织的要求：

根据客户提供的技术要求。

2.1.2　测量过程的计量要求：

测量范围：(0～30) kg，最大允许误差：±50g。

2.2　测量设备的控制

2.2.1　测量设备的配备

公司所有塑料粒料产品出厂均配备了全自动电子计量秤。

2.2.2　计量检定周期：按照国家检定规程，定量包装计量检定周期为一年。

2.3　测量过程操作人员的相关要求

2.3.1　定量包装的使用人员必须对仪器的基本原理及使用方法有一定的了解，并定期参加培训、考核。

2.3.2　新进员工需进行上岗培训，经考试合格后方能进行独立操作。

2.4　环境要求

2.4.1　常温环境，相对湿度≤85%的范围内（不结露）；

2.4.2　工作电源：AC220V（1±10%）

2.5　测量方法

测量设备的操作规程（见附录 2）及使用说明书。

2.6　测量不确定度的评定计算

定量包装测量数据的标准不确定度为 $u=15\text{g}$。

2.7　测量过程的验证

2.7.1　测量设备的计量验证

对测量过程中使用的测量设备由有资质单位完成检定、校准工作后负责填写计量验证过程表（见附录 3）。

2.7.2　测量过程的有效确认

2.7.2.1　有效确认的参加人员：有效性确认工作应有定量包装操作员和化工二部计量管理人员一起参加。

2.7.2.2　有效确认的方法：本测量过程中采用对一块已知量值的校准砝码进行参数检测来做比对测试，得到一个期望值并与已知量值比较，判定测量过程是否有效（见附录 7）。

2.7.3　验证记录长期保存。

2.8　测量过程的实施和控制方案

2.8.1　被测产品称重测量过程控制的意义

为了充分保证对被测产品称重测量过程满足顾客的计量要求，保证测量过程在要求的不确定度限制之内，防止出现错误，进而保障测量系统正常可靠运行。

2.8.2　被测产品称重测量过程控制方案（MCP）（见图 4－1－8）

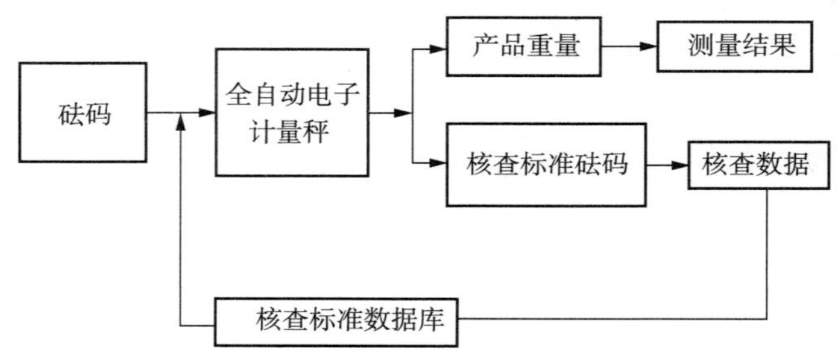

图 4－1－8　被测产品称重测量过程控制方案

2.8.2.1　测量设备基本信息：定量包装。

2.8.2.2　传递标准和核查标准

（1）传递标准的选择

定量包装测量系统列入 A 类管理目录，检定周期为 12 个月，其量值传递依据 JJG 539—1997《数字指示秤》。

（2）核查标准的选择

选择两个 12.5kg 的 M1 级的砝码，可以得到恒定的量值。标准不确定度 $u=15\text{g}$。

（3）统计控制模式设计

选用 $\bar{x}$-s 图（平均值-标准偏差控制图）控制。具体做法如下：

在测量控制点上，用核查标准进行的 4 组测量，为便于控制和不确定度的评定，每组重复测量 6 次（即取 6 个数据），组间的测量连续完成，并与正常的检定工作尽量靠近。以便保持组内量值与正常检定工作的相关性。

核查数据的统计要求：设核查测量值为 x，第 j 组第 i 个测量值为 x_{ji}，计算每组组内平均值 $\bar{x}_j$，组内标准偏差 s_j，组间平均值 $\bar{\bar{x}}$，组间标准偏差 s_B，合并标准偏差 s_p，公式如下：

$$\bar{x}_j = \frac{1}{n}\sum_{i=1}^{n} x_{ji}$$

$$s_j = \sqrt{\frac{1}{n-1}\sum_{i=1}^{n}(x_{ji}-\bar{x}_j)^2}$$

$$\bar{\bar{x}} = \frac{1}{m}\sum_{j=1}^{m}\bar{x}_j \qquad (4-1-11)$$

$$s_B = \sqrt{\frac{1}{m-1}\sum_{j=1}^{m}(\bar{x}_j-\bar{\bar{x}})^2}$$

$$s_p = \sqrt{\frac{1}{m}\sum_{j=1}^{m}s_j^2}$$

$\bar{X}$ 图的纵坐标为 x_j，横坐标为测量间隔。

$\bar{X}$ 图的控制上限为：$\bar{\bar{x}}+3s_B$

$\bar{X}$ 图的控制下限为：$\bar{\bar{x}}-3s_B$

式中：包含因子取 3，对应的包含概率为 99.73%。

$\bar{X}$ 图的作用是检验组内平均值的一致性，也称为 t 检验。若 $\bar{x}$ 超出控制界限外表明“失控”，否则“在控”。此后继续进行（$m+1$）组核查测量时，用前 m 组建立的界限检验第（$m+1$）组。为方便计算界限的值，当组数继续增加时，最前组溢出，依此类推。

s 图的纵坐标是 s_j，横坐标与 $\bar{X}$ 图相同，为测量间隔。

s 图的控制上限（无下限）为：$3s_p$。

式中：包含因子取 3，对应的包含概率为 99.73%。

s 图的作用是检验组内标准偏差的一致性，也称 F 检验，若 s_j 超出界限为“失控”，否则“在控”。

$\bar{X}$ 图和 s 图同时“在控”，表明过程“在控”。否则过程“失控”。

2.9　不合格测量过程的处理

2.9.1　当核查数据处于“失控”状态，应立即停止使用该测量过程，查找“失控”产生的原因，采取必要的纠正措施，并填写《不合格测量过程追溯表》（附录 8），决定是否进行追溯。

2.9.2　明确发生“失控”的原因，并根据实际情况做出相应的整改措施。

2.9.3　测量过程重新投入使用前，必须重新对测量过程加以验证。

2.9.4　发现被测产品不合格时，应用核查标准检查测量过程是否“失控”。如“失控”，采取 2.9.1～2.9.3 措施。

2.10　对测量过程的检查

化工二部依据测量过程控制检查表（见附录 7），对测量实施过程相关的各种要素进行检查，并妥善保存记录。

2.11　测量过程的记录

2.11.1　记录的主要内容

《测量过程识别表》；

《计量验证过程表》；

《测量过程控制项目确认表》；

《测量过程参数统计分析记录》；

《测量过程参数控制图》；

《不合格测量过程追溯表》；

上级单位出具的计量检定证书。

2.11.2　记录的管理

2.11.2.1　表格、文件的归档

化工二部保存本规范文件一份。

在过程现场产生的记录由该部门自行保管，控制参数核查原始记录和控制图记录每年统一汇总上交化工二部计量管理人员。

2.11.2.2　记录的保存期

指定专人负责各类检验、试验、检定/校准、测量记录的收集，整理后装订成册，妥善保存。

测试记录、采集的原始数据保存 3 年，测量过程的涉及的《计量验证过程表》《过程有效确认记录》《测量过程控制项目确认表》《测量过程识别表》等记录应长期保存。

2.11.2.3　只有被授权的人员才允许产生、修改、出具和删改记录；属电脑打印的记录需由操作人员签名确认。

3. 定量包装机自动电子计量秤计量结果测量不确定度评定

见附录 5。

4. 核查间隔

一般情况下，核查间隔时间为 3 个月。当测量设备出现异常现象，或对数据产生怀疑，需对该测量设备进行核查。

5. MCP 的记录

参照本规范 MCP 中的统计方法对采集的数据进行计算、分析，并形成记录（见附录 4 和附录 5）。

七、附录

附录 1　《测量过程识别表》

附录 2　《定量包装机自动电子计量秤操作规程》

附录 3　《计量验证过程表》

附录 4　《测量过程参数统计分析记录》

附录 5　《定量包装机自动电子计量秤计量结果测量不确定度评定》

附录 6　《测量过程参数控制图》

附录 7　《测量过程控制项目确认表》

附录 8　《不合格测量过程追溯表》

附录 1

测量过程识别表

测量过程名称	PS 包装 B 线 1 号秤定量测量		归口管理部门	生产调度部		
对产品质量的影响程度	一般□　　　重要☑					
测量参数	顾客要求	测量设备	测量范围	分辨力	等级/允许误差/不确定度	设备计量确认状态
重量	技术要求	全自动电子计量秤	(0～30) kg	5g	最大允许误差：±50g	合格
测量过程的影响量	测量参数、产品物理性质、粉尘、振动					
过程控制要求	测量设备	周检☑　　抽检□　　功能性检查□				
	操作人员	资质：持岗位资格证书				
		培训：岗前培训				
	环境要求	温湿度：		电磁场：		
		防震防尘：√		无要求		
	测量方法	依据《包装装置操作规程》及《定量包装计量秤操作规程》				
	其他	无				
原过程控制方法是否足够：足够						
需增加的控制手段：						
测量过程控制程度评定		一般控制　□　　　高度控制　☑				
编制		审核		日期	年　月　日	

附录 2

定量包装机自动电子计量秤操作规程

一、使用要求

1. 环境要求

湿度≤90%RH　　温度 (0～50)℃

工作电压：AC380V (1±10%)　　三相四线　频率：50Hz (1±1%)

2. 人员要求

经上岗考试合格，懂计量秤控制原理，懂结构，会调整参数，会做日常保养，会处理一般故障。

二、操作步骤

（1）检查确认电子计量秤给料仓阀打开，有产品料送到计量秤体。

（2）确认包装机、码垛机开机。

（3）按计量秤清零按钮，进行计量秤清零操作。

（4）按计量秤运行按钮，计量秤开始自动称量。

（5）合理调整参数，使计量秤适应产品物理特性，计量准确。

（6）将计量秤自动/手动按钮打到自动。

（7）包装结束将计量秤自动/手动按钮打到手动。

（8）按“放料”开关，将计量秤称体内不够一包的料排空。

（9）按计量秤停机开关。

三、注意事项

（1）必须保持计量秤秤斗处于自由悬挂状态。

（2）经常清除秤体上的粉尘。

（3）为了防止杂质进入产品，计量秤必须在封闭状态下进行计量操作。计量秤检修后，必须吹扫干净粉尘和金属屑等杂质。

四、故障排除

1. 不能清零

秤斗当前重量值大于“零点范围”项设置值，系统认为秤不空，清除秤斗中积料、粉尘，适当增加“零点范围”项设置值，再进行清零操作。

2. 不能回零

当控制器已经卸料完毕，在检测系统的零点时，如果系统检测秤斗重量值的绝对值超过“零点范围”，系统会提示零点偏移过大。原因可能如下：

1）平台有振动使传感器采集数据波动大；

2）秤斗与平台间有异常连接；

3）秤斗与传感器间连接有松动；

4）在上述3种情况均已排除后，可适当增加“零点范围”项设置值。

3. 显示值与实际值有偏差

量程发生变化，需进行标定（包括零点，满度标定）。

4. 计量秤波动大

1）确认物料是否发生异常变化，调整插板，控制物料流速；

2）调整控制参数：适当调整粗流阈值/粗流时间，精流阈值，落差料（飞料）值等。

5. 计量结果总是多或总是少

1）检查目标重量值设置是否正确（25.00kg或25000g）；

2）调整落差料（飞料）值；

3）哈博实称重控制器还需检查调整“增加袋重”“减少袋重”设定值。

编制：　　　　　　　　审核：　　　　　　　　日期：　　年　月　日

附录 3

计量验证过程表

<table>
<tr><td>要求</td><td colspan="6">重量的准确测量</td></tr>
<tr><td rowspan="7">验证过程</td><td>要求</td><td colspan="5">重量的准确测量</td></tr>
<tr><td rowspan="3">转化为计量要求</td><td>测量范围</td><td colspan="4">一般重量在（0～30）kg 范围内</td></tr>
<tr><td>最大允许误差</td><td colspan="4">±50g</td></tr>
<tr><td>测量不确定度</td><td colspan="4">根据
$\sigma=T/(6C_p)=100/(6\times1.1)$ g
≈15g
u=15g</td></tr>
<tr><td rowspan="2">导出测量设备的计量要求</td><td>测量范围</td><td colspan="4">（0～30）kg</td></tr>
<tr><td>MPE</td><td colspan="4">±15g</td></tr>
<tr><td colspan="5"></td></tr>
<tr><td rowspan="4">测量设备的计量特性</td><td>名称</td><td>定量包装</td><td>型号规格</td><td>FNL—302CC—01</td><td>测量范围</td><td>（0～30）kg</td></tr>
<tr><td>检定/校准单位</td><td colspan="2">华南国家计量测试中心</td><td colspan="2">检定/校准日期</td><td>2012.11.12</td></tr>
<tr><td>使用部门</td><td colspan="2">化工二部</td><td colspan="2">证书编号</td><td>WF 940044—2</td></tr>
<tr><td>检定/校准结果</td><td colspan="5">测量设备的最大允许误差为：±15g；</td></tr>
<tr><td>验证</td><td colspan="6">测量设备的实际误差最大值为：+12g，小于±15g；
测量结果的标准不确定度为15g，≤要求的 15g；
可以满足要求，通过验证，计量确认合格。</td></tr>
<tr><td>编制</td><td></td><td>审核</td><td></td><td>日期</td><td colspan="2">年　月　日</td></tr>
</table>

附录 4

测量过程参数统计分析记录

定量包装称重测量参数统计分析　　　　日期：××××年××月××日

基本数据：　　　　单位（g）

测试值	1	2	3	4	5	6	平均值	标准偏差
第 1 组	25010	25005	25005	25005	25005	25000	25005.00	3.16
第 2 组	25000	25000	25000	25005	25005	25000	25001.67	2.58
第 3 组	25000	25005	25005	25005	25005	25005	25004.17	2.04
第 4 组	25005	25005	25005	25005	25005	25005	25005.00	0

组间平均值 $\bar{\bar{x}}$：25003.96g

组间标准偏差 s_B：1.58g

合并标准偏差 s_p：2.28g

$\overline{X}$ 图：

$\overline{X}$ 图的纵坐标为 x_j，横坐标为测量间隔（参见 $\overline{X}$ 图）。

$\overline{X}$ 图的控制上限为：$\overline{\overline{x}}+3s_B$；

$\overline{X}$ 图的控制下限为：$\overline{\overline{x}}-3s_B$。

即上限为：25003.96＋1.58×3＝25008.69g；

下限为：25003.96－1.58×3＝25001.67g。

s 图：

s 图的纵坐标是 s_j，横坐标与 $\overline{X}$ 图相同。

s 图的控制上限（无下限）为：$3s_p$，即 2.28×3＝6.84g。

附录 5

定量包装机自动电子计量秤计量结果测量不确定度评定

1 概述

1.1 测量依据

定量包装机自动电子计量秤操作规程等。

1.2 测量环境条件

湿度≤90％RH　　温度（0～50）℃

1.3 测量设备

全自动电子计量秤型号规格：FNL—302CC—01；

测量范围：（0～30）kg

测量设备的最大允许误差：±15g。

1.4 被测对象

化工产品定量包装。

控制要求：测量范围：（0～25）kg，

允许误差：±50g。

1.5 测量过程

采用全自动电子计量秤，直接测量每包 25kg，允差≤±50g 的定量包装产品。

2 测量模型

$$\Delta\delta = X - F \qquad (4-1-12)$$

式中：

$\Delta\delta$——电子秤示值误差；

X——电子秤显示值；

F——标准砝码质量值。

3 标准不确定度的评定

3.1 输入量 X 的标准不确定度 $u(X)$ 评定

输入量 X 的标准不确定度来源主要是电子秤测量的重复性，及四角偏载误差等。

3.1.1 测量重复性产生的标准不确定度 u_1 评定

把标称质量为 25kg 的标准砝码，放于电子秤托盘之上，对其作 n 次（$n=6$）独立重复测量，记录 6 次电子秤所测标准砝码的质量值，获得 1 组测量值，记为 X_1，X_2，…，

X_6，并计算出平均值$\overline{X}$、重复性$s(X)$及标准不确定度u_1，如表4-1-10所示。

表4-1-10

i/次数	X_i/kg	i/次数	X_i/kg
1	25.010	4	25.005
2	25.005	5	25.005
3	25.005	6	25.000
平均值$\overline{X}$/kg		25.005	
重复性$s(X)$/g		3.16	
标准不确定度u_1/g		1.29	

所引用公式：平均值 $\overline{X}=\dfrac{\sum_{i=1}^{n}X_i}{n}$ (4-1-13)

式中：

n——测量次数；

X_i——第i次电子秤显示值。

重复性：$s(X)=\sqrt{\dfrac{\sum_{i=1}^{n}(X_i-\overline{X})^2}{n-1}}$

标准不确定度：$u_1=\dfrac{s(X)}{\sqrt{n}}$

3.1.2 电子秤的偏载误差引入的标准不确定度u_2评定

电子秤进行偏载试验时，将标准砝码放置于1/4秤台面积中，最大值与最小值之差一般不会超过电子秤的最大允许误差mpe=7.5g，因此半宽a=3.75g，而测量时放置砝码的位置较为注意，偏载量远比做偏载试验时少，假设其误差为偏载试验时的1/3，并服从均匀分布，包含因子$k=\sqrt{3}$，可得：

$$u_2=3.75\text{g}/(3\times1.732)=0.72\text{g}$$

3.2 电子秤的最大允许误差引入的标准不确定度评定

全自动电子计量秤的最大允许误差为±15g。检定结果为±12g取最大允许误差的模为区间的半宽度，即12g。设在区间内为均匀分布，查表得到$k=\sqrt{3}$，则测量结果中由全自动电子计量秤引入的标准不确定度为：则$u_3=a/k=12\text{g}/\sqrt{3}\approx6.93\text{g}$。

3.3 电子秤的显示仪的分辨力引入的标准不确定度评定

电子秤显示仪的分辨力为5g，则区间半宽度a=5g/2，可假设为均匀分布，查表得$k=\sqrt{3}$，由分辨力引起的标准不确定度分量为：

$$u_4=\frac{a}{k}=\frac{5\text{g}}{2\sqrt{3}}=1.45\text{g}$$

4. 合成标准不确定度 u_c 的估算

4.1 标准不确定度汇总

$$u_c^2=u_1^2+u_2^2+u_3^2$$

不确定度分量如表 4－1－11 所示：

表 4－1－11 不确定度分量表

序号	不确定度来源	符号	不确定度 u_i
1	电子秤示值重复性	u_1	1.29g
2	电子秤偏载误差	u_2	0.72g
3	电子秤的最大允许误差	u_3	6.93g
4	电子秤的显示仪的分辨力	u_4	1.45g

4.2 合成标准不确定度 u_c 的估算

$$u_c^2=u_1^2+u_2^2+u_3^2+u_4^2$$

则： $u_c=\sqrt{(1.29g)^2+(0.72g)^2+(6.93g)^2+(1.45g)^2}\approx 7.30g$

4.3 扩展不确定度的评定

4 个不确定度分量相互独立，取包含因子 $k=2$，

扩展不确定度 $U=k\times u_c=2\times 7.30g=14.60g\approx 15g$（$m=25kg$）。

5 结论

测量过程扩展不确定度为 15g，远小于采用全自动电子计量秤，直接测量每包 25kg，允差≤±50g 的定量包装产品的测量要求。

编制： 审核： 日期： 年 月 日

附录 6

测量过程参数控制图

$\overline{X}$ 图：测量参数 $\overline{X}$—重量核查标准被测的平均值（单位：g）

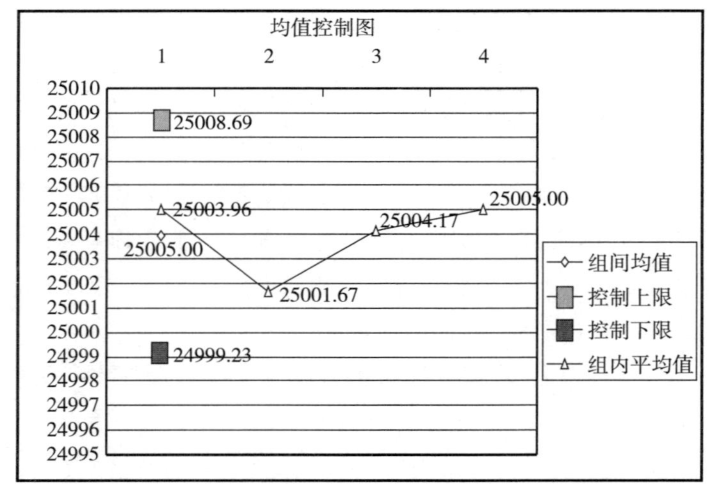

s 图：测量参数 s—重量核查标准被测的标准偏差（单位：g）

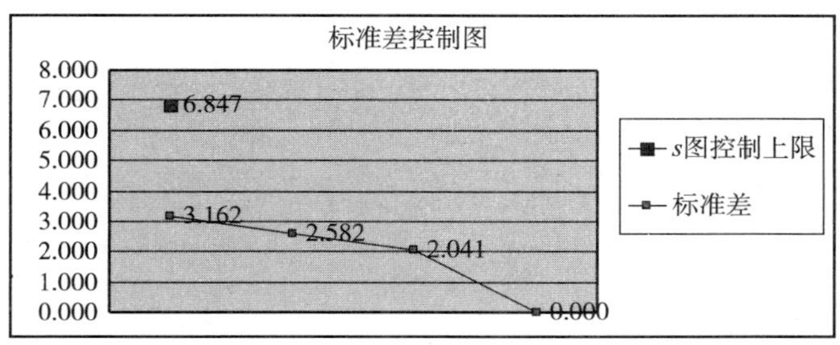

在 $\overline{X}$ 图和 s 图上还应画出计算得来的控制限，超出控制限即处于失控。

编制		审核		日期	年 月 日

附录 7

测量过程控制项目确认表

<table>
<tr><td>测量过程名称</td><td colspan="2">PS 包装 B 线 1 号秤定量测量</td><td colspan="2">测量过程文件编号</td><td>ZS××-GF-4606-09.01</td></tr>
<tr><td colspan="6">测量过程的计量要求</td></tr>
<tr><td>测量参数名称</td><td>测量范围</td><td>最大允许误差/允许不确定度</td><td>稳定性</td><td>分辨力</td><td>环境条件</td></tr>
<tr><td>重量</td><td>（0～30）kg</td><td>0.050kg</td><td>—</td><td>5g</td><td></td></tr>
<tr><td>测量过程要素</td><td colspan="5">要素控制要求</td></tr>
<tr><td>测量设备</td><td>测量范围</td><td>不确定度/准确度等级/最大允许误差</td><td>稳定性</td><td>分辨力</td><td>确认状态</td></tr>
<tr><td>WF 940044—2 电子计量秤</td><td>（0～30）kg</td><td>0.015kg</td><td>—</td><td>5g</td><td>经××计量院 2012.11.12 检定合格</td></tr>
<tr><td>核查标准</td><td colspan="2">1 个 20kg、1 个 5kgM_1 级的砝码，编号：202、204</td><td></td><td></td><td>经××石化计量检定站 2012.4.12 检定合格</td></tr>
<tr><td>测量程序</td><td colspan="5">定量包装计量秤操作规程</td></tr>
<tr><td>环境条件</td><td colspan="5">温湿度：常温</td></tr>
<tr><td>操作技能</td><td colspan="5">高中以上学历，计量器具、设备操作使用知识和技术</td></tr>
<tr><td>控制活动</td><td colspan="5">周期检定、计量确认、核查记录</td></tr>
<tr><td colspan="6">审核记录：
检查测量过程各要素，包括测量设备、核查标准、人员操作技能、环境条件、测量过程控制和测量过程文件、记录等，符合测量过程文件的要求并满足测量过程的计量要求。</td></tr>
</table>

编制： 确认人： 确认日期： 年 月 日

附录 8

不合格测量过程追溯表

<table>
<tr><td>测量过程名称</td><td colspan="2"></td><td>测量过程所属部门</td><td></td></tr>
<tr><td>失控参数</td><td>测量设备</td><td>编号</td><td>计量要求</td><td>失控现象</td></tr>
<tr><td></td><td></td><td></td><td></td><td></td></tr>
<tr><td></td><td></td><td></td><td></td><td></td></tr>
<tr><td></td><td></td><td></td><td></td><td></td></tr>
<tr><td></td><td></td><td></td><td></td><td></td></tr>
<tr><td colspan="5">发现不合格测量过程的途径：
□周期检定校准　□日常点检　□周期核查　□测试过程中</td></tr>
<tr><td>失控原因分析</td><td colspan="4">使用人员：　年　月　日</td></tr>
<tr><td>测量过程用途</td><td colspan="4">使用人员：　年　月　日</td></tr>
<tr><td rowspan="2">不合格测量过程测量结果追溯评定意见</td><td colspan="4">作业部（专业中心）意见：
签名：　年　月　日</td></tr>
<tr><td colspan="4">生产调度部意见：
签名：　年　月　日</td></tr>
</table>

填写说明：

1. 请各相关人员依据不合格测量过程失控原因、不合格情况及其使用场合，分析并给出不合格测量过程测量结果追溯的评定意见，如："不影响产品质量，无需追溯"；"发现及时，不影响前期测试结果，无需追溯"；"影响工艺指标、产品质量，需要进行追溯"等。

2. 如判定不合格测量过程不会对前期测量结果造成明显的误差风险或不影响产品质量，可不必追溯。

五、测量过程的监视

（一）测量过程监视的要求

1. 石油石化行业应用要点

（1）测量过程是测量管理体系的主过程之一，因此测量管理体系监视的对象应强调重点关注测量过程。

（2）应编制测量管理过程监视程序，确定所用的方法，所用的方法包括统计技术和监视范围。

（3）应按照程序文件规定的监视范围、监视方法和确定时间间隔实施监视。

（4）测量过程监视应建立防止偏离要求的机制（预防措施机制），确保迅速发现存在的问题并及时采取纠正措施（纠正措施机制）。

2. 案例

【案例 4－1－26】　　原油动态计量的测量过程监控程序

1　目的

按规定的时间间隔对测量过程进行监控，防止偏离要求，采取相应的纠正措施，保证测量数据准确可靠。

2　范围

适用于原油动态计量的测量过程监控。

3　职责

3.1　运销办公室负责建立核查标准和监控方法，对测量过程监控人员进行技术培训和指导。

3.2　运销办公室根据核查标准和控制图评估测量的有效性，对测量不确定度允许的测量偏差幅度进行确定，对测量失控采取改进措施。

3.3　各计量单位按规定的间隔对测量过程实施监控。

4　规定内容

4.1　测量过程分析

4.1.1　对每一个受控制的测量过程，应识别要分析的过程要素，并规定要素控制限。

4.1.2　要素和控制限的选择应和出现的不符合规定要求时产生的风险相匹配。

4.1.3　使用核查标准（数据库）和控制图是测量过程监控的重要方法。

4.2　建立测量过程监控的核查标准

4.2.1　用于原油动态计量测量过程监控的核查标准是测量“数据库”。

4.2.2　对原油动态计量过程中流量、密度、含水、温度、压力长期重复测量，根据测量数据库，用统计的方法分析计算出测量不确定度。

4.2.3　监视测量过程中的变动量，当变动量处于被测对象允许的测量偏差范围内时，我们认为测量过程受控，否则测量过程失控。

4.3　核查标准和控制图

4.3.1　各计量站对原油动态计量测量数据连续监视，将监视数据和统计分析结果绘制成控制图，用直观的方法加以监视。

4.3.2 对使用核查标准（数据库）获得的所有数据都应及时进行计算并绘图，定期监测合成图，并由无直接计量责任的人进行评估。

4.3.3 根据评估结果确定测量过程所设不确定度允许测量偏差幅度的大小，确定控制限。

4.3.4 如果起因不明的超限点出现的频率大于统计学预测几率，就表明过程已发生变化，应重新进行评估。

4.4 测量过程失控的发现

在出现以下情况时，应分析是否出现测量过程失控。

4.4.1 发生顾客投诉、交涉或不满意。

4.4.2 控制图分析，发现问题。

4.4.3 内部审核中发现问题。

4.4.4 在长期对测量过程监测时，出现测量点对核查标准的测量误差超出了极限误差，或控制图的曲线超出了极限的界限。

4.5 测量过程失控的改进措施

使测量过程重新处于受控状态应采取以下措施。

4.5.1 缩短对核查标准的测量间隔时间。

4.5.2 修理或撤除不稳定或不可靠的仪器。

4.5.3 更换经过修理、校准、检定合格的仪器。

4.5.4 加强培训，提高测量人员的技术水平。

4.5.5 提高对测量设备的购置性能指标要求，尤其是提高设备的稳定性。

4.5.6 在不影响被测量的技术要求前提下降低测量不确定度的控制极限的要求。

4.5.7 延长测量时间。

4.5.8 其他措施，包括对环境条件等影响因素的控制。

4.5.9 采取的措施和结果都要形成文件，并记录下来。

【案例 4-1-27】 某分公司测量监视管理程序

1 目的

通过对测量管理的计量确认和测量过程的监视，以确保发现存在的问题，并及时采取纠正和预防措施，最终保证产品的质量。

2 适用范围

适用于测量管理所涉及的管理活动、资源管理、计量确认和测量过程及其支持过程的监视。

3 职责

3.1 生产调度部

计量确认和测量过程监视的归口管理部门。负责对计量确认过程和高度控制的关键测量过程进行监视，确定监视范围和监视方法。

3.2 相关单位

负责对测量过程控制进行监视，对过程的结果进行监视。

4　工作程序

4.1　监视管理过程

4.1.1　输入：计量确认和测量过程策划所确定的计量要求和计量特性。

4.1.2　输出：是在实现计量确认和测量过程中进行有效控制的监视结果。

4.1.3　活动：进行监视的策划；确定监视点；确定计量特性和计量要求；确定监视方法。

4.2　监视策划

4.2.1　生产调度部与相关单位，负责对计量确认过程和高度控制的关键测量过程进行分析，确定计量特征和过程参数的控制要求。

4.2.2　生产调度部不定期对各单位的计量确认、测量过程进行监视。

4.2.3　相关单位根据需要监视的对象，确定监视点、监视的时间间隔。

4.2.4　关键测量过程的责任单位，选择计量特性符合要求的测量设备或装置，确认其性能稳定、可靠，作为监视的装置，或采用有效的管理方法进行监视。监视方法可在关键测量过程控制规范中明确。

4.2.5　对计量确认、测量过程的监视进行记录。

4.3　确认监视点

4.3.1　确定监视点的原则是：产品质量检验、工艺控制、贸易结算、安全环保的监测；体系中规定的高度控制的关键测量过程；测量设备的计量确认过程等，应纳入监视点进行监视管理。

4.3.2　确定计量特性和计量要求：根据监视点情况，选择测量设备的计量特性是否满足顾客计量要求时要与不符合规定要求所产生的风险及测量失准带来的风险和后果相比较。

4.3.3　每年3月，由生产调度部与有关单位对监视点进行确认。

4.4　监视的实施

4.4.1　采用核查标准对测量过程进行测量，分析测量数据。

4.4.2　采用比对方法，分析测试数据。

4.4.3　应用统计技术，对测量结果进行分析和处理，对过程进行综合评价。

4.5　监视记录和人员管理

4.5.1　监视记录应由专人收集、编目和集中保存。

4.5.2　监视人员应经培训，具有监视的能力。

4.6　过程的持续改进

4.6.1　分析过程的控制效果及稳定性，提出过程的纠正和改进方案。

4.6.2　根据改进方案，制定改进措施，实施改进，验证改进的效果。

5　支持性文件

5.1　《人力资源控制程序》。

5.2　《测量设备环境控制管理程序》。

5.3　《测量不合格管理程序》。

6　记录和保管

6.1　应形成的记录

6.1.1　《关键测量过程汇总表》。

6.1.2　《测量过程监视记录》。

6.2　保管

6.2.1　上述记录由生产调度部和相关单位保管，保管期限不少于3年。

7　附录

测量管理监视流程图

工作流程	责任单位	支持性文件	应形成的记录
监视策划 ↓	生产调度部 相关单位	4.2	7.1.1
确定监视点 ↓	生产调度部 相关单位	4.3	7.1.1
确定监视间隔 ↓	相关单位	4.3	7.1.1
确认监视点 ↓	相关单位	4.3	7.1.1
确定计量特性和要求 ↓	相关单位	4.3	7.1.2
实施监视 ↓	相关单位	4.6	7.1.2
监视记录 ↓	相关单位	4.6	7.1.2
持续改进	管理部门 相关单位	4.6	7.1.2

（二）监视方法及案例

1. 石油石化行业应用要点

监视程度和方法应与不符合规定所产生的风险相匹配，只要情况合适、经济合算，有利于及时发现问题并及时采取措施即可。监视的方法如：观察、巡视、检验、盲样测试、验证试验、比对、使用核查标准、有证标准物质等。

2. 案例

【案例 4－1－28】　某分公司高度控制测量过程的控制监视策略建议

序号	测量过程名称	控制策略建议	监视和控制常用方法	监视设备/条件	间隔周期建议
1	计量标准量测量过程	选定核查标准对标准装置定期核查	①核查标准②实验室比对（盲样检测）	溯源、通过实验室认可	视装置使用频繁程度定为一个月或三个月
2	产品质量分析测量过程	通过标准物质对色谱、辛烷值机等分析仪定期核查	能力验证、实验室比对（盲样检测）、核查标准	标准物质、留样复查（1%）	一个月或三个月
3	衡器称重测量过程	对汽车衡、静态及动态轨道衡等衡器以砝码或替代物定期核查	核查标准、数据比对（盲样检测）、重复测量	标准砝码，其他汽车衡、静态及动态轨道衡	视衡器使用频繁程度定
4	定量包装产品测量过程	以砝码、替代物或线下电子秤加砝码同步核查的方法进行	以砝码或线下电子秤核查的方法进行	砝码或线下电子秤	一个月（区别于操作工每日的日常抽查）
5	安全防护测量过程	通过标准气体对可燃气体报警仪等安全测量过程定期核查	核查标准	标准样气	六个月
6	流量计计量	采用双表冗余、与油罐定期比对的方式进行核查	数据比对	其他流量计或油罐	视需要决定
7	装置在线温度检测	/	数据比对	双金属温度计、热电偶或热电阻等测温设备	视需要决定
8	装置在线压力检测	/	数据比对	精密压力表	视需要决定
9	电子液位计测量油罐液位	/	数据比对	量油尺	视需要决定

续表

序号	测量过程名称	控制策略建议	监视和控制常用方法	监视设备/条件	间隔周期建议
10	油罐计量	/	数据比对	流量计	视需要决定
11	关键工艺参数测量过程	对关键工艺参数的测量过程可采用双表冗余、定期比对的方式进行核查	/	/	视需要决定

【案例 4-1-29】 某产品包装重量的检测结果数据 $\bar{X}$-R 控制表

表 4-1-12 某产品包装重量的检测数据

样本号	测定值				
	x_1	x_2	x_3	x_4	x_5
1	50.2	50.4	50.1	50.4	50.1
2	50.3	50.3	50.6	50.7	50.1
3	50.9	50.1	50.5	50.3	50.4
4	50.4	50.1	50.3	50.2	50.5
5	50.1	50.5	50.4	50.3	50.1
6	50.3	50.1	50.2	50.2	50.6
7	50.3	50.2	50.0	50.1	50.2
8	50.3	50.2	50.0	50.2	50.7
9	50.3	50.0	50.2	50.3	50.4
10	50.6	50.4	50.6	50.2	50.2
11	50.1	49.9	49.9	50.8	50.6
12	50.2	50.4	50.2	50.5	50.0
13	50.1	50.0	50.2	50.1	50.5
14	50.4	50.3	50.2	50.1	50.5
15	50.3	50.4	50.3	50.6	50.6
16	50.4	50.1	50.5	50.4	50.2
17	49.8	50.1	50.5	50.6	50.8
18	50.1	50.1	50.4	50.2	50.3
19	50.0	50.2	50.0	50.3	50.1
20	50.1	49.8	50.0	50.4	50.2

解：手工计算和绘制控制图

（1）计算各组平均值 $\overline{X}$

$$\overline{x}_1 = (50.2+50.4+50.1+50.4+50.1)/5=50.24$$

$$\overline{x}_2 = (50.3+50.3+50.6+50.7+50.1)/5=50.40$$

……………………………………………

$$\overline{x}_m = (50.1+49.8+50.0+50.4+50.2)/5=50.10$$

（2）计算各组极差 R_i

$$R_1=50.1-49.8=0.3$$

$$R_2=50.7-50.1=0.6$$

……………………

$$R_{20}=50.1-49.5=0.6$$

（3）计算样本均值

$$\overline{\overline{x}}=1005.44/20=50.271$$

（4）计算样本极差的均值 $\overline{R}$

$$\overline{R}=9.80/20=0.490$$

以上计算结果列入表 4-1-13。

表 4-1-13　某产品包装重量平均值和极差计算结果

样本号	$\lvert\overline{x}\rvert$	R_i	样本号	$\lvert\overline{x}\rvert$	R_i
1	50.24	0.3	11	50.26	0.9
2	50.40	0.6	12	50.26	0.5
3	50.24	0.6	13	50.18	0.5
4	50.30	0.4	14	50.3	0.4
5	50.28	0.4	15	50.44	0.3
6	50.34	0.5	16	50.32	0.4
7	50.16	0.3	17	50.35	1.0
8	50.28	0.7	18	50.32	0.3
9	50.24	0.4	19	50.12	0.3
10	50.40	0.4	20	50.10	0.6
总计				1005.44	9.80
平均值				50.271	0.490

（5）计算控制界限和中心线

因 $n=5$，查《计量值控制图控制界线计算系数表》得控制界限用系数为 $A_2=0.577$，$D_3=-$，$D_4=2.115$。计算：

$\overline{X}$ 图：$CL=\overline{\overline{x}}=50.271$

$UCL=\overline{\overline{x}}+A_2R=50.271+0.577\times0.49=50.553$

$LCL=\overline{\overline{x}}-A_2R=50.271-0.577\times0.49=49.988$

R 图：$CL=\overline{R}=0.49$

$UCL=D_4\overline{R}=2.115\times0.49=1.036$

$LCL=D_3\overline{R}$ 取作 0。

（6）在直角坐标系中，画出控制界限和中心线，将数据表中各组 $\overline{x}_i$、R_i 分别在 $\overline{X}$ 图和 R 图上描点，连线，即得 $\overline{X}$-R 控制图（见图 4-1-9）。

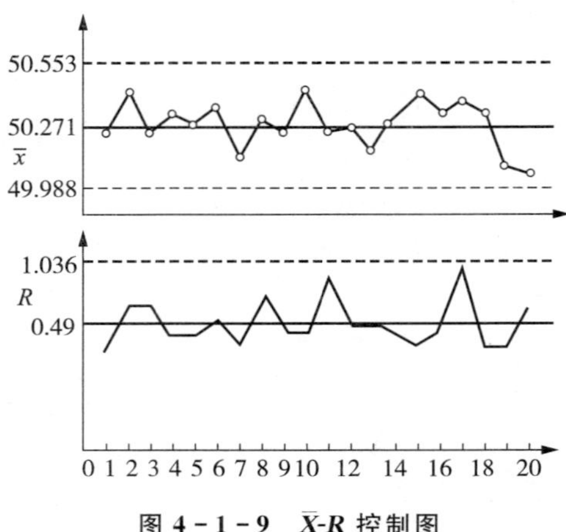

图 4-1-9　$\overline{X}$-R 控制图

（三）监视结果的处理

1. 石油石化行业应用要点

对于过程出现的异常，应注意区分是向好的还是向坏的方向发展。对于好的异常，在经过质量分析确属过程改善的结果时，应及时采取巩固措施，并重新计算控制界限；对于坏的异常，应进行质量分析，寻求原因和改进的措施。当发现该测量过程的测量结果超出规定的允差要求时，应再次复测，必要时换人或换用另一种方法或另一件测量设备再次进行复测；当认定所测量的数据是错误数据时，作为不合格数据处理，应进行追溯，并重新确定出有效的正确数据。

2. 案例

【案例 4-1-30】　　不合格测量过程追溯表

<table>
<tr><td>测量过程名称</td><td colspan="2"></td><td>测量过程所属部门</td><td></td></tr>
<tr><td>失控参数</td><td>测量设备</td><td>编号</td><td>计量要求</td><td>失控现象</td></tr>
<tr><td></td><td></td><td></td><td></td><td></td></tr>
<tr><td></td><td></td><td></td><td></td><td></td></tr>
<tr><td></td><td></td><td></td><td></td><td></td></tr>
<tr><td></td><td></td><td></td><td></td><td></td></tr>
<tr><td colspan="5">发现不合格测量过程的途径：
□周期检定校准　□日常点检　□周期核查　□测试过程中</td></tr>
</table>

续表

失控原因分析	使用人员：　　年　月　日
测量过程用途	使用人员：　　年　月　日
不合格测量过程测量结果追溯评定意见	作业部（专业中心）意见： 签名：　　年　月　日
	生产调度部意见： 签名：　　年　月　日

填写说明：

1. 请各相关人员依据不合格测量过程失控原因、不合格情况及其使用场合，分析并给出不合格测量过程测量结果追溯的评定意见，如："不影响产品质量，无需追溯""发现及时，不影响前期测试结果，无需追溯""影响工艺指标、产品质量，需要进行追溯"等。

2. 如判定不合格测量过程不会对前期测量结果造成明显的误差风险或不影响产品质量，可不必追溯。

第五节　现场审核重点与审核方法

一、生产（工艺）过程的审核

1. 审核的重点与方法

①查审核部门测量过程控制程序文件，高度控制测量过程控制规范，《测量过程控制一览表》，相关工艺文件，工艺卡片，检验规范，检验标准等技术文件，了解审核部门生产过程有哪些关键控制点、质量控制参数、安全环境监控点，能源计量，管理方法等。查文件是否受控。

②根据审核部门的工艺文件要求和识别的《测量过程及控制一览表》，确认审核部门的关键测量要求是否被识别，过程要素和影响量的识别情况。测量过程识别依据是否正确。

③根据《测量过程及控制一览表》和《计量确认明细表》，跟踪 1～5 个关键或重要测量过程，查验测量要求的识别、过程要素：

a）测量设备、软件配备确认情况、测量设备精度等级满足要求、检定证书在有效期内、状态标识齐全；

b）测量方法文件经过审批，是否现行有效；

c）测量人员资质技能要求、查验测量人员资质证书；

d）环境要求，环境记录；

e）操作说明书、计量确认限制使用信息、环境修正信息等；

f）测量过程记录信息量全、使用法定计量单位，结果满足计量要求。

④测量不确定度评定情况。方法、不确定度分量识别情况、结果报告。

⑤测量过程有效性确认记录。

⑥测量过程监视情况：监视方法、设备、监视记录、控制图等。

⑦测量过程改进记录等。

2. 案例

【案例 4-1-31】　　审核检查表案例

测量管理体系审核部门检查表

受审核部门	炼油一部	编制日期	××××年×月×日
依据	GB/T 19022—2003	审核员	张林
条款	4. 总要求；5. 质量目标；6.1 人力资源；6..2.1 程序；6.3.1 测量设备；6.3.2 环境；7.1 计量确认；7.2.3 测量过程的实现；7.2.4 测量过程的记录；7.3.1 测量不确定度；8.3.3 不合格测量设备		
序号	审核项目	审核方法	审核记录
1	炼油一部领导在计量体系中的主要职责	与部领导谈话 20min	
2	查质量目标的动态管理	查目标分解和完成情况	
3	炼油一部计量人员具备相应的能力并认真履行职责	与部计量人员面谈了解对业务及职责的熟悉情况	
4	体系文件是否处于受控状态	检查炼油一部的体系文件	
5	查炼油一部测量过程管理台账，看测量设备的配备是否满足工艺的预期要求？	查计量检测能力分析表，并抽查 3～5 个关键工艺检测点，看实际配备情况	
6	工艺参数检测结果是否满足工艺文件的测量不确定度要求	检查 3～5 个关键工艺检测参数测量结果的不确定度评定，是否满足规定要求	
7	是否有测量过程管理台账，对测量过程是否控制，不合格过程和不合格测量设备及其测量结果是否进行有效控制	查现场控制情况是否有失控，并查近 3 个月对不合格过程和设备的测量结果是否按程序进行追溯	

续表

8	检查测量设备台账，看信息完整性和账物相符性，配备是否满足工艺图纸要求；查配备的测量设备是否按期进行检定/校准；是否按期进行计量确认	账物相符，账与图纸工艺要求相对。查15台测量设备，查是否按期进行检定/校准；是否按期进行计量确认	
9	现场测量设备是否实行计量确认标识管理，标识与实际确认状态是否相符。现场测量设备的封缄完整性	在5个检测点查15台测量设备标识情况，核对确认记录，看是否相符。查3～5台有封缄的测量设备的封缄完整性	
10	现场使用的测量设备的环境条件是否与要求相符合	抽查对使用有环境要求的测量设备实际环境条件，看是否符合规定要求	

二、安全防护方面的审核

1. 审核重点与方法

①国家要求加大对重点行业的安全运行检查力度，如可燃性、有毒气体浓度检测；容器压力、液位高低限报警；机组、设备防雷防静电的绝缘电阻、接地电阻检测、工艺重要参数联锁报警等测量过程监视检查等。了解企业有哪些定量检测要求的危险源，是否进行风险识别，按要求控制，对于不符合要求的要有应对措施。如查有否配测量设备？配的测量设备是否符合要求？监测结果如何？

②查《测量过程及控制一览表》《计量确认明细表》，确认测量设备配备的符合性、检定情况、验证情况、过程的控制、监视情况。跟踪1～5个控制测量过程，查验计量要求识别、测量要素控制情况。

③查验测量过程记录的信息量和真实性。

④查验检定证书、确认标识的符合性。

2. 案例

【案例4-1-32】审核员于2011年11月5日下午2点在×安全部进行现场审核。审核员问：你们公司有多少个安全危险控制点？有多少台检测仪表？你们是如何进行管理的？安全部长拿出了由计量中心印发的公司可燃报警器管理台账，并说：“我们对可燃性气体报警器管理很严格，除周检率100[illegible]我们还对其进行抽查。”审核员问：“还有其他计量器具管理台账吗？”回答：“没[illegible]”审核员检查结果正好与部长说的相吻合。

【案例分析】(1) 安全部应建立安全控制点管理台账，特别是要[illegible]些是属于定性管理的，哪些是属于定量管理的，对那些属于定量管理的安全控制点应列入高度控制测量过程范围，组成测量过程的计量器具应进行检定（而不是校[illegible]测量过程应在受控的条件下实现；对需要高度控制的测量过程应进行监视。

（2）属于定量管理的安全控制过程不单是可燃性气体检测及报警，一般还应有：

1）PLC、工艺生产中的压力、温度、液位、流量、辐射、震动等的检测和超限报警；

2）有毒有害气体的检测及报警；

3）防雷、接地、电气保护参数检测及报警；

4）人身防护器具的检测等。

（3）评审结论

①次要不符合；②实施不符合③不符合 GB/T 19022—2003 标准中 5.1（计量职能组织应规定计量职能）；6.1.1 人员的职责　计量职能的管理者应规定测量管理体系中所有人员的职责，并形成文件的规定。

三、环保方面的审核

1. 审核重点与方法

主要了解企业外排的废水、废气、废渣及辐射等环境方面测量过程的控制。

本企业自己测试的，按人、机、料、法、环……控制，建立《测量过程及控制一览表》《计量确认明细表》；外委测量的，检查报告的可靠性。

跟踪1～5个高度控制的测量过程，查验计量要求识别、测量要素控制情况。

2. 案例

【案例4-1-33】　空气中苯浓度（气相色谱法）测量（过程控制）

2012年11月21日，审核员×××在××公司职防所审核《空气中苯浓度（气相色谱法）测量》过程控制。检查情况如下：

（1）测量设备：采用安捷伦公司生产的GC 6890N型，编号为11510650005GC6890N的气相色谱仪，计量确认合格，在有效期内；

（2）测量方法：GBZ/T 160.42—2007《工作场所空气有毒物质测定　芳香烃类化合物》、MSZF/JC 3—《工作场所空气中苯等有毒物质溶剂解吸气相色谱测定方法检测细则》；

（3）环境条件：温度控制在（15～35）℃之间，防尘并且防震，保洁工作良好。

（4）操作人员：①熟悉仪器的基本原理及使用方法，持有上岗证，能进行独立操作，能正确出具分析报告。②色谱岗位人员每年参加一次与岗位有关的专业知识培训、考核。③色谱岗位人员严格按《空气中苯浓度（气相色谱法）测量过程控制规范》要求实施测量。

（5）监视方法：按《空气中苯浓度（气相色谱法）测量过程控制规范》要求，对测量过程进行控制；对测量设备进行周期校准、计量确认，定期采用标准物质对测量进行核查，控制图在控制范围之内，记录和保存测量过程的记录。

（6）测量不确定度为 $0.02mg/m^3$。

【案例分析】过程处在受控状态。满足 ISO 10012：2003“7.2.3 测量过程的实现”规定的要求。

审核结论：合格

附：①7.2.3 测量过程的实现（略）

②空气中苯浓度测量不确定度评定报告（略）

③××石化空气中苯浓度（气相色谱法）测量过程控制规范（略）

四、经营管理（主要是大宗原材料、产成品）的审核

1. 审核重点与方法

①根据物料进出流程图，了解企业物料进出、产成品情况。

②相关管理制度，操作流程的符合性。查高度控制测量过程控制规范。

③《测量过程及控制一览表》《计量确认明细表》，确认测量设备配备的符合性、检定情况、验证情况、过程的控制、监视情况，跟踪 1～5 个高度控制测量过程，查验计量要求识别、测量要素控制情况。

④现场记录；抽检记录，看记录的信息量、真实性，计量单位的使用等。

⑤监视情况（特别是对量大、贵重的物资更要加强监视），查监视记录和核查标准的使用情况。

2. 案例

【案例 4－1－34】　　审核检查表

测量管理体系审核部门检查表

<table>
<tr><td>受审核部门</td><td colspan="2">物流中心</td><td>编制日期</td><td>××××年×月×日</td></tr>
<tr><td>审核依据</td><td colspan="2">《中国石油化工集团公司仪表设备管理制度》；GB 11085—1989《散装液态石油产品损耗》；GB/T 19022—2003/ISO 10012：2003《测量管理体系　测量过程和测量设备的要求》</td><td>审核员</td><td>张三</td></tr>
<tr><td>审核要素</td><td colspan="4">4. 总要求；5. 质量目标；6.1 人力资源；6..2.1 程序；6.3.1 测量设备；6.3.2 环境；7.1 计量确认；7.2.3 测量过程的实现；7.2.4 测量过程的记录；7.3.1 测量不确定度；8.3.3 不合格测量设备</td></tr>
<tr><td>序号</td><td>审核项目</td><td>审核时的问题</td><td colspan="2">抽查证据</td></tr>
<tr><td>1</td><td>物流中心的质量目标</td><td>1. 测量设备的配备率、周检率、检测率
2. 散装液态石油产品的接卸、储存、运输（含铁路、公路）、零售的损耗率的控制目标</td><td colspan="2">查三率统计（月），查执行情况的考核
查对物流的损耗率目标执行情况的考核</td></tr>
</table>

续表

2	物流中心的测量设备的计量确认过程	1. 物流中心的测量设备是否都进行计量确认？ 2. 对设备的计量要求是否明确？根据什么提出的？	1. 查看公司物流的测量设备一览表、总台账，分台账（如×油库、加油站）。 2. 查看计量验证记录（测量设备计量确认明细表、计量确认过程验证记录表）。 3. 查看合格标识状态。 4. 随机抽查×油库（如售油的一条线的流量计、压变、温变）、×加油站（如液位仪、加油机、密度计等）5 台测量设备是否在有效期内的校准证书？发现一台以上过期或没有则抽查所有设备
3	生产、经营数据的控制方法	如何保证生产、经营数据的准确可靠？	1. 随机抽查 3 名检测人员的资质证书、培训记录。 2. 随机抽查环境监测方法是否现行有效。 3. 测量设备检测自校准、外来服务部门的资质证明。 4. 查看（测量过程控制一览表），随机抽查 5 个测量过程的有效确认情况
4	测量过程的控制	生产、经营监测有多少监测过程？其中有几项列入高度控制的过程（如流量、压力、液位）？	根据生产、经营方面控制过程一览表抽查高度控制测量过程的控制情况
5	生产、经营检测数据的监视方法	生产、经营监检数据用什么方法监视？	查监视记录、测量不确定度评定
6	单位、记录		查计量单位的使用，检验原始记录信息量
7	损耗率的控制	如何控制物流中心的损耗率	1. 查物流中心的损耗率统计表，××××，××××年度。 2. 查降低损耗率的制度、测量设备的确认、技术改造、测量过程的监控等

五、质量检测（主要是大宗原材料、石化产品）的审核

1. 审核的重点与方法

①查主要是大宗原材料、石化产品的质量指标（查相关标准）；

②查检测大宗原材料、石化产品的质量参数的检测依据，方法（如测量丁二烯中炔烃含量采用 GB/T 6017《工业用丁二烯纯度及烃类杂质的测定 气相色谱法》）；

③对主要原材料、产品的质量指标的检测是否制定了《××量检测测量过程控制

规范》，检测是否按《××控制规范》严格执行；

④对石化特殊的测量设备国家和地方均没有颁布检定规程、又没有外来检测单位能校准的，是否参照 JJF 1071《国家计量校准规范编写规则》规定自编内部校准方法，自编内部校准方法是否经审批，相关人员是否经过培训，对石化特殊的测量设备的校准是否按期进行；

⑤按《测量过程及控制一览表》《计量确认明细表》，确认测量设备配备的符合性、检定情况、验证情况、过程的控制、监视情况，抽查 1～5 个高度控制测量过程（如盲样检测、留样复测），查验计量要求识别、测量要素控制情况；

⑥监视情况，查监视记录和核查标准的使用情况。

2. 案例

【案例 4－1－35】　　测量过程控制项目检查表

编号：01

测量过程名称	液体石油产品密度测定		测量过程依据文件	GB/T 1884—2000 GB/T 1885—1998	
测量过程的计量要求					
测量参数名称	测量范围	最大允许误差/允许不确定度	分辨力	环境条件	其他计量要求
车用柴油密度	(810～850) kg/m³	0.16kg/m³	0.1kg/m³	室温	—
测量过程要素控制状况					
过程要素	计量特性				是否满足规定计量要求
测量设备	测量范围	准确度等级/误差/不确定度	分辨力	其他特性	
密度计	(810～850) kg/m³	0.10kg/m³	0.05kg/m³	—	满足
测量方法	GB/T 1884—2000《石油和液体石油产品密度测定法（密度计法）》 GB/T 1885—1998《石油计量表》				
环境条件	室温				
操作人员	岗前培训，持证上岗				
监视方法（如，用核查标准监视）	仪器比对，人员比对，进行核查				
测量不确定度	0.16kg/m³				

续表

审核记录： 1. 检查计量要求的导出满足顾客、组织和法律法规的要求； 2. 检查测量设备处于合格的确认状态； 3. 人员操作技能满足检测要求、测量过程依据文件处于受控状态，环境条件满足 GB/T 1884—2000；GB/T 1885—1998 标准要求； 4. 检测结果的测量不确定度评定方法正确； 5. 监视方法可行、有效，控制图在控制范围之内。 审核评价：测量过程处在受控状态 审核结论：☑合格　☐有缺陷　☐不合格　（注：在选项上打√，只选一项。）

审核日期：20××年×月×日　审核员：×××　审核组长：×××　受审核方代表：×××

六、定量包装产品的审核

1. 审核的重点与方法

控制要求：单包不超允差，如（50±0.5）kg；抽检 n 包（多包残差≥0）。查：

①相关管理制度，制度执行情况；

②查《测量过程及控制一览表》《计量确认明细表》，确认测量设备配备的符合性、检定情况、验证情况、过程的控制、监视情况，跟踪测量过程，查验计量要求识别、测量要素控制情况；

③按《定量包装商品计量监督管理办法》要求现场抽查相应数量定量包装商品，查验残差≥0；

④验测量过程记录的信息量和真实性；

⑤检定证书、确认标识的符合性。

2. 案例

【案例 4-1-36】 ××公司固体硫黄定量包装测量过程控制检查表

<table>
<tr><td>测量过程名称</td><td colspan="2">固体硫黄定量包装</td><td colspan="2">测量过程依据文件</td><td>《××公司测量过程控制程序》</td></tr>
<tr><td colspan="6">测量过程的计量要求</td></tr>
<tr><td>被测量（参数）名称</td><td>测量范围</td><td>最大允许误差/允许不确定度</td><td>分辨率</td><td>环境要求</td><td>其他计量要求</td></tr>
<tr><td>重量</td><td>(0～50)kg</td><td>±0.5kg</td><td>/</td><td>常温</td><td>/</td></tr>
<tr><td colspan="6">测量过程要素控制状况</td></tr>
</table>

续表

过程要素	计量特性				是否满足规定计量要求
测量设备	量程	准确度等级/误差	分辨率	其他特性	
半自动包装秤	(0～50)kg	X (0.5)	/	/	××××年×月×日 检定合格
复检秤	(0～50)kg	X (0.5)			××××年×月×日 检定合格
抽检秤	(0～150)kg	≤±3d			××××年×月×日 检定合格
测量方法	直接测量				满足
环境条件	室外温度				满足
操作人员	计量人员操作持证，具有独立顶岗、独立操作、维护、保养该设备的技术和能力				满足
监视方法（如，用核查标准监视）	每月用标准砝码核查				满足
测量不确定度					满足
审核记录： 该测量过程计量要求的导出满足顾客要求，采用三级测量设备确认把关，每月用砝码核查、测量方法、环境条件、人员操作技能受控，抽查现场测量误差控制在 0.1kg 审核结论：☑合格□有缺陷□不合格　　　　（注：在选项上打√，只选一项。）					

审核日期：××××年×月×日　　审核员：××　　审核组长：×××　　受审核方代表：××

七、测量不确定度的审核

1. 审核的重点与方法

1）关键测量过程是否进行了不确定度的评定？

2）评定的基本步骤是否正确？

3）是否包含了影响不确定度的主要因素？

4）不确定度的表述是否正确？

2. 案例

【案例 4－1－37】　　测量不确定度应用审核（产品接收）

2013 年 8 月 25 日，审核员×××在××公司实验室审核《球墨铸铁件布氏硬度测量过程》，检查发现如下：

（1）采用的设备：布氏硬度计经检定合格，其测量范围为（8～450）HBS，准确度等级为 2.5 级；

（2）测量方法：GB/T 1348—2009《球墨铸铁件》，（质）字—J—001—1997；公司

规定：接收的球墨铸铁件的产品性能要求：≥200HBS。

（3）环境条件：分析室温度控制在（18～22）℃之间，防尘并且防震，保洁工作良好。

（4）操作人员：熟悉仪器的基本原理及使用方法，持有上岗证，能进行独立操作，能正确出具分析数据。

（5）抽查5月10日、6月4日、7月25日3批次球墨铸铁件的布氏硬度分别是204、202、208。

实验员的判定结果为合格。

【案例分析】本案例不满足ISO 10012：2003中7.3.1测量不确定度条款的《测量结果的不确定度应当考虑测量设备校准的不确定度》内容，在产品接收时应考虑球墨铸铁件布氏硬度测量过程不确定度评定结果的运用。

建议：为确保球墨铸铁件布氏硬度满足公司接收产品性能要求：≥200HBS，下限设定建议为212HBS。

附：球墨铸铁件布氏硬度测量不确定度评定（略）。

八、对开展检定、校准项目的审核

1. 审核重点与方法

①开展检定、校准的项目的计量标准的合格证书在考核的有效期内；

②计量标准器及配套设备齐全，计量标准器必须经法定或者计量授权的计量技术机构检定合格，配套的计量设备经检定合格或者校准；

③具备开展量值传递的计量检定规程或者技术规范和完整的技术资料；

④具备符合计量检定规程或者技术规范并确保计量标准正常工作所需要的温度、湿度、防尘、防震、防腐蚀、抗干扰等环境条件和工作场地；

⑤具备与所开展量值传递工作相适应的技术人员，开展计量检定工作，应当配备2名以上获相应项目检定资质的计量检定人员，开展其他方式量值传递工作，应当配各具有相应资质的人员；

⑥具有完善的运行、维护制度，包括实验室岗位责任制度，计量标准的保存、使用、维护制度，周期检定制度，检定记录及检定证书核验制度，事故报告制度，计量标准技术档案管理制度等；

⑦计量标准的测量重复性和稳定性符合技术要求。

2. 案例

【案例4-1-38】　　检定、校准项目的计量确认检查表

所建计量标准名称	测量范围	不确定度/准确度等级/最大允许误差	计量标准考核证书号
F_1 等级砝码组标准装置	（1～500）g	F_1 等级	［1991］X量标企证字第009号

续表

测量设备名称	型号规格	制造厂及编号	测量范围	不确定度/准确度等级/最大允许误差	检定/校准周期	末次检定/校准日期	检定/校准证书号
砝码	500g～1mg	蓬莱市计量仪器元件厂 F322	500g～1mg	F_1 等级	1年	2014.9.25	××省计量科研院 JX-2014094871
电子天平	AE240	梅特勒-托利多 1113502666	(0～200)g	Ⅰ级	1年	2014.10.17	××省计量科研院 JX—2014—079

开展检定/校准测量设备名称或参数名称	测量范围	计量要求：不确定度/准确度等级/最大允许误差/校准测量能力	依据文件名称及编号
砝码	(1～500) g	F_2 等级及以下级别	JJG 99—2006《砝码检定规程》

审核记录

审核内容	评价意见	审核结论说明
1. 计量基准、计量标准证书及文件	☑符合　□有缺陷　□不符合	开展本项目的计量标准器和主要配套设备、开展检定所依据计量检定规程与计量标准考核证书内容相符，溯源性、设备管理、人员能力、环境条件、原始记录、证书报告均符合 JJF 1033—2016《计量标准考核规范》要求。满足 CMS-2010《测量管理体系认证技术标准》的要求。 本项目为盲样检测，盲样为 50g，100gM_1 等级砝码各一个。 盲样检定结果表明，检定数据相当，符合规定要求
2. 计量标准器及配套设备	☑符合　□有缺陷　□不符合	
3. 量值溯源	☑符合　□有缺陷　□不符合	
4. 设施及环境条件	☑符合　□有缺陷　□不符合	
5. 人员资质及能力	☑符合　□有缺陷　□不符合	
6. 开展检定、校准的依据	☑符合　□有缺陷　□不符合	
7. 原始记录	☑符合　□有缺陷　□不符合	
8. 检定、校准证书	☑符合　□有缺陷　□不符合	
9. 期间核查	☑符合　□有缺陷　□不符合	
10. 测量不确定度评定	☑符合　□有缺陷　□不符合	
11. 检定、校准结果的质量控制	☑符合　□有缺陷　□不符合	
12. 现场试验	符合要求	
审核结论：☑符合　□有缺陷　□不符合　（注：在选项上打√，只选一项。）		

审核日期：20××年××月××日　审核员：×××　审核组长：×××　受确认方代表：××

九、能源计量的审核

1. 审核重点与方法

（1）对能源计量器具配备率的审核

①审核用能单位提供的《能源计量器具一览表》是否完整

《能源计量器具一览表》中应列出计量器具的名称、型号规格、准确度等级、测量范围、生产厂家、出厂编号、用能单位管理编号、安装使用地点、状态（指合格、准用、停用等），以及主要次级用能单位和主要用能设备独立的《能源计量器具一览表分表》，这就是企业实际的安装配备数量。

②确定用能单位能源计量器具理论需要量 N_1

从企业绘制的计量网络图，查出理论需要量。

③计算用能单位的能源计量器具配备率

用能单位（进出厂进行结/核算的）能源计量，按《能源通则》表 3“能源计量器具配备率要求”抽查用能单位的能源计量器具配备率（抽查的比例要足够）。

④计算主要次级用能单位的能源计量器具配备率

次级用能单位（企业内部之间成本或消耗核算的）能源计量，按《能源通则》表 3“能源计量器具配备率要求”抽查次级用能单位的能源计量器具配备率（抽查的比例要足够）。

⑤计算主要用能设备的能源计量器具配备率

主要用能设备（工艺内、设备耗能）能源计量，按《能源通则》表 3“能源计量器具配备率要求”抽查主要用能设备的能源计量器具配备率（抽查的比例要足够）。

（2）对能源计量器具准确度等级的审核

①审核用能单位能源计量器具准确度等级

按《能源通则》表 4“用能单位能源计量器具准确度等级要求”审核用能单位能源计量准确度等级是否满足要求（抽查检定证书的比例要足够）。

②审核次级用能单位的能源计量器具准确度等级

按《能源通则》表 4“用能单位能源计量器具准确度等级要求”（电能表除外）审核主要次级用能单位的能源计量器具准确度等级是否满足要求（抽查检定证书或校准证书的比例要足够）。电能表可比《能源通则》表 4 的同类用户低一个档次的要求。

③审核用能设备的能源计量器具准确度等级

参照表 4“用能单位能源计量器具准确度等级要求”（电能表除外）审核主要用能设备的能源计量器具准确度等级是否满足要求（抽查检定证书或校准证书的比例要足够）。电能表可比《能源通则》表 4 的同类用户低一个档次的要求。

注：抽查能源计量器具的有效检定证书或校准证书，看其检定或校准后的准确度等级（计量特性）是否满足《能源通则》表 4“用能单位能源计量器具准确度等级要求”（计量要求），不能只根据《能源计量器具一览表》中提供的准确度等级。

（3）对能源数据统计和控制的审核

①能源统计报表的审核

抽查一定数量的能源统计报表。审核用能单位建立的能源统计报表数据是否足够详细，便于对其出处的追溯？是否能追溯至计量测试记录？并抽查计量测试原始记录是否保存。

②计量测试原始记录的审核

抽查一定数量的能源计量测试原始记录。审核能源计量测试原始记录采用的表格式样是否规范，是否便于数据的汇总与分析，是否能说明被测量与记录数据之间的转换方法或关系。

③能源计量数据中心的审核

审核重点为用能单位根据需要是否建立的能源计量数据中心，利用计算机技术实现能源计量数据的网络化管理，并按生产周期（班、日、周）及时更新能源计量数据。

单位产品的各种主要能源消耗量计算的审核。

审核重点为用能单位是否根据需要按生产周期（班、日、周）及时统计计算出其单位产品的各种主要能源消耗量。

（4）对能源测量过程控制的审核

按《测量过程控制项目检查表》的要求审核：

①是否在受控条件下进行测量。

②是否评定了测量过程的特性。

③是否制定测量过程的完整规范。

④是否监视测量过程。

审核监视的对象、监视的方法、采取的纠正措施和形成的文件；抽查1～2个能源测量过程，审核企业采用简单还是复杂的监视和控制方法进行监视和控制。

⑤审核是否应用核查标准进行监视（需要时）。

⑥审核是否应用控制图（需要时）。

⑦填写测量过程控制项目检查表（注明“能源计量”字样）。

注：根据（1）～（4）的审核填写《能源计量审核情况表》。

2. 案例

【案例4-1-39】　　能源计量审核情况表

第　1　页共1　页

企业名称	中国石油化工股份有限公司××分公司		
年消耗能源（万t标准煤）	62.7883		
部位	进出用能单位	进出主要次级用能单位	主要用能设备（单元）
能源计量器具抽查数量（台、件）	7	20	28
能源计量器具配备率（%）	100	96	87
配备率是否符合国家标准要求	符合	符合	符合
准确度等级是否符合要求	符合	符合	符合

续表

审核情况说明： 1. 核查了该单位20××年能源消耗量为62.7883万t标准煤。 2. 抽查了该单位用能单位能源计量器具地中衡1台、机械轨道衡1台、天然气流量计1台、成品油流量计2台、电度表2台。 用能单位能源计量器配备率为： $R_{p1}=N_{s1}/N_{11}\times100\%=7/7\times100\%=100\%$ 准确度等级分别是0.1，0.1，2.0，0.5级。 符合要求。 3. 抽查了该单位主要次级用能单位能源计量器具天然气流量计2台、成品油流量计4台、电度表10台、蒸汽流量计4台。 主要次级用能单位能源计量器配备率为： $R_{p2}=N_{s2}/N_{12}\times100\%=20/21\times100\%=96\%$ 准确度等级分别是2.0，0.5，1.5级。 符合要求。 4. 抽查了该单位主要用能设备单位能源计量器具天然气流量计4台、电度表15台、蒸汽流量计4台、水流量计5台。 主要用能设备能源计量器具配备率为： $R_{p3}=N_{s3}/N_{13}\times100\%=28/32\times100\%=87\%$ 准确度等级分别为2.0，0.5，1.5，1.5。 配备率和配备准确度等级基本符合国家标准要求。但是，水流量计的配备率较低，目前只86%，不符合要求，需要进一步完善，该公司已经制定了水流量计量器具配备计划，并正在按计划付诸实施。 经过对能源报表的审核确认，能源报表数据、原始记录同步，并进行了损耗分析，对重要的能源数据能定期进行监视核查，能源计量管理较好，通过审核。 审核组长（签名）：×××　　　　受审核方代表（签名）：××× 日期：××××年×月×日　　　　日期：××××年×月×日

第二章

冶金行业测量管理体系实施指南

第一节　冶金行业测量管理体系概述

一、冶金行业的特点

冶金行业是指对金属矿物的勘探、开采、精选、冶炼、以及轧制成材的工业行业，包括矿物采选业、炼铁业、炼钢业、钢加工业、铁合金冶炼业、钢丝及其制品业等，由于钢铁生产还涉及非金属矿物采选和制品等其他一些工业门类，如焦化、耐火材料、碳素制品等，因此通常将这些工业也纳入冶金行业范围中。

本指南以钢铁的冶炼、轧制联合企业作为参照样本。

二、测量管理体系的行业特点

钢铁的冶炼、轧制联合企业呈现几个特点：

（1）用户对产品质量的要求逐年增高；

（2）钢铁生产安全风险高；

（3）生产过程产生的污染物多；

（4）能源消耗大；

（5）自然资源消耗大。

钢铁的冶炼、轧制联合企业测量管理体系面临，覆盖面广、装备的测量设备多、测量设备品种多、测量原理复杂与简单同时并存、自动化程度高、测量设备使用环境差、测量过程易受干扰等困难。

钢铁的冶炼、轧制联合企业的测量管理体系重点体现在：

（1）测量要求众多，需充分识别；

（2）与其他专业管理关系密切，需协同支撑；

（3）计量要求转换专业性强，需具备专业知识；

（4）测量设备计量确认方式多样性，需认真策划；

（5）测量过程控制要求高，既要考虑稳定性又要兼顾可靠性。

三、测量管理体系的质量目标案例

不同的钢铁企业有着不同的质量目标建立形式，如将质量、测量、安全、环境、能源等管理体系整合成综合管理体系后，质量目标由中长期管理目标、年度管理指标等组成。

如某钢铁联合企业建立的中长期管理目标以发展规划形式确定。

【案例 4－2－1】 2013—2018 年计量管理发展规划

一、指导思想

坚持以用户为中心，以持续提高计量仪表设备对公司产品质量、安全环保、能源物流的支持保证作用为目标，强化测量过程监视和现场计量监督、确保测量过程的稳定可靠，为公司的生产经营提供稳定可靠的基础保障作用。

二、规划标志性目标

1. 2015 年前做到制造过程、产品检测的监视、测量需求百分之百来自于产品先期策划系统，2018 年前实现安全监测、环境检测、能源消耗、生产经营等监视、测量需求百分之百来自于安全管理、能源管理、生产物流等信息系统。

……

短期目标以年度计划形式确定，如：

【案例 4－2－2】 2015 年测量管理体系工作计划

一、指导思想

稳定、高效、可持续。

二、管理目标

不断完善“高精度、高效率、低风险、低成本”的测量管理体系，夯实现场计量基础管理，加强对现场的过程监督和评价，充分发挥测量管理体系在公司生产经营及体系运行中的基础保障作用。

三、主要指标

1. 强制检定计划实施率＝100％[（当月实际实施数/当月计划实施数）×100％]；

2. 测量设备计量确认合格率≥99％[（当月实际实施后的合格数/当月计划实施数）×100％]；

3. 测量设备计量检校计划实施率≥99％[（当月实际实施数/当月计划实施数）×100％]；

4. 测量过程控制计划实施率≥99％[（当月实际实施数/当月计划实施数）×100％]；

5. 销售产品计量异议赔付率＜1×10^{-6}[（当季实际发生的计量异议退赔数/当季产品销售数）×100％]。

四、重点工作及措施

1. 进一步规范测量管理体系运行，为质量、安全、环境、能源等管理体系提供基础保障

……

四、计量职能组织结构案例

【案例 4－2－3】　　×钢铁股份有限公司机构图

图 4－2－1 为×钢铁股份有限公司机构图。

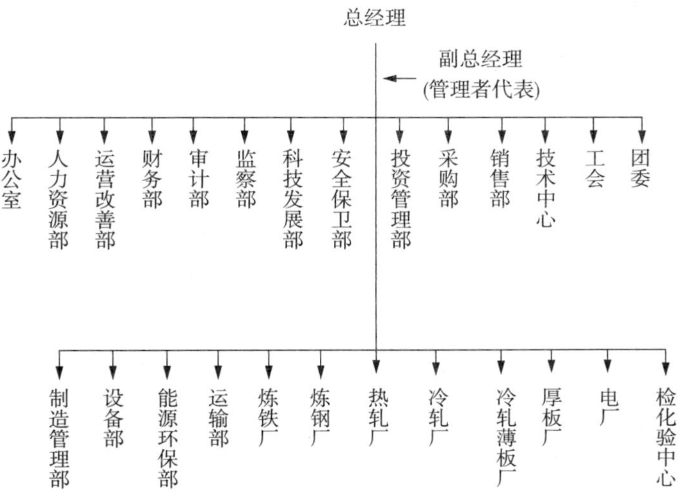

图 4－2－1　×钢铁股份有限公司机构图

各部门职能如下：

运营改善部：负责综合管理体系运行管理、管理手册、管理文件维护、内审、管理评审组织实施、内审员管理（综合管理体系运行管理包含测量管理体系的文件、内审、管理评审、内审员等管理）；

办公室：负责文件控制（包括测量管理体系的文件）；

投资管理部：负责新建项目管理（包括测量过程、测量设备新增管理）；

科技发展部：负责科研、新产品开发管理；

销售部：负责产品销售异议管理（包括计量异议管理）；

采购部：负责备件、资材采购；

技术中心：负责新产品开发；

安全保卫部：负责生产过程安全管理（需组织识别生产过程的主要危险源及监测要求）；

能源环保部：负责能源、环保管理（需提出能源计量配备要求和能源计量数据管理；需组织识别环境因素及监测要求）；

设备部：负责测量管理体系运行；

检化验中心：负责原材料进厂验收、中间品及成品检验；

各生产厂部：负责测量设备运行管理及测量过程控制。

第二节　计量要求的导出及案例

一、根据法律法规提出的计量要求

钢铁生产因安全风险高，国家对安全生产提出了强制性的管理要求，并以法律法规形式提出，企业的安全管理部门及时识别、收集，以公司的管理文件或安全技术规程的方式下发，计量管理部门收集并直接或转化为测量设备计量要求。

1. 特种设备中的测量设备计量要求识别

按现行的法律法规规定，纳入国家依法管理的特种设备，其附带的安全附件，也应按计划实施定期检验，其中锅炉、压力容器上附带的压力表，应按计量法的要求实施计量检定。

这些压力表的测量要求和部分计量要求可直接从特种设备管理要求上获得。首先要确定的是哪些压力表应纳入安全监测类测量设备管理，其次是计量要求又有哪些。

本例所举的钢铁联合企业在识别特种设备安全附件——压力表的计量要求时，是按以下流程实施的。

①安全管理部门先识别特种设备，编制清单，在信息系统中建档，并且明确锅炉、压力容器的工作压力，将安全附件一并编制设备清单，在数据库里作出标志（置计量设备标志）；

②有了计量设备标志的特种设备安全附件，直接转入信息系统的计量子系统，这样将该压力表测量要求中的测量范围和常用工作点就直接带入；

③该压力表的维护人员按测量要求进行转换，得到计量要求，即测量范围、准确度等级和常用工作点（红线标注点）。

2. 生产操作、设备检修中的作业环境监视案例

本案例所在的钢铁联合企业安全管理部门，将国家的安全生产要求转化为企业的安全技术规程，明确了安全生产的作业环境监测要求和报警点设置要求。

【案例 4-2-4】　　受限空间作业安全管理标准

1　需要工作许可的受限空间作业

1.1　进入或探入可能产生可燃性气体、蒸气和气溶胶的浓度超过爆炸下限（LEL）的10%的受限空间的作业；

1.2　进入或探入空气中氧含量可能低于19.5%或超过23%的受限空间的作业；

1.3　进入或探入空气中有害物质的浓度可能超过《工作场所有害因素职业接触限值》（GB Z 2.1—2007）（GB Z 2.2—2007）的受限空间的作业；

……

2.1　检测应根据受限空间存在的危险源进行，项目应包括：

2.1.1　测氧含量。正常时氧含量为19.5%～23%。

2.1.2　测爆。当被测气体或蒸气的爆炸下限大于等于4%时，其被测浓度不大于

0.5%（体积分数）；当被测气体或蒸气的爆炸下限小于4%时，其被测浓度不大于0.2%（体积分数）。对于油轮船舶的拆修以及油箱、油罐的检修，空气中可燃性气体的浓度应低于爆炸下限的1%，如汽油油箱被测浓度不大于0.013%（体积百分数）。

2.1.3 测有毒气体。有毒气体的浓度，应低于《工作场所有害因素职业接触限值》所规定的浓度要求。

【案例4-2-5】　　安全报警值设定要求

1 气体检测报警仪的种类

气体检测报警仪分固定式和便携式两种，主要有氧含量检测仪、有毒有害气体检测报警仪（如：一氧化碳气体检测仪、硫化氢检测报警仪、氯气检测报警仪等）、可燃气体检测报警仪（如：氢气、天然气、LPG、乙炔等气体检测仪）。

2 安全报警值设定

2.1 氧含量检测仪

气体名称	化学分子式	下限报警值（体积浓度）	上限报警值（体积浓度）
氧气	O_2	19.5%	23%

2.2 有毒有害气体检测仪

气体名称	化学分子式	上限报警值	
		质量浓度/（mg/m^3）	体积浓度 1×10^{-6}（20℃，一个大气压）
一氧化碳	CO	30	25

2.3 可燃气体检测仪

气体名称	主要成分	爆炸下限	低限报警值	高限报警值
氢气	H_2	4%VOL	(10%～25%) LEL	50%LEL

……

根据安全管理部门的要求，安全检测类测量设备的测量要求就很明确了，计量管理部门直接进行了转换，即计量要求为测量设备的测量范围、报警点设置和测量误差，其中报警点设置的确认又是至关重要的。

3 环境监测中测量设备的计量要求识别案例

国家以法律法规的形式明确了污染物排放控制要求，企业为合规经营，一定会建立更为严格的内控标准，如本案例的钢铁联合企业制定了环境管理程序、污染物排放技术规程和环境监测计划。

【案例 4-2-6】　　工业固体废物管理办法

1　目的

为规范公司工业固体废物产生、排放、回收、处理、利用、处置过程管理的职责分工，明确相关管理流程要求，有效控制工业固体废物的不合法处置，降低工业固体废物对环境污染的风险，特制定本办法。

2　定义

2.1　工业固体废物是指工业生产、经营活动中产生的固态、半固态和液态废物，列入危险废物管理的除外，一般分为高炉渣、钢渣、尘泥、废耐材、粉煤灰和其他等六大类，详见公司管理标准《工业固体废物品名规范》。

……

【案例 4-2-7】　　大气污染物排放标准

1　适用范围

本标准适用于公司在生产过程中大气污染物的排放管理，以及建设项目的环境影响评价、设计、竣工验收及其建成后的大气污染物排放的监测、评价和过程管理。

2　引用标准

GB 16297—1996《大气污染物综合排放标准》。

……

3　执行标准

序号	生产工序	生产设施	污染物项目	标准　mg/m^3（二噁英类、苯并芘除外）	
				现有设施	新建或改建设施
1	烧结工序	烧结机机头或球团焙烧设备	颗粒物	50	40
2			二氧化硫	100	100
3			氮氧化物	300	300

……

【案例 4-2-8】　　生产废水排放标准

1　适用范围

本标准适用于公司在生产过程中生产废水的排放管理。

2　引用标准

GB 13456—2012《钢铁工业水污染物排放标准》。

……

3　定义

现有排放口：指在本标准实施之日前，已建成投产或环境影响评价文件已通过审批的排放口。

新建排放口：指在本标准实施之日起，技改或改善项目涉及到的排放口或环境影响评价文件通过审批的排放口。

4　执行标准

序号	排放源名称	污染物项目	标准　mg/L（pH 除外）	
			现有排放口	新建排放口
1	排放源名称	pH	6～9	6～9
2		悬浮物	30	20
3		化学需氧量（COD）	50	30

……

【案例 4－2－9】　污染源在线自动监测排放限值标准

1　污染源在线自动监测数据指标体系

污染源在线自动监测指标均针对特定的污染因子，如烟尘、二氧化硫、氮氧化物、TOC、COD、氨氮、pH 等。

2　污染源在线自动监测排放限值

2.1　烟气：

烧结：

SO_2≤200mg/Nm^3、NO_x≤300mg/Nm^3、烟尘≤50mg/Nm^3；

电厂：

SO_2≤200mg/Nm^3、NO_x≤100mg/Nm^3、烟尘≤20mg/Nm^3；

2.2　废水：

电厂：

COD≤100mg/L、6≤pH≤9、氨氮≤15mg/L；

2.3　噪声：

厂区界外：昼间≤60dB、夜间≤50dB；

……

环境监测计划（大气）

Y——每月一次；J——每季一次；BN——每半年一次；N——每年一次。												
序号	单位	监测点名称	监测项目									
			降尘	SO_2	NO_2	CO	PM10	BaP	氟化物	成份分析	粉尘	BSO
1	厂区	原料-1	Y									
2	厂区	二原料-1	Y									
3	厂区	烧结-1	Y									
4	厂区	炼焦	Y									
5	厂区	高炉	Y	Y	Y	Y	Y	J	Y			

环境监测设备的计量要求，可以从公司的污染物排放标准和环境监测计划中直接获得，如检测参数、测量范围、测量灵敏度等，计量人员只需确定测量设备的准确度等级就可。

4. 能源计量设备的计量要求识别案例

【案例 4－2－10】该钢铁联合企业根据 GB 17167—2006《用能单位能源计量器具

配备和管理通则》，建立了公司自己的能源计量管理标准。

能源计量器具配备管理标准

1　本标准适用于公司所有能源介质的计量器具配备

2　能源计量及器具分类、定义

2.1　一级能源计量（用能单位）：用于公司与社会贸易结算的能源计量属一级能源计量，测量设备管理类别标识为Q。

2.2　二级能源计量（次级用能单位）：用于公司与各厂、部能源统计结算依据的能源计量属二级能源计量，测量设备管理类别标识为B；用于公司与使用或供应公司能源的集团内部独立核算单位、非集团的独立核算协办单位统计结算依据的能源计量属二级能源计量，测量设备管理类别标识为A。

2.3　三级能源计量（主要用能设备）：公司各厂、部根据能源定额考核评价、成本核算、缺陷诊断等能源管理要求，可根据现场情况划分为生产工序、成本中心、装置等基本用能单元，用于基本用能单元能源统计分析的能源计量属三级能源计量，测量设备管理类别标识为C。

3　能源计量器具的配备要求

……

3.5.4　能源计量器具配备率应符合表4－2－1的要求。

表4－2－1　能源计量器具配备率要求　　单位：%

<table>
<tr><th colspan="3">能源种类</th><th>一级能源计量</th><th>二级能源计量</th><th>三级能源计量</th></tr>
<tr><td rowspan="3">电力</td><td colspan="2">外购电</td><td>100</td><td>100</td><td>95</td></tr>
<tr><td colspan="2">自备发电</td><td>100</td><td>100</td><td>95</td></tr>
<tr><td colspan="2">利用余能发电</td><td>—</td><td>100</td><td>95</td></tr>
<tr><td rowspan="5">固态能源</td><td colspan="2">洗精煤</td><td>100</td><td>100</td><td>90</td></tr>
<tr><td colspan="2">发电煤</td><td>100</td><td>100</td><td>90</td></tr>
<tr><td colspan="2">喷吹煤</td><td>100</td><td>100</td><td>90</td></tr>
<tr><td colspan="2">烧结煤</td><td>100</td><td>100</td><td>90</td></tr>
<tr><td colspan="2">焦炭</td><td>100</td><td>100</td><td>90</td></tr>
<tr><td>液态能源</td><td colspan="2">成品油</td><td>100</td><td>100</td><td>95</td></tr>
<tr><td rowspan="8">气态能源</td><td colspan="2">天然气</td><td>100</td><td>100</td><td>90</td></tr>
<tr><td colspan="2">高炉煤气</td><td>—</td><td>90</td><td>80</td></tr>
<tr><td colspan="2">焦炉煤气</td><td>—</td><td>90</td><td>80</td></tr>
<tr><td colspan="2">转炉煤气</td><td>—</td><td>90</td><td>80</td></tr>
<tr><td rowspan="4">其他</td><td>氢气</td><td>—</td><td>90</td><td>90</td></tr>
<tr><td>氧气</td><td>—</td><td>90</td><td>90</td></tr>
<tr><td>氮气</td><td>—</td><td>90</td><td>90</td></tr>
<tr><td>氩气</td><td>—</td><td>90</td><td>90</td></tr>
</table>

续表

能源种类		一级能源计量	二级能源计量	三级能源计量
载能工质	蒸汽	—	80	70
	原水	100	—	—
	工业用水（包括工业水、过滤水、纯水、软水等）	—	95	80
	生活用水（生活、消防水）	100	95	80
	鼓风	—	95	90

3.6 能源计量器具的准确度等级要求。

3.6.1 一级能源计量器具的准确度等级应满足表 4-2-2 的要求。

表 4-2-2 一级能源计量器具的准确度要求

计量器具类别	计量目的		准确度要求
衡器	进、出公司的固体燃料、液体燃料静态计量		不低于 0.1
	进、出公司的固体燃料动态计量		不低于 0.5
电能表	进、出公司有功交流电能计量		不低于 0.5s
油流量表（装置）	进、出公司的液体能源计量		成品油 0.5
气（汽）体流量表（装置）	进、出公司的天然气、煤气计量		不低于 2.0
	进、出公司的蒸汽计量		不低于 2.5
水流量表（装置）	进、出公司水量计量	管径不大于 250mm	不低于 2.5
		管径大于 250mm	不低于 1.5
温度仪表	用于液态、气态能源的温度计量		不低于 2.0
	用于气体质量计算相关的温度计量		不低于 1.0
压力仪表	用于液态、气态能源的压力计量		不低于 2.0
	用于气体质量计算相关的温度计量		不低于 1.0
注 1：当计量器具是由传感器（变送器）、二次仪表组成的测量装置或系统时，表中给出的准确度应是装置或系统的准确度。装置或系统未明确给出其准确度时，可用传感器与二次仪表的准确度按误差合成方法合成。与气体、蒸汽质量计算相关的压力表，其准确度不得低于 0.5%。 注 2：外购能源的贸易结算采用采购合同约定的方式进行。			

能源计量设备的计量要求直接来自公司的管理标准。

二、根据组织需求导出的计量要求

该钢铁联合企业的产品及制造过程的测量要求及计量要求的识别，分两种情况：

1. 新建的产线（机组或设备）

新建产线由投资管理部门牵头，组织研发部门和生产厂提出产品大纲或新建设施初步要求，委托设计院做可行性研究，在可行性研究报告中就会提出测量要求，投资管理部门组织生产、工艺、设备、计量等部门进行可行性研究报告审核，在审核中计量管理部门会对测量要求及转换为计量要求的可行性进行审核。待可行性研究报告通过后，设计院编制初步设计，将会使测量要求更明确，便于详细设计时可明确大部分测量过程、测量设备的计量要求，详细设计时会输出测量设备清单，此时所有的测量设备计量要求已确定，采购部门按清单比价采购即可。下例为某可行性研究报告的部分内容，从中可看到测量设备的测量要求。

【案例 4－2－11】　　××可行性研究报告

4　自动化仪表及控制系统

4.1　自动化控制系统

本工程采用仪电一体化的分散控制系统（DCS）实现对汽轮发电机组、减温减压装置及水处理设施的自动监视和控制，保证机组的安全稳定运行。

控制站的配置：

➢ 中央处理单元（CPU）：处理器冗余配置，要求快速无扰动切换。
➢ 内存（RAM）：冗余配置，具有停电保持功能。
➢ 电源：AC220/DC24V，冗余配置。
➢ 本地 I/O 接口模件，部分冗余配置。
➢ 实时数据通信网络接口模件，冗余配置。
➢ 模拟信号输入模件（8 点或 16 点/模件）：（4～20）mA
➢ 模拟信号输出模件（8 点或 16 点/模件）：（4～20）mA
➢ 数字信号输入模件（16 或 32 点/模件）：DC24V
➢ 数字信号输出模件（16 或 32 点/模件））：DC24V
➢ I/O 模块预留有实际设计 I/O 点数量 15%的备用点。

……

4.2　自动化仪表

4.2.1　自动化仪表选型

仪表设备选型以经济实用、安全可靠为原则，选用在钢铁厂具有广泛应用业绩的成熟产品，设备初步选型如下：

温度检测用 K 分度的热电偶和 Pt100 的铂热电阻；

压力检测用智能压力/差压变送器；

冷却水流量检测用电磁流量计；

蒸汽、凝结水流量检测用喷嘴或孔板和差压变送器；

液位检测用差压式液位计；

调节阀用电动调节阀；

水质分析仪（电导率）选用在线式分析仪；

UPS 和 DCS 系统选用国外有良好使用业绩并在电厂广泛使用的产品。现场仪表设备选用国产或合资品牌。

4.2.2　主要控制回路

汽轮发电机组的保护联锁；

汽轮机组前压力控制；

中压和低压减温减压装置的压力控制；

中压和低压减温减压装置的温度控制；

冷凝器水位调节；

均压箱压力调节；

汽封压力和温度自动控制调节；

油系统压力连锁控制；

发电机同期并网装置；

发电机励磁系统；

循环水池水位控制。

4.2.3　主要检测项目

4.2.3.1　汽轮机部分检测项目

汽轮机本体热膨胀、胀差、轴位移、转速；

汽轮机、发电机的轴振动、轴承金属温度及轴承回油温度；

汽轮机主汽门行程、主汽门前后压力；

主油泵进出口压力、保安油压、润滑油压等；

汽轮机发电机空气冷却器、冷油器、冷却循环冷却水进口压力；

冷油器进出口水压，油温，冷油器出口油压；

中压和低压抽气管道压力；

水压控制逆止阀前后压力；

凝汽器水位、水温；

主油箱油位、控制油箱油位；

主蒸汽流量、凝结水流量、电导率；

空冷器、冷油器循环水流量、冷凝器循环水、二级除盐水流量。

4.2.3.2　减温减压装置检测项目

中压和低压减温减压装置前后汽压和汽温；

中压和低压减温减压装置前后蒸汽流量；

减温水分配阀前水压、水温；

减温水流量；

4# CDQ 的中压减温减压装置改造（相关信号进入 4# CDQ 控制系统）。

4.2.3.3　水处理检测项目：

循环水供水泵出水总管流量、压力、温度、电导率；

冷却塔振动、油温、油位检测；

系统补充水管流量检测；

循环水池水位；

系统排污水管流量。

……

2. 已有产线（机组或设备）

该钢铁联合企业对已有产线建立了技术规程、工艺规程及岗位规程，明确了测量过程、测量设备的测量要求和部分计量要求，并形成了产品控制计划（见表 4-2-3），测量设备维护人员依据上述三个规程及产品控制计划编制《测量设备适应性配备一览表》，明确计量要求。

当设备经改造或用户的需求有所变化时，制造管理的技术管理及工艺管理方会修改产品控制计划中的技术参数，对测量过程或测量设备提出更高要求，测量设备维护人员会及时获知，并对测量过程进行测量系统分析，以验证新的计量要求的可满足性。

表格编号：******

表 4-2-3 控制计划

□样件 □试生产 ☑生产		控制计划编号：CP********	编制日期：	修改日期：
零件号/最新更改水平		主要联系人/电话	顾客工程批准/日期（如需要）	
零件名称/描述		供方/工厂批准/日期 吴**/2013.3.1	顾客质量批准/日期（如需要）	
供方/工厂 **钢铁公司	供方代号	其他批准/日期（如需要）	其他批准/日期（如需要）	
核心小组成员：				
产品名称 钢帘线	牌号：X111	规格 ϕ5.5mm	用途　汽车子午线轮胎用钢帘线	
生产工序：转炉炼钢→初轧→高线→包装				

零件/过程编号	过程名称	生产设备	特性			殊特性分类	方法					反应计划
			编号	产品	过程		产品/过程规范/公差	评价/测量技术	样本		控制方法	
									容量	频率		
*	轧制	精轧机			入口温度	•	(800±15)℃	红外测温仪	100%	连续	高压水箱流量控制	跟踪，调节水箱流量
		减定经机			入口温度	•	(800±15)℃	红外测温仪	100%	连续	高压水箱流量控制	跟踪，调节水箱流量
		吐丝机			吐丝温度	•	(790±10)℃	红外测温仪	100%	连续	高压水箱流量控制	跟踪，调节水箱流量
					圈形		线材表面外观质量图谱	目测	100%	连续	ACC00C3	封锁

注：该控制计划中的特殊特性（即标注“•”的检测点），分产品性能和制造过程两种，是产品、工艺设计者提出需特别关注的，也是关键测量点。

三、根据顾客需求导出的计量要求

由于钢铁企业是流程性生产，一般情况下，先有产线（制造能力），编制出公司的产品标准和产品目录，告知已有和潜在的用户，在产品标准和产品目录中，明确了测量过程和测量设备的测量要求，计量管理部门根据测量要求组织转换为计量要求。

对特殊用户的特殊要求，该钢铁联合企业采取了标准＋α的做法，可对已有产品的某些性能做局部调整，但这种调整一定是在已有的测量过程、测量设备能力基础上实现的，故计量要求是不会改变的（如已有测量设备不能满足的，则需新增或改造测量设备）。

所有的销售合同都是在已有产品目录下签订的。

该公司的测量要求转换为计量要求是在设备管理信息系统中进行的（见图 4－2－2）。

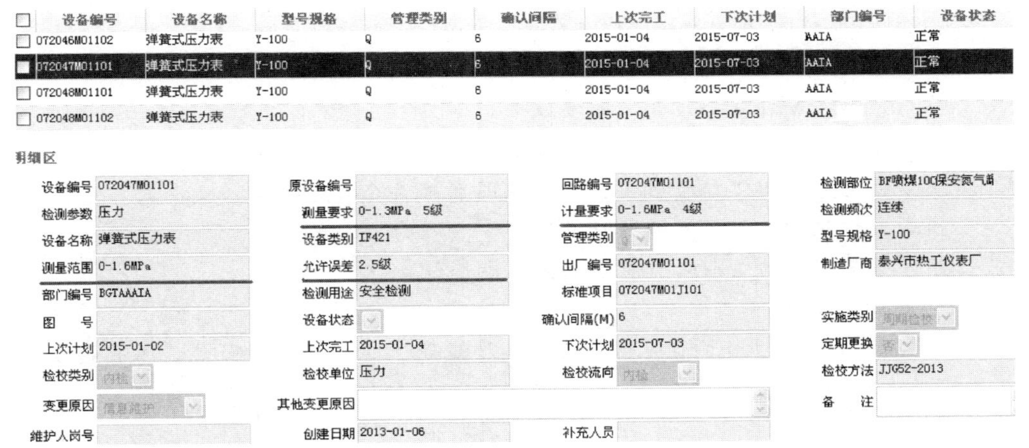

设备编号	设备名称	型号规格	管理类别	确认间隔	上次完工	下次计划	部门编号	设备状态
072046M01102	弹簧式压力表	Y-100	Q	6	2015-01-04	2015-07-03	AAIA	正常
072047M01101	弹簧式压力表	Y-100	Q	6	2015-01-04	2015-07-03	AAIA	正常
072048M01101	弹簧式压力表	Y-100	Q	6	2015-01-04	2015-07-03	AAIA	正常
072048M01102	弹簧式压力表	Y-100	Q	6	2015-01-04	2015-07-03	AAIA	正常

明细区

设备编号	072047M01101	原设备编号		回路编号	072047M01101	检测部位	BF喷煤10C保安氮气调
检测参数	压力	测量要求	0-1.3MPa　5级	计量要求	0-1.6MPa　4级	检测频次	连续
设备名称	弹簧式压力表	设备类别	IF421	管理类别		型号规格	Y-100
测量范围	0-1.6MPa	允许误差	2.5级	出厂编号	072047M01101	制造厂商	泰兴市热工仪表厂
部门编号	BGTAAAIA	检测用途	安全检测	标准项目	072047M01J101		
图　号		设备状态		确认间隔(M)	6	实施类别	
上次计划	2015-01-02	上次完工	2015-01-04	下次计划	2015-07-03	定期更换	
检校类别		检校单位	压力	检校流向		检校方法	JJG52-2013
变更原因		其他变更原因				备　注	
维护人岗号		创建日期	2013-01-06	补充人员			

图 4－2－2　设备管理信息系统示意图

第三节　测量设备的计量确认

一、　测量设备的校准

1. 通用测量设备的检定或校准

为做到计量检定（校准）行为的合规，同时将因测量设备失效的风险降低，该钢铁联合企业采取了测量设备的分类管理方式，加强强制检定类的管理要求，适当放宽测量风险低的测量设备管理要求，见以下案例。

【案例 4－2－12】　　测量设备管理标准

1　测量设备的分类

1.1　Q 类

1.1.1　用于贸易结算、环境监测、安全防护的测量设备，且列入《中华人民共和国强制检定的工作计量器具明细目录》。

1.1.1.1 用于进出厂物料、能源检测的测量设备。

1.1.1.2 用于向社会出具环境监测数据的测量设备。

1.1.1.3 用于直接防护生产安全和人身安全的测量设备。

1.1.2 公司最高计量标准。

1.2 A类

1.2.1 用于出具最终产品质保数据以及连续自动最终产品关键特性的测量设备。

1.2.2 用于厂际物料检测的测量设备。

1.2.3 用于公司一、二级危险源，重要环境因素最终排放监视的测量设备。

1.2.4 公司工作计量标准。

1.2.5 用于公司与使用或供应公司能源的集团内部独立核算单位、非集团的独立核算协办单位统计结算依据的能源计量检测设备。

1.3 B类

1.3.1 公司产品控制计划中涉及的测量设备。

1.3.2 用于公司与各厂、部能源统计结算依据的能源计量检测设备。

1.3.3 用于公司三、四级危险源，重要环境因素监视的测量设备。

1.3.4 用于关键测量过程控制的核查标准。

1.3.5 用于量值溯源的企业计量标准的主要配套设备。

1.4 C类

除Q、A、B类外，用于质量、物流、工序能耗、过程控制、安全、环境等检测场合，且有明确测量要求的测量设备。

……

2.1 测量设备使用中计量确认

2.1.1 测量设备投入使用后，对于Q类测量设备，按照国家相关法律、法规的要求，根据国家《强制检定的工作计量器具强检形式及强检范围适用表》，确定采用首次强检失准报废，首次强检限期使用、到期轮换或周期检定管理方式。对于周期检定管理方式，按照检定规程，确定检定周期，定点定期送检。

2.1.2 对于非Q类采用周期计量确认管理方式的测量设备，按照计量检校计划实施送检。

根据有资质检校方出具的检定证书、校准证书、检测报告或检校记录，以及粘贴的检校状态标识，设备使用方将证书（或报告）中的相关计量特性指标与测量设备管理清单或测量设备配备一览表中的计量要求进行比较，对测量设备进行可接受确认（验证），从而认可或改变检校状态标识。

……

2. 专用测量设备的校准

冶金产品制造过程中会采用大量的专用测量设备，企业经常会碰到测量设备无法检定或校准（即社会的计量检定校准机构，已有的检定（校准）项目无法实施的，或企业自己的计量实验室已建立的标准器或经认可的校准项目无法开展的），该钢铁联合企业采取了以下几种方式进行校准或计量溯源。

（1）明确纳入测量管理体系的测量设备均要实施计量溯源；

（2）明确实施计量溯源的均要编制企业自编的校准规范；

（3）明确应优先使用实物量具进行溯源；

（4）如需用测量仪器进行综合性测试来实现计量溯源的，该仪器应经检定或校准；

（5）对某些特殊的测量设备，可采取将被测物测量后，测量数据保存，被测物送经CNAS认可的检测实验室再次测量，二者数据进行比较，设定个误差限，以这种比对的方式实现计量溯源。

【案例4-2-13】　　特殊扣专用量具校准规范

1　目的

1.1　目的

为了使特殊扣专用量具的校准更加科学、规范和适用，特制定本规范。

2　适用范围

……

3　术语及定义

中径校准规——用于特殊扣螺纹在进行中径检验时对中径规校准所需的专用量具。

4　概述

特殊扣专用量具主要用于测量特殊扣油、套管单项参数螺纹中径、密封面直径参数、扭矩台肩深度参数等。

5　计量特性

5.1　外观

5.2　校准的技术指标

6　校准条件

6.1　环境条件

6.2　校准设备

序号	名称	用途	不确定度或最大允许误差	测量范围
1	Select7/10三坐标	测量形位偏差	$U=2.0\mu m$（$k=2$）	（0～700）mm
2	万能工具显微镜	测量尺寸偏差	$U=2.0\mu m$（$k=2$）	（0～200）mm
3	单项校对仪	测量密封面量具表类	（1.2+L/300）μm	（0～25）mm

7　校准项目和校准方法

7.1　项目

序号	校准项目	新配置	使用中	维修后
1	中径校准规轴向B值对应的径向A尺寸	√	√	√
2	中径校准规校准基准面的平面度	√	√	√
3	……			

注：表中打“√”者为必检项目，“/”者为不检项目。

7.2 校准方法

8 校准结果

9 测量结果不确定度评定

……

3. 测量软件的校准或测试

该钢铁联合企业的测量软件是采用一贯制管理的，明确了：

(1) 软件管理范围，即从基础自动化开始，直到公司管理机在用的软件，按相同的管理要求实施管理；

(2) 所有软件在投入使用前必须经过测试，任何修改必须经审批并再测试确认；

(3) 所有计算机必须建立防病毒措施；

(4) 所有软件必须建立异地二级备份；

(5) 所有测量软件在做测量系统校准时进行计算方法的验证。

【案例 4-2-14】 计算机应用功能变更及软件备份控制程序

1 目的

为加强公司计算机设备正式投运后，在日常运维中应用功能变更、软件（含数据）修改及软件备份的管理，降低安全措施不到位、信息损毁的风险，特制定本控制程序。

2 适用范围

3 定义

3.1 应用功能变更：计算机设备在功能考核、投运验收后，根据生产实际需要对应用功能（包括数学模型）所做的增加、删除、修改等。

3.2 软件备份：将在线运行的软件转储到合适的载体上进行离线保管，一旦在线运行系统遭到破坏，实施备份重新装入后，系统即可恢复正常。

3.2.1 一级备份：部门级备份（原则上为本地存放，有条件的也可采取异地存放）。

3.2.2 二级备份：公司级备份（必须异地存放）。

4 管理职责

……

5 流程要求

5.1 计算机系统投运验收后，凡对计算机设备的应用功能进行变更或软件（含数据）修改，由申请部门填写《公司计算机应用功能变更、软件（含数据）修改申请表》。

实施部门对软件的修改要实行履历记载、留档。修改的应用软件需经过试运行，在对改动的功能进行适应性确认后，由验收部门组织填写《公司计算机应用功能变更、软件（含数据）修改结果确认表》，并对所有相关技术文档作相应修改。

5.2 软件备份管理要求

5.2.1 公司计算机软件备份分为一级备份和二级备份两类，实行分类管理。

5.2.2 软件备份应妥善保管，避免遗失和损坏。软件备份存放场所应具备防火、防潮、防磁、防盗等条件，保存的软件备份上有记载其名称、版本（或日期）等内容的标记，且文字明晰，并要有所保存的软件备份清单，清单应记载其名称、版本（或日期）、数量、更新日期、备份操作人、存放地点、保管者等内容。

……

【案例 4-2-15】　　　　计算机病毒防治管理标准

1　计算机病毒防治软件的选用

1.1　所选用的计算机病毒防治软件必须具有有效的“中华人民共和国计算机信息系统安全专用产品销售许可证”。

1.2　公司指定计算机病毒防治软件，其最新版本由公司发布，安装时必须安装最新版本。

2　计算机病毒防治软件升级、更新

……

4. 确认间隔的确定及示例

该钢铁联合企业以管理文件的形式明确了计量确认间隔的管理要求，并在设备管理信息系统中固化，以降低测量风险为原则，按分类管理设置计量确认间隔。

【案例 4-2-16】　　　　测量设备的计量确认间隔

1. Q 类测量设备按照不大于计量检定规程规定的检定周期，定点定期送检。

2. A 和 B 类测量设备的计量确认间隔由各使用部门根据相关计量检定规程，参考测量设备状态、使用条件等确定（设备状态一般参考设备历史和现实的状态，以及环境、操作者技能对设备计量特性的影响。使用条件一般考虑测量设备在生产过程中的使用频率等）。相对于计量检定规程规定的检定周期，原则上 A 类测量设备的计量确认间隔不得大于其 3 倍，B 类测量设备不得大于 5 倍。

3. C 类测量设备的计量确认，可以有固定的计量确认间隔，也可以根据设备状态进行。

4. 固定安装的测量设备计量确认，如受主体设备检修计划制约，可以随定年修、炉修或大修确定确认间隔。

5. 对使用频率低的测量设备，可在每次使用前安排计量检校，即“用前检”（如：蠕变试验机等）。

6. 对计量特性稳定，安装使用后不具备计量检校条件（如：大口径流量计），或计量检校不经济的测量设备（如：玻璃量器），可在使用前进行一次性计量检校。

二、测量设备的计量验证

1. 计量验证的方法

该钢铁联合企业的计量确认中的验证，全部在设备管理信息系统（见图 4-2-3）中实施，计量要求和测量设备的计量特性均记录在系统中，责任者需打开计量检定（校准）证书（见图 4-2-4），查看该测量设备的实际计量特性，再与设备管理信息系统中的计量要求进行比较、判断。

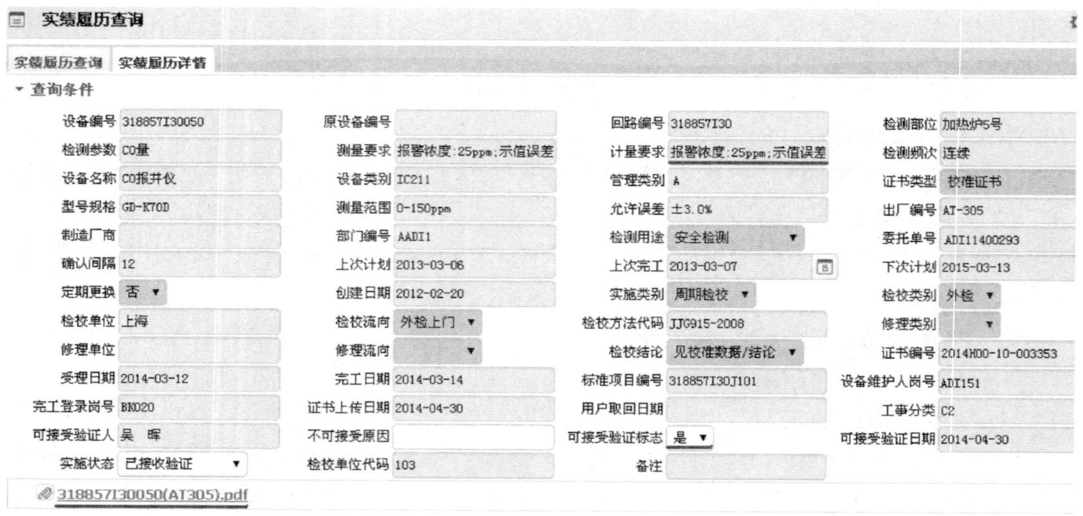

图 4-2-3　设备管理信息系统示意图

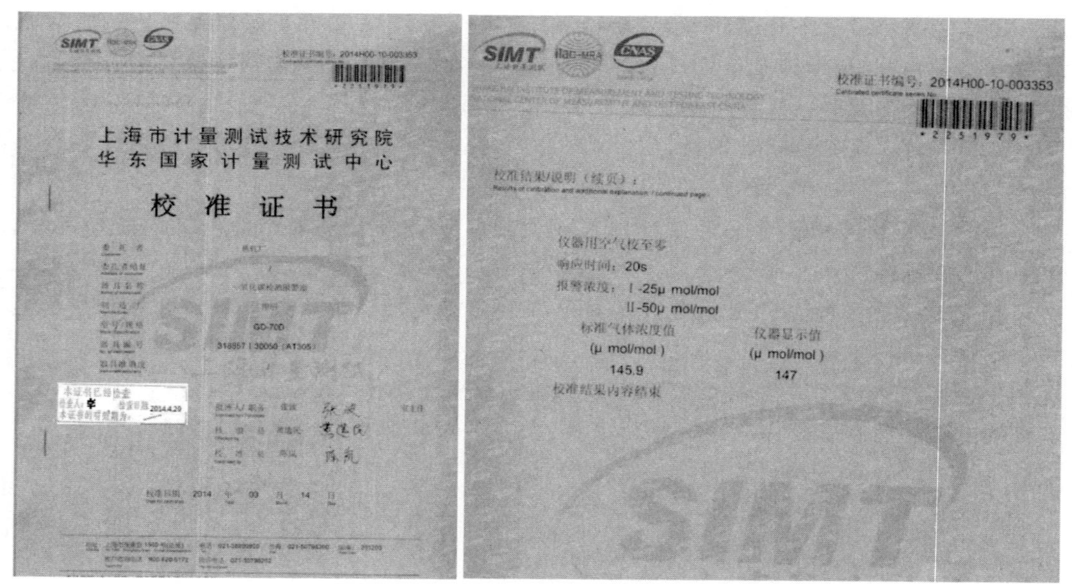

图 4-2-4　计量检定（校准）证书

2. 计量验证后的处理

该钢铁联合企业规定计量验证后不可接受的需进行风险评估，并依据评估结果，决定是否要追溯，无论是否追溯，所有不可接受的测量设备，均需修理或调整（无法修理的则报废处理），之后重新进行检定（校准），再验证。

【案例 4-2-17】 不合格测量设备、测量过程的风险评估管理标准

使用中的测量设备或测量过程发生失效或不合格时，必须采取纠正措施，同时应进行风险评估以确定追溯和预防行动。

1 Q、A、B 类测量设备和测量过程，如出现不合格，设备使用方应立即停用并进行风险评估，其他测量设备和测量过程有不合格风险评估要求时，可以参考本标准。

2 评估组织

……

3 评估内容

3.1 对于不合格测量设备、测量过程，确定其所属工序名称或机组名称（离线测量设备、测量过程，填写使用单位名称）、设备名称、设备编号、管理类别。

3.2 设备、过程功能

被分析测量设备、测量过程的主要功能的简要说明，包括使用用途、测量设备或测量过程计量要求（测量范围、分辨力、被测参数允许误差范围等）。

3.3 不合格模式

不合格模式是指测量设备、测量过程的精度超差（如疑似超差、检校不合格）或功能缺失（如测量功能损坏、测量值无法正常取得等）。

3.4 不合格后果

不合格后果是指不合格模式可能对顾客、生产工艺、产品质量等产生的影响，包括对法律、法规的符合性，或对操作者的负面影响等，如安全风险、环境风险、产品风险、过程风险等。

3.5 严重度数 S

严重度数 S 是给定不合格模式最严重影响后果的级别，根据测量设备的重要程度（管理类别）考虑其对测量风险的影响。

3.6 不合格原因

3.7 频度数 O

频度是指不合格原因在指定时期内出现的可能性。

3.8 现行设备、过程控制方式

现行设备、过程控制是指为了防止或探测设备、过程不合格原因/模式的产生，降低其发生的几率，已经完成或承诺要完成的预防、探测活动。如根据设备点检标准，实施预防性维护，计量确认，测量过程控制，测量系统分析，后工序的过程参数检测和产品质量检验等。

3.9 探测度数 D

3.10 风险顺序数（RPN）

风险顺序数是严重度（S）、频度（O）和探测度（D）的乘积，$\text{RPN}=S\times O\times D$。

4 确定风险可接受界限值

$\text{RPN}\leqslant 150$：风险可接受。

5 评估结果及措施

图 4－2－5 为评估结果及措施示意图

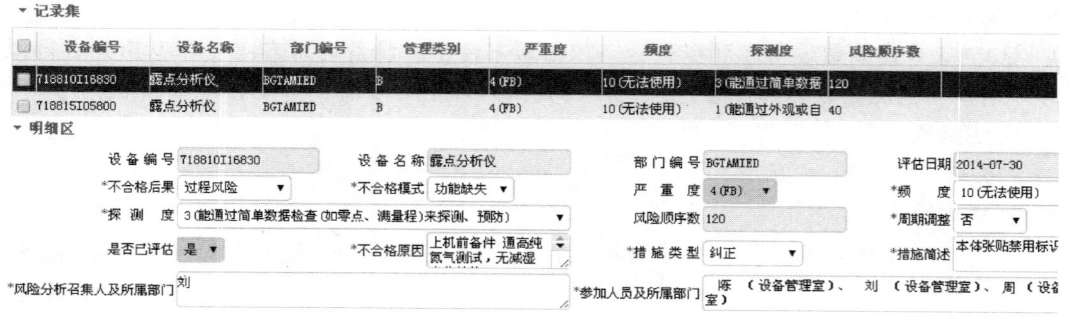

▾ 记录集

设备编号	设备名称	部门编号	管理类别	严重度	频度	探测度	风险顺序数
718810I16830	露点分析仪	BGTAMIED	B	4(FB)	10(无法使用)	3(能通过简单数据	120
718815I05800	露点分析仪	BGTAMIED	B	4(FB)	10(无法使用)	1(能通过外观或目	40

▾ 明细区

设备编号 718810I16830　设备名称 露点分析仪　部门编号 BGTAMIED　评估日期 2014-07-30

*不合格后果 过程风险　*不合格模式 功能缺失　严重度 4(FB)　*频度 10(无法使用)

*探测度 3(能通过简单数据检查(如零点、满量程)来探测、预防)　风险顺序数 120　*周期调整 否

是否已评估 是　*不合格原因 上机前备件 通高纯氮气测试，无减湿　*措施类型 纠正　*措施简述 本体张贴禁用标识

*风险分析召集人及所属部门 刘　*参加人员及所属部门 陈 （设备管理室）、 刘 （设备管理室）、 周 （设备管理室）

图 4－2－5 评估结果及措施示意图

3. 计量确认的标识

该钢铁联合企业的计量标识规定了测量设备唯一性标识、计量检定（校准）状态标识及计量验证状态标识。

【案例 4－2－18】 测量设备的计量标识管理标准

1 计量标识

纳入测量管理体系管理的测量设备需加计量标识。计量标识包括：设备标识和计量状态标识。

1.1 设备标识

测量设备分在线测量设备和离线测量设备。在线测量设备是指设备编号为数字码开头的、在设备管理信息系统中按照生产性设备管理的测量设备，其余列入离线测量设备管理。

离线测量设备粘贴含有设备编号、管理类别、确认间隔、出厂编号的设备标识。在线测量设备有明确用途和固定位置的可不粘贴设备标识。

计量标准器另加贴“测量标准”标识。

标准物质编号的编制方法与离线测量设备的编号规则相同。

1.2 计量状态标识

计量状态标识表示测量设备经计量确认后的状态，包括：

合格标识、实验室专用合格标识、准用标识、限用标识、禁用标识、封存标识、强检合格标识、上海市质监局专用强检合格标识。

……

第四节 测量过程的管理

一、测量过程分类

该钢铁联合企业将测量过程分为关键测量过程和一般测量过程，其中关键测量过程的控制又分为高度控制和常规控制。

【案例 4-2-19】　测量过程分类管理标准

1　测量过程的分类

1.1　关键测量过程：与质量、安全、环境、能源、物流等密切相关，重要性程度高、失效风险大，需持续监控的测量过程。监控的方式可采用高度控制和常规控制。

1.2　一般测量过程：除关键测量过程以外的其他测量过程。

2　测量过程计量特性评定和保持技术规则

2.1　测量过程的控制级别

测量过程分为关键和一般测量过程，其中关键测量过程，视控制对象的特点、控制方法的可操作性、成本的经济性，在控制方式上分为高度控制和常规控制两个级别。

2.2　使用前测量过程计量特性评定

纳入高度控制的关键测量过程，在投入使用前需评定测量过程不确定度。

2.3　测量过程实现和使用中计量特性评定和保持

2.3.1　对于一般测量过程，为了使测量结果满足预期的计量要求，各厂、部应负责测量过程在下列受控条件下进行测量：

2.3.1.1　使用经计量确认合格且状态保持正常的测量设备。

2.3.1.2　使用有效并受控测量程序。

2.3.1.3　保持符合测量程序规定的环境条件。

2.3.1.4　测量过程的操作人员应通过培训具备相应的知识和技能，并经考核持证上岗。

2.3.1.5　可获得所要求的信息资源，如计量确认状态信息，与操作有关的技术资料等。

2.3.1.6　规定了合适的测量结果的报告方法。

2.3.2　对于关键测量过程（见表 4-2-4，表 4-2-5），在满足 2.3.1 要求的基础上，还应进行高度控制或常规控制。

2.3.2.1　高度控制，适用于需要借助控制图观察变化趋势，提前预防不合格发生的测量过程，具体方法有：

（1）核查（抽样核查）加控制图法

适用于有长期稳定核查标准的测量过程，其基本原理是给测量过程建立一个反馈系统，测量过程对核查标准的响应完全类似于对被测对象的响应。通过监测测量过程对核查标准的响应，及时捕捉来自测量过程的变异信息，从而判断整个测量过程的质量，分析和改进测量过程。

在实施过程中应先选择合适的核查标准，再根据测量过程的稳定程度、测量不确定度的严格程度等确定核查间隔，由测量过程使用或维护者按此间隔对核查标准进行测量（短期内重复测量 2～5 次），并将数据绘制在控制图上，利用控制图对测量值进行分析。

正常情况下，对于相同工艺过程、相同产品或过程特性、相同评价/测量技术、相同测量设备名称、规格的测量系统抽其中一件做测量系统能力分析，结果适用各测量系统。在进行测量过程控制时，上述测量过程中的测量设备，可采用抽样核查的方式，将所有测量设备纳入过程控制。

（2）比对加控制图法

适用于无长期稳定核查标准的测量过程，可采用两个或两个以上同类型测量过程

（具有相同的测量范围和准确度），根据确定的间隔对同一被测对象进行测量，并将数据绘制在控制图上，利用控制图对测量值进行分析。

（3）比较加控制图法

适用于无长期稳定核查标准，也没有两个或两个以上同类型测量过程的情况。用被监控的测量过程根据确定的间隔测量一已知量值的被测对象，并将数据绘制在控制图上，利用控制图对测量值进行分析（一般，测量准确度高的测量过程，置信度较高，可作为参比值）。

（4）分析用控制图

控制图的第一阶段是分析用控制图，该阶段需按照规定的时间间隔采集测量数据，当已采样的数据子组数≥20 时，按照控制图对异常判断的各项准则，对图中各测量点的分布状况进行判断，如发现分布异常的测量点，应查明原因并记录。该异常点被剔除后，应继续采样至 20 组数据。

（5）控制用控制图

若 20 组测量数据的分布状况没有任何异常，表明测量过程处于统计控制状态，此时可进行各统计控制量和控制界限的计算，控制界限的值也可根据实际情况予以调整。

随后将该控制图的时间坐标延长，即进入控制图分析的第二阶段——控制用控制图，用于对测量过程进行日常监控。应每隔规定的时间间隔（可比前期的数据取样周期稍长）便继续作测量，并将连接测量点的折线逐次延长。

在日常监控过程中，如出现特殊原因引起的误差（包括不满足统计控制规律的异常点和计量特性超差点），应设法查找原因并消除，从而确保测量过程处于统计受控状态。查找原因和采取措施的过程应留有记录。

2.3.2.2　常规控制，具体方法有：核查，比对，重复性检查，与其他数据比较等，由设备使用方确定具体操作要求，并对数据做记录与保存。

表 4-2-4　关键测量过程清单（高度控制）

序号	编号	部门/工序	过程名称	测量设备	测量参数	设备编号	控制方法	控制间隔(M)
1	A101	炼铁厂	炼铁鱼雷罐车液位检测	铁水液位计	长度	659089I02	核查＋控制图	2
2	B001	炼钢厂	炼钢连铸结晶器液面	MD 液面计 SH7-S10	长度	679021I01	核查＋控制图	2
3	B002	炼钢厂	RH 测温定氧	测温定氧仪	温度	098970I01000	核查＋控制图	1
4	B003	炼钢厂	板坯连铸结晶器液位控制	结晶器液位	长度	218913I01060	核查＋控制图	1
5	C001	热轧厂	热轧 F7 出口厚度	凸度仪、XRSSMC	长度	319003I81	核查＋控制图	2
6	C002	热轧厂	热轧 F7 出口宽度	测宽仪	长度	319003I25000	核查＋控制图	2

表 4-2-5　关键测量过程清单（常规控制）

序号	部门	测量点	设备名称及编号	参数	控制要求	核查标准	控制周期	实施者	控制方法
1	炼铁厂	铁水液面计	079002I03（共 8 点）	重量	（0～800）t（1±2%）	标定车	4M	**	铁水液面计仪表维修技术标准
2	炼钢厂	副枪	668702I25	游离氧	游离氧测成率	/	2M	**	维修技术标准
3	炼钢厂	板坯秤	219160I01	重量	（0～50）t（1±0.5%）	板坯砝码	1W	当班操作工	岗位规程

二、测量不确定度评定案例

【案例 4-2-20】　压力检测仪表测量结果不确定度评定

1　范围

本测量不确定度评定，适用于现场不同准确度等级要求的压力检测仪。

2　测量方法

参见本规范中 7.2.1、7.2.2、7.2.3 的方法。

3　评定方法的使用

按本评定方法对现场的压力检测仪测量结果进行评定。

4　技术依据

JJF 1059.1—2012《测量不确定度评定与表示》。

5　数学模型

5.1　压力表数学模型

$$\Delta P_1 = P_{示} - P_{标}$$

式中：

$P_{示}$——某一校准点时被校压力表的示值；

$P_{标}$——某一校准点时标准器的示值；

ΔP_1——被校压力表示值误差。

5.2　压力变送器及压力检测回路数学模型

压力变送器（单体校准）：$\Delta I_3 = I_{示} - (k_1 P_{标} + I_0)$

压力检测回路校准：$\Delta P_3 = P_{示} - P_{标}$

式中：

$I_{示}$——在某校准点时变送器的输出显示值；

$P_{示}$、$P_{标}$——在某校准点时回路终端显示值和压力标准器的示值；

k_1——压力变送器输出与输入之间的转换系数；

I_0——压力变送器输出范围的起始值；

ΔI_3、ΔP_3——在某校准点时，被校回路及变送器单体的示值误差。

6　测量不确定度的来源

6.1　压力表的测量不确定度来源

6.1.1　由被校压力表测量示值 $P_{示}$ 引入的标准不确定度 $u(P_{示})$

a）由被校压力表测量重复性引入的标准不确定度分量 $u(q_n)$，采用 A 类评定方法。

b）由环境条件变化对被校表的影响引入的标准不确定度分量 $u(t_c)$，采用 B 类评定方法。

c）由被校压力表分辨力引入的标准不确定度分量 $u(\theta)$，采用 B 类方法评定。

6.1.2　由压力标准器的示值 $P_{标}$ 引入的标准不确定度 $u(P_{标})$

由压力标准器的测量不确定度引入的不确定度分量 $u(P_{标})$，采用 B 类方法评定。

6.2　压力变送器或压力检测回路的测量不确定度来源

6.2.1　由被校表测量示值 $P_{示}$ 引入的标准不确定度 $u(P_{示})$

a）由被校表测量重复性引入的标准不确定度分量 $u(q_n)$，属于 A 类标准不确定度。

b）由环境条件变化对被校表的影响引入的标准不确定度分量 $u(t_c)$，属于采用 B 类方法评定。

c）由电测设备的测量不确定度引入的标准不确定度分量 $u(I)$，采用 B 类方法评定（当对压力检测回路进行校准时，无此项分量）。

d）压力检测回路终端显示的分辨率引入的标准不确定度分量 $u(\theta)$，采用 B 类方法评定（当对压力检测回路进行校准时，考虑此项）。

6.2.2　由被校表在校准点时的压力标准值 $P_{标}$ 引入的标准不确定度

由压力标准器的测量不确定度引入的标准不确定度分量 $u(P_{标})$，采用 B 类方法评定。

7　标准不确定度分量的评定

7.1　标准不确定度分量 $u(q_n)$ 评定

7.1.1　压力检测仪的 A 类标准不确定度分量 $u(q_n)$，由重复测量中获得，由于本规程适用于在线压力检测仪的校准，重复测量次数不少于 6 次，用贝塞尔公式，得出实验标准偏差：

$$s(q_i)=\sqrt{\frac{\sum_{i=1}^{n}(q_i-\bar{q})^2}{n-1}}$$

在实际测量中，对每个校准点进行一个正、反行程的校准，因此该分量的标准不确定度为：

$$u(q_i)=s(q_i)$$

7.1.2　标准不确定度分量 $u(t_c)$ 的评定

压力检测仪由于环境条件变化引起的测量误差引入的标准不确定度 $u(t_c)$，采用 B 类评定方法得到。该部分测量误差大小可根据被校表说明书提供的数据或计算方法得到。假设计算得到的由于环境条件变化引起的测量误差为 $\pm a$，在区间内视为均匀分布，包含因子 $k=\sqrt{3}$，故：

$$u(t_c)=a/\sqrt{3}$$

7.1.3　标准不确定度分量 $u(\theta)$、$u(p)$、$u(I)$ 的评定

7.1.3.1　由被校压力表分辨力引入的标准不确定度分量 u（θ），采用 B 类方法评定。

对指针类刻度仪表，由于校准者的习惯及视线偏角，估读不可靠性引入的误差为

1/5 分度值估计，分度值为 θ_1，该误差分布遵从均匀分布，包含因子 $k=\sqrt{3}$。

$$u(\theta)=\theta_1/(5\sqrt{3})$$

对数显类仪表，假设最小分辨率为 θ_2，该误差分布遵从均匀分布，置信区间的半宽为 $\theta_2/2$，包含因子 $k=\sqrt{3}$。

$$u(\theta)=\theta_2/(2\sqrt{3})$$

但压力检测回路终端显示为 CRT，分辨率可调并足够高时，该分量可忽略不计。

7.1.3.2　由校准者的操作惯性引入的标准不确定度分量 $u(p)$，采用 B 类方法评定。

若压力标准其读数最小分辨率为 θ_3，由于校准者的操作惯性引起的设定值误差视为 $2\theta_3$，该误差分布遵从均匀分布，包含因子 $k=\sqrt{3}$。

$$u(p)=2\theta_3/\sqrt{3}$$

7.1.3.3　由电测设备的测量不确定度引入的不确定度 u（I），采用 B 类方法评定。

a）在电测设备有效期内，其证书上给出的测量不确定度 U，k（如果给出的是 U_{rel}，则应先进行换算 U），则：

$$u(I)=U/k$$

b）当证书中未给出不确定度时，从校准设备技术参数中得到其最大误差的半宽区间为（$-b\sim b$），属均匀分布，包含因子 $k=\sqrt{3}$。

$$u(I)=b/\sqrt{3}$$

7.1.4　标准不确定度分量 u（$P_{标}$）的评定

7.1.4.1　由压力标准器的测量不确定度引入的不确定度 u（$P_{标}$），采用 B 类方法评定。在标准表有效期内，其证书上给出的测量不确定度 U，k（如果给出的是 U_{rel}，则应先进行换算 U，则：

$$u(P_{标})=U/k$$

7.1.4.2　当证书中未给出不确定度时，从校准设备技术参数中得到其最大误差的半宽区间为（$-d\sim d$），属均匀分布，包含因子 $k=\sqrt{3}$。

$$u(P_{标})=d/\sqrt{3}$$

7.2　合成标准不确定度

7.2.1　压力表合成标准不确定度

根据数学模型，传播系数：

$$c_1=\partial(\Delta P_1)/\partial(P_{示})=1$$

$$c_2=\partial(\Delta P_1)/\partial(P_{标})=-1$$

$$u_c=\sqrt{u^2(q_n)+u^2(t_c)+u^2(\theta)+u^2(P_{标})}$$

7.2.2　压力变送器合成标准不确定度

根据数学模型，传播系数：

单体校准时：

$$c_5=\partial(\Delta I_3)/\partial(P_{示})=1$$

$$c_6=\partial(\Delta I_3)/\partial(P_{标})=-k_1$$

回路校准时：

$$c_7=\partial(\Delta P_3)/\partial(P_{示})=1$$

$$c_{7.2}=\partial(\Delta P_3)/\partial(P_{标})=-1$$

当对压力变送器进行单体校准时：

$$u_c=\sqrt{u^2(q_n)+u^2(t_c)+u^2(I)+k_1^2u^2(P_{标})}$$

当对压力检测回路进行校准时：

$$u_c=\sqrt{u^2(q_n)+u^2(t_c)+u^2(\theta)+u^2(P_{标})}$$

8 扩展不确定度 U

由于各标准不确定度分量自由度不能确切获得，一般不计算自由度，通常包含因子 $k=2$，则扩展不确定度为：

$$U=k\cdot u_c$$

9 测量不确定度的表示

当用扩展不确定度表示最终结果时，按数据修约规则进行实际处理，保留1～2位有效数字，并说明包含因子 k 的数值。

三、测量过程有效性确认方法及案例

【案例4-2-21】 测量过程有效性确认方法

某钢铁联合企业对测量过程进行有效性确认主要采用测量系统分析、测量过程的测量结果不确定度评定等方式（见图4-2-6）。

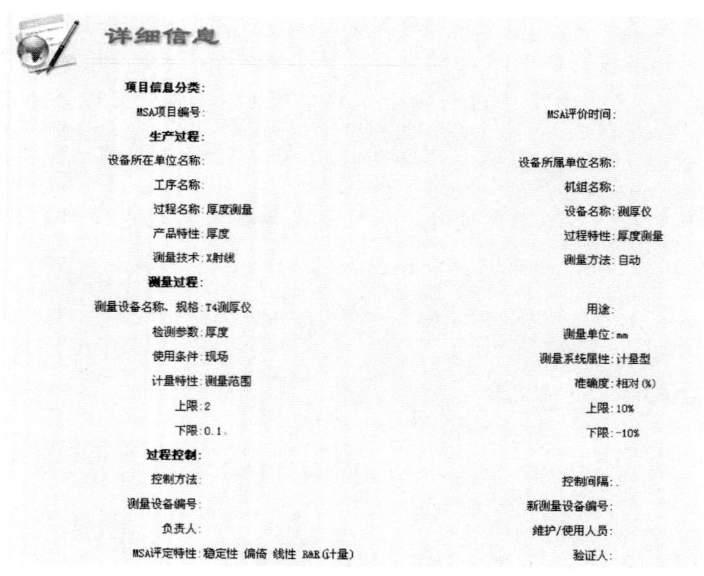
详细信息
项目信息分类:
MSA项目编号: MSA评价时间:
生产过程:
设备所在单位名称: 设备所属单位名称:
工序名称: 机组名称:
过程名称:厚度测量 设备名称:测厚仪
产品特性:厚度 过程特性:厚度测量
测量技术:X射线 测量方法:自动
测量过程:
测量设备名称、规格:T4测厚仪 用途:
检测参数:厚度 测量单位:mm
使用条件:现场 测量系统属性:计量型
计量特性:测量范围 准确度:相对(%)
上限:2 上限:10%
下限:0.1 下限:-10%
过程控制:
控制方法: 控制间隔:
测量设备编号: 新测量设备编号:
负责人: 维护/使用人员:
MSA评定特性:稳定性 偏倚 线性 R&R(计量) 验证人:

(a)

图4-2-6 测量过程有效性确认方法示意图

分 析 报 告

分析报告总评价：可接受

请选择设备编号和检测参数看分析报告：　设备编号：　　　　检测参数：厚度

MSA项目编号					
测量设备编号		检测参数	厚度		
测量单位	mm	测量上限	2	测量下限	0.1
公差类型	相对	公差上限	10%	公差下限	-10%

计量型测量系统

偏倚	测量基准值=	0.2528		
	置信区间下限=	-0.0001	置信区间上限=	0
线性	"偏倚＝0"是否在拟合直线置信带以内		非线性	
稳定性	$UCL_{\bar{X}}$=	0.2004	$LCL_{\bar{X}}$=	0.2002
	$UCL_{\bar{R}}$=	0.0004	$LCL_{\bar{R}}$=	0
	控制图是否统计受控	是		
%R&R	5.8511%		ndc	24.0982
特性分析报告	稳定性　偏倚　线性　R&R			

（b）

稳定性分析记录

测量设备编号					
测量范围	测量单位	mm	准确度	公差类型	相对
	测量上限	2		公差上限	10%
	测量下限	0.1		公差下限	-10%
测量环境	温度	25 ℃	湿度	80 %RH	
分析人			分析日期		

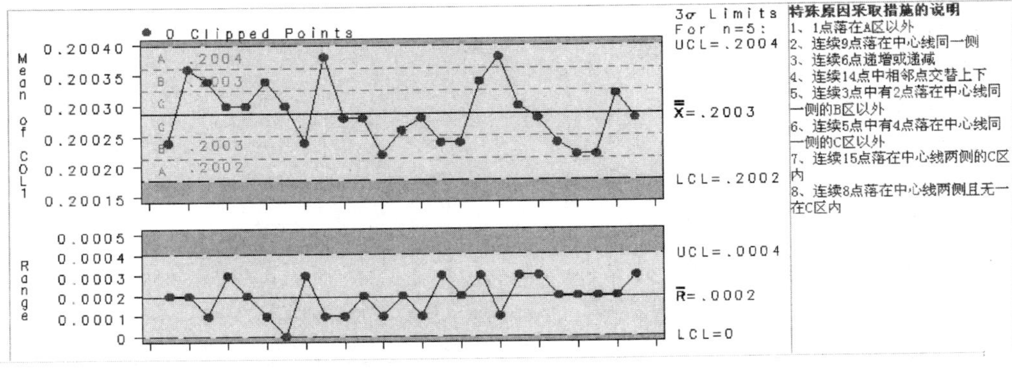

（c）

图 4－2－6　测量过程有效性确认方法示意图（续）

四、测量过程控制规范案例

【案例 4－2－22】　　　　高度控制测量过程控制规范

测量过程名称：轧机凸度仪在线测量带钢凸度

测量设备信息

名称：轧机凸度仪测量范围：（1.0～20）mm

设备编号：1111111；允许误差：±0.1%

测量参数：厚度

测量频次：2月

测量软件/环境条件：(10～50)℃

一、测量过程概述

1. 测量过程描述

已知设备发出一定能量的X射线，该射线在穿透金属材质后会发生能量上的衰减。射线衰减能量与射线在金属材质中的行走距离具有标准指数函数关系。由此原理可以用标准厚度样板进行标定，并由此推导出测量点的金属材料凸度。

2. 测量用主要设备和软件

X射线凸度仪。

3. 测量过程的计量特性

凸度：±0.1%。

4. 测量操作者能力要求

操作人员持证计量人员上岗证。

二、测量过程控制方法

1. 控制因素

1）对设备维护人员要求受过专业培训，持证上岗；

2）以核查方式对测量设备X射线凸度仪进行周期为2个月的测量过程控制(MPC)监控，做好记录，发现问题及时处理；

3）对标准计量器具——厚度标准样板按公司管理文件进行溯源并保存，发现问题及时处理。

2. 控制限

每次核查时严格控制在凸度：±0.1%。

3. 控制方式

本测量过程控制按照小于或等于2个月时间的核查周期，采用单块样板作为核查标准，对X射线凸度仪进行核查。每次核查在设备规定工作环境中，对同一样板测量大于或等于2次，获得数据后运用SPC控制图的方法进行判断。

4. 测量过程控制获得的数据处理方法与分析方法

对每次校准的数据进行分析，如果核查数据在最大允许误差以内，并且符合SPC控制图控制的要求，无异常数值点，说明该仪表在允许误差控制范围内，可以正常使用。

三、异常情况的处理

如果核查数据超出最大允许误差或根据SPC控制图控制判断为异常时，应及时分析数据超差原因，并按计量管理程序文件对其做出相应处理，必要时还需进行不合格数据追溯。

四、测量过程控制的记录

见"MSA管理——过程监控"平台

http：//*****

编制：×××、×××

日期：2014.6.30

五、测量过程的监视

1. 测量过程监视的要求

该钢铁联合企业明确了关键测量过程必须进行过程跟踪，以及时发现测量过程的异常，其中高度控制的过程监视在信息系统中实现。

2. 监视方法及案例

【案例 4-2-23】　　高度控制的测量过程跟踪、监视

图 4-2-7 为高度控制的测量过程跟踪、监视示意图。

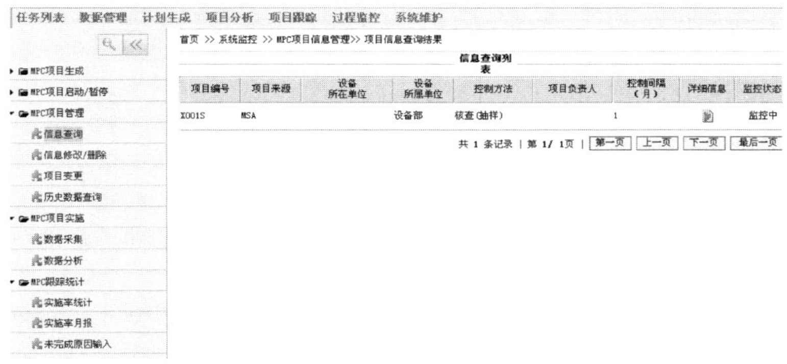

（a）

项 目 分 析 —— 核查(抽样)

项目编号	X001S	测量设备编号		检 测 参 数	厚度
工序名称		机组名称		过程名称	1～5架轧制
产品特性		过程特性		测量技术	X测厚仪
测量范围	测量单位	mm	准确度	误差类型	相对
	测量上限	5		误差上限	0.1%
	测量下限	0.1		误差下限	-0.1%
计量要求上限	1.00742	计量要求下限	1.00541	测量设备名称/规格	测厚仪

（b）

统计状态判定:统计稳定

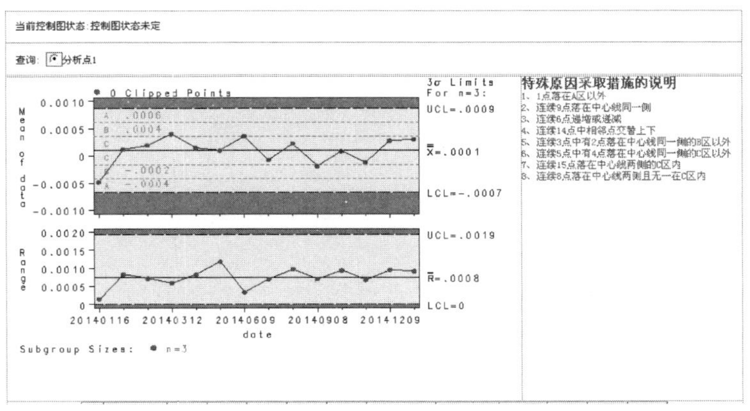

（c）

图 4-2-7　高度控制的测量过程跟踪、监视示意图

3. 监视结果的处理

测量过程采取统计技术进行监控，一旦发现异常预警，测量设备的维护者应及时进行全面检查，必要时启动维修。

该钢铁联合企业提倡全员的设备管理，测量设备的操作者有义务参与测量过程的控制，有大量的关键测量过程，是由操作者进行期间核查，发现异常立即通知设备维护者进行维修、调整及再校准。

第五节 冶金行业审核要点

冶金行业的审核重点

该钢铁联合企业根据企业的特点及综合管理体系运行要求，设定了审核重点，并编制了审核指南。

(1) 关注用户对产品质量的检测要求及实现情况，重点在测量要求的识别及计量要求的转换；

(2) 关注安全生产的监测要求及实现情况，重点在在用的安全监测设备状态（如报警点正确否、使用者能否正确使用）；

(3) 关注环境监测要求及实现情况，重点在是否全面识别出环境监测设备，是否进行了计量溯源；

(4) 关注能源计量情况，重点在配备情况及能否实现动态管理（即新的用能申请时，测量设备能否及时纳入计量管理）；

(5) 关注物流计量情况，重点在物流计量设备的可靠性能否保持；

(6) 关注测量设备计量确认，重点在计划实施率和验证准确性；

(7) 关注测量过程控制，重点在测量过程控制范围及控制计划的实施率；

(8) 关注计量校准实验室运行，可参照 ISO/IEC17025，重点在管理、技术两方面。

第三章

机械行业测量管理体系实施指南

第一节 机械行业测量管理体系概述

一、机械行业的特点

根据GB/T 4754—2011《国民经济行业分类》规定，机械行业跨越了10个大类，70个中类，有200多个小类，涵盖了机床工具、通用机械、航天航空设备、船舶、汽车、铁路机车、内燃机、石油石化机械、农业机械、环保机械、发电与输变电设备、工程机械、纺织机械、食品包装机械、家用电器、日用器具、仪器仪表、机械基础件等方方面面的制造和修理业。

机械制造业的显著特点是：

1. 典型的离散型制造业

以一个一个单独的零部件组成最终产品的方式。虽然热加工的铸造、锻造、表面处理等工序属于流程型范畴，不过绝大部分工序仍以离散型为主要特点。

2. 生产过程主要为加工、装配

因为其产品的形成主要是以零部件的拼装为主要工序，所以装配就成了重点。

3. 按订单生产为主，订单设计和按库存生产为辅

为了缩短交货期，减少成品库存，往往采用零部件预先生产加工，并储存于中间库房中，顾客订单对产品功能和某些零部件的配置提出要求，生产企业接到订单后，按顾客要求将有关零部件进行组装，这种生产以较高的标准化、互换性、模块化设计为前提。

4. 产品结构复杂，工程设计任务繁重

机械产品结构可用“树”的概念加以描述，最终产品一定是由固定数量的零件和部件组成，往往一个机械产品将由数千、数万、数十万的零部件组装而成，一个“树枝”、一片“树叶”都不能缺失。顾客的要求千变万化各有不同，复杂的产品结构和频繁的要求改变使得产品设计和工艺设计任务显得异常繁重。

5. 制造工艺复杂，加工工艺路线长

机械产品从热加工的铸造、锻造开始，到冷加工的粗加工、半精加工、精加工，再到组装试车，加工工艺路线特别长，尤其是大型关键零部件经常热加工、冷加工，工序必须反复进行，工艺复杂和路线长加重了测量过程控制工作量和控制难度。

6. 生产过程所需机器设备和工装夹具种类繁多

大型重大装备由数万、数十万个零部件组成，零部件结构和形状非同寻常，不仅尺寸控制严格，形位误差要求也极为苛刻，在生产加工和检验试验中不可避免地使用了各式各样的加工设备、测量设备、工装夹具和成型复杂刀具。

7. 生产计划的制订与生产管理的任务繁重

大型和超大型国家重大装备制造业往往是单件小批量生产，数量少而品种多，产品工艺流程经常变动，由于主要是按订单生产，很难预测何时有订单，一旦接到订单必须在很短的时间内生产和交货，需要良好的计划安排和生产管理。

8. 自制与外委加工的方式经常同时存在

虽然机械制造企业力图通过保持一定数量的零部件库存，以应对突如其来的订单按期交货，但往往顾客的新要求并无库存零部件给予满足，为了不误交货期常采用临时加班加点，但即便加班加点也无法保证交货期，自身生产能力无法达到顾客要求时，外委加工（又称工序外委）、产品外扩也就不可避免，这加重了外扩产品、外扩工序的质量管理、测量过程控制难度和工作量。

此外还有在制品管理困难、生命周期长、更新换代慢等其他特点，不一枚举。

现代机械制造业随着科学技术的发展和国家与民众生活水平不断增高的需求，正向着安全、可靠、高效、节能、低噪声、环保型和大型化与微型化并重等方向发展，机、电、液、微电子一体化，远程自动监控，人机工程融为一体等配套齐全、技术先进的高新技术获得了广泛应用，产品运转可靠性、安全性、控制自动化、计算机集成化技术广泛应用于产品设计制造。低能耗、低污染、低造价、智能化、无人化、机器人、节水、节能、低噪声、免维护、大马力、远程遥控传输、清洁能源、注重成套性和参数优化匹配等技术综合应用，由“末端治理型”向“预防污染型”转变满足环保要求的新型机械和设备不断涌现。

机械加工设备快速发展，精密化、高速化、柔性化和系统化、经济适用的普及型数控机床，高速、高效、专用、成套数控机床，数控系统，加工中心，虚拟轴机床，数控车床和车铣中心，数控磨床，数控齿轮加工机床，数控铣床，数控电加工机床，精密组合机床及其自动线，数控锻压机械等成为发展重点，数控机床向更高层次的三高（高效率、高精度、高柔性）兼有的方向发展。

与计量工作密切相关的仪器仪表制造业向 IGBT 器件及装置、现场总线智能化仪表和自动测试系统、虚拟测量系统等方向发展，工业自动化仪表中的主控装置、变送和检测仪表，大型工程装置自动化分析系统、执行器，科学测试仪器中的自动测试系统、各类微机色谱仪，大型成套自动化探伤仪器，大型试验机，光机电一体化大地测量仪器，环保监测仪器，生物工程用测试仪器是其发展重点。

二、机械行业测量管理体系的重点

机械行业的企业建立和运行测量管理体系应该按照 GB/T 19022—2003 要求并密切结合自身的特点和发展趋势确定工作重点。

（一）测量设备的管理

1. 测量设备的分类管理

分类管理法是根据测量设备的可靠性、在生产和管理中的作用及国家对该种测量设备的管理要求，实行“保证重点，兼顾普遍，区别管理，全面监督”的管理办法，使企业的测量设备都能严格科学管理，满足法律、科研、经营、生产、质量、安全环保和能源等各方面的计量要求。在企业中，分类和管理办法一般由计量主管部门（例如计量处、计控处、理化计量中心等）制定《测量设备分类管理程序》加以规定，也可作为专门条款包含在《测量设备管理程序》或《计量确认间隔管理程序》中。

测量设备一般分成ABC三类，测量设备的分类和类别改变一般由使用单位提出意见，同时填写《测量设备确认间隔（设备分类）调整申请单》，经计量管理部门审定，专业计量校准（检定）班组备案并执行。

（1）划分为A类管理的在用测量设备一般符合下列条件之一：

1）公司最高标准器具、经政府计量行政部门认证、授权的社会公用计量标准器具（含装置）和用于量值传递的公司工作计量标准器具（含装置）；

2）用于物资和能源贸易结算，安全防护，环境监测方面，并列入了国家强制检定管理目录的工作用测量设备；

3）用于产品质量最终检验和关键工序和质量控制的测量设备，此种测量设备往往是质量管理体系中的特性工序、关键工序的关键质量控制点使用的测量设备；

4）用于检测贵重原料、物料的测量设备；

5）某些准确度高，使用频繁，而量值可靠性差的测量设备。

企业一般称A类管理为“强化管理”，其确认间隔不得超过检定规程规定的最长间隔。公司最高计量标准和关键（大型）测量设备必须建立资产账，计量确认台账，单独建立档案，安排定期确认，按规定保存校准和确认原始记录。

（2）划为B类管理的在用测量设备一般符合下列条件之一：

1）用于企业内部能源、物料核算的测量设备；

2）用于一般工艺过程控制，过程监视和质量检验的测量设备，包括自制专用测量设备；

3）用于辅助生产和职工福利而对准确度有一定要求的测量设备；

4）虽用于产品精密测试，但利用率低、可靠性高、性能稳定、使用寿命长的测量设备。

企业一般称B类管理为“重点管理”。B类管理应建立测量设备台账和测量设备定期确认台账，执行定期计量确认。对计量性能稳定，使用次数很少的测量设备，确认间隔可酌情延长，但最长不超出检定规程（校准规范）规定的2倍。对安装在连续运行的设备上的测量设备允许安排“自然间隔”，伴随生产设备在大修期中随时进行校准和计量确认。

（3）划为C类管理的在用测量设备一般符合下列条件之一：

1）国家明令允许一次性校准（检定）或实行有效期管理的测量设备；

2）生产过程中次要部位，仅作指示参考和用于毛坯和粗加工过程中粗略检测的测量设备或仅做工具使用的测量设备；

3）工艺过程、经营和能源管理过程中仅起指示作用，生产设备附带的固定安装、不易拆卸，又无严格准确度要求的指示用，以及大型测量设备所附带的不影响整体测量精度的测量设备；

4）使用频率低，计量性能稳定的测量设备；

5）使用环境恶劣寿命短，低值易耗的测量设备。

企业一般称C类管理为“一般管理”。公司计量管理部门可只建立C类管理的测量设备总账或统计账，由使用部门建立明细账。C类管理的测量设备按实际情况可实行定期确认、一次性校准/检定、有效期管理等。实行定期确认时允许延长间隔，最长可达同种A类的4个确认间隔，确认间隔再长可确定为一次性校准/检定或有效期管理。使用部门应加强C类测量设备的日常维护，发现损坏及时送检和更换。

测量设备初次确定管理类别，由使用单位提出管理分类意见，并填写《测量设备确认间隔（设备分类）确定和调整申请单》，经计量管理部门审定后，转计量校准（检定）站组备案并执行。

同一件测量设备跨类使用，即同时属于两种或三种管理类别，应按最高一种管理类别管理。测量设备的类别改变与类别初次确定手续相同。

专用测量设备包括专用卡板、塞板、轮廓度样板、测量用心轴、垫块、靠铁、方箱、框架、模具、夹具、划线平台、复杂成型刀具、定位装置、综合量具等等，其数量在一些机械加工厂甚至比通用的测量设备数量还要多，其分类管理办法一般可另行制定《专用工装管理程序》，也可在《测量设备分类管理程序》中设立专门条款加以规定。专用工装中的A类校准和管理一般由计量部门的计量校准人员承担，量大面广的B类一般由使用部门所在地的质量检验部门质检人员承担，C类工装则由使用部门自行确认和管理，所有用于测量的工装均应在计量管理部门入账备案，接受计量管理部门的监督管理。

2. 生产设备兼测量设备的管理

（1）生产设备附带的测量设备管理

新购生产设备安装投运前，设备采购管理部门应将其随机附带测量设备及生产设备对测量设备的计量要求送计量确认部门进行计量确认，经确认人员确认合格，并作公司测量设备给予计量编号后，方可安装于生产设备上并办理设备验收、转固、报销手续和投入运行。投入运行后的管理和计量确认与其他同类测量设备相同。

大型生产设备附带安装的测量设备的确认间隔，除用于监测产品质量及关键工艺参数的外可为自然周期，随坏随修随检，生产设备主体大修时所有测量设备必须进行计量确认。

大型设备自身可独立作为测量设备使用，且经过计量确认的，其附带的监视用测量设备可作为该测量设备的附件，随同主体测量设备的计量确认周期同时安排计量确认，必要时，也可以与主体测量设备分开作为独立的测量设备单独管理，与测量设备主体分别安排计量确认。例如，三坐标测量机附带的校准标准球，磨后检查仪附带的指示表、对中心装置等。

（2）生产设备兼测量设备的管理

大型机械产品的零部件因其巨大性和复杂性往往有些参数例如形位误差和复杂尺寸检验没有合适的测量设备可供选择，工艺中往往规定靠机床保证或靠加工工艺保证，检验人员现场监督加工过程，加工完成后不再检验。此时的生产设备就同时兼有测量设备的功能。

兼有测量功能的生产设备除了按企业设备管理规定由设备管理部门纳入生产设备

管理外，还应该由企业计量管理部门纳入测量设备管理。这种生产设备应该按测量设备管理规定进行计量编号，纳入测量设备管理台账，编制计量校准规范，实施定期的计量校准和计量验证，签发计量确认标识，总之，仪器和量具怎么管理，此类设备就怎么管理。由于被测参数的重要性和测量难度，往往此类设备应至少纳入B类测量设备的管理类别，由负责精密测试或工程测量的计量站组实施管理、校准，计量确认工作由负责该产品质量检验的质检部门负责，也可以授权计量部门负责。

（3）生产设备兼测量设备的校准

绝大多数生产设备因其体积巨大且固定安装而不可能搬进实验室进行校准，因此校准（检测）环境即是该设备生产加工相同的自然环境条件，校准时应记录校准现场的实际温度，应尽可能避开周边生产设备进行粗加工和行车运行时间，防止震动带来的测量影响，并根据实际温度与20℃的差值对校准结果进行修正。

兼测量设备使用的生产设备校准（检测）人员可以由计量部门的技术人员担任，也可以授权由装备资源处（或机修分厂）的设备检测人员担任。人力资源管理部门应委托计量管理部门对其进行校准知识和相关能力的培训，并以书面形式认可其“计量校准员”“计量确认员”的上岗资质。为了确保兼测量设备使用的生产设备计量校准过程中的安全，具有生产和测量双重功能的设备实施计量校准，应至少安排二人以上组成校准（测量）小组，该设备所属单位操作人员应配合计量校准工作。

校准（测量）小组应依据拟加工工件图纸及工艺文件要求的尺寸公差和形位公差导出计量要求，根据计量要求导出结果，参照该种机床国家标准规定的基本精度要求和检测方法设计校准（检测）方案，编制企业内部校准规范。校准规范应报计量管理部门审核，经企业标准化管理部门审定报总工程师批准后实施。该校准方案的测量不确定度U应确保不得超过被测参数允许公差值T的十分之一，即：$U/T \leqslant 1/10$。当无法满足时，应将情况报计量技术部门，共同研究和确定满足要求的校准方法。要求$U/T \leqslant 1/10$的原因是，测量设备的允差Δ应该是$\Delta \leqslant T/3$，而校准方案的测量不确定度U应该$\leqslant \Delta/3$，因此校准方案的测量不确定度U与被加工件公差带宽度宽度T的关系为：

$$U \leqslant \Delta/3=(T/3)/3=T/9 \approx T/10。$$

（4）生产设备兼测量设备的计量确认

由于校准和确认的项目符合性以满足拟加工工件的测量要求为标准，因此每次计量确认的结果仅限于该类产品的指定参数的测量活动，原则上更换加工工件种类必须重新针对新的被加工工件要求重新对生产设备进行校准和确认。当生产设备仅用于单一产品加工和单一加工工序时，一次计量确认结果的有效性可定为12个月。

生产设备是否可用作测量设备使用，由使用单位具有计量确认员资质的人员进行判定。判定的标准是，拟作为测量设备使用的生产设备检测结果显示其受检项目的误差≤被测参数公差值的1/3。

计量确认员应详细填写计量确认记录，计量确认记录的示例见表4-3-1《用作测量设备的生产设备计量确认记录表》。计量确认员签署确认结果后报设备使用单位领导签署意见，然后报计量管理部门责任工程师审核，经计量管理部门主管领导批准后，计量确认员才能对该设备签发计量确认标识，生产部门才能用作测量。

《用作测量设备的生产设备计量确认记录表》应分别发放至各相关单位，例如使用单位、质量管理部门、装备资源管理部门和工艺设计部门等，其中记录的原件由计量确认员存档保管。

（5）测量设备使用人员注意事项

测量设备操作人员在使用过程中，如果发生碰撞、冲击及其他影响设备功能、精度的情况时，应及时报告本单位计量确认员，安排重新检测和确认。

产品检验人员使用生产设备作为测量设备检验产品时，应查验该生产设备计量确认标识和确认的质量参数，产品要求的被测参数必须经计量确认合格，并在计量确认有效期内，使用该设备加工的工件方可判定合格，否则，所加工的产品不予放行。

表 4-3-1　用作测量设备的生产设备计量确认记录

设备名称＿＿＿＿＿＿＿＿　设备规格型号＿＿＿＿＿＿＿＿

设备安装地点＿＿＿＿＿＿＿＿　设备资产号＿＿＿＿＿＿＿＿

DTC/T

<table>
<tr><td>产品名称</td><td colspan="3"></td><td colspan="2">产品图号</td><td colspan="3"></td></tr>
<tr><td>序号</td><td colspan="2">校准项目</td><td>加工件公差</td><td>机床标准允差</td><td>实测值</td><td>调整后</td><td>检测人员</td><td>设备鉴定人</td></tr>
<tr><td>1</td><td colspan="2"></td><td></td><td></td><td></td><td></td><td></td><td></td></tr>
<tr><td>2</td><td colspan="2"></td><td></td><td></td><td></td><td></td><td></td><td></td></tr>
<tr><td>3</td><td colspan="2"></td><td></td><td></td><td></td><td></td><td></td><td></td></tr>
<tr><td>4</td><td colspan="2"></td><td></td><td></td><td></td><td></td><td></td><td></td></tr>
<tr><td>5</td><td colspan="2"></td><td></td><td></td><td></td><td></td><td></td><td></td></tr>
<tr><td>6</td><td colspan="2"></td><td></td><td></td><td></td><td></td><td></td><td></td></tr>
<tr><td>7</td><td colspan="2"></td><td></td><td></td><td></td><td></td><td></td><td></td></tr>
<tr><td>8</td><td colspan="2"></td><td></td><td></td><td></td><td></td><td></td><td></td></tr>
<tr><td colspan="9">说明：
1 校准人员按照规定校准方法对设备精度进行检测；
2 设备鉴定人员按国家机床精度标准对于设备精度是否满足该标准要求进行判定；
3 计量确认员将校准结果与拟加工产品的公差要求进行比较验证，判定设备是否可作为该被加工件质量检验的测量设备使用。</td></tr>
<tr><td colspan="9">计量确认结论：将检测结果与拟加工工件的公差要求相比较
该设备 满　足□ / 不满足□ 拟加工工件的测量要求，同　意□ / 不同意□ 作为该加工件的测量设备使用。
计量确认员：　　　日期：　　　年　　月　　日</td></tr>
<tr><td colspan="9">设备使用单位领导意见：
签字：　　　日期：</td></tr>
<tr><td colspan="5">计量技术责任工程师审核意见：
签字：　　　日期：</td><td colspan="4">计量管理部门主管领导审批意见：
签字：　　　日期：</td></tr>
</table>

注：本记录由计量确认员保存，复制件送生产单位、质检处、计量处、装备处。

3. 检验人员专用或与生产人员共用测量设备的管理

检验人员实施的测量过程，其测量结果将直接用于被测对象合格与否的判定，大多数需高度控制的测量过程均由检验人员实施，为降低因测量设备产生的测量风险，便于不合格测量设备产生风险的追溯，确保公司的产品质量，企业应加强检验用测量设备以及检验人员与操作工共用测量设备的管理，及时发现这部分测量设备的非受控现象。

（1）检验人员测量设备的配置

质量检验部门和测量设备使用人员负责按相关技术文件（如工艺、检验规范、测量作业指导书、使用说明书等）配备或正确选用测量设备，在测量记录中如实填写测量设备计量编号，为质量检验员配置的测量设备和检验人员与生产人员共用的测量设备应单独建账，并报计量管理部门备案。计量确认员负责此类测量设备的计量确认，在计量确认标识上应作专门符号（例如标注一个“J”或“检”字），以示与其他用途的测量设备相区别。

小型测量设备原则上可按检验（专检）、生产（自检）分别配备，例如测量范围不大于300mm的通用量具，企业自行设计并给予工装编号的，自行生产或向制造商采购的小型专用测量设备，生产单位应在原有需求配置数量的基础上增加一套，分配给检验人员使用。

因各种原因不能实现检验人员单独配置的，检验人员可使用生产人员配置的测量设备，检验人员专用及与生产人员共用测量设备列入质量检验用测量设备。对共用测量设备明确，生产单位工具室与检验站共同确定。一般，量程较大（如测量范围＞300mm）的通用量具，大型专用测量设备，检验人员与生产人员可共用同一件，由检验人员到生产单位工具室借用，不再单独配置。生产单位工具室对检验人员借用的测量设备应建立借用台账，对每次借用进行登记。

生产过程中的特殊过程（如热处理过程、无损探伤过程、水压试验等）所形成的质量数据和产品制造中精密测试所形成的测量数据，生产人员和检验人员可以共用。数据形成中的测量设备，检验人员和操作工不需分别配置。

（2）检验人员使用测量设备的管理

检验人员用测量设备清单由生产单位计量管理员书面形式提供给计量管理部门。检定/校准人员和各单位计量管理员，在建立和管理测量设备台账时，应在台账和集成计量管理平台上注明“检验专用”，使用单位应将检验人员使用测量设备单独存放并标识。检验人员使用的测量设备，计量部门能够完成检定/校准的，由检定/校准人员进行计量确认，执行外送检定/校准的，取回后由各使用单位计量确认员按企业《计量确认管理程序》进行确认。计量确认合格的测量设备由计量确认人员签发确认标识。

资产归属单位工具室将工检共用测量设备单独存放并标识，注明“工检共用”，并将信息反馈至计量确认员。检验人员使用共用测量设备前应查验计量确认合格标识是否有效。检验人员需使用共用测量设备，应提前通知测量设备管理员。计量检定/校准员对共用测量设备执行检定/校准，确认间隔仍执行公司《测量设备确认间隔管理程序》，同时做好检验人员使用前的校准记录和收发记录。

检验专用和共用测量设备出具的测量结果将用于被测产品合格与否的判定，因此一旦发现此类测量设备示值误差不合格，发现不合格的人员，包括校准人员、使用人员和管理人员，应立即报告相关计量管理人员，或直接填写测量设备“不合格信息反馈单”，计量管理人员一方面将不合格的测量设备交校准人员确定不合格的程度，一方面判定是否需要对其产生的误差风险进行追踪处理。

（二）测量过程管理

机械行业生产过程主要特点以加工和装配为主，终端产品的形成主要工序是零部件拼装，装配成为重点。机械产品结构复杂，可用“树”的概念描述。零件组成部件，部件组成更大的部件，一个产品最终往往由数千乃至数十万个零部件组成，每个“树枝”“树叶”都不可缺失。按订单生产为主确定了按订单设计和按库存量生产。为缩短交货期并减少成品库存，往往采用预先生产零部件储存于中间库房，接到订单后，按顾客订单对产品功能和某些零部件配置的要求，将有关零部件进行组装。这种生产以较高的标准化、互换性、模块化设计为前提。顾客要求千变万化各不相同，复杂的产品结构和频繁改变的顾客要求，使产品设计和工艺设计任务异常繁重，使测量过程设计也成为测量管理体系的一项重要工作。测量过程设计过程的流程图见图 4-3-1。

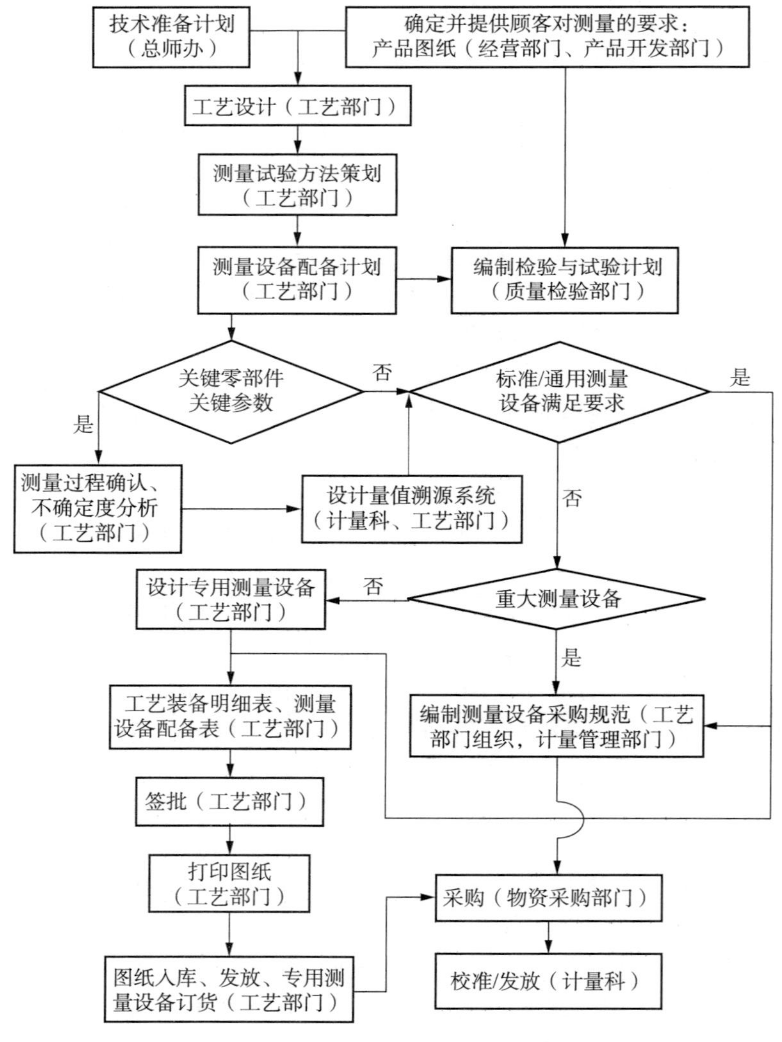

图 4-3-1 测量过程设计管理流程图

与计量密切相关的仪器仪表制造业向 IGBT 器件及装置，现场总线智能化仪表和自动测试系统，虚拟、远程测量系统方向发展，工业自动化仪表中的主控装置、变送和检测仪表、大型工程装置自动化分析系统、执行器、科学测试仪器中的自动测试系统、各类微机色谱仪、大型成套自动化探伤仪器、试验机、测量机、光机电一体化测量仪器、环保监测仪器、生物工程测试仪器成为发展重点。

机械产品的不断创新，新型加工设备、加工方法的不断进步，新型测量设备的不断涌现，为机械制造业测量过程控制的科学化、现代化提出了新要求。测量过程的管理和控制见本章第四节，测量过程管理的流程图见图 4－3－2。

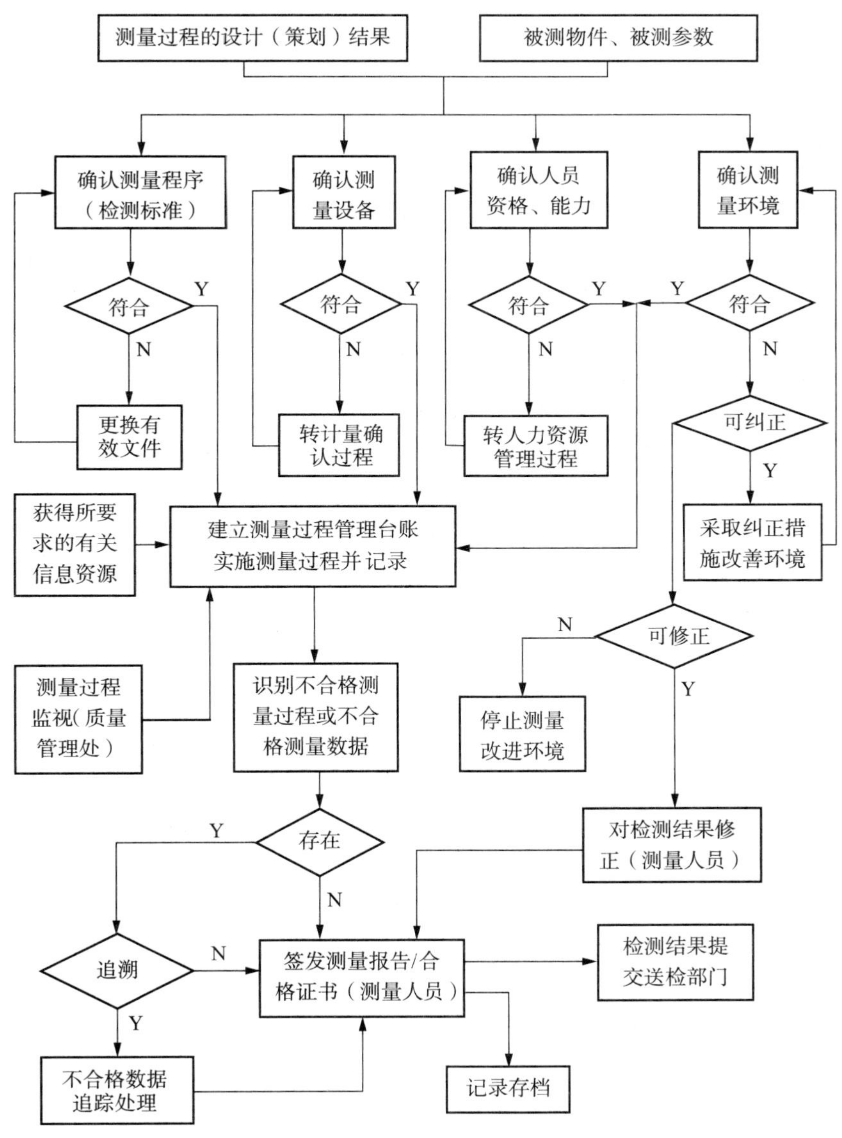

图 4－3－2 测量过程控制流程图

注：活动框格中凡未注明责任部门的均为承担测量过程实施的单位。

三、测量管理体系的质量目标案例

1. 计量工作质量目标总要求

(1) GB/T 19022—2003 中对质量目标的要求

GB/T 19022—2003 的 5.3 要求："计量职能的管理者应为测量管理体系规定可测量的质量目标。应规定测量过程的性能判定客观准则、程序及其控制。"指南给出了"在不同的组织层次"中质量目标的例子：

——不会因不正确的测量而拒收合格的产品或接受不合格产品；

——测量过程失控的发现不超过一天；

——按照允许的时间完成所有的计量确认；

——不存在不清晰的计量确认记录；

——按制定的计划完成所有技术培训项目；

——测量设备的停机时间减少到规定的百分比。

计量工作方针是中长期的工作方向和目标，可以写在计量管理手册里。计量工作目标是近期的或年度的，一般每年都要制定和分解，半年做一次调整，每个季度甚至每个月进行一次检查和动态管理，因此无法也写在管理手册中，只能以年度的公司文件的形式下发。

具体的目标，每个企业都不一样，同一个企业每年的目标也不一样。但目标应该是可测量的，即应该是可以定量的，实在不能定量，也必须是定性的。例如：标准"指南"的第 1 项在企业中常常是检验人员、实验人员、校准人员、抄表人员、称量人员等的错漏检率指标。

标准指南的第 2 项实际上是要求发现不合格测量数据和不合格测量过程的时限指标。测量过程一旦失控必须及时被发现，至于限定的时间应该定个什么指标，每个企业和每种测量工作应该是不同的。

标准指南的第 3 项就是基层常说的测量设备的送检率、受控率问题以及对校准工作、确认工作的服务时限要求。同样各企业应加以细化，且应每年动态调整。

其他各条均可针对我国企业实际情况翻译成：质量记录的真实性、完整性、规范性；计量人员的培训计划完成率、计量人员的执证上岗率；测量设备的送检合格率、关键测量设备的完好率等。这些仅仅是例子而已，其实还可以有很多计量工作目标。计量工作的工作目标大体上可以按下面的思路来考虑：

1) 四大资源方面的指标

人力资源：岗位设置和岗位标准制定指标，人员能力培训指标，持证上岗率指标等。

物质资源：测量设备配备率指标，计量标准的建立和维护指标，测量设备受控率（送检率、送检合格率、抽查合格率）指标，测量环境持续受控和受控合格率指标，新方法新设备的引进和科技攻关指标，测量设备更新改造指标等。

信息资源：管理程序、技术标准、质量记录、标识和计算机软件的设计、编制、修订、换版指标，测量过程设计及管理指标等。

外部资源：合格供方（含采购供方、校准服务方、检测服务方）的评价和管理指标，供方产品验证指标（测量设备入库检定及原材料和零部件质量和数量的计量检测率和合格率）等。

2）计量确认方面的指标

在用测量设备的周期检定方面的指标和计量验证方面的指标，包括周检率、周检合格率、计量确认合格率、日常维护保养和正确使用方面的指标和关键测量设备的完好率等。

3）测量过程控制方面的指标（包括质量保证、工艺控制、安全检测、环境监测、节能降耗、经营管理等各方面）

测量过程管理台账的建立指标，测量过程设计的指标，测量过程的实施指标（包括能源计量检测率、物资检测率等指标），核查标准的使用指标（包括控制图的使用指标），测量系统分析方面的指标，过程受控率指标（包括产品合格率、错漏检率、因测量过程失控产生的安全事故和环境污染事故率）等。

4）体系运行和持续改进方面的指标

方针目标制定和分解的指标，管理评审和内部审核指标，组织结构调整和职责分配指标，纠正措施和预防措施方面的指标，监督检查和考核管理指标，不合格测量设备和不合格测量过程管理指标，顾客满意度评价工作指标等。

（2）测量管理体系质量目标的管理职责

公司总经理负责组织制定并批准计量工作质量方针并通过各种形式的内部沟通，不断宣传计量工作质量方针，使质量方针贯彻到全体员工中。质量方针的文字表现形式可以在手册中，也可以其他形式出现。计量工作质量方针应在总经理主持下进行评审，并根据测量管理体系质量目标完成情况及测量结果达到的效果适时修订。

负责企业综合目标管理或综合经营计划的部门应该归口管理测量管理体系的质量目标，质量目标草案可由计量管理部门提供，企业测量管理体系管理者代表负责组织制定并批准计量工作目标。

企业制定计量工作目标时，首先应考虑顾客的计量要求和国家计量法要求，并依据计量工作质量方针总体框架，在每年年初依据上年度测量管理体系运行情况和下年度工作要求制定下年度计量工作目标。计量工作目标，应结合公司综合经营目标，充分体现测量过程和计量确认过程的发展和持续改进，对提高产品质量、安全生产、环境保护、能源计量、经营管理等具有实际意义。拟定的公司计量工作目标草案，报管理者代表批准后，向全公司发布。

各单位应根据公司计量工作目标和本单位现状，进行目标分解，提出本单位测量管理体系改进需求，作为本部门的计量工作目标，并报计量管理部门审定备案。工作目标可以具体到某个测量活动、测量过程或文件控制等。工作目标可以是计量确认和测量过程或活动，可以是计量资源以及文件化程序。目标应本着分阶段实施和评审的原则，并根据测量结果进行控制和改进，工作目标应该是可测量的，能够量化的要量化，不能量化的一定要定性化，不能模棱两可、似是而非。

各单位负责分解和落实公司计量工作质量方针和质量目标，制定本部门计量工作目标。实施质量目标时，各部门应制定严格的计划、实施准则、技术措施，并形成文件记录。公司目标计划变更应得到管理者代表批准，部门目标计划变更应得到测量管理体系运作部门的批准。

目标的管理应该是动态的，应按规定的时间节点检查考核，必要时工作目标可以适当调整。管理者代表组织测量管理体系质量目标的实施和评审，评审重点在改进过程和活动。各部门应定期检查本单位目标完成情况，对不能如期完成的应查明原因，制定措施，修改工作目标。

部门目标由计量管理部门统一管理并考核，也可利用内部审核机会审核检查，审核组长将审核结果书面通报计量管理部门。

测量管理体系的质量目标管理过程图见图 4-3-3。

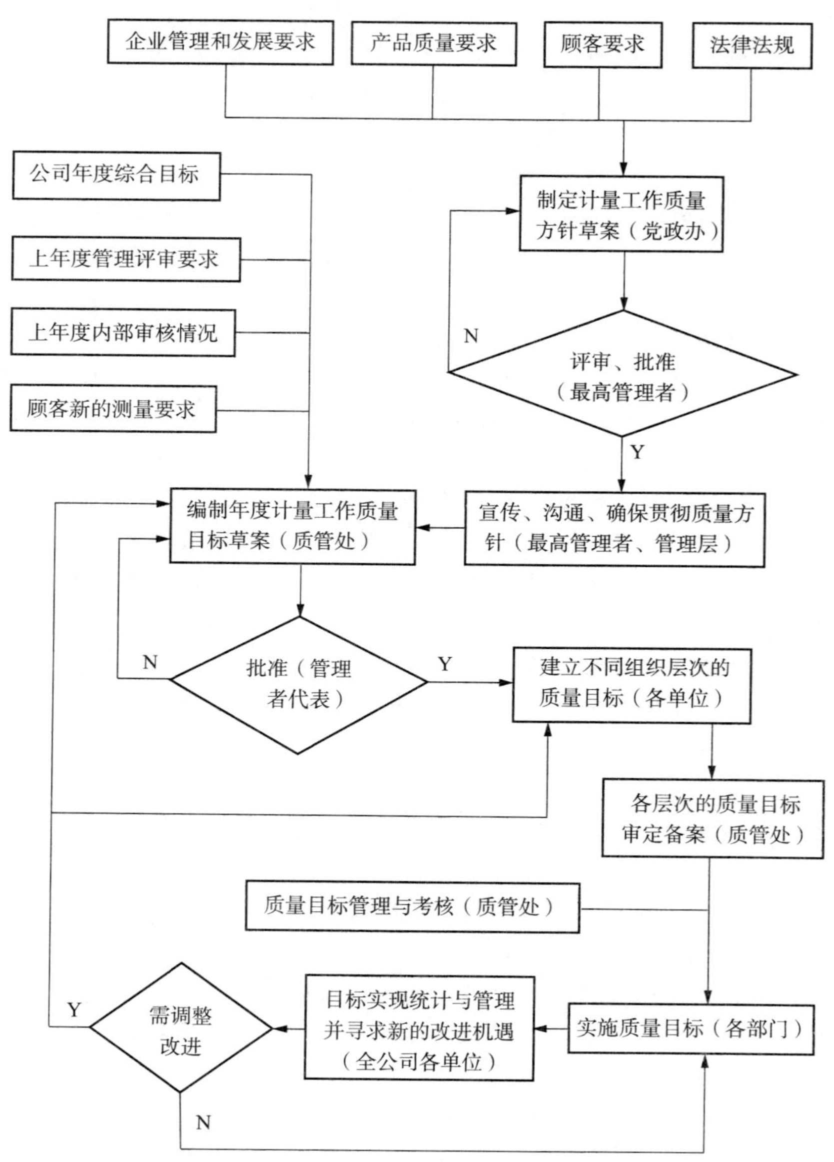

图 4-3-3 计量工作质量方针和质量目标管理过程图

2. 测量管理体系质量目标案例

【案例 4－3－1】　××公司测量管理体系 2014 年工作目标及其下属机构检测中心对公司工作目标的分解

××公司 2014 年计量工作安排

第一部分　2013 年计量工作简要回顾

2013 年集团公司经历了与国机集团的联合重组，体制机制再调整理顺等诸多重大事件。在这个特殊的时期，公司的计量工作始终围绕"加强基础管理，提供计量保证"目标，在公司党政班子的正确领导下，继续不断完善测量管理体系运行质量，加强测量过程控制，积极推进检测技术的研究和应用工作，为集团公司经营生产、科研试验、产品质量及技术进步提供了可靠的计量保证。

一、计量质量目标实现情况

2013 年集团公司制订了 5 项计量质量目标，其实现情况如下：

（1）关于测量设备送检率。绝大多数体系成员单位能按照每月的测量设备检校计划送检测量设备，公司的测量设备送检率保持在 99.5%以上。极个别单位因职工长期出差，导致异地使用的测量设备检校计划不能按期完成。

（2）关于测量过程受控率和不合格测量设备有效性评价率，在各成员单位共同努力下，均达到 100%目标。

（3）关于测量管理体系年度监督审核。各体系成员单位均按时整改完成内、外审时发现的不符合，体系运行有效，顺利通过测量管理体系年度监督审核。

二、持续加强体系建设，规范计量管理工作

（1）不断加强测量设备计量验证工作。计量验证是测量管理体系的重要活动之一，通过实施计量验证实现测量设备的正确选用。为提高计量验证实施的规范性和记录填写的准确性，分两期对公司 180 余名计量验证人员进行了培训。

（2）持续提高测量过程控制水平。清理原有测量过程的实施情况，因产品结构调整等原因撤销 4 项测量过程，暂停 1 项测量过程；同时新增了产品质量检验过程 4 个，能源计量过程 1 个，通过调整理顺，完善测量过程技术管理手册，到 2013 年底，共有 57 个测量过程通过实施期间核查或连续监控方式进行控制，保证了测量过程控制水平。

（3）按计划完成测量管理体系内部审核、外部监督审核及问题纠正。2013 年 9 月分别对 11 个成员单位进行了内部审核，共发现不符合项 7 项，需整改的问题 23 个；2013 年 11 月外部监督审核抽查了 8 个成员单位，发现不符合项 4 项。责任单位均及时制定了纠正措施并按计划实施，通过体系内、外部审核，促进了体系自我完善，保持体系持续改进。

（4）以标准化推动计量校准过程规范化。对集团公司新发布的 56 个计量校准规范进行了专项宣贯培训，确保在国家无校准规范或现有校准规范不适用时，测量设备的校准有据可依。

集团公司测量管理体系在运行过程中不断完善和持续改进，较好地保证了集团公司核电等产品及各类质量保证体系相关测量管理保证能力的控制要求，全年为压力容器质量保证体系内、外部审核，质量管理体系军民品内、外部审核，ASME N、NPT换证审核，AS9100航天质量管理体系审核，PED-CE监督审核，东方电气核电制造二方监查等，提供了扎实的计量管理支持和能力保障。

三、积极开展技术创新，为公司重要计量提供技术支撑

（1）科研小组解决了能源数据的远程无线实时自动采集技术问题，公司科研项目“能源计量数据采集分析网络中心研发”取得阶段性成果，成功完成远程无线数据传输实验，验证了科研方案的可行性。

（2）完成《温度测量系统现场校准作业指导书》和《流量、压力测量系统现场校准作业指导书》2项企业标准的编写，依此为依据对重要的检测设备上的测量系统开展现场校准，提高了工作效率和准确性。

（3）实现了电子式电能表的软件编程，解决了配电所电子式电能表时段误差不能调整的问题，提高了分时段电能计量的准确性。

（4）参与国家重大专项“高温锻件在线检测系统”的研究工作，进行了工程样机的现场实验工作，为解决大型锻件在线测量提供了技术支撑。

（5）四川省科技基础条件平台建设项目“研究实验基地和大型科学仪器设备共享平台——重大装备空间自由曲面精密测量共享服务平台”，由检测中心申报并通过省科技厅立项，扩大了二重计量技术工作的知名度。

（6）制定了AP1000主管道和波动管主要参数测量方法，该方法作为测量技术条件，供设计方、采购方、制造厂、安装单位等多家单位共同执行。

四、切实发挥计量职能作用，为公司提供计量保证

体系成员单位充分发挥计量职能，为生产、经营、科研等提供了计量保证。完成的主要工作有：

（1）完成测量设备定期检校计划48108台/件，其中内部检校46795台/件，外委检校1313台/件；巡回返还校准18698件次；新购测量设备入库检校9643台/件（含快速热电偶）；修理测量设备4023台/件。

（2）完成在制产品几何量精密检测730次，完成了800MN模锻压机调试验收计量测试工作。完成三峡螺母柱和齿条、向家坝螺母柱和齿条以及200MN模锻压机、风电产品、核电产品、冶金产品等公司重点产品的精密检测工作。

（3）完成宇航产品热处理炉的系统精度测试396次、炉温均匀性测试110余次、完成重要产品现场温度测试、生产现场仪表日常维护管理和能源计量系统维护工作。

（4）进一步强化服务意识，增强主动服务性，解决瓶颈问题，为公司的产品制造提供了优质的理化检测服务，全年完成5.6万件实验件理化检测任务。

（5）完成各项无损检测5.5万余件/次，射线拍片5.3万多张，射线探伤频次创历年最高纪录。

(6) 更新公司能源计量配置图，及时配备能源计量仪表，保证公司一级、二级、三级能源计量仪表配备率和计量率。监控并保持入厂天然气计量准确率>97%，为公司提供了可靠的能源计量数据。

2013年，集团公司计量工作通过各单位的共同努力，圆满完成各项工作任务，较好地实现和完成年初所确定的年度计量质量目标和重点工作。但工作也存在以下需改进之处：各单位应提高对计量质量目标重要性的认识，做好分解考核工作；测量软件的识别、计量验证工作还需进一步加强；重要测量过程控制工作还需规范；测量管理体系年度评审工作需提高。

第二部分 2014年集团公司重点计量工作

2014年是公司打响质量翻身仗的第一年，计量工作将按照公司年会精神及要求，贯彻“理顺管理机制，提高运行质量”工作方针，切实做好机制调整理顺后计量管理和计量技术工作，为公司“促进结构调整、提升质量水平”提供全方位的计量保证。

2014年计量质量目标：

(1) 测量设备送检率：100%；

(2) 新建重要测量过程5个；

(3) 不合格测量设备有效性评价率：100%；

(4) 测量管理体系审核纠正措施完成率：100%。

一、理顺管理机制，保持体系平稳运行

(1) 根据公司机构调整理顺后的组织机构，建立公司计量管理工作网络，重新组建公司计量员和计量验证人员队伍，并于二季度内对新任计量员进行计量管理和EQ系统使用培训，确保工作有序衔接。如人员队伍发生变化，各单位应及时向归口管理部门申报。

(2) 根据新的组织机构代码，理顺设备管理系统中测量设备的归属，为测量设备持续受控打下基础。在此基础上，将测量设备月检校计划按理顺后的单位名称重新下达，确保测量设备周期检校工作有序进行。

(3) 各成员单位应结合公司的计量质量目标，有针对性地制定本单位的计量质量目标，对目标的实现过程建立有效的监控手段，对可能偏离目标的行为及时采取纠正和预防措施。

(4) 精心组织体系内审工作，促进体系自我完善。对测量管理体系审核及各类其他体系审核中出现的与计量相关的不符合项，要跟踪验证纠正措施实施情况，确保纠正措施有效落实。

(5) 推进测量设备计量证书确认和计量验证工作规范开展。加强对核电、Nadcap等特殊领域的测量设备的计量证书确认及计量验证工作，及时发现外来测量设备计量证书质量问题，确保测量设备的计量特性满足测量过程的计量要求，从而实现产品制造过程的质量保证。

(6) 继续深入开展测量过程控制管理工作。不断研究新的测量过程控制管理模式，

推进关键工序重要测量过程的识别和建立工作，体系成员单位要关注2014年度重点产品、关键工序的测量要求，在生产现场识别出重要的测量过程，通过过程核查等手段对过程进行长期监控，并与质量提升年活动相结合，充分发挥过程控制对产品质量的长效作用。

（7）做好检测和校准实验室管理体系有效运行工作。在2013年建立体系后，今年要继续有计划地参加实验室能力验证活动和内部质量监控活动，提升测量结果质量保证能力；不断持续改进体系运行质量，提升二重检测和校准能力及影响力。

二、不断研究计量新技术，推进计量技术创新

（1）根据集团公司产品结构调整及制造过程测控要求，有针对性地采取检测保障手段，加强学习及技术培训，及早将WGT4000齿轮检测中心投入使用，尽快使新增设备投入运行并发挥生产检测保障作用。

（2）认真做好电学标准装置改良工作，在少投入的前提下，从软件升级方面入手，提高公司最高电学标准装置（Fluke5522）的准确度等级和测量项目，从而更好地为公司电学参数提供量值溯源保证。

（3）积极推进四川省科技基础条件平台建设项目“研究实验基地和大型科学仪器设备共享平台——重大装备空间自由曲面精密测量共享服务平台”，提高二重计量工作在精密检测领域的影响力。

（4）积极准备，迎接市质监局对公司最高计量标准装置的复查。公司17套最高计量标准装置考核证书将于2014年12月到期，为保证公司2万多件测量设备周期检定工作，必须保证通过计量标准装置复查考核，取得计量标准考核证书。同时，还要开展计量检定人员资格证书取证工作，确保公司的人员、设备具备开展量值传递的条件。

（5）为降本增效提供计量和测控技术支持。一是要保证能源计量器具的配备率满足GB/T 17167—2006《用能单位能源计量器具配备和管理通则》要求；二是要继续做好工业炉窑技改工程测控系统技术升级工作，在保证工业炉窑测控系统安全稳定运行的基础上，满足公司特殊产品热处理工序温控技术要求，并运用节能控制技术实现降本增效目标，为提升企业竞争力提供技术支撑和服务保障。

（6）选择试点项目进行测量系统分析（MSA）的研究，运用MSA研究测量系统中各变差源及其对测量结果的贡献，评估测量系统的质量，判断其可接受性。

（7）测量不确定度的评定及应用仍然是今后一段时期工作的难点，要结合合格判定的要求，进行测量不确定度的应用研究。

2014年是集团公司强化质量管理，重塑质量品牌的开局之年，我们要以保证质量为出发点，实现计量工作新的作为和新的业绩，在集团公司党政班子的正确领导下，扎实工作，为集团公司健康发展贡献力量。

2014年××公司检测中心技术质量工作计划

序号	项目	编号	工作要求	责任单位	考核单位	考核周期或完成时间
1	质量目标	*1.1	持续改进，不断完善管理体系，内外审不符合项归零率达100%	各部	运行保障部	按整改计划
		*1.2	计量标准装置周检率达到100%，量值溯源关系符合国家规范要求	相关专业部		年度
		*1.3	证书或报告的差错率低于0.5%	各专业部		年度
		*1.4	客户投诉率低于1%	各部	综合管理部	年度
		*1.5	客户投诉处理率达到100%	各部		年度
		1.6	已建测量过程受控率100%	各专业部	运行保障部	年度
		1.7	技术准备完成率100%	各相关部		月度
		1.8	质量损失额：小于公司质量部确定的额度	各相关部		年度
2	持续改进管理体系	2.1	指导体系成员单位合理地制定本单位的计量质量目标	运行保障部	综合管理部	3月30日
		2.2	作好迎接各体系内部、外部审核的准备工作	运行保障部	综合管理部	按计划
		2.3	完善各类原始记录，保证信息量足够	各专业部	运行保障部	6月30日
		2.4	组织制定实验室能力验证、测量审核和内部质量控制计划	各部	运行保障部	3月30日
		2.5	组织完成nadcap热处理专业的年度监督审核前的工作	各相关部	运行保障部	按计划
		2.6	制定各类特殊作业人员的取证、换证计划并组织实施	综合管理部	运行保障部	4月30日
		2.7	完成CNAS建议项整改；按外部、内部质量控制计划实施质量监控	各部	运行保障部	12月30日
		2.8	编制计量证书确认作业指导书，对相关人员进行培训	运行保障部	综合管理部	3月30日
		2.9	实施证书确认，加强外来计量证书确认	各部	运行保障部	季度
		2.10	完成最高计量标准装置复查换证、检定人员考核续证、法定计量检定机构授权工作	各相关部	综合管理部	12月30日

续表

序号	项目	编号	工作要求	责任单位	考核单位	考核周期或完成时间
3	加强检测技术研究	3.1	开展测量系统（MSA）研究，选择项目进行试点	理化检测部	运行保障部	12月31日
		3.2	进行测量不确定度应用研究，编制测量不确定应用作业指导书	仪表计量部		6月30日
		3.3	完成新立科研立项：堆芯补水箱密封板表面处理工艺研究	表面处理技术部		11月30日
		3.4	完成新立科研立项：铸锻件失效分析汇编	理化检测部		11月30日
		3.5	完成“铬铁　多元素含量的测定”企业标准编写	理化检测部		9月30日
		3.6	完成光滑工件测量计量器具选择标准制定工作	几何量计量部		9月30日
		3.7	完成重大装备空间自由曲面精密测量共享服务平台建设的有关项目研究工作	几何量计量部		12月31日
		3.8	修订EZB 554-2002锻钢件超声波探伤及质量评定标准	无损检测部		9月30日
		3.9	修订EZB 555-2002铸钢件超声波探伤及质量评定标准	无损检测部		9月30日
		3.10	制定EZB N53锻钢件厚焊缝无损检测标准	无损检测部		9月30日
		3.11	制定EZB N54铸钢件厚焊缝无损检测标准	无损检测部		9月30日
		3.12	独立完成申报科技进步奖≥1项独立完成申报创新项目≥1项	各相关专业部		年度
		3.13	申报国家专利项目≥1项	理化部、表处部		年度

续表

序号	项目	编号	工作要求	责任单位	考核单位	考核周期或完成时间
4	确保测量结果可靠	4.1	以（集团公司3路监视仪表计量数据总和÷省气、市气、市中区天然气收费数据总和）×100%为计算公式，计量准确率每月≥97.5%	仪表计量部	运行保障部	月度
		4.2	完善炉前三级天然气计量，以车间或分厂为计算单位，按照公式（炉前天然气计量数据总和÷该单位进口总表计量数据）×100%计算，准确率每月达到90%以上。计算单位：160MN水压机线、125MN水压机线、热处理线、老钢清线、新钢清、金结分厂	仪表计量部		月度
		4.3	对已经建立的重要的测量过程、高度的测量过程分别按照测量过程管理手册的核查方案进行核查、监视，确保测量结果可靠，并保存好相关记录备查	各专业部		按核查计划
		4.4	新建立重要测量过程（可以是波动图）	仪表1个 几何1个		9月30日
		4.5	指导生产单位新建立重要测量过程（可以是波动图）	仪表2个 几何1个		11月30日
5	QC活动	5.1	结合工作实际，选准课题，成立QC活动小组，组织开展实施活动，在部（室）发表的基础上向中心推荐发表	各部		按计划

注：“*”表示实验室的质量目标。

××公司检测中心质量目标统计计算要求

1. 不符合项归零率由运行保障部按季度进行汇总统计，计算公式如下：

$$不符合项归零率=\frac{按纠正措施完成整改并通过的数量}{季度内外审中发现不符合项的数量}\times100\%$$

2. 计量标准周检率由运行保障部对完成情况进行跟踪，年度汇总统计，最高计量标准溯源链按国家计量检定系统表进行评定。计算公式如下：

$$\text{周检率}=\frac{\text{每年送检的计量标准装置（含配套设备）的实际数量}}{\text{每年计划送检的计量标准装置（含配套设备）的数量}}\times 100\%$$

3. 证书/报告差错率计算公式如下：

$$\text{记录（报告）差错率}=\frac{\text{记录、报告发现差错的份数}}{\text{记录（报告）抽查的份数}}\times 100\%$$

各部抽查的检测报告、检定证书、校准证书、原始记录的数量不少于50份，将抽查的详细情况记录于质量监督情况记录表内（当原表格位置不足时可增加附页）。每个季度专业部将本部门的抽查记录（报告）差错率报运行保障部，由运行保障部负责汇总。

4. 客户投诉率由综合管理部按年度统计计算，计算公式如下：

$$\text{客户投诉率}=\frac{\text{年客户投诉事件总项数}}{\text{年输出证书和报告总项数}}\times 100\%$$

5. 客户投诉处理率由综合管理部按年度统计计算，计算公式如下：

$$\text{客户投诉处理率}=\frac{\text{年实际处理投诉总数量}}{\text{年客户投诉总数量}}\times 100\%$$

6. 测量过程受控率计算公式如下：

$$\text{测量过程受控率}=\frac{\text{测量过程受控数量}}{\text{测量过程总数}}\times 100\%$$

对已建立的重要的、高度的测量过程，根据《测量过程清册》，由各专业部负责进行核查或者连续监控，作好监视记录。年度末由运行保障部组织进行专项检查，统计受控率。

7. 技术准备完成率计算公式如下：

$$\text{技术准备完成率}=\frac{\text{编制完成的技术文件数量}}{\text{应编制的技术文件总数}}\times 100\%$$

专业部按月将无损检测技术准备、理化检测技术准备、表面处理（涂装）技术准备过程中应编制的技术文件数量、已编制完成的技术文件数量报运行保障部，同时对没有完成的技术文件要说明原因。由运行保障部负责统计计算完成率。

此处技术文件是指：无损检测规程、理化检测规程、表面处理（涂装）规程以及无损检测试块加工图纸等。

8. 质量损失额：小于公司质量部下达的考核指标

内容：因检测环节导致的质量损失额由公司财务部核定后，由质量主管组织分析、划分质量责任，责任部门承担对应责任的质量损失额。

关于报表时间要求：

1. 对于按月、季度、年度考核的指标，各部应在当月（当季度末月或当年度末月）26日前（遇节假日顺延）将完成情况报归口部门。

2. 归口部门应在各部上报材料后的5日内完成汇总统计工作并报质量主管。

××公司检测中心

2014年2月26日

【案例 4-3-2】 某有限公司 511 车间 2014 年计量工作目标的分解

关于下达 2014 年度计量工作质量目标的通知

各室、工段：

为进一步贯彻落实有限公司计量方针，提高计量能力，为产品质量、经营管理、物料控制、节能降耗、环境监测、安全生产等方面提供准确可靠的计量保证，根据公司上年度计量目标完成情况和测量管理体系运行情况，和本年度计量工作目标，结合本车间计量工作的发展需求，制定了车间 2014 年计量工作质量目标。现将 2014 年度计量工作质量目标和有关事宜通知如下：

一、测量管理目标

（1）计量监督检查频次≥2 次/周；

（2）不符合项按期整改完成率 100%；

（3）计划培训完成率 100%；

（4）A 类管理的测量设备周期受检率 100%；

（5）测量设备（A 类、B 类）检合格率≥95%；

（6）在用测量设备计量确认率 100%；

（7）能源计量器具配备率 100%，新增能源计量器具准确度等级符合率 100%；

（8）关键工艺测量过程受控率 100%；

（9）因测量过程失控造成的重大质量、安全、污染事故和重大经济损失为零。

二、目标的监测与考核

（1）车间对承担的测量管理体系职责和公司目标进行分解，并结合本车间实际情况，制定车间计量工作质量目标管理方案，细化测量管理体系目标内容，落实措施，确保目标的实现。

（2）每季度初车间计量管理员对上季度计量工作质量目标完成情况进行统计分析和评价，在第一周内将总结经主管车间主任审批后报计量管理部门。

（3）车间计量工作主管领导和计量管理员年终组织对各室、班组计量工作目标完成情况检查、考核、评比，检查结果作为年度班组和个人评优条件之一。

特此通知

附件：2014 年度计量工作质量目标指标和管理方案

511 车间

2014 年 2 月 25 日

附件：

2014年度511车间计量工作质量目标指标和管理方案

序号	目标	控制措施	实施部门	完成期限	考核部门
1	计量监督检查频次≥2次/周	1.1 车间计量领导小组组织对各部门、班组的计量监督检查，各部门、班组进行自查		全年	
2	不符合项按期整改完成率100%	2.1 对外审、内审，公司和车间检查中发现的不符合项及时查找原因，制定纠正措施并付诸实施，在规定时限内完成整改； 2.2 每季度对计量工作目标完成情况作一次检查统计； 2.3 及时向计量管理部门书面报告不符合项完成情况进度		年终	
3	计划培训完成率100%	3.1 结合车间实际，年初拟定培训计划； 3.2 对车间重要/关键岗位人员半年进行一次测量专业知识培训； 3.3 组织一次全车间员工计量知识和法规培训		年终	
4	A类管理的测量设备周期受检率100%	4.1 每季度对在用测量设备进行一次检查统计； 4.2 严格按计量管理部门下达的送检计划送检； 4.3 确保测量设备管理台账及时更新，差错为零		全年	
5	测量设备（A类、B类）检合格率≥95%	5.1 对新购测量设备及时进行计量确认，不满足计量要求的禁止应用于现场； 5.2 要求操作人员定期维护测量设备，确保其处于合格状态； 5.3 定期点检测量设备，确保不违章、超负荷使用测量设备		全年	
6	在用测量设备计量确认率100%	6.1 建立计量确认记录（台账），全面进行计量确认； 6.2 每月开展一次在用测量设备检查清理，利用车间宣传板报公布检查结果，确保确认率达100%		全年	
7	能源计量器具配备率100%，新增能源计量器具准确度等级符合率100%	7.1 绘制能源计量网络图，建立能源计量器具管理台账； 7.2 新购能源计量器具及时计量确认，确保达到GB 17167要求		年终	
8	关键工艺测量过程受控率100%	8.1 每周对测量过程受控情况进行一次日常巡查； 8.2 建立关键测量过程管理台账，对高风险测量过程制定核查作业指导书，开展定期核查，使用控制图控制		全年	
9	因测量过程失控造成的重大质量、安全、污染事故和重大经济损失为零	9.1 每周对测量过程受控情况进行一次日常巡查； 9.2 建立关键测量过程管理台账，对高风险测量过程制定核查作业指导书，开展定期核查，使用控制图控制		全年	

第二节　计量要求的导出及案例

一、根据法律法规提出的计量要求

贸易结算、能源计量、安全管理、环境管理等的测量要求往往由国家强制性标准或法规的形式提出，在提出要求时也往往同时提出对配置的测量设备的计量要求。此种情况下，计量要求已经经过标准和法规起草班子组织相关专家进行了导出，并规定在相关标准和法规之中，企业测量管理体系只需要采用即可，无须再重复进行计量要求导出。

能源计量的计量要求主要按照国家能源计量管理的法律法规结合企业实际情况加以识别。例如GB 17167—2006《用能单位能源计量器具配备和管理通则》、GB 24789—2009《用水单位水计量器具配备和管理通则》、GB/T 23331—2012《能源管理体系　要求》、GB/T 15316—2009《节能监测技术通则》、GB/T 6422—2009《用能设备能量测试导则》、GB/T 13234—2009《企业节能量计算方法》及各行业的能源计量管理规定。

企业之间贸易结算的测量要求应该由双方以合同或技术协议的形式加以规定。经常听到有的称量人员说自己是按实际称量值验收，不允许有误差，实际称量值丝毫不差。实际称量值其实就是测量结果，这个测量结果必然与其真值存在误差，称量100kg物质，不可能1g也不差，因为使用的秤本身都存在着示值误差。因此在经营活动中的物资称量做到分毫不差是不可能的，应该规定供需双方都能够接受的最大偏差值，即最大允差，这个最大允许误差就是对测量的要求，企业应该根据这个测量要求进一步导出对所用测量设备的计量要求，配备适度的满足测量要求的测量设备。

《定量包装商品计量监督管理办法》规定了单件定量包装商品的净含量与其标注的长度之差不得超过的负偏差，以及单件定量包装商品的净含量与其标注的质量、体积之差不得超过的负偏差。这实际上就是国家以法规的形式代表顾客（消费者）提出了顾客的计量要求。

为保证生产安全和环境保护进行的安全检测、环境监测等方面测量过程受控，安全管理、环境管理的计量要求一般已经由国家相关的法律法规具体提出，和能源计量的计量要求一样只需要从国家相关法律法规查出即可，可不必重复进行计量要求导出。

二、根据组织需求导出的计量要求

本处所说的“根据组织需求导出的计量要求”主要就是指如何从组织物资量的管理需求导出计量要求。

经营管理对计量工作的需求主要体现在三个方面，其一是所有物资量的计量，包括大宗物料进出企业、产品入库提交等的计量；其二是定额管理所需的计量，包括定额发料、物料消耗考核等所需的计量；其三是统计报表所需的计量数据，即国家和上级主管部门即企业自身规定的统计报表需要的可测量的计量。为了确保这些量的准确可靠，就必须首先识别和确定组织的需求，根据组织的需求导出对测量过程的要求，再进一步导出对配置的测量设备的计量要求。

以下是某公司汽车物资称量和对某种规格玻瓶满口容量测量计量要求导出计算书的示例：

【案例 4-3-3】 汽车物资称量计量要求导出计算书

生产区汽车物资常用称量范围为（0～40）t，根据 QJG/JL—117《汽车物资称量过程测量操作指导书》规定，最大称量允许负偏差为 $\Delta_{允}=0.5\%$。

1. 识别顾客要求

常用称量范围为（10～40）t，不足量最大允差为不大于 40000kg×0.5%=200kg，即控制限 $T=200$kg。

2. 导出测量过程的计量要求

根据 1/3 原则，测量过程的计量要求为：200kg÷3=66.7kg。

3. 导出测量设备的计量要求

测量过程在室外自然环境下实现，本地环境温度（0～35)℃，采用计算机自动称量系统，并使用稳压电源，环境变化、电源及人员对测量结果影响很小，估计测量设备影响占 90%，则测量设备允差应为：66.7kg×0.9=60kg。

4. 测量设备的选择

选择衡器测量范围为（0～80）t，测量系统由称重传感器和电子称重仪表组成。传感器综合误差为 0.02%，则最大允差为 $\Delta_1=0.02\%\times 80\text{t}=16\text{kg}$。电子称重仪表准确度等级为Ⅲ，分度值为 10kg，检定规程规定最大允差为 $\Delta_2=30\text{kg}$，则测量系统最大误差为：

$$\sqrt{\Delta_1^2+\Delta_2^2}=\sqrt{(16\text{g})^2+(30\text{kg})^2}=34\text{kg}。$$

5. 结论

因为 24kg＜60kg，所以此测量过程满足顾客的测量要求。

计算人：××× 审核人：×××

物质进出企业和内部原材物料消耗属于经营管理活动中的测量过程。其计量要求应该由企业物资管理部门根据原材物料的价值（单价）和经济考核工作需要，识别和确定计量要求，应制定文件化程序规定原材物料进厂验收和出厂产品（物资）发货允许的最大偏差。企业对各种物料的测量过程要求可用被测物料单价比照国家《零售商品称重计量监督管理办法》规定的相应单价零售商品核称重量允差和《定量包装商品计量监督管理办法》规定的相应单件定量包装商品净含量与其标注的长度、质量、体积之差不得超过的允许短缺量制定，也可以根据本企业的经营管理承受能力和管理需求制定。单价较低的，测量允许误差可适度放宽；单价较高的，测量允许误差可适度收严，并适当考虑某些物料运输途中的损耗和晴天、雨天对物料重量的影响。

表 4-3-2 是某公司常用采购物资入库验收最大允许误差的要求示例，可供识别和确定经营管理计量要求时参考。

表 4-3-2　××××××公司常用采购物资入库验收最大允许误差

类别	序号	物资名称	允差	损耗	合计最大允差	使用测量设备
黑色金属	1	钢板	0.5%		0.5%	地中衡
	2	无缝（焊接）管	0.5%		0.5%	台秤
	3	原钢	0.5%		0.5%	台秤
	4	角钢	0.5%		0.5%	台秤
	5	生铁	0.5%	0.5%	1%	轨道衡
	6	焊丝	0.5%		0.5%	台秤
	7	焊条	0.5%		0.5%	台秤
	8	废钢	0.5%		0.5%	地中衡
有色金属	9	不锈板	0.5%		0.5%	台秤
	10	铝板	0.5%		0.5%	台秤
	11	铜棒	0.5%		0.5%	台秤
	12	铝棒	0.5%		0.5%	台秤
非金属	13	全胶管	1%		1%	皮尺
	14	调和漆	1%		1%	台秤
	15	烯料	1%		1%	台秤
	16	燃煤	1%	0.5%	1.5%	汽车衡

三、根据顾客需求导出的计量要求

顾客的要求有明示的和隐含的，明示的要求通过双方合同和技术协议明确规定，或由国家标准和规范代表顾客予以规定，隐含的要求往往是并不提出，但不提出不等于没有要求。企业的技术开发人员应该识别顾客的明示要求和隐含要求，并确定下来，不能确定的应和顾客沟通加以确定。

顾客要求确定后，应将顾客要求转化为企业的技术要求，反映在图纸、工艺和技术文件中，再根据图纸工艺和技术文件对被测参数的要求导出对测量过程和测量设备的计量要求。因此，根据顾客需求导出测量设备计量要求的过程是把顾客作为“上帝”，是真正实现顾客为关注焦点原则的第一步。

以下是机械制造企业常见到的计量要求导出计算书，可供大家参考。

【案例 4-3-4】　转轴直径尺寸 $\phi 90^{+0.045}_{+0.023}$mm 检验计量要求导出计算书

1. 顾客要求的识别

直径名义尺寸 ϕ90mm，允许上偏差＋0.045mm，下偏差＋0.023mm。识别的顾客要求是：被测直径 90mm，上偏差＋0.045mm，测量范围尺寸上限为名义尺寸加允许上偏差 90mm＋0.045mm＝90.045mm；

控制限即公差为：T＝(＋0.045mm)－(＋0.023mm)＝0.022mm。

2. 由顾客要求导出测量过程的计量要求

2.1 测量过程的测量范围应大于 90.045mm。

2.2 顾客要求的控制限（允许公差）$T=0.022$mm，根据 1/3 原则导出测量过程的允许误差，测量过程的允许误差为：

$$0.022\text{mm}\div 3=0.0073\text{mm}$$

3. 导出测量设备的计量要求

由测量过程的测量范围应大于 90.045mm，导出选择的测量设备测量范围应大于 90.045mm。

考虑测量设备与人、料、法、环等要素对测量结果的影响比例为 1∶1，即各占测量过程允许误差的 70%，则测量设备的允许误差应为：

$$0.0073\text{mm}\times 0.7=0.0051\text{mm}$$

4. 测量设备的选择

选择测量范围（75～100）mm 的外径千分尺用于本测量过程，查检定规程知其最大允许示值误差为 0.005mm。

5. 结论

（75～100）mm 的外径千分尺测量范围覆盖 90.045mm，千分尺最大允许误差 0.005mm<0.0051mm，选择（75～100）mm 外径千分尺检测产品 $\phi 90^{+0.045}_{+0.023}$mm，基本满足顾客要求。

计算人：　　　　日期：　　　　审核人：　　　　日期：

【案例 4-3-5】　轮廓度样板轮廓度误差检测计量要求导出计算书

1. 顾客要求的识别

根据公司 DN. 82-021 A-A 2# 工艺要求，样板尺寸为 100mm×90mm，轮廓度允差 ±25μm 则：

样板的尺寸为 100mm×90mm，轮廓度控制限（允许公差）$T=50\mu$m。

2. 由顾客要求导出测量过程的计量要求

按 1/3 原则，由顾客要求导出测量过程计量要求为：

$$50\mu\text{m}\div 3=16.67\mu\text{m}$$

3. 导出测量设备的计量要求

因测量过程在精密测试室内进行，本公司实验室环境温度控制在（20±2)℃，为(18～22)℃，测量方式采用自动测量，因此环境温度的变化及人员变化对测量结果影响很小，估计测量设备占 95%，则测量设备的允差应不大于：

$16.67\mu\text{m}\times 0.95=15.8\mu\text{m}$

4. 测量设备的选择

测量方式采用自动测量，选用 GLOBAL9208 三坐标测量机在实验室充分等温的情况下直接测量。

GLOBAL9208 三坐标测量机测量范围为 900mm×2000mm×800mm，测量范围满足要求。

三坐标测量机示值允差 $\Delta=\pm(2.9\mu m+4\times10^{-6}L)$，测量 100mm×90mm 轮廓度最大允差为 $\Delta=\pm(2.9\mu m+4\times10^{-6}L)=\pm(2.9\mu m+4\times100\times10^{-6}mm)=3.3\mu m$。

5. 结论

因为 $3.3\mu m<15.8\mu m$，仪器测量范围覆盖要求测量范围，所以选择的测量设备满足顾客的测量要求。

计算人：　　　　日期：　　　　审核人：　　　　日期：

第三节　测量设备的计量确认

一、测量设备的校准

1. 通用测量设备的检定或校准

通用测量设备因有国家标准规定了技术要求，有时候也称为标准测量设备。通用测量设备在机械加工厂被广泛使用，常见的有游标类量具、微分类量具、指示表类量具、端度类、角度类、线纹类、齿轮类、形位误差类等几何量测量设备以及热力电等其他专业测量设备。这些测量设备一般都有国家计量检定系统表、国家检定规程或计量校准规范，对通用测量设备的检定或校准只需执行国家检定规程或校准规范以及量值传递系统即可。

2. 专用测量设备的校准和管理

专用工装是产品制造过程中所用的各种专用工具总称，也称为专用测量设备。测量管理体系需要关注的主要指：专用量具、检具、成形刀具、和具有测量作用的模具、夹具、辅具等。其中产品制造测量过程中所用的塞板、卡板、角度样板、圆弧比较样板、轮廓度（型线）样板、锥度量规、光面量规、螺纹量规、综合量具等直接作出符合性判定的工具和装置，习惯称为专用量具。平台、心轴、等高垫块、靠铁、V 形铁、方箱、定位夹具、定位框架等测量辅助设备，习惯上称为专用检具。机械加工企业所有这些工装虽然不能读出测量数据，但均具有“实现测量所必需”的作用，因此应该纳入测量设备范畴，实施计量确认和计量管理。

大中型企业，专用测量设备的数量甚至远大于通用测量设备的数量，因此按重要度像通用测量设备一样实行 A、B、C 分类管理也是必要的。专用工装管理类别一般由工艺部门划定。首次制造的专用工装，应对其是否满足生产要求、安全可靠、使用方便等进行验证，在用测量工装应实施定期的计量验证，验证工作应制定《工艺装备验证办法》加以规定。

计量部门负责 A 类专用工装的校准和计量确认，对关键测量项目的专用量具，如螺纹校对规、标准样板（又称原始样板）、检验样板（又称对板）等，直接负责保管。质量检验部门负责在用 B 类专用工装的定期校准，B 类工装定期确认由使用单位计量确认员负责。使用单位负责本单位所用专用工装的保管，为 A 类和 B 类专用工装计量确认提供方便，并负责C类专用工装的计量确认和管理。

（1）A类工装的管理

塞板、卡板、锥度量规、光面量规、螺纹量规、公差在某个合适的范围内的轮廓度样板和角度样板（例如轮廓度公差在±0.03mm以内的型线样板，角度公差在±10′以内的角度样板等），质量检验部门使用的专用测量工装（例如平板、V形铁等），各类复杂成型刀具（例如精密成型铣刀、精密成型车刀及齿轮刀具等）纳入A类专用工装管理。

新购或新制A类工装由计量部门负责检测验收。检测后出具检测报告，合格的办理入库手续，不合格的作退库处理，由采购部门联系退货、换货和索赔事宜。一般外购的各种A类刀具、专用量具，如果有经政府主管部门授权检定机构出具的检定证书（非制造商出具的合格证），可直接办理入库手续。A类专用测量设备检验合格在交库单上盖计量专用章，填发合格证（签发计量确认标识）、登入测量设备管理台账并安排定期计量确认间隔后，才可发放使用。

投入使用后的A类专用工装，由计量部门实施定期计量确认，开出定期确认通知单经使用部门签收，使用部门按通知单规定的图号和数量于规定日期前送指定计量站组进行校准和计量确认，超期使用的按相关管理制度追究使用部门和使用者的责任。

对使用频繁的卡板、塞板、对称性量具等，为了防范磨损过大造成的测量风险，除正常定期计量确认外还应辅助以“返还校准”。即，用同一专用量具测量工件一定数量（如50件或100件）后，即应停止使用返还到工具室，交计量确认员追加一次计量校准和计量确认。计量确认合格后重新签发合格标识，计量确认合格标识的有效期仍为原有效日期，不予顺延。

对于A类成型刀具，在加工产品前或经修磨后应进行计量确认，计量确认方法可采用对刀具全面检测或通过对加工试样进行检测。

（2）B类专用工装管理

生产加工过程中使用并且对产品质量有直接影响的芯轴、等高垫块、平尺、平板、划线样板、对刀样板、钻模、锻模、冲模和公差带超出A类工装范围的其他轮廓度样板和角度样板等纳入B类专用工装管理。B类专用工装的管理和计量确认一般由派驻使用单位的质量检验站负责。

（3）C类专用工装管理

纯属起夹紧、支承、敲击作用的工装、辅助工具、钳工手动工具，泵水工具、弯板、磨具、胎具、拉盘和计量要求不足以列入B类工装的各类其他钻模、压模、弯管模、靠模、钻孔鞘套，锻造使用的夹钳、垫铁、V形铁、方箱、平板等，A类刀具以外的其他各类成型刀具等可纳入C类专用工装管理。C类专用工装管理和计量确认可由使用单位负责，C类专用工装一般实行投入使用前的一次性计量确认，使用中只做功能性检查，不做定期计量确认，直至损坏后报废更新。

专用工装有国家或行业校准规范的执行国家或行业校准规范，无国家或行业校准规范的，应根据JJF 1071—2010《国家计量校准规范编写规则》编制企业内部计量校准规范，暂时来不及编制企业内部计量校准规范的，计量校准工作可执行该工装的生产图纸和生产工艺。专用工装校准规范的示例如下：

【案例 4-3-6】　×××有限公司检验用心轴校准规范

说明：规范编号和目录略去。

1　范围

本校准方法适用于测量范围为（0～300）mm 的圆柱体心轴的校准。

2　引用文献

无

3　概述

圆柱体心轴是指用于测量带有光滑圆柱内孔要素的工件几何尺寸和形位误差的辅助工具，心轴圆柱面插入被测件内孔，模拟内孔轴心线，以完成相关测量。

4　计量性能要求

4.1　外观

外观不应有锈蚀、磕碰拉毛等影响使用功能的外观缺陷。

4.2　工作面表面粗糙度

工作面表面粗糙度取不超过 Ra 0.05m。

4.3　端基面平面度

端基面（其中一个端面）平面度不应超过 1μm。

4.4　圆柱面轴心线相对于端基面的垂直度

圆柱面轴心线相对于基面的垂直度不应超过 1μm。

4.5　圆柱面圆柱度

圆柱面圆柱度不应超过 2μm。

5　校准要求

5.1　环境条件

校准检验用心轴的室内温度为（20±5)℃，室内湿度不超过 80%RH。校准前，将被校准心轴放在室内平衡温度时间不少于 2h。

5.2　校准项目和校准工具

检验用心轴校准项目及相应校准工具见表 4-3-3。

表 4-3-3　检验用心轴校准项目及相应校准工具表

序号	校准项目	校准工具
1	外观	目测
2	工作面表面粗糙度	表面粗糙度样块
3	端基面平面度	刀口尺
4	圆柱面轴心线相对于端基面的垂直度	0 级直角尺、0 级平板
5	圆柱面圆柱度	分度头，分度误差≤2″； 测微表，分度值≤0.5μm

5.3　校准方法

5.3.1　外观

目力观察。

5.3.2　工作面表面粗糙度

用表面粗糙度样比较样块以比较法进行测量。

5.3.3　端基面平面度

用不大于 175mm 的刀口尺进行测量，应无光隙或有可见蓝光。

5.3.4　圆柱面轴心线相对于端基面的垂直度

角尺置于 0 级平板上，角尺与平板组成标准直角。然后把被测心轴端基面与平板工作面接触，轻轻推向直角尺，与直角尺工作面靠拢，观察心轴测量面与铸铁角尺测量面之间的光隙，应无目力可见光隙或有可见蓝光。

5.3.5　圆柱面圆柱度

采用最小包容法来评定圆柱度，包容被测圆柱度的轮廓且半径差为最小的两同心圆柱，此最小半径差即为所评定的圆柱度误差（并配有测微表进行测量）。

将被测件安装在光学分度头和顶尖之间，以顶尖孔轴线定位。调整好表架，把测微表与心轴放置在 1 截面，然后转动光学分度头手轮一周，读出测微表的最大与最小读数，由式（4－3－1）计算出 1 截面的圆度误差：

$$e_1=(d_{max}-d_{min})/2 \tag{4-3-1}$$

同理分别测出 2、3、4、5 截面的圆度误差 e_2，e_3，e_4，e_5 由式（4－3－2）计算出圆柱度误差：

$$e=(e_1+e_2+e_3+e_4+e_5)/5 \tag{4-3-2}$$

5.4　校准结果的处理和复校时间间隔

5.4.1　校准后的检验用心轴，由兼任计量确认员的校准人员直接签发计量确认标识，计量校准人员没有被人力资源管理部门书面授权承担计量确认员资质的，填发校准证书，计量确认员凭校准证书和测量工作的计量要求进行验证，满足测量要求的，由计量确认员签发计量确认合格标识。

5.4.2　复校时间间隔不超过 1 年。

3. 测量软件的校准或测试

测量管理体系所指软件（以下简称软件）是用于测量过程和计量管理中固化（内置）或可编程的、成品供应的，通过计算机专业语言编制的软件包。为了确保测量过程和测量结果计算中的软件受控、完整、适时、有效，防止未经授权的改变影响测量系统计量性能，造成测量结果失准，企业应该制定软件管理程序加以控制和管理。软件管理程序应包括软件的配置确认、软件设计、安装、测试、版本升级、移交、使用、批准存档、计量确认、标识及日常管理。

管理机构设置，一般有计算机处的大中型企业，软件由计算机处归口管理，并负责软件试用期和正常使用期的维护和升级工作。软件使用部门负责本部门软件管理，保护软件的完整和有效性，建立软件管理台账并在计算机处和计量管理部门备案（台账示例见表 4－3－4）。计量管理部门协助计算机处对各单位测量软件管理情况实施监督，并实施计量确认，其中对软件的测试相当于测量设备的校准。

计量管理与测量软件管理过程图见图 4－3－4。

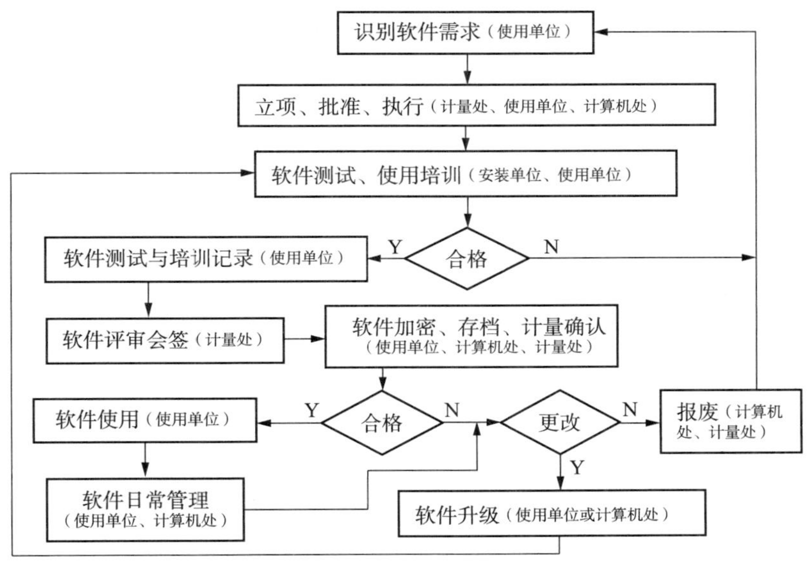

图 4－3－4　计量管理与测量软件管理过程图

表 4－3－4　×××××有限公司测量软件管理台账

序号	软件编号	软件名称	版次	项目号	开发者	使用部门	联用设备	确认人员	确认日期	软件/记录保管人	备注
1											
2											
3											
4											
5											

各软件使用单位根据识别的需求可以自行开发，也可以由计算机处统一开发或委托外单位开发、或直接购买商品化软件。

测量软件初次使用前，无论什么开发途径，都应经测试合格后才能投入使用。初次使用前的测试内容：

1）适用性：被测参数测得数据的计算和传递准确性是否得到满足；

2）功能完备性：预期用途的能力是否得到满足；

3）容错能力；

4）算法正确性：用户算法程序检查；

5）可靠性和稳定性：抗干扰能力；

6）安全性：是否带毒；

7）版权的保护与法律责任。

初次使用前的测试由使用单位提出，计量处和计算机处共同确认方有效。测试通过后，应有确认记录（软件确认记录的示例见表 4－3－8）。记录至少应有三份，一份由计量处备案、一份由计算机处备案、一份作为使用单位运作的凭证。使用部门按测量设备管理台账模式建立软件管理台账，分别报计算机处和计量处备案。计量工作监督检查和测量管理体系审核中发现无账和无计量确认标识的软件，由计量处按“黑”测量设备和无标识的测量设备处置。

软件的定期计量确认方法与内容同上，测试结果表明满足功能要求的，由软件计量确认人员签发计量确认合格标识。软件计量确认标识可以贴在其硬件设备的显而易见处，也可以签发卡片式合格证由软件使用者保管。测量软件确认标识绿色为“确认合格”证，红色为“未经确认”证，示例见图 4－3－5。

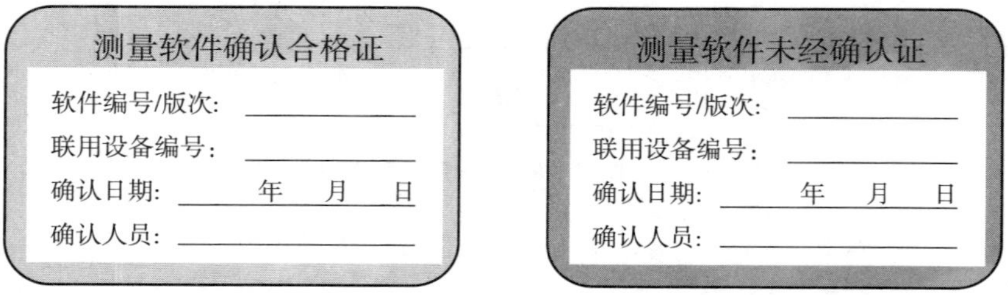

测量软件确认合格证

软件编号/版次: ____________

联用设备编号: ____________

确认日期: ______年____月____日

确认人员: ____________

（a）绿色的“确认合格”证

测量软件未经确认证

软件编号/版次: ____________

联用设备编号: ____________

确认日期: ______年____月____日

确认人员: ____________

（b）红色的“未经确认”证

图 4－3－5 测量软件确认标识

软件应在有复制备份件的情况下运行，复制备份件由软件确认员保存，以减少误操作或外来病毒造成损坏后的损失。软件应在专用计算机上运行，禁止外借，禁止在其他计算机上使用。非本岗位使用的外来软件，在用于监视和测量的专用计算机上严禁使用。

软件的修改与删除由使用单位提出申请，技术主管部门审定，计算机处批准。运行中的软件未经批准，任何人不得修改和删除。修改和删除工作由所在单位领导指定专人进行，修改后必须再确认合格才能投入运行。旧软件交确认员，避免新版本运行后原版本在使用现场复现。旧版本软件应继续保存一年，以利对已运行的效果追踪。测量软件报废删除申请单示例见表 4－3－6。

为防止对软件或固件进行未经授权的改变，软件使用部门在计算机处的技术指导下，采取写保护、加密、限制权限等技术对经改变后将造成严重损失的软件和数据库加以保护。

软件应注意产权保护，未经主管领导批准，任何单位和个人不得将计量软件拷贝提供给公司外单位。

软件确认记录的示例见表 4－3－5《监视和测量用计算机软件计量确认记录》。

测量软件报废确认申请单见表 4－3－6。

表 4－3－5　监视和测量用计算机软件计量确认记录

软件使用单位：＿＿＿＿＿＿＿＿　　　　确认记录编号：＿＿＿＿＿＿＿＿

<table>
<tr><td>软件名称</td><td colspan="2"></td><td>软件编号</td><td colspan="2"></td></tr>
<tr><td>联用设备</td><td colspan="2"></td><td>设备编号</td><td colspan="2"></td></tr>
<tr><td>确认类别</td><td colspan="5">初次确认□　定期确认□　升级/换版确认□　废止确认□</td></tr>
<tr><td colspan="6">以上由软件使用单位填写</td></tr>
<tr><td colspan="6">计量验证记录（以下由计量确认人员填写）</td></tr>
<tr><td colspan="6">□软件经过开发商或第三方验证合格，无需再验证。
□检测结果不依赖于计算机软件，无需验证。
□计算机软件需要验证，验证情况详细记录如下：</td></tr>
<tr><td>验证项目</td><td colspan="4">验证方法</td><td>验证结果</td></tr>
<tr><td>软件适用性</td><td colspan="4">□白盒测试　□黑盒测试　□算法比较
□设备比较　□其他</td><td>□适用
□不适用</td></tr>
<tr><td>功能完备性</td><td colspan="4">□白盒测试　□黑盒测试　□算法比较
□设备比较　□其他</td><td>□适用
□不适用</td></tr>
<tr><td>容错能力</td><td colspan="4">□白盒测试　□黑盒测试　□算法比较
□设备比较　□其他</td><td>□适用
□不适用</td></tr>
<tr><td>算法正确性</td><td colspan="4">□白盒测试　□黑盒测试　□算法比较
□设备比较　□其他</td><td>□适用
□不适用</td></tr>
<tr><td>可靠性
稳定性</td><td colspan="4">□白盒测试　□黑盒测试　□算法比较
□设备比较　□其他</td><td>□适用
□不适用</td></tr>
<tr><td>安全性
病毒检查</td><td colspan="4">□不适用　□杀毒软件未发现病毒
□有病毒，已杀毒　□有病毒，未杀毒</td><td>□适用
□不适用</td></tr>
<tr><td>版权保护
法律责任</td><td colspan="4">□异地备份　□加密保护
□设置修改权限　□破坏修改功能</td><td>□适用
□不适用</td></tr>
<tr><td>验证结论</td><td colspan="2">□合格　□不合格</td><td>验证人员
及日期</td><td colspan="2"></td></tr>
<tr><td colspan="6">软件确认记录</td></tr>
<tr><td>确认员意见</td><td colspan="2">□通过　□不通过</td><td>签字/日期</td><td colspan="2"></td></tr>
<tr><td>审批人意见</td><td colspan="2">□通过　□不通过</td><td>签字/日期</td><td colspan="2"></td></tr>
<tr><td colspan="6">注 1：软件计量编号为 MR－联用设备编号－×××，其中×××为三位数顺序号。
注 2：软件经过开发商或第三方验证合格，无需再验证，确认员和审批人直接签署“通过”确认，签发确认合格标识。
注 3：测量结果不依赖于软件或验证结论不合格时，确认员和审批人直接签署“不通过”确认，签发红色“未经确认”标识。
注 4：废止确认时无需对软件验证，只需有获批的使用部门书面申请即可。</td></tr>
</table>

表 4-3-6　测量软件报废确认申请单

<table>
<tr><td>软件名称</td><td></td><td>软件计量编号</td><td></td></tr>
<tr><td>使用单位</td><td></td><td>联用设备</td><td></td></tr>
<tr><td>现版本号</td><td></td><td>报废日期</td><td></td></tr>
<tr><td>变更次数</td><td></td><td></td><td></td></tr>
<tr><td>申请报废原因</td><td colspan="3">1 联用设备报废　□
2 测量过程取消　□
3 软件更新　□
4 软件已毁坏　□
5 其他　□</td></tr>
<tr><td>操作人员</td><td></td><td>使用单位
经办人</td><td></td></tr>
<tr><td>使用部门
领导意见</td><td></td><td>日期</td><td></td></tr>
<tr><td colspan="4">以上由软件使用部门填写</td></tr>
<tr><td>确认结论</td><td colspan="3"></td></tr>
<tr><td>确认员意见</td><td></td><td>确认日期</td><td></td></tr>
<tr><td>批准人/日期</td><td></td><td>批准单位</td><td></td></tr>
</table>

4. 确认间隔的确定及示例

确定测量设备确认间隔，应考虑如下因素：

（1）测量设备管理类别；

（2）国家检定规程和企业校准（检定）规范的规定；

（3）制造厂技术条件的规定；

（4）测量设备的使用频率；

（5）测量设备使用环境条件的优劣；

（6）检测参数的准确度和重要程度；

（7）测量设备经一定时间运行后技术性能稳定性。

常见评审和确定确认间隔的方法如下：

（1）按检定规程或计量检定机构的规定，确认间隔与检定周期期长相等。

（2）划为 A、B 类的测量设备，确认间隔原则上不超过相应规程规定的检定周期。C 类测量设备确认间隔可放宽至规定检定周期的 2～5 倍，甚至更长。

（3）运行中不可拆离现场的测量设备也可以随其主体设备的检修期进行，常称为自然间隔。

（4）有些测量设备虽然偏离检定规程规定的检定方法而采用比较和比对的方法校准，但其确认间隔不受检定/校准方法的不同而更改。

（5）采用 JJF 1139—2005《计量器具检定周期确定原则和方法》推荐的“固定阶梯调整法”“增量反应调整法”“间隔测试法”“最大似然估计法”等科学方法。

测量设备确认间隔经相关计量专业站组（计量管理、计量技术、计量检定和校准）

评审，由计量管理部门发布《确认间隔一览表》。

确认间隔一经确定，任何单位和个人不得擅自调整。确需调整确认间隔时，由测量设备使用单位提出，并填写测量设备确认间隔调整申请单，经计量管理部门批准后实施。

初次确定确认间隔可参照兄弟单位的经验，特别是同行业内的经验，直接使用兄弟单位经证明有效的确认间隔。“日历时间法”是调整确认间隔比较简单易行的方法。计量管理部门应根据测量设备的计量确认合格率统计规律并采用抽查方法，定期评审确认间隔的合理性和有效性，调整确认间隔期长。若在测量设备计量确认中，合格率低于要求水平，则应将确认间隔适当缩短；如果高于要求水平，则应将间隔适当延长。调整确认间隔可采用缩短或延长原定确认间隔 1/3 的方法。如将 3 个月缩短为 2 个月，将 12 个月延长为 18 个月等。确认间隔调整资料由计量管理部门存档。

二、测量设备的计量验证

计量验证是指经计量校准后的测量仪器的计量性能与测量要求计量器具应具备的计量性能（简称“计量要求”）相比较后，确定测量仪器能否满足企业计量要求的过程。“计量验证”过程是计量确认过程的关键环节，因此，术语“计量确认”的定义注 2 说：“只有测量设备已被证实适合于预期使用要求并形成文件，计量确认才算完成。”只有测量设备被证实满足企业测量需要，并形成相应的文件（如确认报告），计量确认才算完成。计量验证的具体方法如下：

（1）首先确定被测量（被测对象）规定的计量要求，主要是确定被测量的测量范围、被测量的控制量（测量的允许测量误差或公差范围）以及要求的测量结果的不确定度指标等。

（2）根据被测对象的相应计量要求，按一定原则确定测量仪器应具备的计量性能，其确定的原则是：

1）测量仪器的测量范围应覆盖被测对象需测的量值范围。

2）测量仪器的允许误差上限，在通常情况下应不大于被测量控制量（允许测量误差或公差范围）的 1/3 为宜（技术规范有规定时除外）。

3）如相关技术文件对测量仪器有校准结果不确定度要求时，则应予以满足。

（3）将按照校准证书提供的相关信息进行符合性计量评定结果与已确定的测量仪器应具备的计量性能相比较，确定测量设备的计量性能是否满足企业测量过程的要求。

（一）计量验证的方法

1. 计量确认一般规定

确认工作应在与被检测量设备校准（检定）精度相适应的环境下进行。从事计量确认的人员必须持有有效资格证书，严禁无证人员开展计量确认工作。计量校准/检定工作应依据国家计量检定规程或校准规范和公司量值溯源系统进行。尚未发布国家检定规程或校准规范时，应制定公司计量校准规范。

2. 入库检定工作程序

所有外购测量设备，无论是公司内使用还是产品配套用的都必须进行入库检定。新购测量设备（包括企业自用的和随产品配套销往顾客的测量设备）入库前，由采购单位送专业计量站组进行入库检定。送检时，特殊产品应附带有关技术标准和说明书。

检定人员收到测量设备后，首先检查制造厂出厂合格证及附件的完整性，必要时是否需要有国家计量器具制造许可证标志，然后依据检定规程/校准规范对测量设备进行逐项检定/校准。对入库检定不合格测量设备开具“检定结果通知书”，连同不合格测量设备交送检单位进行处理。

入库检定/校准合格的测量设备，由检定/校准人员在测量设备醒目位置加以计量编号标识。对公司自用的测量设备，签发入库验收合格标识，并建立“计量确认（检定）历史记录卡”，并同时记入“测量设备管理台账”总账。对同批次、同型号产品配套用测量设备检定后，除对每一台（件）签发入库验收合格标识外，为便于装配发货中的识别，还应合并签发一张或多张检定证书。

3. 出库（发放）计量确认工作程序

领用单位将新出库测量设备在三日内送计量站组进行出库计量确认。确认人员对出库测量设备依据入库检定证书或合格证作书面确认，并同时对外观、各部分相互作用，附件的完整性进行检查，在测量设备管理总台账上注明出库日期和领用单位。并在当月内以书面形式将出库测量设备的名称、规格、公司内计量编号、管理类别和领用单位等信息通知负责定期计量确认的班组，出库测量设备的历史记录卡也同时分发。

产品配套用测量设备由生产单位到物资管理采购处领取，只限用于产品上，不得留在本单位使用。物资管理采购处在发放时需经检验部门确认后准予用于产品配套。检验部门认为必要时（如发现测量设备异常，库存时间过久等），应送计量部门进行再校准。检验部门负责此类测量设备入库有关证明文件的保存，以便产品质量的追溯。

4. 首次计量确认工作程序

领用单位将新领测量设备、出库确认合格凭据及入库时建立的历史记录卡在一周内送指定的计量站组进行首次计量确认。

负责定期计量确认的人员对新领测量设备进行首次计量确认。首次确认依据校准规范/检定规程执行全项目校准/检定，然后验证其计量特性是否满足测量过程的计量要求。计量确认合格后签发计量确认合格标识，并登入领用单位在用测量设备账册，纳入正常定期确认管理，编排定期确认计划，并以首次确认日期为第一次定期确认日期。

测量设备出库确认、首次确认、入库检定在同一计量站组进行且相隔时间不超过半个确认间隔时，可以合并进行。

执行定期确认的人员每月对使用单位首次确认情况与出库计量站组提供的出库信息进行核对，以书面形式于当月底前反馈给计量管理部门。计量管理部门核对分别来自出库确认员和首次确认员双方信息的吻合性，以防失控现象发生。

5. 定期计量确认工作程序

定期确认由持有计量确认员资质的人员分工负责。定期确认的校准/检定由计量检定/校准人员进行，并依据检定/校准记录出具检定/校准证书或/和报告。

负责定期确认的人员凭检定/校准证书或/和报告，根据本单位拟实施的测量过程计量要求进行计量验证，满足计量要求的签发计量确认合格标识，否则签发“禁用”标识。其中检定不合格仍满足测量过程计量要求的签发“限用”标识，注明限用场合或限用时间。计量确认员对计量确认过程应进行记录，并将检定/校准结果证书或/和报告存档保存，以便于追溯。

计量校准人员兼任计量确认员的可直接凭计量校准记录签发计量确认标识，不再单独作计量确认记录和签发检定/校准证书或/和报告。

国家强制检定计量器具由指定的法定计量检定机构执行计量检定，其计量检定证书或合格证同时具有“计量确认标识”的作用，执行定期计量确认的人员可不再重复计量确认，不再填写计量确认记录，不再更换计量确认标识，只做测量设备管理台账的信息更改即可。

计量确认的记录格式由计量管理部门统一设计并规定填写方法。计量确认记录可设计成单件式或台账式的，表4-3-7、表4-3-8是某企业计量确认记录两种格式的示例。

表4-3-7　测量设备计量确认记录（单件式）

记录编号：

使用单位＿＿＿＿＿＿＿＿　设备名称＿＿＿＿＿＿＿＿
计量编号＿＿＿＿＿＿＿＿　型号规格＿＿＿＿＿＿＿＿　精度等级＿＿＿＿＿＿＿＿
出厂编号＿＿＿＿＿＿＿＿　生产厂＿＿＿＿＿＿＿＿
确认依据（技术文件编号及名称）＿＿＿＿＿＿＿＿＿＿＿＿＿＿＿＿

序号	验证项目	检定/校准结果	测量过程的测量要求	验证结果
1	测量范围	测量设备的测量范围：	被测参数大小：	满　足　□ 不满足　□
2	示值误差/允许误差/测量不确定度	示值误差、等级：	允许误差、公差：	满　足　□ 不满足　□
3	分辨能力	分度值：	允许分度值：	满　足　□ 不满足　□
4				满　足　□ 不满足　□
5				满　足　□ 不满足　□
6				满　足　□ 不满足　□
7				满　足　□ 不满足　□
8				满　足　□ 不满足　□
确认结果		满　足　□　　不满足　□		

确认员：　　　　　　确认日期：　　　　年　　月　　日

表 4-3-8 测量设备计量确认记录(台账式)

序号	测量设备名称	计量编号	出厂编号	型号规格	使用单位	被测参数要求			测量设备特性			测量过程文件编号	确认结果	确认间隔(月)	确认日期	确认员
						测量范围	允差控制限		测量范围	误差或等级						

6. 专用工装的计量确认

在用专用工装的定期计量确认一般由管理部门开出定期确认通知单，各部门收到通知单后，按通知单规定的图号和数量于规定日期前送指定计量组。特殊原因不能按期计量确认的应写明原因和缓检日期，经部门主管领导签字后，报计量管理部门领导批准。各计量组校准合格后，由兼任计量确认员的校准人员贴上确认合格标识，并将检测信息返回计量管理部门。无法贴标识的专用工装（如小卡板、小塞板、细量棒等），统一将确认标识塑料在小型塑胶袋内，以便保存。

使用频繁的卡板、塞板、径向样板、铆钉头样板、铆钉头对称性量具等专用工装，除了正常的定期计量确认外，还应执行返还校准。返还校准的次数和时间由各使用单位工具室确定，原则上使用专用量具测量同一批工件 100 件后，即应送计量组执行一次返还校准，合格后重新签发合格证，合格证有效期仍为原确认间隔的有效时间。

A 类成型刀具，在加工产品前或在使用过程中经修磨后应进行计量确认，确认可采用检测加工试样的方法。

B 类专用工装由承担该单位质量检验任务的检验站定期校准，使用单位计量确认员负责 B 类工装的定期确认。

用于检测目的的 C 类工装由各单位技术部门或工具室提供清单给指定的计量组作一次性计量确认。确认合格后贴上 C 类专用工装合格标识并建立台账。发现有标识丢失时，及时到计量组再次确认后增补。其他 C 类工装由各使用单位自行管理，使用前应检查其完整性和功能可靠性。

产品淘汰或停产一年以上，其专用工装应办理封存停用手续。封存手续由使用单位凭生产管理部门或工艺部门发出的停产文件到有关检测部门办理。办理了封存的专用工装由使用单位统一存放（贴封存标识），不得使用。对不易搬动的大型工装，可在现场挂上封存标记。封存的专用工装如需重新启用，由使用单位凭生产计划单到有关检测部门办理启封手续，计量确认合格后方可投入使用。

经确认不合格的 A 类专用工装，由计量检定人员开出修理单，经使用单位签字后，一份由检定人员留底，一份随待修专用工装交使用单位修复。使用单位可自行修复或委托工装制造单位修复。无法修复的，由计量确认员开出报废申请单，报计量管理责任工程师审批。各使用单位凭报废单按规定程序订购检验样板。检验样板属于公司计量标准，全公司只允许一个工装图号生产一件，不得生产两件或两件以上，对多于一件的检验样板，计量管理部门有权扣留或报废，并同时追究相关人员的责任。

专用工装如需进行修改，由使用单位向工艺部门提出拟改动的结构尺寸，经工艺部门批准并办理改图手续后，使用单位交检验部门领导签署意见。工装完成修理和改造后，由检测人员重新确认合格，才能投入使用。

生产过程中使用的标准化专用量具（如螺纹量规、光面量规等），由各使用单位向制造技术处、资产财务处（涉及进口专用工装，需经主管总师批准）报需求计划，按规定程序批准后，送本公司工模具管理机构安排生产或订货。

新制轮廓度样板，若工作样板需求量 2 块以上，在设计工作样板时，应同时设计检验样板，以保证工作样板以后的计量确认工作顺利开展和轮廓度量值溯源。如果采用数字样板库（用三坐标测量机直接校准工作样板），可不再设计检验样板，但设计工作样板时必须在图纸中加以明确。

计量管理部门派驻工模具公司的计量人员，每月底应把当月完工的检验样板历史记录卡传递给相关计量组签收。各相关计量组在收到派驻工模具公司的计量人员送来的历史记录卡后，按编号分类入账，安排定期确认的确认间隔。各计量组收到派驻工模具公司的计量人员通知后，没有收到检验样板，应及时向相关生产部门询问情况，查找下落。

7. 文件化计量确认的实施

机械制造企业使用的测量设备品种繁多，数量巨大，某些大型机械制造企业在用测量设备的数量甚至高达十几万台/件以上，每次检定/校准后书面进行一次计量验证的工作量也是巨大的，仅计量确认记录的填写和保存人力物力管理成本就很大。为了保证用最少的精力和成本使所有的测量设备得到计量确认，可以采用不同形式的计量验证方法实现计量确认。

对于需高度控制的测量过程使用的测量设备，新开发产品、新开发工艺使用的测量设备，新设计的测量过程使用的测量设备，应该逐台/件进行计量验证，将测量设备检定/校准获得的计量特性与被测参数的测量要求加以比较，完成计量确认工作。而对于常规测量过程使用的测量设备，一般风险的测量过程使用的测量设备，可以实行“文件化”计量确认。文件化计量确认的具体做法如下：

（1）用文件规定被测参数测量过程对测量设备的计量要求，这些计量要求应该与测量设备的准确度等级或符合性判定的最大允许误差一一对应。测量过程对所用测量设备的计量要求可以根据图纸、工艺、国家标准的要求导出，测量设备的最大允许误差则可以从国家计量检定规程/计量校准规范、国家有关测量设备的标准、测量设备制造厂的产品说明书等相关技术文件中查出。

表 4－3－9《光滑工件尺寸测量常用计量器具的计量要求》（部分）是某企业根据国家标准 GB/T 3177—2009《产品几何技术规范（GPS）光滑工件尺寸的检验》而编制的，表 4－3－10《常用计量器具最大允许误差》是某企业根据国家检定规程/校准规范而分别制定的公司内部第三层次文件《测量设备计量确认细则》的附表之一。光滑工件尺寸测量用测量设备的计量要求可从这两个表中查出，计量确认人员依据此表对测量设备进行确认，测量设备的使用人员根据此表正确选择有计量确认合格标识的测量设备用于自己的测量工作。其他常用测量设备和常规测量过程使用的测量设备可参考该企业的做法制定本企业文件化计量确认的相关文件和数据使用表格。

（2）在计量确认管理程序文件中规定计量确认的方法是审查测量设备的检定证书、校准报告。检定证书或校准报告表明待确认测量设备满足检定规程/校准规范的要求，则该测量设备可确认“合格”，签发计量确认“合格”标识，否则签发计量确认“禁用”标识。计量确认管理程序还可以规定国家强制检定计量器具的计量确认认可法定计量检定机构签发的检定合格证为计量确认合格标识，不再更换计量确认标识。

（3）执行文件化计量确认的测量设备，可不再填写“计量确认记录”，直接凭检定证书或计量校准报告签发计量确认标识。

（4）测量设备的计量确认日期应填写在测量设备管理台账中或测量设备计量确认管理台账中，以控制测量设备的确认状态。

表 4-3-9　光滑工件尺寸测量常用计量器具的计量要求(部分)

公差等级		IT1				IT2				IT3				IT4				IT5			
基本尺寸 mm		T (μm)	CMR/μm			T (μm)	CMR/μm			T (μm)	CMR/μm			T (μm)	CMR/μm			T μm	CMR/μm		
大于	至		Ⅰ	Ⅱ	Ⅲ		Ⅰ	Ⅱ	Ⅲ		Ⅰ	Ⅱ	Ⅲ		Ⅰ	Ⅱ	Ⅲ		Ⅰ	Ⅱ	Ⅲ
—	3	0.8	0.07	0.12	0.18	1.2	0.11	0.18	0.27	2	0.18	0.30	0.45	3	0.27	0.45	0.68	4	0.36	0.60	0.90
3	6	1	0.09	0.15	0.22	1.5	0.14	0.22	0.34	2.5	0.22	0.38	0.56	4	0.36	0.60	0.90	5	0.45	0.75	1.1
6	10	1	0.09	0.15	0.22	1.5	0.14	0.22	0.34	2.5	0.22	0.38	0.56	4	0.36	0.60	0.90	6	0.54	0.90	1.4
10	18	1.2	0.11	0.18	0.27	2	0.18	0.30	0.45	3	0.27	0.45	0.68	5	0.45	0.75	1.1	8	0.72	1.2	1.8
18	30	1.5	0.14	0.22	0.34	2.5	0.22	0.38	0.56	4	0.36	0.60	0.90	6	0.54	0.90	1.4	9	0.81	1.4	2.0
30	50	1.5	0.14	0.22	0.34	2.5	0.22	0.38	0.56	4	0.36	0.60	0.90	7	0.63	1.0	1.6	11	0.99	1.6	2.5
50	80	2	0.18	0.30	0.45	3	0.27	0.45	0.68	5	0.45	0.75	1.1	8	0.72	1.2	1.8	13	1.2	2.0	2.9
80	120	2.5	0.22	0.38	0.56	4	0.36	0.60	0.90	6	0.54	0.90	1.4	10	0.90	1.5	2.2	15	1.4	2.2	3.4
120	180	3.5	0.32	0.52	0.79	5	0.45	0.75	1.1	8	0.72	1.2	1.8	12	1.1	1.8	2.7	18	1.6	2.7	4.0
180	250	4.5	0.40	0.68	1.0	7	0.63	1.0	1.6	10	0.90	1.5	2.2	14	1.3	2.1	3.2	20	1.8	3.0	4.5
250	315	6	0.54	0.90	1.4	8	0.72	1.2	1.8	12	1.1	1.8	2.7	16	1.4	2.4	3.6	23	2.1	3.4	5.2
315	400	7	0.63	1.0	1.6	9	0.81	1.4	2.0	13	1.2	2.0	2.9	18	1.6	2.7	4.0	25	2.2	3.8	5.6
400	500	8	0.72	1.2	1.8	10	0.90	1.5	2.2	15	1.4	2.2	3.4	20	1.8	3.0	4.5	27	2.4	4.0	6.1
500	630	9	0.81	1.4	2.0	11	0.99	1.6	2.5	16	1.4	2.4	3.6	22	2.0	3.3	5.0	32	2.9	4.8	7.2
630	800	10	0.90	1.5	2.2	13	1.2	2.0	2.9	18	1.6	2.7	4.0	25	2.2	3.8	5.6	36	3.2	5.4	8.1
800	1000	11	0.99	1.6	2.5	15	1.4	2.2	3.4	21	1.9	3.2	4.7	28	2.5	4.2	6.3	40	3.6	6.0	9.0
1000	1250	13	1.2	2.0	2.9	18	1.6	2.7	4.0	24	2.2	3.6	5.4	33	3.0	5.0	7.4	47	4.2	7.0	11
1250	1600	15	1.4	2.2	3.4	21	1.9	3.2	4.7	29	2.6	4.4	6.5	39	3.5	5.8	8.8	55	5.0	8.2	12
1600	2000	18	1.6	2.7	4.0	25	2.2	3.8	5.6	35	3.2	5.2	7.9	46	4.1	6.9	10	65	5.8	9.8	15
2000	2500	22	2.0	3.3	5.0	30	2.7	4.5	6.8	41	3.7	6.2	9.2	55	5.0	8.2	12	78	7.0	12	18
2500	3150	26	2.3	3.9	5.8	36	3.2	5.4	8.1	50	4.5	7.5	11	68	6.1	10	15	96	8.6	14	22

(5) 测量设备的计量检定证书和计量校准报告由计量确认人员存档备查

文件化计量确认的实施在确保测量设备得到有效计量确认的基础上，大大压缩了填写“计量确认记录”的工作量，有助于保证计量确认工作的实现和工作质量，有助于确保新产品、新工艺、新技术、新的测量方案和需高度控制的测量过程使用的测量设备得到特别关注和可靠确认，杜绝测量活动的误判风险发生，同时也大大提高了计量确认的工作效率，降低了计量确认工作的管理成本。

表 4-3-10 常用计量器具最大允许误差

(1) 卡尺、千分尺最大允许误差

单位：μm

测量范围/mm		外径千分尺分度值 0.01mm	内径千分尺分度值 0.01mm	游标卡尺分度值		
				0.01mm/0.02mm	0.05mm	0.10mm
大于	到	—	—	—	—	—
0	25	4	—	—	—	—
25	50	4	6	—	—	—
50	100	5	6	—	—	—
100	150	6	8	30	50	100
150	200	7	8	30	50	100
200	300	9	10	40	80	100
300	400	11	12	50	80	100
400	500	13	12	50	80	100
500	600	14	16	70	100	150
600	700	16	16	70	100	150
700	800	18	16	70	100	150
800	900	20	22	70	100	150
900	1000	22	22	70	100	150
1000	1200	24	22	110	150	200
1200	1400	28	27	110	150	200
1400	1600	32	27	140	200	250
1600	1800	36	32	140	200	250
1800	2000	40	32	140	200	250
2000	2200	44	40	—	—	—
2200	2400	48	40	—	—	—
2400	2600	52	50	—	—	—
2600	2800	56	50	—	—	—

续表

测量范围/mm		外径千分尺分度值 0.01mm	内径千分尺分度值 0.01mm	游标卡尺分度值		
				0.01mm/0.02mm	0.05mm	0.10mm
2800	3000	60	50	—	—	—
3000	4000	—	60	—	—	—
4000	5000	—	72	—	—	—
5000	6000	—	82	—	—	—

（2）指示表最大允许误差 单位：μm

测量范围/mm	百分表		测量范围/mm	千分表	
	指针式 分度 0.01mm	数字式 分度 0.01mm		指针式 分度 0.001mm	数字式 分度 0.001mm
0～3	14	20	0～1	5	3
0～5	16	20	0～2	6	5
0～10	20	20	0～3	8	5
—	—	—	0～5	9	7
—	—	—	0～10	—	7

（3）内径表最大允许误差 单位：μm

内径百分表			内径千分表		
测量范围/mm		允差/μm	测量范围/mm		允差/μm
大于	到	—	大于	到	—
6	18	15	10	400	7
18	50	20	—	—	—
50	450	25	—	—	—

（二）计量验证后的处理

根据计量验证的结果，确认测量仪器可否投入使用。

经计量验证，确定测量设备的计量性能满足企业测量过程的要求时，由计量确认员签发计量确认合格标识，该测量设备可投入正常使用。

经验证，确定测量设备的计量性能满足不了企业测量过程的要求时，确认该测量设备不能投入使用，由计量确认员签发“禁用”标识，同时启动不符合控制程序，分析不合格原因，并采取如下相应措施：

（1）在可能的情况下，对校准后的测量设备的示值进行修正后再使用，并将其修正值或修正因子在计算机软件（程序）中备份。

（2）对测量设备调整后，再重新进行计量确认。

（3）计量检定/校准结果判定为不合格的测量设备，如果测量范围、准确度及其他计量性能尚可满足企业某些测量过程的要求，经论证可行，也可确认其能够投入使用，但必须在确认报告中加以说明，并在测量设备上加贴“准用”标识，明确标注限制使用的范围。

（4）更换计量仪器，重新进行计量确认。

（5）对之前不满足企业使用要求测量过程所造成的影响及其后果进行评价，必要时，应对以往受影响的测量结果作风险追溯处理。

（6）计量管理部门应分析发生不合格的测量设备的原因，研究更改计量确认间隔的必要性。

（三）计量确认的标识

（1）标识种类

为防止测量设备的错用造成的风险，测量设备的计量确认标识应明确、清楚、正确。

计量管理部门负责标识需求的识别和统一管理，计量确认标识的设计、确定、印制/购买及监督管理，规定各种计量确认标识的适用范围和使用方法。计量确认员正确使用计量确认标识并负责签发。测量设备使用部门负责测量设备用标识的日常监督和维护。

测量管理体系常用的标识主要有检定/校准状态标识（例如：检定/校准合格证、合格证书和检定/校准结果通知单等），计量确认状态标识（例如：彩色不干胶纸签式标记、卡片式确认状态标识、集中式计量确认合格证等），防止未经授权更改的标识（例如：铅封、漆封、封签、锁封等），测量设备管理状态标识（例如：测量设备固定资产标识、测量设备计量编号、测量设备管理类别标识等），表明测量过程失控的标识和表明技术规范是否有效版本和是否受控的标识。

测量管理体系使用的标识样式、使用方法由计量管理组确认并负责联系印刷和购买。

经检定/校准符合检定规程或校准规范要求的签发检定/校准合格证或合格证书；不符合的签发检定/校准结果通知单。

对测量设备调整部位中，因调整机构裸露、易造成使用人员误操作，或因安全或经济结算的需要，防止人为更改破坏检测数据的测量设备应该使用防止未经授权更改的标识，这种标识又常称为“封缄”。

测量设备管理状态标识有计量编号，固定资产标识，A、B、C 分类标识等。A、B、C 分类管理标识可以与计量确认标识联合使用设计在同一个标识上，这种标识可称为 ABC 分类彩色计量确认标识，简称“彩色标识”。必要时彩色计量确认标识和检定/校准证书（或合格证）应同时发给测量设备使用者，当彩色标识不适用时，应将管理类别的符号写（或印）在检定/校准标识上表示该标识同时也是计量确认标识。计量确认标识应包含有计量编号、确认人、有效日期或确认日期等信息。

利用外部供方提供的检定/校准证书（或合格证）可以使用其复制件，原件由计量管理部门存档。国家强制检定范围的测量设备，其检定标识同时具备计量确认标识的作用，可不再另行签发确认标识。

测量设备无处可贴彩色标识时，允许用检定/校准标识代替确认状态标识，但计量确认人员必须在该标识上注明管理类别，并签署计量确认人员姓名。

使用了“最高计量标准”“工作计量标准”“封存”等标识的可不再重复使用A，B，C分类彩色标识。

质量体系中有特殊要求时，允许另外增加带有特殊标识的合格证标识，例如用于压力容器制造、核电设备制造过程的测量设备，标识上可增加“SY”“HD”等符号。

（2）标识的签发

测量设备检定/校准记录由承担检定/校准的人员记录，签发的检定/校准合格证书和合格证应经专人校核。

计量确认标识只能由取得相应资格的计量确认人员根据检定/校准结论和测量要求的验证结果，按规定签发。采用外来服务进行检定/校准的测量设备，由相关计量确认人员根据检定/校准证书或结果通知书进行计量验证后签发确认标识。其中国家强制检定范围的测量设备其计量检定标识同时具备计量确认效力，不再另行签发计量确认标识。

计量检定/校准人员同时承担计量确认职责的，可以直接签发计量确认标识，没有特殊需求时，不再另行签发计量检定/校准状态的标识。

计量确认标识必须用钢笔或签字笔填写，字迹清楚、不得涂改。标识的填写必须与原始记录及合格证书相符。为避免标识签发过程中发生错误，计量确认标识应粘贴在被确认测量设备醒目而不影响读数的位置。粘贴时应清洗粘贴部位，粘贴纸质标签后再粘贴透明保护膜。同一种类的测量设备的确认标识应贴在同一部位，以示整齐美观，易识别。

使用人员对测量设备的标识必须妥善保护，一旦丢失、损坏、过期即视为失效。标识失效后应按《不合格测量设备管理程序》处理。

计量确认标识内容填写的规定如下：

No.：填写测量设备公司内统一计量编号。

有效期：填写该测量设备下一次确认的时间。

确认期：填写测量设备实际进行计量确认的日期。

封存日期：填写开始封存的日期，封存期长不限。

禁用日期：填写禁止使用的日期。

验收日期：填写测量设备入库验收检定/校准的日期。

确认员：填写计量确认人的姓名。

检定员：填写计量检定或校准人员的姓名。

第四节 测量过程的管理

一、测量过程的分类管理

（一）测量过程分类管理的必要性

一个测量过程可能使用若干个测量设备，在机械制造业中因产品品种众多，结构复杂，工艺路线长，往往一个测量设备用于若干个测量过程的情况更为普遍。除产品生产外，贸易往来、经营管理、能源计量、安全环保都存在大量测量过程，因此测量过程数量也会远远大于测量设备的数量，对测量过程分类管理也就提到议事日程上了。实行分类前，首先看看企业的测量过程特点。

（1）检测量大、速度快。生产是有节奏、按计划的活动，一个工序接着一个工序。其中一个环节停止了，所有的生产都有可能停止。产品品种繁多，数量巨大，测量过程也随之数量巨大。生产不可能留出大量时间等待测量人员去测量，要求测量不仅要准，要可靠，还必须要快，效率高。

（2）检测的对象流水作业，生产工序一个接着一个，后面的工序很可能把前一个工序的被测对象或者测量基准破坏掉，产品一旦发现问题，要想复现前一个工序的检测结果几乎不可能，前一个工序是否存在问题难以追溯。

（3）生产过程中的测量人员，往往既是生产人员，又是检测人员，面临巨大的生产任务压力，腾不出更多的时间学习和钻研测量理论知识，一般情况下，平均检测水平低于专门从事检测业务专业研究和技术服务的试验研究机构。

（4）科学技术发展带来生产加工技术不断进步，现代化数控机床、加工中心、自动控制生产线大量涌现，无论产品质量，生产效率都大幅提高，也促使自动化测量在生产过程中大量运用，检测水平飞速发展。测量过程控制稍有失控，就可能给企业带来数量巨大的产品质量问题，造成无法挽回的经济损失。

（5）生产过程中，测量过程一旦失控是很难发现的，因为后续的生产过程验证的是前面工序的检验合格证和检验标识，对于测量过程是否受控无法知晓。失控测量过程产生的错误测量结果将带给后续的生产过程，甚至最终带给终端产品，带给顾客。一旦带给顾客，不仅是给顾客带来损失，也将会给企业带来不可挽回的市场影响。

（6）生产现场在用测量设备虽然资产净值相对于生产设备而言，只是个零头，但其数量却很大，远远超过生产设备的数倍、数十倍。据统计，有的大型企业测量设备数量达到了十几万台件。数量巨大的测量设备相互混用的现象时有发生。例如，有时会发现在产品试验台进行产品质量综合试验场所，应该使用A类或B类测量设备的压力表，却有使用B类或C类测量设备的压力表现象发生。产品公差要求只有0.03mm，却也有人使用分度值0.02mm的游标卡尺进行测量。

（7）企业测量过程涉及方方面面，包括产品质量、工艺控制、安全生产、环境保护、能源计量、物质结算、职业健康、职工生活等等，这些测量过程分散在企业各个部门，各个角落，测量过程的管理和实现也归属于很多部门，造成测量过程的控制和管理非常困难。测量点分散，归属很多部门，管理困难。

（8）测量过程的类型复杂多样，简单的测量过程用一个测量设备直接实现，例如用卡尺测量一个方形零件的厚度；复杂的测量过程需使用若干个测量设备组合，对获得的测量读数进行复杂的数据处理才能最终得到被测参数的测量结果。

以上分析可以看出企业中测量过程控制和管理的重要性、必要性和困难程度。测量管理体系的运行部门应该根据企业的具体情况仿照测量设备的分类管理模式，“保证重点，兼顾普遍，区别管理，全面控制”，对测量过程加以分类管理。

（二）测量过程按重要度分类

测量过程可以按其重要度分类，把测量过程分为高度控制的测量过程和一般控制的测量过程。

高度控制的测量过程可包括：

1. 高度控制的测量过程

（1）关键性的测量系统；

（2）复杂的测量系统；

（3）涉及公司安全生产、职业健康和环境保护的高风险测量过程；

（4）由于测量结果不正确会引起后续昂贵代价的测量过程，例如涉及能源进出公司计量、物资进出公司称量的测量过程；

（5）涉及产品终端检验和试验的测量过程和原材料、半成品、配套件进公司质量验证的测量过程；

（6）涉及关键工艺过程和特殊工艺过程监视的测量过程。

测量过程的分类应该和质量管理体系、环境管理体系、安全和职业健康管理体系及其他管理体系的测量要求密切结合。例如：在质量管理体系中的终端质量检验、特殊工序和关键工序中往往存在着特殊、关键和重要的被测参数，需要高度控制的测量过程实现对其测量和监视；原材料进出公司和能源计量的外部结算关系到企业的经济利益，安全检测和环境监测涉及企业员工和周边居民的安全和身体健康，也都存在着需要高度控制的测量过程。

2. 一般控制的测量过程

把其他测量过程列入一般测量过程，如用手动量具测量机械零件，可以是用对测量设备的一般程序，低级别的过程控制就足够。

大型和超大型机械制造企业测量过程数量巨大，也可分为 A、B、C 三类。可把上述需高度控制的测量过程纳入 A 类管理，其他需靠数据来证明活动结果的测量过程，例如产品一般检验和一般工序监视方面的测量过程，公司二级单位（分厂级）能源和原材物料消耗经济指标考核方面的测量过程纳入 B 类管理，不需要数据说话的简易测量过程纳入 C 类管理。

（三）建立和完善测量过程管理台账

测量管理体系建立和运行的初级阶段，在短时间内摸清存在于企业成千上万，乃至数十万个测量过程，并建立测量过程管理台账是不现实的，应该分轻重缓急首先摸清需要高度控制的测量过程，建立需高度控制的测量过程管理台账并加强监视、控制和管理，本着持续改进的理念逐渐完善测量过程管理台账，完善对不同性质和不同重要度的测量过程管理。

标准要求，对“每一测量过程，应识别有关的过程要素和控制”。因此测量过程控制和监视的第一项任务就是摸清测量过程的现状。企业到底有多少测量过程，测量过程都分布在那些部门，哪些领域，每个测量过程具体要求是什么，目前使用什么测量设备测量，测量过程的重要度如何，测量过程的管理部门和实施部门是谁，等等相关信息应该收集整理，并建立测量过程管理一览表（台账）。

企业常称测量过程管理一览表为“测量过程管理台账”。没有测量过程管理台账，就不知企业有什么测量过程，对测量过程的控制也就无从谈起。测量过程管理台账应包含有以下信息：

（1）测量过程编号和测量过程名称；

（2）与测量过程有关的地点和部门，包括测量地点、测量过程的管理部门和测量过程的实施部门；

（3）有关测量过程的文件，包括提出测量要求的文件、规定测量方法的文件；

（4）与被测参数相关的信息，包括参数名称、测量范围、允许误差；

（5）与所用测量设备相关的信息，包括名称、型号规格、准确度等级；

（6）测量环境条件；

（7）测量过程的重要度分类等。

“测量过程编号”应该科学合理，便于检索。例如测量过程类别代号可仿照测量设备编号方法，按计量专业分类编号，按测量过程管理部门分类编号，按质量、安全、环保、能源、经营分类编号，或者按产品型号分类编号。再用测量过程类别代号加测量过程顺序号作为为测量过程编号。例如涉及产品生产工艺监控以 CP 为类别代号，涉及产品质量的以 ZJ 为类别代号，涉及安全检测的以 AQ 为类别代号，涉及能源的以 NY 为类别代号，以此类推，后面再加顺序号。AQ0023 表示第 23 号安全监测测量过程，NY0125 表示第 125 号能源计量测量过程，CP2613 表示第 2613 号产品工艺过程监控测量过程，ZJ0452 表示第 452 号质量检验测量过程等等。

“测量过程名称”一定要非常具体，一个被测参数就是一个测量过程，切忌测量过程的名称起得包含范围过大。例如“化学分析”不能作为测量过程名称，而是测量过程的一个“大类”；“含碳量成分分析”也不能作为测量过程名称，而是测量过程的一个“小类”。测量过程名称要具体到诸如“45 碳素钢碳含量分析”“45 碳素钢磷含量分析”等。测量过程的命名过宽，会给后面的管理工作带来很大麻烦。例如，测量过程控制限的确定，测量设备（标准物质）的选择，测量不确定度的评定，测量过程控制核查标准的选择等等，都会非常被动。因此测量过程的名称应该具体到“××产品××零件的××具体参数测量”，或者“××产品××零件的××工序××参数监视”“××车间××工序废水××参数监测”等这种形式。

“测量地点”应填写测量过程在什么地方、哪个车间、哪个工序测量。若是生产安全和环境保护参数的测量和中间工序半成品成分化验，测量地点应填写取样地点。“测量过程管理部门”指对测量过程监视、检查、指导和控制的部门。“测量过程实施部门”是指具体实现测量过程的部门，如检验、实验、测绘、称量等部门。以某产品主轴轴颈检验测量过程为例，测量地点是金工车间，测量过程管理部门是质量管理部，测量过程实施部门是质检部金工检验站。以废水监测测量过程为例，测量地点是某废水排放口，测量过程管理部门是安全环保部，测量过程实施部门可能是设在安全环保部的环境监测站，也可能是设在企业内部其他部门的实验室，还可能是政府环保部门的环境监测站，如果是政府环保部门的环境监测站，测量过程管理台账还应该具体到是区（县）监测站、地（市）监测站、省（市、自治区）监测站还是国家监测站。

有关测量过程的文件的“文件号”应填入测量过程管理台账相关空格内。“提出测量要求的文件”是对被测参数提出测量要求的法规、标准、图纸、工艺和其他技术文件。该文件规定了被测参数的大小和控制限（公差、最大允许误差、控制的上下限等），该控制限是评定产品是否合格、安全和环境是否达标、新购物资是否可接收的依据。“规定测量方法的文件”是规定实施测量具体方法步骤的技术文件，常见的文件名称是检验规范、化验规范、试验规范、校准规范、检定规程、作业指导书等。非常简单的测量也可以是生产工艺和产品图纸。也有许多国家法规既提出了测量要求，也同时规定了测量方法，这种情况下提出测量要求的文件和规定测量方法的文件是同一个文件。

与被测参数相关的信息，包括被测参数名称、测量范围、允许误差。其中被测参数名称不要太长，只写参数名称，例如长度、厚度、直径、压力、电流、电阻、频率等等。测量范围可以只填写被测参数的最大值。允许误差填写判定被测参数是否合格或者受控的上下偏差、公差、控制限等。有关被测参数的信息可以从提出测量要求的文件中获得。

与所用测量设备相关的信息，包括测量设备的名称、型号规格、准确度等级等。其中型号规格也可以填写测量设备的测量范围或量程。准确度栏填写测量设备的准确度等级，无准确度等级的，填写最大允许示值误差。在测量过程管理台账中，测量设备最大允许示值误差是否小于等于被测参数允许误差的三分之一，也是判定测量过程是否受控和确认测量设备是否满足计量要求的便捷途径之一。所用测量设备相关信息可以从规定测量方法的文件中获得。

“测量环境条件”是指实现测量过程所需的环境条件，包括环境温度、湿度、温度梯度、震动、照明度、大气压力、电流、电压、频率干扰、空气清洁度……需要的环境条件，环境条件控制的范围，可以从规定测量方法的文件中获得。规定测量方法的文件中未作规定的，可以从测量设备的使用说明书中获得。

测量过程管理的一览表示例见表 4－3－11。

二、测量不确定度评定案例

【案例 4－3－7】　4 等量块检定不确定度评定

1　概述

1.1　测量依据

JJG 146—2011《量块》。

1.2　测量环境条件

测量环境温度为（20.3～20.8）℃，标准量块和被测量块恒温时间为 2h。

1.3　测量标准器

量块：（0.5～100）mm，3 等；

接触式干涉仪：（0～150）mm，允差±$(0.03+1.5n_i\Delta\lambda/\lambda)$ μm。

1.4　被测对象

量块，尺寸分别为：1.11mm；10mm；100mm；等级：4 等。

表 4-3-11　测量过程管理台账

编号	名称	测量地点	测量过程管理部门	提出测量要求的文件	被测参数			使用的测量设备			测量过程实施部门	环境条件	实施测量过程文件编号	重要度类别	确认时间	监视间隔（月）	监视方法*	监视人员
					名称	测量范围	允许误差	名称	测量范围或量程	准确度								
CPZ001	D9.6B 转轴前轴承位直径检验	一分厂质检站	质量管理处	ZD109 C-001	直径	ϕ90	+0.045 +0.023	外经千分尺	(75～100) mm	0.006	电机分厂质检站	常温	GL-003-2010	A	2007 0501	3	1	××
AQ032	G163 锅炉压力监视	动力分厂锅炉车间	安全环保处	DLJS 1702	压力	3.9MPa	≤4MPa	压力表	(0～6) MPa	1.6 级	压容检查站	常温	DLJS 1702	A	2009 1206	1	3	×××
JY015	原料进货称量	供应处仓库	物资供应管理处	GYJL 0006	重量	20t	0.5%	汽车衡	30t	0.1%	物资供应管理处	常温	GYJL 0006	A	2011 0811	1	1	×××
CPZ0025	B001-003 叶片频率测量	二分厂质检站	质管处	工艺 05B001 -003	静频	(20～1000) Hz	±3Hz	自振法测频系统		±1Hz	第二检查站	常温	JB/T 6320-1992	A	2011 0811	1	1	××
SY00013	安全性能实验转速监视	试验站	质管处	N-0301 AGS	转速	3330r/min	30r/min	转速表	DSM-03	0.5 级	试验站	常温	安全系统试验规程	A	2011 0811	1	1	×××
SY00004	气缸泵水试验	四分厂质检站	质管处	图纸 0B-021.100A	压力	26.1MPa	5%	压力表	(0～40) MPa	1.6 级	试验站	常温	DZ5.1.8-1099	A	2011 0811	1	3	×××
CP00159	F016 阀座内径测量	三分厂质检站	质管处	D2.261.000A	直径	ϕ210mm	0.05mm	内径千分尺	(150～200) mm	±0.007	第三检查站	常温	QM(X)/09-2007	A	2011 0811	2	1	××
AQ00006	G168 锅炉压力监测	锅炉车间	安全环保处	DLJS 1702	压力	1MPa	≤0.8MPa	压力表	1.6MPa	1.6 级	压容检查站	常温	GYJL 0006	A	2011 0811	1	3	×××

注*：监视方法分为三种：1 核查，使用核查标准和控制图；2 巡视，使用行政监察现场检查；3 比对，使用不同设备或方法，或换人测量，比较测量结果。

1.5　测量方法

用接触式干涉仪和3等标准量块采用比较测量法，即把被测量块与标准量块在接触式干涉仪上进行比较测量，进而测算出被测量块的中心长度。

2　测量模型

用接触式干涉仪测量量块长度时，被测量块长度可表示为：

$$l=l_s+rN\lambda/2d-l_s\alpha_s\Delta t-l_s\Delta\alpha\ (t-20)-\delta_s(\Delta P_s)+\delta(\Delta P) \qquad (4-3-3)$$

式中：

t，α，l——分别为被检量块的温度、线膨胀系数和在20℃时的中心长度，下标有s者为对应标准量块的值；

r——接触式干涉仪的读数；

λ——干涉仪分度时，滤光片的中心波长；

d——N个条纹宽度，检定时调到$d=N\lambda/2\omega$，所以，$\omega=N\lambda/2d$（ω：干涉仪分度值）；

$\Delta t=t-t_s$；　　　$\Delta\alpha=\alpha-\alpha_s$；

$\delta_s(\Delta P_s)$，$\delta(\Delta P)$——测点偏离标准和被检量块中心所产生的误差，该值不能确定，其大小与对中心的偏移量ΔP有关。

干涉仪分度所用滤光片中心波长及分度对读数影响比较小，此处忽略不计。

3　灵敏系数

由于量块中心长度的测量不确定度主要来源于l_s，r，t，$\Delta\alpha$，Δt，α_s，ΔP等影响量，除r可通过实测按不确定度A类评定外，其余不确定度分量均用不确定度B类评定，并且相互间彼此独立不相关。

对式中各影响量求偏导，得出对应于各影响量的灵敏系数：

$$c_1=\left|\frac{\partial l}{\partial l_s}\right|=1-\alpha_s\Delta t-\Delta\alpha\ (t-20)\approx 1 \qquad c_2=\left|\frac{\partial l}{\partial r}\right|=\frac{n\lambda}{2d}=\omega$$

$$c_3=\left|\frac{\partial l}{\partial \alpha_s}\right|=l_s\Delta t \qquad c_4=\left|\frac{\partial l}{\partial \Delta t}\right|=l_s\alpha_s$$

$$c_5=\left|\frac{\partial l}{\partial \Delta\alpha}\right|=l_s\ (t-20) \qquad c_6=\left|\frac{\partial l}{\partial t}\right|=l_s\Delta\alpha$$

$$c_7=\left|\frac{\partial l}{\partial(\Delta P_s)}\right|=\frac{h_s}{3.7} \qquad c_8=\left|\frac{\partial l}{\partial(\Delta P)}\right|=\frac{h}{3.7}$$

式中：

h_s，h——标准和被测量块的长度变动量。

4　各影响量的标准不确定度分量评定

由于不确定度与量块长度有关，以下评定以10mm进行计算。

4.1　标准量块的中心长度l_s引入的不确定度分量

3等量块的测量不确定度$U=0.10\mu m+1\times10^{-6}l_n$，包含因子按$k=2.8$计算，则标准不确定度$u\ (l_s)$为：

$$u\ (l_s)=\frac{0.10\mu m+1\times10^{-6}\times10\times10^3\mu m}{2.8}\approx0.0393\mu m=39.3nm$$

对应的不确定度分量为：

$$u_1=c_1u\ (l_s)=39.3\text{nm}$$

4.2　接触式干涉仪的读数引入的不确定度分量

接触式干涉仪读数 r 的不确定度来源于仪器的不稳定性和读数误差，可通过重复读数来得到。取 10mm 量块，作 20 次独立重复测量，测量值分别为：－0.5，－0.6，－0.4，－0.5，－0.5，－0.7，－0.6，－0.7，－0.5，－0.6，－0.4，－0.4，－0.6，－0.5，－0.6，－0.5，－0.6，－0.7，－0.7，－0.8（格）。计算其单次测量的标准不确定度 s＝0.113 格。则标准不确定度 $u\ (r)$＝0.113 格。对应的不确定度分量为：

$$u_2=c_2u\ (r)=0.113\text{格}\times100\text{nm/格}=11.3\text{nm}$$

4.3　标准量块的线膨胀系数 α 引入的不确定度分量

规程规定钢质量块的线膨胀系数应在 $(11.5\pm1)\times10^{6}℃^{-1}$ 范围内，现假定其在该范围内等概率分布，$k=\sqrt{3}$，得其标准不确定度 $u\ (\alpha)=1\times10^{-6}℃^{-1}/\sqrt{3}=0.577\times10^{-6}℃^{-1}$。

检定 4 等量块时最大温差 Δt 以 0.04℃，计算出 c_3＝10mm×0.04℃＝0.4mm·℃，对应不确定度分量为：

$$u_3=c_3u\ (\alpha)=0.4\text{mm}\cdot℃\times0.577\times10^{-6}/℃\approx0.23\text{nm}$$

4.4　标准量块和被测量块的温度差 Δt 引入的不确定度分量

检定 4 等量块时温度最大差 Δt 估计在±0.04℃范围内，假定在该范围内等概率分布，则 $k=\sqrt{3}$，得 $u\ (\Delta t)=0.04℃/\sqrt{3}=0.0231℃$。对应不确定度分量为：

$$u_4=c_4u\ (\Delta t)=10\text{mm}\times11.5\times10^{-6}℃^{-1}\times0.0231℃=2.66\text{nm}$$

4.5　标准量块和被测量块的线膨胀系数差 $\Delta\alpha$ 引入的不确定度分量

规程规定钢质量块线膨胀系数应在 $(11.5\pm1)\times10^{6}℃^{-1}$ 范围内，设标准量块和被测量块线膨胀系数均在 $\pm1\times10^{-6}℃^{-1}$ 范围内等概率分布，则两量块的线膨胀系数差 $\Delta\alpha$ 应在 $\pm2\times10^{-6}℃^{-1}$ 范围内，并服从三角分布，$k=\sqrt{6}$，则标准不确定度：

$$u\ (\Delta\alpha)=2\times10^{-6}℃^{-1}/\sqrt{6}=0.816\times10^{-6}℃^{-1}。$$

被测量块温度对标准温度 20℃偏差不超过 0.3℃，$c_5=10\times10^{6}\times0.3\text{nm}\cdot℃=3\times10^{6}\text{nm}\cdot℃$，对应的不确定度分量为：

$$u_5=c_5u(\Delta\alpha)=3\times10^{6}\text{nm}℃\times0.816\times10^{-6}℃^{-1}=2.45\text{nm}$$

4.6　被测量块的温度 t 引入的不确定度分量

量块比较测量时一般认为温度 t 与 20℃的差就是 t 的波动范围，测量时，t 在 (20±0.5)℃范围内等概率分布，则 $k=\sqrt{3}$，标准不确定度：

$$u(t)=0.5℃/\sqrt{3}=0.29℃。$$

线膨胀系数差 $\Delta\alpha$ 在 $\pm2\times10^{-6}℃^{-1}$ 范围内服从三角分布，$\Delta\alpha$ 的绝对值取其最大值的一半估算，即 $1\times10^{-6}℃^{-1}$。计算出 $c_6=10\text{mm}\times1\times10^{-6}℃^{-1}=10\text{nm}\cdot℃^{-1}$，则对应的不确定度分量为：

$$u_6=c_6u(t)=10\text{nm}℃^{-1}\times0.29℃=2.9\text{nm}$$

4.7　被测量块测点位置 ΔP 引入的不确定度分量

测点位置在量块中心附近 1mm 区域内等概率分布，测量时每一量块测量两次取平均值。其标准不确定度：

$$u(\Delta P)=1\text{mm}/\sqrt{6}=0.408\text{mm}$$

10mm 的 4 等量块长度变动量允许值：

$0.30\mu\text{m}+0.7\times10^{-6}\times10\times10^{3}\mu\text{m}=0.307\mu\text{m}=307\text{nm}$，可计算出 c_7，对应的不确定度分量为：

$$u_7=c_7u(\Delta P)=307\text{nm}/3.7\text{mm}\times0.408\text{mm}=33.9\text{nm}$$

4.8　标准量块测点位置 ΔP_s 引入的不确定度分量

测点位置在量块中心附近 1mm 区域内等概率分布，测量时每一量块测量两次取平均值。因此其标准不确定度 $u(\Delta P_s)=1\text{mm}/\sqrt{6}=0.408\text{mm}$。

10mm 的 3 等量块长度变动量允许值：

$0.16\mu\text{m}+0.45\times10^{-6}\times10\times10^{3}\mu\text{m}=0.165\mu\text{m}=165\text{nm}$。可计算出 c_8，对应的不确定度分量为：

$$u_8=c_8u(\Delta P_s)=165\text{nm}/3.7\text{mm}\times0.408\text{mm}=18.2\text{nm}$$

5　合成标准不确定度

量块中心长度标准不确定度分量汇总表见表 4－3－12。

表 4－3－12　量块中心长度标准不确定度分量汇总表

序号	影响量 x_i	符号	灵敏度系数 c_i	影响量的标准不确定度 $u(x_i)$	分量 u_i/nm
1	l_s	u_1	1	39.3nm	39.3
2	r	u_2	ω	0.113 格	11.3
3	α	u_3	$l_s\Delta t$	0.577×10^{-6}℃$^{-1}$	0.23
4	Δt	u_4	$l_s\alpha_s$	0.0231℃	2.66
5	$\Delta\alpha$	u_5	$l_s(t-20)$	0.816×10^{-6}℃$^{-1}$	2.45
6	t	u_6	$l_s\Delta\alpha$	0.29℃	2.9
7	ΔP	u_7	$\frac{h_s}{3.7}$	0.408mm	33.9
8	ΔP_s	u_8	$\frac{h}{3.7}$	0.408mm	18.2

合成标准不确定度为：

$$\begin{aligned}u_c(l)&=\sqrt{u_1^2+u_2^2+u_3^2+u_4^2+u_5^2+u_6^2+u_7^2+u_8^2}\\&=\sqrt{39.3^2+11.3^2+0.23^2+2.66^2+2.45^2+2.9^2+33.9^2+18.2^2}\\&=56.3\text{nm}\end{aligned}$$

6　扩展不确定度

取包含因子 $k=2$，则扩展不确定度：

$$ku_c(l)=2\times56.3\text{nm}=112.7\text{nm}\approx0.11\mu\text{m}$$

本次 4 等 10mm 量块测量结果的不确定度为：$U=0.11\mu\text{m}$，$k=2$。

相同方法可评定出标称尺寸 1.11mm、100mm 的量块中心长度测量结果不确定度，汇总表如表 4－3－13 所示。

表 4-3-13　量块检定不确定度评定结果汇总表

标称长度 l/mm	合成标准不确定度 u_c/nm	包含概率 p	包含因子 k	扩展不确定度 U_{95}/μm	4 等量块测量不确定度允许值/μm
1.11	53.4	0.95	2	0.11	0.202
10	56.3	0.95	2	0.11	0.22
100	97.8	0.95	2	0.20	0.4

7　结论

由量块检定不确定度评定结果汇总表可知，检定方法的不确定度小于 4 等量块测量不确定度允许值，本检定方案完全满足 4 等量块的检定计量要求。

【案例 4-3-8】　某热加工工艺温度控制过程测量不确定度评定报告

1　概述

1.1　温度测量系统构成：Ⅰ级 K 型热电偶（WRK-Ⅰ）、精密级 KC 型补偿导线（KC-GS）和无纸记录仪（DX2000），其测量原理框图如图 4-3-6 所示。

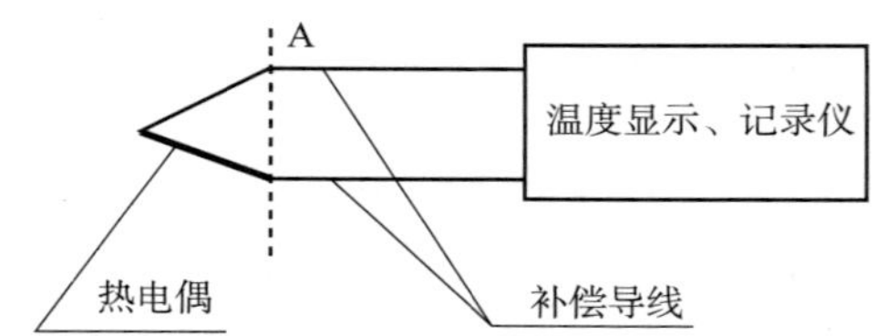

图 4-3-6　某热加工工艺温度控制过程测量不确定度原理图

1.2　被测对象

某热加工过程温度控制点分别为 250℃、650℃、1000℃、250℃、750℃、400℃，控制允差在 1000℃时为±10℃。

1.3　测量设备

Ⅰ级 K 型热电偶：允许误差为±1.5℃或±0.4%t（t 为温度值）的大值；

K 型密级补偿导线：在 1000℃时其热电势允许误差为±60μV；

DX2000 无纸记录仪：对 K 分度的温度≥0℃时的冷端补偿精度为±0.5℃。

1.4　测量环境条件

自然环境，本地自然温度：(0～50)℃；车间内相对湿度：≤85%。

1.5　测量方法

将热电偶的测量端置于被测对象适当位置，在温度显示、记录仪上观测和记录温度值。

2　测量模型

采用温度测量系统进行接触式测量，由热电偶将需要测量的温度转变成电信号，经补偿导线将传送到温度显示记录仪进行显示记录。其测量模型如下：

$$y=x \tag{4-3-4}$$

式中：

y——被测温度；

x——显示、记录温度。

3　各输入量的标准不确定度评定

根据该温度测量系统构成，经分析输入量 x 的不确定度 u 主要来源于热电偶、补偿导线和温度显示记录仪表。以测量1000℃为例进行测量不确定度评定。

3.1　热电偶引入的标准不确定度分量 u_1

国家标准对Ⅰ级K型热电偶计量特性要求，允许误差为±1.5℃或±0.4%t 的大值，因此1000℃其允许误差为±4.0℃。则半宽 a 为4.0℃，按均匀分布考虑，取包含因子 $k=\sqrt{3}$。则：$u_1=4℃/\sqrt{3}=2.31℃$。

3.2　补偿导线引入的标准不确定度分量 u_2

该测量过程从热电偶测量端到显示记录仪表之间的信号传输采用精密级补偿导线，根据国家技术标准，K型密级补偿导线在100℃时其热电势允许误差为±60μV，半宽度 a 为60μV，按均匀分布，取包含因子 $k=\sqrt{3}$，1000℃附近的微分电势值38.98μV/℃，则：$u_2=(60\mu V/\sqrt{3})/38.98\mu V/℃=0.89℃$。

3.3　温度显示、记录仪表引入的标准不确定度 u_3

温度显示、记录仪表引入的测量不确定度分量由显示记录仪表自动冷端温度补偿不确定度和该仪表的热电势测量的不确定度两项分量引入。

根据该DX2000无纸记录仪的生产厂家提供的技术指标，其K分度热电偶不含冷端补偿时允许误差为±(0.15%RDG+0.7℃)，因此测量1000℃的允许误差为±2.2℃，则半宽 a 为2.2℃，按均匀分布考虑，取包含因子为 $k=\sqrt{3}$，则：$u_{31}=2.2℃/\sqrt{3}=1.27℃$

根据该DX 2000无纸记录仪的生产厂家提供的技术指标，对于温度K分度在0℃以上的冷端补偿精度为±0.5℃，因此半宽度 a 为0.5℃，按均匀分布考虑，取包含因子为 $k=\sqrt{3}$，则：$u_{32}=0.5℃/\sqrt{3}=0.29℃$。

由于显示记录仪表的热电势测量与冷端补偿标准不确定度分量互不相关，所以显示记录仪表引入的测量不确定度分量为

$$u_3=({u_{32}}^2+{u_{31}}^2)^{1/2}=[(1.27℃)^2+(0.29℃)^2]^{1/2}=1.30℃。$$

4　合成标准不确定度

4.1　各不确定度分量汇总表见表4-3-14

表4-3-14　各不确定度分量汇总表

标准不确定度分量	标准不确定度/℃	分布	k
u_1	2.31	矩形	$\sqrt{3}$
u_2	0.89	矩形	$\sqrt{3}$
u_3	1.30	矩形	$\sqrt{3}$

4.2　合成标准不确定度计算

以上各项输入量标准不确定度分量彼此独立，互不相关，则其合成标准不确定度

的公式为：

$$u_c=(u_1^2+u_2^2+u_3^2)^{1/2}$$
$$=[(2.31℃)^2+(0.89℃)^2+(1.30℃)^2)]^{1/2}=2.8℃$$

5　扩展不确定度

从上面分析可知，3 个不确定度分量均为矩形分布，被测量分布估计为梯形分布，该梯形分布的包含因子 k_{95} 可根据 2 个占优势不确定度分量计算出来。

由 2 个半宽为 a_1 和 a_2 的矩形分布卷积后得到下底和上底的半宽分别为 $a=a_1+a_2$ 和 $b=|a_1-a_2|$ 的梯形分布，其 β 值计算公式如下：

$$\beta=\frac{b}{a}=\frac{|a_1-a_2|}{a_1+a_2} \tag{4-3-5}$$

式中：

β——梯形上底与下底比值；

b——梯形上底半宽；

a——梯形下底半宽；

a_1——其中一个矩形半宽；

a_2——其中另一个矩形半宽。

在前面不确定度分量评估中得到半宽 $a_1=4℃$，半宽 $a_2=2.25℃$，因此梯形的上底半宽 b 为 1.75℃，下底半宽 a 为 6.25℃，则 $\beta=0.28$。

对于梯形分布，包含因子计算公式如下：

$$k_p=\frac{1}{\sqrt{\frac{1+\beta^2}{6}}}\times\begin{cases}\frac{p(1+\beta)}{2} & \frac{p}{2-p}<\beta \\ \left[1-\sqrt{(1-p)(1-\beta^2)}\right] & \beta\leqslant\frac{p}{2-p}\end{cases} \tag{4-3-6}$$

式中：

k_p——包含因子；

β——梯形上底与下底比值；

p——包含概率。

当包含概率 $p=95\%$，$\beta=0.28$ 时，可得 $k_{95}=1.85$，

扩展不确定度 $U_{95}=k_{95}\times u_c=1.85\times2.8=5.2℃$（$k_{95}=1.85$）。

6　应用

热加工产品性能热处理工艺曲线见图 4－3－7。

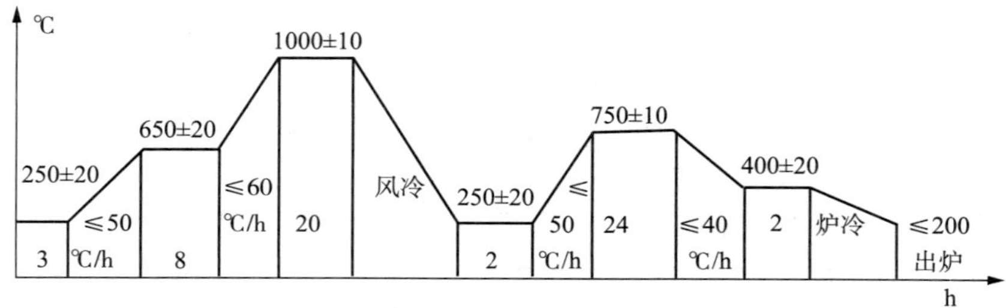

图 4－3－7　热加工产品性能热处理工艺曲线

若要判断温度测量系统能否用于该热处理工艺过程，可通过计算测量能力指数进行判断。

测量能力指数公式：

$$Mcp=\frac{\delta_{允}}{U}=\frac{T}{2U} \tag{4-3-7}$$

式中：

Mcp——测量能力指数；

$\delta_{允}$——被测对象的允许误差；

T——产品参数加工制造允许的公差，或工艺过程监测控制参数允许变化范围，或参数测量允许误差范围，本例 1000℃时 $T=20$℃；

U——测量系统的测量不确定度，本例 1000℃时 $U_{95}=5.2$℃（$k_{95}=1.85$）。

6.1　由测量能力指数公式可计算出在工艺温度 1000℃时，$Mcp=20/(2\times5.2)=1.92$，该 Mcp 在 1.5～2，基本满足检验与监控测量测量能力要求。

6.2　参照上面的不确定度评定方法和步骤可以评定出在工艺温度 750℃时，测量系统的扩展测量不确定度为 $U_{95}=4.4$℃（$k_{95}=1.89$），$Mcp=20/8.8=2.3$，该测量能力指数 Mcp 在 2～3 范围，是检验与监控测量，测量能力为足够。同理在测量 650℃、400℃和 250℃时扩展不确定度小于 750℃的扩展测量不确定度，其 Mcp 将大于测量 750℃时的 Mcp，所以测量能力至少为足够。

结论：本测量方案满足某热加工工艺温度控制的测量要求。

7　说明

在本例测量过程的测量不确定度评定前，用阿美特克的 JOFRA-CTC1200A 干体炉提供稳定的 1000℃温度源，将该温度测量系统的热电偶插到该温度源中，该温度测量系统测量出的温度变化未超过 0.4℃，重复性分量很小，DX2000 的分辨力为 0.1℃，也很小，因此未考虑重复性分量和分辨力分量影响。

三、测量过程有效性确认方法及案例

工程技术人员在完成测量过程方案设计后，在提交相关技术主管领导批准发布和测量过程付诸实施前，应该对测量过程是否切实可行、是否有效进行确认，从而确保生产和测量活动的安全，确保测量结果的准确可靠，确保顾客计量要求的满足。

测量过程有效性确认方法有很多，最常见的方法有用测量能力指数检验，用三分之一原则检查，用不确定度评定或测量系统分析结果查验，通过工艺试验证明，通过用新设计测量方案的测量结果与已被证明有效的测量过程的测量结果比对验证等等。以下简单介绍用测量能力指数和三分之一原则的确认方法。

（一）用测量能力指数确认测量过程有效性的方法

测量能力指数是在过程能力分析基础上研究的成果。过程能力分析可用在评价任何一个过程（制造业和服务业）的能力，也可用于评价生产合格品的能力。过程能力分析用于工艺加工过程分析和评价就是工艺能力指数 C_p，用于分析和评价测量过程的能力，也就有了测量能力指数 Mcp。

测量能力指数 Mcp 用于测量过程有效性确认的主要步骤如下：

(1) 识别测量过程是“测量”还是“检验与监控”

20 世纪 80 年代的“测量”指只需给出被测对象的测量结果，无合格与否判定，但对测量方法的极限误差（误差变动范围）有要求的测量过程，而对被测对象有控制限要求，有合格与否判定要求的测量过程称为“检验与监控”。测量管理体系对测量过程控制的重点应该是有控制限和合格与否判定要求的测量过程，特别是那些需要高度控制的测量过程。

(2) 确定被测量的测量范围和允许的误差（控制限）

仔细查看被检测参数的有关图纸、工艺、技术文件相关规定，识别和确定被测量的测量范围和允许的误差，计算出被测量的控制限 T。

控制限是最大值与最小值之差，是上偏差与下偏差之差，是公差带宽度。上下偏差对称于名义尺寸时，控制限也等于允许偏差绝对值的 2 倍。

(3) 计算测量能力指数 Mcp

测量能力指数计算公式为：

$$Mcp=T/(6\sigma)=T/(2U)=T/(3U_1) \qquad (4-3-8)$$

式中：

T——被测参数允许的变化范围（公差）；

σ——测量过程的标准不确定度（标准偏差）；

$U=\sqrt{U_1^2+U_2^2}$——测量过程或校准过程的扩展不确定度；

U_1——测量设备引入的扩展不确定度；

U_2——非测量设备引入的扩展不确定度。

$Mcp=T/(6\sigma)$ 中 σ 需要做大量实验通过贝塞尔公式求得，实际应用比较麻烦，较少使用；

$Mcp=T/(2U)$ 是在进行了测量不确定度评定有扩展不确定度 U 的评定结果时使用的计算公式，在未进行不确定度评定时无法使用；

$Mcp=T/(3U_1)$ 的式子简单易行，常常被使用。U_1 是测量设备引入的扩展不确定度，占据了不确定度 U 的绝大部分，测量设备示值允差引入的不确定度也占据了测量设备引入的不确定度绝大部分，因此实际工作中往往可近似视 U_1 为测量设备示值允差 Δ，式子 $Mcp=T/(3U_1)$ 便可视为 $Mcp=T/(3\Delta)$。

(4) 选择测量设备，使测量能力指数 Mcp 达到要求

表 4-3-15 是原国家计量局推荐的 Mcp 是否满足测量要求的判定标准。从表中可知，$Mcp=1.5\sim2$ 属于 C 级配置，基本满足“检验与监控”一般精度的测量要求；$Mcp<1.5$ 属于 D 级配置，不能满足测量要求；$Mcp\geqslant2\sim3$ 属于 B 级配置，测量能力足够；$Mcp\geqslant3\sim5$ 属于 A 级配置，测量能力偏高；$Mcp>5$ 的测量能力就属于“奢侈”的配置了，不是必要的场合，这种配置是浪费资源，是过大提高了测量成本，是不可取的。

测量过程的测量能力指数 Mcp 一定会大于工艺过程能力指数 C_p 的，因为测量的目的就是评判工艺过程生产出来的产品是否合格，评判工艺过程是否在受控条件下运行。测量过程能力指数高于生产工艺能力指数，评定的结果才能可靠，才能信得过。

表 4-3-15　测量能力指数 *M*cp 值评价推荐表

*M*cp 能力评价 检测类型		A	B	C	D
检验与监控	高精度	2	1.3	1	0.7
	一般精度	3～5	2～3	1.5～2	1～1.5
	低精度	7.5	4.5	3	2.3
测量	高精度	1.1	0.9	0.7	0.5
	一般精度	1.7～2	1.3～1.7	1～1.3	0.7～1
	低精度	3	2.5	2	1.5

注：A 配置高，B 配置足够，C 配置尚可，D 配置不足。

利用测量能力指数确认测量过程有效性的例子见以下案例。

【案例 4-3-9】检验孔径 $\phi180+0.1$，测量过程设计的方案是用游标卡尺直接测量，请利用测量能力指数来确认此设计方案的有效性。

确定控制限：$T=(+0.1)-0=0.1$mm

【案例分析】查检定规程知游标卡尺的示值允差为 0.02mm（JJG 30—2002），则：

$$U_1=0.02\text{mm}$$

$$Mcp=T/(3U_1)=0.1/(3\times0.02)=1.7$$

结论：*M*cp 介于 1.5～2.0 之间，基本满足测量要求。

但新规程 JJG 30—2012 对测量上限 200mm 的游标卡尺示值允差已改为 0.03mm，

$$Mcp=T/(3U_1)=0.1/(3\times0.03)=1.1$$

1.1<1.5 不满足测量要求。通过这个例子告诉我们要关注检定规程和校准规范的更新信息，特别是允许误差方面的更改有可能将原来确认有效的测量过程变为无效了。此时应对原测量过程设计方案加以更改，例如改为选择内径千分尺，查检定规程知示值允差为 0.009mm，视为 $U_1=0.009$mm，则：

$$Mcp=T/(3U_1)=0.1/(3\times0.009)=3.7$$

更改测量方案后，测量过程的能力指数介于 3～5 之间，完全满足测量要求。

【案例 4-3-10】某锻造工艺要求炉温（1100～1150)℃，现规定配备（0～1600)℃工作用铂铑-铂热电偶和 0.5 级电子电位差计监视工艺过程，测量过程满足要求吗？

【案例分析】确定控制限：$T=1150℃-1100℃=50℃$

查 JJG 141 知热电偶最大允许误差 $U_1=0.5\%t=0.5\%\times1150℃=5.75℃$

电子电位差计最大允许误差 $U_2=0.5\%t_f=0.5\%\times1600℃=8℃$

测量系统的引入的不确定度 $U_1=\sqrt{U_1^2+U_2^2}=\sqrt{5.75^2+8^2}℃=10℃$

$Mcp=T/(3U_1)=50/(3\times10)=1.67$

结论：本测量系统 *M*cp 介于 1.5～2.0 之间，基本满足测量要求。

（二）用三分之一原则确认测量过程有效性的方法

测量设备引入的扩展不确定度分量 U 与被测参数的控制限宽度或允许公差 T 的比值 $K=U/T$，通常称为测量可靠性系数。在测量领域，通常用可靠性系数来选择测量方法或测量设备。当可靠性系数 K 介于 1/3～1/10 时，测量过程满足测量要求，这就是著名的三分之一原则。只有高精度测量时，K 才可以取 1/2。

当 $K>1/3$ 时，风险较大，不能满足被测参数的测量要求。

$K<1/10$ 时，虽然满足被测参数测量要求，但投入的测量成本过高，测量过程配置奢侈，很不经济。

可靠性系数 K 和测量能力指数 Mcp 的关系是：

在一般精度测量中尚可满足要求的 C 级配置中，Mcp 介于 1.5～2，由 $M\text{cp}=T/(2U)$，得：

$$T=2UM\text{cp},$$
$$K=U/T=U/(2UM\text{cp})=1/(2M\text{cp})$$

将 1.5 和 2 分别代入可得 $K=1/3\sim1/4$，在高配置的 A 级，Mcp 最大为 5，代入后得 $K=1/10$。这就是三分之一原则一般选择的可靠性系数为 1/3～1/10 的原因，也说明了测量能力指数和三分之一原则是同一件事的两种不同的解释，说明三分之一原则与测量能力指数的评价标准效果是相同的。

四、测量过程监视控制方法和案例

（一）测量过程监视的要求

1. 简单的测量过程监视

将测量过程的设计、实施、控制职能合理地分配给各个部门，调动企业全体员工参与测量过程的管理，从而确保测量过程受控，测量结果准确可靠，确保顾客计量要求的满足，促进企业的持续发展和进步。GB/T 19022—2003 的 7.2.2 的指南明确指出："在测量过程控制上花费的力量应与测量对组织的最终产品质量的重要性相匹配。例如：高度的测量过程控制对那些包含有关键性的或复杂的测量系统，对保证生产安全的测量及由于测量结果不正确会引起后续的昂贵代价的测量来说是合适的。而对非关键部分的简单测量，低级别的过程控制就足够。这时过程控制程序可能就是与测量设备和应用类似的一般形式，诸如用手动工具测量机械零件。"

什么是"低级别的过程控制"，标准指南给出的例子是"这时过程控制程序可能就是与测量设备和应用类似的一般形式，诸如用手动工具测量机械零件。"意思就是说低级别的测量过程控制方法有可能像测量设备的控制方法，或者就控制测量设备。

简单的、低级别的测量过程控制方法还有许多，例如：

——利用相同或不相同的方法重复测量；

——对保留的物品再测量；

——分析一个物品不同特性结果的相关性；

——对测量中使用的测量设备抽样检查；

——对测量过程的环境条件进行监测；

——对测量人员的工作监督检查等。

类似于企业工艺纪律检查和安全生产检查的行政巡查和抽查方法，也可应用于低级别的测量过程控制。

但标准 8.2.4 要求"在构成测量管理体系的各个过程中，应监视计量确认和测量过程。监视应按照形成文件的程序和确定的时间间隔进行。"也就是说，即便是最简单的测量过程控制也应该“按照形成文件的程序”和“确定的时间间隔”进行。应该编制“形成文件的”测量过程巡查和抽查“程序”，程序中应该规定巡查和抽查的时间间隔，并且按程序规定的检查内容、方法和确定的时间间隔进行检查。本节后续内容——监视方法及案例之“案例 4－3－11”给出了某企业低级别控制的测量过程监视管理方法文件示例《一般测量过程监视和控制管理方法》。

2. 核查标准在测量过程监视和控制中的应用

用核查标准控制测量过程，不同于用校零工具校对测量设备的零位。例如用校对杆校对千分尺零位，用一个砝码校对台秤的零位等，对零是测量人员测量前每天要做的例行功课，是对测量设备使用前的可靠性确认。用核查标准控制测量过程则是测量过程控制责任工程师或者质量管理人员按规定的时间间隔定期对测量过程的测量，是对测量过程受控性的确认。测量人员也是测量过程的组成要素之一，属于被核查的对象之一，将核查标准的真实测量结果告知测量人员，并将核查标准交给测量人员当做校零工具使用，称之为“天天在核查”的做法是不妥当的。核查标准一般应该由测量过程的控制人员负责保管，必须保管在现场的大型核查标准可由测量人员保管，但其实际校准数据应该保密，只有测量过程的管理人员知道。具体方法见本教材第二篇第二章第三节。

3. 测量系统分析

测量系统分析用于评估测量系统的质量。它是运用统计方法来分析研究测量系统中各个变差源以及它们对测量结果的贡献，并根据可接受的判断方法判断测量系统的可接受性（符合性）。对测量系统分析的一个重要前提是将测量活动看成是一个“过程”——“测量过程”，这样就可以运用任何与过程控制有关的管理、统计和逻辑技术控制和管理测量过程。

（二）监视方法及案例

1. 一般测量过程监视和控制案例

【案例 4－3－11】　一般测量过程监视和控制管理方法

文件编号：DQ/JL-（09）WJ-22

1　目的

为实施《测量过程控制管理程序》，确保测量过程在设计的受控条件下实现，特制订本管理方法。

2　范围

本方法适用于公司内部一般测量过程的监视和控制。

3　职责

质量部归口管理测量过程的监视和控制。质量部、环安部、能源部、营销部、计量部分别实施产品质量检验、安全与环境监测、能源计量、物质进出公司称量和计量校准等测量过程的监视和控制。

4　测量过程的分类

4.1　为便于对测量过程的控制和管理，将测量过程分为重要/关键测量过程和一般测量过程两类。

4.2　测量过程划分

对公司最终产品质量起重要作用的或由于测量结果不正确会引起后续昂贵代价的

或对保证生产安全起关键性作用的测量过程称为重要/关键测量过程。除重要/关键测量过程外的常规或普通的测量过程称为一般测量过程。

4.3　重要/关键测量过程

a）涉及公司安全生产、职业健康和环境保护的测量过程；

b）涉及能源进出公司计量、物资进出公司称量的测量过程；

c）涉及产品终端检验和试验的测量过程和原材料、半成品、配套件进公司质量验证的测量过程；

d）涉及关键工艺过程和特殊工艺过程监视的测量过程。

5　一般测量过程监视的实施方法

5.1　测量过程的监视责任单位

质量部负责测量过程的监视，由质量部责任工程师组织相关单位质量管理或计量管理人员到测量过程的现场巡查和抽查。

5.2　测量过程监视的时间间隔

每周组织一次巡查或抽查，但是对例如测量过程管理台账中的高度控制的测量过程每个月必须至少检查一次，对一般测量过程每个季度至少检查一次。

5.3　测量过程的监视内容

a）测量人员的能力和资质；

b）测量设备的计量确认状态标识和完好性；

c）被测对象的正确性；

d）测量技术文件（图纸、工艺、检验规范等技术文件）的受控性；

e）环境条件的符合性和受控性等。

具体检查内容见附表。

5.4　测量过程的监视记录

测量过程的监视记录见附表。监视记录交质量管理部存档。

5.5　失控测量过程的处置

5.1.1　失控和不合格测量过程的判定

检查过程中，发现检查项目有一项不满足要求的判定为该测量过程失控，作为不合格测量过程处理。

5.1.2　不合格测量过程处理

a）对无证或操作证过期失效，及从事的测量活动与测量人员资质证明规定的业务范围不相符的，责令停止测量活动，宣布出具的测量结果无效。

b）对未经计量确认的，或已经超过计量确认有效期的测量设备，检查人员有权停止使用并及时上报质量管理部。

c）对使用过期、失效和失控技术文件的，没收技术文件，责令测量人员领用或借用受控技术文件开展测量活动。

d）对测量环境不符合规定，或没有持续控制的，宣布测量结果无效，并要求测量人员控制环境条件使其满足测量过程技术文件规定。

e）除了作a）～d）款处置外，应签发“不合格测量过程报告”，纳入不合格测量过程管理，具体管理办法按《不合格测量过程管理程序》。

6　附则

6.1　本管理办法自2009年1月1日起实施。

6.2 本管理办法解释权归质量管理部。

7 引用文件

《测量过程控制管理程序》

《测量管理体系监视管理程序》

《不合格测量过程管理程序》

8 现场测量过程控制检查表

现场测量过程控制检查表见表 4-3-16。

表 4-3-16 测量过程控制现场检查表

序号	检查内容	是否满足要求
1	**测量人员**	
1.1	测量工作与操作证规定项目相同	□ 相同　　□ 不相同
1.2	测量人员操作证在有效期之内	□ 有效　　□ 超期
2	**测量设备**	
2.1	有计量确认标识且在有效期内	□ 有　□ 无　□ 超期
2.2	测量设备完好性和外观满足要求	□ 满足　　□ 不满足
3	**测量方法**	
3.1	执行的技术文件是现行有效版本	□ 是　　□ 不是
3.2	文件是否受控	□ 是　　□ 不是
3.3	测量过程操作符合文件规定	□ 符合　　□ 不符合
4	**测量环境**	
4.1	测量环境是否满足技术文件规定	□ 是　　□ 不是
4.2	测量环境是否持续受控	□ 是　　□ 不是
4.3	若偏离要求，测量数据是否已修正	□ 是　　□ 没有
5	**被测对象**	
5.1	检查时，被测对象与工作票一致	□ 一致　　□ 不一致
5.2	检查部位和参数符合技术文件规定	□ 符合　　□ 不符合
结论	□ 测量过程受控	□ 测量过程失控

注：检查情况在相关方框内打勾。有一个分项不符合即判测量过程失控。

检查人员：　　　　　　　　　　　　日期：

2. 使用波动图对测量过程控制的作业指导书案例

【案例 4-3-12】 转轴直径 $\phi 90^{+0.045}_{+0.023}$ 测量过程波动图控制法指导书

编号：Q/CDM..GL-003-2010

1 目的

为防止 ZD109C 转轴前轴承位直径 $\phi 90^{+0.045}_{+0.023}$ 测量过程失控，产生不合格测量数据，使转轴尺寸量值溯源性失效，最终造成该转轴的误收或误废，特制订本作业指导书。

2 适用范围

本指导书适用于本公司转轴前轴承位直径 $\phi 90^{+0.045}_{+0.023}$ 质量检验过程首次纳入控制和监视范围时的测量过程控制工作的技术指导。

3　术语定义

核查标准：为了对某个测量过程进行控制，通过对该过程的测量来收集数据所使用的测量设备、产品或其他物体。

4　职责

4.1　电机分厂质量主管工程师负责 ZD109C 转轴前轴承位直径 $\phi 90^{+0.045}_{+0.023}$ 质量检验过程（以下简称本测量过程）的控制和监视，保管核查标准，组织本测量过程的核查。

4.2　计量化验室负责核查标准的定期校准。

4.3　电机分厂检验人员配合本测量过程的核查。

5　本测量过程核查的工作原理

测量过程核查的工作原理如图 4－3－8 所示。

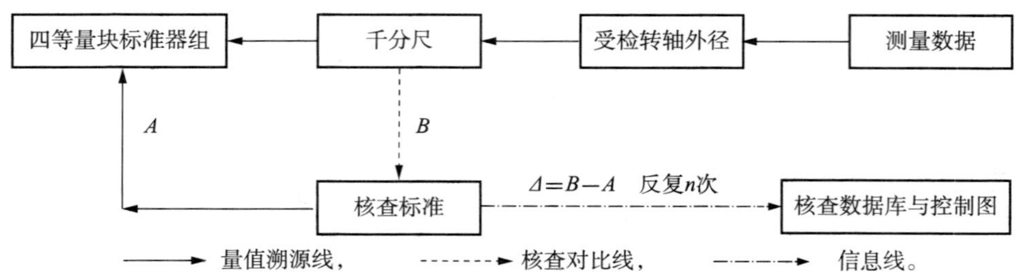

图 4－3－8　测量过程核查的工作原理

6　本测量过程的核查标准选择

6.1　技术中心主管技术工程师负责本测量过程核查标准的选择。

6.2　本测量过程的核查标准应选择直径为 ϕ90mm 左右的转轴一件，核查标准的圆柱度允差应≤0.004mm。

7　核查标准的校准

7.1　电机分厂质量主管工程师将选好的核查标准送计量处校准人员用 4 等量块标准装置按 5 等量块检定要求进行校准，校准应在相互垂直的两个截面上进行。

7.2　在每次校准核查标准之前，室内温度应控制在（20±2)℃。核查标准、仪器、标准量块一起平衡温度的时间不小于 1h。

7.3　核查标准相邻两次校准的时间间隔为 24 个月。

8　核查标准的保管

由负责测量过程控制的电机分厂质量主管工程师保管核查标准。核查标准应单独存放，防潮、防磁、防高温、防磕碰、防锈蚀，保持核查标准的准确性。

9　控制图的设计

9.1　本测量过程的控制图采用波动图（平均值控制图），水平方向坐标轴为核查时间坐标 t，相邻两点间距表示一个核查间隔，即一个月。垂直方向坐标轴为平均值坐标，平均值取连续五次测量的结果的算数平均值 $\overline{X}$，计量单位为 μm。

9.2　控制限的确定

以核查标准校准结果在控制图上画水平直线，作为控制图中位线 CL 位置，以控制图中位线加或减主轴直径允许误差限的 1/6，即（0.045－0.023)/6＝0.004mm，分别画水平直线，确定上控制线 UCL 和下控制线 LCL 的位置。

10　对本测量过程核查的实施

10.1　核查工作由电机分厂质量主管工程师负责组织。

10.2　本测量过程核查时间间隔为一个月，每月第一个工作周内应对测量过程进行核查。

10.3　核查必须在测量过程正常运行时，即检验人员正在检验转轴直径时进行。将核查标准交与检验人员，在对现场正在进行检测的人员、测量设备、测量方法、环境不作任何更改的情况下对核查标准进行测量，电机分厂质量主管工程师以检验员五次测量结果的算数平均值在本测量过程的控制图（波动图）点上一点。

10.4　将历次核查的数据点相连接即是平均值控制曲线。控制图的示例见附录 A。

11　受控与否的判定

出现以下情况之一即可判定本测量过程失控（不合格）：

a）核查数据的点超出了上、下控制线；

b）连续 6 点递增或递减；

c）连续 9 点落在中位线同一侧；

d）连续 5 点中有 4 点落在中位线同一侧并接近控制线。

12　不合格的处置

12.1　经核查（也包括日常抽查），发现本测量过程不合格的信息应报告给电机分厂质量主管工程师，由主管工程师对不合格测量过程给予标识。标识的方法是向测量过程实施班组发出不合格书面通知，责令停止该测量过程。

12.2　测量过程实施班组根据不合格报告，查找原因，制定纠正措施并实施改进。在完成纠正措施后，报告测量过程控制主管工程师。

12.3　主管工程师再次使用核查标准对纠正措施的有效性进行验证。测量过程被验证合格后，以此次验证日期为起点，按规定的核查间隔调整核查时间，重新纳入正常核查和控制。

12.4　本测量过程实施单位如果发现或怀疑不合格的测量过程产生误差风险，应对从上次核查之日起至本次核查之日止期间内的测量结果可能产生的误差风险进行追溯。追溯结果应书面报告质量管理部主管工程师。

13　附加说明

在执行本作业指导书两年后，累计核查次数达到或超过了 20 次，即累计核查数据达到或超过了 20 组时，电机分厂质量主管工程师应按 Q/CD MGL－004—2010《转轴直径 $\phi90^{+0.045}_{+0.023}$测量过程核查作业指导书》重新设计控制图，并使用新的控制方法和新设计的控制图对本测量过程实施控制。

14　附则

13.1　本技术指导书的解释权归技术中心。

13.2　本技术指导书自发布之日起实施。

附录 A　转轴直径 $\phi90^{+0.045}_{+0.023}$测量过程波动图控制法实施示例

设计：　　　　日期：2010.8.16

审核：　　　　日期：2010.8.17

会签：　　　　日期：2010.8.18

审批：　　　　日期：2010.8.25

附录 A:ZD109C 转轴前轴承位直径 $\phi 90^{+0.045}_{+0.023}$ 测量过程波动图法控制记录

测量过程名称			转轴前轴承位直径			被测参数	$\phi 90^{+0.045}_{+0.023}$		计量单位	核查标准名称		标准直径圆棒		校准值
测量过程编号			LZCJ-006						mm	核查标准编号		自 006		91.899
日期		10.1	10.2	10.3	10.4	10.5	10.6	10.7	10.8	10.9	10.10	10.11	10.12	11.1
测量人		刘某	刘某	刘某	刘某	刘某	李某	李某	李某	李某	刘某			
测量值	1	91.898	91.899	91.895	91.896	91.899	91.897	91.898	91.902	91.899	91.901			
	2	91.899	91.901	91.899	91.897	91.899	91.899	91.902	91.899	91.897	91.903			
	3	91.900	91.897	91.897	91.899	91.899	91.901	91.901	91.905	91.896	91.904			
	4	91.899	91.899	91.896	91.899	91.902	91.903	91.899	91.903	91.896	91.902			
	5	91.902	91.896	91.899	91.896	91.899	91.902	91.903	91.904	91.895	91.899			
平均值 $X_{均i}$		91.8996	91.8984	91.8972	91.8974	91.8996	91.9004	91.9006	91.9026	91.8966	91.9018	91.8990	91.8990	91.8990
极差 R_i		0.004	0.005	0.004	0.003	0.003	0.006	0.005	0.006	0.004	0.005	0.000	0.000	0.000
核查标准校准值 CL		91.8990		$UCL=X_{均}+T/6$		91.9027								
				$LCL=X_{均}-T/6$		91.8953								

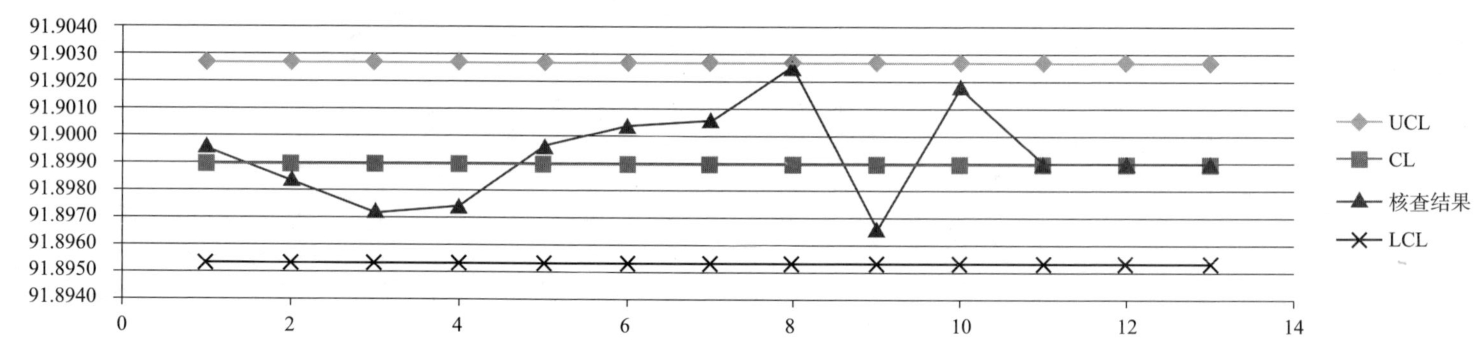

【案例 4－3－13】 阀门钢直径的测量系统分析

1 数据采集

1.1 在各生产车间随机抽样 10 根阀门钢，分别在 10 根阀门钢上做标记，同时对 10 根阀门钢进行编号，编号不能让测量人员知道。

1.2 使用的测量设备为测量范围（0～25）mm 的外径千分尺。

1.3 选 3 位有资质的测量人员，分别对 10 根阀门钢进行测量，每人对每件阀门钢各测量 3 次，测量数据列入表 4－3－17。

表 4－3－17 阀门钢直径的测量数据

零件名称：线材			零件型号：＊＊＊			工序：阀门磨削						
测量设备：外径千分尺			规格：（0～25）mm			测量设备编号：LL42363			日期：2010.5.22			
测量人员			A：张××			B：王××			C：李××			
测量人	次数	零件编号										平均值
		1	2	3	4	5	6	7	8	9	10	
A	1	7.578	7.569	7.571	6.369	7.279	6.382	8.269	6.301	7.275	6.251	7.084
	2	7.578	7.569	7.559	6.361	7.278	6.379	8.265	6.295	7.272	6.251	7.081
	3	7.578	7.559	7.567	6.367	7.271	6.381	8.269	6.294	7.269	6.249	7.080
均值		7.578	7.566	7.566	6.366	7.276	6.381	8.268	6.297	7.272	6.250	$\bar{x}=7.084$
极差		0	0.010	0.012	0.008	0.008	0.003	0.004	0.007	0.006	0.002	$\bar{R}=0.006$
B	1	7.576	7.570	7.569	6.362	7.272	6.378	8.262	6.292	7.271	6.251	7.080
	2	7.577	7.571	7.570	6.364	7.276	6.379	8.265	6.293	7.272	6.252	7.082
	3	7.576	7.570	7.570	6.361	7.278	6.377	8.264	6.294	7.271	6.251	7.081
均值		7.576	7.570	7.570	6.362	7.275	6.378	8.264	6.293	7.271	6.251	$\bar{x}=7.081$
极差		0.001	0.001	0.001	0.003	0.006	0.002	0.003	0.002	0.001	0.001	$\bar{R}=0.002$
C	1	7.581	7.571	7.571	6.369	7.271	6.379	8.265	6.301	7.275	6.252	7.084
	2	7.578	7.575	7.575	6.371	7.273	6.380	8.263	6.398	7.272	6.255	7.084
	3	7.580	7.575	7.575	6.365	7.275	6.380	8.265	6.392	7.275	6.251	7.083
均值		7.580	7.574	7.574	7.568	7.273	6.380	8.264	6.397	7.274	6.253	$\bar{x}=7.084$
极差		0.003	0.004	0.004	0.006	0.004	0.001	0.002	0.009	0.003	0.004	$\bar{R}=0.004$
零件均值		7.578	7.570	7.570	6.365	7.275	6.379	8.265	6.296	7.272	6.251	$\bar{\bar{x}}=7.082$ $R_P=2.014$
$\bar{R}=(0.006+0.002+0.004)/3$（个人）$=0.004$												
$R_0=7.084-7.081=0.003$												

2　测量系统分析

2.1　重复性变差 EV

每个人对每个零件测量 3 次，3 个人测量 10 个零件共有 30 个极差，查表得：

$$d_2^*\ (3,\ 30)=1.693$$

$$\sigma_e=\overline{R}/d_2^*=0.004/1.693=0.0024$$

$$EV=5.15\sigma_e=5.15\times 0.0024=0.0124$$

2.2　再现性变差 AV

测量人数 3 人，3 个人的结果有一个极差，查表得：

$$d_2^*\ (3,\ 1)=1.91$$

$$\sigma_0=R_0/\mathrm{d}_2^*=0.003/1.91=0.0016$$

$$AV=5.15\sigma_0=5.15\times 0.0016=0.00824$$

2.3　测量系统变差 GRR

$$GRR=\sqrt{EV^2+AV^2}=\sqrt{0.0124^2+0.00824^2}=0.015$$

2.4　零件变差 PV

被测对象个数 10 个，极差个数 1 个，查表得：

$$d_2^*\ (10,\ 1)=3.18$$

$$\sigma_P=R_P/d_2^*=2.014/3.18=0.633$$

$$PV=5.15\sigma_P=5.15\times 0.633=3.26$$

2.5　总变差 TV

$$TV=\sqrt{EV^2+AV^2+PV^2}=\sqrt{0.0124^2+0.00824^2+3.26^2}=3.26$$

3　相对变差

3.1　测量设备相对变差%EV

$$\%EV=(0.0124/3.26)\ \times 100\%=0.38\%$$

3.2　测量人员相对变差%AV

$$\%AV=(0.00824/3.26)\ \times 100\%=0.25\%$$

3.3　零件相对变差%PV

$$\%PV=(3.26/3.26)\ \times 100\%=100\%$$

3.4　测量系统相对变差%GRR

$$\%GRR=(0.015/3.26)\ \times 100\%=0.66\%$$

4　分析结果

重复性相对变差%EV 为 0.38%，低于 10%，说明千分尺的变差可以接受。

再现性相对变差%AV 为 0.25%，低于 10%，说明测量人员之间的变差波动很小，测量人员操作一致性好，测量操作水平较高，满足测量要求。

测量系统相对变差%GRR 的值为 0.66%，低于 10%，说明测量系统整体能力充裕，可以接受。

零件变差%PV 为 100%，变异显著，测量系统的数据采样明显表示出样品间的尺寸差异，最大尺寸 8.265，最小值尺寸 6.251，极差达 $R_P=2.014$。这说明生产系统出现严重问题，要么生产设备未调整好，要么生产人员用错了图纸或没看清楚图纸尺寸。

5　结论

根据以上分析结果，该测量系统的变差很小，本测量系统用于测量阀门钢成品直径完全满足测量要求。但零件变差%PV＞30%，说明在生产系统中问题明显，应针对生产系统查找原因，制定纠正措施加以改进。如果确实需要分析不同规格的阀门钢成品直径测量系统，可用测得值与公称值之差代替测得值进行统计分析。

（三）监视结果的处理

标准要求，“在构成测量管理体系的各个过程中，应监视计量确认和测量过程”，指出“监视应包括确定所用的方法，方法中包括统计技术和它们的使用范围”。前面已经讲到通过简易的监视方法和复杂的监视方法，例如内部审核、顾客反馈、行政监督检查、随后的相同或不同方法的复检、留样的复验、实验室间比较、使用核查标准的波动图和控制图、分析趋势图以及测量系统分析等等方法，通过各种不同监视方法确保迅速发现存在的问题，目的是提供防止偏离要求的机制并及时采取纠正措施，这种监视应与不符合规定要求所产生的风险相匹配。因此，标准要求对监视结果的处理应该：

——测量和确认过程的监视结果应形成文件；

——已知任何测量过程已产生不合格或怀疑产生不正确的测量结果，应进行适当标识；

——已产生或怀疑产生不正确的测量结果的测量过程应停止使用；

——确定潜在的后果，进行必要的纠正，并采取必要的纠正措施，直到已证明测量和确认过程持续地满足文件的要求；

——由于不合格而更改某个测量过程，在使用前应进行有效确认；

——还可以按我国企业中通行的计量管理监督管理办法进行监督考核和实行适当的经济杠杆激励，以促进持续改进。

（1）“过程的监视结果应形成文件”，此处“形成文件”是指监视记录的文件化。无论是简单的监视还是复杂的监视，其监视结果都应该形成文件化记录，“以证明测量和确认过程持续地满足文件的要求”，随便一张纸或一个练习本简简单单地记载“一切正常”“平安无事”式的结果是没有价值的。

（2）对已发现和怀疑产生不正确测量结果的测量过程，应进行适当标识。“过程”是一件要做的“事”，测量设备是一个“物”。“物”的标识可粘贴、悬挂在“物”上，或做成卡片式标识交给“物”的使用者、保管者妥善保管，因此测量设备的标识均可照此处理。一件“事”的标识如何办呢？企业质量管理体系常常使用的“不合格信息反馈单”稍加修改或不加修改就可以被用来“标识”不合格测量过程。不合格测量过程信息反馈单示例见表4－3－18。

（3）对已发现或怀疑产生不正确的测量结果的测量过程，责任部门在收到测量过程管理部门发出的“不合格测量过程信息反馈单”后，应立即停止实施该测量过程，停止该测量项目的质量检验、试验、化验、称量、监测等测量活动，首先采取必要的措施对不合格加以“纠正”，追回已发出的测量结果，发给正确有效的测量结果。

表 4-3-18　不合格测量过程信息反馈单

<table>
<tr><td colspan="3">测量管理体系不合格测量过程信息反馈单</td><td>单据编号</td><td colspan="2"></td></tr>
<tr><td colspan="2">责任部门</td><td></td><td>发现日期</td><td colspan="2"></td></tr>
<tr><td colspan="6">不符合情况描述</td></tr>
<tr><td colspan="6">要求提交纠正措施的日期</td></tr>
<tr><td colspan="2">过程监视人</td><td></td><td>审核人</td><td colspan="2"></td></tr>
<tr><td colspan="2">责任部门经办人</td><td></td><td>责任部门领导</td><td colspan="2"></td></tr>
<tr><td rowspan="4">纠正措施</td><td colspan="2">内容</td><td>责任部门</td><td>责任人</td><td>完成时间</td></tr>
<tr><td colspan="2">对不合格的纠正</td><td></td><td></td><td></td></tr>
<tr><td colspan="2">不合格产生原因分析</td><td></td><td></td><td></td></tr>
<tr><td colspan="2">纠正措施</td><td></td><td></td><td></td></tr>
<tr><td>跟踪验证</td><td colspan="2">已完成 □　已落实 □　未落实 □</td><td>验证人及日期</td><td colspan="2"></td></tr>
</table>

（4）已发现或怀疑产生不正确的测量结果的测量过程的责任部门应组织相关人员分析不合格测量过程产生原因，制定纠正措施，实施纠正措施，并将纠正措施完成情况书面报告测量过程管理部门。

测量过程管理部门收到责任部门完成纠正措施的报告后，应组织对不合格测量过程的跟踪验证，直到已证明测量和确认过程持续地满足文件的要求，发出恢复该测量过程的正常运行书面通知。实施测量过程的部门即可恢复该测量工作，同时测量过程管理部门依据该测量过程规定的监视方法重新纳入正常的监视工作，定期监视的时间新的起始日期可以以验证合格之日开始。

（5）如果完成的纠正措施涉及对测量过程的更改（改变了测量方法），测量过程管理部门应检查新更改的测量方案是否按规定程序进行了重新有效性确认和签批，应考虑是否需对该测量过程监视方法或监视时间间隔期长做更改。

（6）过程失控或变异原因分析

1）系统原因

系统原因产生的变异是可预见的、有规律的或缓慢的，是过程固有的、自然的变异，过程变异是必然的，可以减少但难以消除。减少系统变异必须改变系统，投入大量成本。控制图识别测量过程失控的八个模式中，模式 2：连续 9 个点出现在中心线的同一侧；模式 3：连续 6 个点出现单调递增或递减；模式 4：连续 14 个点呈现上下交替排列；模式 7：连续 15 个点出现在中心线两侧的 C 区等都是典型的系统原因造成的失控。

系统原因对质量影响缓慢，影响小，若设备和过程在标准范围内变化，材料和产品在允许范围内的变化可不必采取改进措施。例如：零位调整欠缺、缓慢磨损、环境或设备的缓慢变化、设备发生周期性震动等。

2）特殊原因（非系统原因）

过程的变异像一个单一错误，不可预见，非过程所固有，质量特性没有固定的分配规律。例如控制图反映一直表现正常的测量过程，突然在一次核查时跳出上控制限或下控制限，或发现控制图连续3个点中有两点出现在中心线同一侧A区，或突然剧烈上下跳动等。一旦找到这种变异的源头即可轻松改善测量过程，不必改变系统。

特殊变异严重影响产品质量或造成成本损失，变异越大风险也会越大。减少这种变异就会产生竞争力，减少浪费，增加单位附加价值，因此及时发现这种特殊变异，找出变异原因，制定纠正措施加以改进是过程监视的重点。

造成特殊变异的原因诸如设备突发故障、工具损坏、原材料不合格、操作失误、数据误读、使用失控文件等。

（7）日常计量监督管理

按我国企业中通行的计量管理监督管理办法进行监督考核和实行适当的经济杠杆激励，可以促进测量过程监视的主动性和持久性，促进测量过程和测量过程开展活动的持续改进。以下是某企业《测量管理体系监视与监督考核管理程序》示例，可供制定本企业计量监督管理制度时参考。

【案例4-3-14】　测量管理体系监视与监督考核管理程序

1　目的和适用范围

1.1　为保证公司测量管理体系的正常有效运行和所有测量设备及测量过程处于受控状态，保持测量管理体系持续改进，特制定本程序。

1.2　本程序适用于对公司计量法制、计量管理和计量技术各项工作的监督考核和仲裁，以及寻求测量管理体系持续改进机会。

2　职责

2.1　计量处是测量管理体系监视与监督考核归口管理部门。

2.2　企业管理处负责在绩效考核中兑现计量考核的奖罚。

2.3　各测量设备使用部门和测量过程实施部门协助和接受计量管理部门的监督管理和考核，并对测量管理体系在本单位运行进行监视。

3　测量管理体系监视与监督考核管理过程识别

3.1　过程的输入：计量监督管理工作的要求和依据。

3.2　过程的输出：测量管理体系通过计量监督管理得到的持续运行和有效改进。

3.3　过程主要活动：计量监督管理策划，制定计量监督考核管理程序，编制抽查计划，实施监督、检查，实施考核等。

4　计量监督考核实施程序

4.1　计量监督管理的策划

4.1.1　计量监督的职责

a）贯彻执行国家计量工作的方针、政策、法律、法规和公司规章制度，推行国家法定计量单位，对违法、违规、违章的单位和个人提出处理意见。

b）对计量工作质量目标和计量工作发展规划的实施实行监督。

c）对公司最高计量标准器的建立、管理、保养、使用和测量设备校准、修理、使用实施监督。

d）对测量管理体系的审核有效性实施监督，对测量过程进行行政监视和技术核查，对测量过程控制的有效性进行监督检查。

e）组织计量技术仲裁，调解计量纠纷。

4.1.2　计量监督机构与计量管理员

a）计量处是公司测量管理体系监督管理机构，是测量管理体系监督考核工作的具体执行单位。

b）公司设专职计量管理人员负责对公司测量管理体系运行进行监督考核，各单位设专职或兼职计量管理员对本单位测量管理体系运行工作进行管理。

4.1.3　计量管理员权力及义务

a）定期组织测量管理体系的内部和外部审核，对公司各使用测量设备的场所、区域巡回检查，对违反计量法律、法规情况，有权进行现场处理，并提出行政处罚建议。

b）监督检查公司最高计量标准器管理与使用及计量技术法规正确执行。

c）有权否决未取得有关校准、检验、试验、测量资格证书的专职计量检测人员所出具的有效数据，并报请主管领导处理。

d）对现场使用的违章采购和“黑”测量设备有权当场没收。

e）有权要求停止使用无合格证或合格证超期及失准的测量设备，隔离或签发“禁用”标识直至问题得到解决。

f）实施测量过程监视或控制，对计量检测、物资称量、能源抄表、质量检验、理化试验、产品试验、环境和安全监测及计量数据统计人员出具的数据可靠性有监督权。发现上述人员提供伪数据，营私舞弊时，有权干预，并按情节轻重向公司及有关部门提出处理意见。对明显失控的测量过程有权停止其测量，并报质量管理相关部门对测量过程和相关产品作进一步处理。

g）对公司各项工作中的测量设备配备合理性进行监督检查。

h）各级计量管理人员对本单位测量过程控制有效性及测量设备使用和保养进行监督检查，对因测量过程失控和测量设备不正确保养、使用造成的设备、质量、安全、环保事故有责任查明原因，并报主管领导给予批评教育和处理。

i）有组织仲裁和调解计量纠纷的权力。公司与外单位发生的计量纠纷，由计量处负责与外部沟通，必要时与政府计量行政部门联系办理仲裁手续或用法律手段维护公司权益。

4.2　测量管理体系监督抽查工作内容与方法

4.2.1　每月按规定分两个层次监督抽查测量设备使用、管理和测量过程控制。计量处作为监督抽查归口管理部门负责全公司监督抽查，各单位对本单位在用测量设备和测量过程进行监督检查。计量处每季度末将抽查统计数据向公司呈报。

4.2.2　监督抽查的主要内容

a）测量设备的采购、入库、出库、领用、更新、改造、转移、封存、启封、报废的相关手续是否及时办理，账、物、卡是否保持相符，是否存在无计量编号的“黑”测量设备。

b）测量过程是否受控，计量检测数据是否准确可靠。

c）各类计量检测数据和文字资料是否采用国家法定计量单位。

d）测量设备配备是否合理，是否按周期送检，并处于合格状态。

e）测量设备的使用、保养、摆放是否符合规定。

f）测量设备检修人员是否按规定期限完成检、修工作，测量设备管理和检修各类账、卡、凭证填写的完整性、正确性，保管期限是否符合规定。

g）检验、试验、测量、称量、能源抄表和计量校准等人员是否持证上岗。

4.2.3 上级主管部门来公司检查，产品用户现场见证，管理体系外部审核等发现的有关测量管理体系的不符合项可纳入当月公司监督抽查统计报表中。

4.3 计量管理员按公司测量管理体系文件和规章制度执行监督任务，对威胁、阻挠执行任务的肇事者，应批评教育或经济处罚，必要时追究法律责任。

5 计量考核的实施

5.1 测量管理体系运行考核指标按公司《年度综合经营计划》规定的指标，其中基本指标如下：

5.1.1 测量管理体系文件受控性，实施的符合性与及时性。

5.1.2 测量设备的送检率

测量设备送检率计算方法，按下式进行：

测量设备送检率＝实际送检数/应该送检数×100％

5.1.3 在用测量设备抽查合格率

抽查合格率计算方法，按下式进行：

抽查合格率＝抽查合格数/抽查数×100％

其中抽查中判断为不合格测量设备的依据为：

a）无有效合格标识或合格标识超期，包括外单位在被查单位施工所用的测量设备；

b）无账、无公司内计量编号，或虽有编号，但该编号已办理报废手续；

c）凭感官检查已明显处于不合格状态；

d）未纳入管理的“黑”测量设备。

5.1.4 测量过程控制率

测量过程控制率计算方法，按下式进行：

测量过程控制率＝已控制测量过程数/应控制测量过程×100％

5.2 处罚规定

5.2.1 测量设备送检率和在用测量设备抽查合格率纳入公司经济责任制考核。

5.2.2 未按要求建立测量设备台账、测量设备周检台账、测量过程管理台账，经指出不整改或整改不及时的，对责任者处以200元扣款。

5.2.3 计量检定、校准、确认、测量过程核查记录不规范，经指出又不及时整改的处以50元的扣款；计量检定、校准、确认，核查过程未形成记录而又不及时整改的处以100元的扣款；多次（含两次）出现此类现象的按次加倍扣款。

5.2.4 测量设备标识脱落、封缄失效、有效合格证丢失每件扣款10元。

5.2.5 丢失测量设备或附件的按进价100％赔偿，价格依据本公司《工具价格目录》和机械工业出版社《仪器仪表产品目录》价格，公司自制专用工装依据公司平均估价200元/件进行赔偿。

5.2.6 因使用和保养不当等主观因素造成测量设备损坏仍可修复的按进公司价格5％～10％赔偿，其中因保养不当造成锈蚀或严重污垢的每台/件罚款20元，不可修复的按100％赔偿。

5.2.7　未经专业人员允许私自破坏封缄罚款50元，同时私自调整测量设备的扣款200元，私自拆卸造成测量设备损坏报废的，按进公司价格100%赔偿。

5.2.8　现场抽查发现“黑”测量设备按每台件罚款300元处理，经查证又属于违章采购的每台件加罚200元。

5.2.9　不按时送检，使用超期测量设备的每台/件罚款100元，外部审核、上级单位来公司检查发现超期的每台/件罚款200元，罚款后仍继续使用超期测量设备的，下月加倍处罚，因此造成产品质量事故的，另追究产品质量损失责任。

5.2.10　专职计量人员不能按时返回送检测量设备，又不将延期返回原因书面通知送检单位的，每件罚款100元。

5.2.11　专职计量人员出具错误数据，每项次扣款10元；故意伪造或篡改数据，每项次罚款200元；给公司造成损失的每项次扣款400元。情节严重的按有关规定进行行政和经济处罚，直至追究法律责任。

5.2.12　专兼职计量人员使用失效的检定规程、校准规范、技术文件开展计量活动的每项次扣款50元，给公司造成损失的根据情节轻重加大处罚力度。

5.2.13　专职计量人员在完成新购测量设备入库验收后，当月内未将验收合格的测量设备及时录入质量信息网上办公系统的，每项次扣款50元。

5.2.14　测量过程管理人员未定期进行测量过程核查，每项次扣款200元；核查标准丢失按原价值赔偿，核查标准超期使用，每项次扣款200元。

5.2.15　测量人员未按规定的测量过程进行测量活动，每项次扣款100元。造成损失的，根据情节轻重加大处罚力度。

5.2.16　因特殊原因无法按时送检，使用单位应于当月有效期期满前，在质量信息平台上办理缓检流程。特殊原因的范围如下：

a）使用者因事在外，无法取出测量设备；

b）现场安装暂时不能拆卸；

c）测量设备不知去向，但尚无法判定为丢失；

d）测量设备修复中；

e）生产任务短时（限五个工作日）需要。

5.2.17　测量设备被盗或因自然灾害等原因丢失、损坏并经公司公安保卫或相关部门证明的可免于处罚。

5.3　奖励规定

5.3.1　奖励范围

单位：测量设备多且使用频繁的分厂和部门。

个人：各分厂、事业部、处室的计量管理员、计量确认员、仪表员、测量设备保管员及全公司职工中在计量管理工作中做出重大贡献的人员。

5.3.2　奖励方式

每季度评比一次，先进单位一个、表扬单位三个。年底进行综合评比奖励，奖励方式以精神鼓励为主，给予适当物质奖励。

5.3.3　奖励条件

5.3.3.1　先进单位原则上在各项计量考核指标完成较好的单位中评选。

5.3.3.2　先进个人的奖励条件：

a）对计量工作有重大贡献人员；

b）发现计量管理工作中较大问题一次或一般性问题三次以上，并经核实；

c）年度内，在季度评比中获得计量表扬及以上先进单位的计量管理人员；

d）工作认真负责，爱护和正确使用测量设备并按时送检，及时发现测量设备失准和测量过程失控问题，避免重大质量事故发生；

e）对计量技术或计量管理工作有被采纳的合理化建议或有重大改进，取得明显效果的人员。

5.4　考核实施程序

5.4.1　计量处每月月底前将当月考核情况汇总，填写《在用测量设备考核情况表》一式二份，一份留底，一份发受考核单位，各单位接到考核单后二日内进行核实，将争议问题返回计量管理组进一步确认。二日内无信息反馈，即视作符合事实。

5.4.2　每季末计量管理组将最终确认的考核表进行汇总，填写《管理基础工作考核反馈单》一式三份，自留存档一份，发受考核单位一份，报企管处一份。

5.4.3　企管处对考核报表审查批准后转报人力资源处，人力资源处在每季第一个月奖金发放中对上季度考核情况进行奖惩兑现。

6　相关文件（略）

7　附则（略）

附录：测量管理体系监视与监督考核管理过程图见图4-3-9。

编制：

审核：

批准：

附录：

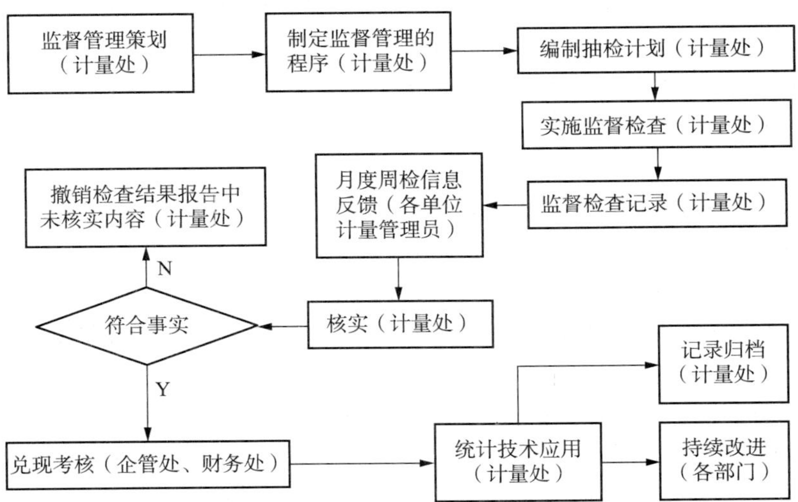

图4-3-9　测量管理体系监视与监督考核管理过程图

第五节　机械行业审核要点

一、行业的审核重点

机械制造企业测量管理体系的现场审核，有关管理职责、资源管理、分析改进方面的审核内容和审核方法与其他行业的测量管理体系审核完全相同，与其他管理体系的审核内容和审核方法也大同小异。因此，机械制造企业测量管理体系的审核重点仍然是测量设备的计量确认和测量过程控制两大主过程。

（一）测量设备计量确认的审核重点

机械制造企业测量设备的计量确认与其他行业的要求和具体实施大同小异，与其他行业的不同之处在于其专用测量设备的品种多而数量大，往往专用测量设备的数量甚至超过外购的、通用的、由量具刃具和仪器仪表制造企业按国家标准制造的测量设备。例如有的大型动力设备制造企业通用的测量设备只有两三万台（件），专用测量设备却达七八万台（件）。因此，审核中应该关注专用测量设备的校准和量值溯源性问题，关注生产现场这部分测量设备的识别、入账、管理、校准、计量确认等问题，防止非受控专用测量设备的发生和使用。

专用测量设备的识别和管理见本章第三节的“一、2 专用测量设备的校准和管理”。专用测量设备的量值溯源系统设计、专用测量设备内部计量校准规范的编制与管理、专用测量设备计量校准和计量确认实施的记录，在用专用测量设备计量确认标识状况等也是计量确认过程审核时的重点。

（二）测量过程的监视与控制重点

1. 企业是否建立了测量过程管理台账

GB/T 19022—2003 的 8.2 条审核和监视要求，“在构成测量管理体系的各个过程中，应监视计量确认和测量过程”，这就是说，计量确认和测量过程是监视的主要对象，企业如果连一本测量过程的管理台账都没有，就不知道有什么测量过程，测量过程的监视与控制也就无从谈起。企业是否建立了测量过程管理台账是衡量一个企业是否进行了测量过程监视和控制的第一个直观表现。

机械制造企业的一个测量过程可能会使用若干个测量设备，例如螺纹塞规的中径检测需使用三针、量块和一个指示类仪器。一个测量设备也可能用于若干个测量过程，例如同一件卡尺可能用于许多产品的外径、内径、高度、厚度、长度等各种参数的测量过程。机械产品涉及领域广泛，对产品功能的要求繁多，产品结构复杂，涉及的被测量种类繁多，数量巨大，因此企业测量过程的数量有可能比测量设备的数量还要多。

初次建立测量管理体系的机械制造企业一开始就将所有的测量过程清理到位，全部实现严格的监视和控制几乎不可能，也没有必要。企业应该在各种被测量种类中选择最有代表性，风险最大，最为复杂，准确度要求最高的那些测量过程优先纳入测量过程管理台账，实施监视和控制。例如，质量管理体系中识别的特殊工序、关键工序中，产品质量的终端检验和试验中，必有关键的控制参数。获取或控制这些关键参数的测量过程就是首批应该纳入“需高度控制”测量过程，严格加以监视和控制。

2. 测量过程管理台账是否包含足够的有用信息

标准要求，对“每一测量过程，应识别有关的过程要素和控制”，因此摸清测量过程状况是测量过程控制和监视的第一项任务，建立的测量过程管理台账应包含足够的有用信息。企业的测量过程都分布在哪些部门，哪些领域，每个测量过程具体要求是什么，使用什么测量设备，测量过程的重要度如何，测量过程的管理部门和实施部门是哪个等相关信息应该收集整理。

测量过程管理台账应该包含以下信息：测量过程编号、测量过程名称、与测量过程有关的地点和部门（包括测量地点、测量过程的管理部门和测量过程的实施部门）、测量过程相邻两次监督检查和核查的时间间隔，实施核查的人员，有关测量过程的文件（包括提出测量要求的文件、规定测量方法的文件）、与被测参数相关的信息（包括参数名称、测量范围、允许误差）、与所用测量设备相关的信息（包括名称、型号规格、准确度等级）、测量环境条件、测量过程的重要度分类等。

3. 顾客要求是否得到充分识别和量化

标准指出，“应根据顾客、组织和法律法规的要求确定计量要求”“测量设备和测量过程都需要这些要求”“规定的计量要求从产品要求导出”。产品是顾客的需求，产品的要求就是顾客的要求。测量过程的监视和控制最终要落实到顾客对产品的测量要求是否得到满足，因此企业应该提供顾客要求是否得到识别和确认的证据。

顾客测量要求的识别和确认主要体现在“合同评审”活动中，在合同评审中应该确定顾客的要求，识别本企业的生产能力、测量能力、员工能力是否充裕。如果能力不足，是否可以通过技术改造、攻关、培训、资金投入等获得能力。通过投入不能达到能力要求时，能否通过外部合格供方解决。没有符合能力要求的合格供方时，能否征得顾客要求的“让步”。在测量管理体系审核中，应该关注那些未经合同评审的有特殊要求或新要求的项目。

4. 测量过程的计量要求导出是否满足被测量的测量要求

顾客对产品的性能要求必须转化为企业的生产工艺要求，测量要求和所用测量设备的计量要求，这个转化过程称为“计量要求的导出”。企业在导出计量要求时，留下的书面证据叫“计量要求导出计算书”。在测量管理体系审核中，要求企业通过其关键参数的“计量要求导出计算书”是必要的。通过计量要求导出计算书，审核组可以判定导出过程是否正确，导出结果能否确保顾客要求得到满足，核实现场配置的测量设备是否满足计量要求导出计算书的要求，从而判定该企业测量过程设计是否受控，是否正确。

5. 测量过程的有效性是否进行了确认

标准要求，“为了满足这些规定要求而设计的测量过程应形成文件，并确认有效，必要时，征得顾客同意”。测量过程完成设计形成的文件，是规定实施测量具体步骤的技术文件，规定被测参数的测量要求和测量方法，规定了被测参数的大小和“控制限”（公差、最大允许误差、控制的上下极限等）。控制限是评定产品是否合格、安全和环境是否达标、新购物资是否可接收的依据。规定测量方法的文件常见名称有检验规范、化验规范、试验规范、检验作业指导书、校准规范、检定规程等。非常简单的测量过程也可以用生产工艺和图纸所代替。

这些技术文件在批准发放（投入使用前），其“有效性”应得到确认。在测量管理体系审核中，应该要求提供测量过程设计后，批准前经过有效性确认的证据。有效性确认的证据可以是测量不确定度评定报告、测量能力指数的分析、测量系统分析（MSA）报告、工艺试验结果、工艺验证报告、科研攻关项目的完工验收报告等。未经有效性确认的测量过程，特别是那些风险性较大的、关键的、需高度控制的测量过程，将设计成果直接投入生产运行之中是危险的。

有关实施测量过程的技术文件，是对被测参数提出测量要求的法规、标准、图纸、工艺和其他技术文件。该文件规定了被测参数的大小和控制限（公差、最大允许误差、控制的上下限等），该控制限是评定产品是否合格、安全和环境是否达标、新购物质是否可接收的依据。

6. 测量过程的监视和控制方法是否文件化

标准说，“监视应按照形成文件的程序和确定的时间间隔进行”，“监视应包括确定所用的方法，方法中包括统计技术和它们的使用范围”。“监视应按照形成文件的程序”进行，指的就是对测量过程的监视应制定文件，规定监视和控制的方法。

测量管理体系审核中，企业应该提供有关测量过程监视和控制规定的文件，包括一般测量过程监视控制的文件和需高度控制的测量过程监视控制文件。需高度控制的测量过程监视和控制方法中应包括统计技术和监视范围，监视应建立防止偏离要求的机制。标准指出过程监视“应与不符合规定要求所产生的风险相匹配”，对于需高度控制的测量过程因被测参数不同，要求不同，过程的稳定性不同，技术能力的储备不同，规定的监控时间间隔也不同，因此每个测量过程常常需要制定一个文件，对一般测量过程监控，则可用同一个文件加以规定。

机械制造企业在安全防护、环境保护和职业健康、能源计量、原材料购进公司等方面的测量过程监视与控制重点与其他行业并无多大区别，测量过程的监视和控制可以参照本教材第四篇其他章节石油石化、冶金、供电等行业的实施指南测量过程监视和控制的方法，其中产品出厂的“量”往往是数出来的，不涉及“测量”问题。机械制造企业与其他行业测量过程的不同之处集中在工艺过程控制和产品质量检验等方面。

7. 测量过程的监视与控制有效实施是否记录

测量过程是否得到有效实施，测量过程是否按规定的时间间隔实施监控，测量过程是否始终受控，测量过程处于非受控时是否得到及时的发现和稳当的处置，受审核企业应该提供测量过程的监控记录加以证明。

对于一般测量过程，对构成测量过程的测量过程实施人员、所用测量设备、使用的测量原理、实施测量时的环境条件和被测对象的稳定性等“人、机、料、法、环”五大要素，进行行政巡查式的综合控制，一般也就达到了监控目标。对于需高度控制的测量过程，则除了简单的行政巡查控制方法外，还应该采用复杂的技术手段进行监控，包括使用统计分析方法和控制图的监控记录等。

8. 对不合格测量过程的识别、标识和处置

标准要求，“通过确保迅速发现存在的问题和及时采取纠正措施，测量管理体系监视应能提供防止偏离要求的机制”，“测量和确认过程的监视结果和采取的纠正措施应形成文件以证明测量和确认过程持续地满足文件的要求”。在测量过程监控过程中，一旦发现或怀疑不合格的测量过程，应立即对不合格测量过程加以标识，查找不合格原因，制定纠正措施。

受审核企业应提供不合格测量过程给予标识，制定纠正措施的证据，对不合格测量过程采取纠正以及纠正措施的证据，必要时还应该提供不合格测量过程涉及的产品是否有误判风险，一旦发现有误判风险，还应该提供对误判产品的处置证据。

9. 更改测量过程的有效性再确认

如果测量过程的不合格原因是因为测量方案的缺陷或不适用，应该对其进行更改，更改后的测量过程必须按原测量方案的审批路线重新审批，测量过程的有效性也应该进行再确认。由于测量过程不合格的原因是测量过程不适用，因此，要求受审核企业提供测量过程有效性再确认的记录显得更为重要，以防止测量过程不适用现象的再次发生。

10. 测量过程的能力验证

企业在初次建立测量管理体系和认证证书期满换证审核时，审核组应该携带一两种“盲样”（其测量结果及测量不确定度对受审核方保密的被测样品）对接受审核的企业测量过程能力进行综合验证。

测量过程的能力验证应该同时验证企业测量过程对盲样实施测量所得测量结果可靠性、准确性和 E_n 值。如果企业检测机构所给测量结果的扩展不确定度为 U_L，企业与盲样量值相同的被测量控制限为 T，则 $U_L \leqslant T/3$ 时，该测量过程可判为可靠性合格，其中企业被测量是测量设备的示值误差时，应该 $U_L \leqslant T/6$ 或 $U_L \leqslant MPEV/3$（式中 MPEV 为测量设备的最大允许误差绝对值）。企业检测机构对盲样测量所给测量结果与审核组掌握的盲样测量结果参考值（或称约定真值）之差 Δ 的绝对值 $|\Delta|$ 不大于其给出的测量过程扩展不确定度 U_L，即 $|\Delta| \leqslant U_L$ 可认为测量过程的准确性合格。$E_n = |\Delta| / \sqrt{U_L^2 + U_0^2} \leqslant 1$，则 E_n 值能力验证合格，式中 U_L 为企业测量结果的扩展不确定度，U_0 为审核组所掌握的盲样测量结果的扩展不确定度。

二、现场审核检查表示例

1. 测量管理体系审核检查表空白格式示例（立式）

测量管理体系审核检查立式表见表 4-3-19。

表 4-3-19　测量管理体系审核检查表（立式）

编号：　　　　　　　　　　　　　　　　　　　　　　第　页　共　页

<table>
<tr><td colspan="2">受审核部门</td><td></td><td>日期</td><td>年　月　日</td><td>审核员</td><td></td></tr>
<tr><td>序号</td><td>条款号</td><td>审核要点</td><td colspan="3">审核记录</td><td>审核发现</td></tr>
<tr><td></td><td></td><td></td><td colspan="3"></td><td></td></tr>
</table>

注：“审核发现”栏的填写：有不符合项时，以“○”表示，有建议项以△表示。

2. 测量管理体系审核检查表空白格式示例(横式)

测量管理体系审核检查横式表见 4－3－20。

表 4－3－20　测量管理体系审核检查表(横式)

编号：　　　　　　　　　　　　　　　　　　　　　　　　　共　页　第　页

<table>
<tr><td colspan="2">受审核部门</td><td></td><td>审核日期</td><td>年　月　日</td><td>审核员</td><td></td><td>引导员</td><td></td></tr>
<tr><td>序号</td><td>条款号</td><td>审核要点</td><td colspan="5">审核记录</td><td>审核发现</td></tr>
<tr><td></td><td></td><td></td><td colspan="5"></td><td></td></tr>
<tr><td></td><td></td><td></td><td colspan="5"></td><td></td></tr>
<tr><td></td><td></td><td></td><td colspan="5"></td><td></td></tr>
<tr><td></td><td></td><td></td><td colspan="5"></td><td></td></tr>
</table>

注："审核发现"栏填写：有不符合项时，以"○"表示，有建议项以△表示。

第四章

供电企业测量管理体系实施指南

第一节　供电企业测量管理体系概述

一、供电企业的行业特点

供电企业的行业特点主要表现在服务对象、生产经营、企业管理三方面：

（1）供电企业服务对象：供电企业的顾客主要是居民用电客户、企业用电客户和发电客户，尤其是居民用电客户，是涉及民生、关系国家和谐社会建设的重要工作之一，这是供电企业基本特征之一。

（2）供电企业生产经营：供电企业的核心业务是投资、建设和运行运营电网，供电的生产和营销服务是供电企业的两大主要任务。供电生产主要包括电力输送过程的变电、输电、配电运行、维护和检修等工作，保障供电生产安全、稳定可靠。供电营销以客户销售服务为核心，为客户提供高质量电能和诚信、公平的优质服务，这是供电行业的专业特点。

（3）供电企业的管理：无论是国家电网公司或南方电网公司等电网企业，均具有大型、现代化企业的特征。随着我国电力体制改革的不断发展，电网企业取得了令人瞩目的进步，争创国际一流水平、推行现代企业管理，是电网企业的宏观发展战略和重要策略。在管理模式上，国网公司提出“按照‘两级法人、三（四）级管理’的总体架构，统筹人财物核心资源，优化五大业务模式，构建集团运作、协同高效、管控有力的运营机制，把公司建设成管理集中高效、资源集约共享、业务集成贯通、组织机构扁平、工作流程顺畅、制度标准统一、综合保障有力的现代电网企业”。在技术进步上，电网企业全力推行智能电网建设，逐步实现系统、科学的技术体系，具有规模、资源和技术优势，这是供电企业管理的特点。

本章介绍的测量管理体系运作主要适用于国家电网企业市、县级供电公司。

二、供电企业测量管理体系的重点

供电企业推行 GB/T 19022—2003/ISO 10012：2003《测量管理体系 测量过程和测量设备的要求》（以下简称“GB/T 19022”），从应用转化的角度看，其重点包括行业的重点和体系标准的重点两个方面，前者突出的是行业特点，后者强调的是标准核心内容，二者的兼容，对策划和建立适宜、系统和有效的供电企业测量管理体系，实现将标准的现代计量理念转化为具有供电企业特点的管理方法有着积极意义。

（一）体系的行业重点

供电企业测量管理体系的行业重点，应当围绕供电计量特征而展开。因为供电企业计量特征表征的是供电计量工作的特点和核心内容，贯穿于供电生产、经营和管理的全过程，主要有以下三个方面：

1. 法制计量

作为国有大型企业，认真贯彻执行国家计量法和相关法律法规，建立电能计量标准并申请依法授权，开展电量量值溯源和量值传递，接受政府计量行政部门的监督管理，保证供电计量的公平公正，法制计量是供电企业社会责任的具体体现。

供电企业的法制计量主要贯穿于以下几个环节：

（1）依法建立电能计量标准和完善的量值溯源系统；

（2）依法申请建立专项授权的电能计量法定计量检定机构；

（3）依据有关国家标准为各类用户配备适宜的能源计量器具（涉及 GB 17167）并实施电能计量器具的强制检定工作；

（4）依法实施客户电能购销，保证公平、公正；

（5）保障供电安全生产计量等。

2. 民生计量

供电企业服务对象主要是居民用电客户和企业用电客户，关系民生，涉及千家万户。近年来，随着我国社会经济和文化建设的日益发展，众多供电企业普遍推行以诚信计量为载体的营销服务，取得了积极成效。策划建立诚信计量体系，既符合中国国情，也与 GB/T 19022 标准“以顾客为关注焦点”的现代计量理念相一致，有着积极和深远的意义。

供电企业诚信计量的内容丰富而全面，包括诸如客户受理、客户投诉和申校、电价电费管理、抄核收管理、业扩工程、电能计量器具管理等，它是测量管理体系输入输出的重要环节。

3. 安全生产计量

依据《中华人民共和国电力法》，供电的安全生产、运维和检修是供电企业安全生产和优质服务的基础和保障，计量工作贯穿于供电安全生产的全过程。鉴于供电生产专业的特点，安全生产计量的主要作用体现在供电安全和供电质量量化与控制中：

（1）变电、配电和输电等试验、测试测量设备的计量确认；

（2）各类试验、测试过程（活动）监视与控制，包括测量风险控制和试验、测试活动品质提升、供电质量在线监视等；

（3）电力运行设备、设施以及安全工器具的检测等。

（二）体系标准的转化重点

GB/T 19022 标准的测量管理体系过程模式，包括测量设备计量确认和测量过程控制两大核心过程，以及管理职责、信息管理、资源管理和体系分析改进等四个支持过程。结合供电企业的特点，重点介绍体系策划建立和运行的关注重点。

1. 体系的组织架构和计量职责

国家电网现阶段企业管理总体思路是人财物集约化、生产营销管理扁平化、专业化，推行的是大规划、大建设、大运行、大检修、大营销管理体系（“三集五大”），目的是全面提高企业整体管理效率、经济效益和服务水平。供电公司测量管理体系的组织架构必须适应公司的现代化管理需求，保证体系架构的适宜性：

（1）以公司总经理为最高领导，确定公司体系的管理者代表；

（2）确定公司体系主管部门；

（3）以专业化管理为主线，界定营销、生产和安全等专业管理部门的计量职责；

（4）确定公司授权法定计量检定机构及其职责等。

体系的组织机构设置与标准的主要对应关系：“4 总要求”“5 管理职责”等。

2. 计量确认过程和测量过程

供电企业一贯推行过程管理，建立和完善保证体系，吻合了测量管理体系的过程管控。计量确认过程和测量过程是测量管理体系的核心过程，也是供电企业管理的重要过程。由于供电企业的专业分工特点，各专业在计量确认和测量过程的管理内容上有着不同的侧重点。

供电营销及授权法定计量检定机构，突出的是以客户贸易结算电能表和互感器等为主体的计量确认过程，以法制计量为基础、“以顾客为关注焦点”，建立量值溯源系统，保证量值的准确可靠并提供优质服务。与 GB/T 19022 标准的对应关系主要为：国家计量法及相关计量法律法规要求（计量要求）；以顾客为关注焦点（5.2）、计量确认（7.1）；测量过程控制（7.2）；溯源性和测量不确定度（7.3）等。

供电安全生产以生产运维检修部门为主体，突出的是以变电、输电和配电等生产、运维、检修为对象的测量设备计量确认和测量过程控制，保障电力运行可靠。与 GB/T 19022 标准的主要对应关系为：测量设备（6.3）；计量确认（7.1）、测量过程（7.2）等。

3. 体系文件化系统

供电企业测量管理体系应当形成文件化系统。体系文件不仅是体系运行的依据，同时也是体系过程识别、策划和设计的结果，是转化应用的成果。

供电企业文件系统的编制、修订和完善过程应遵循的几个重点：

（1）文件架构，可包括体系的管理手册、程序文件、作业文件（含标准、规范或指导书等）和记录四个层面。

（2）兼容性，一是要覆盖相应等级（AAA 和 AA）体系标准的所有要素，二是鉴于供电企业大生产、大营销管理模式的特点，突出供电企业专业化管理要求。

表 4-4-1 列举了安徽省某供电公司兼容设计的测量管理体系程序文件架构，其特点是构成了以测量管理体系为运作平台，融合法定计量检定机构考核规范、诚信计量体系的相关内容，实现了文件一体化、运作系统化的模式，具有借鉴意义。表中 DB34/T 1384—2011《供电企业诚信计量要求》为安徽省质量技术监督局发布实施的地方标准。

表 4-4-1 测量管理体系程序文件与标准要素对照表

制表日期：2014 年×月×日

序号	文件名称	对应标准、规范条款		
		GB/T 19022—2003	JJF 1069—2012	DB34/T 1384—2011
01	质量目标控制程序	5.3	5.3.2	1b)、4、8g)
02	管理评审控制程序	5.4	5.6	9
03	文件管理程序	6.2.1	5.3、5.4	7、8、9
04	记录管理程序	6.2.3	5.5	7、8、9
05	计量人员管理程序	6.1.1	6.2	6
06	测量设备及流转管理程序	6.3.1	6.4	8c)
07	计量软件控制程序	6.2.2	6.4	8c)
08	测量环境控制程序	6.3.2	6.3	
09	保持公正性控制程序		4.2	
10	顾客财产管理程序		7.2.2	
11	计量确认控制程序	7.1	7.3	8c)
12	量值溯源管理程序	7.3.2	7.6	8c)
13	测量设备检定/校准控制程序	7.1 7.3.2	7.1、7.3	
14	现场检测控制程序	7.2		
15	测量设备质量监督检验管理程序	6.3	7.9	
16	实验室内务管理程序	6.3.2	6.3	
17	期间核查控制程序	7.2 8.2.4	7.9	
18	合同评审控制程序	6.4	7.2.1	
19	偏离许可规定控制程序	7.2	8.2	
20	外购产品和外来服务管理程序	6.4	7.4、7.5	
21	抽样控制程序		7.7	
22	检定、校准、检测物品控制程序		7.8	
23	检测过程中异样情况处理控制程序		8.2	
24	原始记录和数据处理控制程序	6.2.3	7.10、7.11	
25	证书和印章管理程序	6.2.3	7.10	
26	保护客户机密信息和所有权管理程序	5.2	7.2	
27	测量设备调整及封印控制程序	7.1.3		

续表

序号	文件名称	对应标准、规范条款		
		GB/T 19022—2003	JJF 1069—2012	DB34/T 1384—2011
28	测量过程控制程序	7.2		
29	测量不确定度评定管理程序	7.3.1	7.3	
30	不合格测量设备控制程序	8.3.2	8.2	9.2
31	营销计量管理程序	5.2		8
32	电能质量管理程序	7.2		8d)
33	客户计量异议管理程序	5.2，8.4	8.3	8a)、e)
34	顾客满意度监视和测量管理程序	8.2.2	8.3	8、10.1
35	诚信与失信管理程序	5.2		7、8、9.1、10.2
36	内部审核管理程序	8.2.3	8.4	10.1
37	纠正与预防措施控制程序	7.4.2、8.4.3	8.5、8.6	9.2

批准：　　　　　　　　审核：　　　　　　　　编写：

除此之外，诸如质量目标、管理评审、人力资源、体系监视与测量等都是供电企业策划和运行的关注重点，鉴于篇幅的限制，将在本章第五节关于体系的审核要点中加以介绍。

三、测量管理体系的质量目标案例

测量管理体系质量目标管理的主要作用，一是反映了测量管理体系的核心内容，具有体系运作的导向和纲目作用，二是客观表征供电企业测量体系的运作状态和控制水平，为体系的持续改进提供信息。因此，供电企业质量目标的选择和确定应具有代表性，目标值的确定应突出量化、先进和可操作性，质量目标的统计分析应坚持真实和持续性。

（一）质量目标制定依据及流程

1. 制定的原则

（1）体现供电公司计量工作特征；

（2）反映现阶段计量管理、技术水平及期望；

（3）目标值的量化与可测量，具有可比性；

（4）总目标与分目标协调一致，形成体系；

（5）易于统计、分析和评价，促进持续改进。

2. 制定依据

（1）识别公司计量管理和诚信计量工作的基本特性，收集汇总体系运行的有关信息资料，进行信息交流和沟通；

（2）公司中长期计量规划以及上期完成质量目标的情况及数据；

（3）顾客对供电服务质量要求和公司诚信计量的承诺；

（4）国内外同行业计量管理和技术的先进水平指标。

3. 制定程序

（1）识别公司法制计量管理和诚信计量工作的基本特性，收集汇总体系运行的有关信息资料。

（2）提出体系计量管理质量（计量）目标要求：

1）体系主管部门提出测量设备和测量过程控制的目标要求；

2）营销部门提出营销计量（诚信计量）目标要求；

3）运维检修和安全质量监察质量部门组织提出生产及安全计量目标要求等。

（3）管理者代表召集相关部门讨论、确定，提交公司总经理审定。

（4）公司总经理批准并发布实施。

4. 实施和控制

（1）管理归口：体系主管部门归口管理质量目标的分解、统计和分析工作，编制或修订管理体系质量目标分解流程。

（2）统计周期：根据公司生产、经营和管理特点及企业规模，确定质量目标统计分析的周期。

（3）统计方法：各相关部门通过局域网传报分解目标，实时数据和异常情况分析，保证上传数据的可溯源。

（4）分析改进：体系主管部门汇总统计当期目标完成情况，凡未能达到目标控制要求的，应分析分解原因，组织或责成有关部门采取改进措施，对实施结果进行跟踪验证。

（5）质量目标适宜性评价：年度汇总质量目标兑现情况，纳入管理评审输入，评定质量目标的适宜性。

（二）质量目标量化管理案例

1. 质量目标的确定

基于以上质量目标制定原则及依据，供电企业体系质量目标通常包括（但不限于）以下目标值：

（1）A类测量设备周期受检合格率；

（2）计量标准周期受检率；

（3）电能表周期轮换率；

（4）Ⅰ类、Ⅱ类、Ⅲ类电能表现场检验合格率；

（5）电压互感器二次回路电压降周期受检率；

（6）重要测量过程受控率；

（7）客户满意度；

（8）客户电能表、互感器申请校验、投诉处理及时率；

（9）用电信息采集系统日采集成功率；

（10）计量人员持证上岗率等。

上述质量目标中，表征计量确认过程特征数据的包括：A类测量设备周期受检合格率、计量标准周期受检率、电能表周期轮换率，Ⅰ类、Ⅱ类、Ⅲ类电能表现场检验合格率、电压互感器二次回路电压降周期受检率；表征测量过程控制特征的主要为重要测量过程受控率；表征顾客服务和监视过程的为客户满意度、客户电能表、互感器申请校验、投诉处理及时率、用电信息采集系统日采集成功率；反映计量资源特征的计量人员持证上岗率等。

2. 目标值的设置与控制

以下以“A类测量设备周期受检合格率”为例，介绍目标的设置与管理全过程，其他目标值的设置及管理要求见表4-4-2（表中目标值的控制要求仅为案例，各企业应结合自身状况确定）。

（1）目标值控制要求

A类测量设备周期受检合格率≥98%（限定目标）

供电企业A类测量设备主要包括客户电能计量设备、计量标准设备和装置、工艺控制过程强制检定设备和重要测量过程主要设备。由于此类设备约占供电企业测量设备总数的90%以上，对该目标实施合格率的统计控制具有代表性。

质量目标值，从控制的类型上原则上包括限定目标和期望目标。限定目标值通常参考企业历史运作经验和水平而提出的必须达到目标限定值；期望目标原则上指法制要求或企业期望达到的阶段性目标，如计量标准受检率100%。

（2）质量目标统计算式

$$\text{A类测量设备周期受检合格率}=\frac{\text{A类测量设备实际受检合格总数}}{\text{A类测量设备周期计划受检总数}}\times 100\%$$

（3）算式相关解释

1）A类测量设备：指公司体系文件界定的强制检定测量设备、关键工艺和重要测量过程主要测量设备。

2）目标统计范围：考虑到专业分工，本目标分解为以下两个统计值：

a. 电能表、互感器周期受检合格率，包括电能表、互感器周期检定、采购入库首次检定等；

b. 公司内部A类测量设备受检合格率，包括计量标准、运维检修专业测量设备部门及专业考核周期受检合格率等。

3）周期（检定、校准）计划包括：

a. 客户电能表、互感器周期受检计划；

b. 公司外部委托检定、校准计划；

c. 公司内部检定、校准计划。

4）实际受检合格：指计划受检测量设备的一次合格。

（4）目标统计周期：本目标按季度统计分析，年度汇总评价。

（5）目标实施的部门分解、岗位落实：

电能计量器具周期受检：专项授权法定计量机构、营销部，责任岗位：计量检定员；

关键工艺测量设备：运维检修部，责任岗位：运维专职；

强制检定计量器具：运维检修部门，责任岗位：运维专职；

专项授权法定计量检定机构，责任岗位：计量检定员；

汇总统计分析：公司计量主管部门（计量办公室）；责任岗位：计量专职。

表 4-4-2 ×××供电公司测量管理体系质量目标（____年度）实施分解表

编制部门：计量办公室　　　　编制时间：2014 年×月×日

序号	质量目标及控制要求	目标实施及要求	统计周期
1	A 类测量设备周期受检合格率≥98% $\left(\frac{\text{实际受检合格总数}}{\text{周期计划受检总数}}\times 100\%\right)$	(1) 统计范围及分工： a. 客户电能表受检合格率，包括电能表周期检定、采购入库首次检定等； 统计：专项授权法定计量机构；计量检定员 b. 公司内部使用 A 类测量设备受检合格率，包括计量标准、运维检修专业测量设备部门及专业考核受检合格率等。 统计：运维检修部、营销部；相关专职 注：实际受检合格：指计划受检设备一次合格。 (2) 公司汇总、分析：营销部，计量专职	季度
2	计量标准受检率 100% $\left(\frac{\text{实际受检总数}}{\text{计划受检总数}}\times 100\%\right)$	(1) 统计范围及分工： 计量标准包括： 公司授权计量机构的电能表、互感器等企业最高计量标准器具和标准装置； 公司次级计量标准； 公司内部校准计量标准器具。 统计：专项授权法定计量机构；营销部、运维检修部、相关专职 (2) 汇总、分析：营销部，计量专职	年度
3	电能表周期轮换率≥95% $\left(\frac{\text{周期实际轮换总数}}{\text{周期应轮换总数}}\times 100\%\right)$	(1) 统计范围及分工： 本条款电能表指周期轮换居民及企业使用的计费电能表：《电能表轮换计划》依据年度轮换计划实施。 统计：营销部计量室；计量资产管理员 (2) 汇总、分析：营销部，计量专职	季度
4	电能表现场检验合格率 Ⅰ、Ⅱ类≥98% Ⅲ类≥95% $\left(\frac{\text{现场检验合格总数}}{\text{现场实际检验总数}}\times 100\%\right)$	(1) 统计范围及分工： 本条款Ⅰ类、Ⅱ类、Ⅲ类电能表分别指月平均用电量 500 万 kWh 及以上或变压器容量为 10000kVA 及以上的高压计费用户、月平均用电量 100 万 kWh 及以上或变压器容量为 2000kVA 及以上的高压计费用户和月平均用电量。 10 万 kWh 及以上或变压器容量为 315kVA 及以上的计费用户。 本条款电能表指在线计量的居民及企业使用的计费电能表。 《电能表现场检验计划》依据计量室本年度检验计划实施。 统计：营销部计量室；计量检定员 (2) 汇总、分析：营销部；计量专职	季度

续表

序号	质量目标及控制要求	目标实施及要求	统计周期
5	贸易结算的电能计量装置电压互感器二次回路电压降周期受检率 100％ $\left(\frac{\text{实际检验总数}}{\text{现周期应检总数}}\times100\%\right)$	(1) 统计范围及分工： 电压互感器二次回路电压降指由电压互感器二次侧到电能表端子之间二次回路线路的电压降。 现周期指本年度计划检定数量。 统计：营销部计量室；计量检定员 (2) 汇总、分析：营销部；计量专职	季度
6	重要测量过程受控 100％ $\left(\frac{\text{实际合格状态总数}}{\text{重要测量过程总数}}\times100\%\right)$	(1) 统计范围及分工： 重要测量过程：经设计、确认的检定校准和生产运维测量过程。 合格状态：指统计当期内符合设计要素要求、处于有效运行状态的过程。 统计：专项授权法定计量机构、营销部、运维检修部；计量检定员，测试人员、运维检修相关专职 (2) 汇总、分析：营销部；计量专职	季度
7	顾客满意度≥95％ $\left(\frac{\text{实际客户满意总数}}{\text{客户调查样本总数}}\times100\%\right)$	(1) 统计范围及分工： 客户满意调查方式：营销部门对客户实施的专题满意度测评，包括信访、电话回访等。 “满意”包括“满意”和“基本满意”。 统计：营销部门、监察部；计量专职 (2) 汇总、分析：营销部；计量专职	季度
8	客户电能表、互感器申请校验、投诉处理及时率 100％ $\left(\frac{\text{客户申报有效处理总数}}{\text{统计期内客户申报总数}}\times100\%\right)$	(1) 统计范围及分工： 客户电能表互感器申请校验：客户计量异议，申请校准；客户投诉的其他抱怨等。 有效处理：指符合电网企业信息化流程业务规定；客户对处理结果的确认。 统计：营销部；客服专职、计量检定员 (2) 汇总、分析：营销部；计量专职	月度
9	计量人员持证上岗率 100％ $\left(\frac{\text{实际持证上岗人员总数}}{\text{应持证上岗计量人员总数}}\times100\%\right)$	(1) 统计范围及分工： 应持证上岗岗位：计量检定校准人员；电力试验测试人员；体系内审员等。 应持证岗位人员配置数：满足项目规定及工作量要求。 实际持证：具有符合资质和能力要求的证件。 统计：人力资源部门；定编定岗管理专职 (2) 汇总、分析：营销部；计量专职	年度

续表

序号	质量目标及控制要求	目标实施及要求	统计周期
10	用电信息采集系统日采集成功率≥95% $\left(\frac{\text{日采集成功电能表总数}}{\text{日应采电能表总数}}\times 100\%\right)$	(1) 统计范围及分工： 客户电量日采集：指通过用电信息采集系统实施的日采集电量数值。月度抽取三个典型日进行加权平均计算。 统计：营销部；采集运维专职 (2) 汇总、分析：营销部；计量专职	月度

四、计量职能组织结构案例

1. 供电企业测量管理体系计量职能组织架构的特点

鉴于供电企业安全生产和营销管理特点，测量管理体系组织架构的设置应考虑以下两个方面：

(1) 测量管理体系与供电企业管理模式的融合性：以国家电网公司为例，供电企业推行大规划、大建设、大运行、大检修、大营销体系五大业务模式，实行集约、扁平的指导思想，应在充分考虑体系的组织架构与公司管理模式适宜性的基础上，设置体系主管部门。

一是鉴于计量工作基础性和技术的专业性，供电企业应形成体系归口管理部门，统管计量工作。

二是发挥供电专业管理和技术的特点，发挥各专业主管部门专业化管理优势，进行计量职能的专业化分工。

(2) 供电企业专项授权法定计量检定机构设置的特殊性：该机构既是公司计量技术机构，同时也是法制计量管理的重要执行部门，因此，在体系计量职能的分工上应进一步明确。

2. 供电企业计量职能的组织架构的设计

供电企业测量管理体系组织架构主要包括以下几个层面：

第一层面（公司领导层或决策层）：总经理、分管体系副总以及各专业副总；

第二层面（体系主管部门）：计量办公室；

第三层面（专业管理部门）：营销部、运维检修部、安全监察质量部、人力资源部、物资管理部、监察部、总经理办公室等；

第四层面（基层执行单位）：各专业室、基层班组等。

3. 供电企业计量职能的设置方法

(1) 设置体系主管部门，统一策划和组织实施测量管理体系，归口管理公司计量工作，体系主管部门可以独立设置或内设或合署，但应明确其地位和统管职能，通常包括以下两种形式：

第一种，成立公司“计量办公室”，计量办公室由公司总经理和各专业分管经理以及各专业管理部门负责人组成；

第二种，确定测量管理体系归口主管部门（如营销部），统一组织体系协调运作。

参见图 4－4－1 和表 4－4－3。

（2）确定专业管理部门的计量职能

确定专业管理部门的计量职能，主要是分解设置专业管理部门在体系管理中的专业计量管理职能。

（3）建立专项授权法定计量检定机构，制定管理机构与技术机构。

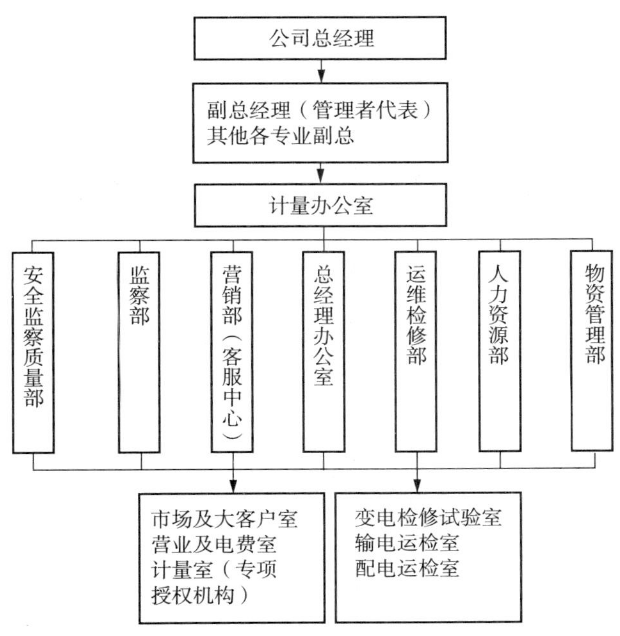

图 4－4－1　×××供电企业测量管理体系组织机构框图

（计量办公室：测量管理体系主管部门，挂靠营销部）

表 4－4－3　×××供电公司测量管理体系计量职能分解表

编制部门：计量办公室　　　　编制日期：××××年×月×日

领导和部门 标准条款： GB/T 19022—2003	总经理	管代及副总	计量办公室	营销部	运维检修部	监察部	安全监察质量部	人力资源部	物资管理部	办公室	计量室	其他各专业室
4 总要求	●	○	▲	△	△	△	△	△	△	△	△	△
5.1 计量职能	●	○	▲	△	△	△	△	△	△	△	△	△
5.2 以客户为关注焦点	○	●	▲	▲	△	▲	△	△	△	△	△	△
5.3 质量目标	○	●	▲	▲	△	△	△	△	△	△	△	△
5.4 管理评审	●	○	▲	▲	△	△	△	△	△	△	△	△
6.1.1 人员的职责	○	●	▲	△	△	△	△	▲	△	△	△	△
6.1.2 能力和培训	○	●	△	△	△	△	△	▲	△	△	△	△
6.2.1 信息资源一程序	○	●	▲	△	△	△	△	△	△	△	△	△

续表

领导和部门 标准条款：GB/T 19022—2003	总经理	管代及副总	计量办公室	营销部	运维检修部	监察部	安全监察质量部	人力资源部	物资管理部	办公室	计量室	其他各专业室
6.2.2 信息资源一软件	○	●	▲	△	△	△	△		△		△	△
6.2.3 信息资源一记录	○	●	▲	△	△	△	△	△	△	△	▲	▲
6.2.4 信息资源一标识	○	●	▲	△	△	△	△		△		△	△
6.3.1 物资资源一测量设备	○	●	▲	▲	▲	△	▲		▲	△	△	△
6.3.2 物资资源一环境	○	●	▲	△	△	△	△				△	△
6.4 外部供方	○	●	▲	△	△	△	△		▲		△	△
7.1.1 计量确认	○	●	▲	△	△	△	△		△		▲	△
7.1.2 计量确认间隔调整	○	●	▲	△	△	△	△		△		▲	△
7.1.3 设备调整控制	○	●	▲	△	△	△	△		△		▲	△
7.1.4 计量确认过程记录	○	●	▲	△	△	△	△		△		▲	△
7.2.2 测量过程设计	○	●	▲	▲	▲	△	▲	△	△		▲	△
7.2.3 测量过程的实现	○	●	▲	▲	▲	△	▲	△	△		▲	△
7.2.4 测量过程的记录	○	●	▲	△	△	△	△		△		▲	△
7.3.1 测量不确定度	○	●	▲	△	△	△	△		△		▲	△
7.3.2 溯源性	○	●	▲	△	△	△	△		△		▲	△
8.1 测量体系分析和改进	○	●	▲	▲	△	△	△	△	△	△	△	△
8.2.2 客户满意度	○	●	▲	▲	△	▲	△	△	△	△	△	△
8.2.3 体系审核	○	●	▲	▲	△	△	△	△	△	△	△	△
8.2.4 体系的监视	○	●	▲	▲	△	△	△	△	△	△	△	△
8.3 不合格控制	○	●	▲	▲	△	△	△	△	△	△	△	△
8.4 改进、纠正与预防措施	○	●	▲	▲	△	▲	△	△	△	△	△	△
图例：●——主管　○——协同、参与　▲——主要责任　△——执行、参与												

批准：　　　　　　　　审核：　　　　　　　　编制：

4. 主要计量职能分解

（1）公司总经理

1）全面负责公司测量管理体系建立、运行和持续改进工作；

2）贯彻执行国家有关计量方针、政策和法律法规；

3）确立公司测量管理体系质量方针，批准质量目标；

4）确定测量管理体系管理者代表和法定计量检定机构负责人，明确体系各有关部门计量职能；

5）确保并提供必要资源，保证测量管理体系的有效运行；

6）批准测量管理体系《管理手册》；

7）组织推行供电诚信计量活动，建立诚信计量保证体系；

8）主持体系管理评审，批准评审报告并做出相应决策。

（2）公司分管副总经理（管理者代表）

1）代表总经理行使日常体系运行、保持和持续改进的领导职权；

2）贯彻执行国家有关计量方针、政策和法律法规；

3）组织管理评审并向总经理报告体系运作情况和改进需求；

4）分解测量管理体系各部门的计量职责；

5）确定各部门年度质量目标，督促、检查落实情况，实施奖惩措施；

6）审核测量管理体系《管理手册》，批准测量管理体系《程序文件》和《作业文件》；

7）组织测量管理体系内部审核；

8）组织评审重要的不合格测量设备和测量过程，审批纠正和预防措施；

9）负责对测量管理体系运行的监管，对违反体系规定并造成负面后果的，决定处罚措施。

（3）公司其他专业副总

1）参与公司测量管理体系的组织策划、决策和管理；

2）贯彻执行国家有关计量方针、政策和法律法规；

3）负责分管专业相关计量工作的管理和计量职能的分解；

4）组织分管专业与计量管理兼容运作的策划设计，并提供资源支持；

5）行使监督、协调和考核分管专业计量工作职权；

6）负责分管领域有关测量技术文件的审批；

7）负责分管领域测量管理体系质量目标的实施与实现。

（4）计量办公室（体系主管部门）

1）归口公司计量管理，负责公司测量管理体系的建立、实施、持续改进工作；

2）宣传贯彻国家有关计量方针、政策和法律法规；

3）负责公司质量目标的分解、统计、分析和考核；

4）组织公司测量管理体系《管理手册》和《程序文件》等的编制、发放、更改和再版，建立公司测量管理体系文件目录和记录清单；

5）组织实施测量管理体系内部审核和管理评审；

6）组织计量法规、工艺、质量、安全等专业的计量要求识别，归口管理测量过程设计、控制；

7）建立和动态管理公司测量设备总台账，实施测量设备 ABC 分类管理；

8）建立公司量值溯源系统，依据测量设备计量确认间隔，组织测量设备计量确认；

9）组织识别计量培训需求，协同人力资源部实施各类计量教育培训；

10）负责测量管理体系外部服务供方的管理；

11）负责电能计量装置的基础管理；

a. 制定公司电能计量技术发展规划；

b. 制定公司电能计量技术改进和新技术推广应用计划；

c. 审核公司电能计量装置的配置及更新计划；

d. 负责公司测量设备（包括配件）的计划申请、质量验收、配备、淘汰和报废等工作；

e. 监督检查电能计量装置的检定、轮换、现场检定计划执行情况；

f. 监督检查电能计量技术规程、规范和标准以及管理制度的实施情况；

g. 督促建立健全电能计量技术档案和各类记录。

12）负责体系内部运行信息沟通和对外部的信息通报；

13）负责外部申诉信息的受理、处理归口管理工作，并建立申诉信息清单；

14）配合监察审计部做好诚信计量失信事故、事件的调查、分析和处理。

（5）营销部（客户服务中心）

1）负责公司营销计量归口管理；

2）贯彻执行国家有关计量方针、政策和法律法规；

3）审核电能类测量设备的购置计划，组织选型、配置；

4）负责诚信计量活动的组织实施和监督管理；

5）供电客户业扩的电力勘察、设计和施工验收全过程计量管理；

6）所辖供电区域内有关发电量、厂用电量、供电量、售电量的抄录汇总工作；

7）组织公司用电经营管理中的计量工作经济指标的分解与考核；

8）公司线损管理对计量工作的要求的管理；

9）测量管理体系外部客户满意度调查测评；

10）客户日常咨询服务，受理用电客户计量异议和计量服务投诉。

（6）运维检修部

1）组织生产运维检修计量要求的识别，测量设备的购置计划、选型和配置；

2）负责生产运维检修测量设备汇总管理。组织生产运维各单位测量设备计量确认；

3）组织公司生产运维检修测量过程的识别设计和监督管理；

4）负责生产技术标准、规程管理，作业文件、记录的编审；

5）负责公司供电电能质量管理；

6）负责生产运维检修各单位测量、试验人员配置与能力管理；

7）组织公司所属变电站的电能、电测设备的验收、运行及故障消除工作。

（7）安全监察质量部

1）负责公司各单位安全防护用测量设备的监督管理；

2）贯彻执行国家计量法律法规；

3）监督管理各单位安全工器具的定期检测及不合格的处置等工作；

4）负责对各部门执行测量设备专业规程、作业规程方面的情况进行安全监督检查。

（8）办公室

1）负责公司、上级和外来的有关计量公文、标准、计量技术规范、规程等的识别、收集、发放、回收、保管、报废、档案管理等文件控制工作；

2）贯彻执行国家有关计量方针、政策和法律法规；

3）参与公司测量管理体系内部审核、管理评审活动；

4）负责公司在建立、运行和保持测量管理体系过程中有关宣传、后勤、服务工作。

（9）监察部

1）负责诚信计量事故、事件的调查、处理工作；

2）贯彻执行国家有关计量方针、政策和法律法规；

3）参与公司测量管理体系内部审核、管理评审活动；

4）负责诚信计量事故、事件调查资料归档并撰写失信事件调查报告。

（10）人力资源部

1）负责识别公司各专业计量人力资源的配置需求；

2）负责计量人员能力考核、任用和资质管理；

3）建立体系计量人员名册并动态管理；

4）组织确认公司计量人员资质，配置计量人员；

5）组织制定公司各类计量教育培训计划，并组织实施；

6）对持证上岗计量人员实施质量目标统计分析。

（11）物资管理部

1）负责物资采购中测量设备的供方评价及选择；

2）负责公司测量设备及其配套设备的申报、采购、入库、发放管理和不合格品的处理和报废工作；

3）负责公司测量管理体系所需资源的采购和申报。

（12）计量室（部）（专项授权法定计量检定机构）

1）依法建立、保持和维护公司电能计量社会公用标准，建立公司电测计量标准；

2）建立健全电能专项授权法定计量检定机构组织机构；

3）贯彻执行电能计量专项授权法定计量机构管理制度及文件；

4）建立本部门计量器具（测量设备）台账并实施动态管理；

5）识别和保持最新版本国家计量检定、校准规范和标准，起草本部门使用的计量作业文件，并建立文件清单；

6）配置和管理符合法制计量要求的计量检定校准人员；

7）组织实施计量标准和测量设备的量值溯源；

8）组织实施供电客户电能计量表及装置的检定；

9）组织实施公司电能表、计量用电流互感器、电压互感器及二次回路的安装、轮换、现校及运行维护分析；

10）规范管理计量检定、校准原始记录和证书；

11）负责实施客户电能表申校检定并出具公正报告；

12）编报本部门电能、电测计量器具及生产所需零配件和物料需求计划；

13）负责本公司所属变电站投运前计量装置的试验验收及运行中计量装置的消缺工作；

14）参与勘察和验收用户电能计量设备的选型配置；

15）参与电力技改、业扩工程等电能计量装置设计图审核及验收。

（13）变电、输电、配电等检修运维室（工区）

1）负责本部门试验和测试计量要求的识别，提出测量设备的配置需求；

2）配置满足计量要求的试验和测试测量设备，并保持测量能力；

3）建立本部门测量设备台账和重要测量设备的档案，并动态管理；

4）收集、识别、起草本部门所需的检测技术文件，编制相关作业文件和检测记录并实施受控管理；

5）按规定的确认间隔期组织实施测量设备检定、校准，并进行计量验证；

6）组织识别、设计本部门重要测量过程，并按要求实施有效控制；

7）在规定的条件下实施试验和测试活动，真实、及时、准确记录，编制试验报告。

第二节　计量要求的导出及案例

测量管理体系的总要求及宗旨是确保满足规定的计量要求，这些要求主要是对体系的测量设备和测量过程提出的测量要求，是体系的重要输入。因此，能否正确、有效地识别并导出计量要求，对体系运作的有效性是至关重要的。以下结合供电企业的行业特点介绍计量要求导出的基本思路与方法。

一、根据法律法规导出的计量要求

供电企业的计量特征之一是法制计量，因此，识别国家法律法规要求是供电企业体系输入的重要组成部分。供电企业法律法规计量要求的识别过程主要包括：识别涉及的法制计量活动；识别国家、行业相关计量法律法规、规范；确认测量设备及测量活动符合性等子过程。

供电企业法制计量（技术）活动及主要法制计量要求包括：

（1）计量标准设置及建立。

电能表、互感器（电流、电压）等计量标准。依据：JJF 1033《计量标准考核规范》，包括了对所建计量标准项目的人员、设备、环境和文件等各要素要求。

（2）电能计量量值溯源系统的建立。

阐述本企业各级各类量值溯源和传递的符合性。依据：JJG 2001～2095 中相关《国家计量检定系统表》，各类检定规程或校准规范。

（3）专项授权电能计量法定计量检定机构的设置。

专项：电能计量，性质：专项法定计量检定机构；依据：JJF 1069—2012《法定计量检定机构考核规范》。

（4）依据 GB 17167—2006《用能单位能源计量器具配备和管理通则》要求，配备和管理贸易结算用电能表。

（5）依据相关法律法规配备和管理安全防护检测（监测）等强制检定计量器具。

因此，供电企业根据法律法规导出计量要求，主要涉及计量标准、贸易结算、安全防护计量器具（测量设备），管理依据：《中华人民共和国强制检定计量器具管理办法》，具体工艺测量设备的计量要求（参数）可结合工艺要求导出。

二、根据组织需求导出的计量要求

（一）识别供电企业的要求

供电企业的产品和生产工艺不同于其他工业产品，有一定的特殊性。电能是一种无形的、不能储存的二次能源；生产工艺过程的特点是将经一次能源转换的电能，直接输送、分配、销售给广大的各种电力用户。供电生产过程的高度安全可靠性决定了供电企业工艺管理必须坚持“安全第一”。因此，供电设备的运行调度、送电线路和变电站的运行维护、事故处理和分析、送变电设备的检修管理是供电管理、运行等重要工作，是确保电网对用户连续可靠供电的关键技术支撑。

准确的测量是安全生产的前提，上述生产工艺过程包含大量的测量过程，如输电、变电、配电和用电系统的电力生产设备在状态检修、维护、管理过程中涉及的测量过程，都必须充分识别并纳入测量管理体系进行控制。

（二）导出计量要求

供电企业测量过程计量要求导出一般由工艺设计部门和生产部门负责，计量要求可从工艺文件中导出。导出过程的输入是供电企业现行有效的工艺文件或标准、技术规范、规程，如国家标准《电气装置安装工程　电气设备交接试验标准》《输变电设备状态检修试验规程（8项技术标准）》《电力设备预防性试验规程》等；输出是确定的测量过程计量要求文件。

计量要求导出的主要步骤：

第一步：对设计的工艺文件或标准、技术规范、规程等给出的技术指标、参数的极限值进行分析，表示为技术指标参数；把规定的生产过程控制、监视要求转化为控制参数。

第二步：将上述要求转化为对测量的要求（这种转化需要由供电企业的设计工艺部门、生产部门或检测/试验部门提出，并与计量人员共同确定，提出的测量要求可以定量测量）。

第三步：将这些对测量的要求转化为计量要求。这些计量要求既是测量设备，又是测量过程所需要的。如：最大允许误差、允许不确定度、量程、稳定性、分辨率、环境条件或操作者的技能要求。测量标准装置的计量要求可以从校准、验证和计量确认的技术规范中导出。

（三）计量要求导出及测量设备配置确认案例

供电企业生产运维检修试验工艺控制要求的特点，主要以“临界值控制”和“单侧控制”两种形式居多，以下各列举一项导出案例。

现行供电检修标准中提出了“警示值”和“注意值”的两种控制性质，这实际上为计量要求的导出提供了重要性判定的参考依据。

【案例 4-4-1】 变压器绕组绝缘电阻测试

1. 识别工艺控制要求

(1) 测量参数：绝缘电阻；

(2) 计量要求导出依据：Q/GDW 1168—2013《输变电设备状态检修试验规程》；

(3) 工艺控制要求：

a. 无显著下降；

b. 吸收比≥1.3 或极化指数≥1.5 或绝缘电阻≥10000MΩ（注意值）。

(4) 被试品测量范围：≥1MΩ；测量范围：(0～10000) MΩ。

2. 计量要求导出

(1) 测量允许误差

鉴于该项目测量对象的参数为绝缘电阻，吸收比或极化指数均为绝缘电阻值的计算转换值，故以绝缘电阻测量允许误差为计量要求。

本测试项目工艺控制要求为临界值控制（≥10000MΩ），并属于“注意值”，结合电力试验的风险控制要求，当测量引起的误差小于或等于临界值的十分之一时，可忽略不计，即：

测量误差（绝对值）：10000MΩ×(1/10)=1000MΩ；

测量允许误差（相对误差）：≤±10%；

其他非主要特性试验时，测量允许误差≤±20%。

(2) 测量范围

本试验常规读数为 10000MΩ 及左右，为保证仪表测量值的准确，应保证临界值读数在仪表有效范围内。

3. 测量设备配置确认

仪表名称：兆欧表

型号：MI3203

测量范围：(0～200) GΩ

仪表各量程及准确度：

(1) 1MΩ～50GΩ，电压 5000V，±5%；

(2) 500kΩ～1MΩ，电压 5000V，±20%；

(3) 500kΩ～1MΩ，电压 500V，±20%。

结论：上述测量设备配置符合预期使用要求（计量要求）。

【案例 4-4-2】 变压器绕组电阻测试

1. 识别工艺控制要求

(1) 测量参数：变压器绕组电阻；

(2) 计量要求导出依据：Q/GDW 1168—2013《输变电设备状态检修试验规程》；

(3) 工艺控制要求：

a. 1.6MVA 以上变压器，各相绕组电阻相间的差别不应大于三相平均值的 2%（警示值），无中性点引出的绕组，线间差别不应大于三相平均值的 1%（注意值）；1.6MVA 及以下的变压器，相间差别一般不大于三相平均值的 4%（警示值），线间差别一般不大于三相平均值的 2%（注意值）；

b. 同相初值差不超过±2%（警示值）。

（4）测量范围：1mΩ～1Ω。

2. 计量要求导出

本项测量工艺控制要求为单侧控制和警示要求，计量要求取值为：

测量允差（计量要求）$\leqslant\pm\frac{1}{3}\times$（工艺控制要求）$=\pm\frac{1}{3}\times1\%=\pm0.3\%$。

3. 测量设备配置确认

仪表名称：变压器直流电阻测试仪

型号：JYR-05N

测量范围：1mΩ～4Ω

准确度：±0.2%

结论：上述测量设备配置符合预期使用要求（计量要求）。

表 4-4-4 列举了某供电公司变电检修试验，部分测量参数的计量要求导出及测量设备配置能力分析，供参考。

三、根据顾客需求导出的计量要求

（一）识别顾客的需求

供电客户的需求，集中体现在对供电质量和供电服务两个方面。

按照国家供电质量标准的规定，向顾客提供的电能质量（即顾客的要求）主要有六项指标：供电电压允许偏差、公用电网谐波、三项电压允许不平衡度、暂时过电压和瞬态过电压、电压波动和闪变、电力系统频率允许偏差等。对于市、县基层供电企业，其主要职责是侧重于对供电电压允许偏差和电力系统频率允许偏差实施监视、反馈而达到控制；随着我国高铁技术的快速发展，部分高铁覆盖区还要对公用电网谐波实施监视，以保证持续不断地按照国家供电质量标准向用户供电。同时，提供高效、优质服务，是供电管理的核心内容，也是供电企业向顾客的承诺。

（二）计量要求导出（以电能质量中的供电电压偏差为例）

（1）顾客的计量要求可从供电产品（电能）的要求导出，电能质量技术指标计量要求的导出由供电企业生产及营销部门负责

计量要求导出的输入是国家有关电能质量的标准、技术文件等；输出是对电能质量进行监视所配的适宜的测量设备及测量过程的计量要求的文件。

（2）GB/T 12325—2008《电能质量　供电电压偏差》规定：

表 4-4-4　计量要求导出及测量设备配置能力分析表

（注：变电检修部分参数）

编制部门：××××　　　　编制日期：××××

计量要求及其导出							测量设备的配置					能力评价
序号	测量过程名称	测量参数名称	依据文件名称	测试工艺控制要求	测量范围	测量允差	测量设备名称	型号规格	测量范围	准确度/等级	重复性	
1	变压器绕组绝缘电阻测试	绝缘电阻	Q/GDW 1168—2013《输变电设备状态检修试验规程》	1. 无显著下降； 2. 吸收比≥1.3 或极化指数≥1.5 或绝缘电阻≥10000MΩ（注意值）	（1～10000）MΩ	≤±10% 被试品测量范围：≥1MΩ	兆欧表	MI3203	（0～200）GΩ	1. ±5%（1MΩ～50GΩ，电压 5000V） 2. ±20%（500kΩ～1MΩ，电压 5000V） 3. ±20%（500kΩ～1MΩ，电压 500V）	偏差≤3%	满足
2	变压器油中溶解气体分析测试	气体组分	Q/GDW 1168—2013《输变电设备状态检修试验规程》	1. 乙炔≤1μL/L（330kV 及以上）≤5μL/L（其他）（注意值）； 2. 氢气：≤150μL/L（注意值）； 3. 总烃：≤150μL/L（注意值）； 4. 绝对产气速率：≤12mL/d（隔膜式）（注意值）或≤6mL/d（开放式）（注意值）； 5. 相对产气速率：≤10%/月（注意值）	最小检测浓度： H_2：≥2μL/L CO：≥1μL/L CO_2：≥2μL/L CH_4：≥0.06μL/L C_2H_4：≥0.06μL/L C_2H_6≥0.06μL/L C_2H_2≥0.06μL/L	乙炔：≤±20% 氢气及总烃：≤±3%	变压器油色谱分析仪	GC－900－SD	H_2：≥2μL/L CO：≥1μL/L CO_2：≥2μL/L CH_4：≥0.06μL/L C_2H_4：≥0.06μL/L C_2H_6：≥0.06μL/L C_2H_2：≥0.06μL/L	乙炔：±0.1μL/L 氢气及总烃：±3μL/L	定性重复性：偏差≤1% 定量重复性：偏差≤3%	满足

续表

计量要求及其导出							测量设备的配置						能力评价
序号	测量过程名称	测量参数名称	依据文件名称	测试工艺控制要求	测量范围	测量允差	测量设备名称	型号规格	测量范围	准确度/等级	重复性	
3	变压器绕组电阻测试	直流电阻	Q/GDW 1168—2013《输变电设备状态检修试验规程》	1. 1.6MVA以上变压器，各相绕组电阻相间的差别不应大于三相平均值的2%（警示值），无中性点引出的绕组，线间差别不应大于三相平均值的1%（注意值）；1.6MVA及以下的变压器，相间差别一般不大于三相平均值的4%（警示值），线间差别一般不大于三相平均值的2%（注意值）； 2. 同相初值差不超过±2%（警示值）	1mΩ～1Ω	±0.3%	变压器直流电阻测试仪	JYR-05N	1μΩ～4Ω	0.20%		满足
4	电流互感器绝缘电阻测试	绝缘电阻	Q/GDW 1168—2013《输变电设备状态检修试验规程》	1. 一次绕组：一次绕组的绝缘电阻应大于3000MΩ，或与上次测量值相比无显著变化； 2. 末屏对地（电容型）：>1000MΩ（注意值）	(1～10000)MΩ	≤±10% 被试品测量范围：≥1MΩ	兆欧表	MI3203	(0～200)GΩ	1. ±5%（1MΩ～50GΩ，电压5000V） 2. ±20%（500kΩ～1MΩ，电压5000V） 3. ±20%（500kΩ～1MΩ，电压500V）		满足

4.1　35kV 及以上供电电压正、负偏差的绝对值之和不超过额定电压的 10%。

注：如供电电压上下偏差同号（均为正或负）时，按较大的偏差绝对值作为衡量依据。

4.2　20kV 及以下三相供电电压偏差为额定电压的±7%。

4.3　220V 单相供电电压偏差为额定电压的+7%、−10%。

对供电点短路容量较小、供电距离较长以及对供电电压偏差有特殊要求的用户，由供、用电双方协议确定。

(3) 以 220V 单相供电压允许偏差为例

工艺规定：供电电压允许偏差为额定电压的+7%、−10%，考虑到电网电压波动控制要求，取测量允差为工艺控制的 1/3，则上偏差允许值为额定电压的+2.3%，下偏差允许值为额定电压的−3.3%。

监视仪表配置

仪表名称：电压监测仪

型号、规格：ES-DT5 型

阻值测量量程：(1～1.011) MΩ。

综合测量误差绝对值（在 U_n±20%范围内，U_n 为被监测电压的额定值）：≤0.5%。

灵敏度：K≤0.5%。

使用环境温度：(−5～+40)℃；极限温度：(−20～+50)℃。

相对湿度：20%～90%（≤40℃时）。

结论：上述配置符合预期使用要求（计量要求）。

(4) 供电服务质量

为达到顾客满意，提供持续、稳定的供电服务，供电企业积极采用现代化管理手段加强内部管理，诸如推行营销 SG186、95598 服务热线、电能采集、ERP 流程管理、PMS 生产信息化处理等计算机管理系统，有效提高了供电服务质量。

第三节　测量设备的计量确认

测量设备的计量确认是测量管理体系的核心过程之一，GB/T 19022 标准关于“计量确认”的先进理念，突出强调了测量设备的计量特性对测量预期使用要求满足与否的确认，并采用过程方法实现测量设备计量确认从设计、校准、验证以及决定和行动等 PDCA 循环。

供电企业测量设备虽然种类繁多，但主要包括外部用电客户测量设备（计量器具）和供电生产运维检修试验设备两个层面。前者基本为电能计量通用测量设备（一般指具有国家检定、校准规程或规范的测量设备），后者多为供电运维检修测试用的专用和特殊设备。

对客户电能计量通用测量设备，基本由供电企业经授权实施检定、校准，本节以应用数量多、应用范围广泛的电能表、互感器等为代表，重点介绍检定校准的法制和规范要求及实施；对供电运维检修试验测试专用和特殊测量设备，多为外部委托检定、校准，侧重于计量确认的验证及应用。

一、测量设备的检定和校准

（一）通用测量设备的检定或校准

1. 电能测量设备计量检定校准的特点

（1）法制性：供电企业所建立的计量标准主要包括单相、三相电能表和电流、电压互感器等企业最高计量标准，核心工作的内容是对客户贸易结算电能计量器具实施强制检定，保证电能计量单位统一和量值准确。因此，供电企业电能计量检定机构必须经上级政府计量行政部门考核授权，设置专项授权检定机构，接受法制计量监督。

（2）规范性：作为专项授权法定计量检定机构，电能计量的检定校准必须依法、规范，这是电能计量准确可靠的技术基础。按照国家计量检定系统表的要求建立量值传递（溯源）系统，保证所有量值均能溯源至国家计量标准；依据 JJF 1033《计量标准考核规范》建立电能计量标准，达到规范所有要素的要求；依据国家计量检定规程规定的技术条件和程序对贸易结算用电能表计量检定；对出具的电能表计量检定数据承担法定责任。

（3）专业的特殊性：供电计量专项授权检定机构的任务除了检定校准工作外，同时还承担着客户电能计量设备的全过程和全寿命的服务，包括电能计量设备的选型配置、验收抽样、投诉申校以及设备运维等，随着智能电表的推广和用电采集系统的应用，供电企业的电能计量检定校准工作实际包含了大量的管理与技术活动，对供电购销的服务质量有着重要影响。

2. 专项授权法定计量检定机构

供电企业专项授权法定计量检定机构依据 JJF 1069—2012《法定计量检定机构考核规范》设置：

（1）建立专项授权法定计量检定机构的组织机构；

（2）向社会承诺其公正性，承担法制计量职责和责任；

（3）建立符合国家计量检定系统表要求的量值溯源（传递）系统；

（4）建立符合 JJF 1033《计量标准考核规范》各项规定的计量标准等。

3. 电能计量标准的建立

（1）计量标准建立的条件

新建计量标准，应当按 JJF 1033《计量标准考核规范》第 4 章的要求进行准备，并完成以下工作：

1）科学合理、完整齐全配置计量标准器及配套设备；

2）计量标准器及主要配套设备应当取得有效检定或校准证书；

3）计量标准应当经过试运行，考察计量标准的稳定性等计量特性并确认其符合要求；

4）环境条件及设施应当符合计量检定规程或计量技术规范规定的要求，并对环境条件进行有效监控；

5）每个项目配备至少两名具有相应能力的检定或校准人员，并指定一名计量标准负责人；

6）建立计量标准的文件集。填写《计量标准考核（复查）申请书》《计量标准技术报告》，其中计量标准稳定性考核、检定或校准结果的重复性试验、检定或校准结果的测量不确定度评定以及检定或校准结果的验证等内容的填写应当符合《计量标准考核规范》附录 C 的有关要求。

（2）计量标准考核

供电企业编写并向上级政府计量行政主管部门提供以下材料：

1）《计量标准考核（复查）申请书》原件一式两份和电子版一份；

2）《计量标准技术报告》原件一份；

3）计量标准器及主要配套设备有效的检定或校准证书复印件一套；

4）开展检定或校准项目的原始记录及相应的模拟检定或校准证书复印件两套；

5）检定或校准人员能力证明复印件一套；

6）可以证明计量标准具有相应测量能力的其他技术资料（如果适用）复印件一套。

在经过考核合格并取得主持考核的政府计量行政主管部门颁发的《计量标准考核证书》后，可开展相应项目的检定、校准工作。

4. 检定、校准实施及管理

（1）检定校准的主要形式

供电计量的电能计量器具依据目的和性质不同，可分为首次检定、抽样检查、轮换抽检、现场校验等，鉴于近年来智能表的普及推广和用电采集系统的应用，电能表检定、校准管理及硬件设施也在不断地完善和进步。

1）首次检定：指对未被检定过的测量设备（计量器具）进行的检定。

2）抽样检定：又称抽样检查（检验），是以同一批次测量设备（计量器具）中按统计方法随机选取适当数量样品检定的结果，作为该批次要求仪器检定结果的检定，据以判断整批产品的质量。

3）轮换抽检：同一厂家、同一型号的电能计量器具可按规定的轮换周期，以运行前的检定日期计算，按一定的周期、一定的比例抽检，做修调前的试验，若检定合格率满足相关规定，允许该批计量器具继续使用，待下次再抽检，直到不满足相关规定时要求全部轮换。

4）现场校验：指电能计量器具的在线校验。现场校验具有不需拆卸、不需中断计量并且可以真实记录现场实际影响的优点，但现场校验的外部条件达不到实验室规定的检定条件，基本属于状态监视和检查。

（2）智能电能表监督管理

1）智能电能表质量监督工作涵盖招标前、供货前、到货后、运行中直至退出运行的全过程、全寿命周期各个环节，包括供应商评价、招标前质量监督、供货前质量监督、到货后质量监督、运行中质量监督等内容。

2）智能电能表招标前质量监督包括招标前全性能试验、合格样品留样、样品资料制作。

3）智能电能表供货前质量监督包括产品监造、供货前样品比对和全性能试验。

4）智能电能表到货后质量监督包括到货后样品比对、抽样验收试验和全检验收试验。试验项目及试验方法按公司技术标准执行。

5）智能电能表运行质量监督包括定期抽检及故障表质量监督处理。

（3）计量标准的使用维护

1）编制作业指导书。编写计量标准作业指导书，并严格按照作业指导书的要求进行设备操作与使用。

2）设备日常保养维护。根据计量标准的性能、特点，定期对计量标准及检定用计算机、自动化设备和软件进行维护保养，并形成记录。

3）设备档案及管理。按《计量标准考核规范》要求建立相应的设备档案，并及时对计量标准文件集进行更新。

4）计量标准期间核查。根据标准使用及溯源周期规定，制定计量标准器期间核查方案，出具期间核查报告。

5）计量标准状态分析。开展计量标准运行分析，分析标准稳定性、准确性等指标，相关数据信息形成运行分析报告纳入计量标准文件集。

（4）检定校准记录及证书

检定工作结果一般以检定证书或检定结果通知书形式出具，其他根据性质不同，报告形式还有校准报告、试验及测试报告等形式。

1）报告和证书的编写

a. 报告/证书应能够准确、清晰、明确和客观地反映工作结果，并符合技术标准方法规定的要求。编写内容要完整、结论明确，必要时应附以图表、数表、曲线、简图、照片说明。

b. 报告/证书应由具备资格的专业人员编制，实习人员不能独立编制。

c. 报告/证书上的数据结论、环境条件等须与原始记录相符。

d. 报告/证书上的编号依据不重复原则。

e. 报告/证书的所有数据均应采用法定计量单位和规定的术语。

f. 对分包方所提供的结果应在报告中明确说明。

2）报告和证书的审核批准

a. 检定证书、校准报告、测试报告采用编写、审核和批准三级方式。

b. 操作者对数据核对后将检定结果准确无误地填写到报告中并签名。

c. 相关人员审核原始记录、方法的适用性以及满足顾客要求后，审核签名。

d. 本专业授权签字人批准签字。

3）报告和证书的编制要求

报告、证书的内容应包括以下方面：

a. 报告/证书的名称；

b. 检测机构名称与地址、联系电话；

c. 报告、证书编号标识；

d. 顾客的名称；

e. 所用方法的标识；

f. 检定或校准物品的描述（如名称、型号规格、主要性能指标等）、状态和明确的标识；

g. 检定/校准日期；

h. 如果被检物品是抽样得来，说明其抽样日期、抽样方法、抽样地点、抽样计划和程序、抽样环境条件等；

i. 检定和校准结果，适当时带有测量单位（必要时，当以表格、图或照片加以说明）；

j. 报告和证书的编制、审核和批准人的手签名，必要时注明签名日期。

（二）专用和特殊测量设备的检定与校准

供电企业的专用和特殊测量设备主要指本行业具有专门用途和特殊要求的测量设备，主要分布在变电、输电、配电生产运维、检修和在线监测工作部门，诸如工频耐压实验仪、接地电阻测试仪、回路电阻测试仪、电容量测试仪、电容电流测试仪、局放检测仪、避雷器带电测试仪、变压器铁心接地电流测试仪、变压器直流电阻测试仪、红外热像仪等、谐振试验仪等测量设备，从特定用途的意义上说，基本属于供电生产专项试验测试性质。

鉴于供电生产试验和测试活动的环境、强电等因素以及试验测试设备的专业特性，供电计量特征之一是安全性，因此，供电企业上述测量设备的大多采取外部检定或校准的方式，具备条件的可实施自查或核查，前者突出的是测量设备量值的溯源性，对外部检定、校准供方的资质和能力实施控制；后者强调的是对测量设备的运行或使用状态的自我检查，必须规范。

1. 外部委托检定、校准的主要途径及要求

供电企业的专用和特殊测量设备的外部检定、校准主要途径包括以下三个方面：

1）具备供电设备检定、校准资质和能力的法定计量检定机构；

2）经授权并具备能力的行业（电力）检定或校准机构；

3）具有相应测量设备制造许可资质的设备制造厂家等。

供电企业应组织对上述检定校准服务供方进行合格供方评价及选择，形成程序的文件并记录。

2. 专用和特殊测量设备自校及要求

所谓自校，通常理解为企业内部校准，一般是测量设备使用单位对非强制检定测量设备的校准行为，但这种自校具有溯源性，应具备以下条件：

（1）应具有校准的标准器具（或标准物质）；

（2）校准用标准器具应按期检定或校准；

（3）应形成相应的校准办法或作业指导书；

（4）自校人员应取得能力认可；

（5）自校应形成规范的记录等。

3. 专用和特殊测量设备的自查

专用和特殊测量设备的自查，实际是指对在线使用或运行测量设备的一种维护及检查行为，一般是在两次检定或校准周期之间的检查。自查的目的是监视并发现测量设备的异常状态，通常实施的核查、比对等可以理解为自查的一种方式。因此，检定和校准突出的是溯源性，而自查强调异常状态的发现，是设备运行管理中必要而又有效的方法，二者不可互为替代。

例如，某供电企业为了监视输电线路测高仪使用状态的可信度，对测高仪策划了使用状态自查的规范性设计，可供参考，具体步骤是：

（1）对测高仪实施检定并合格（符合计量要求）；

（2）设定一个可测量的标志性高度；

（3）用测高仪对标志性高度进行首次测量并形成一组均值数据（注：在测高仪检定合格后立即完成测量）；

（4）定期对标志性高度进行测量，并与首次测量数据进行比对，当两次测量数据差值小于测高仪允许测量误差时，判定为无异常；

（5）形成《测高仪自查作业指导书》。

上述测高仪的自查活动简便可行，实际上是利用首次测量数据作为核查数据进行的一种核查活动。

【案例4-4-3】 550kV工频耐压试验仪自查作业指导书

1 目的

为保证试验测试活动的准确可靠，在两次检定期间，对550kV工频耐压试验仪实施定期检查。

2 技术条件

2.1 被检试验设备

设备名称：550kV工频耐压试验仪 设备型号：YDTCW-250/300Ⅰ、250Ⅱ

准确度：1.0 制造厂家：××××× 编号：0603015

2.2 试验设备

设备名称：试验变 设备型号：YDBJ-5/100

制造厂家：×××××× 编 号：800705037

2.3 试验环境要求

温 度≥5℃ 湿 度≤80%RH

供电电源：交流电压380V

3 自查方法

3.1 本检查采用直接测量法，以YDBJ-5/100试验变作为检查标准，对550kV工频耐压试验仪进行检查，以及时发现设备的异常状态。

3.2 自查间隔期：一般为3个月，因设备异常或其他因素需要时可随机实施。

4 工作程序

4.1 自查准备

a）检查仪器电源保管是否完好，能否接通；

b）检查仪器接地端子是否接地良好，有无断线，防止试验时高压损害仪器设备；

c）检查校验仪器是否能正常工作。

4.2 操作步骤及要求

a）首先将仪器的接地端子良好接地；

b）正确连接试验接线；

c）用 YDBJ-5/100 试验变作为标准器，读取标准值；

d）接通各个电源，打开仪器控制电脑；

e）设置好预置电压，鼠标选择手动升压模式，手动点击升压，试验电压分别选取 5kV、10kV、20kV、30kV、40kV、50kV、60kV、70kV、80kV、90kV、100kV，时间 1min；检测电脑上的高压读数是否和 YDBJ-5/100 试验变读出的电压值相符，偏差不大于±0.5%；

f）选择自动升压模式，自动升压；检测电脑上的高压读数是否和 YDBJ-5/100 试验变读出的电压值相符，偏差不大于±0.5%；

g）试验结束，仪器自动降压，关闭电压，放电，恢复接线。

5　结果处理

自查结束后，应对被检测仪器的合格或适用性作出结论并形成记录。通过 4.2 条款各项要求的为状态合格仪器，未通过的属不合格或异常状态的仪器，应暂停使用并采取措施。

6　自查记录

《550kV 工频耐压试验仪自查记录》见表 4-4-5。

表 4-4-5　550kV 工频耐压试验仪自查记录

自查部门：　　　　　　　　　　　　　　　　　　　　　　　记录编号：

仪器名称		型号	准确度	制造厂	出厂日期
被检设备	550kV 工频耐压试验仪	YDTCW-250/300Ⅰ、250Ⅱ	1.0	××××	××××年×月
检查设备	试验变	YDBJ-5/100		×××××	
自查项目及结果					
自查依据：550kV 工频耐压试验仪自查作业指导书 一、外观检查：合格 二、测试数据：					

标准值/V	测试值/V	误差/%
5002	5000	−0.04
10005	10000	−0.05
20009	20000	−0.05
30014	30000	−0.05
40017	40000	−0.04
50022	50000	−0.04
60023	60000	−0.04
70027	70000	−0.04

续表

标准值/V	测试值/V	误差/%
80031	80000	−0.04
90042	90000	−0.05
100041	100000	−0.04
三、结论：经检查测试，该仪器符合电压测量计量指标要求。 检验人：×××　　审核人：×××　　日期：×××××		

（三）测量软件的检定（校准）与确认

1. 供电企业测量软件的主要类型和特点

（1）计量检定测量软件

属于量值溯源性质的软件，如电能表计量检定装置、互感器计量检定装置中配套的测量软件，是计量标准装置的重要组成部分，对电能计量器具检定的准确、可靠有着重要的影响。

（2）智能电网结算管理软件

属于电网企业内部技术和管理软件，这类软件是供电企业集抄系统的重要组成部分，对客户用电实现自动远程抄表与结算，推进了供电的技术进步和计量智能化。

（3）电力试验测试设备测量软件

此类软件多为在线检使用试验测试设备的内置型软件，实现测量设备的应用功能并数据智能处理等。

2. 测量软件检定（校准）和确认

上述供电企业的测量软件通常包括定期检定（或校准）和软件变更、升级和修改后的确认两种形式：

检定校准：计量标准装置的计量软件应实施定期（周期）检定，原则上可随主体设备整体检定，通过标准装置的外特性确定软件的准确性和可靠性；对于以测量软件为主要计量特性的试验测试设备，原则上建议由专业计量检定校准机构按期实施的检定或校准，如输电线路检测的GPS测量设备，可由授权的测绘专业计量检定机构或法定计量检定机构检定。

软件变更、升级和修改后的确认：对于变更、升级和修改后的软件应实施确认和验证，确保软件的功能和计量性能满足预期使用要求，并规范确认活动。

3. 测量软件确认案例

为便于读者了解测量软件验证确认的流程，本文列举了某供电公司按照JJG 596—2012《电子式交流电能表》实施对三相电能表检定装置的测量软件修订确认的案例。

【案例 4-4-4】　三相电能表计量检定装置测量软件修订确认方案

1　软件修订目的及性质

2012年，国家电能表检定规程JJG 596—2012部分取代原来的JJG 596—1999，新规程对计量检定程序及计量特性检定要求进行了相关调整，故需要对本公司三相电能检定装置的测量软件进行适宜性换版修订，特制订本修订确认方案。

2　相关参与机构及部门

测量软件修订需求及验收确认单位：×××供电公司；

测量软件修订设计执行机构：×××软件厂家。

3　软件的计量特性和基本功能

测量范围：3×(57.7～380)V、3×(0.1～100)A，准确度等级：0.05级，用于完成三相电能表的工频耐压试验、直观和通电检查、启动试验、潜动试验、校核计度器示数、基本误差及标准偏差估计值试验、日计时误差试验、时段投切误差、需量示值误差、需量周期误差试验等项目的检定。

4　修订依据及主要需求

依据：JJG 596—2012《电子式交流电能表》。

新规程涉及的软件调整点主要有：

a. 增加了2级和3级无功电能表及相应的技术要求；

b. 增加了不平衡负载与平衡负载时的误差之差要求；

c. 增加了日计时误差的项目；

d. 根据以上三个项目的增加对检定证书模板做适当修改。

5　软件设计和/或修改机构的供方评价（能力与资质）

对初次提供软件设计机构，公司应先期收集有关单位的信息，组织评价，内容包括：产品质量，使用方便性、产品性能是否满足规程需要，外部供方提供服务的及时性、服务质量、服务周期等。对软件设计机构进行合格分析，保存评价记录并获准的合格供应商名录。

6　软件升级换版确认的基本流程

a. 当软件升级调试结束，使用部门填报测量软件确认申请，上报公司计量办公室。

b. 计量办公室组织本公司专项授权检定机构和相关主管部室及信息通信公司人员参加软件确认。

c. 软件设计和（或）修改机构参与并提供信息。

d. 根据软件的功能，提出测试的要求。由软件使用人员进行操作，对软件进行测试。主要确认软件的安全性、完整性、可靠性、数据的正确性和测量操作的适用性等。同时对软件自身的安全也应进行测试，如：程序、数据备份和恢复等。

e. 软件的确认方法主要有：对软件的编制程序要详细的解析和保存；按照操作程序进行验证，确认其正确性；反复测试和计算，以验证其可靠性和数据误码率。

7　确认结果处理

7.1　软件验证确认应形成记录，建立档案。

7.2　软件确认由软件使用单位、本次参与部门和软件设计和（或）修改机构共同确认软件修订的符合性和适宜性。

8　主要记录

《电能计量标准装置测量软件验证确认记录》见表4－4－6。

表 4-4-6　电能计量标准装置测量软件验证确认记录

企业名称：×××××××　　使用单位：××××　　记录编号：××××

<table>
<tr><td>设备名称</td><td>三相电能表检定装置</td><td>型号及编号</td><td>PTC-8320M
1210997</td><td>准确度/等级</td><td>0.05 级</td></tr>
<tr><td>计算机操作系统及软件名称</td><td>三相电能表检定软件</td><td>软件类别</td><td>计量检定</td><td>验证性质</td><td>换版修订</td></tr>
<tr><td>软件供应厂商</td><td>×××××</td><td>供货合同</td><td>×××××</td><td>技术协议</td><td>×××××</td></tr>
<tr><td>验证依据文件</td><td colspan="5">JJG 596—2012《电子式交流电能表》</td></tr>
<tr><td>软件资料验收</td><td colspan="5">本项包括：操作规程或说明书、软件备份等开箱资料</td></tr>
<tr><td>计算机病毒检查</td><td colspan="5">用公司专用的杀毒软件对程序进行病毒检查</td></tr>
<tr><td>功能与程序测试</td><td colspan="5">(1) 检定程序中对 2 级和 3 级无功电能表增加了无功误差的检定项目，误差点的选择符合新规程要求及相应的技术要求；
(2) 具备检定正向有功、无功，反向有功、无功在电流为 I_b、功率因数 $\cos\phi/\sin\phi=1$ 时，A、B、C 三相的不平衡负载与平衡负载误差之差要求；
(3) 具备日计时误差检定的功能</td></tr>
<tr><td>计量性能测试</td><td colspan="5">(1) 对 2 级和 3 级无功电能表的无功误差测试准确；
(2) 对三相不平衡负载与平衡负载误差之差的检定与计算准确；
(3) 日计时误差检定准确；
(4) 对 2 级和 3 级无功电能表检定证书中增加了无功误差的检定数据，误差点的选择符合新规程要求及相应的技术要求；
新增了三相不平衡负载与平衡负载误差之差的数据；
新增了日计时误差的数据</td></tr>
<tr><td>主要验证活动附件材料</td><td colspan="5">(1) 三相电能表检定装置测量软件修订确认方案；
(2) JJG 596—2012《电子式交流电能表检定规程》；
(3) 省公司计量中心下发的软件升级相关文件要求；
(4) 软件设计和（或）修改机构供方评价资料；
(5) 本次验证实施的检定原始记录和证书；
(6) 本次验证实施涉及的计量器具检定证书；
(7)《电能计量标准装置测量软件验证确认记录》等</td></tr>
<tr><td>验证结论及说明</td><td colspan="5"></td></tr>
<tr><td>软件设计和/或修改机构及人员（签字）</td><td colspan="5">日　期：</td></tr>
<tr><td>验证部门及人员（签字）</td><td colspan="5">日　期：</td></tr>
<tr><td>专项法定计量检定机构负责人（签字）</td><td colspan="5">日　期：</td></tr>
</table>

（四）确认间隔的确定及示例

1. 计量确认间隔制定原则

（1）确保测量设备的计量特性在变化至不能满足计量要求的临界点之前，能及时得到计量确认，以保证测量设备持续符合规定的计量要求。

（2）遵循国家法制计量规定，合理、合法、经济和可靠。

2. 确认间隔的制定

供电企业测量设备实施 ABC 分类管理，分别依据国家相关的法规和规范，以及单位实践经验及有关资料，提出并建立本公司通用测量设备计量确认间隔期目录准则：

A 类强检测量设备确认间隔期执行国家检定规程建议的周期，A 类其他非强制检定的测量设备确认间隔期原则上参照国家计量检定规程并结合使用情况制定间隔期。

B 类测量设备确认间隔期参照国家检定规程的周期并结合测量设备实际使用频次、使用环境以及使用时间等因素制定。一般可比同种 A 类测量设备确认间隔期适度延长。

C 类测量设备一般可采用“一次性”确认，即在测量设备投入使用前进行检定（校准），在使用过程中无异常情况可不再做检定（校准）的确认，必要时采用间隔期确认。

上述确认间隔期是本公司规定的测量设备最长确认间隔期，在下列特殊情况下可采用其他的确认间隔期。

（1）对安装在连续运行设备上或不易拆卸的各类测量设备，可随生产设备检修同步进行检定（校准），其确认间隔期定为“随修”；

（2）对暂未列入《测量设备确认间隔期目录》的，比照同类测量设备制定确认间隔期；

（3）内部校验的测量设备，执行本公司制定的《校准办法》规定的确认间隔期。

3. 供电企业常规测量设备计量确认间隔期（仅供参考）

（1）电能标准

标准类别	标准电能表	标准电压互感器	标准电流互感器	标准装置
确认间隔/月	12	12	12	24

（2）电测标准

标准类别	标准仪器仪表	单臂电桥检定装置	双臂电桥检定装置	兆欧表标检定装置	接地电阻测试仪检定装置	直流仪表检定装置	交流仪表检定装置
确认间隔/月	12	12	12	12	12	24	24

（3）电能表现场校准

电能表类别	Ⅰ类客户电能表	Ⅱ类客户电能表	Ⅲ类客户电能表
确认间隔/月	3	6	12

（4）互感器检定、轮换周期

低压互感器检定、轮换 20 年；高压互感器检定、轮换 10 年。

（5）电测仪表检定周期

①携带型仪器仪表：1～2 年；②220kV 及以上重要场所在线仪器仪表：1 年；③110kV无人值守变电所在线仪器仪表：2～4 年；④非重要场所在线仪器仪表：4 年；⑤变电所主变温度计及其他不易拆卸的设备确认间隔随主要设备大修周期。

（6）用于贸易结算的测量器具应按强制检定计量器具管理办法执行。其他测量设备的确认间隔按照有关规程和生产厂提供的准确度保证确认间隔。

（7）新投运或改造后的Ⅰ、Ⅱ、Ⅲ、Ⅳ类高压电能测量设备应在一个月内进行首次现场检验。

（8）对同一厂家（规格型号相同）、同一批次运行中的智能电能表安装后的第 1、3、5、8 年，应进行分批抽样，根据抽检结果确定整批表是否继续运行。

4. 计量确认间隔期的调整

（1）实行计量确认间隔调整的测量设备一般源于以下条件：

①根据测量设备检定或校准合格率通过统计分析，对某类测量设备进行调整；②测量设备修理调整后，重新确认间隔期实施必要的调整；③因测量设备降级或限用，需要重新调整计量确认间隔期的等。

（2）测量设备计量确认间隔调整步骤

根据掌握的有关信息编制需要调整计量确认间隔的测量设备分类目录；测量设备计量确认间隔调整本着“先易后难，稳步推进”的原则分类分步进行；测量设备计量确认间隔作放宽调整的，必须做详细的记录，内容包括测量设备名称、编号、使用部门或安装部位，历次检定/校准结果，调整计量确认间隔的时间及审批人签字等。

二、测量设备的计量验证

根据计量确认的定义，计量确认是“为确保测量设备符合预期使用要求所需的一组操作”，通常包括：校准和验证、各种必要的调整或维修及随后的再校准、与设备预期使用的计量要求相比较以及所要求的封印和标签。因此，实施计量验证必须掌握以下要点：

第一，计量验证是计量确认的重要环节之一，只有测量设备已被证实适合于预期使用要求并形成文件，计量确认才算完成。第二，体系的所有测量设备均应进行计量验证。第三，识别计量验证过程的输入是验证的关键环节。第四，有效处理计量验证结果是计量确认的增值活动。

（一）计量验证的类型及方法

供电企业测量设备的量值溯源（或传递）主要有检定和校准两种形式，根据检定、校准的不同性质，计量验证的方法可分为：

1. 强制检定测量设备的计量验证

对于强制检定测量设备（用于贸易结算、安全防护、环境监测、医疗卫生的计量器具以及计量标准设备等），通常依据法制计量要求，实施按期、定点检定溯源，其检定依据是国家计量检定规程。GB/T 19022—2003 前言中“当计量要求根据法律法规的要求确定时，计量确认与检定相同”的阐述表明，对强制检定测量设备的检定结果等同计量确认。因此，对强制检定管理的测量设备，不是不要计量确认了，只是确认的方法不同而已。

强制检定管理的测量设备的验证确认应实施以下两个步骤：

（1）配置的符合性：确定所配置的测量设备的计量特性（如准确度/等级等）与所使用的场所或条件的计量要求符合。关于强制检定测量设备配置的法定要求，本章第二节阐述了供电企业强制检定计量要求的识别。

（2）计量特性与法制计量要求的符合性：依据测量设备计量检定出具的结论证书，判定其合格与否，不合格的即为不满足计量要求，应采取纠正措施。

2. 测量设备的校准、测试计量验证

供电企业专用和特殊测量设备比较普及，实施校准溯源的比较广泛，因此，正确实施计量验证是供电企业计量确认的重要环节。校准验证通常是指对测量设备校准、测试结果（测量设备的计量特性）是否满足预期使用要求（计量要求）的验证。

校准结果的计量验证基本步骤及注意事项包括：

（1）识别测量设备的计量要求

有关供电企业测量设备计量要求的特点及导出在本章第二节做了介绍，这是计量验证的基础。

（2）识别测量设备的计量特性

测量设备的计量特性通常是通过校准得出，因此正确解读测量设备的校准报告是重要的。现实应用中，往往由于工艺技术部门参与验证者缺乏计量基础知识，不能有效或正确地收集和分析校准报告的信息，从而影响验证的有效性，应引起关注。

（3）通过校准获得的测量设备的计量特性与测量过程对测量设备的计量要求相比较，以评定测量设备是否满足预期用途。

（4）形成计量验证记录。

（5）计量验证的结果处理及应用。校准验证结果的处理是验证输出的应用，见本节（二）。

【案例 4－4－5】　　测量设备校准结果计量验证记录

测量设备使用部门：×××供电公司变电检修室

测量设备名称：变压器直流电阻测试仪

型号：JYR-10　　　设备编号：01060750　　　测量范围：1mΩ～4Ω

一、校准报告信息

校准（检测）机构：××省计量科学研究院　　证书编号　DC2013-2-120250

校准（检测）标准不确定度：

直流电阻示值 100mΩ 测量结果的相对扩展不确定度 $U_{rel}=1.3\times10^{-3}$（$k=2$）

直流电阻示值 10A 测量结果的相对扩展不确定度 $U_{rel}=1.2\times10^{-3}$（$k=2$）

校准日期：××××年×月××日

校准（检测）依据：JJG 1052—2009《回路电阻测试仪、直阻仪》

二、计量要求导出依据

Q/GDW 1168—2013《输变电设备状态检修试验规程》

三、校准结果的验证（以下指示值、实际值引自《校准报告》）

指示值/mΩ	实际值/mΩ	相对误差/%	测量允差/%	确认结果
100.0	100.1	−0.10	±0.3	满足要求
200.0	200.4	−0.20	±0.3	满足要求

续表

指示值/mΩ	实际值/mΩ	相对误差/%	测量允差/%	确认结果
400.0	401.1	−0.28	±0.3	满足要求
500.0	501.4	−0.28	±0.3	满足要求

四、验证（确认）结论

1. 测量允许误差（计量要求）的导出：本变压器直流电阻测试仪主要用于变电站10kV、35kV主变压器直流电阻测试。根据Q/GDW 1168—2013《输变电设备状态检修试验规程》，附录5状态检修例行项目、周期及要求；1600kVA以上变压器，各相绕组电阻相互间的差别不应大于三相平均值的2%（警示值），无中性点引出的绕组，线间差别不应大于三相平均值的1%（注意值）。经分析，本试验测量允差（计量要求）取值$\leqslant\pm\frac{1}{3}\times$（工艺控制要求）$=\pm\frac{1}{3}\times1\%=\pm0.3\%$。

2. ××省计量科学研究院计量标准引入直流电阻示值100mΩ测量结果的相对扩展不确定度$U_{rel}=1.3\times10^{-3}$（$k=2$），直流电阻示值10A测量结果的相对扩展不确定度$U_{rel}=1.2\times10^{-3}$（$k=2$），根据微小误差原理，忽略不计。

综上分析，上述各测量值均满足预期使用要求，可投入使用。

确认人员：×××　　审核：×××　　确认日期：××××年×月×日

（二）计量验证后的处理

需要特别提示的是，由于计量验证的价值在于判定是否满足预期使用要求（计量要求），而不是拘泥于测量设备对出厂合格与否的判定，因此，通过对测量设备计量验证结果的处理应用，实际上有助于实现从对“合格”的控制”提升为对“合格程度”的控制，从测量设备的控制向测量过程控制延伸。

供电企业常用的验证后处理方法有：

（1）对不合格测量设备的处理：通常包括调整和修理，并在调整和修理后重新进行计量确认；报废；停用；降级使用等。

（2）对电力测试、试验活动的风险控制：

①对不合格的测量设备或量程实施禁用；②对临界合格或局部不合格的测量设备实施慎用、限用；③对临界合格或局部不合格的测量设备实施修正操作等。

（3）对电力试验、测试设备的品质进行阶段性评估分类：

建议测量设备管理基础比较好的供电生产运维单位，结合计量验证活动，对测量设备的计量特性状态实施阶段性（如年度）的评价，此项工作对实施测量设备全寿命周期管理和提高试验测试品质有着积极的作用：

①统计验证符合预期使用要求的试验设备比率；②掌握试验测量设备配置年代的分布情况；③掌控试验测量设备计量性能趋势变化情况（同比）；④掌握同类、同型号试验测量设备计量性能的优劣分类；⑤界定限用、慎用、禁用的试验测量设备或量程等；⑥提出试验测试需要修正的设备及量程；⑦为设试验测量备配置、选型提供依据等。

以上介绍的各种设备状态分析应用和试验测试品质控制，均基于校准验证信息的转化应用，实现了计量确认输出对测量过程（活动）控制的输入，也是系统方法的一种应用，对体系运作有着积极的意义。

【案例 4-4-6】

变电检修试验设备年计量确认状态评价分析汇总表

表 4-4-7 为某年变电检修试验设备计量确认状态评价分析汇总表。

表 4-4-7　变电检修试验设备（　　）年计量确认状态评价分析汇总表

设备名称	型号规格	设备编号	准确度或等级	出厂日期	计量验证结论	与上期比较	状态评价	状态类别
测量设备状态分析类型				测量设备按配置时间分布统计	符合率统计（%）：慎用（临界符合）和禁用（不符合）量程统计	测量设备主要计量特性趋势变化分析	在用：　台 停用：　台 封存：　台	甲类：　（%） 乙类：　（%） 丙类：　（%）

注：资源条件较好的单位，建议实施对重复配置的同品种设备（或量程）的比较分析，有益于在线检测的设备选择。

第四节　测量过程及控制

一、测量过程分类

按照供电生产、运维检修因不正确的测量结果可能造成风险程度的不同，供电企业的测量过程一般分为“重要测量过程”和“一般测量过程”。

重要测量过程的界定对象一般在以下范围中识别：

（1）变电、配电和输电运维检修关键工艺控制点；

（2）变电、配电和输电运维检修涉及人身和设备安全重要控制点；

（3）因测量不准确可能造成重大质量和经济损失的测量点；

（4）公司专项授权计量标准项目等。

对于重要测量过程，根据其所采取控制方法的不同，可分为高度控制的测量过程和“低限度（或简单）控制”的测量过程。

“高度控制”一般指应用统计技术实施控制的方法，包括关键或复杂的测量系统、涉及输配变电生产安全的测量等。如供电企业推行的“输变电设备状态检修”中的高压交流设备、直流设备、绝缘油试验、SF_6气体湿度和成分检测、安全工器具检验等过程所实施的例行试验、诊断性试验，很多就是涉及安全生产的高度控制测量过程。

“低度控制”包括“输变电设备状态检修”中的一般带电检测、巡查，测量要求在“注意值”范围内的测量过程等。

在测量过程控制方法的选择上，应与测量的重要性及投入的资源代价相匹配。

二、测量过程设计及有效性验证（含测量不确定度评定）

（1）测量过程设计

供电企业测量过程设计的输入：顾客、组织和法律法规的要求；

输出：满足上述计量要求所建立的测量过程规范；

主要活动：识别测量过程、导出计量要求、识别测量过程要素和设计控制限、设计控制方法、测量过程有效性确认等。

（2）供电企业测量过程的设计主要流程

第一步：识别顾客、组织和法律法规（含国家电力法律法规）对测量的要求，包括：输电、变电、配电、营销（电能）、调度等涉及的测量过程的识别。

第二步：将规定的要求转化为计量要求。根据供电企业、顾客和国家法律法规对测量过程的要求，转化为对测量过程的计量要求，包括：测量不确定度、稳定性、最大允许误差、重复性、复现性、操作者的技能水平等。

第三步：根据计量要求识别测量过程要素。这些要素包括：测量设备、测量方法、环境条件、测量人员的水平等。

第四步：对测量过程进行控制，确定控制限。

上述过程要素的选择应结合实际需求，区别主次和多少，但控制限的选择要量化。由于测量过程控制是有成本的，不同的选择决定了不同的测量成本和质量风险，测量成本和质量风险必须相称。实际上，供电企业实行的“设备状态检修”就是测量成本和风险控制的一种合理策略。因此，过程要素的选择和控制限的量化确定，应该在对影响量予以充分识别和考虑测量成本的基础上完成。

第五步：根据测量过程重要性确定控制方法，即对关键或复杂的测量系统、涉及输变配电生产安全的测量进行高度控制；对于高度控制的测量过程，采用核查标准和控制图，采用统计技术，对测量过程的要素按规定的程序和时间间隔实施测量过程的监视控制。

一般控制通常按照供电企业相关技术规范而采用巡检、例行检查、在线监测等方法。

第六步：形成测量过程规范（设计输出）。测量过程规范包括：测量的参数及允许的测量不确定度、测量的频次、测量设备及标识、测量程序、测量软件、环境条件、操作者能力、其他影响测量结果可靠性因素。测量过程规范可以采用检验规范、试验方法、生产工艺、作业指导书等形式。

第七步：测量过程的有效性确认，目的是为了证实设计的测量过程能满足预期的使用要求。

（3）确认时机

供电企业设计的测量过程确认时机应在完成对测量过程测量不确定度的评价之后，在测量过程投入使用前进行。

方法：

1）与其他已经确认过程的结果进行比较；

2）与其他测量方法的结果进行比较；

3）通过对测量过程的性能特性进行连续分析。

（4）测量过程的设计确认参加人员

熟悉测量过程预期使用要求的测量过程设计人员；测量过程的执行人员。

（5）测量过程设计确认结果记录及后续跟踪措施：

确认结果可以确认报告的形式保持记录，如果在确认中发现问题，不能满足预期使用要求，应当采用适当措施予以解决。

三、测量过程设计与监视控制推荐性案例

以下以供电企业变电运维检修为例，列举了重要测量过程从识别、设计、控制和监视的部分参考案例。

【案例 4-4-7】测量管理体系重要测量过程一览表（表 4-4-8）；

【案例 4-4-8】重要测量过程设计确认表（表 4-4-9～表 4-4-11）；

【案例 4-4-9】期间核查作业指导书、记录、期间核查控制图（表 4-4-12～表 4-4-14）；

【案例 4-4-10】重要测量过程例行试验作业指导书；

【案例 4-4-11】测量不确定度评定报告。

【案例 4-4-7】

测量管理体系重要测量过程一览表

表 4-4-8 ×××供电公司测量管理体系重要测量过程一览表（部分）

编制部门：××××　　　　编制日期：××××

序号	测量过程名称	测量过程文件	测量参数及要求	测量过程的计量要求	测量过程的控制要素	控制方法
（变压器试验）						
1	绕组绝缘电阻	Q/GDW 1168—2013《输变电设备状态检修试验规程》	1. 无显著下降； 2. 吸收比≥1.3 或极化指数≥1.5 或绝缘电阻≥10000MΩ（注意值）	1. 最大允许误差：≤±10%（被试品测量范围：≥1MΩ）； 2. 稳定性：10MΩ/U±10%； 3. 分辨力：10MΩ； 4. 测量范围：（1～10000）MΩ	兆欧表 1. 额定电压 2500V 时，测量上限 10000MΩ，有效测量范围（10～500）MΩ，准确度等组 20 级； 2. 额定电压 5000V 时，测量上限 10000MΩ，有效测量范围（50～2000）MΩ，准确度等组 20 级； 3. 电压量程：（2500～5000）V 4. 顶层油温低于 50℃时	期间核查
2	油中溶解气体分析	Q/GDW 1168—2013《输变电设备状态检修试验规程》	1. 乙炔：≤1μL/L（330kV 及以上）≤5μL/L（其他）（注意值）； 2. 氢气：≤150μL/L（注意值）； 3. 总烃：≤150μL/L（注意值）； 4. 绝对产气速率：≤12mL/d（隔膜式）（注意值）或≤6mL/d（开放式）（注意值）； 5. 相对产气速率：≤10%/月（注意值）	1. 最大允许误差 乙炔：≤±20% 氢气及总烃：≤±3% 2. 稳定性 氢火焰离子化检测器（FID）：基线漂移：≤2×10^{-12}A/30min 热导检测器（TCD）：基线漂移：≤100μV/30min 3. 分辨力 乙炔：0.1μL/L 氢气及总烃：1μL/L	绝缘油色谱分析仪 定性重复性：偏差≤1% 定量重复性：偏差≤3%	期间核查

续表

序号	测量过程名称	测量过程文件	测量参数及要求	测量过程的计量要求	测量过程的控制要素	控制方法
3	绕组电阻	Q/GDW 1168—2013《输变电设备状态检修试验规程》	1. 1.6MVA以上变压器，各相绕组电阻相间的差别不应大于三相平均值的2%（警示值），无中性点引出的绕组，线间差别不应大于三相平均值的1%（注意值）；1.6MVA及以下的变压器，相间差别一般不大于三相平均值的4%（警示值），线间差别一般不大于三相平均值的2%（注意值）； 2. 同相初值差不超过±2%（警示值）	1. 最大允许误差：±0.3%； 2. 稳定性：5μΩ/I±5%； 3. 分辨力：1μΩ； 4. 测量范围： 5A：1mΩ～4Ω 10A：1mΩ～1Ω	变压器直流电阻测试仪 准确度：2%	期间核查
（电流互感器试验）						
4	绝缘电阻	Q/GDW 1168—2013《输变电设备状态检修试验规程》	1. 一次绕组：一次绕组的绝缘电阻应大于3000MΩ，或与上次测量值相比无显著变化； 2. 末屏对地（电容型）：>1000MΩ（注意值）	1. 最大允许误差：≤±10%（被试品测量范围：≥1MΩ）； 2. 稳定性：10MΩ/U±10%； 3. 分辨力：1MΩ； 4. 测量范围：(1～10000) MΩ	兆欧表 1. 额定电压2500V时，测量上限10000MΩ，有效测量范围（10～500）MΩ，准确度等组20级； 2. 电压量程：2500V	期间核查
（电磁式电压互感器）						
5	绕组绝缘电阻	Q/GDW 1168—2013《输变电设备状态检修试验规程》	1. 一次绕组：初值差不超过－50%（注意值）； 2. 二次绕组：≥10MΩ（注意值）	1. 最大允许误差：≤±10%（被试品测量范围：≥1MΩ）； 2. 稳定性：1MΩ/U±10%； 3. 分辨力：0.1MΩ； 4. 测量范围：(1～1000) MΩ	兆欧表 1. 额定电压2500V时，测量上限10000MΩ，有效测量范围（10～500）MΩ，准确度等组20级； 2. 电压量程：2500V	期间核查

【案例 4-4-8】　重要测量过程设计确认表

表 4-4-9　变压器绕组绝缘电阻测试
测量过程设计确认表

填报部门：××××　　　　编号：××××

<table>
<tr><td>测量过程名称：</td><td colspan="2">变压器绕组绝缘电阻测试</td><td colspan="3">测量过程文件编号：××××</td></tr>
<tr><td colspan="6">测量过程的计量要求</td></tr>
<tr><td>测量参数名称</td><td>测量范围</td><td>最大允许误差/允许不确定度</td><td>稳定性</td><td>分辨力</td><td>环境要求</td></tr>
<tr><td>绝缘电阻</td><td>(1～10000)MΩ</td><td>≤±10%
被试品测量范围：≥1MΩ</td><td>10MΩ/U±10%</td><td>10MΩ</td><td>温度≥5℃
相对湿度≤80%</td></tr>
<tr><td>测量过程要素</td><td colspan="5">要素控制要求</td></tr>
<tr><td>测量设备</td><td>测量范围</td><td>不确定度/准确度等级/最大允许误差</td><td>稳定性</td><td>分辨力</td><td>确认间隔</td></tr>
<tr><td>兆欧表</td><td>(0～200)GΩ</td><td>1. ±5%（1MΩ～50GΩ，电压5000V）
2. ±20%（500kΩ～1MΩ，电压5000V）
3. ±20%（500kΩ～1MΩ，电压500V）</td><td>10MΩ/U±10%</td><td>10MΩ</td><td>1年</td></tr>
<tr><td>测量程序文件</td><td colspan="5">Q/GDW 1168—2013《输变电设备状态检修试验规程》</td></tr>
<tr><td>操作人员素质和技能</td><td colspan="5">应具备经人力资源和社会保障部颁发认可的电力行业电气试验专业高级工以上资质证书</td></tr>
<tr><td>环境条件</td><td colspan="5">满足设计环境条件：温度：≥5℃、相对湿度：≤80%</td></tr>
<tr><td>控制活动（方法、频次、文件、记录）</td><td colspan="5">期间核查等方法，一般以3个月周期，使用频次少时，可用前核查。
依据《输变电设备状态检修例行试验作业指导书》开展试验</td></tr>
<tr><td>测量过程确认方法</td><td colspan="5">通过与其他已确认有效的过程结果相比较</td></tr>
<tr><td>确认记录</td><td colspan="5">《变压器绕组绝缘电阻测试试验报告》，录入并归档保存</td></tr>
<tr><td colspan="6">公司专业主管部门审核意见：
经与其他已确认有效的测量过程结果相比较，本测量过程各要素的设计和计量要求转化满足预期要求。
过程设计人员（签字）：
主管部门负责人（签字）：　　　日期：　　年　　月　　日</td></tr>
<tr><td colspan="6">公司分管领导批准意见：
同意该测量过程的设计，确认有效。
公司分管领导（签字）：　　　日期：　　年　　月　　日</td></tr>
</table>

表 4-4-10　变压器油中溶解气体分析测试测量过程设计确认表

填报部门：××××　　　　　　　　　　　　　　　　　　　　　　编号：××××

<table>
<tr><td>测量过程名称：</td><td colspan="2">变压器油中溶解气体分析测试</td><td colspan="3">测量过程文件编号：HFGD/MSP－21</td></tr>
<tr><td colspan="6">测量过程的计量要求</td></tr>
<tr><td>测量参数名称</td><td>测量范围</td><td>最大允许误差/允许不确定度</td><td>稳定性</td><td>分辨力</td><td>环境要求</td></tr>
<tr><td>气体组分</td><td>最小检测浓度：
H_2：≥2μL/L
CO：≥1μL/L
CO_2：≥2μL/L
CH_4：≥0.06μL/L
C_2H_4：≥0.06μL/L
C_2H_6：≥0.06μL/L
C_2H_2：≥0.06μL/L</td><td>乙炔：≤±20%
氢气及总烃：≤±3%</td><td>氢火焰离子化检测器(FID)：基线漂移：≤2×10^{-12}A/30min
热导检测器（TCD）：基线漂移：≤100μV/30min</td><td>乙炔:0.1μL/L
氢气及总烃：1μL/L</td><td>温度≥5℃
相对湿度≤80%</td></tr>
<tr><td>测量过程要素</td><td colspan="5">要素控制要求</td></tr>
<tr><td>测量设备</td><td>测量范围</td><td>不确定度/准确度等级/最大允许误差</td><td>稳定性</td><td>分辨力</td><td>确认间隔</td></tr>
<tr><td>变压器油色谱分析仪</td><td>H_2：≥2μL/L
CO：≥1μL/L
CO_2：≥2μL/L
CH_4：≥0.06μL/L
C_2H_4：≥0.06μL/L
C_2H_6：≥0.06μL/L
C_2H_2：≥0.06μL/L</td><td>乙炔：±0.1μL/L
氢气及总烃：±3μL/L</td><td>氢火焰离子化检测器(FID)：基线漂移：≤2×10^{-12}A/30min
热导检测器（TCD）：基线漂移：≤100μV/30min</td><td>乙炔：0.1μL/L
氢气及总烃：1μL/L</td><td>2年</td></tr>
<tr><td>测量程序文件</td><td colspan="5">Q/GDW 1168—2013《输变电设备状态检修试验规程》</td></tr>
<tr><td>操作人员素质和技能</td><td colspan="5">作业人员应具备经人力资源和社会保障部颁发认可的电力行业电气试验专业高级工以上资质证书</td></tr>
<tr><td>环境条件</td><td colspan="5">满足设计环境条件：温度≥5℃、相对湿度≤80%</td></tr>
<tr><td>控制活动（方法、频次、文件、记录）</td><td colspan="5">期间核查等方法，一般以3个月周期，使用频次少时，可用前核查。
依据《输变电设备状态检修例行试验作业指导书》开展试验</td></tr>
<tr><td>测量过程确认方法</td><td colspan="5">通过对测量过程的性能特性进行连续分析</td></tr>
<tr><td>确认记录</td><td colspan="5">《变压器油中溶解气体分析测试试验报告》</td></tr>
<tr><td colspan="6">公司专业主管部门审核意见：
经与其他已确认有效的测量过程结果相比较，本测量过程各要素的设计和计量要求转化满足预期要求。
过程设计人员（签字）：
主管部门负责人（签字）：　　　　日期：　　年　　月　　日</td></tr>
<tr><td colspan="6">公司分管领导批准意见：

同意该测量过程的设计，确认有效。

公司分管领导（签字）：　　　　日期：　　年　　月　　日</td></tr>
</table>

表 4-4-11　高压并联电容器和集合式电容器电容量测试
测量过程设计确认表

填报部门：××××　　　　　　　　　　　　　　　　　　　　　　编号：××××

<table>
<tr><td>测量过程名称：</td><td colspan="3">高压并联电容器和集合式电容器电容量测试</td><td colspan="3">测量过程文件编号：××××</td></tr>
<tr><td colspan="6">测量过程的计量要求</td></tr>
<tr><td>测量参数名称</td><td>测量范围</td><td>最大允许误差/允许不确定度</td><td>稳定性</td><td>分辨力</td><td>环境要求</td></tr>
<tr><td>电容量</td><td>(0.02～1000) μF</td><td>≤±1.5%</td><td>0.1μF/U±1%</td><td>0.01μF</td><td>温度≥5℃
相对湿度≤80%</td></tr>
<tr><td>测量过程要素</td><td colspan="5">要素控制要求</td></tr>
<tr><td>测量设备</td><td>测量范围</td><td>不确定度/准确度等级/最大允许误差</td><td>稳定性</td><td>分辨力</td><td>确认间隔</td></tr>
<tr><td>电容表</td><td>(0.02～2000) μF</td><td>±1.0%（读数+0.02μF）</td><td>0.1μF/U±1%</td><td>0.01μF</td><td>3 年</td></tr>
<tr><td>测量程序文件</td><td colspan="5">Q/GDW 1168—2013《输变电设备状态检修试验规程》</td></tr>
<tr><td>操作人员素质和技能</td><td colspan="5">作业人员应具备经人力资源和社会保障部颁发认可的电力行业电气试验专业高级工以上资质证书</td></tr>
<tr><td>环境条件要求</td><td colspan="5">满足设计环境条件：温度≥5℃、相对湿度≤80%</td></tr>
<tr><td>控制活动（方法、频次、文件、记录）</td><td colspan="5">期间核查等方法，一般以 3 个月周期，使用频次少时，可用前核查。
依据《输变电设备状态检修例行试验作业指导书》开展试验</td></tr>
<tr><td>测量过程确认</td><td colspan="5">与其他测量方法的结果进行比较</td></tr>
<tr><td>确认记录</td><td colspan="5">高压并联电容器和集合式电容器电容量测试试验报告</td></tr>
<tr><td colspan="6">公司专业主管部门审核意见：
经与其他已确认有效的测量过程结果相比较，本测量过程各要素的设计和计量要求转化满足预期要求。
过程设计人员（签字）：
主管部门负责人（签字）：　　　　　　日期：　　年　　月　　日</td></tr>
<tr><td colspan="6">公司分管领导批准意见：
同意该测量过程的设计，确认有效。
公司分管领导（签字）：　　　　　　日期：　　年　　月　　日</td></tr>
</table>

【案例 4-4-9】 期间核查作业指导书、记录、期间核查控制图

高压并联电容器电容测试期间核查作业指导书

高压并联电容器电容测试期间核查作业指导书				部门：运维检修部
指导书编号	AHGD/2015-08	版本号/修改次	A/1	第 1 页　共 2 页

1. 核查目的

为控制高压并联电容器电容测量过程的变动性，按照规定的时间间隔对核查标准进行核查，通过绘制的控制图分析、判断该测量过程是否处于稳定、受控状态，并及时查出变动的原因，采取纠正措施。

2. 核查对象

测量设备名称	编号	规格型号	计量特性	使用场所
电容电感测试仪	3655776519	AI-6600 型全自动电容电感测试仪	(1) 电容量测量范围：(0.2～2000) μF (2) 测量精度：±（读数×1%+0.005μF) (3) 最大允许误差：±0.5% (4) 工作环境要求 温度：(0～40)℃ 相对湿度：≤90%	生产现场例行试验用

3. 选用的核查标准

(1) 选择一台近期生产、有出厂检验合格证、性能稳定的高压并联电容器作为核查标准。

(2) 该高压并联电容器专用核查。

核查标准名称	编号	规格型号	计量特性	生产商	核查环境条件
高压并联电容器	662752	BAM 11/3-100-1W	额定电容量 9.08μF	西安电力电容器厂	温度：(20±5)℃ 湿度：(60%～70%) RH

4. 核查项目要求

核查项目	核查点	核查时间间隔	核查依据
电容量	9.08μF	1 个月	1. Q/GDW 1168—2013《输变电设备状态检修试验规程》 2. 产品说明书

5. 核查方法

(1) 预备数据的获取

现场操作人员每隔一个月用自己使用的电容电感测试仪，对核查标准高压并联电容器进行测量。确定测量的样本为 $n=3$，通过对核查标准的重复测量得到一组数据，共取

25 组，记入《高压并联电容器电容量测量过程期间核查原始记录及数据处理统计表》。

（2）计算统计量

计算各组样本的平均值 $\overline{X}$ 和极差 R，记入核查记录；

计算 25 组数据的总平均值和 $\overline{\overline{X}}$ 极差平均值 $\overline{R}$，记入核查记录。

（3）计算控制限（控制图系数表另附）

X 图：$UCL=\overline{\overline{X}}+A_2\overline{R}$

$CL=\overline{\overline{X}}$

$LCL=\overline{\overline{X}}-A_2\overline{R}$

R 图：$UCL=D_4\overline{R}$

$CL=\overline{R}$

$LCL=D_3\overline{R}$

（4）作控制图并打点

（5）对控制图进行分析、判定，形成核查结论

1）控制图的正常状态：

a. 点子落在控制线内；

b. 点子在控制线内随机波动；

c. 多数点子在中心线附近。

2）控制图的异常现象：

a. 点子落在控制线外；

b. 连续 7 点在中心线一侧；

c. 连续 7 点呈上升或下降趋势；

d. 点子排列显示周期性变化；

e. 点子出现在控制线附近，连续 3 个点中有 2 个点或连续 7 个点中有 3 个点处在 2 $\sqrt{X}$横线与控制线之间。

3）根据所绘制的控制图分析、判定该测量过程是否正常；如出现不正常，要找原因，提出改进建议。

6. 核查记录的保存

a. 核查记录包括：原始数据记录、数据处理过程记录、核查控制图、核查、拟采取改进措施的建议等。

b. 上述核查记录应按照程序文件的规定进行保存和管理。

7. 核查标准的保存

为保证核查标准的稳定性，应按照高压并联电容器出厂使用说明书及相术规范的要求，确保可能影响其稳定性的保存条件能满足要求，如温度、湿度磁场、振动等。

8. 注意事项

（1）全自动电容电感测试仪试验电压：不了解试品阻抗的情况下可 2V 试测，如果试验电流小于 1A 可以改用 25V 测量；

（2）磁场干扰：测试现场应避免磁场干扰，建议钳型 CT 远离仪器上；

（3）接线完毕后启动测量电源，测量过程中，不要移动电压线，摸或移动

钳型 CT。

编制：　　　　　　　　　　　审核：　　　　　　　　　　　批准：

表 4-4-12　高压并联电容器电容量测量过程期间核查记录

核查部门：　　　　　　　　　　　　　　　　　　　　　　　　　　　　　编号：

被核查仪器名称	编号	型号规格	核查参数	计量特性	生产厂
自动电容电感测试仪	3655776519	AI-6600	电容量	测量范围± (读数×1%+0.005μF)	××××
备注					
核查标准名称	编号	型号规格	使用的参数	计量特性	生产厂
电力电容器	662752	BAM 11/3-100-1W	电容量	额定电容量：9.08μF	××××
备注					
核查依据	1. Q/GDW 1168—2013《输变电设备状态检修试验规程》 2. 产品说明书				
核查点	选用 3Mvar 以下电容器组一台，额定容量 9.08μF，开展期间核查工作。在首次施行期间核查时，间隔期设定为 1 个月，待测量稳定后可适当延长间隔期。但调整时应经过单位主管理部门审定批准				
查环境条件	温度	湿度	其他		
	(20±10)℃	≤65%			
查时间	年　月　日				
核查结论					
从　张控制图看无任何异常，说明该测量过程是正常的。					
核查　员		审查人员			

表 4-4-13　高压并联电容器电容量测量过程期间核查原始记录及数据处理表

日期	测量值/μF				均值 $\overline{X}$	R
2013年～2015年	X_1	X_2	X_3	合计		
2013年1月	9.39	9.38	8.83	27.6	9.20	0.56
2013年2月	9.21	9.36	9.13	27.7	9.23	0.23
2013年3月	8.86	9.26	8.76	26.88	8.96	0.5
2013年4月	9.02	9.15	9.37	27.54	9.18	0.35
2013年5月	9.35	9.21	9.12	27.68	9.23	0.23
2013年6月	8.86	8.95	9.32	27.13	9.04	0.46
2013年7月	9.05	9.21	9.36	27.62	9.21	0.31
2013年8月	9.27	9.19	8.83	27.29	9.10	0.44
2013年9月	8.92	9.16	8.76	9.17	8.95	0.4
2013年10月	9.33	9.13	9.39	27.85	9.28	0.26
2013年11月	8.78	9.23	8.77	26.78	8.93	0.46
2013年12月	9.27	9.02	8.95	27.24	9.08	0.32
2014年1月	9.16	8.77	8.93	26.86	8.95	0.39
2014年2月	9.35	9.09	9.22	27.66	9.22	0.26
2014年3月	8.78	9.23	9.17	27.18	9.06	0.45
2014年4月	8.99	8.95	8.73	26.67	8.89	0.26
2014年5月	9.18	9.25	8.79	27.22	9.07	0.46
2014年6月	9.01	8.87	8.75	26.63	8.88	0.26
2014年7月	8.76	9.26	9.23	27.25	9.08	0.5
2014年8月	8.86	8.95	9.15	26.96	8.99	0.29
2014年9月	9.06	9.16	9.35	27.57	9.19	0.29
2014年10月	8.78	8.95	9.17	26.9	8.97	0.39
2014年11月	9.16	9.11	8.79	27.06	9.02	0.37
2014年12月	9.26	9.11	8.88	27.25	9.08	0.38
2015年1月	9.16	9.13	9.12	27.41	9.14	0.04
$\overline{X}$图 CL=9.08 UCL=9.44 LCL=8.71	R图 CL=0.35 UCL=0.91 LCL=（—）			合计	226.92	8.86
				平均值	9.08	0.35
				n	A_2	D_4
				3	1.023	2.575

表 4-4-14　2013 年 1 月～2015 年 1 月期间核查控制图表

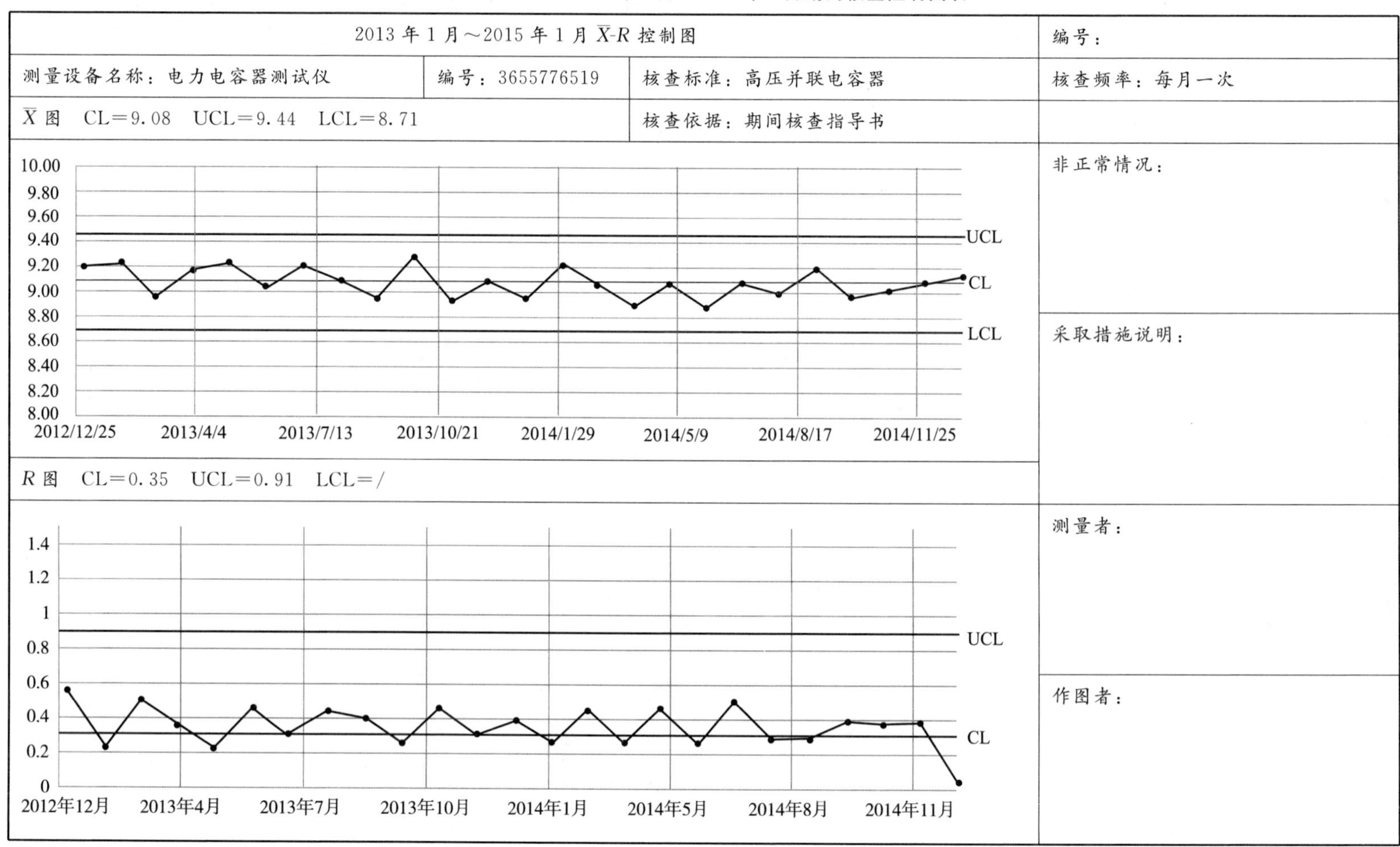

2013 年 1 月～2015 年 1 月 $\overline{X}$-R 控制图			编号：
测量设备名称：电力电容器测试仪	编号：3655776519	核查标准：高压并联电容器	核查频率：每月一次
$\overline{X}$ 图　CL=9.08　UCL=9.44　LCL=8.71		核查依据：期间核查指导书	
			非正常情况：
			采取措施说明：
R 图　CL=0.35　UCL=0.91　LCL=/			
			测量者：
			作图者：

【案例 4－4－10】　重要测量过程例行试验作业指导书案例

××变电站××kV××电容器（串并联、集合式）试验作业指导书

1　适用范围

本作业指导书仅适用于××变电站35kV及以下××电容器（串并联、集合式）交接验收试验标准化作业，诊断性及例行试验可以参照本作业指导书进行修编，保留必要的试验项目即可。

2　引用文件

下列标准及技术资料所包含的条文，通过在本作业指导书中引用，而构成为本作业指导书的条文。本作业指导书发布时，所有版本均为有效。所有标准及技术资料都会被修订，使用本作业指导书时应探讨使用下列标准及技术资料最新版本的可能性。

《国家电网公司电力安全工作规程（变电站和发电厂电气部分）（试行）及修改说明》国家电网安监〔2005〕255号

电安生〔1994〕227号《电业安全工作规程（热力和机械）》

国家电网总〔2003〕407号《安全生产工作规定》

DL/T 596—2005《电力设备预防性试验规程》

Q/GDW 1168—2013《输变电设备状态检修试验规程》

GB/T 7354—2003《局部放电测量》

GB 50150—1991《电气装置安装工程　电气设备交接试验标准》

《安徽电网并联电容器组管理规定〔2005〕63号》

《试验仪器使用说明书》

3　试验前准备工作安排

3.1　准备工作安排

√	序号	内　容	标准	责任人	备注
	1	根据试验性质，确定试验项目，组织工作人员学习作业指导书，使全体工作人员熟悉工作内容、工作标准、安全注意事项	不缺项、漏项		
	2	了解被试设备出厂和历史试验数据，分析设备状况	明确设备状况		
	3	根据现场工作时间和工作内容填写工作票	工作票填写正确		
	4	准备试验用仪器仪表，所用仪器仪表良好，有校验要求的仪表应在校验周期内	仪器良好		

3.2　人员要求

√	序号	内　容	责任人	备注
	1	具备必要的电气知识和高压试验技能，能正确操作试验设备，了解被试设备有关技术标准要求，能正确分析试验结果，具有一定的电容器检修、运维专业理论知识		
	2	所有工作人员做到持证上岗，身体状况、精神状态良好，数量满足工作的要求。外来临时工作人员应进行安全措施、工作范围、安全注意事项等方面教育，工作时必须指定专人监护		

3.3　仪器仪表和工具

√	序号	名称	型号及编号	单位	数量	备注
	1	温湿度计		只	1	误差：±1℃
	2	兆欧表		台	1	2500V
	3	直流发生器		套	1	输出电压高于试验电压，输出电流大于绕组的泄漏电流，通常在0.5mA以上。电压波纹小于3%
	4	试验变压器		套	1	根据被试设备电压等级、容量选择合适的试验变
	5	电容表		块	1	0.5级
	6	试验电源		套	1	
	7	导、地线		根	若干	
	8	万用表		块	1	
	9	试验围栏		盘	1	
	10	安全带		根	2	
	11	绝缘带		盘	1	
	12	工具箱		箱	1	常用工具

3.4　危险点分析

√	序号	危险点	性质（共/个性）	危害预想	预控措施
	1	工作人员与带电部位不能保持安全距离	共性	人身触电	1）认真履行监护制度； 2）开好现场交底会，交代带电部位及应保持的距离
	2	登高梯台使用不正确	共性	人身伤害	1）使用前检查梯台的良好性； 2）正确放置梯台； 3）必要时设专人扶梯台； 4）使用单梯禁止站在1米线以上的梯登上，且只能站一人
	3	上下抛掷工器具等物品	共性	高空坠落、砸伤人员、损坏设备	1）上下传递物件必须使用工具袋； 2）禁止上下抛掷
	4	高空落物伤人	共性	人身伤害	地面工作人员不要在高处作业下方逗留
	5	损坏瓷瓶	共性	设备损坏	拆除套管接头方法正确
	6	试验接线错误	共性	试验设备损坏	专人检查接线，确认正确
	7	拆装引线未做好捆绑固定措施	共性	引线下落碰伤设备、人员	做好引线捆绑固定工作
	8	拆除引线失去接地保护	共性	感应电伤人	不得拆除接地线
	9	试验设备接地不良	共性	人身伤害	试验设备的金属外壳应可靠接地，试验仪器与设备的接线应牢固可靠
	10	试验前后不对试品充分放电	共性	人身伤害	试验前后用放电棒对试品充分放电，分散式电容器应逐只进行放电

3.5 人员分工

√	序号	项　目	工作人员
	1	试验负责人（安全监护人）	
	2	试验接线	
	3	仪器操作及试验数据记录	

4 试验程序

4.1 开工

√	序号	内　容	工作人员签字
	1	工作负责人全面检查现场安全措施是否与工作票一致，是否与现场设备相符	
	2	工作负责人向工作人员交待工作任务、安全措施和注意事项，明确工作范围	
	3	试验电源取自设备区试验电源箱，接取电源前应先验电，确认电源电压和电源类型无误后接取，接拆电源时必须由两人进行，严禁带电拆接电源线、严禁使用“一火一地”电源工作，使用的电源线应无老化、腐蚀、破裂，不得有中间接头或跨接。试验装置的电源开关，应使用明显断开的双极刀闸	

4.2 试验项目和操作标准

√	序号	试验项目	试验方法	安全措施及注意事项	试验标准	责任人及完成时间
	1	电容器极对壳绝缘电阻测量（例试、交接、诊断性试验）	测量极对壳绝缘电阻，测量时电容器两极短接测试线，外壳接地	1）测量绝缘电阻外壳应接地，测量前后应充分放电； 2）试验时应记录环境温湿度	1）串并联电容器每台绝缘电阻不低于2000MΩ； 2）集合电容器一般不低于5000MΩ	

续表

√	序号	试验项目	试验方法	安全措施及注意事项	试验标准	责任人及完成时间
	2	电容器电容量测量（例试、交接、诊断性试验）	1）电容表选择在合适的档位； 2）测量时，电容表的两根测试引线分别接至电容器每相（或组）的两端进行测量	1）拆线时要注意不要转动电容器的套管；测量完成后恢复接线； 2）试验时应记录环境温度、湿度	1）串并联电容器电容值偏差不超出额定值−3%～+10%范围内； 2）串并联电容器组中任意两线路之间的电容的最大值与最小值之比应不超过1.02； 3）集合式电容器电容值偏差应在额定值0%～+10%范围内，同时不应小于出厂值的95%； 4）集合式电容器三相中每两线路端之间测得的电容值任意两线路之间的电容值的最大值与最小值之比，10kV：≤1.02，35kV：≤1.01； 5）集合式电容器每相用三个套管引出的电容器组，应测量两个套管之间的电容量，其值与出厂值相差在±5%范围内	
	3	电容器耐压试验（交接、必要时）	被试相两极间短接至高压，非被试相短接接地	1）应记录环境温度、湿度，注意与带电设备保持足够的安全距离； 2）试验前后应充分放电	1）集合式电容器极对壳试验电压为出厂值的75%； 2）集合式电容器相间试验电压为$0.75\times2.15U_n$； 3）并联电容器交流耐压试验标准 额定电压/kV：6、10、35 交接试验电压/kV：19、26、63	
	4	电容器并联电阻测量（例试、交接、诊断性试验）	用自放电法测量	测量前后应充分放电；应记录环境温度、湿度	电阻值与出厂值的偏差应在±10%范围内	
	5	电容器渗漏油检查（例试、交接、诊断性试验）	用观察法，进行外观检查		渗漏油时停止使用	

4.3　竣工

√	序号	内容	责任人签字
	1	拆除试验电源线及设备短接线	
	2	检查被试设备上无遗留工器具和试验用导地线	
	3	将被试设备的一、二次接线恢复正常	
	4	清点工具，清理试验现场，拆除自设临时安全围栏	
	5	填写试验记录，运行人员验收签字	
	6	办理工作票终结手续	

5　试验总结

序号	试验总结	
1	试验结果	
2	存在问题及处理意见	

6　作业指导书执行情况评估

评估内容	符合性	优		可操作项	
		良		不可操作项	
	可操作性	优		修改项	
		良		遗漏项	
存在问题					
改进意见					

7　附录

试验记录

电容器（串并联、集合式）间隔试验原始记录

标识与编号		试验日期	
单位		安装地点	
型号		制造厂	
出厂序号		出厂日期	
运行编号		试验负责人	
试验参加人			
审核		记录	
1. 电容器极对壳绝缘电阻测量（MΩ）	测量结果（MΩ）		
A 相			
B 相			
C 相			
使用仪器			
环境温度/℃		环境湿度%	
备注		结论	
2. 电容器电容量测量	实测电容量/μF	铭牌电容量/μF	误差（%）
A 相			
B 相			
C 相			
使用仪器			

续表

环境温度/℃		环境湿度%	
备注		结论	
3. 电容器耐压试验	施加电压/kV	耐压时间/s	
A 相			
B 相			
C 相			
使用仪器			
环境温度/℃		环境湿度%	
备注		结论	
4. 电容器并联电阻测量	测量电阻值/Ω		
A 相			
B 相			
C 相			
使用仪器			
环境温度/℃		环境湿度/%	
备注		结论	
5. 电容器渗漏油检查	A 相	B 相	C 相
检查情况			

【案例 4-4-11】 变压器直流电阻测量结果不确定度评定

一、概述

依据国家电网公司 Q/GDW1168—2013《输变电设备状态检修试验规程》的规定，对输变电设备——变压器，应按照规定的周期进行例行试验，其中变压器直流电阻测量是例行试验的重要项目。变压器直流电阻测量目的是通过测量绕组的电阻来检查线圈导线、线圈出头与引线、引线与引线、引线与套管接头等焊点的焊接质量；引线与引线间、引线与分接开关间、引线与套管间紧固连接是否可靠；对于有分接开关的绕组，还通过变压器直流电阻测量来检查分接开关接触是否良好。现以三相变压器例行试验为例，对直流电阻测量结果的不确定度进行分析和评定。

1 测量依据

GB 10941—2013《电力变压器 第1部分：总则》

JB/T 501—2006《电力变压器试验 导则》

JJG 1052—2009《回路电阻测试仪 直阻仪》

2 环境条件

环境温度：(23±5)℃，相对湿度：(40%～75%) RH。

3 选用的测量设备

变压器直流电阻测试仪，准确度等级：0.2 级。

4 被测对象

选择一台三相油浸式电力变压器

型号：SFSZ10-150000/220

容量/kVA：150000

生产厂：中国特变电工衡阳变压器有限公司。

5 测量方法

根据 JB/T 501—2006《电力变压器试验导则》规定，使用变压器直流电阻测试仪进行操作，测量过程根据当前分接的额定电流和绕组电阻的大小选择施加测试电流的大小，各绕组引出端子全部处于开路状态。测量时等测得数据彻底稳定时再读取数据，以使绕组的自感效应降至最小程度，减小误差。每次测量完毕，必须对测量回路彻底放电并加以确认后，才进行下一步操作。

二、测量模型

$$Y=R_x+\delta_1+\delta_2+\delta_3$$

式中

Y——被测量（变压器的直流电阻值）；

R_x——直流电阻测试仪的示值；

δ_1——温度测量误差引起的直阻偏差；

δ_2——重复测量引起的直阻偏差；

δ_3——温度测量值与被测绕组实际温度误差引起的直阻偏差。

三、不确定度分量的评定

1. 直流电阻测试仪的基本误差引入的不确定度 $u(R_x)$ 的评定

直流电阻测试仪的最大允许误差为±0.2%，在测量0.1Ω时的最大误差为±0.0002Ω，在此区间内服从均匀分布，取包含因子$k=\sqrt{3}$，故$u(R_x)=0.0002/\sqrt{3}$，Ω=1.15×10^{-4}Ω可信度较高，取自由度$\nu(R_x)=50$。

2. 测量时所使用温度计的基本误差引起的不确定度u（δ_2）的评定

温度计的最大允许误差为±0.1℃，由电阻受温度影响的换算公式可得出由温度误差引起的电阻测量最大误差为$\pm0.0005R_n$，取测试电阻值为0.1Ω，则最大误差为±0.00005Ω，在此区间服从均匀分布，取包含因子$k=\sqrt{3}$，故：

$$u(\delta_1)=0.00005\Omega/\sqrt{3}=2.89\times10^{-5}\Omega$$

自由度$\nu(\delta_1)=50$。

3. 测量重复性引起的A类不确定度u（δ_2）的评定

所选变压器高压额定分接A-O绕组直流电阻直约为0.45Ω，在重复性条件下，连续测量10次（每次测量重新接线），得到的测量列如下：

0.4541Ω、0.4565Ω、0.4537Ω、0.4537Ω、0.4581Ω、0.4532Ω、0.4561Ω、0.4572Ω、0.4566Ω、0.4537Ω，其平均值：

$$\bar{x}=\frac{1}{n}\sum_{k=0}^{10}x_i=0.4533\Omega$$

单次实验标准差：

$$s_1=\sqrt{\sum_{i=1}^{10}(x_i-\bar{x})^2/(n-1)}=1.80\times10^{-3}\Omega$$

再选取B-O，C-O相高压绕组额定分接，在重复性条件下各连续测量10次，得到2组测量列，每组测量列分别按上述方法计算得到单次实验标准差如表4-4-15所示。

表4-4-15　2组测量列及标准差计算结果

测量次数	B-O	C-O
1	0.4536	0.4527
2	0.4537	0.4529
3	0.4529	0.4537
4	0.4542	0.4539
5	0.4536	0.4545
6	0.4546	0.4542
7	0.4536	0.4541
8	0.4531	0.4537
9	0.4538	0.4531
10	0.4539	0.4532
标准差	4.88×10^{-4}	6×10^{-4}

合成样本标准差：

$$s_p=\sqrt{\frac{1}{3}\sum_{i=1}^{3}s_i^2}=1.13\times10^{-3}\Omega$$

测量重复性引起的不确定度分量：

$$u(\delta_2)=s=1.13\times10^{-3}\Omega$$

自由度 $\nu(\delta_2)=3\times(10-1)=27$。

4. 由于温度测量值与绕组实际温度值的误差引起的不确定度 $u(\delta_3)$ 的评定

由于测量绕组电阻时的温度测量值是一个平均值，它和绕组的实际温度相差至多不超过±2℃，由电阻受温度影响的换算公式可得出由温度误差引起的电阻测量最大误差为±0.009R_n，取测量电阻值为0.45Ω，则最大误差为±0.00405Ω，在此区间内服从均匀分布，取包含因子 $k=\sqrt{3}$，则：

$$u(\delta_3)=0.00405/\sqrt{3}\Omega=7.01\times10^{-3}\Omega$$

自由度 $\nu(\delta_3)=50$。

四、合成标准不确定度的计算

$$u_c(Y)=\sqrt{u^2(R_x)+u^2(\delta_1)+u^2(\delta_2)+u^2(\delta_3)}=7.10\times10^{-3}\Omega$$

自由度：

$$\nu_{eff}=\frac{u^4(Y)}{\frac{u^4(R_x)}{\nu(R_x)}+\frac{u^4(\delta_1)}{\nu(\delta_1)}+\frac{u^4(\delta_2)}{\nu(\delta_2)}+\frac{u^4(\delta_3)}{\nu(\delta_3)}}=52$$

五、扩展不确定度评定

取包含概率 $p=95\%$，$\nu_{eff}=60$，查 t 分布表并将有效自由度近似取整为60得到 $t_{95}(60)=2.00$，扩展不确定度 U_{95} 为：

$$U_{95}=t_{95}(60)\times u(Y)=2.00\times7.10\times10^{-3}\Omega=14.2\times10^{-3}\Omega$$

六、不确定度报告

电力变压器高压绕组电阻值测量结果的扩展不确定度为：

$$U_{95}=14\times10^{-3}\Omega$$

$$\nu_{eff}=52$$

第五节　供电企业测量管理体系审核要点

一、供电企业的行业审核重点

企业测量管理体系审核包括外部第三方审核和企业内部审核，目的都是为持续提高企业管理水平，降低不符合计量要求带来的风险和后果。审核依据一是依据标准要求，二是必须结合行业特点，二者兼容对保证并提高体系审核的质量至关重要，同时也有益于受审方获取改进绩效的有效信息，即审核受益。以下从市级供电公司体系运作组织管理（决策层、管理层）和供电专业管理（执行层）两个层面介绍体系审核重点。

（一）公司层面的审核重点

公司层面的审核重点基于公司决策层和体系主管部门对测量管理体系宏观策划及运作策略的观察。对GB/T 19022体系标准而言，主要体现的是八项质量管理原则、标准的总要求、管理职责等要素的运作转化。

1. 突出供电企业计量特征

供电企业的法制计量、民生计量和安全生产计量三大计量特征，是供电计量工作主题，是供电企业测量管理体系审核的重点，也是切入点。围绕供电企业计量特征组织、策划和实施审核的作用在于：

（1）贯穿供电企业生产、经营和管理的主线；

（2）有利于评价体系策划建立的系统性；

（3）便于全面评价测量管理体系的运作绩效。

2. 注重专业化管理特点

供电企业核心工作是供电营销服务和安全生产，公司计量主管部门是计量工作及体系的主管部门，各专业部门本专业计量职能组织运作的成效对体系整体水平有着重要的影响。因此，供电企业审核应关注专业部门的计量职能发挥，不同的部门不同的专业需求、不同的重点要素，从而构成系统的测量管理体系。

3. 关注测量管理体系与供电企业管理的兼容性

关注测量管理体系的兼容性，本质上是考察体系运作的适宜性和充分性，是标准理念转化为企业方法的应用效果，供电测量管理体系的兼容性包括：

（1）计量要求（顾客、组织和法律法规）要求识别和导出的效果；

（2）测量管理体系与诸多体系的兼容策划（如诚信计量体系、法定计量检定机构考核规范）；

（3）体系过程间、体系与专业管理的过程接口的兼容性；

（4）体系文件与企业管理、技术文件的兼容性等。

4. 重视体系的绩效评价

评价体系的绩效，主要反映了体系运作的有效性，供电企业体系绩效的评价建议注重关注以下几点：

（1）质量目标，它是公司体系（计量工作）运作状态和水平的表征，如果体系质量目标设置的科学合理，这样一组数据是具有代表性的。

（2）管理评审，管理评审的评价，反映的是公司决策层对体系运作有效性、充分性掌控情况，应关注管理评审对体系阶段或趋势运作的改进策划。

（3）体系内审，体系内审关注重点不应该是不符合项，而是体系审核的系统分析。

（4）体系对核心过程的监视。

（二）各专业管理部门的审核重点

GB/T 19022标准提出的过程模式，由计量确认和测量过程两个核心过程以及管理职责、资源管理和体系的分析改进三个支持过程构成，鉴于供电企业的专业化管理特点，以下以部门审核为对象，介绍审核重点。

1. 体系主管部门（计量办公室）

标准重点要素：计量职责（5.1）、以顾客为关注焦点（5.2）、质量目标（5.3）、管理评审（5.4）、顾客满意、（8.2.2）、体系分析改进（8）等。

相关要素：（略）。

重点审核内容：顾客的计量要求、诚信计量承诺及活动、顾客满意度测量等。

（1）公司体系组织机构设置和专业部门计量职责分解。

（2）顾客、组织和法律法规计量要求的识别及应用。

（3）质量目标设置的计量特征、目标值的量化及统计分析。

（4）管理评审组织实施及效果。

（5）体系文件系统架构及文件化管理纲目。

（6）测量设备的统管职能：

1）汇总建立公司级（内部）测量设备台账并动态管理；

2）测量设备 ABC 分类管理准则并实施；

3）测量设备的配置与计量要求的符合性确认；

4）强制检定测量设备的界定及管理；

（7）计量确认组织管理职能（7.1）：

1）公司测量设备计量确认的组织分工；

2）测量设备年度外部确认计划编制与实施；

3）计量确认计划实施统计汇总；

4）公司《测量设备间隔期目录》编制及调整管理。

（8）公司测量设备量值溯源系统策划与建立。

（9）测量管理体系内审活动。

2. 营销部（或营销部门）

标准重点要素：以顾客为关注焦点（5.3）、顾客满意（8.2.2）等。

相关要素：（略）。

重点审核内容：顾客的计量要求、诚信计量承诺及活动、顾客满意度测量等。

（1）供电顾客计量要求识别。

（2）公司诚信计量活动、诚信承诺及准则。

（3）营销计量相关程序文件编制。

（4）诚信计量质量目标及统计分析。

（5）顾客满意监视和测量：

1）客户服务收费标准及实施；

2）业扩工程项目计量器具配置符合性；

3）电费抄核收流程规范性；

4）客户申校服务业务规范性；

5）客户信息资源管理的规范性；

6）年度顾客满意度调查分析。

（6）智能电网绩效管理统计控制。

3. 运维检修部（或运维检修部门）：

标准重点要素：测量设备（6.3）、计量确认（7.1）、测量过程（7.2）等。

相关要素：（略）。

重点审核内容：测量设备管理、计量确认、测量过程控制。

（1）供电生产运维检修专业管理计量职责的分解。

（2）变电、输电、配电运维检修计量检测能力分析的组织。

（3）生产系统测量设备汇总及动态管理。

（4）变电、输电、配电运维检修试验测试重要测量过程识别、设计组织。

（5）生产运维检修技术文件管理。

（6）公司电能质量分类、监测点布局及统计及控制。

4. 计量室（专项授权法定计量检定机构）

标准重点要素：测量设备（6.3）、计量确认（7.1）、测量不确定度和溯源性（7.3）以及测量软件（6.2.2）、不合格测量设备（8.3.3）等。

相关要素：（略）。

重点审核内容：计量法制要求、法定计量检定机构、计量确认与溯源性、顾客满意。

（1）专项授权法定计量检定机构组织机构。

（2）公司电能、电测计量标准配置及考核。

（3）专项授权法定计量机构管理制度及文件。

（4）计量标准器具（测量设备）台账及动态管理。

（5）计量检定、校准标准和规范、计量作业文件管理。

（6）计量检定校准人员配置及培训。

（7）计量标准和测量设备的量值溯源。

（8）计量标准测量软件管理。

（9）计量标准设备期间核查、比对活动。

（10）供电客户电能计量表及装置检定组织与实施。

（11）公司电能表、计量用电流互感器、电压互感器及二次回路安装、轮换、现校及运行维护。

（12）计量检定、校准原始记录和证书管理。

（13）客户电能表申校检定及公正报告。

5. 生产运维检修室（工区）（包括变电、输电、配电）

标准重点要素：测量设备（6.3）、计量确认（7.1）、测量过程（7.2）、测量过程的监视（8.2.4）等。

相关要素：（略）。

重点审核内容：测量设备、测量活动。

（1）变电、输电和配电试验测试计量要求导出。

（2）本室（工区）测量设备配置与试验测试测量需求的符合性。

(3) 测量设备台账及动态管理。

(4) 重要测量设备档案及技术资料。

(5) 试验测试设备检定校准计划实施。

(6) 校准测试报告的计量验证。

(7) 本室（工区）试验测试重要测量过程的识别。

(8) 测量过程设计要素及满足控制要求。

(9) 测量过程实现（材料、设备、环境、人员、文件等）。

(10) 期间核查项目作业指导、记录及规范性。

(11) 试验测试活动：

1) 试验测试记录信息充分性；

2) 试验测试记录可溯源（原始记录）；

3) 试验测试记录填写和数据处理规范；

4) 试验测试结果的判定依据。

6. 人力资源部

标准重点要素：人力资源（6.1）等。

重点审核内容：计量人员与资源性。

(1) 人员界定及能力与资质：

1) 公司测量管理体系相关人员识别及《计量人员名册》；

2) 计量人员上岗条件、岗位标准及配置和档案管理；

3) 公司持证上岗资质与能力管理（包括检定校准人员、试验测试人员、安全工器具试验人员等）。

(2) 计量培训计划及实施：

1) 识别培训需求及公司测量管理体系培训计划；

2) 培训组织实施；

3) 培训效果调查；

4) 培训活动记录等。

7. 安全监察质量部

标准重点要素：外部供方（6.4）、记录（6.2.3）等。

重点审核内容：安全工器具检验等。

二、测量管理体系现场审核检查表案例

为便于指导供电企业审核活动，表 4-4-16《测量管理体系现场审核检查表》列举了体系管理部门检查案例，仅供参考。

【案例 4-4-12】　测量管理体系现场审核检查表

表 4-4-16　测量管理体系现场审核检查表

受审核部门：计量办公室　　　　审核日期：2014 年×月×日

受审核部门主要发言人：×××

审核员：×××　　　　审核组长：×××

审核要点	审核记录	评价
5.1　计量职责 a. 公司体系组织架构的设置 b. 公司领导及各专业计量职能的分解 c. 专项授权法定计量机构设置	1）体系覆盖营销、生产等 6 个职能部门及所有作业及服务系统，公司总经理为最高领导，营销副总任管理者代表。 2）公司设置计量办公室（挂靠营销部），计量办公室由管理者代表任主任，相关部门负责人为办公室成员。 3）各项计量职能均分解至管理部门并形成文件。 4）电能专项授权法定计量检定机构由××省质量技术监督局考核授权。 主要见证记录及材料： 体系××《管理手册》5.1 条款等； ××省质量技术监督局考核授权证书编号××××	Y
5.2　以顾客为关注焦点 a. 计量要求识别组织 b. 计量要求识别形式 c. 计量要求的输出应用	1）公司由计量办公室组织牵头实施了顾客、组织和法律法规计量要求识别。 2）法制计量要求由计量部实施，工艺测量计量要求由运维检修部门组织实施。 3）计量要求输出已经在计量验证和标准配置方面应用。 主要见证记录及材料： ××供电公司《计量检测能力能力分析表》（2014 修订）； 电子式电能表检定证书编号皖（电能检）字第××号； 互感器检定证书皖（电能检）字第××＊号；××校准报告验证记录等（变电检修）	Y
5.3　质量目标 a. 质量目标设置适宜性 b. 质量目标实施及水平 c. 质量目标统计、分析与改进	1）公司共设置 9 个质量目标值，均量化并算式表，能体现公司计量特征。 2）质量目标实施季（月）度统计、年度分析。 3）形成质量目标分解，有分析改进意见。 主要见证记录及材料： 体系××《管理手册》5.3 条款等； 《××供电公司营销部测量管理体系质量目标分解表》；《××供电公司营销部测量管理体系质量目标统计分析表》2014 年（2 季度）	Y
5.4　管理评审 管理评审组织实施及效果	1）公司按规定组织实施了管理评审。 2）管理评审输入输出信息较为充分。 3）管理评审提出的改进措施已实施并验证。 主要见证记录及材料： 《××供电公司管理评审计划》；《××供电公司管理评审报告》；《不符合项报告》（编号 201401，201402）；计量办公室 ××供电公司内部审核报告；安全质量监察部编制的安全工器具预防措施表	Y

续表

审核要点	审核记录	评价
6.2.1 程序 6.2.3 记录 a. 体系管理手册和程序文件编制及形成 b. 体系文件目录和记录清单，界定供电计量管理文件、技术文件、法制计量文件 c. 文件和记录受控管理	1）2014年实施文件换版修订，共形成36个体系程序文件。实施测量、诚信、授权计量文件一体化。 2）公司实施了文件识别，并形成公司文件目录（121个）和记录清单（96个），其中计量法规性文件23个。 3）体系管理文件实施局域网系统管理，作业文件发放至岗位受控管理。 主要见证记录及材料： 《管理手册、程序文件汇编》； ××《测量管理体系文件目录》； ××《测量管理体系记录清单》； 文件时效性检查2份：JJG 596—2012《电子式交流电能表检定规程》、JJG 1021—2007《电力互感器检定规程》	Y
6.3 测量设备 a. 汇总建立公司级（内部）测量设备台账并动态管理 b. 测量设备ABC分类管理准则并实施 c. 测量设备的配置与计量要求的符合性确认 d. 强制检定测量设备的界定及管理	1）已汇总建立公司（内部）测量设备总台账，共计183台件，并动态（季度）（客户测量设备由计量部建立，公司通过实施营销管理系统，对所有测量设备均实行电子化管理，远程存储，动态管理）。 2）计量标准及生产运维、检修测量设备实施了能力分析，满足配置需求。 3）测量设备ABC分类按文件规定界定。 4）建立了强制检定测量设备台账，主要包括计量标准、安全防护测量设备。 主要见证记录及材料： 测量设备汇总台账； 测量设备ABC分类准则（程序文件），在计量室核查了A类2台标准电能表（编号：××；××）和B类一只万用表（编号：××）的分类合格标识； 强制检定测量设备台账，核查了电能表标准装置（编号：××）有效期：2017年3月22日；现场与台账记录相符且在有效期内	Y
6.4 外部供方 a. 外部供方识别 b. 外部供方评价及选择	1）已识别，建立《服务供方名册》（采购供方由供应公司负责），重点包括：法定检定校准机构服务（2家）供方、专用测量设备校准服务供方（1家）。 2）已实施外部服务供方评价（年度），满足资质和能力要求。 主要见证记录及材料： 《外部服务供方名册》； 《外部服务供方评价表》及供方调查、资质材料	Y

续表

审核要点	审核记录	评价
7.1 计量确认 a. 公司测量设备计量确认过程设计及组织分工 b. 测量设备年度外部确认计划编制与实施 c. 计量确认计划实施统计汇总 d. 公司《测量设备间隔期目录》编制及调整管理	1）公司测量设备计量确认主要包括两部分： 客户电能表周期检定（计量部）；外部委托检定（生产运维检修）。 2）计量部和计量办公室分别编制上述两项检定校准年度计划。 3）计量办按期实施周检计划，并统计： 2014年外部委托检定65台，受检率85%，合格率98.5% 2014年客户电能表周期检定38066台，受检率100%，合格率99.5% 4）计量验证：生产工区实施专用和特殊测量设备校准、测试结果符合性验证。 5）公司制订了测量设备计量确认间隔期的设置、调整及执行。 6）设备调整控制：公司制定了客户电能计量装置封印的种类设置、使用权限及流程并文件化。 7）计量办制定计量确认记录规定。 主要见证记录及材料： 《计量确认计划》（2014年）； 《质量目标统计分析表》（2014年2季度）； ××校准报告，编号：皖计测字第××号； ××计量验证报告，编号：××； 相关文件：《计量确认间隔期管理程序》《测量设备调整及封印管理程序》等	Y
7.2 测量过程控制 a. 测量过程识别、设计及控制程序策划 b. 测量过程识别设计组织 c. 测量过程控制监督管理	1）计量办公室策划形成公司测量过程专业分工，并形成文件。 2）运维检修部和计量部分别实施了测量过程识别、设计，计量办公室汇总公司测量过程控制清单共32项，备案各项测量过程相关资料。 3）计量办公室对测量过程实施目标管理并按季度统计分析，符合控制目标要求。 主要见证记录及材料： 《公司重要测量过程控制一览表》（2014年编制）； 《重要测量过程设计表》； 《质量目标统计分析表》（2014年第一季度）等	Y
7.3.2 溯源性 a. 公司量值溯源系统的策划与建立 b. 各级计量标准管理	1）公司计量标准（电能表、互感器等）和强制检定测量设备均溯源至安徽省计量中心（省质量技术监督局授权的法定计量检定机构）计量标准。 2）外部委托检定校准测量设备溯源至安徽省计量科学研究院，部分专用和特殊测量设备溯源至经授权的器具制造厂。 3）实施内部校准的校准标准溯源至法定计量标准。 主要见证记录及材料： 公司《电能计量量值溯源图》； 法定计量标准检定机构授权证书两份，编号为：××；××； 计量器具制造厂家制造许可证书（编号：××），校准证书，编号：××等	Y

GB/T 19022/ISO 10012 标准培训全国统一教材

现代企业计量工作指导手册

国家质量监督检验检疫总局计量司
中国计量测试学会
中启计量体系认证中心
编著

中国质检出版社